黄河小浪底水利枢纽志

下册

水利部小浪底水利枢纽管理中心
《黄河小浪底水利枢纽志》编纂委员会　编

黄河水利出版社
·郑州·

目　录

第八章　环境保护

小浪底工程环境保护与工程论证、规划、建设同步进行。20世纪50年代，在工程前期规划阶段，相关单位和部门开始对环境影响、地质条件、诱发地震等开展了研究工作。20世纪80年代初，在工程可行性研究阶段，黄委会开展的工程建设环境影响评价通过国家环境保护局（简称国家环保局）的审查，小浪底工程成为中国第一批按基建程序通过环境影响评价审查批复的水利枢纽工程。

20世纪80年代末，为申请世界银行贷款，黄委会设计院按照《世界银行环境影响评价导则》（简称《世行环评导则》）要求开展了小浪底环境影响评价工作，并通过世界银行评估。

小浪底工程建设把环境监测、地震监测、污染防治、卫生防疫、公共健康保障、水土保持和生态恢复等内容纳入环境保护工作中，既满足国内行业管理要求，又尊重国际惯例，形成独具特色的小浪底环境保护管理模式。1993年，小浪底建管局成立专门的环境保护机构，建立健全环境管理体系，制定和完善环境保护规章制度，实施环境监理，推动环境保护工作全面开展。

2002年3月，国家环境保护总局（简称国家环保总局）委托北京师范大学环境科学研究所对小浪底工程进行竣工验收环境影响调查。2002年9月，小浪底工程环境保护项目通过由国家环保总局组织的环境保护专项验收。2003年7月，国家环保总局授予小浪底工程"国家环境保护百佳工程"称号。

第一节　环境影响评价

小浪底工程环境影响评价可分为国内环境影响评价和国际环境影响评价两个阶段。

按照国家环境保护的有关规定，小浪底工程国内环境影响评价工作于1983年启动；1986年，环境影响评价报告书通过国家审查。

1989年，为申请世界银行贷款，按照《世行环评导则》相关要求，黄委会设计院先后开展了世界银行第一期和第二期贷款环境影响评价工作，并分别于

1993 年 10 月和 1997 年 4 月通过世界银行评估。1998 年,按照世界银行要求,设计单位对小浪底工程环境影响评价进行了复核。

环境影响评价及相关工作的结论表明:小浪底水利枢纽工程对环境生态影响总体是利大于弊,可以达到经济、社会、环境效益的统一。

一、国内环境影响评价

(一)评价

1983 年 5 月,国家计委在小浪底工程论证会上将"兴建小浪底水库可能引起的生态平衡问题"列入讨论研究的 5 个课题之一。1985 年 3 月,根据《黄河小浪底水利枢纽设计任务书》的要求,黄委会设计院编制了《黄河小浪底水库环境影响评价工作大纲》(简称《环评大纲》),并以信函方式征求国内有关专家的意见。

依据《环评大纲》,黄委会设计院会同黄委会水文局、黄河水资源保护研究所、黄河中心医院,河南省林业厅设计院,河南、山西省考古研究所,北京大学等单位及科研院所,对小浪底库区、库周、下游、河口等影响区域内的自然、生态、社会环境本底状况进行了全方位调查和评价,调查工作涉及水库淤积形态、库岸稳定、诱发地震、水质水温、陆生生物、水生生物、局部气候、公共安全及健康、文物古迹、渔业、社会经济、旅游及移民等各个方面,编制完成 22 个专题研究报告。1986 年 3 月初,黄委会设计院在各专题报告的基础上,根据国家有关环境保护文件规定和《黄河小浪底水利枢纽设计任务书》的要求,在国内有关科研院所和大专院校的协助下,编制完成《黄河小浪底水利枢纽工程环境影响报告书》。

1986 年 3 月 9—15 日,由水电部主持,国家环保局、文化部文物局,河南、山西、山东省环保局和水利厅,河南、山西省文物局,河南省建设厅、林业调查规划院、农业厅、职业病防治所、环境卫生监测站,山东省农业厅,黄海水产研究所、中科院地理研究所,北京大学、河海大学、葛洲坝水电工程学院、华中师范大学、同济医科大学、南京气象学院,长江水资源保护局,水电部所属中南、成都、华东和西北设计院及黄委会有关单位的教授、专家、科技人员共 88 人,在郑州对《黄河小浪底水利枢纽工程环境影响报告书》进行了预审,并形成"预审意见"。意见认为:评价内容基本符合环境影响评价要求,《黄河小浪底水利枢纽工程环境影响报告书》的结论具有说服力,是可信的;小浪底工程对环境、生态影响总体利远大于弊,按设计要求实施可以达到经济、社会、环境效益的统一;《黄河小浪底水利枢纽工程环境影响报告书》可以作为兴建本工程决策的依据,但还需要在下一设计阶段对安置区环境容量、诱发地震、下泄水温对下游影响、施工环境影响、文物保护、水库水源保护的规划和措施,以及三门峡水库的环境影响回顾评价等7个问题进行补充论证。

1986年3月28日,水电部将《黄河小浪底水利枢纽工程环境影响报告书》(含22个附属专题研究报告)以〔86〕水电水规字第14号文报送国家环保局。1986年5月6日,国家环保局以〔86〕环建字第133号文对《黄河小浪底水利枢纽工程环境影响报告书》做了批复,同意水电部所提出的审查意见,《黄河小浪底水利枢纽工程环境影响报告书》可作为兴建小浪底工程环境保护方面决策的依据。

(二)补充论证

针对水电部对《黄河小浪底水利枢纽工程环境影响报告书》预审意见要求补充论证的7个问题,黄委会设计院进行了认真研究,认为在后续设计阶段都可以解决。但是,鉴于该环境影响评价的诸多评价因子是以三门峡水库作为参照系,采用了类比方法进行预测分析与评价,为了提高预测结果的可信度,需按照水电部"预审意见"首先开展黄河三门峡水库环境影响回顾评价,作为黄河小浪底工程环境影响评价的补充。

1987年5月,黄委会设计院编制了《黄河三门峡水利枢纽工程环境影响回顾评价工作大纲》。1987年6月20—23日,由水电部水规总院主持,在三门峡市召开《黄河三门峡水利枢纽工程环境影响回顾评价工作大纲》审查会,27个单位的48位代表参加。会议认为,开展三门峡水库环境影响回顾评价意义重大,对黄河中游万家寨、碛口、龙门、小浪底等梯级水库及多泥沙河流开发利用都具有深远影响。1987年8月23日,水规总院批复同意按大纲内容开展工作。

1987—1990年,由黄委会设计院牵头,组织黄委会水文局、黄河中心医院、河南省地矿中心、陕西师范大学等单位的科研人员,对三门峡水库修建后不同运行期水库淤积物沉积过程、滑坡塌岸、库周动植物演替、水质水温变化、社会经济、人文景观等方面进行了深入细致的调查研究,编制完成《黄河三门峡水利枢纽工程环境影响回顾评价报告书》,包括不同运用期水库淤积、水质及水温结构分析、建库前后陆生生物及水生生物的变化、不同时期小气候变化、移民影响分析、对下游及河口地区的影响分析等 11 份专题研究报告。《黄河三门峡水利枢纽工程环境影响回顾评价报告书》对三门峡水库建成后出现的主要环境问题进行了全面分析评价，对黄河小浪底工程环境保护工作具有启示和指导意义。

(三)评价结论

小浪底工程的兴建对泥沙情势、局部气候、水生生物、陆生植物、陆生动物、人群健康、地貌、土地利用、水文地质、矿产资源、社会经济、旅游、景观与文物古迹、渔业、水质等方面会产生一定影响，移民、施工也会对环境产生一定影响，评价预测结论主要有：

(1)小浪底水库建成后，对气温影响较小。建库前年平均气温为 13.6 ℃，蓄水后变化幅度为 -0.3~1 ℃。冬夏两季升温在 0.1~0.2 ℃，春季变化不大，秋季下降 0.2 ℃。极端最高气温有所下降，7 月降低 0.7 ℃；极端最低气温则普遍上升，冬季增加 0.4 ℃，夏季增加 0.6 ℃。

(2)小浪底库区上段，河道狭窄，风速将增加 0.1 米每秒左右；下段河道宽浅，风速可能减小 0.1 米每秒左右。库区平均风速无大变化，全年大风天数有所减少。

(3)库区南岸降水将减少 4%~10%(30~60 毫米)，且减少率与测站距库岸距离成反比；北岸增加 20%~40%(80~160 毫米)，且增加率与海拔有关。库区降水分布趋向均匀，年降水量增加 1%。

(4)小浪底建库后库区平均相对湿度增加 1% 以上，绝对湿度增加 40 帕斯卡，而库区陆面蒸发量将明显减少，减少量在 6% 以上。

(5)库区出现霜的天数有可能减少或变化不大。出现初霜的日期有可能推迟，尤其在坝前南岸较为明显。库区雷暴的天数会有所减少，出现雾的天数变化不大，或稍有增多。

(6)小浪底水库的运行方式，最大限度减少下游淤积，使下游河道淤积量将由现状工程的 189 亿吨减少到 81 亿吨，可延缓下游河道淤积约 30 年，设防流量下的水位将降低 1~3 米。

(7)水库建成蓄水后，水体透明度在非汛期将进一步增大，在汛期则与天然来水差不多；溶解氧在 7 月至翌年 3 月含量较高，升温期(3—6 月)可能会有所下降，但时间很短。生物营养盐类在蓄水初期骤然升高，之后随水库水流交换次数增多趋于稳定。蓄水后,汛期营养盐类较高,非汛期由于水生生物的消耗,营养盐类会有所下降。水库蓄水后,磷含量可能增高。由于水流在库区停留时间延长,耗氧物在库区降解量增加,水库水质将好于建库前水质。

(8)水库运用1~3年后,库区泥沙淤积较少,坝前水深近100米,水库水温结构呈稳定分层型。年平均表层水温14.2 ℃,年较差24.9 ℃;年平均库底水温6.4 ℃,年较差7.5 ℃。水库运用10年后,坝前淤积高程达到225米,库区原来窄深的"U"形或"V"形断面被宽浅的"U"形断面所代替,坝前水深降低。汛期水库低水位运用。水库水温垂直分布逐渐由稳定分层型转变为季节性热分层。年平均表层水温13.7 ℃,年较差25.6 ℃;年平均底层水温11.0 ℃,年较差21.8 ℃。

(9)黄河五福涧以上河段为峡谷型河段,Ⅱ级阶地仅在个别河湾地段及支流入口处有小面积分布,尤其在白浪河段以上,Ⅱ级阶地基座高程高于275米,在这些河段上一般不存在塌岸或仅有小规模的塌岸。关家村以下库首河段,275米库水位一般都高于Ⅱ级阶地台面,库水位直接与基岩相邻,一般不存在塌岸。根据水库运用水位及库周地质地貌条件分析,水库塌岸主要发生在库区中部。库水位以上可能发生塌岸的地段有:黄河干流的鲁家圪塔、五福涧、阳上、河堤—大岭、仁村—陵上村、回家沟—南村、白崖—关家村等,支流沇西河右岸—张家庄、亳清河左岸小赵村以下及右岸晁家庄—董家庄—金古垛等。

(10)小浪底水库除松散地层的塌岸外,基岩由于受产状及构造的影响,水库蓄水后,一些地段还将产生岸坡变形破坏。另外,小浪底水库蓄水后可能诱发地震的上限为里氏5.5~5.6级。

(11)水库蓄水位275米时,干流五福涧以上和亳清河、沇西河地段的Ⅱ级阶地及八里胡同下口、逢石河下游右岸、陵上村南等处Ⅲ级阶地临库有农田浸没问题。但阶面宽只有几百米,最宽处也不过1千米,且阶地后面地下水均由基岩裂隙水补给,补给量较小,而阶地第四系堆积物下部有透水的粗砂砾石层作排水层,所以农田浸没面积小,影响程度轻。

(12)水库蓄水后,随着水体面积的加大,库周局部气候发生变化,将有利于植被的发育和植物、作物的生长。

(13)水库蓄水后,各种兽类将纷纷逃往丘陵高地和库周无水地带,使库周兽类的密度增大。水库蓄水淹没了鸟类取食栖息地后,库区的陆栖鸟类均飞离,向库周逃去,使库周鸟类密度相对增加;水库蓄水后水域面积的扩大,为水禽特别是游禽创造了良好的栖息与取食场所,水禽种类和数量都将增加。水库蓄水后对库区的珍稀动物也将产生不同程度的影响,影响程度因动物生态习性的不同而不同。

（14）水库建成后,流速变缓,部分水域几乎成为静止的水体,为浮游植物的生长提供了良好的环境,浮游动物的种类和数量在蓄水后将会有所增加,代表性原生动物有砂壳虫、铃壳虫、筒壳虫等;底栖动物的分布和生长繁殖将随水库不同运用期底质、流速和深度的变化而受到不同的影响。

（15）水库建成后,鲤鱼、鲶鱼、鲫鱼、赤眼鳟等可能在库区大量繁殖,鲤鱼、鲫鱼、鲶鱼可能成为库区中数量最多的鱼类,建库对这些鱼类无不利影响;水库建成后水流相对静止,对铜鱼产卵场影响较大,铜鱼有可能上游至库尾和支流产卵,建坝后在坝下可能寻得其适宜的场所,而成为下游河道中的优势鱼类。

（16）水库建成后,通过对水量进行合理调度,入海流量增加,断流现象将趋于缓解,对河口地区生态环境将产生积极的影响,但对河口沿海水域的渔业生产不会带来很大影响。

（17）水库蓄水后,地方病发病率下降,但几种与水体关系密切的虫媒传染病、介水传染病及某些自然疫源性疾病的发病率可能有所提高。

（18）小浪底水库淹没区内有大量文物需要发掘或搬迁。

二、国际环境影响评价

小浪底工程作为世界银行贷款项目,按照世界银行的要求,在项目评估和贷款批准之前,必须进行环境影响评价工作。世界银行对环境影响评价的政策和程序做出了规定,目的是确保拟开发项目在环境方面是合理的、适当的,并且使任何环境方面的后果在项目建设前得到重视、在项目设计中予以考虑落实。世界银行环境评估程序分为项目筛选、环境评价的准备、实施环境评价、环境评价审查和评审、实施和监督、项目完成和评价等6个阶段。从1988年7月世界银行专家古纳与世界银行北京办事处主任戈林考察黄河并查勘小浪底工程坝址开始,到1994年2月完成项目谈判,世界银行共11次组团对小浪底工程和环境移民进行考察和评估。

(一)世界银行贷款环境影响评价

1. 第一期贷款环境影响评价

按照《世行环评导则》,1989年4月,黄委会设计院开始进行一期贷款环境影响评价工作。1989年5月,世界银行环境专家H·路德威格、D·格瑞比尔首次来郑州进行项目考察,黄委会设计院向世界银行专家汇报了环境影响评价进展情况。在加拿大国际工程管理公司黄河联合咨询公司(CYJV)协助和世界银行环境专家的指导下,黄委会设计院完成小浪底工程环境项目筛选,并确定了小浪底工程环境影响评价范围、方法、深度和要求。1989年10月,世界银行提出小浪底环境影响评价工作大纲。1990—1992年,黄委会设计院依据大纲要求,以《黄河小浪底水利枢纽工程环境影响报告书》为基础,增加补充了黄河下游渔业资源调查及影响分析、黄河下游生态敏感区调查分析、小浪底水库水环境质量目标及水资源保护规划,以及环境管理、环境监测、人员培训和技术交流、公共卫生、环境保护投资、公众参与等内容,先后编写了4个不同工作深度和内容的环境影响评价报告。1992年4月,黄委会设计院与加拿大国际工程管理公司黄河联合咨询公司共同完成小浪底工程简明报告中的环境影响评价相关内容,即《世界银行第一期贷款环境影响评价报告》,世界银行环境评价报告目录见表8-1-1。同年,黄委会设计院在补充移民工业项目环境影响评价的基础上,编制了《小浪底工程移民项目世行评估环境评价报告》。

1992年10月11—26日,以古纳为团长的17位世界银行代表团成员到郑州对小浪底工程项目进行预评估,水利部总工程师何璟及水利部有关司(局)、黄委会移民办、小浪底建管局、黄委会设计院、河南省有关厅局负责人等参加了预评估。世界银行代表团对小浪底水利枢纽的经济效益、移民安置、环境影响、大坝安全、工程概算及资金来源等6个问题进行了评估,提出了修改补充完善的建议。

1992年12月,按照世界银行代表团的建议,黄委会设计院在已完成的移民项目环境评价基础上,补充完善了移民安置对社会经济及文化的影响、移民工业项目开发环境影响、移民申诉机制和风险评价、移民安置实施安全和保障措施等相关评价内容,1993年8月编制完成《移民安置环境影响评价报告》。1993年10月,小浪底工程世界银行第一期贷款环境影响评价正式通过世界银行评估。

表 8-1-1　世界银行环境评价报告目录

1 引言	4.5 公共卫生
1.1 工程目的及其必要性	4.5.1 研究区现状
1.2 方案比选论证	4.5.2 对公共卫生的影响
1.3 环境影响评价过程	4.5.3 疟疾
1.4 环评组及协作单位	4.5.4 脑炎
1.5 研究范围、方式和方法	4.5.5 出血热
2 工程概况	4.5.6 肠道传染病
2.1 概述	4.6 其他环境问题
2.2 工程主要建筑物	4.6.1 渔类
2.2.1 工程建筑物及施工规划	4.6.2 水质
2.2.2 水库运用方式	4.6.3 沿海造陆
2.3 减免不利影响的环境措施	4.6.4 资源淹没
2.3.1 地震监测预报	4.6.5 滑坡塌岸
2.3.2 移民安置规划及环境影响	4.6.6 水库渗漏
2.3.3 文物保护	4.6.7 库区清理
2.3.4 传染病防治	4.6.8 珍稀动植物及栖息地
2.3.5 进一步研究计划	4.6.9 全球性环境问题
2.3.6 环境管理规划	4.7 施工期环境影响
3 环境状况	4.8 工程效益
3.1 环境研究区域	4.9 环境监测
3.2 库区库周	4.10 环境损益分析
3.3 施工区	4.11 执行的环境法规
3.4 下游沿河地区	4.12 公众参与
3.5 河口、三角洲	4.13 环境影响评价小结
4 环境影响评价和环境保护措施	5 环境管理规划
4.1 重要环境问题	5.1 环境管理规划
4.2 大坝安全	5.2 环境管理规划体系
4.2.1 大坝安全总体规划	5.2.1 环境管理机构
4.2.2 大坝抗震稳定性	5.2.2 环境管理任务
4.3 移民安置	5.3 环境培训计划
4.3.1 移民概述	5.4 环境保护投资
4.3.2 移民环境标准	5.5 进一步研究计划
4.3.3 移民规划环境评价	6 总结与结论
4.3.4 移民环境评价小结	附图
4.4 文物古迹	附表

2. 第二期贷款环境影响评价

1996 年 11 月,为申请第二期世界银行贷款,开展了小浪底工程世界银行第二期贷款环境影响评价工作。

在世界银行环境咨询专家路德威格的协助下,以《世界银行第一期贷款环境影响评价报告》为基础,根据 1994—1996 年小浪底工程施工期间的环境保护措施实施变化情况,在对第一期贷款环境影响评价报告中提出的环境保护措施和环境保护设计内容进行验证,对环境管理规划、环境监测规划、环境卫生规划等各项环境保护工作进行全面总结和客观评价的基础上,1997 年 3 月,黄委会设计院编制完成《黄河小浪底工程世界银行第二期贷款环境影响评价报告》(简称《世界银行第二期贷款环评报告》)。评价报告共分 7 章,内容主要涉及环境评价过程、主体与移民工程进展情况、评价区域环境现状、重大及特殊环境问题分析、环境管理监理监测、措施实施总结与评价结论等。

1997 年 4 月,小浪底工程《世界银行第二期贷款环评报告》正式通过世界银行评估。

(二) 评价内容及结论

《世界银行第二期贷款环评报告》认为:小浪底工程是一项兴利除弊的环境建设工程,水库的建设将明显改善周围的生态环境和自然环境。但工程建设本身也将会给环境带来严重影响,主要包括自然资源和人类社会发展两方面的因素。小浪底工程主要环境问题有大坝安全稳定性、移民安置、公共卫生等,其他环境问题主要指小浪底工程对渔业、水质等的影响。总的结论是"除移民安置外,小浪底工程不会导致任何重大的环境影响"。

1. 主要环境问题

(1)大坝安全。施工期大坝安全的主要威胁可能在于施工围堰溃决。小浪底工程建成后,库大水深,受水压力的影响,库区或库周出现诱发地震的风险可能上升。在世界上已建的 200 座大型水库中,有 4 座发生了里氏 5.5 级以上的诱发地震。由于小浪底水库所在地属于强震区,所以应该对大坝安全问题特别关注。

(2)移民安置。小浪底工程的兴建不可避免地产生水库淹没,带来一系列环境问题。水库不仅淹没土地、矿产和生物资源等,还使库区居民被迫离开传统的祖居地,失去祖辈长期生活过的环境,破坏原有的生产体系、生活方式和地缘、血缘、亲属网络;使居民长期赖以生存的政治、经济、文化体系解体,失去已有的基本生产生活资料,成为水库移民。无论是移民就地后靠安置,还是外迁异地安置,都存在重新适应新居住环境的问题。同时,水库移民安置还将因安置区人口增加造成基础设施承载量增加及更多的人类活动对环境带来的影响等问题。移民安置间接影响人口 49.79 万人,其中安置农村移民征收土地 21.91 万亩,影响人口 48.03 万人;乡镇征地迁建 0.28 万亩,影响人口 0.62 万人;道路等征地 0.52 万亩,影响人口 1.14 万人。

(3)公共卫生。小浪底水库的兴建明显改变了黄河流域的水沙条件,为库区和下游地区发展农业灌溉提供了机会,但同时也为疟疾、脑炎、痢疾、肝炎和伤寒等传染性疾病的发生创造了条件,尤其在库周和新开发的灌区更是如此。水库蓄水迫使库区的老鼠携带疾病大量外迁,导致库周人口的出血热发病率上升。而且,施工人员的大量涌入加大了施工区和安置区附近的虫媒疾病和肠道传染病流行的风险。因此,对公共卫生进行全面规划、提供足够的资金并有效地实施规划至关重要。

2. 其他环境问题

(1)渔业。黄河虽然是一条大河,但由于含沙量高,无法养活具有商业价值的大鱼群,所以不是重要的渔业产地。因此,小浪底工程的建设对各种渔业的影响都很小。水库蓄水后,不可能大规模发展渔业。

(2)水质。水质研究结果表明,水库蓄水引起枯水期下游河水含沙量(浑浊度)降低,对控制下游河道泥沙极为有利;春季蓄水,下泄水温降低,灌溉季节水温大约降低 4.1 ℃,用水库泄水灌溉农田预计不会对作物生长产生不利影响。

(3)沿海造陆。大坝建成后可拦蓄泥沙,在一定程度上可以减缓河口泥沙淤积过程。小浪底工程投入运用后的 50 年内,水库拦蓄泥沙 100 亿吨,减少下游泥沙淤积 73 亿吨,河口地区泥沙淤积减少 22 亿吨,但是在水库拦沙期间,下游引水含沙量低于自然状况下的引水含沙量。因此,50 年内河口泥沙淤积实际减少 20 亿吨,约为自然条件(不建小浪底工程)输沙总量的 5%。因此,小浪底工程对沿海造陆影响很小。

（4）淹没资源。水库淹没大量的土地、基础设施及储量巨大的矿产资源。

（5）库岸滑坡。库区塌岸、滑坡面积约 5.6 平方千米，总量约 1.5 亿吨，塌岸、滑坡量较小。由于塌岸、滑坡影响区附近没有村庄，尽管塌岸、滑坡随时可能发生，却不会造成重大影响。由于大坝设计考虑了超高，坝体可以承受最大预测滑坡入库所引起的涌浪。

（6）水库渗漏。库周山体大大高于水库正常水位，地形地貌条件普遍较好，一般不会发生水库渗漏。位于大坝以北的一道薄山脊是唯一的例外。根据工程设计，坝址需设灌浆帷幕和充分的排水设施，以免出现渗漏问题。

（7）库区清理。考虑到黄河多沙的特点，不需要对库区进行彻底清理。因为水库蓄水后，大量泥沙覆盖库底，厚层泥沙可迅速盖住部分污染源，有害物质被覆盖后不会造成库水污染；易漂浮物可以通过泄洪流出水库，易溶解或悬浮物质会很快在水中得到稳定。

（8）珍稀动物和栖息地。库区和库周有许多珍稀保护动物，其中包括大天鹅、小天鹅、鸳鸯、水獭、秃鹫及其他食肉鸟类。水鸟是唯一受水库直接影响的鸟类。通过水库调节，在库周可以形成类似于沿河两岸现存的适合水鸟生存的栖息地。若不采取特殊管理措施，水鸟数量增加幅度不会太大。大蝾螈、水獭等动物栖息在比较远的小溪源头和远离淹没区的森林丘陵地，不会受到工程的直接影响。移民安置在城区和农业区，这些区域的开发不会影响珍稀动物栖息地。水库不会淹没猛禽洞穴，也不会对食肉动物造成威胁。

（9）湿地。有价值的湿地和野生动物保护区域远离水库淹没影响区。黄河下游两岸和三角洲地区分布有若干湿地和保护区，驰名中外的黄河故道和柳园口附近地区沼泽地是多种候鸟的迁徙地。这些沼泽地不与河道接壤，不依赖黄河供水，因此工程兴建不会给沼泽地带来影响。

水库投入运行后，在枯水期将增加下泄水量，不会对下游水位、水量和沿海栖息地产生重大影响，因此小浪底工程的兴建不会威胁黄河三角洲地区的无棣、潍坊和寿光县境内的湿地保护区。

此外，小浪底工程生产的水电可大大减少国家对火电生产的需求量，相当于每年少耗煤 1 900 万吨。

三、环境影响评价复核

根据小浪底工程建设中的环境保护工作实践，1998年，小浪底建管局组织开展了工程建设对自然生态环境、社会环境影响的进一步研究，对规划设计阶段所做的环境影响预测结论进行了复核与验证，并对诱发地震、移民安置、施工期影响、文物古迹、人群健康等5个主要环境影响因子进行了复核研究，主要结论如下。

(一)诱发地震

通过详细的研究和广泛的野外调查，结果表明小浪底水库蓄水可能诱发地震的上限应为里氏5.5~5.6级，建议工程设计采用可诱发里氏5.6级地震的情况考虑相应的防护措施。

(二)移民安置区环境影响

小浪底移民安置点大多位于黄河干、支流两岸的黄土丘陵沟壑区，区内水土流失严重。移民迁建、扩建、转产工矿企业生产废水排放，均会对安置地局部地表水水质造成污染，因此有必要加强安置区移民迁建及工矿企业转产、扩建的环保管理及地表水水质监测和水源防护工作。

(三)施工期环境影响

工程施工期将对施工区及周围环境带来不容忽视的不利影响，必须采取必要的防范措施加以控制。

施工期废水排放对黄河水质影响不大，但鉴于黄河水体水质日趋恶化的状况，对施工期废水必须采取处理措施，做到达标排放。

工程未开工前，施工区为偏僻山野，环境安静，最低噪声均小于国家居民区夜间Ⅰ类标准45分贝。工程开工后，运输车辆、施工开挖、爆破、施工机械等都将产生噪声，尤其是挖掘机、凿岩台车、冲击钻、破碎机、筛分机，这些机械产生的噪声都在90分贝以上，这类噪声对东河清和连地村部分村民日常生活和学校学生上课造成较大影响。

主体工程产渣量4 547万立方米，除大坝回填1 081万立方米及填沟造地2 546万立方米外，余下弃渣920万立方米，应合理规划堆渣和弃渣场，避免占压耕地、堵塞河道、破坏自然景观。

施工高峰期年产垃圾3 000吨。这些垃圾需妥善处理，避免恶化施工区环境、影响施工人员身体健康。

工程施工后,地表覆盖物逐步被破坏,土壤抗冲蚀能力减弱。据预测,施工区因施工每年新增水土流失近 20 万吨。

(四) 文物古迹

河南、山西两省文物研究所对施工区和库区文物开展了全面调查与评价,这些文物需要在水库蓄水前进行发掘和保护。

(五) 人群健康

小浪底工程兴建所引起的环境变化、人口移动及疾病的传染源、传染媒介、动物种群变化等,将对人群健康产生一定的影响,会为疟疾、脑炎等虫媒传染病和痢疾、肝炎、伤寒等介水传染病创造更好的滋生环境。水库蓄水会使淹没区老鼠大量外迁逃逸至库周,若不采取防治措施,有导致库周人口出血热发病率上升的可能。此外,施工人员大量涌入,移民大规模的迁徙流动,均有增大施工区与移民安置区传染病流行的风险。因此,应充分做好人群健康保护及卫生防疫工作。

第二节　环境保护规划

1994 年,随着小浪底水利枢纽主体工程的开工建设,新的环境保护任务相继出现。根据世界银行的要求和工程建设的需要,小浪底建管局委托黄委会设计院主持编制完成《黄河小浪底水利枢纽工程技施设计阶段环境保护实施规划》,规划设定总目标和分项目标,制定了环境监测、卫生防疫、生活饮用水处理、施工区环境绿化等环境保护内容。

一、规划编制

1994 年 4 月,小浪底建管局与黄委会设计院签订协议,委托黄委会设计院编制环境保护实施规划。1994 年 5 月,世界银行官员古纳在郑州访问期间,就加快环境保护工作的实施同小浪底建管局及黄委会交换了意见。1994 年 6 月 17 日,小浪底建管局召开环境保护规划工作专题会议,就环境保护工作原则、实施步骤和组织分工进行讨论。按照会议精神,环境保护实施规划编制工作由黄委会设计院牵头,黄河流域水资源保护局、黄河中心医院等单位配合。1994 年 7 月,黄委会设计院编制完成《黄河小浪底水利枢纽工程环境保护实施规划

（初稿）》。1994年7月至1995年3月，黄委会设计院就规划初稿先后2次向小浪底工程环境移民国际咨询专家组进行咨询。1995年11月，根据专家咨询意见，黄委会设计院对初稿进行了补充、修改和完善，编制完成《黄河小浪底水利枢纽工程技施设计阶段环境保护实施规划》。1995年12月10—11日，水利部水规总院在北京主持召开《黄河小浪底水利枢纽工程技施设计阶段环境保护实施规划》报告审查会，会议同意报告中所列内容。

编制环境保护实施规划遵循以下原则：一是规划在符合国家有关环境保护政策与法规的前提下，从小浪底工程的实际出发，逐步实现与国际上先进的环境保护理念和做法接轨，满足世界银行的环境评估要求；二是规划与工程进度紧密结合，环境保护措施具体化、程序化、简便易行；三是小浪底工程施工期环境保护实施规划，突出环评报告书中所确定的主要环境问题；四是规划把环境保护工作贯穿于工程施工的全过程，使保护环境和优化工程措施相结合；五是防治污染的设施建设与主体工程建设项目同时设计、同时施工、同时投入运行；六是规划要做到经济合理、技术可行、方法简便、效益明显。

二、规划目标和内容

在充分考虑到工程建设期间经济条件和技术水平的基础上，规划设定了小浪底工程环境保护实施规划目标、工作内容及实施措施。

规划确定环境保护总目标为：工程建设符合环境保护法要求；以适当的环境保护投资充分发挥本工程潜在的效益；环评报告书中所确认的不利影响要得到缓解或消除；实现工程建设的环境、社会效益与经济效益的统一。

规划分项目标主要包括环境监理、环境监测、卫生防疫、环境管理、环境保护实施进度计划等有关内容。小浪底环境保护实施规划分项目标主要内容见表8-2-1。

三、规划投资

环境保护与水土保持投资由环境管理、库底清理和水土保持等三部分投资组成，概算投资共计16 559万元，实际完成投资17 146万元，完成比例为103.5%。其中，环境管理概算投资3 626万元，实际完成投资3 476万元，完成比例为95.9%；库底清理概算投资1 464万元，实际完成投资1 145万元，完成比例为 78.2%;水土保持概算投资 11 469 万元,实际完成投资 12 525 万元,完成比例为 109.2%。

表 8-2-1　小浪底环境保护实施规划分项目标主要内容

序号	规划项目	目标	规划内容	具体措施
1	环境监理	1. 保证招标文件中环境保护条款及与环境有关的合同条款顺利实施; 2. 工区环境出现污染或其他环境事故时能及时发现、及时制止,及时得到妥善处理; 3. 美化水库环境,为工程投入运行后创造更多的环境效益; 4. 保证下步科研任务实施	1. 监理意义; 2. 监理机构设置; 3. 监理依据; 4. 监理内容; 5. 监理手段及设施	1. 保证施工环境保护工作顺利实施; 2. 既是工程监理的组成部分,又相对独立; 3. 国家环境保护法律规定,合同中环境保护条款; 4. 大坝施工环境监理和移民工程环境监理; 5. 检查、旁站、指令文件及设施
2	环境监测	及时了解工程施工区及移民安置区环境状况,控制施工区"三废"与噪声、粉尘等污染	1. 监测站网布设; 2. 环境监测信息系统; 3. 环境质量调查	1. 布设 15 个监测断面,水生生物观测,移民安置区监测,陆生生态系统及土地资源监测,水温监测,施工区监测; 2. 由环境信息处理决策支持系统和预警预报系统组成; 3. 库区土壤淹没及固废浸出影响调查,库区污染源调查,移民工程环境调查,库区和下游水生生物保护

续表 8-2-1

序号	规划项目	目标	规划内容	具体措施
3	卫生防疫	1. 施工区、移民安置区和灌区无疟疾、肠道传染病等疾病流行； 2. 室内蚊虫密度不超过国家爱委会规定的标准； 3. 控制老鼠密度	1. 施工区卫生防疫； 2. 移民安置区卫生防疫	1. 建立卫生保障体系，建立定期体检制度，建立流行病防治措施； 2. 建立卫生保障机构，卫生检疫和人群健康观察，流行病防治措施
4	环境管理	1. 确保工程建设符合环境保护的法律法规要求； 2. 以适当的环保投资将工程对环境所产生的不利影响减到最小或消除； 3. 实现小浪底工程建设的社会效益、经济效益、生态效益的统一； 4. 实现工程建设的环境、社会效益及经济效益的统一	1. 环境管理组织； 2. 技术交流和人员培训； 3. 环境咨询	1. 环境管理体系由领导、组织、实施、协助、咨询机构五位一体组成； 2. 培训内容及途径； 3. 聘请国内外专家

第三节　施工区环境保护

按照国家环境保护政策法规和世界银行对小浪底工程的环境影响评估，小浪底建管局制定了施工区环境保护目标，开展了污染防治、公共健康保障、水情预报、地震监测等环境保护工作。小浪底建管局成立资源环境处承担施工区环境保护管理职责，并聘请国际环境移民咨询专家定期提供咨询，委托有关专业机构分别承担环境监测、环境监理、卫生防疫、地震和水情预报等环境保护工作。

小浪底主体工程完工进入运行管理期后，枢纽管理区环境管理的主要目标是保证工程在正常运行过程中的有关环境因素符合环境保护标准。

一、环境管理体系

施工区环境管理体系由管理、实施、协助和咨询机构组成。

(一)环境管理模式

为保证小浪底工程施工区环境保护工作的顺利实施,小浪底建管局于1993年成立资源环境处,负责小浪底工程施工区环境保护工作。1994年初,根据世界银行的要求,小浪底建管局聘请环境和移民方面的专家组成环境移民国际咨询专家组,定期对小浪底工程环境保护和水库移民安置工作进行检查和咨询。1994年10月,小浪底移民局成立。1994年底,小浪底移民局聘请有关专业机构分别承担环境监测、地震预报预测、水情预报、卫生防疫等工作。1995年10月,小浪底移民局委托黄委会设计院组建的环境监理队伍进驻施工区,开展环境监理工作。1998年,根据世界银行环境专家的建议及环境监理的要求,小浪底承包商及施工单位相继建立完善了各自的环境保护工作部门,即在现场经理部设置环保办公室,指定专人负责环保工作,其中Ⅰ标3人、Ⅱ标3人、Ⅲ标2人、Ⅳ标2人。施工区环境管理体系见图8-3-1。

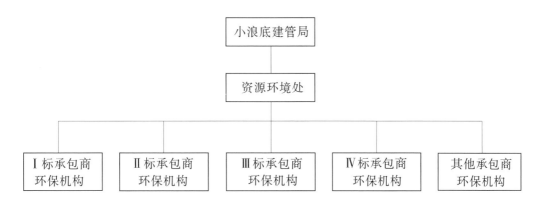

图8-3-1　施工区环境管理体系

(二)组织架构及职责

(1)业主。资源环境处代表业主全面负责制定施工区环境保护规定和措施,并负责施工区环境保护项目的组织管理、计划审定、监督协调工作。

主体工程完工后,小浪底工程进入运行管理期。2004年,资源环境处撤销,相应职能由枢纽管理区办公室承担。工程运行期间,资源环境处及枢纽管理区办公室制定了环境管理规划和配套制度,对责任部门的环境管理工作开展定期检查考核。

(2)环境监理。环境监理受业主委托,依据国家环保法律法规和工程合同条款,监督检查承包商环境保护政策的执行和环境保护措施的落实情况。施工区环境监理以合同方式委托黄委会设计院承担。环境监理通过日常巡视、检测、调查等手段,及时发现问题,并就有关事项同承包商协商,提出整改意见后,监督承包商及时实施。对于重大问题,环境监理向资源环境处报告,由资源环境处做出决策后交由环境监理监督实施。

(3)承包商。承包商是施工区环境保护工作的责任机构和执行机构,其职责是按照合同条款,全面开展各项环境保护工作,落实国家环保政策及法律法规,预防和减少环境污染,接受环境监理的日常监督和检查。对不符合环保要求的行为,按照环境监理下发的指令及时进行治理和整改,并将环境工作开展情况通过月报等形式上报环境监理。

(4)环境监测。黄河流域水资源保护局、小浪底咨询公司检测中心承担施工区环境监测任务,定期对施工区大气、噪声、地表水、生产废水、生活污水和生活饮用水、土壤等环境因子进行监测,为业主和环境监理防治环境污染提供决策依据。

(5)卫生防疫。黄河中心医院、小浪底建管局职工医院承担卫生防疫工作,主要进行鼠虫密度监测,并依照结果及时开展卫生防疫工作。

(6)地震监测。主要监测以小浪底库区为中心、半径150千米范围内的地震和爆破等活动。

(7)水文气象监测。水文水情监测及气象预报测报工作由黄委会水文局承担,2000年开始由小浪底建管局水力发电厂承担,主要为工程防汛提供及时的水文情报和信息。

(8)咨询专家。国际和国内环境专家对施工区环境工作的开展与实施情况进行检查,提出咨询意见和建议。

1998—2000年,随着小浪底主体工程建设进入尾声,小浪底建管局调整了部分工作的协作机构,改由小浪底咨询公司、职工医院和水力发电厂分别承担施工区环境监测、卫生防疫、地震监测等相关工作。

二、环境保护内容和区域

(一)环境保护内容

按照国家环境保护政策法规和世界银行的环境保护要求,施工区环境保护主要包括污染防治、公共健康保障、环境监测及地震监测等方面。具体内容有生活污水处理、生产废水处理、粉尘控制、噪声控制、固体废弃物处理、生活饮用水保护、体检、卫生防疫等。施工区环境保护主要项目见表8-3-1。

表8-3-1　施工区环境保护主要项目

项目	执行标准	监督方法	主要指标	责任方	说明
饮用水	《生活饮用水卫生标准》(GB 5749—85)	水质监测	细菌总数、大肠菌群、余氯含量	业主	业主委托黄河流域水资源保护局、小浪底咨询公司每年定期进行监测,同时要求承包商按有关规定自行监测,并每月向业主报送环境月报
生活污水	《污水综合排放标准》(GB 8798—1996)中污染物最高允许排放浓度一级标准	水质监测	酸碱度(pH)、浊度(SS)、石油类、氨氮(NH_3-N)、生化需氧量(BOD)、化学需氧量(COD_{Cr})	污水生产者	
生产废水	《污水综合排放标准》(GB 8798—1996)中污染物最高允许排放浓度一级标准	水质监测		承包商	
固体废弃物	按照有关固体废物处理标准回收,集中处理	巡视检查		废弃物生产者	
粉尘	《大气环境质量标准》(GB 3095—1996)	大气监测	可吸入颗粒物(IP)、总悬浮物(TSP)、二氧化硫(SO_2)、氮氧化物(NO_x)	承包商	
噪声	《建筑施工场界噪声限值》(GB 12523—1990)、《工业企业厂界噪声标准》(GB 12348—1990)	噪声监测	累积百分声级(L_{10}、L_{50}、L_{90})等效声级(L_{ep})		
卫生防疫	《动物鼠疫监测标准》(GB 16882—1997)等	鼠密度监测、蚊蝇密度监测		业主	黄河中心医院和小浪底建管局职工医院执行

（二）环境保护区域

1. 生活营地

施工区生活营地主要分布在桥沟河两岸、东山、桐树岭、连地、西河清等区域。生活营地产生的污染物主要是生活污水和生活垃圾。施工区生活营地分布及主要污染物类型见表8-3-2。

表8-3-2　施工区生活营地分布及主要污染物类型

地点	营地	主要污染物类型
桥沟河两岸	国际承包商Ⅰ、Ⅱ、Ⅲ标营地	生活污水和生活垃圾
	业主营地及办公区	
东山	东山Ⅱ标营地	
	其他分包商营地	
桐树岭	Ⅳ标营地	
连地		
西河清	Ⅰ标中方营地	

2. 施工场地

施工场地主要包括马粪滩料场、蓼坞工作场地、洞群系统、地下厂房、桐树岭工作场地、连地工作场地和留庄转运站。主要污染物有生产垃圾、生产废水、有害气体、噪声等。工作场地和施工现场主要污染物类型见表8-3-3。

3. 土石料场

会缠沟土料场占地10万平方米。石门沟石料场位于南岸石门村附近，与寺院坡土料场相邻，占地范围183.7万平方米。连地砂石料场和马粪滩砂石料场占地面积分别为252.7万平方米和106万平方米。土石料场污染物主要是粉尘和噪声。

4. 堆（弃）渣场

施工区共规划10个堆（弃）渣场，其中弃渣场4个，分别是赤河滩渣场、小南庄渣场、上岭渣场和槐树庄渣场。可重复利用堆坝的堆渣场均位于大坝下游，包括桥沟口堆渣场等。渣场的环境问题主要是渣土流失、植被破坏等。

5. 施工道路

施工区外线公路包括1号路和10号路。1号路南起310国道，在官庄与2号

表 8-3-3 工作场地和施工现场主要污染物类型

地点	场地名称	负责单位	主要污染物类型
马粪滩	马粪滩砂石料场	I标承包商	噪声、生产废水
	马粪滩工作场地		垃圾、废水、废油等
大坝	大坝填筑施工现场		噪声、粉尘等
连地	连地工作场地	II标承包商	噪声、生产废水
蓼坞	蓼坞工作场地	II标、III标承包商	垃圾、废水、废油等
留庄	留庄转运站	业主	垃圾和污水
洞群	洞群系统、地下厂房	II标、III标承包商	有害气体、噪声等
桐树岭	桐树岭工作场地	IV标承包商	生活垃圾和生活污水

路相连;10 号路东起留庄转运站,西与 9 号路相连。2 号、9 号路为施工道路,为便于道路维修,路面采用泥结石柔性路面。南岸 2 号、3 号、4 号、5 号路由I标承包商管理,北岸 6 号、7 号、8 号、9 号路由II标承包商管理。生活区通过支线公路与施工道路相连接。施工道路污染主要来自道路扬尘产生的大气粉尘污染和交通噪声污染(见图 8-3-2)。

图 8-3-2 泥结石柔性路面洒水养护

三、环境保护目标和措施

(一)目标

1996 年,小浪底建管局制定了施工区环境管理总体目标:一是确保工程建设符合环境保护的法律法规要求;二是以适当的环保投资将工程对环境所产生的不利影响减到最小或消除,实现小浪底工程建设的社会、经济、生态效益的统一。

在施工区环境管理总体目标基础上,资源环境处会同环境监理、环境监测等部门,结合环境评价要求和工作实际,围绕保护施工区、周边地区人群健康这一环境管理工作重点,制定了小浪底施工区环境管理具体实施目标:一是不降低工程影响水域的水质管理标准,保护珍稀物种的生存环境条件;二是保护周围居民的安全,增强人们自我保健意识和防病能力,完善疫情管理体系;三是治理传染源,减少疾病传播媒介及孳生地,防止传染病流行或地区性转移;四是减轻工程施工对施工人员和当地群众的影响;五是使生态得以恢复和改善。

(二)措施

1. 合同条款

根据小浪底工程环境影响评价和世界银行环境评估情况,小浪底工程把环境保护纳入到项目合同条款中,既对环境保护做出一般性规定,又对业主、承包商的义务做出具体要求,对施工人员的安全与健康也做出详细规定。对于固体废弃物处理,合同中规定,承包商应合理地保持现场不出现不必要的障碍物,合理处置任何设备和多余的材料,任何废料、垃圾或不再需要的临时工程应从现场清除。对于水土流失防治,合同中规定,承包商应避免现场道路、坡道或其他障碍引起洪水对植被的可能破坏;土料场开采时,应尽可能保留一个隔离水体的最小植被缓冲区;在开挖料场时移动的表土应妥善堆存。料场开采时及开采后,任何冲蚀应局限在料场区内。树木的砍伐、搬移或清理均不应超出为实施本工程所必需的范围。为了防止河道冲刷,规定非指定取料区的河床或岸边的卵石均不得取用。

2. 管理制度

1994 年 8 月 1 日,小浪底建管局召开环境保护工作会议,安排编写施工期环境工作手册。1994 年 8 月中旬,小浪底移民局委托黄委会设计院和黄河流域水资源保护局编写《施工期环境管理手册》。在经过向国际、国内专家咨询修改后，征求了以古纳为团长的世界银行检查团对《施工期环境管理手册》的意见。1995年12月，《施工期环境管理手册》印发执行。

1997年1月，在《施工期环境管理手册》的基础上，小浪底建管局先后制定《施工区环境卫生管理办法》及环境监理、环境监测、卫生防疫等具体规定。1998年9月，小浪底建管局印发了《小浪底施工区环境管理办法》和《小浪底工程施工区环境实施细则》。1999年，结合施工区环境管理实际，小浪底建管局对《小浪底工程施工区环境实施细则》进行了修订。

此外，小浪底施工区推行环境管理工作制度，主要包括环境例会制度、环境报告制度及函件往来制度等。

（1）环境例会制度。为了掌握承包商环境工作进展，及时解决环境工作中存在的问题，使有关信息得到及时反馈。1998年7月，在世界银行环境保护官员的建议下，小浪底施工区环境管理实行环境月例会制度。环境例会由环境监理主持，资源环境处、小浪底咨询公司安全部、小浪底职工医院、各承包商的环境管理人员及医务人员等参加。例会主要是审查、评议施工区（特别是各承包商）的环境保护工作状况，同时对环境监理在巡视、检查中发现的各标环境问题及时提出整改意见和通知，并对重大环境问题，达成一致意见后，形成会议纪要，以便落实执行。截至承包商退场，施工区共组织召开环境例会28次。

（2）环境报告制度。施工区环境报告主要包括承包商的环境月报、环境监理的监理月报、地震监测月报及各协助单位每半年一次的阶段评估报告、业主阶段进度报告。施工区环境报告见表8-3-4。

小浪底主体工程由国际承包商负责施工。根据中国政府和承包商签订的招标文件，承包商必须对本辖区内的环境保护工作负责。据此，Ⅰ标、Ⅱ标、Ⅲ标、Ⅳ标承包商及小浪底工程公司每月分别向环境监理工程师提交环境月报，汇报本标内的环境状况。截至2002年，承包商共提交环境月报153份，其中Ⅰ标33份、Ⅱ标32份、Ⅲ标34份、Ⅳ标28份、工程公司26份。

环境监理作为业主和承包商之外的第三方，监督、检查承包商的环境工作，进行定期或不定期的现场巡视，协调业主和承包商之间的关系，每月向业主提交1份环境月报。截至2002年，工程环境监理共提交环境月报68份。

黄河流域水资源保护局、黄河中心医院等协助单位每半年提交一份阶段报告或阶段工作情况,内容包括环境质量评估报告、环境监理阶段报告、卫生防疫总结等。

表 8-3-4　施工区环境报告

报告名称	月报(份)	进度报告(份)	年度总结(份)	备注
环境监理报告	68	14	8	
环境监测报告		12	8	按合同提交
卫生防疫报告		12	8	
地震监测报告	48	12	8	
水文水情预报报告		12	8	
Ⅰ标报告	33	5	3	
Ⅱ标报告	32	5	3	
Ⅲ标报告	34	5	3	
Ⅳ标报告	28	4	5	
工程公司报告	26	4	5	
资源环境处报告		13	8	

为了让世界银行代表团及国际咨询专家了解施工区环境进展情况,工程环境监理每半年编制一份环境进度报告,资源环境处每半年向咨询专家组提交一份主报告,内容包括半年内施工区内各环境管理单位工作情况。国际咨询专家通过现场考察和审阅业主、工程师的报告,编制咨询报告,提出对上阶段工作的看法及今后工作的意见。截至 2002 年,工程环境监理提交进度评估报告 14 份,资源环境处提交进度评估报告 13 份。

(3)函件来往制度。小浪底工程为国际招标工程,与工程管理相一致,环境管理以书面为依据,采取函件方式进行。环境监理通过下发问题通知单的形式向承包商反映现场监督检查过程中发现的环境问题,业主以发函形式明确环境管理有关规定和要求。截至 2002 年,环境监理下发书面整改通知 90 份。

3. 环境保护宣传

1996 年 6 月 5 日,结合世界环境日,资源环境处开展了大规模的宣传活动,采用电视、标语、条幅、宣传画、板报及图片展等多种宣传形式,在小浪底施工区的主要交通干道和主要生活营地进行环境保护宣传活动。1996年6月,资源环境处创办《环境简报》,面向施工区各单位主要介绍施工区环境保护措施的开展情况、环境工作信息及环境污染状况。1996年9月,针对8月施工区出现的3例乙型脑炎疫情,进行施工区卫生防疫知识宣传教育活动,以板报形式介绍施工区卫生防疫知识,并印发由资源环境处整理编写的《小浪底施工区卫生防疫知识手册》。1997年6月5日,资源环境处联合小浪底电视台、《小浪底工程报》专程采访了小浪底施工区中外建设者,并联合制作"七嘴八舌话环保"电视专题节目和《小浪底工程报》环境宣传专版。

四、环境监测

(一) 监测区域

小浪底建管局委托黄河流域水资源保护局、小浪底咨询公司检测中心承担施工区环境监测任务。

1994年7月初,小浪底建管局委托黄河流域水资源保护局对小浪底施工区环境状况进行调查。1994年7月9—15日,黄河流域水资源保护局组织40人,对施工区及部分施工影响区的环境质量进行调查,取得水、声、气、土壤等环境本底背景值937个。

1995年4月25日至5月1日,黄河流域水资源保护局布设30个监测点,对小浪底施工区及施工影响区的大气、噪声、水体进行全面监测,分析比较工程开工后小浪底环境质量变化情况,并以此为依据,结合小浪底施工的高、低峰期和黄河小浪底河段来水的丰、平、枯期,制订每年两次的小浪底施工区环境监测计划。1996年,按照世界银行咨询专家组建议,黄河流域水资源保护局对监测因子、监测点布设进行适当调整。

黄河流域水资源保护局通过野外采标、现场监测和室内分析化验等方式,每年两次对施工区地表水、生产废水、生活污水、空气、噪声等环境因素进行监测,及时发现和掌握施工区环境质量状况,为业主和环境监理采取控制措施和防治环境污染提供可靠依据。施工期间,共进行18次全面环境监测,提交环境监测报告18份。

根据污染源分布和工程施工进展情况,分别在施工区黄河干、支流河段和施工生产场地、生活营地等生产废水、生活污水产地布设水质采样监测点,对黄河水、生活饮用水(地下水)和生产废水、生活污水进行连续采样监测。针对施工期环境影响的特点,结合小浪底工程环境影响评价情况及污染源分布情况,将环境空气、环境噪声、地表水、河流底质、地下水水质、生产废水、生活污水、土壤等环境因子作为施工期环境监测的重要内容。

监测区域主要有蓼坞区、桥沟滩区、小南庄—桐树岭区、小浪底区、寺院坡区及其他。

(1)蓼坞区:分为黄河滩区和山岭区。黄河滩区面积约35万平方米,分布有Ⅱ标、Ⅲ标的生产场地;山岭区有Ⅱ标、Ⅲ标承包商的中方劳务营地。

(2)桥沟滩区:分为左、右岸滩区。右岸滩区分上、中、下三块,上块为Ⅰ标、Ⅱ标、Ⅲ标外籍人员的生活、办公营地;中块为业主职工医院、实习教学基地;下块为发电系统堆渣场地。左岸滩区分上、下两块,上块为业主管理区、办公楼和宿舍生活区,下块为业主汽车停放场地及综合服务楼等。

(3)小南庄—桐树岭区:为Ⅱ标中方劳务营地。

(4)小浪底区:面积约23万平方米,分布着大坝混凝土拌和系统、综合加工厂和一些辅助设施。

(5)寺院坡区:主要为土石料场。

(6)其他:包括槐树庄滩区渣场、连地、马粪滩混凝土骨料开采加工区、留庄转运站等。

(二)污染监测及防治措施

施工区的污染监测及防治措施涉及水污染、大气、噪声、固体废弃物处理四个方面,施工区污染防治措施见表8-3-5。

1.水质监测及污染防治

小浪底施工区水质监测主要包括地表水、地下水、生活饮用水水质监测及施工生产废水和生活污水监测;水污染防治重点是生产废水和生活污水处理。

(1)水质监测。

一是地表水水质监测。地表水水质监测点分布在陆地和黄河干流上。陆地监测点主要设置在施工生产区、生活区及办公区的排污口,每月对排污口污水酸碱度(pH)、浊度(SS)、氨氮(NH_3-N)、生化需氧量(BOD_5)、化学需氧量

表 8-3-5　施工区污染防治措施

项目	具体措施	监督方法	主要指标	频率	管理措施
生活污水	1. 建化粪池 2. 定期清理 3. 消毒	水质监测	酸碱度（pH）、浊度（SS）、石油类、氨氮（NH_3-N）、生 化 需 氧 量（BOD_5）、化 学 需氧量（COD_{Cr}）	每月 1 次	业主委托黄河流域水资源保护局、小浪底咨询公司每年定期进行全面监测，同时要求承包商按有关规定自行监测，并每月向业主报送环境月报
生产废水	1. 沉淀 2. 废油回收				
固体废弃物	1. 运送指定点 2. 集中处理	巡视检查		随时	
粉尘	1. 道路洒水 2. 营地洒水 3. 施工现场洒水	大气监测	可吸入颗粒物（IP）、总悬浮物（TSP）、二氧化硫（SO_2）、氮氧化物（NO_x）	每季 1 次	
噪声	1. 建隔音墙 2. 加隔音板 3. 其他	噪声监测	累积百分声级（L_{10}、L_{50}、L_{90}）等效声级（L_{ep}）		

（COD_{Cr}）及石油类进行 1 次监测。黄河干流监测点设置在背景断面（小浪底坝上）、控制断面（小浪底黄河公路桥）和削减断面（焦枝铁路桥下）。施工区黄河干流各地表水监测断面布设见表 8-3-6。

表 8-3-6　施工区黄河干流各地表水监测断面布设

	采样断面（点）	常测项目	监测频率
黄河干流	小浪底坝上、小浪底黄河公路桥、焦枝铁路桥下（坡头）	水温、pH、SS、DO、高 锰 酸 盐 指 数、BOD_5、NH_3-H、硫化物、挥发酚、氰化物、大肠菌群、细菌总数	常测项目每月 1 次，增设项目每半年 1 次

地表水水质监测因子主要包括:水温、酸碱度(pH)、悬浮物(SS)、化学需氧量(COD_{Cr})、生化需氧量(BOD_5)、硝酸盐氮(NO_3-N)、氨氮(NH_3-N)、非离子氨、挥发酚、汞、氰化物、六价铬(Cr^{6+})、铅(Pb)、总溶解固体(TSS)、氟离子(F^-)、石油类、可溶性总磷、碳酸根(CO_3^{2-})、碳酸氢根(HCO_3^-)、硫酸根(SO_4^{2-})、氯离子(Cl^-)、钾(K)、钠(Na)、钙(Ca)、镁(Mg)。

地下水水质监测:根据施工影响的特点和地表水与地下水补给关系,小浪底工程布设了地下水监测点。施工区地下水监测点布设见表8-3-7。

表8-3-7　施工区地下水监测点布设

测点名称	布设用途	监测项目	监测频率
桥沟	监控营地排污影响	pH、总硬度、全盐量、细菌总数、大肠菌群	每月1次
连地	监控生产排污影响	pH、总硬度、全盐量	
西河清	监控营地排污影响	pH、总硬度、全盐量、细菌总数、大肠菌群	
小浪底	监控坝基施工影响	pH、总硬度、全盐量、氧化物	
桐树岭	背景测点	pH、总硬度、全盐量、细菌总数、大肠菌群	

二是生活饮用水水质监测。为保障饮用水安全,小浪底建管局对施工区内不同供水系统和生活营地供水点进行现场监测。在水厂、蓄水池及管网末端设置13个测点,对细菌总数、大肠菌群、余氯等指标每月监测1次,对水厂每季度进行1次水质全指标分析。

采样点范围包括桥沟Ⅰ标、Ⅱ标、Ⅲ标外商营地,桥沟业主营地,东山中方营地,蓼坞水厂、蓼坞Ⅱ标工作场地,留庄转运站等。

生活饮用水监测因子主要包括:水温、pH、色度、浊度、挥发酚、氟离子、总碱度、总硬度、锰(Mn)、锌(Zn)、碳酸根(CO_3^{2-})、碳酸氢根(HCO_3^-)、硫酸根(SO_4^{2-})、氯离子(Cl^-)、钾(K)、钠(Na)、钙(Ca)、镁(Mg)、铁(Fe)、余氯、细菌总数、大肠菌群。

三是施工生产废水和生活污水排放监测。按照废水、污水采样技术规范,小浪底建管局分别在施工区段、工作场地、业主营地、承包商劳务营地的污水排放口采样监测。施工区内共设生产废水采样点 9 个、生活污水采样点 9 个。生产废水监测参数主要有水温、酸碱度(pH)、浊度(SS)、化学需氧量(COD_{Cr})、生化需氧量(BOD_5)、挥发酚、石油类;生活污水监测参数在生产废水的基础上增加氨氮。

按照《污水综合排放标准》(GB 8978—1996)一级排放标准要求,从监测结果看,生产废水在 1998—1999 年施工高峰期,由于生产废水和生活污水超出污水处理设施设计处理能力,生产废水的 pH 和浊度两项指标均超标,pH 为 10.4~11.6,属于较强碱性水质,浊度超标 1.4~76.5 倍,其他指标满足排放标准;生活污水中浊度、化学需氧量、生物需氧量、氨氮均有不同程度超标。

(2)水污染防治。

小浪底工程施工区水污染防治工作主要是对因工程建设活动而产生的水污染进行防治,重点是处理生产废水和生活污水。

一是生产废水处理。生产废水主要来源于砂石料生产、混凝土拌和、养护、罐车冲洗、机械车辆维修等。

混凝土拌和废水处理:混凝土拌和废水主要污染指标是酸碱度(pH)、浊度(SS),各标承包商均采用沉淀池进行两级沉淀处理。

车间废水处理:一般采取必要的设施对机修车间的废水进行处理。Ⅰ标采用隔油池处理方式。Ⅱ标利用油水分离器处理含油废水,先将含油废水经沉淀池除掉泥沙后再经油水分离器将水和油分离,排出废水,废油储存在油水分离器内,定期由人工收集处理。

洗车废水处理:洗车废水采用多级沉淀处理方式,先去除较大悬浮物,再由人工收集废油,池内淤泥定期清挖,废水通过沉淀池位于水面以下的管道排走。

洗料废水处理:对洗料废水采用循环利用方法进行处理。利用开采砂石料时留下的取料坑作沉淀池,池内渗出的水作为洗料水源,池内淤泥无须清挖,淤满后弃用。施工区生产废水处理见表 8-3-8。

小浪底工程运行期,生产废水主要来源于机械车辆维修和冲洗废水。对此,用油水分离系统进行油、水分离,废油回收,废水排出。

二是生活污水处理。施工区生活污水采用传统的化粪池和先进的一体化生化设备(B.T.S)两种处理措施,处理后的污水各项指标均满足《污水综合排放标准》(GB 8978—1996)中的一级标准。施工区化粪池情况见表 8-3-9,施工区一体化生化设备情况见表 8-3-10。

表 8-3-8　施工区生产废水处理

地点		废水类型	处理情况
Ⅰ 标	马粪滩反滤料场	洗料废水	经沉淀池处理后循环利用,多余的清水排入黄河
		洗车台废水	洗车废水的出水口建有 6 级沉淀池进行分级处理,过滤净化后排入黄河
	工作车间	含油废水	修建重型车间与轻型车间的排水渠道,使得含油废水经油水分离系统一次处理后排入洗车台的油水分离系统进行二次处理,处理设备完备
	坝基左、右坝肩	混凝土拌和废水	经沉淀池二级沉淀处理
Ⅱ 标	进、出口地区	混凝土拌和废水	修建有容积较大的沉淀池,废水经此处理,沉淀池每月清理 6 次
	蓼坞工作场地	含油废水	废水和含油废水经油水分离器处理,排污渠道每月清理 3 次,废油每周收集 1 次,油水分离器每天清理 1 次
	连地工作场地	洗料废水	洗料废水排到一个大水库中进行沉淀后再循环利用
	洞群系统	混凝土养护废水	经沉淀池处理
Ⅲ 标	蓼坞工作场地	混凝土拌和废水、洗车废水	经两个沉淀池的一、二级沉淀处理
		机修废水	含油废水用油水分离器进行处理

　　工程进入运行期后,枢纽管理区生活的人员数量减少,生活污水量将比施工期大幅度降低,水质和水量相对稳定,经过 9 台地埋式污水处理设备处理后达标排放。

　　2. 大气环境监测及污染防治

　　(1)大气环境监测。根据施工场地的分布和人群的生活环境状况,考虑区域气象条件,施工区布设6个大气环境监测点,主要布设在施工区段、交通车辆频繁区段和敏感目标区,具体地点在4号公路(西河清段)、9号公路(小浪底水文站)、马粪滩料场、小浪底坝址、蓼坞、业主营地。

表 8-3-9　施工区化粪池情况

地点		类型	数量(个)	实际容积(立方米)
连地		砖砌	9	39
桐树岭			5	12
东山			7	20
建管局营地	办公楼		4	20
			3	12.5
	小浪底宾馆 专家楼		6	40
	1号楼 综合楼		6	40
	综合楼		3	12.5
	医院		3	12.5
	配电房		2	6.75
	蓼坞邮电所		3	12.5
	司机楼 3号公寓楼		2	6.75
	2号、4号公寓楼		7	20
合计			60	254.5

大气环境监测因子主要包括可吸入颗粒物(IP)、总悬浮物(TSP)、二氧化硫(SO_2)、氮氧化物(NO_x)及有关气象因素等,监测频率为每季度1次。

1995—2001年,施工区大气环境监测取得监测日均数据156个。从大气环境监测结果看,施工区大气主要污染物是粉尘(IP和TSP),污染源主要分布在寺院坡、连地和马粪滩等砂石料加工场。监测结果表明,施工区大气污染与季节及施工环境有密切关系,大气中污染物的时空分布浓度变化幅度随季节和施工环境变化较大。施工高峰期,施工活动及交通运输产生的扬尘和废气较多,大气中污染物的检出浓度值增大,超标率也较高。施工区空气质量监测期日均值统计结果见表8-3-11。

表8-3-10　施工区一体化生化设备情况

地点		设备	运行情况	处理效果
Ⅰ标	外商营地	化粪池	经化粪池处理后经管道排入桥沟河,化粪池每月清理2次	出水水质基本符合要求
	中方营地		经化粪池处理后排入秦家沟,化粪池每月清理2次	
Ⅱ标	外商营地	B.T.S	经污水处理设备处理后排入桥沟河	各项指标均满足《污水综合排放标准》(GB 8978—1996)一级标准
	蓼坞工作场地		经污水处理设备处理后排入黄河	
	东山营地	化粪池 B.T.S	经化粪池处理后送入蓼坞工作场地中的污水处理设备再处理	
Ⅲ标		化粪池	经化粪池处理后排入桥沟河,化粪池每月由济源市坡头镇环卫所进行清挖消毒1次	BOD_5、COD_{Cr} 的监测结果曾有超标记录,承包商增加一台曝气设备后达标排放
业主营地			经化粪池处理后排入桥沟河,业主定期清挖化粪池	出水水质基本符合要求

(2)大气污染防治。粉尘是大气污染的主要物质,工程建设期间,施工区主要采取以下措施控制粉尘污染:改进石方开挖施工工艺,采取湿法钻孔,较大程度降低粉尘污染;施工区道路路面为泥结碎石结构,道路养护严格按照标书中技术规范的要求,承包商采取定期洒水措施,减少路面扬尘。根据大气监测结果,资源环境处督促承包商及时调整洒水频率;对粉体物质采用管道输送,并加强防泄漏措施。承包商按照合同要求对洞群系统粉尘和有害气体进行监测。Ⅲ标承包商对厂房每月监测2次,Ⅱ标承包商对洞群每天监测1次,发现超标情况,及时防护处理。

工程运行期间,大气污染主要来自周边公路,控制措施一般是进行道路洒水,减少路面扬尘。

表 8-3-11　施工区空气质量监测期日均值统计结果

监测时间	监测地点	IP	TSP	SO₂	NO_x	空气质量评价
		浓度范围(毫克/标准立方米)/污染级别				
1995年	桥沟	0.08/2	0.392/3	0.053/1	0.021/1	IP 多数为 2 级,个别为 3 级;TSP≥3 级;SO₂ 多数为 1 级,个别为 2 级、3 级;NO_x 为 1 级
	4 号路	0.12/2	0.46/3	0.221/3	0.03/1	
	9 号路	0.22/3	1.012/>3	0.047/1	0.107/1	
	坝址	0.094/2	0.59/3	0.066/2	0.055/1	
	寺院坡	0.07/2	0.44/3	0.039/1	0.013/1	
	连地料场	0.1/2	0.605/>3	0.021/1	0.032/1	
1996年	桥沟	0.02~0.06/2	0.06~0.07/3	0.008~0.019/1	0.007~0.02/1	IP 为 2 级;TSP 为 3 级,个别点为 1 级;SO₂、NO_x 为 1 级
	4 号路	0.07~0.16/2	0.622~4.039/>3	0.008~0.041/1	0.021~0.032/1	
	9 号路	0.08~0.74/2	0.246~0.867/3	0.007~0.014/1	0.03~0.093/1	
	连地	0.08~0.13/2	0.296~0.78/3	0.01~0.031/1	0.038~0.166/1	
	马粪滩	0.06~0.11/2	0.161~1.369/3	0.008~0.034/1	0.021~0.081/1	
	风雨沟	0.06~0.12/2	0.518~1.902/>3	0.008~0.017/1	0.07~0.103/1	
1997年	桥沟	0.06/1	0.291/2	0.028/1	0.03/1	IP 为 1~2 级;TSP≥3 级;SO₂、NO_x 为 1 级
	4 号路	0.07/2	0.855/>3	0.033/1	0.066/1	
	9 号路	0.1/2	0.96/>3	0.076/1	0.084/1	
	马粪滩	0.05/1	0.885/>3	0.048/1	0.054/1	
	连地	0.065/2	0.94/>3	0.032/1	0.069/1	
	风雨沟	0.085/2	0.75/>3	0.043/1	0.094/1	
1998年	桥沟	0.04/1	0.48/3	0/1	0.009/1	IP 为 1~2 级;TSP≥3 级;SO₂、NO_x 为 1 级
	4 号路	0.06~0.09/2	0.556~1.535/>3	0.021/1	0.013~0.05/1	
	9 号路	0.07~0.12/2	0.529~1.678/>3	0.025/1	0.035~0.087/1	
	坝址	0.07~0.09/2	0.362~0.672/3	0.011~0.02/1	0.01~0.034/1	
	马粪滩	0.06~0.08/2	0.463~1.22/>3	0.01~0.02/1	0.032~0.077/1	
	连地	0.07~0.13/2	0.548~1.114/>3	0.02/1	0.046~0.088/1	
1999年	桥沟	0.128~0.245/3	0.482~0.543/3		0.008~0.009/1	IP 为 3 级;TSP≥3 级;SO₂、NO_x 为 1 级
	4 号路	0.203~0.346/3	0.483~1.022/>3	0	0.008~0.011/1	
	9 号路	0.189~0.286/3	0.345~1.191/>3	0	0.004~0.007/1	
	坝址	0.126~0.433/3	0.412~1.204>/3	0.009~0.016/1	0.032~0.145/1	
	马粪滩	0.233~0.32/3	0.686~1.262/>3	0.003/1	0.005~0.024/1	
	连地	0.192~0.242/3	0.529~0.955/3	0.033/1	0.05~0.08/1	

续表 8-3-11

监测时间	监测地点	IP	TSP	SO$_2$	NO$_x$	空气质量评价
		浓度范围(毫克/标准立方米)/污染级别				
2000年	桥沟	0.154~0.771/3	0.519~1.279/>3	0.044~0.05/1	0.005~0.018/1	IP 为 1~2 级；TSP ≥ 3 级；SO$_2$ 为 1~2 级；NO$_x$ 为 1 级
	4 号路	0.364~0.779/3	0.559~1.525/>3	0.032~0.07/1	0.007~0.016/1	
	9 号路	0.162~0.785/3	0.426~1.443/3	0.092~0.15/2	0.046~0.076/1	
	马粪滩	0.252~1.426/>3	0.828~2.57/>3	0.054~0.068/1	0.012~0.032/1	
	坝址	0.392~1.239/>3	0.656~1.374/>3	0.033~0.066/1	0.033~0.069/1	
2001年	桥沟	0.094~0.2/2	0.116~0.27/2	0.013~0.054/1	0.003~0.04/1	IP 为 2 级；TSP 多为 2 级；SO$_2$ 为 1~2 级；NO$_x$ 为 1 级
	4 号路	0.058~0.48/2	0.43~0.59/3	0.055~0.134/2	0.007~0.037/1	
	9 号路	0.054~0.212/2	0.205~0.243/2	0.08~0.151/2	0.032~0.054/1	
	坝址	0.085~0.231/2	0.2~0.309/2	0.043~0.118/1	0.02~0.06/1	

3. 噪声监测及污染防治

小浪底工程施工区噪声监测主要包括施工交通噪声、区域施工环境噪声等。根据声环境功能区划分,噪声监测点主要布设在坝址、马粪滩砂石料场东南边界(河清村界)、连地砂石料场西边界、连地村边、9 号公路蓼坞段、4 号公路西河清段、蓼坞滩Ⅱ标和Ⅲ标工作场地交界处、风雨沟施工段、业主营地等。噪声监测因子主要有累积百分声级 (L_{10}、L_{50}、L_{90})和等效声级,并记录汽车流量。施工区昼间噪声典型监测结果见表 8-3-12,施工区夜间噪声监测结果见表 8-3-13。

施工区连续 6 年噪声监测表明,在小浪底工程施工期,业主居住区、办公区昼夜噪声均符合城市区域环境噪声标准 0~2 级;西河清Ⅰ标办公区及中方劳务营地昼夜噪声超过居住噪声标准;在Ⅰ标马粪滩砂石料场、Ⅱ标连地砂石料场场界、蓼坞工作场、大坝施工区、洞群入口等区域,昼夜施工高峰期间噪声均超国家限值;交通运输区噪声超交通干线环境噪声标准。一般情况下,白天噪声大于夜间噪声。

小浪底工程施工区主要噪声污染集中在Ⅰ标马粪滩砂石料场和Ⅱ标连地砂石料场和交通干道。其中,Ⅰ标马粪滩砂石料场和Ⅱ标连地砂石料场噪声源为固定声源;交通干道噪声源主要为交通运输车辆,为流动声源。

表 8-3-12　施工区昼间噪声典型监测结果　　［单位:分贝(A)］

监测地点	监测结果						环境噪声限值
	1996 年	1997 年	1998 年	1999 年	2000 年	2001 年	
业主驻地	52.3	53.5	54	47	51	55	居住区为60,交通道路为70,结构施工区为70,建筑施工区为75,土石方施工区为75,建筑生产区为70
4 号路西河清段	72	73	75	75	71	68	
风雨沟口	80	72	70	—	—	—	
9 号路水文站段	81	77	74	73	71	70	
马粪滩砂石料场	79	76	75	78	65	66	
连地砂石料场	76	75	76	76	72	72	
大坝施工区	—	—	77	76	72	70	
洞群出口区	—	71	67	70	78	78	
蓼坞滩工作场	—	72	78	75	70	67	
西河清工作场	—	—	73	72	70	—	

表 8-3-13　施工区夜间噪声监测结果　　［单位:分贝(A)］

监测地点	监测结果						环境噪声限值
	1996 年	1997 年	1998 年	1999 年	2000 年	2001 年	
业主营地	50	49	44	43	45	46	居住区为50,交通道路为55,施工区为55
4 号路西河清段	66	67	68	73	65	52	
风雨沟口	77	66	66	—	—	—	
9 号路水文站段	81	77	71	71	51	49	
马粪滩砂石料场	81	61	68	73	64	53	
连地砂石料场	71	75	71	75	55	53	
大坝施工区	—	—	71	68	51	51	
洞群出口区	—	67	65	62	75	77	
蓼坞滩工作场	—	72	70	68	66	53	
西河清工作场	—	—	70	69	66	55	

　　根据施工区环境噪声污染情况,小浪底建管局主要采取以下措施进行控制:一是选用噪声低的施工机械,或在施工机械上装消声装置;二是加强个人防

护,对现场人员发放耳塞、耳罩,在生活区植树造林,周围设置围墙等;三是加强环境监理监督,对施工区噪声污染较重的区域限期整改。

主体工程开工后,Ⅰ标马粪滩砂石料场和Ⅱ标连地砂石料场生产噪声对周边群众生产生活影响较大,Ⅰ标马粪滩砂石料场噪声主要是对周边的孟津县王良乡河清村小学造成了影响,Ⅱ标连地砂石料场对场界东侧和北侧的当地居民影响较大。1995年底,资源环境处就上述问题分别与Ⅰ标、Ⅱ标承包商负责人进行磋商。Ⅰ标、Ⅱ标承包商为此采取一系列降噪措施:Ⅰ标承包商采取加设泡沫隔音板措施;Ⅱ标承包商采取把筛分层里的部分钢筛换成塑料筛、包裹电机、换小型警报器、料场周界修建隔音单面砖墙等措施,取得一定的减噪效果,但仍不能满足要求。1996年6月,小浪底建管局、Ⅰ标承包商与当地政府协商达成协议,搬迁了受噪声干扰的河清村小学;1997年6月,Ⅱ标承包商与当地居民协商,采取部分经济补偿措施,解决了关于噪声污染方面的纠纷。

工程运行期间,噪声主要来自大坝泄洪。为此,在出水口、泄洪道周围种植树木以减轻对周围环境的影响。

4. 固体废弃物污染防治

施工区固体废弃物分为生产废弃物、生活垃圾和医疗垃圾3类。生产废弃物主要包括开挖弃渣、生产废料(如混凝土废料、废木料等)和废旧机械设施零配件等。生活垃圾包括工作人员日常生活产生的废弃物、化粪池沉淀物等。医疗垃圾主要是指承包商急救站、诊所和小浪底建管局职工医院产生的垃圾。小浪底建管局对不同固体废弃物提出相应的处理要求,由承包商或单位进行分类处理。

(1)弃渣。根据施工规划,一部分弃渣用于回采备料,其他弃渣用于填埋造地。

(2)生产垃圾。在工作场地车间放置足够的垃圾筒收集生产垃圾,能回收利用的送交废旧物资回收站处理,其余的集中送往小南庄弃渣场填埋。

(3)生活及医疗垃圾。施工区内的一般生活垃圾及时收集,运送到小南庄弃渣场深埋处理;含有病毒的医疗垃圾,经过焚烧或消毒后,再送往小南庄弃渣场深埋处理。

工程进入运行期后,固体废弃物主要是枢纽管理区的生活垃圾,处置措施是及时收集,运送到小南庄弃渣场深埋或就近送济源市垃圾处理场。对于含有病毒的医疗垃圾,经过简单焚烧后送往济源市垃圾处理场。

五、环境监理

(一) 监理机制

根据《世界银行第一期贷款环境评价报告》,环境管理实行监理制。1994年7月13—25日,小浪底建管局组织召开小浪底工程环境移民第一次国际咨询专家会议,会议就环境管理体系建立、环境监理机制、环境监测和卫生防疫工作开展等具体工作进行了商讨。会议结束后,小浪底建管局与黄委会设计院签订环境监理合同,并委托黄委会设计院编制《黄河小浪底工程环境保护措施实施进度评估报告》,评估总结1991年9月至1994年9月的环境保护实施情况,对存在的问题提出建议。1994年10月,环境监理工程师开展摸底调查,为正式开展监理工作提供本底资料。1995年8月,黄委会设计院编制完成《环境监理大纲》和《小浪底工程施工区环境污染源分布及环境保护措施图集》,为环境监理工作的正式开展奠定技术基础。

(二) 监理实施

1. 组织机构

小浪底工程环境监理实行环境总监理工程师负责制,在资源环境处的领导下开展工作。同时,按照世界银行贷款项目的国际惯例,结合小浪底工程管理实际,环境监理工程师挂靠在小浪底咨询公司总监办公室安全部,按照工程监理工作模式运作。

施工区环境监理的主要工作职责是检查红线范围内的所有区域可能存在的环境问题;对检查过程中发现的环境问题,及时向责任方发出整改通知,并落实整改结果;检查承包商对合同有关环境保护条款的落实情况。定期召开环境保护月例会,通报承包商对环境通知单的响应情况,安排下一步工作。每月向资源环境处提交工作月报,总结环境保护工作。每半年提交1份环境进度评估报告,供世界银行检查团和国际咨询专家审议。环境监理由11名专业人员组成,于1995年10月进驻现场开展工作,2002年结束。

2. 监理程序

1995年10月,小浪底咨询公司向承包商下发《关于施工区环境监理工作的实施意见的通知》,该通知进一步细化了环境监理工程师的责任与义务,赋予他们审查承包商提出的施工组织设计、施工技术方案和施工进度计划及进场施工机械设备的环保指标等权力;凡是与环境保护有关的单元工程验收必须由环境监理工程师签字确认。该通知还要求承包商配备专职环境管理员。

对于发现的环境问题,环境监理工程师首先口头通知承包商环境管理员,然后提出书面处理意见,经环境总监理工程师签发后下发至承包商。对于重大环境问题,特别是影响工程进度的环境事件,还须经工程总监理工程师签署意见后再下发承包商。工程总监理工程师发现施工中必须处理的环境问题,责令环境监理工程师提出意见。承包商收到环境问题处理意见后要及时整改落实,并将整改结果以书面形式反馈给环境监理工程师。对于要求限期处理的环境问题,环境监理工程师一般按期进行检查验收,并将检查结果下发承包商。环境监理与承包商之间的文件来往,通过安全部按照工程收发文程序进行管理。施工区环境监理工作关系见图8-3-3。

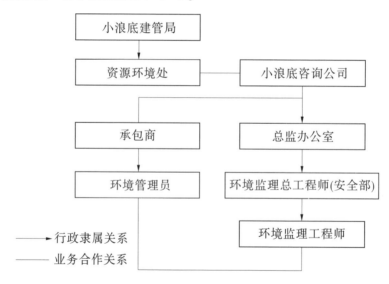

图8-3-3 施工环境监理工作关系

3.监理方法

环境监理工程师对施工区环境保护工作实行动态管理,工作方法主要有巡视、检测及监测、旁站、下发通知书、召开环境管理例会、定期和不定期向有关方面提交工作报告等。

(1)巡视。环境监理以巡视为主,配备必要的仪器设备。根据施工区污染源分布情况,环境监理工程师定期对施工区进行巡查(见图8-3-4),巡查过程中如发现环境污染问题,口头通知承包商环境管理员处理,然后以书面函件形式予以确认。对要求限期处理的环境问题,环境监理工程师按期进行检查验收,并将检查结果形成检查纪要下发承包商。

图 8-3-4　环境监理工程师检查污水处理设施

(2)检测及监测。环境监理工程师发现环境异常现象时,进行仪器检测,必要时提请小浪底工程建设检测中心或其他有资质的单位进行检测。

(3)旁站。对环境影响较大的工序及重要的环境事件整改过程采取旁站方式。

(4)环境管理月例会。实行环境管理月例会制度。例会由环境监理工程师主持,资源环境处、安全部、小浪底建管局职工医院、承包商环境管理员及其医务人员等参加。会议主要回顾环境管理基本情况,检查发现的问题,问题整改落实情况,并布置下一阶段工作。

(5)环境报告。环境监理工程师每月向业主提交环境月报,内容包括上月发现的环境问题及整改情况。每半年编制一份环境进度评估报告,向世界银行检查团及国际咨询专家组报告工作,内容包括世界银行检查团及国际咨询专家提出建议的执行情况,以及没有采纳建议的理由等。

自 1995 年 10 月开展施工区环境监理到 2002 年环境监理工作结束,环境监理推动了环境管理体系建立与完善,落实了各项环境保护措施。先后解决了水源井污染、生活饮用水水质超标、承包商生产废水排放、生活污水处理、料场噪声污染、粉尘污染、固体废弃物管理等问题。通过环境监理工程师的监督管理，承包商认真履行了合同约定的环境管理义务，水、气、噪声及固体废弃物等环境状况基本满足规范要求。

六、卫生防疫和人员健康保障

(一)卫生防疫

小浪底施工区卫生防疫工作主要指为防治虫媒传染病而进行的每年两次灭鼠和每年1次的灭蚊蝇灭虫害工作。小浪底施工区卫生防疫工作由黄河中心医院和小浪底建管局职工医院承担，其中相关卫生防疫工作以合同方式委托黄河中心医院承担。

1995年3月，黄河中心医院对小浪底施工区的鼠密度进行调查，发现施工区平均鼠密度达30.8%，超过国家行业的无害化标准。1995—1998年期间，黄河中心医院先后对小浪底施工区进行4次集中灭鼠防疫和两次灭蚊蝇工作。1998年5月，施工区卫生防疫工作改由小浪底建管局职工医院承担，承包商生产生活区域的卫生防疫工作由其自行负责。1998年8月，按世界银行专家建议，小浪底施工区的灭虫害工作建立密度监测制度，即每月对鼠密度、蚊蝇密度进行监测，发现密度超过标准时立即灭杀。2000年4—9月，在施工区内进行了大规模的灭蚊蝇和鼠类工作后，监测结果表明，施工区内的蚊蝇密度及鼠密度均符合国家爱卫会无害化标准要求。

1. 鼠密度监测及灭鼠

鼠密度监测采取粉片法和鼠夹抽查法相结合。粉片法：在调查场所撒布20厘米×20厘米的滑石粉片，间距5米；室内面积大于15平方米的撒布两片，第二天早晨发现爪迹和尾迹的为阳性，阳性片数占总布粉片数的百分比为鼠密度。鼠夹抽查法：在室外每隔5米放鼠夹1个，呈线状绕建筑物周围布放；室内每5~10平方米放鼠夹1个，诱饵为小块熟肉拌香油，以捕到鼠毛或鼠血为阳性夹数。小浪底施工区营地鼠密度监测结果见表8-3-14。

根据鼠密度监测结果，必要时及时进行消杀防治。通过定期消杀，使鼠密度保持在较低水平。1997—2000年，施工区每年春季进行1次灭鼠，将鼠密度控制在无鼠害标准(1%)以下，预防流行性出血热及鼠伤寒等鼠媒传染病的流行。同时，加强施工人员对鼠密度的防控工作，如完善住室防护功能等。

表 8-3-14　施工区营地鼠密度监测结果

监测时间(年-月)	布夹数(夹)	鼠密度(%)	说明
1995-04	250	30.8	灭鼠前
1995-05	250	1.4	灭鼠后
1995-11	257	10.1	灭鼠前
1995-12	292	0.8	灭鼠后
1996-04	307	7.5	灭鼠前
1996-05	310	0.6	灭鼠后
1997-03	299	7.02	灭鼠前
1997-04	289	0.692	灭鼠后
1997-11	342	5.03	灭鼠前
1997-12	360	0.83	灭鼠后
2000-03	245	5.71	灭鼠前
2000-04	250	0.8	灭鼠后

2.蚊蝇密度监测

蚊密度的监测采取人工小时法,蝇密度的监测采取蝇笼法。正常情况下每年7—8月进行1次灭蚊蝇,特殊情况进行突击消杀。

灭蚊蝇实施的范围是施工区生活营地,方法是室内滞留喷洒、室外速杀。室内喷洒的重点是室内走廊、墙壁、洗手间、垃圾堆放处等;室外喷洒的重点是花坛、草丛、水沟、食堂周围等地。小浪底施工区蚊蝇监测结果见表8-3-15。

小浪底工程进入运行期后,继续按月进行鼠密度和蚊蝇密度监测,一旦发现超标,及时进行灭杀。

(二) 人员健康保障

小浪底工程环境保护的最终目标,就是要保障施工人员和周边群众的健康安全。围绕这一目标,小浪底工程公共健康保障主要建立医疗卫生服务体系、保障饮用水水质、检疫体检、食品卫生监测、计划免疫接种、卫生防疫等措施。

1.医疗卫生服务

施工区卫生防疫由黄河中心医院、河南省卫生防疫站、小浪底建管局职工医院共同负责。小浪底建管局职工医院是施工区医疗、急救机构,为施工人员提供医疗和急救服务;承包商、中方单位自建医务室或卫生所,负责本单位的医疗自我保健工作。

表 8-3-15　小浪底施工区蚊蝇监测结果

地点	项目	灭前	灭后	标准
室内	监测房间数(间)	100	100	100
	阳性房间(%)	80	4	5
	房间平均密度(只/间)	8~10	3	3
食堂、餐馆、食品店	监测房间数(间)	50	50	100
	阳性房间(%)	20	2	1
办公室、居室	监测房间数(间)	100	100	100
	阳性房间(%)	20	2	3
	房间平均密度(只/间)	8~10	3	3

2. 饮用水水质保障

(1)饮用水水源保护。小浪底施工区采取大集中、小分散供水方式。为防止主体工程开工后可能对水源造成的污染,1995 年初,资源环境处会同有关部门清除了水源井保护半径内的修理厂、旱厕、违章建筑等污染源,加设水源井安全防护网,对水源地进行封闭管理,禁止外人随便出入。主要措施有:一是加高水源井,改变水源井周围地势;对不同的水源井,通过填土填渣,抬高水源井口地势 1 米以上,杜绝积水影响。二是明确水源井保护范围,清除影响物。对水源井加设安全保护网;对受干扰较大的水源井,确定保护半径,同时清理、拆除可能对水源井造成污染的建筑物及其他设施。三是对邻近的排污口进行规范,要求承包商对排污渠道进行硬化或改为管道式。四是对供水系统加强管理,规范泵站、水池的管理,严格要求进站的工作人员;对水泵站、水池加设围墙及池盖,由原来的敞开式管理改变为封闭式管理,确保供水水质和供水系统的安全。

(2)饮用水水质保障。饮用水水质直接关系到施工区工作人员的身体健康,也是国际工程中可能造成索赔的因素之一。为给施工区工作人员提供合格饮用水,小浪底建管局采取以下措施:一是购买必要的水质消毒设备。1995年,小浪底蓼坞水厂购买并安装了 SD-200 型和 SD-Ⅲ(SD-75)型两种型号的水电加氯消毒机,用于饮用水的加氯消毒。二是建立水质分析检测制度。水厂及其他水管单位每 8 小时分析一次管网余氯含量,每 24 小时对水质进行一次常规分析,每月对水质进行一次全面检测。三是建立水质监测检查制度。业主委托黄河流域水资源保护局定期对施工区的水质进行监测检查。四是承包商每天对所辖区域内的饮用水余氯含量进行监测,对有蓄水池的营地在水池出口处再进行加氯,以保证饮用水中余氯含量符合要求。

3. 检疫体检

根据小浪底各标段合同要求,进入施工现场之前,外方和中方人员必须递交健康证明书。小浪底主体工程开工后,各承包商每年对其中外施工员工进行一次体检。对新入境的外籍人员和中国籍人员的体检,由洛阳市卫生检疫局按照《中华人民共和国国境卫生检疫法》《中华人民共和国传染病防治法》《艾滋病监测管理的若干规定》等有关法律法规组织实施。

小浪底建管局每年对全体职工进行体检,其他单位按计划对相关人员进行体检。

4. 食品卫生监测

小浪底建管局一年两次对施工区营地职工食堂、小卖部的卫生环境、人员健康状况及食品的购进、储藏、保存、加工等进行现场监测,确保食品卫生,避免引起疾病。

5. 计划免疫接种

小浪底建管局根据具体情况,由职工医院统一筛选出对某种疾病的易感人群,然后接种相应的预防疫苗。

第四节　移民安置区与库区环境保护

在小浪底工程移民安置过程中,环境保护措施与移民项目建设同步实施。移民安置区与库区环境保护工作主要涉及移民安置村的环境保护、库底清理、卫生防疫与移民健康保障等方面。小浪底移民局先后制定《小浪底水利枢纽工程移民安置环境管理实施细则》《小浪底水利枢纽工程环境保护手册》等管理办法。各移民村推选兼职环保员,由小浪底移民局组织对其开展专业培训。为保证蓄水后的黄河水质、做好小浪底水库蓄水前的库底清理工作,小浪底移民局印发《水库库底清理办法》和《小浪底水库淹没影响区库底清理实施意见》,

保证了库底清理的质量。

一、环境管理体系

(一)组织机构

1994 年 10 月,小浪底移民局成立,下设资源环境处(简称移民局资源环境处),负责移民安置区和库区的环境管理工作。1995 年 6—9 月,小浪底移民局相继与黄委会设计院、黄河中心医院、黄河流域水资源保护局等单位签订环境监理、卫生防疫、环境监测等环境专业合同。1998 年,在世界银行专家的建议下,移民安置村明确了环保员,由环保员具体负责移民村的环境保护工作。小浪底工程移民环境管理体系见图 8-4-1。

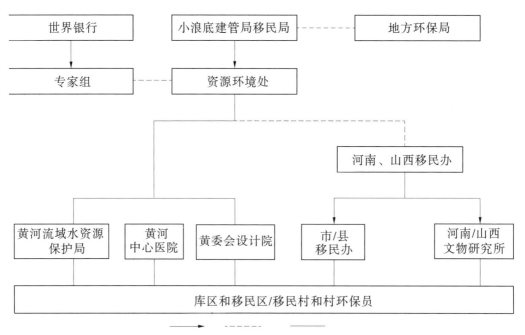

图 8-4-1　小浪底工程移民环境管理体系

移民局资源环境处全面负责移民安置区、淹没区的环境管理及各项环保措施的落实。受业主委托,黄委会设计院承担移民安置区、淹没区环境监理工作,负责监督、审查和评估移民安置区、淹没区的各项环保措施的执行落实情况。

黄河流域水资源保护局承担安置区移民安置村生活饮用水水质和环境质量定期监测工作。黄河中心医院定期对移民安置区人群进行健康抽查体检,对库区、库周和安置区的鼠、蚊蝇密度及疫情进行定期监测并采取消杀措施。

作为咨询机构,小浪底移民项目环境移民国际咨询专家组由小浪底建管局聘请的国际和国内环境专家组成,定期根据移民安置区环境工作的开展与实施情况,向业主提出中肯建议和改进方法。移民环境管理机构见表8-4-1。

表 8-4-1　移民环境管理机构

机构名称	设立时间 (合同时间)	隶属 单位	职责	人员 数量	说明
资源 环境处	1994 年 10 月	小浪底 移民局	全面负责小浪底移民安置区、淹没区环境保护工作的开展和实施	3 人	
移民环境 监理机构	1995 年 7 月	黄委会 设计院	监督检查承包商环境保护政策的执行和环境保护措施的落实情况	12 人, 6 组	
移民环境 管理机构		洛阳、济源、三门峡、运城等地人民政府	根据法律法规落实环保政策,向 300 个移民村提供合格的环境和公共卫生设施,改善移民的生活条件和卫生条件,防止疾病传染,确保移民身体健康		每村设置 1~2 个专职 环保员
环境监测 机构	1996 年	黄河流域 水资源 保护局	进行水、声、气、噪、土壤的监测	40 人	
卫生防疫 机构	1998 年	黄河中 心医院	进行鼠虫密度监测,并依据监测结果及时进行消杀	6 人	

地方政府移民机构是环境保护工作的执行机构,主要任务是依据法律法规落实环保政策,向 300 个移民村提供合格的环境和公共卫生设施,改善移民的生活条件和卫生条件,防止疾病传染,确保移民身体健康。

(二)管理程序

移民安置区环境管理工作程序采取自下而上和自上而下两种方式。自下而上是由安置移民的村或乡的环保人员填写环境月报表,总结移民安置过程中和安置后环境改善状况及出现的环境问题,每月填写一次,由各级移民机构逐级报送给环境监理和小浪底移民局。自上而下是指环境监理工程师根据移民工程进展情况，直接到移民安置点巡视检查环境保护措施的执行情况、存在问题、下一步计划解决的问题及其途径和方法，然后向小浪底移民局报告，小浪底移民局再通过省级移民机构逐级落实。

二、环境保护目标和措施

（一）环境保护目标

小浪底移民环境管理重点是通过宣传提升移民群众环境保护意识、移民村环境设施建设与管理及库底清理等三方面工作。移民安置村的选点、规划、建设和管理，直接决定和影响移民搬迁后的环境质量与生存状况。各安置点要具有稳定的地质条件和良好的供水条件。移民村的供水、供电、排水、道路等均进行统一设计，为移民提供可供选择的房型设计图纸，为移民村提供学校洗手池、村建垃圾池（场）、户用双瓮厕所等有关环境设施设计图纸。除执行当地卫生部门组织的各项虫媒杀灭和防疫活动外，小浪底移民局还委托专业机构，对移民和安置地的群众连续进行抽样监测、体检、区域疫情调查、虫媒监测及消杀工作。迁建和新建移民企业，按照中国的基本建设程序逐级报批，履行有关环境保护法规并接受地方环境保护部门的审批和监督。淹没区环境管理的重点是库底清理工作。

（二）环境保护措施

1994 年 9 月，环境移民国际咨询专家组第 3 次会议审查通过了小浪底移民局编写的《小浪底水利枢纽工程环境保护手册》，该手册于 1995 年 2 月开始实行。为了落实《小浪底工程淹没处理及移民安置设计大纲（试行）》和《信贷协议》中的环境保护条款，小浪底移民局又制定了《环境管理实施细则》，提交环境移民国际咨询专家组第 7 次会议审查后印发执行。《环境管理实施细则》对移民实施过程中的各类环境问题做了详细规定，其中包括供水及水质监测、厕所的建造与管理、卫生防疫、鼠蝇蚊密度监测及杀灭、固体废弃物处置、道路建设、村内外排水、环境绿化美化等内容。为保障移民群众的身体健康，黄河中心医院编印了《移民卫生防病知识宣传手册》。为规范卫生厕所的建造和管理，小浪底移民局编印了《双瓮厕所手册》。

借鉴施工区环境管理经验，将环境监理月报、环境监测评估报告、卫生防疫报告及阶段工作报告制度应用于移民环境管理工作中。

为了规范移民村环境管理工作,根据咨询专家鲁德威格的建议,小浪底移民局建立移民环境月报制度,编印"移民村环境月报表",通过河南、山西两省移民办和环境监理工程师发放到每一个移民村,规范环境监测、管理及信息反馈制度。

三、移民安置村环境保护

移民安置村环境保护措施包括绿化、供水和排水设施管理、垃圾收集与处理、学校校舍环境保护措施、厕所及粪便管理、医院诊所日常管理等方面。移民新村建立环保员制度,其主要职责为:

(1)生活饮用水加氯消毒,并对漂白粉投放量和余氯测试结果做出书面记录。

(2)协助村委会推广双瓮厕所。

(3)督促、协助村委会完成村内排水沟加盖工作,定期对排水沟进行检查,如发现堵塞现象,应及时进行疏浚。

(4)定期对垃圾池和垃圾场进行检查,检查垃圾处理是否符合要求。

(5)定期对学校进行检查,引导学生养成便后洗手的习惯。

(6)定期到医院、诊所了解传染病发病情况,分析发病情况与周围环境有无关系。

(7)引导群众选择合适的树种进行植树造林。

(8)根据当月环保工作实施情况按时填写环境月报表。

(9)及时向村委会反映工作中存在的问题,督促尽快解决。

(10)配合环境监理、环境监测和卫生防疫人员共同搞好环保工作。

(一)绿化

移民安置村绿化主要以村庄周围和主、支街道为绿化地带。当地移民部门新增植树造林等绿化面积,人均达到3.5平方米,绿化投资来源于库区零星树木补偿费。温孟滩移民安置区是这项工作的典范。为了抵御洪水、风沙等自然灾害,当地移民部门加大了植树造林力度,拿出专项资金,购买树苗,号召移民植树造林。每个移民安置村植树1万~7万株,栽种树种主要为三倍体毛白杨,地方政府采取幼树承包到户的方法,给承包户发放林权证,做到责、权、利三结合,提高树苗成活率。

(二)饮用水保护

移民安置村生活饮用水全部采用地下水,通过深井—水塔—用户的方式集中供水。移民安置区采取的水质保护措施有:一是保护水源井,水源井周围30米范围内不设生活居住区,不修建厕所、渗水坑,不堆放垃圾、粪便及饲养禽畜;二是在水源井的保护范围内,不使用工业废水或生活污水,不使用持久性或剧毒性农药,以防取水井周围含水层受到污染;三是水源井设置井台、井栏及排水沟,防止雨水、污水流入。饮水加氯消毒,采用漂白粉或漂白精片消毒。

(三)污染防治

1. 生活污水处理

移民安置村生活污水采取直接排入存放垃圾的渗坑或用以灌溉农田两种方式处理。对于采用集中式供水到户系统的,因用水方便而用水量增加,污水量也随之增加,一般设有下水管道将洗涤及厨房污水送入渗坑,以免脏水四溢,污染周围坏境。

2. 生活垃圾无害化处理

移民安置村生活垃圾的处理方式主要有回收利用、堆肥、填埋处理三种。移民村内建垃圾池临时堆放垃圾;村外择地设垃圾堆放场,定期清运填埋。大多数移民村镇以村规民约的方式对村内的垃圾堆放地点、清理时间做了明文规定,一般每日定时收集清理一次。

医疗点、卫生所、医院等处的医用垃圾进行焚烧处理后送往垃圾场填埋。

3. 粪便无害化处理

小浪底移民安置村对粪便采取无害化处理,明令禁止使用单池厕所,大力推广使用双瓮厕所,同时,提倡使用水冲式厕所。

河南省移民安置村双瓮厕所普及率达48%,其中开封、原阳、温县等县(市)普及率均超过70%,有些村普及率达到100%。济源、孟津、新安等县(市)推广程度较低,不足30%,特别是济源市和新安县的移民安置村,双瓮厕所普及率仅为11%。山西省垣曲县双瓮厕所普及率为40%。

4. 学校环境卫生

移民安置村大部分新建学校中,凡是集中供水的都通自来水,大部分在厕所附近建设了洗手池。不能保证24小时供水的村,在学校修建小型蓄水池等蓄水设施,以保证学生真正能够养成"便后洗手"的卫生习惯。学校公共厕所按照《双瓮厕所手册》中推荐的三格式化粪池进行修建,鼓励使用水冲厕所。移民村学校采取水冲式厕所、三格式卫生厕所和单池厕所。

5. 迁建、新建企业污染防治

移民新建的较大企业主要集中在义马市。迁建、新建企业,严格执行国家关于环境保护设施与主体工程同时设计、同时施工、同时投入使用的"三同时"政策,将环境保护落实到迁建、新建过程中。利用移民资金新建的义马火电厂装机容量 2×2.5 万千瓦,该电厂的《环境影响报告书》由黄河水资源保护科学研究所编制完成,并于 1997 年通过河南省环保局审查。1998 年 12 月,第二台机组投产发电,日发电量 100 万千瓦时。电厂污染物主要为废气和粉煤灰,粉煤灰通过管道排入灰厂,经沉淀后废水排入涧河;1 号灰厂设计使用年限为 30 年。灰厂外排水水质由洛阳市环境监测站和三门峡市环境监测站负责监测。1997 年,安置移民的河南兴邦药业有限公司委托三门峡市环境保护科学研究所编制了《环境影响报告表》,1997 年 8 月通过三门峡市环保局审批。

四、卫生防疫与健康保障

小浪底移民安置区的卫生防疫工作由黄河中心医院承担,河南省卫生防疫站协助,主要任务是定期对移民进行跟踪抽样体检,同时定期监测库周、安置区的鼠密度和蚊蝇密度,必要时采取消杀措施。

疫情调查及卫生防疫自 1996 年开始,2001 年结束,先后开展 3 次疫情调查、6 次健康抽检,进行 4 次灭鼠、3 次灭蚊蝇活动。

1996 年,黄河中心医院对小浪底库区、库周及移民安置区进行 3 次疫情调查,并以此为依据,制订小浪底移民卫生防疫工作计划。1998 年,小浪底工程开始进行移民安置区鼠密度、蚊蝇密度监测,并根据水库蓄水情况,及时调整库区监测点。1999 年,开始每年对移民安置村及周围的样本村进行一次健康体检。

(一) 疫情监测

1996 年 6—9 月,黄河中心医院组成 15 人的小浪底项目组开展疫情调查,对库区、库周及安置区 1985—1995 年间,河南孟津、新安、渑池、陕县、义马、济源、原阳等 7 县(市)的甲、乙类传染病进行了调查。1996 年 9 月 15 日,黄河中心医院向小浪底移民局提交了《小浪底水利枢纽工程疫情调查报告》。调查表明,小浪底水库淹没区、库区及移民安置区的流行疾病基本相同,未发现有甲类传染病,但存在某些虫媒、鼠媒及肠道、呼吸道传染病,威胁移民身体健康。1985—1995年国家法定传染病21种,在小浪底库区、库周和安置区传染病发病率的构成中,肠道传染病发病率占89%,自然疫源性疾病发病率占5.86%,呼吸道传染病及其他疾病发病率占5.32%。肠道传染病中,肝炎、痢疾发病人数分别占总发病人数的32.04%、54.94%。1996—1997年国家法定传染病24种,在库区、库周和安置区传染病发病率构成中,痢疾、肺结核、肝炎三种传染病发病率占97.18%,其中痢疾发病率占35.34%,肺结核发病率占34.12%,肝炎发病率占27.72%,肺结核为新监测疾病,发病率较高。1998年和2001年,黄河中心医院在1996年调查的基础上,对库区、库周和安置区的疫情进行了动态跟踪调查。

(二)蚊类及鼠密度监测

1. 蚊蝇密度监测

黄河中心医院于1997—2001年对库周的蚊蝇密度进行了监测。结果表明,蚊蝇类年平均密度分别为13.6只/小时、13.4只/小时,与开工前预评阶段的自然密度(24.7只/小时)接近。

2. 鼠密度监测

1998—2001年,黄河中心医院对库区、库周和安置区移民新村及安置区样本村进行了鼠密度监测。结果显示,随着水库蓄水面积增加,库周和安置区样本村鼠密度逐年增大;因安置区移民新村开展了灭鼠活动,同期鼠密度比安置区样本村小。安置区及库周鼠密度监测见表8-4-2。

表8-4-2　安置区及库周鼠密度监测

年份	库周鼠密度(%)	安置区移民新村鼠密度(%)	安置区样本村鼠密度(%)
1998	6.5	3.4	6.4
1999	7.6	5.3	6.7
2000	7.2	5.6	6.9
2001	8.6	7.9	10.0

（三）健康监控

小浪底移民局分年分批对移民进行健康抽查,对传染病的发病和人群免疫力进行监控,指导移民安置区的卫生防疫工作。

1998 年 8 月,小浪底移民局委托黄河中心医院对安置在温孟滩区的温县龙渠村的一期移民 702 人进行了健康普查。普查结果显示,腹泻的患病率高达 13.1%,位居第一;蛔虫患病率 7.8%,位居第二,儿童蛔虫患病率高达 65%;肝炎患病率 6.7%,位居第三。乙肝患病率高,有乙肝免疫抗体的人群仅占 24.5%,易感人群占 69%。

1998 年 11 月,黄河中心医院对安置在新安县塔地新村的一期 253 名移民进行了移民搬迁前后的集体健康状况对比体检。体检结果表明,移民搬迁前后发病率有所改变,主要是肠道传染病类,如乙肝、腹泻、肠虫病等发病率都有升高的迹象,无法定传染病暴发现象。

1999 年 6 月和 1999 年 10 月,黄河中心医院对温县龙渠村和新安塔地新村(含当地后峪村)进行了第二次跟踪体检。与 1998 年的体检结果比较,温县龙渠村腹泻的患病率升高 20%,肝炎患病率升高 2%,有乙肝免疫抗体的人群只占 30%,52% 的易感人群需要加强乙肝免疫。新安县塔地新村(含当地后峪村)安置两年来无法定传染病的暴发流行,1999 年传染病的单病发病率明显低于 1998 年,痢疾的发病率由 4.3% 降至 0.44%,腹泻发病率由 16.99% 降至 5.72%,乙肝的发病率由 9.88% 降至 6.60%,肠虫病的发病率由 16.60% 降至 6.60%,乙肝易感人群由 1998 年的 72.3% 降至 50.0%。

（四）公共卫生保障

1. 保健体系

小浪底移民安置村设立基层卫生防病医疗机构,90% 的移民安置村设置一个以上的诊所。原有 12 个乡(镇)卫生院随迁,在恢复原规模的基础上,积极争取多方面的补助投资和集资,得到了进一步完善和发展。大部分安置区距县、乡卫生院在 5 千米以内,有的移民村还与县医院联合办医,如温县仓头村与温县人民医院联合成立仓头村移民医院。

2. 体检

为避免各种传染病在移民、本地居民及外来人口之间传播,小浪底移民局对安置区移民采用健康抽检监控制度,每年对移民的 1%～5% 进行一次体检抽查,发现疾病患者立即隔离。

1998—2001 年,小浪底移民局委托黄河中心医院对温县龙渠村、新安县塔地新村等移民进行了抽查体检和跟踪体检。1998—2001 年移民健康体检见表 8-4-3。

表 8-4-3　1998—2001 年移民健康体检

时间	地点	体检人数
1998 年 8 月	温县龙渠	702
1998 年 11 月	新安塔地	253
1999 年 6 月	新安后峪	484
1999 年 6 月	温县龙渠	384
1999 年 10 月	新安塔地	227
1999 年 10 月	新安后峪	215

3. 免疫接种

小浪底移民局联合地方防疫部门,对调查及体检出的易感人群及时发放预防药物和接种。

4. 灭鼠、灭蚊蝇

为监控库区、库周虫媒传染病,黄河中心医院每年对安置区各移民点进行两次集中灭鼠活动和一次集中灭蚊蝇活动。1998—2001 年,黄河中心医院对库区、库周的蚊蝇和鼠密度进行监测,并进行灭鼠、灭蚊蝇工作。

五、环境监测

移民安置区和库区环境监测对象包括生活饮用水、环境大气和噪声。小浪底移民局委托黄河流域水资源保护局承担环境监测工作。移民环境监测于1995 年开展工作,监测方式分常规监测、临时性的抽检和跟踪监测。常规监测主要是定期对安置区移民生活饮用水和库区地表水水质进行采样、分析、评价等;临时性的抽检和跟踪监测主要是根据环境管理工作的需要或常规工作计划之外,以及在意外事件发生时根据需要随时委托进行,其目的是保证和配合移民项目环境管理工作的开展,监督检查库区、安置区有关小浪底水库水质和移民生活的基本环境质量,并就重大问题的决策提供科学的评价依据。

(一)饮用水水质监测

1. 监测范围

饮用水水质监测范围为移民安置区所涉及的河南、山西两省 12 个县(市) 262 个移民安置点的饮用水水源。

2. 监测项目及频率

根据《水质监测规范》(SD 127—84)规定和移民安置区水环境特点及监测目的,在参照国家《地面水环境质量标准》(GB 3838—88)和《生活饮用水卫生标准》(GB 5749—1985)的基础上,选择监测项目及监测频率,对移民安置区突发性环境污染事故,实施不定期动态跟踪监测。

移民安置区饮用水水质监测结果表明,移民安置区水质 95%以上符合饮用水水质标准。从区域分布看,黄河南岸处在黄土丘陵高岗地区的新安、渑池、陕县、义马、孟津和北岸西端的山西垣曲移民安置区,土质黏重,地下水位较深,绝大多数村周围无污染源,生活饮用水水源井的水质一般都较好;而地处黄河北岸地势较低平区域如济源部分安置村、孟州、温县、原阳及平原区中牟、开封等地,由于受地形、土壤、地质的影响,水质次于前者。

(二)大气质量与噪声监测

1. 大气质量监测

考虑移民安置时间、安置人口的分布、移民村周围环境及交通状况等因素,小浪底移民局选择 9 个移民安置村为代表监测点。各监测点一次性连续监测 3 天,每天采样 5 次。环境空气监测结果表明:移民安置区二氧化硫(SO_2)、氮氧化物(NO_x)污染相对较轻,对人群健康不会产生影响;监测期,总悬浮物(TSP)、可吸入颗粒物(PM_{10})污染现象较明显,这主要与北方气候干燥有关,监测期天气晴朗,又逢多日未降雨,空气湿度低,容易扬尘。另外,也同各监测点周围环境存在一定关系。譬如,新安大章村紧临 310 国道,周围有电厂、水泥厂、化肥厂等企业;垣曲城南安置区位于城郊新修环城公路路边,道路两旁和安置区周围尚未实施绿化,且周围还有炼焦厂等企业;温县麻峪村坐落在温孟滩区,村内土质为沙土,道路未硬化,村周没有绿化林带,一有风即起尘。总的结果表明,在城郊、工厂密集区、交通要道附近,移民安置村的污染相对较重,主要是受工业废气、人群活动影响;其他移民安置村污染较轻。移民安置区环境空气监测成果见表8-4-4。

表8-4-4 移民安置区环境空气监测成果

采样地点	监测因子日均浓度范围(毫克每立方米)			
	TSP	PM_{10}	NO_x	SO_2
清河村(孟津)	0.26~0.42	0.12~0.21	0.021~0.033	0.021~0.037
大章村(新安)	0.35~0.70	0.20~0.36	0.053~0.078	0.074~0.138
荆村(渑池)	0.11~0.17	0.05~0.09	0.021~0.035	0.010~0.021
麻峪村(温县)	0.22~0.52	0.13~0.26	0.024~0.039	0.012~0.029
盐东村(温县)	0.14~0.29	0.06~0.11	0.015~0.032	0.015~0.027
陈湾村(孟州)	0.18~0.30	0.07~0.13	0.014~0.020	0.020~0.030
西沃村(孟州)	0.18~0.36	0.05~0.12	0.024~0.037	0.022~0.041
白沟村(济源)	0.10~0.24	0.08~0.12	0.017~0.031	0.019~0.034
山西垣曲城南	0.30~0.39	0.18~0.30	0.034~0.055	0.021~0.052

2. 环境噪声监测

为调查移民安置区的声环境质量现状,在济源、孟州、温县、新安、孟津、渑池和垣曲7县(市)选取9个移民安置区(村)作为调查监测对象。监测结果表明,孟津县清河村昼间噪声值为71分贝或68分贝,夜间为62分贝或58分贝,都超过昼间55分贝、夜间45分贝规定标准。该村距开洛高速公路较近,村南头距离高速公路只有50余米,公路上行驶的车辆是其主要噪声源。夜间公路上有车辆过往时,其噪声影响休息,后经移民部门和当地政府部门协商,在移民村南头紧靠高速公路旁修建了隔音墙,基本解决了噪声污染。新安大章村距离310国道有150余米,且坐落在山坡上,交通噪声对其影响不大,该村昼间、夜间噪声值都不超标。其他代表村周围无任何企业,且又远离交通干道,移民村的噪声值都在规定标准内。综合分析移民安置区的声环境质量还是比较好的。移民安置区昼夜环境噪声监测结果见表8-4-5。

表8-4-5 移民安置区昼夜环境噪声监测结果 ［单位:分贝(A)］

监测地点	等效声级值(分贝)	
	昼间	夜间
清河村南(孟津)	71	62
清河村中(孟津)	68	58
大章村(新安)	51	44
荆村(渑池)	53	44
麻峪村(温县)	50	43
盐东村(温县)	49	44
陈湾村(孟州)	54	45
西沃村(孟州)	52	41
白沟村(济源)	52	43
山西垣曲城南	54	45

六、安置区环境监理

(一) 监理职责和内容

1. 监理职责和范围

受小浪底移民局委托,黄委会设计院承担了小浪底工程移民安置区的环境监理工作,组建环境监理部,负责环境监理日常工作的开展。根据地域分布和行政隶属关系,下设6个监理小组,负责所管辖区域的环境监理工作。移民环境监理工作于1996年开始,2002年结束。

移民环境监理主要职责是检查监督移民安置过程中环境保护措施的落实情况,指导移民环保员搞好移民村环境保护,及时指正解决环境隐患,确保移民机构为安置移民提供一个安全、可靠、舒适的生活环境。

环境监理的工作范围为小浪底库区已搬迁及正在建设的移民安置点、乡址、迁建企业,涉及河南省开封市、中牟县、原阳县、温县、孟州市、济源市、孟津县、新安县、渑池县、陕县、义马市和山西省垣曲县、夏县、平陆县14个县(市)。

2. 监理内容

环境监理规划阶段的工作内容主要是检查移民安置规划中是否考虑下列

环境保护措施:

(1)安置区水源地建设,水质必须符合卫生部《生活饮用水卫生标准》(GB 5749—85),水量必须满足移民人口增长和经济发展要求。

(2)工矿企业及移民村的规划选址应避开生态敏感区如甲状腺肿大等地方病高发区,以及古遗址。

(3)为移民工程而计划兴建的工矿企业或灌溉工程,必须按照环保程序和环保法规要求,开展环境影响评价工作,提出相应的环境保护措施。

(4)移民机构必须为移民提供环境教育服务,使他们了解环境保护的有关规定及移民在公共协商中的地位与作用。

实施阶段的工作内容主要是监督、审查、评估移民规划实施中环境保护措施的落实情况。移民规划的实施包括生产开发、居民点建设和基础设施建设,所涉及的项目有工业、农业、学校、道路、居民点等。

(二) 监理实施

根据移民项目管理的特点,移民安置区的环境监理工作方式以定期巡查为主,平均每季度对各个移民安置点巡查一次。环境监理过程中,对移民安置区存在的环境问题,由环境监理工程师分析其产生的原因,指出危害,提出防治措施。涉及的一般环境问题以通知单的方式发到市、县移民机构,重大问题发文到省移民局(办)。

移民安置区环境监理工作关系见图 8-4-2。

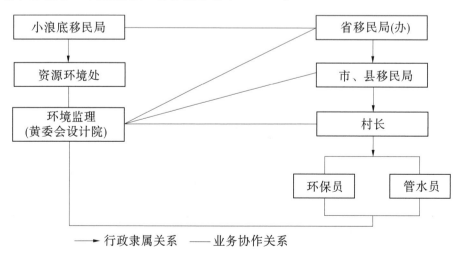

图 8-4-2 移民安置区环境监理工作关系

移民环境监理主要开展的工作如下：

（1）协助村环保员编写环境月报。环保员和环境监理重视环境月报的作用，环境月报的编写、审阅和书面批复成为了解、督促、整改环保工作的一项重要渠道和有效方式。

（2）协助做好环保培训工作。结合移民环保工作实际情况和需要，分别于1998年3月、1998年12月和2000年4月、2002年9月举办4期移民村环保员技术培训班，监理工程师积极地参与培训教材的编写和授课。培训班讲授的内容包括：世界银行对移民环境保护工作的要求；环境监理和移民村环境月报填写示范；生活饮用水加氯消毒和现场余氯监测方法；双瓮厕所的建造和管理；移民村卫生防病知识等。

（3）协助做好卫生防疫工作。协助黄河中心医院按计划开展体检、鼠密度和蚊蝇密度监测等卫生防疫工作，使有关部门掌握了移民搬迁前后的人群健康状况。

（4）协助做好环境监测工作。协助黄河流域水资源保护局按计划对饮用水和水库水质进行监测，为有关部门提供水质监测变化的第一手资料，在掌握和控制水质变化、加强水资源保护工作方面起到了重要作用。

（5）督促建成饮用水加氯达标系统，建设学校洗手池，推广双瓮式厕所，建立垃圾无害化制度等。

截至2002年5月环境监理工作结束，移民环境监理下发环境问题通知书近50份，审查移民村环境月报近400份，提交阶段报告18份，参与组织村环境保护员培训4次，编写培训教材2份，发现并督促解决了移民村的双瓮厕所改造问题；发现并督促移民部门合理解决移民村的排水问题及垃圾处理问题；督促移民部门协同高速公路管理部门解决了高速公路附近移民安置点的噪声污染问题。

七、水库淹没区环境保护

（一）库底清理

库底清理是水库淹没处理环境保护的重要措施。小浪底库底清理与移民搬迁同步实施，2002年6月完成分阶段验收，2004年1月完成竣工初步验收，验收相关内容参见第七章"征地移民"中第九节"征地移民验收"。

1.清理范围和要求

小浪底库底清理范围为 276 米高程(正常蓄水位 275 米加 1 米风浪爬高)以下的面积约 277.8 平方千米。清理项目包括建筑物的拆除与清理、卫生清理、林地清理、秸秆清理、硫黄矿清理等专项清理和特殊项目清理。

1996 年,小浪底移民局组织有关部门编制了库底清理实施意见,明确了清理工作的组织、范围、内容、费用和验收程序,对库底清理做了严格的规定和要求。

(1)污物清除与消毒。垃圾及被污染的土壤,采取农业生产积肥运出库外或通过深翻、掩埋等措施使其达到自体净化,无使用价值的就地挖开、摊平,利用日光暴晒,使其逐步无害化。厕所、医院、牲畜圈、垃圾场、粪堆及沼气池等的污物,除结合积肥运出库外进行利用和处理外,在库内清理时配合进行药物消毒,在蓄水前 3 个月挖开推平暴晒,使其早日腐化、自净,再用适量生石灰消毒,污水坑用净土填平夯实,杂草枝桠就地烧毁后用生石灰消毒后深埋。

(2)建筑物卫生清理。库区内所有的房窑、附属物均拆除并推倒摊平,不能利用的易漂浮的废旧料就地焚烧;所有电力、通信、广播线路电杆等均应拆除放倒;对库区妨碍行船的防护堤、河坝进行炸毁或拆除,其残余高度不得超出地面 0.5 米;考虑到黄河多泥沙的特点,水库蓄水后,库区内的水井、地窖、矿井、涵洞等很快能被淤填,因此不必进行清理。对污染源地,仍采取必要的措施进行清理,但对于水库消落区内的水井、地窖、隧道、人防工程、矿区的井巷等地下建筑物,根据地质情况和水库综合利用的要求,采取封堵和覆盖等清理措施;对产生病原菌性(细菌、病毒、寄生虫卵等)污物的公共设施,如医院、卫生所、屠宰场等场所,除按上述方法处理外,对于受污染的场地、土壤及墙面等使用漂白粉进行严格消毒。

(3)坟墓消毒。按照库底清理方法的规定,坟龄小于 15 年的,必须迁出库外或就地烧毁,每一坑穴用 0.5~1 千克漂白粉或生石灰消毒处理;对坟龄在 15 年以上的坟墓,可视当地习惯而定,如不迁,必须将墓碑推倒、坟头摊平;埋葬传染病死亡者的墓地和病畜埋葬场,在当地卫生部门的指导下进行清理和消毒处理。

(4)林木清理。对成片林地及零星树木,砍伐并运出库外,其残留树桩不得超出地面 0.3 米;对于可以利用的木材,全面运出库外利用;对于可以移植的果树,移出库外种植;对利用价值不大,又不便于运出库外的秸秆、枝桠、树梢、藤条及灌木等易漂流的材料,在水库蓄水前就地焚烧。

(5)专项清理。对具有严重污染的工矿企业、医院、传染病院、兽医站等原址和堆放有毒物质的场地,由专业人员协助,按照环保、卫生部门的有关规定进行清理或处理。

对小浪底库区内残存的大量硫黄矿,由于硫黄矿遇水后会产生毒性很高的水体污染,影响人体健康,按照黄河流域水资源保护局的处理意见,予以挖坑掩埋,上覆50米以上净土夯实。

(6)特殊项目清理。其他特殊项目的清理,按库底清理办法的规定,根据水库蓄水运用和库区综合开发利用的要求做特殊清理。

2. 库底清理实施

为搞好小浪底库底清理工作,小浪底建管局、移民局,河南和山西两省各级政府与移民机构分别成立库区清理领导小组,按照"广泛宣传,深入发动,分级负责,分片包干,责任到人"和《水库库底清理办法》《小浪底水库淹没影响区库底清理实施意见》的要求,各县(市)根据各个时期蓄水高程,由环境和卫生部门进行库区卫生处理消毒技术指导,培训专业队伍严格实施库底清理。

(1)180米高程以下库底清理。小浪底库区180米高程以下的库底清理范围涉及河南省洛阳市新安、孟津两县及济源市的37个行政村、1个乡政府所在地、17个乡镇外单位、234个工矿企业和省属第四监狱。清理工作于1997年6月底展开,8月底全面结束。180米高程以下库底共清理各类建筑物、地面附着物及硫黄炉等有毒物质堆存地66.22平方千米(不含水域和荒地面积),投入72 950工日、机械2 363台班。

(2)180~215米高程区间库底清理。小浪底库区180~215米高程区间的库底清理涉及范围为河南省济源市、孟津县、新安县、渑池县和山西省垣曲县5个乡(镇)政府所在地、51个移民村及工矿企业等其他项目和单位,总面积105.7平方千米,清理内容与180米高程以下的库底清理相同。

(3)215~235米高程区间库底清理。小浪底库区215~235米高程区间的库底清理涉及范围为河南省济源市、孟津县、新安县、渑池县的2个乡(镇)政府所在地、20个行政村及相关的工矿企业和其他项目,总面积33平方千米,清理内容与180米高程以下的库底清理相同。

（4）235～265 米高程区间的库底清理。小浪底库区 235～265 米高程区间的库底清理涉及范围为河南省的济源市、孟津县、新安县、渑池县的 20 个行政村及相关的工矿企业和其他项目，总面积 17.1 平方千米；山西省垣曲县的 13 个行政村及相关的工矿企业和其他项目，总面积 12.4 平方千米，清理内容与 180 米高程以下的库底清理相同。

（5）265～275 米高程水位区间库底清理。小浪底库区 265～275 米高程区间的库底清理涉及范围为河南省的济源市、孟津县、新安县、渑池县和陕县的 26 个行政村及相关的工矿企业和其他项目，总面积 11.88 平方千米，清理内容与 180 米高程以下的库底清理相同。

（二）库区水质保护

1995 年，小浪底建管局委托黄河流域水资源保护局编制完成《小浪底水利枢纽工程水资源保护及环境监测系统设计报告》，对水质监测范围、监测断面选择、监测项目的确定及信息化建设等方面进行详细设计。

1. 水质监测信息系统

（1）水质监测站网运行。小浪底水质监测站网由 13 个常设水质监测断面组成，委托黄河流域水环境监测中心开展运行管理，负责实施水质监测、资料汇编和信息入网等工作。1997 年 3 月，小浪底水质监测站网投入运行。

（2）环境监测信息系统。该信息系统利用计算机、网络信息及地理信息等技术手段，以小浪底水库的水质监测资料为基础，进行数据收集、分类、处理。

2. 地表水水质监测

地表水水质监测覆盖区域包括移民安置区亳清河、西阳河、逢石河、大峪河、畛河、板涧河等重要支流及黄河干流。在上述干、支流共设置监测断面 8 个，小浪底水质监测网断面、监测项目及监测频率见表 8-4-6。

3. 蓄水初期水质监测

蓄水初期，小浪底建管局委托洛阳市环境监测站进行两个月的水质监测，1999 年 10 月 28 日开始。取样点按 3 个断面布设，即上游西沃乡断面、库中断面和坝前断面，按水位分 3 个阶段进行：10 月 28 日至 11 月 15 日为第一阶段（连续监测阶段），对库区可能的污染物硫化物进行每天连续监测，中期又新增硫酸盐类和化学需氧量（COD_{Cr}）、生化需氧量（BOD_5）、酸碱度（pH）、氨氮、非离子氨、石油类、溶解氧（DO）和高锰酸盐指数（COD_{Mn}）等相关污染因子的检

表8-4-6　小浪底水质监测网断面、监测项目及监测频率

断面名称		河流名称	常测项目	增测项目	监测频率
黄河干流		黄河	水温、酸碱度(pH)、浊度(SS)、溶解氧(DO)、高锰酸盐指数(COD_{Mn})、化学需氧量(COD_{Cr})、生化需氧量(BOD_5)、氨氮(NH_3-N)、硝酸盐(NO_3^-)、二氧化氮(NO_2)、挥发酚、氰化物、砷、氟化物、硫化物、六价铬、镉、铅、铜、大肠菌群、细菌总数	总氮、总磷、有机农药、多环芳苯系物	2次/年
黄河支流	解村	板涧河			
	清河口	逢石河			
	仓头	畛河			
	竹园	大峪河			
	古城	亳清河			
	槐坡	西阳河			
移民安置点饮用水水源			色度、酸碱度(pH)、总硬度、挥发酚、氟化物、铜、锌、砷、镉、铅、细菌总数、大肠菌群		

测;11月15日至12月15日为第二阶段,该阶段每3天对所有污染因子进行1次检测;12月15—31日为第三阶段,每7天进行1次全面监测。3个阶段共进行27次监测,提交分析(测量)结果报告单18份、分析数据165个、分析报告3份。

由于新安县西沃乡原乡址为新安硫黄冶炼窑和尾矿、矿渣等集中堆积区,因此选择硫化物和硫酸盐作为主要监测因子,并同时选择化学需氧量(COD_{Cr})、生化需氧量(BOD_5)、酸碱度(pH)、非离子氨、高锰酸盐指数(COD_{Mn})、溶解氧(DO)和石油类作为监测因子。

从监测结果来看,库区各点位硫化物的测定结果均为未检出,而且硫酸盐的超标率均为零,说明库区尚未受到硫化物污染。所监测的10种污染因子中,化学需氧量(COD_{Cr})各点位的平均值超标,其中西沃点位超标率为66.7%,坝前超标率为81.3%,说明化学需氧量(COD_{Cr})为库区的主要污染因

子。另外,超标率较高的还有生化需氧量(BOD$_5$),超标率为6.3%,说明库区水质污染为有机污染。库区主要污染因子化学需氧量在西沃、坝前点位都呈上升趋势。这种上升趋势在坝前表现尤为突出,说明库区可能正在受到工业废水的污染。而高锰酸盐指数(COD$_{Mn}$)和生化需氧量(BOD$_5$)随时间推移的变化趋势不明显,说明库区受高锰酸盐指数(COD$_{Mn}$)和生化需氧量(BOD$_5$)污染程度较轻。蓄水初期监测结果见表8-4-7。

表8-4-7 蓄水初期监测结果

监测点位	监测项目	硫化物	化学需氧量(COD$_{Cr}$)	生化需氧量(BOD$_5$)	高锰酸盐指数(COD$_{Mn}$)	石油	氨氮	非离子氨	酸碱度(pH)	溶解氧	硫酸盐
小浪底坝前	监测次数	30	16	16	16	16	16	15	19	15	18
	平均值	未检出	19.3	2.26	4.32	未检出	0.288	0.015	8.16	7.95	139.38
	最小值		11.0	0.56	2.77		0.06	0.001	7.90	6.11	101.17
	最大值		29.8	4.36	5.38		0.507	0.036	8.60	11.10	169.14
	检出率(%)	0	100	100	100	0	100	100		100	100
	超标率(%)	—	81.3	6.3	0	0	—	20.0	5.3	0	0
	最大超标倍数	—	1.0	0.1	0	0	—	0.8	—	0	0
新安县西沃乡黄河河道	监测次数	6	6	6	6	6	6	6	6	6	4
	平均值	未检出	18.0	2.20	4.44	未检出	0.294	0.018	8.33	8.30	128.69
	最小值		11.7	1.19	4.04		0.102	0.003	8.10	6.92	103.49
	最大值		11.2	3.45	4.65		0.502	0.038	8.50	9.07	167.59
	检出率(%)	0	100	100	100	0		100	—	100	100
	超标率(%)	—	66.7	0	0	0	—	33.3	0	0	0
	最大超标倍数	—	0.4	0	0	0	—	0.9	0	0	0

4.水质跟踪监测

2000年10月中旬至2004年3月,小浪底移民局委托黄河流域水资源保护局对库区水质连续进行水污染跟踪监测。监测断面布设为:三门峡坝下断面、西沃断面、石井河断面、长泉断面、南长泉断面、狂口断面、小浪底坝上断面、孟津桥断面、沁蟒河口断面、伊洛河断面和花园口断面等11个断面。三门峡坝下为进入小浪底水库、了解来水状况的水质监测断面;西沃至小浪底坝上为库区蓄水区间水质监测断面,其中西沃至狂口段,因主要为新安硫黄冶炼窑和尾矿、矿渣等集中堆积区,所以断面布设密集,其他均为观察断面。监测项目主要有:硫化物、化学需氧量(COD_{Cr})、生化需氧量(BOD_5)、酸碱度(pH)、氨氮、砷、汞、氟化物、铜、高锰酸盐指数(COD_{Mn})和铅等。2000年11月25日,黄河流域水资源保护局提交了《小浪底水库蓄水水质跟踪监测报告》。

水质跟踪监测结果表明,2000年10月水库蓄水初期,库区水体从感观看,水体污染较重,水上漂浮物多,水较浑浊,颜色发灰,但有些化学指标监测值并不太高。库区污染源被淹没浸泡后,浸出的污染物质在未达到稳定前,随浸泡时间延长而污染物的浸出量增大,如11月库区水污染相对加重,到12月水库蓄水量增加,水质状况好转;2001年1—3月库区水位下降,水污染程度又有回升。监测结果表明,随水库运行方式,在不增加新污染源的情况下,库区水质污染不会加重。

第五节　水土保持

小浪底工程水土保持作为环境保护的重要内容,与工程建设同步进行,结合工程特点和进度,小浪底建管局组织制定了水土流失防治总体规划,并采取多种措施,积极预防和治理工程施工造成的水土流失(见图8-5-1)。水土保持项目于1991年开始实施,到2001年底基本完成。共完成综合治理面积1 405公顷,治理渣场7个,治理率达到95%。水土流失强度控制在国家允许范围内。拦渣率达到96.6%,弃渣得到有效控制。

小浪底施工区大力开展绿化工作,截至2002年4月,施工区林草植被面积已达5 545.54公顷,林草植被率从原来的10%提高到66.1%,营造出"四季有花、一年常绿,秋季有果、冬天有景"的生态景观。2002年6月,小浪底工程水土保持项目通过由水利部组织的专项验收。

图 8-5-1　坝后弃渣场整治及水土保持

2002 年转入工程运行期之后,根据规划,小浪底建管局不断提升枢纽管理区生态品质。截至 2011 年 12 月,枢纽管理区绿化面积达到 7 432 亩,共有植物 177 种,苗木 376.8 万株。

一、规划设计

小浪底工程水土保持工作分为三个阶段。第一阶段为初步治理阶段 (1991—1998 年),主要是针对工程施工可能产生的大面积水土流失进行山体混凝土护坡、削坡开级、挡墙砌护、排水沟砌筑等工程措施防护;第二阶段为水土保持总体规划阶段(1998—2001 年),主要是根据国家有关法律规定,对小浪底水利枢纽管理区进行水土保持和园林绿化总体规划;第三阶段为全面落实阶段(2001—2002 年),主要是开展园林绿化美化,并采取工程措施与植物措施相结合方式,全面开展水土保持综合治理工作。

2000 年,小浪底建管局委托黄委会设计院编制了《黄河小浪底水利枢纽工程管理区工程地表整治防护规划报告》(简称《地表整治规划》),并经水利部批准。

在《地表整治规划》的基础上,小浪底建管局委托黄委会设计院进行水土保持方案大纲及报告书的编制。2001 年 4 月,黄委会设计院编制完成《黄河小浪底水利枢纽工程水土保持方案大纲》(简称《大纲》)。2001年4月19日,水规总院在小浪底工地主持召开了《大纲》评审会。根据评审意见,黄委会设计院对《大纲》进行了修改完善。2001年8月,水利部主持召开了《黄河小浪底水利枢纽工程水土保持方案》审查会,2002年4月1日,水利部对该方案进行批复。

水利部批复的水土保持方案总投资11 469万元,其中有10 216万元列入地表整治规划中,新增投资1 253万元。

小浪底工程水土保持范围包括施工区和影响区两部分。施工区分为工程占压区、桥沟区、小南庄区、蓼坞区、槐树庄渣场区、连地区、马粪滩区、右坝肩区、土料场区和主要交通道路占区等,主要水土保持措施有挡土墙、工程护坡、排水设施、削坡开级、防渗处理、场地平整和硬化、覆土复垦和造林种草等。

在技施设计阶段,根据功能分区特点,小浪底建管局选择了黄委会设计院、上海园林规划设计研究院等单位参与设计。

二、防治范围及措施

(一)防治范围

根据《黄河小浪底水利枢纽工程水土保持方案》,小浪底工程水土保持防治责任范围为2 736公顷,其中施工区2 338公顷,影响区398公顷。

施工区是指小浪底工程征地范围内的区域,由永久占地、临时占地和库区淹没三部分组成,总面积2 338公顷。其中永久占地919公顷,包括桥沟区、东山营地区、蓼坞施工场区、东西河清区、马粪滩区、小南庄及桐树岭区、神树及寺院坡区、中部占压区等;临时占地922公顷,包括会缠沟黏土料场、前苇园土料场、寺院坡土料场、石门沟石料场、二标和三标炸药库、非常溢洪道南侧坡地、南沟沟口左岸坡地、桥沟河左岸管理区后山坡地、蓼坞东沟坡地、槐树庄渣场、连地砂石料场等;以及库区淹没497公顷。

影响区是指项目建设区以外,由于项目的开发建设活动而造成的水土流失直接影响的区域。包括小浪底工程移民安置区、集镇迁建区、专项设施建设区,总面积398公顷。其中,乡镇建设区131公顷、移民公路建设区267公顷。

小浪底工程进入运行期后,水土保持防治责任范围也发生相应的变化。小浪底水库正常蓄水位275米以下的责任范围随着水库蓄水、库岸再造稳定后不再产生新的水土流失;临时占地按计划逐步退还给地方政府,因此建设期922公顷临时占地不再属于水土流失防治责任范围。小浪底工程运行期的水土流失防治责任范围为918.93公顷。

(二)防治措施

小浪底工程水土保持防治措施按性质分为工程措施和植物措施两类,因地制宜、因害设防,不同地域各有侧重。对原地貌扰动程度较大、地表植被破坏严重,水土流失严重的区域,采取以工程措施为先导、生物措施为主的水土流失防治措施;对原地貌影响较小、地表植被破坏较轻、水土流失不严重的区域,采取以生物措施为主的防治措施;弃土弃渣区和料场开挖区采取以地表整治为主的水土流失防治措施。

1. 工程措施

工程措施主要有坑凹回填、场地平整、地表硬化、分级削坡、边坡防护、边坡排水及修筑挡墙、拦渣堤等。坑凹回填、场地平整方法用于施工区所有需要整治的地段,如道路两侧、料场区、渣场区;分级削坡、护坡工程主要适用于岩土质边坡及渣场、料场边坡修整防护,削坡坡比一般小于1:0.75,然后根据边坡条件,进行相应的喷浆护坡、浆砌石护坡及网格护坡;对于不稳定地段修建挡墙、拦渣堤进行局部拦挡,挡墙主要为混凝土结构,拦渣堤采用钢筋笼结构。

2. 植物措施

植物措施主要指根据区域性质而划分的,用不同林种进行造林种草的绿化活动。小浪底建管局以保护林木资源、优化生态环境为宗旨,以发挥水土保持功能为目标,对施工区进行了统一绿化规划,共规划了水土保持林、风景林、经济林和防护林等4种林种。山坡、渣场以水土保持林为主,主要有火炬松、侧柏、刺槐、黄栌、五角枫等树种。观赏区、生活管理区以营造风景林为主,采用多树种造林,主要有红叶李、雪松、银杏、水杉、垂柳等乔木树种;连翘、黄刺梅、常春藤等灌木及藤本植物;虞美人、三叶草、早熟禾、马尼拉草等草本植物。中部区以经济林为主,主要有梨、枣、葡萄、杏、石榴等树种。道路及雾化区进行防护林营造,主要选用黄杨、雪松、法桐及三叶草。

三、项目实施

小浪底水土保持项目采取与主体工程相同的管理模式,实行项目法人负责制、招标投标制和工程施工监理制。资源环境处代表业主全面负责水土保持项目;小浪底咨询公司作为监理单位,专门制定了监理规划、实施细则及相应的监理程序,并运用高新检测技术和方法,严格执行各项监理制度,对包括植物措施在内的水土保持项目实施质量、进度、投资控制。

设计代表常驻现场,加强了小浪底工程建设过程中的信息交流和现场服务,不定期巡视小浪底工程各施工面,发现与设计意图不符之处,及时通知监理工程师责令承包商改正,加快了设计问题处理速度,加强了现场控制力度,取得良好效果。

(一) 完成工程量

水土保持项目完成的主要工程量有:治理渣场 7 个,完成土石方 120 万立方米、钢筋石笼 3.2 万立方米、浆砌石 6.8 万立方米、干砌石 3.8 万立方米、网格护坡 5.6 万立方米;造林 447 公顷、植树 150.7 万株、种植草坪 36 公顷;复垦土地 319 公顷、平整土地 574.3 公顷。

(二) 弃渣治理

施工区弃渣存放量为 3 198 万立方米,实际回采利用 747 万立方米,弃渣量为 2 451 万立方米,总拦渣量 2 361 万立方米,拦渣率达到 96.6%。弃渣流失基本得到控制。

(三) 占压扰动土地整治

小浪底工程根据实际情况,对占压和扰动地表分区采取了适宜的水土保持措施进行整治。小浪底工程占压扰动地表整治见表 8-5-1。

表 8-5-1　小浪底工程占压扰动地表整治　　　(单位:公顷)

分区名称	征地面积	扰动面积	整治面积	治理率(%)	主要整治措施
工程占压区	350.1	350.1	332.6	95	场地平整、坝区硬化、排水、平整、护砌、绿化
桥沟东山区	104.5	104.5	104.5	100	护坡、平整、硬化、绿化
小南庄渣场区	61.7	61.7	43.1	70	护脚、平整、绿化
蓼坞区	108.4	108.4	103.0	95	平整、浆砌护坡、硬化、绿化
槐树庄区	100.3	100.3	95.3	95	平整、削坡、马道、排水、临河护砌、绿化、封育
连地区	342.3	171	101.9	60	场地平整、临河围堰

续表 8-5-1

分区名称	征地面积	扰动面积	整治面积	治理率（%）	主要整治措施
马粪滩区	155.6	106	100.0	94	施工场地平整、清渣、绿化、苗圃、围堰
右坝肩区	16.9	16.9	10.0	59	滑坡整治、平整、硬化、绿化
土石料场区	462.0	100	95.0	95	平整、绿化
交通道路区	98.4	98.4	93.5	95	场地平整、清理、平整、道路硬化、绿化、排水
其他	41.0	41.0	6.3	15	硬化、排水
合计	1 841.2	1 258.3	1 085.3	86.3	

（四）水土流失控制

小浪底工程通过实施水土保持方案，对水土流失区进行全面治理，植被生长良好，土壤侵蚀模数由建设高峰期的平均 7 700 吨每平方千米每年下降到 2002 年的 800~1 000 吨每平方千米每年，属于微度侵蚀，低于国家规定的流失量限值，水土流失控制率达到 95% 以上。

（五）种草植树

小浪底工程的生态恢复绿化美化工作与工程主体建设同期进行，1994 年春，小浪底建管局组织职工开展了绿化植树活动。1995 年，承包商进场后，对生活营区相继进行了绿化植树活动。1996—1998 年，小浪底建管局每年都进行一定规模的绿化工作。1999 年，结合小浪底工程生态恢复建设规划，小浪底建管局建成苗圃基地 100 亩，同时投资 200 多万元，完成出水口防护建设、种植修整草坪 5 亩。大规模的施工区绿化工作从 2000 年 11 月开始着手进行，根据《小浪底枢纽工程管理区生态绿化规划报告》，将施工区植树绿化任务分别承包给小浪底实业公司、小浪底工程公司、小浪底建管局行政处等 3 家单位承担。绿化植树在充分分析小浪底工程施工区土壤性质的基础上，按照"常绿与落叶相结合、灌木与乔木间插、以风景林为主"和"乔灌结合、针阔结合、花草结合"的原则，保留现有乔木和灌木，采用壮苗种植，对所有可绿、宜绿区域，选择景观树种、草种，以生态建设、植物造景为目标，营造出"四季有花、一年常绿、秋季有果、冬天有景"的生态景观。

截至 2002 年 4 月,小浪底工程施工区植树 150.7 万株,其中乔木树种 77.9 万株、灌木树种 72.8 万株;绿化面积 483 公顷(不含行道树),其中造林 447 公顷、草坪 36 公顷。对永久占地区采取了围栏等保护性措施,杜绝了樵采、盗伐、放牧、垦殖等破坏植被的活动,使原生植被得到充分恢复。2002 年 4 月,小浪底工程施工区林草植被面积已达 554.54 公顷,林草覆盖率从原来的 10% 提高到 66.1%。

（六）土地整治及生产条件恢复

小浪底建管局对施工临时占地按计划逐步退还给地方政府,并结合地方用地规划,做了平整、削坡、覆土、绿化等措施。对槐树庄弃渣场、连地砂石料场等高低不平的荒滩,平整为连片的可利用地;对寺院坡土料场、前莘园土料场等进行平整、覆土、植树绿化,面积达 189 公顷,恢复和增加了可利用土地和耕地。

（七）项目竣工验收

2002 年 3 月,小浪底建管局向水利部提交了水土保持项目竣工验收申请。2002 年 4 月 15 日至 5 月 31 日,受水利部委托,北京水保生态工程咨询公司组织,江河水利水电咨询中心参加,会同设计、施工单位的专业人员组成评估专家组,对小浪底水利枢纽工程的水土保持设施进行技术咨询和评估。

评估专家组分工程组、植物组、技术经济组、综合组,先后两次到工程现场,在抽查 4 个单位工程中的 12 项分部工程的基础上,通过审阅档案资料,现场询问调查,水土流失实地量测、观察等方法,对小浪底水土流失防治责任范围内的水土流失治理情况及水土保持措施功能进行了全面评估,并分别形成财务评估、植物措施评估、工程措施评估及综合评估等 4 个单项评估意见和总评估意见。

2002 年 6 月 23 日,根据小浪底工程水土保持评估情况,水利部组织有关单位和专家组成验收组对小浪底水土保持设施进行专项验收。2004 年 2 月,小浪底工程被水利部命名为"开发建设项目水土保持示范工程"。

第九章 工程验收

小浪底工程建设实行业主负责制、招标投标制、建设监理制和合同管理制。小浪底工程优先依据合同技术条款进行合同验收,并按照《水利水电建设工程验收规程》和在建项目相关行业验收要求进行验收管理,结合工程建设情况及验收规程修订情况,小浪底工程验收分为合同验收、阶段验收、专项验收、竣工初步验收和竣工验收。

小浪底工程合同验收按照合同技术规范进行,分为国际标工程合同验收和国内标工程合同验收。国际标工程合同验收分为工序质量检查与验收、中间完工验收、分标完工验收、缺陷责任期满验收;国内标工程合同验收分为单元工程验收、分部工程验收、单位工程验收、合同完工验收和缺陷责任期满验收。

小浪底工程阶段验收按照《水利水电建设工程验收规程》进行了前期工程、截流、蓄水和机组启动等阶段验收。

小浪底工程建设期间,在建项目行业管理进一步加强,要求专项工作在工程投入使用前进行专项验收。小浪底工程进行了水土保持、工程档案、工程消防、环境保护、劳动安全卫生等专项验收,以及征地补偿和移民安置竣工初步验收。

按照《水利水电建设工程验收规程》(SL 223—1999),在蓄水验收前对小浪底工程进行了蓄水安全鉴定,在竣工初步验收前对小浪底工程进行了竣工前补充安全鉴定,并于 2002 年 12 月进行了竣工初步验收;同时,根据工程初期运行情况和验收工作需要,对小浪底工程进行了渗控专题安全鉴定和初期运用技术评估;按照《水利工程建设项目验收管理规定》(水利部令第 30 号),对小浪底工程进行了竣工验收技术鉴定;在以上验收工作基础上,按照《水利水电建设工程验收规程》(SL 223—2008)。对小浪底工程进行了竣工验收。

第一节 合同验收

小浪底工程合同验收由小浪底建管局负责组织。小浪底建管局制定验收工作规定,组织成立验收组织机构,按照合同技术规范分国际标工程和国内标工程分别组织合同验收。

一、合同验收组织机构

为做好小浪底工程合同验收,小浪底建管局组织成立小浪底工程验收委员会。小浪底工程验收委员会下设验收委员会办公室,验收委员会办公室设立验收工作小组,分别负责各标不同层面的验收工作。

(一)验收组织机构

1997 年 8 月,小浪底建管局印发《国际标验收工作规定(局技〔1997〕5号)》(简称验收工作规定),组织成立小浪底工程验收委员会。验收委员会主任由小浪底建管局常务副局长陆承吉担任;副主任分别由小浪底咨询公司总经理(总监理工程师)李其友,小浪底建管局副局长王咸儒、总工程师曹征齐和黄委会设计院副院长林秀山担任;委员有小浪底咨询公司副总经理(副总监理工程师)陈中泉、魏小同,黄委会设计院副院长周荣芳,小浪底咨询公司办公室主任于仁春和 3 个国际标工程师代表部代表吴熹、刘经迪、李纯太等。

小浪底工程验收委员会下设验收委员会办公室。验收委员会办公室主任由小浪底咨询公司副总经理(副总监理工程师)陈中泉担任,办公室成员由小浪底咨询公司办公室副主任、工程技术部副主任、合同部副主任和 3 个国际标工程师代表部副代表等组成。

根据国际标验收工作需要,验收委员会办公室设立大坝标验收工作小组、泄洪标验收工作小组和发电标验收工作小组。验收工作小组组长分别由大坝工程师代表部、泄洪工程师代表部和厂房工程师代表部代表担任,成员由设计代表、地质代表、有关监理工程师等组成。1998 年 2 月,为满足机电安装标日常验收工作需要,成立机电标验收工作小组。机电标验收工作小组组长由机电工程师代表部代表担任,成员由设计代表、地质代表、有关监理工程师等组成。

(二)验收职责及分工

小浪底工程验收委员会负责指导小浪底工程验收工作。验收委员会办公室负责合同规定的各标中间完工验收、分标完工验收、单位工程验收、合同完工验收和缺陷责任期满验收。各标验收工作小组负责各标工程施工过程中日常验收,包括工序质量检查与验收、单元工程验收和分部工程验收。

二、国际标工程合同验收

小浪底工程主体土建工程实行国际招标,按照国际标合同技术规范进行合同验收。国际标工程合同验收主要包括工序质量检查与验收、中间完工验收和分标完工验收、缺陷责任期满验收。

(一) 工序质量检查与验收

承包商按技术规范和监理工程师批准的施工方法组织施工,同时做好工艺控制和工序质量自检工作。每道工序自检合格后,承包商报请监理工程师核查。监理工程师按照验收工作规定组织地质监理部、测量计量部等有关单位和人员,按合同规定的技术规范和标准进行核查和验收,签认检验和验收记录单。

(二) 中间完工验收和分标完工验收

根据小浪底工程总进度安排,按照各标工程特点和工程量,结合资源投入,在合同技术规范中,3个国际标工程分别制定各标中间完工日期和分标完工日期及其相应完成的工程内容,共计26个。其中:大坝标有4个中间完工日期和1个分标完工日期;泄洪排沙系统标有13个中间完工日期和1个分标完工日期;引水发电系统标有6个中间完工日期和1个分标完工日期。按照合同规定的技术规范,小浪底工程共组织了23个中间完工验收和3个分标完工验收。

中间完工验收和分标完工验收的程序和内容相同。在各标中间完工日期或分标完工日期所包含的工程项目施工完成后,承包商按合同有关规定进行自检和缺陷修补。自检合格后,承包商向各标工程师代表部申请进行中间完工验收或分标完工验收,附上一份在缺陷责任期内及时完成任何未完工作的书面保证,并申请颁发工程移交证书,同时将一份副本呈交项目业主。各标工程师代表部按照验收工作规定,全面审核承包商提交的资料,包括工程质量检查、工程遗留问题和缺陷处理情况以及有关商务条款执行情况等,确认符合合同要求后,附上由工程师代表部编写的工程施工监理工作报告,报请验收委员会办公室进行中间完工验收或分标完工验收。

各标中间完工验收和分标完工验收由验收委员会办公室主持,参加单位有项目业主(包括计划合同处、机电处、档案管理部门等)、监理单位(包括工程师代表部、工程技术部、地质监理部、测量计量部、原型观测室和实验室等)、设计单位、质量监督单位、运行管理单位等有关部门,承包商作为被验收单位参加会议。

中间完工验收或分标完工验收主要分为两个阶段:第一阶段由监理工程师提前7~10天将验收主要资料提交参加验收有关部门进行审阅;第二阶段由验收委员会办公室组织验收会议。在提前审阅验收资料的基础上,验收委员会成员先进行工程现场察看,检查工程建设形象面貌、外观质量、是否存在缺陷以及缺陷处理等情况;再召开验收会议,听取监理工程师工程建设监理工作报告,参加验收各方与会人员对验收结论、存在问题、缺陷处理措施等进行讨论,对未完工程和存在缺陷列出清单并限制在规定期限内完成;最后验收主持人进行总结,形成验收会议纪要。在规定期限内,监理工程师对上述未完工程和缺陷逐项检验核查,进行签字确认并提供详细备案核查材料。

中间完工验收或分标完工验收合格后,验收委员会办公室印发验收会议纪要,监理工程师签发工程验收证书。

(三)缺陷责任期满验收

按照合同技术规范规定,小浪底工程国际标工程缺陷责任期为2年,即中间完工验收或分标完工验收后存在2年的缺陷责任期,缺陷责任期满并通过缺陷责任期满验收后,免除承包商维护责任。在缺陷责任期满1个月前,监理工程师和承包商对缺陷责任期满工程进行联合检查。若没有发现缺陷,共同填写缺陷责任期满联合检查确认单。若发现存在缺陷,分清缺陷责任,对属于承包商责任的缺陷,由承包商处理合格后,填写缺陷处理合格确认单;对于不属于承包商责任的缺陷,由监理工程师报请项目业主另行安排处理。

缺陷责任期内,属于承包商责任的缺陷处理完毕并经监理工程师签认合格后,承包商提出缺陷责任期满验收申请报工程师代表部。工程师代表部将缺陷责任期满验收申请报请验收委员会办公室,验收委员会办公室主持缺陷责任期满验收。缺陷责任期满验收程序、验收内容、参加单位、验收成果等与中间完工验收或分标完工验收相同。验收合格后,监理工程师签发终止缺陷责任证书。

三、国内标工程合同验收

按照验收管理规程和国内标合同技术规范,小浪底工程国内标工程验收包括单元工程验收、分部工程验收、单位工程验收、合同完工验收和缺陷责任期满验收。

（一）单元工程验收

单元工程完成后，承包商自检合格后向监理工程师申请核查。监理工程师按验收工作规定组织地质监理部、测量计量部等有关单位和人员，按合同技术规范进行核查。对于隐蔽工程和重要部位单元工程，各标工程师代表部代表或授权工程师代表助理主持，设计代表、地质监理和有关部门人员参加，对隐蔽工程和重要部位单元工程进行核查。核查合格后，监理工程师签认单元工程验收单。

（二）分部工程验收

分部工程完成后，承包商按合同技术规范进行整体检查和缺陷修补，满足合同有关规定后向各标验收工作小组申请验收。各标验收工作小组组长负责，设计代表、地质监理、测量计量、原型观测、实验室等有关部门参加，进行分部工程验收。分部工程验收合格后，监理工程师签发分部工程验收证书。

（三）单位工程验收

单位工程完工且所包含的分部工程验收合格后，承包商向工程师代表部提出单位工程验收申请。工程师代表部核查验收手续齐全后报请验收委员会办公室。验收委员会办公室主持单位工程验收，项目业主（包括计划合同处、机电处、档案管理部门等）、监理单位（包括工程师代表部、工程技术部、地质监理部、测量计量部、原型观测室和实验室等）、设计单位、质量监督单位、运行管理单位等有关部门参加单位工程验收，承包商作为被验收单位参加会议。

单位工程验收首先进行工程现场察看，检查工程建设形象面貌、外观质量、是否存在缺陷以及缺陷处理等情况；其次召开验收会议，听取承包商和监理单位情况汇报，参加验收各方对验收结论、存在问题和缺陷处理措施等发表意见；最后形成验收会议纪要。

单位工程验收成果是单位工程验收鉴定书。单位工程验收鉴定书和验收会议纪要由验收委员会办公室印发至各参加验收单位。

（四）合同完工验收

小浪底工程单项合同施工完成后进行合同完工验收。承包商向工程师代表部提出合同完工验收申请，工程师代表部核查验收手续齐全后报请验收委员会办公室，验收委员会办公室主持合同完工验收。合同完工验收程序、验收内容、参加单位、验收成果等与单位工程验收相同。

（五）缺陷责任期满验收

通过合同完工验收的项目，进入缺陷责任期。在缺陷责任期满 1 个月之前,监理工程师和承包商对缺陷责任期内工程进行联合检查,若没有发现缺陷,共同填写缺陷责任期满联合检查确认单;若发现存在缺陷,分清缺陷责任,对属于承包商责任的缺陷,由承包商处理合格后,填写缺陷处理合格确认单;对于不属于承包商责任的缺陷,由监理工程师报请项目业主另行安排处理。

缺陷责任期内,属于承包商责任的缺陷处理完毕并经监理工程师签认合格后,承包商提出缺陷责任期满验收申请报工程师代表部。工程师代表部将缺陷责任期满验收申请报请验收委员会办公室,验收委员会办公室主持缺陷责任期满验收。缺陷责任期满验收程序、验收内容、参加单位、验收成果等与单位工程验收相同。验收合格后,监理工程师签发终止缺陷责任证书。

四、验收资料

按照验收工作规定,承包商、设计单位、监理单位、验收主持单位分别准备验收资料,满足档案资料整理要求后移交小浪底建管局档案室,作为技术档案永久保存。

(一)承包商提交资料

承包商提交资料包括验收申请报告,施工报告,竣工图纸,原始记录,质量检查、检测、试验、监测等原始记录和分析报告,灌浆记录及整编资料,质量事故及缺陷处理资料,设备鉴定、安装、调试、试运行记录,原材料出厂证明、合格证、试验资料等。

(二)设计单位提交资料

设计单位提交资料包括设计文件及图纸、设计报告、设计变更资料、施工技术要求、有关地质资料和报告等。

(三)监理单位提交资料

监理单位提交资料包括监理报告,监理原始记录,联合测量及地质素描,初期原形监测数据及分析报告,施工变更处理,特殊处理及技术要求,施工过程照片、录像等原始资料,工程验收签证等。

(四)验收主持单位提交资料

验收委员会办公室和验收工作小组提交验收成果资料,主要包括验收鉴定书、验收会议纪要、验收证书等。

五、工程移交

当项目按照合同内容建设完成,验收资料已经提交,并通过验收委员会办公室组织验收后,项目移交运行管理单位——小浪底建管局水力发电厂进行运行管理。

1999年7月,小浪底建管局印发《小浪底水利枢纽国际标工程项目移交管理规定》(局计〔1999〕27号),成立项目移交领导小组,下设项目移交工作小组。项目移交领导小组负责项目移交领导工作,对项目移交方案进行审议批准。项目移交工作小组负责项目移交日常管理工作,提出项目移交计划,组织协调项目移交工作。小浪底建管局计划合同处承担项目移交工作小组日常工作。

当工程具备移交条件后,承包商通知监理工程师,并将一份副本呈交业主,同时附上一份缺陷责任期内以尽快速度完成任何未完工作的书面保证,以此作为承包商要求监理工程师颁发移交证书的申请。项目移交工作小组就该项目移交提出建议报告,经项目移交领导小组批准后,项目移交工作小组指定运行管理单位(小浪底建管局水力发电厂)作为项目接收单位。监理工程师在接到申请21天内,认为根据合同要求工程已基本完工,满足移交条件,向承包商颁发移交证书,同时将一份副本呈交业主;并根据项目移交工作小组意见,同时向运行管理单位办理项目移交手续。

第二节　阶段验收

根据《水利水电建设工程验收规程》的相关要求,在工程建设进入截流、蓄水、机组启动等关键阶段,组织进行阶段验收,检查已完工程质量和拟投入使用工程是否具备运行条件。结合小浪底工程建设情况,在小浪底工程完成前期工程,以及具备截流、蓄水和机组启动等关键阶段,水利部分别组织成立验收组织机构,对小浪底水利枢纽前期工程、截流、蓄水和机组启动等进行阶段验收。

一、前期工程检查验收

小浪底水利枢纽前期工程检查验收是在施工区征地、拆迁、清场验收和小浪底建管局对各单项工程验收的基础上进行的,检查验收内容包括前期准备工程(业主为国际承包商提供的现场条件)和国内承包商提前施工的部分主体工程。

水利部组织成立了小浪底水利枢纽前期工程检查验收组(简称前期工程检查验收组)。水利部副部长严克强担任前期工程现场检查验收组组长,成员包括水利部办公厅、建设开发司、规划计划司、财务司、国际合作司、审计局、移民办、水规总院、中国水利报社、黄委会等部门和单位,国家计委重点司、投资司应邀参加和指导检查验收工作。

1994 年 4 月 18—21 日,前期工程检查验收组在小浪底工程现场对小浪底水利枢纽前期工程进行了现场检查验收。前期工程检查验收组听取了小浪底建管局关于小浪底水利枢纽前期工程和初步验收情况汇报,现场察看了各单项工程,并就工程完成情况和存在问题进行充分讨论和研究。会议认为,小浪底水利枢纽前期工程自 1991 年 9 月开工以来,通过建设、监理、设计、施工、移民、中国建设银行等单位共同努力,累计完成投资 12.5 亿元(包括部分提前施工的主体工程和征地移民),土方开挖 966 万立方米,石方明挖 672 万立方米,石方洞挖 35 万立方米,土石方填筑 418 万立方米,混凝土浇筑 16 万立方米,实现了前期准备工程"三年任务、两年完成"的目标。

前期工程检查验收组认为:前期准备工程(包括路、桥、场、站、水、电、信、房)基本满足为主体工程国际承包商提供的现场条件,提前施工的部分主体工程项目基本达到预定形象要求。

二、截流验收

1997 年 10 月,小浪底工程具备《水利基本建设工程验收规程》(SD 184—86)规定的截流验收条件。遵照国家计委安排,1997 年 10 月 5—8 日,水利部主持了小浪底工程截流预验收。1997 年 10 月 15—18 日,国家计委主持了小浪底工程截流验收。

(一)截流验收内容和范围

小浪底建管局成立截流验收领导小组负责截流验收各项准备工作,具体工作由小浪底咨询公司工程技术部负责组织,主要包括提交验收申请、检查验收条件和准备情况、编制验收报告等。

小浪底工程截流验收主要内容为检查已完水下工程、隐蔽工程、挡水工程、导流工程是否满足要求,检查建设征地、移民搬迁安置和库底清理完成情况,审查截流方案、截流措施和准备工作落实情况,鉴定与截流有关已完工程施工质量,对验收中发现的问题提出处理意见,讨论并通过截流验收鉴定书。

小浪底工程截流验收主要项目包括大坝工程和泄洪工程。大坝工程包括主坝右岸及上游围堰基础开挖、混凝土防渗墙、坝基固结灌浆、坝基帷幕灌浆、主坝右岸及上游围堰填筑、观测设施等。泄洪工程包括引水渠、3 条导流洞(含中闸室)、1 号消力塘、2 号消力塘、泄水渠等工程基础开挖、边坡支护、断层处理、混凝土浇筑(衬砌)、回填及固结灌浆、浆砌石护坡、观测设施等。

(二)截流验收条件

截流验收前,小浪底工程导流工程已完成,具备过流条件,投入使用不影响其他未完工程继续施工;满足截流要求的水下隐蔽工程已完成;截流设计已获批准,截流方案编制完成,并做好各项准备工作;工程度汛方案已获有管辖权的防汛指挥部门批准,相关措施已落实;水库 180 米高程以下移民搬迁安置和库底清理已完成并通过验收;各项验收资料准备完成,已具备验收规程规定的截流条件。

1. 截流准备

1997 年 10 月,截流各项准备工作全部落实,主要包括形成龙口并对其进行妥善保护;拆除引水渠进口围堰、泄水渠出口围堰;备齐、备足龙口戗堤进占及枯水围堰填筑所需材料;配置足够施工机械设备;形成通畅场内交通道路;建立现场指挥调度及通信系统;落实截流期间三门峡水库配合控泄方案;对截流期间可能遇到的突发情况制定了应急措施。

2. 水库 180 米高程以下移民搬迁与库盘清理

水库 180 米高程以下移民涉及河南省孟津、新安、济源 3 个县(市)27 个行政村,动迁安置移民共 46 133 人,1999 年 7 月底已完成;乡(镇)、工矿企业和县以上专业项目迁建已完成。180 米高程以下总面积 66.22 平方公里,库盘清理已完成。1997 年 9 月 17—21 日,水利部移民办组织了 180 米高程以下库区移民搬迁与库盘清理预验收。

(三)工程度汛标准及措施

1. 度汛标准与设计洪水

小浪底工程为Ⅰ等工程,枢纽主要建筑物为 1 级,导流建筑物为 3 级。

主坝在 1998 年汛期不承担拦洪任务,在上下游围堰保护下,进行坝基开挖、基础处理和坝体填筑。1998 年汛前(3—6 月)按 20 年一遇洪水标准设防,汛期按 100 年一遇洪水设防。

2. 挡水建筑物度汛

上游枯水围堰在 1997 年截流后很快建成并投入使用,围堰堰顶高程 152.5 米。当发生 20 年一遇洪水,通过三门峡水库调控,堰前水位 150 米时,导流洞相应泄量为 2 210 立方米每秒,满足设计拦挡 1998 年汛前(3—6 月)20 年一遇洪水要求。

主坝在 1998 年汛期采用上游围堰拦洪,设计拦洪标准为 100 年一遇洪水,经三门峡水库调控后堰前最高水位 182.19 米。上游围堰堰顶高程 185.00 米,1998 年汛前(3—6 月)填筑完成,满足挡水要求。如果发生超标准洪水,采取在堰顶抢修临时子堰的应急措施。下游围堰按 100 年一遇洪水标准设计,在截流期间与上游枯水围堰同期建成,堰顶高程 145.00 米,满足度汛要求。

3. 泄洪、发电建筑物度汛

1998 年 7 月 1 日前,孔板塔、发电塔和明流塔浇筑高程均达到 230 米;在排沙洞进口安装事故闸门临时挡水,另外在进水塔后填筑石渣形成 230 米高程平台,将 175 米高程平台施工机械迁移到 230 米高程平台。

截流后 3 号消力塘继续施工,按进度计划在 1998 年 7 月 1 日前完工,为挡 1998 年桃汛洪水,在 3 号消力塘下游护坦设置土石围堰。截流后尾水洞、尾水渠、防淤闸等工程继续施工,按进度计划在 1999 年 12 月 31 日完工,在防淤闸下游已建土石围堰,堰顶高程 145.00 米,可挡 100 年一遇洪水。土石围堰在发电前适时拆除。

(四) 工程质量

项目业主、设计单位、监理单位、承包商均建立并形成比较完善的质量管理体系,规章制度健全,原始记录、报表齐全,工程施工质量始终处于受控状态。经小浪底质监站抽查复核,认定小浪底工程截流验收施工工艺和质量均符合合同要求。

(五) 截流验收组织机构

水利部组织成立小浪底工程截流预验收委员会(简称截流预验收委员会),水利部副部长兼小浪底建管局局长张基尧担任截流预验收委员会主任,水利部总工程师朱尔明担任副主任。

国家计委会同水利部、财政部、国家环保局、河南省人民政府、山西省人民政府、国家开发银行、中国国际工程咨询公司等部门和单位组织成立了小浪底工程截流验收领导小组(简称截流验收领导小组),国家计委副主任陈同海担任组长,水利部副部长张基尧、河南省人民政府副省长李成玉、山西省人民政府副省长薛军担任副组长。截流验收领导小组下设工程检查组和移民检查组。

(六)截流验收主要结论

小浪底工程截流验收分为截流预验收和截流验收 2 个阶段。

1997 年 10 月 5—8 日,小浪底工程截流预验收委员会在小浪底工程现场进行了小浪底工程截流预验收。截流预验收委员会听取了小浪底建管局、黄委会设计院、小浪底咨询公司、小浪底建管局移民局和小浪底质监站等有关单位工作情况汇报,查阅了截流验收报告,对有关导截流建筑物、截流工程现场、有关准备工作等进行实地检查,并研究后续工程,特别是与 1998 年安全度汛有关的工程计划安排。截流预验收委员会全体成员认真讨论后,一致认为:小浪底工程已经具备截流条件,可以按预定计划实施截流,并请国家计委尽早主持正式验收。

在截流预验收基础上,1997 年 10 月 15—18 日,截流验收领导小组在小浪底工程现场进行了小浪底工程截流验收。截流验收领导小组听取小浪底建管局、截流预验收委员会、工程检查组和移民检查组有关工作情况汇报;查阅小浪底建管局等各参建单位提供的截流验收专题报告和有关移民工作报告,对有关导截流建筑物、截流工程现场、有关准备工作以及部分移民搬迁和库底清理工作等进行实地检查,研究后续工程建设安排,特别是与 1998 年安全度汛有关的工程计划安排。截流验收领导小组认真讨论后,一致认为:小浪底工程有关导截流工程已达到合同规定形象和施工进度要求,被验收的各项工程均满足设计要求和合同文件中技术规范的规定,施工质量总体为优良;截流方案和措施已经安排落实;截流所需物料和施工设备准备充足,能够满足截流需要;后续工程,特别是与 1998 年度汛有关的工程,已做妥善安排,安全度汛措施基本落实;截流前库区移民搬迁与库底清理工作已经完成并符合要求;截流验收各项资料齐全并符合要求。

截流验收领导小组一致认为,小浪底工程具备截流条件,同意小浪底工程通过截流验收,可以按预定计划实施截流。

三、蓄水验收

受国家计委委托,按照《水利水电建设工程验收规程》(SL 223—1999)的要求,1999 年 9 月,水利部会同河南、山西两省人民政府主持了小浪底工程蓄水验收。

(一) 蓄水验收内容和范围

小浪底建管局成立蓄水验收领导小组负责蓄水验收各项准备工作,具体工作由小浪底咨询公司工程技术部负责组织,主要包括提交验收申请、检查验收条件和准备情况、编制验收报告等。

小浪底工程蓄水验收主要内容为检查已完工程是否满足蓄水要求,检查建设征地、移民搬迁安置和库底清理完成情况,检查近坝库岸处理情况,检查蓄水准备工作落实情况,鉴定与蓄水有关已完工程施工质量,对验收中发现的问题提出处理意见,讨论并通过蓄水验收鉴定书。

小浪底工程蓄水验收范围包括斜心墙堆石坝(230 米高程以下)、进水塔、1号孔板洞、明流洞、排沙洞、消力塘、引水发电建筑物等基础开挖、基础处理、排水、护坡、支护、混凝土和钢筋混凝土(预应力钢筋混凝土)衬砌(浇筑)、金属结构安装、安全监测系统等工程质量、工程进度和形象面貌,以及 180~215 米水位直接淹没区移民搬迁、建筑物拆除与清理、卫生清理、林木清理和文物处理等。

(二) 蓄水验收条件

1999 年 10 月,小浪底工程已具备下闸蓄水条件:挡、引水建筑物形象面貌满足蓄水要求;蓄水后需要投入运行的泄水建筑物基本建成;蓄水后未完工程施工措施已落实;有关监测仪器、设备已按设计要求安装和调试,并测得初始值;蓄水后影响工程安全运行的问题已按设计要求进行处理,有关重大技术问题已有结论;下闸蓄水实施方案已经形成;蓄水调度、运用、度汛方案编制完成,措施基本落实;蓄水验收前,已通过蓄水安全鉴定。

215 米高程以下建设征地及移民安置已经完成。库区 180~215 米水位淹没直接涉及 5 个乡(镇)36 个行政村,共计 39 980 人(其中乡(镇)人口 6 521人、农村人口 33 459 人,其中河南省 29 449 人、山西省 10 531 人)于 1999 年 8月搬迁安置完成。1999 年 9 月 14—20 日,在河南、山西两省有关市、县自验基础上,由小浪底建管局移民局、河南省移民办、山西省移民办、黄委会移民局、黄委会设计院等单位及水利部有关部门和专家组成库底清理验收组,对215米高程以下库底清理情况进行了初步验收。9月21日,水利部水库移民开发局组织有关单位进行了预验收。预验收意见为小浪底库区180~215米直接淹没区库底清理范围、内容及标准基本达到国家有关规定和小浪底水库下闸蓄水要求。

(三)蓄水安全鉴定

根据《水利水电建设工程蓄水安全鉴定暂行办法》(水建管〔1999〕177号,简称蓄水安全鉴定办法),按照水利部《关于小浪底水利枢纽蓄水安全鉴定工作的批复》(建管治〔1999〕6号)要求,1999年5—9月,水利部水规总院和中国水科院受小浪底建管局委托,承担了小浪底工程蓄水安全鉴定。

1. 蓄水安全鉴定范围

小浪底工程蓄水安全鉴定以大坝为重点,对小浪底工程1999年10月下闸蓄水安全性做出鉴定并提出相应建议,主要包括以下内容:

(1)防洪度汛。检查工程形象面貌是否符合蓄水要求,对工程设计洪水标准、泄洪能力、下闸蓄水方案的合理性和可靠性进行评价,对导流洞封堵及蓄水后防洪度汛的安全性进行评价。

(2)大坝及基础处理。对大坝设计和各分区材料填筑施工质量进行评价,对基础开挖、混凝土防渗墙、帷幕灌浆、固结灌浆和排水设施等设计及施工质量进行评价。

(3)泄洪建筑物。对进水口导墙、进水塔、1号孔板洞、明流洞、排沙洞、消力塘等设计及施工质量进行评价。

(4)引水发电系统。对引水洞、压力管道、地下厂房、主变室、尾闸室、尾水洞、尾水渠、防淤闸等设计及已完成工程施工质量进行评价。

(5)边坡稳定。对近坝库岸滑坡体、进水口及消力塘人工边坡、下游东苗家滑坡体的稳定性及加固处理措施进行评价。

(6)金属结构。对下闸蓄水投入运行的金属结构和压力钢管的设计、制造、安装质量进行评价。

(7)安全监测。检查工程安全监测设计和实施情况,对现有监测资料的系统性、可靠性进行评价。

2. 蓄水安全鉴定组织机构

水利部水规总院和中国水科院组织成立小浪底工程蓄水安全鉴定委员会

(简称蓄水安全鉴定委员会)。蓄水安全鉴定委员会共有 29 位专家,聘请中国科学院、中国工程院院士潘家铮、陈明致、陈厚群为顾问,小浪底工程建设技术委员会副主任许百立担任主任。蓄水安全鉴定委员会按专业和建筑物分为地质及边坡组,大坝及基础处理组,进水塔、引水发电及泄洪建筑物组(含金属结构),监测组,施工组等 5 个专业组。

3.蓄水安全鉴定程序

小浪底工程蓄水安全鉴定主要包括以下 3 个阶段:

(1)准备工作。1999 年 5—6 月,蓄水安全鉴定委员会专家拟订安全鉴定工作大纲;项目业主、设计、监理、施工等单位准备资料和自检报告、专题报告。

(2)现场评估。1999 年 7 月 12—30 日,蓄水安全鉴定委员会专家听取业主、设计、监理等单位汇报,查阅资料文件,进行现场考察,与有关人员座谈了解情况,初拟安全鉴定报告初稿。

(3)鉴定报告修改完善。1999 年 8 月 9 日至 9 月 6 日,蓄水安全鉴定委员会专家对初稿进行讨论修改,征求项目业主意见并听取有关单位补充介绍,在征求有关单位和顾问意见后,修改并提出安全鉴定报告。

4.蓄水安全鉴定结论

1999 年 9 月,蓄水安全鉴定委员会提交了《黄河小浪底水利枢纽蓄水安全鉴定报告》,分别对建筑物等级及洪水标准、主体工程形象面貌、工程防洪及度汛、工程地质、大坝及基础处理、进水口导墙及进水塔、1 号孔板洞、明流洞、排沙洞、消力塘、引水发电系统、边坡、金属结构和工程安全监测系统等提出鉴定意见;坝体各区土料填筑、主坝坝基混凝土防渗墙、固结灌浆、帷幕灌浆和排水系统的施工质量,满足合同技术规范规定要求;进水塔混凝土施工质量总体达到设计要求;1 号孔板洞、明流洞、排沙洞混凝土 90 天强度保证率均满足规范要求;消力塘施工质量符合技术规范要求,其上游边坡经采用综合处理措施后基本稳定,充水后位移增量已趋于零,边墙裂缝及止水质量缺陷已得到处理;地下厂房施工质量符合技术规范要求;进水口边坡稳定,近坝库区 1 号和 2 号滑坡基本稳定;东苗家滑坡体地质边界基本查明,虽滑坡抗震稳定性较差,但不会危及大坝安全;各项金属结构设备制造基本符合技术规范要求,在安装中发现的缺陷和问题,蓄水前可处理完成。

综上所述,蓄水安全鉴定委员会经对小浪底工程全面评价认为,小浪底工程布置合理,主要建筑物安全可靠,不存在妨碍安全蓄水的重大问题,可在1999年10月下闸蓄水。

(四)下闸蓄水计划和度汛方案

1.下闸蓄水计划

按小浪底工程总进度计划安排,1999年11月1日和11月5日分别下闸封堵2号导流洞和3号导流洞,开始将其改建为孔板洞;2000年1月1日前,水库水位蓄到205米高程,6号发电机组具备发电运行条件。

1998年4月,小浪底工程建设技术委员会召开第三次会议时认为:水库下闸时间应根据当时来水情况确定,为能保证发电所需水位和提高发电保证率,建议下闸蓄水时间可在1999年10月适当时间内安排。如有可能,可于10月1日下闸蓄水。

根据小浪底水库下闸蓄水和机组投产计划,同时考虑到三门峡水库控泄、蓄水期间下游断流、供水条件及防御后期洪水等问题,采用水库联合调度和下闸蓄水方案:2号导流洞于1999年10月5日下闸,3号导流洞在间隔20天左右下闸;刘家峡水库于9月20日至10月15日加大泄量(日平均流量850立方米每秒),以使万家寨水库、三门峡水库提前预蓄一定水量,在3号导流洞下闸后适时控泄至小浪底水库,从而使小浪底水库坝下断流时间缩短为4天左右。

2.工程度汛方案

小浪底水库下闸蓄水后的2000年和2001年,属工程建设期,对工程建设期安全度汛做出如下安排:

(1)2000年工程度汛方案。按照小浪底工程合同进度计划,2000年汛前坝体填筑高程在236米以上,水库在汛限水位205米发电运用,工程度汛标准为防御500年一遇洪水。2000年汛前可投入使用的泄水建筑物有3条排沙洞、3条孔板洞和3条明流洞。根据设计单位计算,在遭遇500年一遇上大型洪水(1933年型)时,三门峡水库不控泄,小浪底水库最高洪水位为235.8米;遇到500年一遇下大型洪水(1958年型)时,三门峡水库不控泄,小浪底水库最高洪水位为220.6米,故2000年小浪底水库完全能满足防御500年一遇洪水的度汛标准。

(2)2001年工程度汛方案。按照小浪底工程施工总进度计划,大坝在2001年6月30日填筑到设计高程281米。设计单位初步拟定了2001年干、支流水库联合运用防洪调度原则,对花园口不同频率的上大型洪水和下大型洪水进行调节计算。对于上大型洪水,小浪底水库1 000一遇和10 000年一遇最高洪水位分别为254.1米和264.3米。因此,2001年汛期小浪底水库和三门峡水库联合运用,可以拦蓄10 000年一遇上大型洪水。对于下大型洪水,可通过控制小浪底水库泄量,减轻黄河下游防洪负担。

(五)工程质量评价

项目业主、设计单位、监理单位、承包商均建立完善的质量管理体系,健全规章制度。监理单位对工程实施全过程、全方位质量控制,原始记录、报表和各种监测资料齐全。监测设施已对建筑物重要部位实施长期安全监测。此外,项目业主还聘请富有经验的专家,组建了不同层次的技术咨询机构,加之在工程建设中采用一系列先进施工技术、质量管理手段和质量检测方法,工程施工质量始终处于受控状态。

(六)验收组织机构

水利部会同河南、山西两省人民政府组织成立小浪底工程蓄水验收委员会(简称蓄水验收委员会)。蓄水验收委员会由水利部,河南、山西两省人民政府有关部门和单位,蓄水安全鉴定委员会,国家开发银行以及项目业主、设计、监理、质量监督等单位组成,水利部总工程师高安泽担任主任委员,河南省人民政府副秘书长李庆贵、山西省人民政府副秘书长王可福、黄委会副主任廖义伟担任副主任委员。

(七)验收主要结论

1999年9月24—26日,蓄水验收委员会在小浪底工程现场进行了小浪底工程蓄水验收。蓄水验收委员会听取了小浪底建管局、蓄水安全鉴定委员会、水利部水库移民开发局等单位工作汇报,听取河南省电力局关于电站送出工程建设情况介绍,查阅阶段验收专题报告、蓄水安全鉴定报告、工程质量监督工作报告、下闸蓄水实施方案报告、水库移民搬迁和库底清理报告及其他相关资料,对与蓄水有关的重点工程部位进行现场检查,经认真讨论,形成《小浪底水利枢纽工程蓄水阶段验收鉴定书》,认为小浪底工程形象面貌已经达到下闸蓄水要求,与下闸蓄水有关的水工建筑物和金属结构等已经通过验收,工程施工质量满足合同技术规范要求;下闸蓄水方案已经安排落实,蓄水期间水库联合调度方案已经确定并已安排实施;在建工程进度满足蓄水要求,后续工程施工不受蓄水影响;与2000年、2001年安全度汛有关的工程已妥善安排,措施落实;蓄水前库区移民搬迁和库底清理已经基本完成并通过预验收;水库运用和度汛方案已经编制,措施基本落实;安全监测仪器设备已按设计要求安装,并已进行系统监测;与下闸蓄水有关的各项文档资料齐全并符合要求。

蓄水验收委员会认为,小浪底工程已具备有关的验收规程要求的蓄水条件,同意小浪底工程通过蓄水验收。

四、机组启动验收

小浪底工程共安装6台水轮发电机组。根据《水利水电建设工程验收规程》(SL 223—1999),1999年12月,水利部主持了首台(6号)启动验收。2000年9月至2001年10月,小浪底建管局主持了中间机组(5号、4号、3号和2号)启动验收。受水利部委托,2001年12月小浪底建管局主持了末台(1号)机组启动验收。

(一)首台(6号)机组启动验收

按照《水利水电建设工程验收规程》(SL 223—1999)的要求,水利部主持首台机组启动验收。小浪底建管局组织成立首台机组充水试运行工作领导小组(简称首台机组试运行领导小组)。首台机组试运行领导小组负责首台机组启动验收前各项准备工作,组织成员进行技术检查并提交技术检查工作报告,首台机组试运行领导小组包括监理单位(小浪底咨询公司)、安装单位(FFT联营体)、设计单位(黄委会设计院)、设备制造单位、质量监督单位、运行单位(水力发电厂)等。

1.启动验收主要内容和范围

小浪底工程首台机组启动验收主要内容为检查首台机组及与之相关的水工建筑物、金属结构、机电设备和送出工程等施工情况,审查生产准备情况,审查是否具备启动并网进行72小时连续试运行条件。

首台机组启动验收范围主要包括:首台机组发电洞、压力钢管、尾水闸室、尾水洞及尾水渠、防淤闸等与首台机组引水发电有关的过流系统;与首台机组发电及水库蓄水有关的挡水建筑物及相关金属结构、启闭设备;首台水轮发电机组及调速系统,励磁系统,油、水、气系统,自动化元件系统;首台机组发电电压设备,6号主变,全厂高压配电设备,与首台机组投运相关的厂用电系统,接地、照明系统;与首台机组发电有关的保护、信号、测量、直流等电工二次设备;与首台机组发电有关的计算机监控系统;全厂及首台机组段水力量测系统,首台机组非电量测量、监视系统;全厂机组检修排水、渗漏排水系统;消防系统及消防措施等。

2. 启动验收条件

1999年12月,小浪底工程首台机组启动验收已具备以下条件:与首台机组启动运行有关的建筑物基本完成;与机组启动运行有关的金属结构及启闭设备安装完成,并经过试运行;暂不运行使用的压力管道等已进行必要保护和处理;过水建筑物具备过水条件;机组和辅助设备以及油、水、气等辅助设备安装完成,经调整试验合格并经分部试运行,满足机组启动运行要求;输配电设备安装完成,送(供)电准备工作就绪,通信系统满足机组启动运行要求;机组启动运行的测量、监视、控制和保护等电气设备安装完成并调试合格;有关机组启动运行的安全防护和厂房消防措施已落实,并准备就绪;按设计要求配备的仪器、仪表、工具及其他机电设备能满足机组启动运行需要;运行操作规程已经编制;运行人员组织配备可满足启动运行要求;水位和引水量满足机组运行最低要求;机组按要求完成带负荷连续运行;升压站通过河南省电力公司复验,消防系统通过河南省公安厅小浪底公安处终验。

3. 安装调试

首台机组主要机电设备包括水轮发电机及辅助设备、电气一次设备、电气二次设备、消防工程和送出工程,安装调试已经完成。

(1)水轮发电机及辅助设备。首台机组6号水轮机完成座环组装焊接、蜗壳挂装、转轮吊装、顶盖组装,导水机构、主轴及检修密封、水导轴承、筒阀、调速器等安装工作于1999年11月28日完成,所有调试工作基本完成,具备试运行条件。6号发电机定子、转子、上下机架组装及焊接、定子机坑下线、各部位轴承和发电机附属设备装配等全部完工,各项试验一次通过,转子于1999年10月1日吊入机坑。水轮发电机组安装后,采用电动盘车方式对轴线进行检查,各部位摆度指标符合技术规范要求。

水力机械辅助设备包括技术供水系统、检修排水系统、渗漏排水系统、油系统、压缩空气系统、水力量测系统等,安装工作全部完成,并进行现场调试和试验,验收合格。

（2）电气一次设备。6 号主变压器安装工作全部结束,电气试验工作完成,质量指标符合国家标准。管道母线安装完毕,电气试验合格。220 千伏高压电缆安装工作全部结束,并通过电气试验。220 千伏户外开关站电气设备、220 千伏厂高变设备的安装工作按时完成,并通过电气试验。河南省电力公司完成升压站复验。发电机出口 18 千伏离相封闭母线、发电机出口断路器和发电机中性点引出装置等配套设备全部安装完毕,并进行了调试,电气试验合格,质量指标符合国家标准要求。35 千伏、10 千伏、0.4 千伏厂用电系统已投入运行。照明系统、接地系统等安装完成,经过验收合格,满足首台机组投运要求。

（3）电气二次设备。计算机监控系统安装工作基本结束。初步进行了上位机系统调试,上、下位机对调,现地控制单元与励磁系统、调速器、筒阀、发变组保护、发电机出口断路器、进水口事故门等联调。完成发变组微机保护、线路保护、母线保护、故障录波、电量计费系统、远动装置等安装工作,进行了调试并通过验收,具备投运条件。直流系统安装结束,并投入运行。完成调度程控交换机、电力载波机和光端机等通信设备调试工作,具备运行条件。与首台机组运行相关的发电塔和尾水防淤闸各闸门现地控制设备,完成安装和调试。

（4）消防工程。地下副厂房、主厂房安装间段、6 号机组段、6 号主变室、地面副厂房消防系统安装工作完成,并通过验收和消防行政主管部门终验。自290 水池至地面副厂房、开关站、油库、地下副厂房等区域消防水管安装工作已完成并通过水压试验。消防、火警系统满足首台机组投运要求。

（5）送出工程。小浪底工程开关站（黄河变电站）配套的 220 千伏吉黄线工程完成并投运,满足首台机组发电送出要求。另外,4 回 220 千伏送往牡丹变的牡黄线也已具备送电条件。

4. 启动验收后续建工程和度汛方案

（1）续建工程。首台机组启动验收后,续建工程包括大坝继续填筑,2 号和3 号导流洞改建成孔板洞,溢洪道工程建设,副坝工程和左岸地面帷幕灌浆等。以上各项续建工程均不受首台机组启动运行影响,可正常组织施工。

（2）度汛方案。小浪底工程 2000 年度汛标准为防御 500 年一遇洪水标准,相应库水位为 235.8 米;2001 年度汛标准为防御 1 000 年一遇洪水标准,相应库水位为 254.1 米。截至 1999 年 12 月,小浪底主坝心墙填筑高程达 250 米,计划于 2000 年 6 月填筑至坝顶高程 281 米。2000 年和 2001 年度汛方案均已落实,小浪底工程具有防御洪水能力。

5. 启动生产准备

小浪底建管局水力发电厂负责小浪底工程及发电设施运行、维护和管理工作。1997年开始筹建,在机构组织、建章立制、发电及枢纽运行等方面进行了充分准备,下设发电分厂、水工分厂和枢纽调度中心等生产部门,现已具备承担首台机组启动后的生产运行管理能力。

小浪底建管局与河南省电力公司草签了《并网协议》和《购售电合同》,并就《调度协议》与河南省电力公司调度通信中心进行了协商。

6. 启动验收组织机构

按照水利部《关于对小浪底水利枢纽工程第一台机组启动验收有关问题的批复》(水建管〔1999〕730号)的要求,水利部会同河南、山西两省人民政府组织成立小浪底工程首台机组启动验收委员会(简称首台机组启动验收委员会)。首台机组启动验收委员会由水利部、河南省人民政府、山西省人民政府、国家开发银行、国家电力公司,以及项目业主、设计、监理、承包商、质量监督等单位代表和特邀专家组成,水利部总工程师高安泽担任主任委员,河南省人民政府办公厅副主任黄亚林、山西省人民政府副秘书长黄晓林、水利部建设与管理司司长刘松深担任副主任委员。

7. 启动验收主要结论

1999年12月25—26日,首台机组启动验收委员会在小浪底工程现场组织召开了首台机组启动验收会议(见图9-2-1),听取小浪底建管局、首台机组试运行领导小组、小浪底质监站和小浪底公安处等有关验收准备、技术检查、质量监督和消防工程验收等情况汇报,查阅机组启动验收和质量评定相关资料,并对与首台机组启动有关的主要机电设备和工程部位进行现场检查。经全体委员认真讨论和研究认为:小浪底工程达到首台机组启动验收要求,与首台机组启动有关的水工建筑物、机电设备、金属结构设备等已通过验收,施工质量满足有关技术规范和规程要求;首台机组充水试运行试验大纲得到顺利执行,启动方案已经安排就绪;在建工程进度满足首台机组启动和初期运行要求,后续工程施工不会对首台机组运行产生影响;与2000年、2001年安全度汛有关的工程措施已做妥善安排;监测仪器设备已按设计要求安装,并已进行了系统监测;与首台机组启动有关的各项档案资料基本齐全并符合要求。首台机组启动验收委员会同意小浪底工程首台机组通过启动验收。首台机组 72 小时试运行开始时间,待全部完成必需的试验项目和消缺工作后,由首台机组试运行领导小组研究确定。机组 72 小时试运行完成后,经停机检查和消缺处理,达到合同规定要求和投入商业运行条件后,及时移交电站生产运行管理部门,开始商业运行。

图 9-2-1　1999 年 12 月 25—26 日,小浪底工程首台机组
启动验收会议在小浪底工区召开

(二) 5 号机组启动验收

按照《水利水电建设工程验收规程》(SL 223—1999)的要求,小浪底建管局主持 5 号机组启动验收。小浪底建管局组织监理、设计、安装、制造、质量监督、运行等单位成立 5 号机组充水试运行工作领导小组,进行 5 号机组启动验收各项准备工作,组织成员进行技术检查并提交技术检查报告。

1. 启动验收内容和范围

小浪底工程 5 号机组启动验收主要内容为检查 5 号机组及与之相关的水工建筑物、金属结构、机电设备和送出工程等施工情况,审查生产准备情况,审查是否具备启动并网进行 72 小时连续试运行条件。验收范围主要包括 5 号机组和与之相应的水工建筑物、金属结构、辅助设备和送出工程等。

2. 安装和调试

1999 年 4 月,5 号机组开始安装。1999 年 8 月,蜗壳通过验收;2000 年 3 月 4 日,定子吊入基坑;4 月 7 日,5 号主变就位;4 月 19 日,转轮连轴吊入基坑;7 月 24 日,5 号机组充水;8 月 9 日,5 号机组首次开停机;8 月 25 日,5 号主变就位;9 月 8 日,5 号主变通过局放试验。

3. 启动验收组织机构

按照《水利水电建设工程验收规程》(SL 223—1999)的要求,小浪底建管局成立小浪底工程 5 号机组启动验收委员会。5 号机组启动验收委员会由小浪底建管局、水利部建管司、河南电力调度通信中心、小浪底咨询公司、黄委会设计院、FFT 联营体、小浪底质监站等单位代表和特邀专家组成,小浪底建管局常务副局长陆承吉担任主任委员。

4. 启动验收主要结论

2000 年 9 月 29 日,5 号机组启动验收委员会在小浪底工程现场召开 5 号机组启动验收会议,听取项目业主、5 号机组充水试运行工作领导小组、运行管理、质量监督等单位关于 5 号机组验收准备、技术检查、生产准备和质量监督等情况汇报,查阅相关资料,对主要设备和工程部位进行现场检查。机组启动验收委员会认为小浪底工程 5 号机组及相关设备具备验收规程规定的验收条件,同意 5 号机组通过启动验收。

(三)4 号机组启动验收

按照《水利水电建设工程验收规程》(SL 223—1999)的要求,小浪底建管局主持 4 号机组启动验收。小浪底建管局组织监理、设计、安装、制造、质量监督、运行等单位成立 4 号机组充水试运行工作领导小组,进行 4 号机组启动验收各项准备工作,组织成员进行技术检查并提交技术检查报告。

1. 启动验收内容和范围

小浪底工程 4 号机组启动验收主要内容为检查 4 号机组及与之相关的水工建筑物、金属结构、机电设备和送出工程等施工情况,审查生产准备情况,审查是否具备启动并网进行 72 小时连续试运行条件。验收范围主要包括 4 号机组和与之相应的水工建筑物、金属结构、辅助设备和送出工程等。

2. 安装和调试

2000 年 1 月,4 号机组开始安装。2000 年 5 月 10 日,蜗壳通过验收;8 月 20 日,定子吊入基坑;10 月 9 日,下机架吊入基坑;11 月 5 日,转子吊入基坑;12 月 4 日,4 号机组充水;12 月 6 日,机组首次开停机;12 月 16 日,机组自动流程开机试验。

3. 启动验收组织机构

小浪底建管局成立小浪底工程 4 号机组启动验收委员会。4 号机组启动验收委员会由小浪底建管局、河南省电力公司、小浪底咨询公司、黄委会设计院、FFT联营体、小浪底质监站等单位组成,小浪底建管局常务副局长陆承吉担任主任委员。

4. 启动验收主要结论

2000年12月18日,4号机组启动验收委员会在小浪底工程现场召开4号机组启动验收会议,听取项目业主、4号机组充水试运行工作领导小组、运行管理、质量监督等单位关于4号机组验收准备、技术检查、生产准备和质量监督等情况汇报,查阅相关资料,对主要设备和工程部位进行现场检查,4号机组启动验收委员会认为小浪底工程4号机组及相关设备具备验收规程规定的验收条件,同意4号机组通过启动验收。

(四)3号机组启动验收

按照《水利水电建设工程验收规程》(SL 223—1999)的要求,小浪底建管局主持3号机组启动验收。小浪底建管局组织监理、设计、安装、制造、质量监督、运行等单位成立3号机组充水试运行工作领导小组,进行3号机组启动验收各项准备工作,组织成员进行技术检查并提交技术检查报告。

1. 启动验收内容和范围

小浪底工程3号机组启动验收主要内容为检查3号机组及与之相关的水工建筑物、金属结构、机电设备和送出工程等施工情况,审查生产准备情况,审查是否具备启动并网进行72小时连续试运行条件。验收范围主要包括3号机组和与之相应的水工建筑物、金属结构、辅助设备和送出工程等。

2. 安装和调试

1999年12月,3号机组开始安装。2000年8月17日,蜗壳通过验收;11月26日,定子吊入基坑;2001年2月5日,下机架吊入基坑;3月10日,转子吊入基坑;4月5—9日,3号机组进行全厂综合模拟。

3. 启动验收组织机构

小浪底建管局成立小浪底工程3号机组启动验收委员会。3号机组启动验收委员会由小浪底建管局、小浪底咨询公司、黄委会设计院、FFT联营体、小浪底质监站等单位组成,小浪底建管局常务副局长陆承吉担任主任委员。

4. 启动验收主要结论

2001年4月9日,3号机组启动验收委员会在小浪底工程现场召开3号机组启动验收会议,听取项目业主、3 号机组充水试运行工作领导小组、运行管理、质量监督等单位关于 3 号机组验收准备、技术检查、生产准备和质量监督等情况汇报,查阅相关资料,对主要设备和工程部位进行现场检查,3 号机组启动验收委员会认为小浪底工程 3 号机组及相关设备具备验收规程规定的验收条件,同意 3 号机组通过启动验收。

(五) 2 号机组启动验收

按照《水利水电建设工程验收规程》(SL 223—1999)的要求,小浪底建管局主持 2 号机组启动验收。小浪底建管局组织监理、设计、安装、制造、质量监督、运行等单位成立 2 号机组充水试运行工作领导小组,进行 2 号机组启动验收各项准备工作,组织成员进行技术检查并提交技术检查报告。

1. 启动验收内容和范围

小浪底工程 2 号机组启动验收主要内容为检查 2 号机组及与之相关的水工建筑物、金属结构、机电设备和送出工程等施工情况,审查生产准备情况,审查是否具备启动并网进行 72 小时连续试运行条件。验收范围主要包括 2 号机组和与之相应的水工建筑物、金属结构、辅助设备和送出工程等。

2. 安装和调试

2000 年 6 月,2 号机组开始安装。2001 年 2 月 18 日,蜗壳通过验收;6 月 8 日,定子吊入基坑;7 月 24 日,下机架吊入基坑;8 月 21 日,转子吊入基坑;9 月 28 日,2 号机组充水;9 月 30 日,机组首次开停机;10 月 7 日,机组过速试验,自动流程开机试验。

3. 启动验收组织机构

小浪底建管局成立小浪底工程 2 号机组启动验收委员会。2 号机组启动验收委员会由小浪底建管局、河南省电力公司、小浪底咨询公司、黄委会设计院、FFT 联营体、小浪底质监站等单位组成,小浪底建管局常务副局长陆承吉担任主任委员。

4. 启动验收主要结论

2001 年 10 月 11 日,2 号机组启动验收委员会在小浪底工程现场召开 2 号机组启动验收会议,听取项目业主、2 号机组充水试运行工作领导小组、运行管理、质量监督等单位关于 2 号机组验收准备、技术检查、生产准备和质量监督等情况汇报,查阅相关资料,对主要设备和工程部位进行现场检查,2 号机组启动验收委员会认为小浪底工程2号机组及相关设备具备验收规程规定的验收条件,同意2号机组通过启动验收。

(六)1号(末台)机组启动验收

受水利部委托,小浪底建管局主持1号机组启动验收。小浪底建管局组织监理、设计、安装、制造、质量监督、运行等单位成立1号机组充水试运行工作领导小组,进行1号机组启动验收各项准备工作,组织成员进行技术检查并提交技术检查报告。

1. 启动验收内容和范围

小浪底工程1号机组启动验收主要内容为检查1号机组及与之相关的水工建筑物、金属结构、机电设备和送出工程等施工情况,审查生产准备情况,审查是否具备启动并网进行72小时连续试运行条件。验收范围主要包括1号机组和与之相应的水工建筑物、金属结构、附属设备和送出工程等。

2. 安装和调试

2001年1月,1号机组开始安装。5月16日,蜗壳通过验收;8月29日,定子吊入基坑;10月28日,下机架吊入基坑;11月19日,转子吊入基坑;12月14日,1号机组充水;12月17日,机组首次开停机;12月18日,机组过速试验,自动流程开机试验。

3. 启动验收组织机构

小浪底建管局成立小浪底工程1号机组启动验收委员会。1号机组启动验收委员会由小浪底建管局、河南省电力公司、小浪底咨询公司、黄委会设计院、FFT联营体、小浪底质监站等单位组成,小浪底建管局常务副局长陆承吉担任主任委员。

4. 启动验收主要结论

2001年12月20日,1号机组启动验收委员会在小浪底工程现场召开1号机组启动验收会议,听取项目业主、1号机组充水试运行工作领导小组、运行管理、质量监督等单位关于1号机组验收准备、技术检查、生产准备和质量监督等情况汇报,查阅相关资料,对主要设备和工程部位进行现场检查,1号机组启动验收委员会认为小浪底工程1号机组及相关设备具备验收规程规定的验收条件,同意1号机组通过启动验收。

第三节 专项验收

按照国家有关规定,工程竣工验收前,行业主管部门应组织建设工程专项验收。小浪底工程通过了水土保持、工程档案、工程消防、环境保护和劳动安全卫生等专项验收,征地补偿和移民安置通过了初步验收(征地补偿和移民安置初步验收详见第七章)。

一、水土保持专项验收

根据《中华人民共和国水土保持法》关于开发建设项目水土保持设施验收的有关规定,2002年6月,水利部主持了小浪底工程水土保持专项验收。

(一)项目实施

小浪底工程水土保持工作与主体工程同步进行,小浪底建管局采取治理与预防相结合、生物措施与工程措施相结合、治理水土流失与重建和提高土地生产力相结合的方式开展水土保持工作。根据水土保持实际情况,将防治责任范围划分为10个区域,针对各区域不同特点,统筹布局各类水土保持措施,采取兴建挡渣墙、削坡开级、浆砌石护坡、土工网格护坡、设置排水沟、道路硬化、植树种草绿化等综合水保措施,对工程弃渣场、扰动和占压地表进行综合治理,使工程防治责任范围的水土流失得到有效控制。小浪底工程建设区水土流失治理度超过86.2%。项目水土保持责任区林草覆盖率经整治后提高到66.1%,植被恢复系数达到85%。

(二)技术评估

2002年4—5月,受水利部水土保持司委托,北京水保生态工程咨询公司组织、江河水利水电咨询中心参加,成立小浪底工程水土保持专项验收评估组(简称水土保持评估组)。水土保持评估组分为工程、植物、财务经济、综合等4个专题组,深入现场对小浪底工程水土保持进行技术评估。水土保持评估组调阅工程设计、施工、监理、合同等档案资料,抽查、量测主要防护工程,检查工程质量,将竣工验收报告与批准的水土保持方案、地表整治规划进行逐一对照,核实各项防治措施工程数量和质量,对项目区水土流失现状进行调查,分别提出4个专题评估意见,在此基础上形成综合评估报告,为专项验收提供了重要技术依据。

（三）验收组织机构

水利部组织成立小浪底工程水土保持验收委员会（简称水土保持验收委员会）。水土保持验收委员会由水利部水土保持司、水利部水土保持监测中心、水利部水规总院、黄委会水土保持局、黄河上中游管理局、北京水保生态工程咨询公司、江河水利水电咨询中心、河南省水利厅、洛阳市水利局、济源市水利局、孟津县水利局、山西省水利厅、山西省运城市水务局等单位组成，水利部水土保持司副司长刘震担任主任委员，水利部水规总院副院长朱卫东、水利部水土保持监测中心副主任蔡建勤、水利部水土保持司副处长沈雪建担任副主任委员。

（四）验收主要结论

2002 年 6 月 23 日，水土保持验收委员会在小浪底水利枢纽管理区主持召开了小浪底工程水土保持专项验收会议。水土保持验收委员会审阅小浪底工程《水土保持方案实施工作总结报告》《水土保持设施竣工验收技术报告》《水土保持工程评估意见》等有关资料，听取小浪底建管局关于水土保持方案实施情况汇报和北京水保生态工程咨询公司、江河水利水电咨询中心关于小浪底工程水土保持技术评估意见，实地检查工程占压区、小南庄渣场、蓼坞区、槐树庄渣场、右坝肩区、土石料场区、交通道路区等重点治理工程，对水土保持实施情况、质量、效果等进行检查，对小浪底工程水土保持竣工验收有关问题进行认真讨论，提出验收意见。主要结论为：小浪底建管局高度重视工程建设中的水土保持工作，编报了水土保持方案和地表整治规划，落实了水土保持工程设计和建设资金。实现了水土保持工程建设和管理标准化、规范化，质量管理体系健全，有效地保证了水土保持方案顺利实施。对责任范围内水土流失进行全面、系统整治，完成水土保持方案确定的各项防治任务，项目区生态环境得到明显改善，总体上发挥了较好的保持水土和改善生态环境的作用。本项目水土保持综合治理工程达到国内领先水平，值得总结推广。小浪底工程水土保持设施达到国家水土保持法律法规及技术规范、标准的有关规定和要求，各项工程安全可靠、质量合格，总体工程质量达到优良标准，同意通过竣工验收，正式投入运行。

2002 年 7 月 3 日，水利部办公厅以《关于印发小浪底水利枢纽工程水土保持设施竣工验收意见的函》（办函〔2002〕238 号），印发小浪底工程水土保持竣工验收意见。

二、工程档案专项验收

根据《中华人民共和国档案法》的有关规定,按照《水利基本建设项目(工程)档案资料管理规定》(水办〔1997〕275 号),2002 年 7 月,水利部办公厅会同国家档案局经科司主持了小浪底水利枢纽主体工程档案专项验收。

(一)项目实施

根据国家档案管理要求,小浪底建管局结合工程实际并遵循国际惯例,建立项目业主档案管理机构,配备专兼职档案管理人员,形成档案管理网络,制定工程档案工作规章制度和工程档案分类大纲,完善档案库房建设,配置能够满足档案管理的设施设备,为工程档案工作创造良好条件。工程各参建单位按照小浪底建管局总体安排,逐步完善档案管理工作。

小浪底建管局档案管理于 1997 年实现各门类档案资料集中统一管理,1998 年、1999 年分别达到省部级和国家二级标准。截至 2002 年 4 月,基本完成主体工程涉及的各门类档案资料归档任务,共接收各类档案资料 31 494 卷册,其中科技档案 27 663 卷册(含照片档案和光盘)、文书档案 2 005 卷册、会计档案 1 826 卷册;接收工程图纸 32 248 张。

(二)验收组织机构

水利部办公厅会同国家档案局经科司组织成立小浪底工程档案专项验收组(简称档案专项验收组)。档案专项验收组由水利部办公厅、国家档案局经科司、河南省档案局、黄委会等单位组成,水利部办公厅档案处处长李永强担任档案专项验收组组长,国家档案局经科司处长肖云担任副组长。

(三)验收主要结论

2002 年 7 月 9—11 日,档案专项验收组在小浪底水利枢纽管理区主持召开小浪底水利枢纽主体工程档案专项验收会议。档案专项验收组听取小浪底建管局关于小浪底水利枢纽主体工程档案资料管理情况汇报,检查工程档案管理状况并抽查部分档案实体。经档案专项验收组讨论,专项验收意见为:小浪底水利枢纽主体工程档案资料基本达到完整、准确、系统的要求,绝大多数档案材料均已按时归档,并在工程建设、管理及运行过程发挥了应有作用,取得显著的经济和社会效益,档案专项验收组同意小浪底水利枢纽主体工程档案资料通过专项验收。

2002 年 7 月 25 日,水利部办公厅以《关于印发小浪底水利枢纽主体工程档案资料专项验收意见的通知》(办档〔2002〕114 号),印发小浪底水利枢纽主体工程档案资料专项验收意见。

三、工程消防专项验收

根据《中华人民共和国消防法》《建筑设计防火规范》(GB J16—87)等有关规定,项目验收前必须对消防设施进行专项验收。2002 年 8—9 月,河南省公安消防总队主持了小浪底工程消防专项验收。

(一)项目实施

小浪底工程消防设施涵盖各建筑物、生产场所和机电设备,主要划分为三部分:第一部分为电站厂房及其辅助建筑物,包括地下主副厂房、主变洞、地面副厂房、开关站、透平油库和绝缘油库等;第二部分为电站机电设备,包括水轮发电机、主变压器、电缆等;第三部分为泄水建筑物及控制中心,包括进水塔、坝顶控制中心、溢洪道闸室、孔板洞中闸室、防淤闸室及排沙洞出口闸室等。以上消防区域和设施均从防火、监测、报警、控制、灭火、排烟、救生等方面布置了消防设施。

小浪底工程消防设计于 1996 年 5 月经河南省公安消防总队审查批准。消防设施施工严格按照消防规范和设计专题报告进行,设施配置安装、验收、移交根据工程施工进度及设备投运计划分步进行。各项设施建成后,河南豫咨消防设施测护有限公司进行了检测,并随主体工程移交给运行管理单位。消防工程2002 年 7 月完工,河南豫咨消防设施测护有限公司进行了系统检测和整改后复检,出具了消防系统检测合格证明。

(二)验收组织机构

河南省公安消防总队组织成立小浪底工程竣工消防专项验收委员会(简称消防专项验收委员会)。消防专项验收委员会由公安部消防局、河南省公安消防总队、河南省大型项目消防监督审核专家组、洛阳市公安消防支队、焦作市公安消防支队、济源市公安消防大队、小浪底建管局、小浪底公安处、黄委会设计院、FFT 联营体、小浪底咨询公司、河南豫咨消防设施测护有限公司等单位组成。河南省公安消防总队副总队长张增慧担任主任委员,公安部消防局沈纹、河南省公安消防总队防火部部长杨书生、河南省大型项目消防专家组张祖华、小浪底建管局副局长张光均担任副主任委员。

(三) 验收主要结论

2002 年 8 月 20—22 日,消防专项验收委员会在小浪底水利枢纽管理区主持召开了小浪底工程竣工消防专项验收会议,听取小浪底建管局消防验收工作报告、黄委会设计院消防设计及变更情况报告、施工单位(FFT 联营体)施工及调试情况报告、监理单位(小浪底咨询公司)监理工作报告、运行管理单位(小浪底建管局水力发电厂)消防系统运行报告和河南豫咨消防设施测护有限公司消防设施检测情况报告,查阅工程相关资料和图纸,并分组到工程现场进行抽样性检查和功能测试。消防专项验收委员会认为,小浪底工程消防设施建设组织严密,领导重视,工程消防设计基本合理,消防设施配置比较齐全,除消防联动功能正在调试外,其他项目基本符合消防要求。同时,提出小浪底工程消防设施存在的主要问题和整改要求。

2002 年 9 月 29 日,河南省公安消防总队作为小浪底工程竣工消防专项验收主持单位,组织消防专项验收委员会有关专家针对小浪底工程消防设施整改情况进行复查,认为有关问题基本得到整改,予以通过消防验收,同意投入使用。2002 年 9 月 30 日,河南省公安厅小浪底公安处签发消防专项验收合格证书(豫小公安消字〔2002〕第 004 号)。

四、环境保护专项验收

按照《建设项目竣工环境保护验收管理办法》(国家环境保护总局令第 13号)相关规定,2002 年 9 月,国家环保总局监督管理司会同水利部水资源司主持了小浪底工程环境保护专项验收。

(一) 项目实施

小浪底工程环境保护工作作为工程建设的组成部分,与工程建设同步进行,并贯穿于工程建设全过程。小浪底建管局建立健全环境管理机构和体系,设立环境管理部门,制定和完善环境保护规章制度,在国内率先实行环境监理制度,按国际惯例对环境保护工作进行管理;建立环境保护监测制度,聘请专业机构分别承担环境监测、卫生防疫和文物保护等工作;建立环境报告制度,包括环境月报和进度报告;建立环境例会制度;进行必要的环境保护课题研究;进行环境保护宣教工作。

小浪底工程环境保护工作在落实执行国家有关环境质量标准、要求的基础上,推广和应用污染处理设施和技术进行水、声、气、噪等污染预防控制,同时把水文水情监测、地震监测、公共健康保障、水土保持和生态恢复建设纳入环境保护管理工作中。

环境保护专项验收前,北京师范大学环境科学研究所受小浪底建管局委托,对小浪底工程环境保护执行情况进行调查,提交了环境保护调查报告。

（二）验收组织机构

国家环境保护总局监督管理司会同水利部水资源司组织成立小浪底工程环境保护验收组(简称环境保护验收组)。环境保护验收组由国家环境保护总局监督管理司、水利部水资源司、国家环境保护总局环境工程评估中心、水利部水规总院、黄委会黄河流域水资源保护局、河南省环境保护局、山西省环境保护局、河南省水利厅、洛阳市环境保护局、济源市环境保护局、山西省运城市环境保护局、北京师范大学环境科学研究所、洛阳市环境监测中心站等单位组成,国家环境保护总局监督管理司副司长吴波担任环境保护验收组主任,水利部水资源司处长刘平、河南省环境保护局副局长赵德山担任副主任。

（三）验收主要结论

2002年9月12—13日,环境保护验收组在小浪底水利枢纽管理区召开小浪底工程环境保护专项验收会议,听取小浪底建管局关于小浪底工程环境保护执行情况报告、黄委会设计院环境监理总结报告和北京师范大学环境科学研究所环境保护调查报告,并对现场进行检查。主要评价结论为:小浪底工程执行环境影响评价制度和环境保护"三同时"管理制度,基本落实环评批复及工程设计中提出的环保要求。工程配套建有生产废水、生活污水处理设施以及生活饮用水净化处理系统,采取了降噪及除尘措施,对施工废水通过沉淀池或油水分离器进行处理,对固体废弃物进行分类处理,严格遵循《水库库底清理办法》和《小浪底水库淹没影响区库底清理实施意见》,进行了4期库底清理工作,并通过生物措施与工程措施相结合的方法治理水土流失,形成完整的水土流失防治体系,移民安置区采取了必要的环保措施。小浪底工程建立环保管理和监测机构,配备相应人员和仪器设备,环保设施齐备,有关档案齐全,并在施工过程中引入环境监理制度,有效地降低或避免了环境污染事故的发生。

2002年9月18日,国家环境保护总局以环验〔2002〕051号印发专项验收意见,认为小浪底工程符合环保验收条件,同意通过工程竣工环境保护验收。

五、劳动安全卫生专项验收

根据《中华人民共和国劳动法》《建设项目(工程)劳动安全卫生监察规定》(劳动部令第 3 号)和《关于进一步加强建设项目劳动安全卫生预评价工作的通知》(国家安全生产监督管理局安监管办〔2001〕39 号)等有关规定,2003 年 9月,国家安全生产监督管理局和水利部主持了小浪底工程劳动安全卫生专项验收。

(一)项目实施

小浪底工程建设和运行初期,始终重视安全生产工作,贯彻执行"安全第一、预防为主"的安全生产方针,建立健全安全生产监督管理体系,落实安全生产责任制;治理重大事故隐患,做好事故预防工作;注重安全生产宣传教育和培训,推进安全生产科学技术进步和创新,确保生产安全。

经常进行安全检查,深入现场检查各工作面安全生产情况,检查各承包商重点部位安全措施落实情况,检查施工中不安全隐患,检查有无违章指挥、违章操作、违反劳动纪律的"三违"现象,检查安全生产必须的劳动保护用品配备和使用情况,检查特殊工种持证上岗并抽查考核工种安全生产应知应会基本知识,检查高空作业挂安全网、系安全带的落实情况,检查易燃、易爆物品的安全运输、使用、存放情况,检查炸药库、加油站的安全管理和安全保卫等情况。

小浪底工程劳动安全卫生设施与主体工程"同时设计、同时施工、同时投产"。小浪底建管局安全管理组织机构和安全管理制度健全,工程建设期间及投运以来,没有发生重大安全事故。

(二)专项验收评价

2002 年 10 月,河南省安全科学技术研究中心和国家安全生产监督管理局安全科学技术研究中心受小浪底建管局委托,对小浪底工程劳动安全卫生进行了预评价;2003 年 3 月,国家安全生产监督管理局安全科学技术研究中心和河南省安全科学技术研究中心受小浪底建管局委托,对小浪底工程劳动安全卫生进行专项验收评价。评价结论认为,劳动安全卫生专项工程已具备竣工验收条件。

(三)验收组织机构

国家安全生产监督管理局与水利部组织成立小浪底工程劳动安全卫生专

项验收领导小组(简称劳动安全卫生专项验收领导小组)。劳动安全卫生专项验收领导小组由国家安全生产监督管理局、水利部、黄河水利委员会、河南省安全生产监督管理局、洛阳市安全生产监督管理局、济源市安全生产监督管理局等单位组成,国家安全生产监督管理局副司长黄智全担任领导小组组长。劳动安全卫生专项验收领导小组下设专家组,专家组组长由中国劳动保护科学技术学会副理事长郑希文担任。

(四)验收主要结论

2003 年 9 月 25 日,劳动安全卫生专项验收领导小组和专家组在小浪底水利枢纽管理区主持召开了小浪底工程劳动安全卫生专项工程竣工验收会议,会议听取了小浪底建管局劳动安全卫生情况介绍和国家安全生产监督管理局安全科学技术研究中心《黄河小浪底水利枢纽劳动安全卫生专项竣工验收评价报告》汇报,对现场主要作业场所进行检查,总体评价结论为:工程项目在建设过程中贯彻执行国家、地方及有关部门劳动安全卫生法规、标准,对工程存在事故危险和职业危害的设施和场所采取合理的、切实可行的防护及治理措施,采取先进的工艺设备、监测手段和管理措施,使生产过程中的危害和有害因素得到有效控制。黄河小浪底水利枢纽劳动安全卫生专项工程满足竣工验收要求。

2003 年 10 月 15 日,国家安全生产监督管理局办公室以《关于印发黄河小浪底水利枢纽劳动安全卫生专项工程竣工验收专家意见的函》(安监管司办函字〔2003〕107 号),印发小浪底工程劳动安全卫生专项验收意见。

第四节　竣工初步验收

按照《水利水电建设工程验收规程》(SL 223—1999)的要求,工程竣工验收前应进行竣工初步验收。小浪底建管局按照《水利水电建设工程验收规程》(SL 223—1999)竣工初步验收条件进行检查和准备,对有关技术问题进行了竣工前补充安全鉴定,编写了验收报告。2002 年 11 月 30 日至 12 月 3 日,水利部主持了小浪底工程(工程部分)竣工初步验收。

小浪底建管局成立的竣工初步验收领导小组和工作小组负责小浪底水利枢纽(工程部分)竣工初步验收的各项准备工作。工作小组分为资料组和会务组,具体负责竣工初步验收现场条件检查、验收报告编制和会务筹备等工作。

一、竣工初步验收条件

小浪底工程主要建设内容已按国家批准设计内容建设完成,满足《水利水电建设工程验收规程》(SL 223—1999)规定的竣工初步验收条件,2002 年 8 月,小浪底建管局以《关于组织小浪底水利枢纽工程竣工初步验收的请示》(局技〔2002〕5 号)上报水利部。

(一)工程建设

小浪底工程前期准备工程于 1991 年 9 月 1 日开工建设,1994 年 4 月 18—21 日通过水利部主持的检查验收。主体工程于 1994 年 9 月 12 日开工建设,1997 年 10 月 28 日实现大河截流,1999 年 10 月 25 日水库下闸蓄水,投入初期运用。2000 年 1 月 9 日首台(6 号)机组并网发电,投入商业运行,2001 年 12 月 31 日末台(1 号)机组并网发电,主体工程基本完工。

(二)单位工程验收和施工质量评定

小浪底工程划分为 60 个单位工程,小浪底建管局组织了验收,并按照施工质量评定规程,经施工和监理单位评定、项目法人复核、质量监督单位核定,小浪底工程施工质量等级为优良。

(三)工程投资

截至 2002 年 8 月,小浪底工程批复概算总投资 347.24 亿元,工程投资全部到位,具备财务决算条件并开始准备工作。

(四)验收报告准备

按照《水利水电建设工程验收规程》(SL 223—1999)的要求,项目业主、设计单位、监理单位等各参建单位编制完成竣工初步验收工作报告。

二、竣工前补充安全鉴定

为做好小浪底工程竣工验收技术准备,经向水利部报告,2002 年 4—9 月,水利部水规总院和中国水科院受小浪底建管局委托,承担了小浪底工程竣工前补充安全鉴定。

(一)主要内容

参照蓄水安全鉴定办法和电力工业部《水电建设工程安全鉴定规定》(电综〔1998〕219 号)的要求,在蓄水安全鉴定基础上,竣工前补充安全鉴定综合分析各建筑物地质条件、设计、施工、运行及监测资料,对蓄水安全鉴定遗留问题进行检查,并对蓄水后工程施工情况进行安全鉴定,主要内容包括:检查蓄水安全鉴定遗留问题处理情况,包括枢纽安全监测系统建设和安全监测成果分析,孔板洞原型试验研究及成果分析,蓄水后左岸山体稳定性及其对建筑物的影响,东苗家滑坡体监测资料分析及移民搬迁,混凝土碱骨料反应试验研究和对策等;工程蓄水运行以来与工程安全有关的重点问题,包括大坝两岸山体渗水问题,主坝原型监测仪器损坏问题和 F_1 断层盖板处理问题;蓄水安全鉴定中未涉及的建筑物及后续工程建设安全性评价,包括 2 号孔板洞、3 号孔板洞、正常溢洪道、副坝、西沟坝、金属结构(包括 2 号孔板洞、3 号孔板洞、1 号明流洞、2 号明流洞、3 号明流洞、溢洪道等)、防淤闸和大坝 220 米高程以上部分;以蓄水安全鉴定成果为基础,结合蓄水后工程运行和监测资料分析,对以大坝为重点的枢纽工程进行总体安全性评价。

(二)组织机构

水利部水规总院和中国水科院组织成立小浪底工程竣工前补充安全鉴定专家组(简称竣工前补充安全鉴定专家组)。竣工前补充安全鉴定专家组共 19 位专家,聘请中国科学院、中国工程院院士潘家铮,水利部总工程师高安泽为顾问,水利部水规总院总工程师汪易森担任专家组组长,并按照专业分为工程地质、水工结构、地基处理和安全监测等 4 个专业组。

(三)鉴定程序

竣工前补充安全鉴定主要包括以下 3 个阶段:

(1)准备工作。2002 年 4 月,竣工前补充安全鉴定部分专家了解小浪底工程进展和蓄水运行情况,与项目业主协商共同编制竣工前补充安全鉴定工作大纲。

(2)现场评估。2002 年 5 月 20 日至 7 月 10 日,竣工前补充安全鉴定专家在现场听取汇报,检查工程,了解情况,查阅专题报告和有关资料,组织召开座谈会,提出补充资料清单。同时,有关专家开始初拟竣工前补充安全鉴定报告。

(3)报告修改完善。2002 年 8 月 20 日至 9 月初,竣工前补充安全鉴定专家在工程现场集中编写竣工前补充安全鉴定报告初稿,对初稿进行讨论修改,征求项目业主、设计、监理和施工单位各方意见,最终形成竣工前补充安全鉴定报告。

（四）鉴定主要资料

小浪底工程竣工前补充安全鉴定在蓄水安全鉴定提供资料基础上，主要补充完善以下资料：设计补充自检报告（包括消力塘校正糙率、校正长度），施工与监理补充自检报告、安全监测成果及分析报告（包括内部监测、外部监测和渗水监测）、两岸坝肩基岩渗漏对大坝及其他枢纽建筑物安全影响分析报告（包括大坝防渗排水设计、补强设计和施工、监测资料分析、坝基 F_1 断层带渗压监测值异常及处理情况等）、枢纽初期运行报告（包括运用调度原则、调度方式，各建筑物、闸门启闭机运行状况，过水建筑物泄洪后巡检情况，已发挥效益等）、原观仪器损坏情况及补救措施、安全监测自动化监测系统建设及预警值确定、消力塘运行操作规程及检查情况、蓄水安全鉴定遗留问题处理报告、1 号孔板洞原型过流试验研究报告、混凝土骨料碱活性试验报告、蓄水后左岸山体稳定性及对建筑物影响研究报告、技术委员会第五次会议有关资料等。

（五）鉴定主要结论

2002 年 9 月，竣工前补充安全鉴定专家组提交了《小浪底水利枢纽工程竣工前补充安全鉴定报告》，主要结论为：小浪底工程布置合理，设计、施工总体符合有关规程、规范和技术标准要求。水库初期运行以蓄水拦沙为主，最高水位达到 240.87 米，离正常蓄水位 275.00 米还有 34.13 米。监测资料表明，竣工后大坝水平位移、垂直位移均在正常范围内，符合一般规律，变化速率渐小；从工作性状看，大坝及其他挡水建筑物工作情况基本正常。两岸山体渗漏未影响大坝安全和山体稳定，且随坝前淤积增加，右岸渗漏情况会得到进一步改善，水库可以继续正常蓄水运行。

鉴于本工程的重要性和蓄水后地下渗流场的复杂性，左岸进水口附近难以产生较大淤积，为确保工程安全和水库正常运用，应对两岸山体特别是左岸山体及地下洞室群进行严密监视和及时分析。

三、竣工初步验收资料

按照《水利水电建设工程验收规程》（SL 223—1999）的要求，竣工初步验收资料准备分为备查资料和提供资料。

备查资料存放于档案室，由专人负责，以备验收委员会委员和专家组成员查阅。

备查资料主要包括前期工作文件及批复文件、招标投标文件、项目划分资料、质量评定资料、工程监理资料、设计文件、施工图纸、变更资料、征地移民有关资料、重要会议纪要、安全质量事故资料、竣工决算及审计资料、专项及阶段验收资料、记载重大事件声像资料及文字说明、安全鉴定报告以及其他资料。

提供资料由项目业主负责组织编写,在竣工初步验收会议14天前送达初步验收工作组成员处,主要提供资料分为三集十四卷和单行本。小浪底工程竣工初步验收提供资料目录见表9-4-1。

表9-4-1　小浪底工程竣工初步验收提供资料目录

序号			报告名称	编制单位
1	第一集	第一卷	工程建设管理工作报告	小浪底建管局
2		第二卷	工程建设大事记	
3		第三卷	拟验工程清单及未完工程建设安排	
4		第四卷	工程设计工作报告	黄委会设计院
5		第五卷	工程重大技术课题报告	小浪底建管局
6		第六卷	工程运用和度汛报告	
7		第七卷	工程建设征地补偿及移民安置工作报告	
8		第八卷	工程运行管理工作报告	
9		第九卷	专项验收结论	
10	第二集	第十卷	工程施工和监理工作报告	小浪底咨询公司
11		第十一卷	工程质量管理和施工质量评定报告	
12	第三集	第十二卷	两岸坝肩基岩渗漏及对枢纽建筑物安全影响分析专题报告	小浪底建管局
13		第十三卷	水轮机转轮裂纹处理专题报告	
14		第十四卷	工程安全监测资料分析报告	
15	单行本		竣工前补充安全鉴定报告	水利部水规总院和中国水科院

四、竣工初步验收组织机构

2002年10月,水利部印发《关于小浪底水利枢纽工程(工程部分)竣工初步验收的通知》(办函〔2002〕384号),组织成立小浪底工程竣工初步验收工作组（简称初步验收工作组）。初步验收工作组由水利部、河南省人民政府及相关部门、山西省人民政府及相关部门、项目业主、设计、监理、施工、质量监督等单位和特邀专家组成，水利部总工程师高安泽担任初步验收工作组组长，河南省水利厅厅长韩天经、山西省人民政府副秘书长王茂设、水利部建设与管理司司长俞衍升、小浪底建管局局长陆承吉担任初步验收工作组副组长。

五、竣工初步验收主要结论

小浪底工程竣工初步验收分为两个阶段。2002年11月30日至12月2日，初步验收工作组邀请部分成员召开小浪底工程竣工初步验收技术预验收会议，听取项目业主、设计、监理、施工、建设征地补偿和移民安置、质量监督等单位工作汇报，观看工程建设声像资料，查阅工程建设相关资料，分水工专业组和机电专业组进行分组讨论，形成《小浪底水利枢纽工程（工程部分）竣工初步验收技术预验收专家组意见》。在技术预验收基础上，12月3—5日，初步验收工作组召开小浪底工程竣工初步验收会议（见图9-4-1），听取工程建设管理工作报告和技术预验收工作报告，检查工程现场，与参建各单位进行座谈，查阅有关资料，经过充分讨论和认真研究，形成《小浪底水利枢纽工程（工程部分）竣工初步验收工作报告》。

图9-4-1　小浪底工程竣工初步验收会议在小浪底工区召开

竣工初步验收总体评价为:小浪底工程建设符合基本建设程序。工程等别、建筑物级别、洪水标准及地震设防烈度符合规范要求。枢纽泄洪建筑物能满足水库泄洪、排沙要求。水库蓄水运行以来,在防洪、防凌、减淤、供水、灌溉和发电等方面初见成效。大坝、引水发电系统、排沙洞、孔板洞布置合理,结构设计符合规范要求,金属结构设备布置和选型合理,水轮发电机组选型合理,性能和技术参数选择正确,施工、安装质量满足设计和规范要求,初期运行表明各建筑物和设备运行正常。小浪底工程建设实行业主责任制、招标投标制和建设监理制,满足工程建设对进度、质量和投资控制要求。工程按期完工,工程实际投资可控制在最终批准的概算总投资内并有节余。初步验收工作组同意工程质量监督单位对小浪底工程施工质量等级评定为优良的意见。初步验收工作组同意小浪底水利枢纽工程部分通过竣工初步验收。建议按有关规定抓紧做好小浪底工程正式竣工验收前的各项准备工作,适时由国家有关部门组织竣工验收。

2002 年 12 月 27 日,水利部以《关于印发小浪底水利枢纽(工程部分)竣工初步验收工作报告的通知》(水函〔2002〕152 号),印发小浪底水利枢纽(工程部分)竣工初步验收工作报告。

第五节　竣工验收

按照《水利工程建设项目验收管理规定》(水利部令第 30 号)和《水利水电建设工程验收规程》(SL 223—2008)的要求,小浪底建管局对小浪底工程竣工验收条件进行了自检,向水利部提交小浪底工程竣工验收申请报告。根据国家重点建设项目管理办法的有关要求,国家发展改革委会同水利部主持小浪底工程竣工验收,组织成立了竣工验收委员会、竣工技术预验收专家组和竣工验收办公室等组织机构,2008 年 12 月组织召开了小浪底工程竣工技术验收会议,2009 年 4 月组织召开了竣工验收会议。

一、竣工验收条件

按照《水利水电建设工程验收规程》(SL 223—2008)的要求,小浪底建管局对小浪底工程具备竣工验收条件进行自检。

(1)工程按批准设计内容建设完成。小浪底工程主要建设内容已按批准设计全部建成。水利部《关于暂缓建设小浪底水利枢纽非常溢洪道的批复》(水总〔2005〕106号)批准非常溢洪道暂缓建设。

（2）工程重大设计变更已经由有审批权的单位批准。小浪底工程共发生进水口高边坡支护修改、消力塘上游高边坡加固设计变更、消力塘综合设计变更、进口引水导墙设计变更、地下厂房支护设计变更等5项重大工程设计变更,均经过水利部水规总院批准。

（3）各单位工程运行正常。小浪底工程于1999年10月25日下闸蓄水,各单位工程均投入运行,防洪、防凌、减淤、供水、灌溉和发电等方面效益得到正常发挥。工程建成较为完善的安全监测系统,满足枢纽运行安全监测要求。巡视检查和安全监测资料分析表明,枢纽各建筑物运行正常,处于安全稳定的工作状态。

（4）历次验收所发现问题基本处理完毕,并通过水利部水规总院和中国水科院组织的竣工验收技术鉴定。

（5）通过各专项验收。小浪底工程水土保持、工程档案、工程消防、环境保护、劳动安全卫生等通过国家相关部门主持的专项验收,征地补偿和移民安置通过水利部主持的竣工初步验收。

（6）工程投资全部到位。小浪底工程批复概算总投资352.34亿元(其中内资260.07亿元,外资11.09亿美元),建设资金全部落实到位。

（7）竣工财务决算已通过竣工审计,审计意见中提出的问题已整改。小浪底工程竣工财务决算于2004年初编制完成。2004年7月,国家审计署驻郑特派办对小浪底工程竣工财务决算进行了审计,有关审计整改工作已经完成。2007年11月,水利部审计室对小浪底工程竣工财务决算进行了审计,小浪底建管局以《关于小浪底水利枢纽工程竣工决算审计意见执行情况的报告》(局审〔2008〕2号)将竣工财务决算审计提出问题整改报告报水利部。

（8）运行管理单位明确,管理养护经费落实。小浪底建管局为小浪底工程运行管理单位,管理养护经费从发电收入列支,每年确保管理养护经费落实到位。

（9）质量监督工作报告已提交,工程质量达到合格标准。小浪底工程按照《水利水电工程施工质量评定规程(试行)》(SL 176—1996),经施工和监理单位评定,项目业主复核,质量监督单位核定,施工质量等级为优良。小浪底质监站已提交施工质量监督报告。

（10）竣工验收资料准备就绪。按照《水利水电建设工程验收规程》（SL 223—2008）的有关规定，小浪底工程竣工验收资料分为提供资料和备查资料，均已准备就绪。

二、专题安全鉴定

为满足小浪底工程竣工验收需要，针对初期运行中出现的技术问题，根据水利部指示，水利部水规总院和中国水科院受小浪底建管局委托，承担了小浪底工程渗控专题安全鉴定和初期运用技术评估，并按照《水利工程建设项目验收管理规定》（水利部令第30号）的要求，承担了小浪底工程竣工验收技术鉴定。

（一）渗控专题安全鉴定

小浪底工程初期蓄水运用过程中，发现左、右岸坝肩山体及河床坝基渗漏量较初步设计值偏大，项目业主、设计单位等针对不同运用阶段出现的渗漏问题，分别提出渗控补强加固措施，并分3个阶段进行渗控补强处理，取得明显效果。为满足小浪底工程竣工验收需要，评价枢纽渗控工程设计及渗漏处理效果，水利部水规总院和中国水科院受小浪底建管局委托，2005年12月至2006年3月承担了小浪底工程渗控专题安全鉴定。

参照《水利水电建设工程蓄水安全鉴定暂行办法》（水建管〔1999〕177号），小浪底工程渗控专题安全鉴定在蓄水安全鉴定和竣工前补充安全鉴定基础上，重点分析与枢纽渗控有关的工程地质条件、水工建筑物设计、水库运用情况和安全监测资料，对枢纽渗控问题进行安全性评价；对正常蓄水位275米时的渗漏问题进行预测，并对大坝等建筑物安全影响进行综合分析评价，提出小浪底工程渗控专题安全鉴定意见。

1. 鉴定主要内容

小浪底工程渗控专题安全鉴定主要内容包括河床段坝基渗漏及防渗补强设计评价，左岸山体、右岸坝基渗漏情况及防渗补强工程措施评价，下游消力塘周边排水情况及处理措施评价，大坝、泄洪等建筑物安全影响综合分析评价等。

2. 鉴定组织机构

水利部水规总院和中国水科院组织成立小浪底工程渗控专题安全鉴定专家

组(简称渗控专题安全鉴定专家组)。渗控专题安全鉴定专家组共有24位专家组成,聘请中国科学院、中国工程院院士潘家铮,水利部原总工程师高安泽,水利部总工程师刘宁,国务院南水北调工程建设委员会办公室(简称国调办)总工程师汪易森为顾问;水利部水规总院院长汪洪担任专家组组长;水利部水规总院副院长沈凤生、中国水科院副院长贾金生、水利部水规总院原副总工程师司志明担任专家组副组长。专家组按照专业分为工程地质、水工结构、地基处理和安全监测等4个专业组。

3. 鉴定程序

小浪底工程渗控专题安全鉴定主要包括以下3个阶段:

(1)准备工作。2005年12月下旬,渗控专题安全鉴定专家组部分成员赴小浪底工程现场,了解工程建设与蓄水运用情况,重点了解河床段坝基、左岸山体、右岸坝基渗控设计和防渗补强处理措施及其效果,以及下游消力塘周边排水渗漏情况,听取有关情况介绍,与项目业主、设计单位和监理单位共同研究确定渗控专题安全鉴定工作大纲,并对需要为渗控专题安全鉴定工作准备的有关资料和应进行的补充工作进行布置和安排。2006年2月,小浪底建管局和黄河设计公司编写渗控专题安全鉴定自检报告提交渗控专题安全鉴定专家组。

(2)鉴定评估。2006年2月,渗控专题安全鉴定专家组全体成员进一步了解枢纽渗控工程设计、渗漏补强处理施工质量及其效果等情况,在全面熟悉各类自检报告等基本资料基础上,与项目业主、设计单位、监理单位进行座谈和交换意见,编写渗控专题安全鉴定报告,在征求项目业主、设计单位、监理单位各方意见后,提出专题安全鉴定报告。

(3)鉴定报告审定。2006年2月底至3月,渗控专题安全鉴定专家组在征求主管部门和顾问意见后,对渗控专题安全鉴定报告进行修改完善,完成了小浪底工程渗控专题安全鉴定报告,作为小浪底工程竣工验收枢纽渗控专题必要依据。

4. 鉴定主要资料

小浪底建管局和黄河设计公司根据渗控专题安全鉴定工作大纲,编写了渗控专题安全鉴定自检报告,主要包括渗控专题安全鉴定枢纽运行报告、设计自检报告、地质自检报告、渗流安全监测自检报告、帷幕及帷幕补强灌浆工程施工与监理自检报告(下闸蓄水后)等。

5. 鉴定主要结论

2006 年 3 月,渗控专题安全鉴定专家组提交了《黄河小浪底水利枢纽渗控专题安全鉴定报告》,主要结论为:小浪底工程已经受较长时间、较高水位运行考验,渗漏问题经补强处理,效果明显,渗漏水量已趋稳定,工程运行基本正常。预测正常蓄水位 275 米时,渗水量和渗透比降虽然会有所增加,但不致影响水工建筑物安全运行,枢纽渗漏问题不影响枢纽工程竣工验收。

鉴于小浪底工程规模巨大,地质条件复杂,技术难度大,以及在黄河下游治理中的重要战略地位,业主、设计、运行管理单位应加强安全监测,进一步完善监测系统,特别要加强对监测资料的整理与分析,发现问题及时处理;抓紧编制拦沙后期运用调度规程;对本次专题安全鉴定所提出的问题和建议,认真研究落实,确保工程安全运行。

(二) 初期运用技术评估

小浪底工程初期运行中,运行管理单位发现主坝坝顶下游侧顺坝轴线方向存在纵向表层裂缝、上下游坝坡存在不均匀变形等问题。为满足工程竣工验收需要,水利部水规总院和中国水科院受小浪底建管局委托,2006 年 4 月至 2007年 4 月承担了小浪底工程初期运用技术评估。

1. 评估主要内容

小浪底工程初期运用技术评估以大坝安全为重点,根据大坝变形、坝顶下游侧顺坝轴线裂缝、上下游坝坡不均匀沉降等实测资料,依据相关规范、规定及国内外同类工程运行经验,对已采取的工程处理措施和效果进行分析,对大坝工作性状进行评估;对大坝变形、裂缝、不均匀沉降原因进行分析;对大坝长期工作性状进行预测和安全性进行评估;对历次安全鉴定和验收提出的涉及工程安全运用问题的落实情况进行评估。

2. 评估组织机构

水利部水规总院和中国水科院组织成立小浪底工程初期运用技术评估专家组(简称技术评估专家组)。技术评估专家组共有 18 位专家,聘请中国科学院、中国工程院院士潘家铮,水利部原总工程师高安泽,水利部总工程师刘宁,国调办原总工程师汪易森为顾问;水利部水规总院院长汪洪担任技术评估专家组组长;水利部水规总院副院长刘志明、中国水科院副院长贾金生、水利部水规总院原副总工程师司志明担任副组长。技术评估专家组按照专业分为工程地质、水工结构、水力学、施工和安全监测等 5 个专业组。

3. 评估程序

小浪底工程初期运用技术评估主要包括以下 3 个阶段：

（1）准备工作。2006 年 5—7 月，技术评估专家组征求项目业主和设计单位意见，拟定技术评估工作大纲，并对需要为技术评估工作准备的资料和进行的补充工作进行布置和安排。项目业主组织有关单位进行技术自评估，主要包括工程安全监测成果及分析、主坝施工质量自检成果及分析、枢纽主要水工建筑物初期运用中出现的质量缺陷问题原因分析及处理意见等内容；收集国内外已建同类型高坝变形的安全监测资料，与小浪底工程大坝实测变形及设计计算成果进行对比分析，对枢纽工程运用安全性进行综合评价。

（2）现场评估。2006 年 8—9 月，技术评估专家组赴小浪底工程现场开展技术评估工作（见图 9-5-1），认真查阅工程相关设计、地质、施工、安全监测、监理、质量监督、运行情况等资料；进一步对主坝变形、裂缝及其他可能影响工程安全运用的问题进行检查；与有关各方进行座谈讨论，在充分了解情况的基础上，编写技术评估报告初稿。

图 9-5-1　2006 年 8 月 7—11 日，小浪底工程初期运行技术
评估会议在小浪底工区召开

根据现场评估情况，项目业主和设计单位补充开展了以下工作：补充有关

大坝施工质量检测资料;在坝顶裂缝部位补挖 3 个探坑,进一步查明坝顶裂缝性状,了解裂缝处坝体分区填料性质,并对坝体填料物理性质进行试验;补充并完善有关计算分析;埋设坝顶表层裂缝监测仪器。

(3)评估报告审定。2006 年 9 月至 2007 年 3 月,根据评估工作需要,中国水科院受小浪底建管局委托进行小浪底工程心墙堆石坝数值仿真计算分析及变形资料分析和初步预测研究工作;同时,设计单位补充完善大坝变形反演分析。2007 年 3 月,专家组对中国水科院和设计单位提交的计算分析报告进行讨论,并对初期运行技术评估报告进行补充修改和统稿,在征询项目业主和设计单位意见、向技术评估专家组顾问汇报后,提出小浪底工程初期运用技术评估报告。

4.评估主要资料

小浪底建管局和黄河设计公司根据小浪底工程初期运用技术评估工作大纲,编写了小浪底工程初期运用技术自评估报告,主要内容包括:工程概况、工程地质条件、主坝设计和施工、枢纽工程安全监测情况、枢纽工程运行情况、大坝坝顶下游侧裂缝和上下游坝坡不均匀变形变化发展过程、坝顶纵向裂缝影响因素分析、大坝沉降及稳定复核、大坝工作性态分析与安全性评价、历次安全鉴定及验收遗留问题落实情况、综合自评价意见等。

5.评估主要结论

2007 年 4 月,技术评估专家组提交了《黄河小浪底水利枢纽初期运用技术评估报告》,主要结论为:小浪底工程 1999 年 10 月 25 日下闸蓄水开始初期运用,截至 2006 年 10 月 31 日,库水位在 250 米以上运行 696 天,260 米水位以上运行 189 天,最高运行水位达到 265.69 米,较设计正常蓄水位低 9.31 米。初期运用中,通过对水库精心调度,工程发挥了很大效益,初步显示了小浪底工程在治黄中的战略地位和作用。

小浪底工程初期运用以来,拦河主坝及泄水、引水发电等主要建筑物已经受较长时间和较高水位运行的考验,主要建筑物运行基本正常。对拦河主坝上下游坝坡发生的局部不均匀变形问题,已经处理;坝顶下游侧发生的纵向裂缝是坝体不均匀变形导致的张性裂缝,而坝体长期变形、库水位升降变化是裂缝发展的主导因素,复核计算结果表明,大坝整体稳定满足安全运用要求;预测在正常蓄水位 275 米及每年库水位升降时,坝顶裂缝及上下游坝坡局部变形还会有一定变化,但不影响大坝安全运用;心墙内有效小主应力均为正值,不具备产生水力劈裂的应力条件。对历次安全鉴定及验收中提出的其他涉及工程安全问题，根据现场调查和监测资料分析，没有发现影响枢纽安全运用的异常现象。因此，小浪底水利枢纽竣工验收的技术条件已经具备。

（三）竣工验收技术鉴定

按照《水利工程建设项目验收管理规定》（水利部令第 30 号），大型水利工程在竣工技术预验收前，项目业主应当按照有关规定对工程建设情况进行竣工验收技术鉴定。为满足工程竣工验收需要，2007 年 5—9 月，水利部水规总院和中国水科院受小浪底建管局委托，承担小浪底工程竣工验收技术鉴定。

1. 鉴定范围和内容

按照《水利工程建设项目验收管理规定》（水利部令第 30 号），小浪底工程竣工验收技术鉴定在蓄水安全鉴定、竣工前补充安全鉴定、专项验收、竣工初步验收、渗控专题安全鉴定和初期运用技术评估基础上，重点对水力机械、电气一次和电气二次等工程设计、监造、安装调试和初期运用情况进行全面评价；对历次安全鉴定和验收遗留问题落实和处理情况进行评价；对水库蓄水初期运用过程中出现的可能影响工程安全运用的问题进行评价；了解水库调度运用规程编制情况；对安全监测仪器工作状况、资料整编与分析成果进行评价；根据安全监测资料分析成果和设计复核成果对各水工建筑物和机电、金属结构工程安全性状进行评价；了解环境保护、水土保持、征地补偿和移民安置、工程消防、劳动安全卫生及工程档案等专项验收遗留问题落实处理情况。

2. 鉴定组织机构

水利部水规总院和中国水科院组织成立小浪底工程竣工验收技术鉴定专家组（简称竣工验收技术鉴定专家组）。竣工验收技术鉴定专家组共有 24 位专家，聘请中国科学院、中国工程院院士潘家铮，水利部原总工程师高安泽，水利部总工程师刘宁，国调办原总工程师汪易森为顾问；水利部水规总院院长汪洪担任竣工验收技术鉴定专家组组长；水利部水规总院副院长刘志明、中国水科院副院长贾金生、水利部水规总院原副总工程师司志明担任副组长。竣工验收技术鉴定专家组按照专业分为机电、土建工程、水库调度运用、工程地质、金属结构、安全监测、水保环保和档案等 8 个专业。

3. 鉴定程序

小浪底工程竣工验收技术鉴定主要包括以下 3 个阶段：

（1）准备工作。2007年6月,竣工验收技术鉴定专家组编制小浪底工程竣工验收技术鉴定工作大纲;项目业主和参建各方根据大纲要求准备工程自检报告及其他相关问题补充资料。

（2）现场鉴定。2007年7月13—18日,竣工验收技术鉴定专家组赴工程现场,听取建设各方工程自检和相关问题情况介绍,认真查阅有关资料,与参建各方座谈和交换意见,在征询项目业主和参建各方意见后,提出小浪底竣工验收技术鉴定报告初稿。

（3）报告审定。2007年9月,竣工验收技术鉴定专家组对竣工验收技术鉴定报告进行修改完善,并经竣工验收技术鉴定专家组顾问批准后,提交小浪底工程竣工验收技术鉴定报告。

4. 鉴定主要资料

根据小浪底工程竣工验收技术鉴定工作大纲要求,项目业主、设计单位、监理单位对竣工验收技术鉴定提供以下主要资料:枢纽工程运行管理报告,机电部分设计、施工与监理自检报告,历次安全鉴定提出问题落实与安排情况,专项验收结论及提出问题落实情况等。

5. 鉴定主要结论

2007年9月,竣工验收技术鉴定专家组提交了《黄河小浪底水利枢纽竣工验收技术鉴定报告》,主要结论为:小浪底工程1999年10月25日下闸蓄水开始初期运用,截至2007年7月中旬,水库最高蓄水位265.69米,较设计正常蓄水位低9.31米。水库在较高蓄水位260米以上累计运行189天,在250米水位以上累计运行782天,水电站已安全运行2 870天。初期运用中,通过对水库精心调度,工程发挥了很大效益,初步显示小浪底工程在治黄中的战略地位和作用。

工程等别、建筑物级别、洪水标准及地震设防烈度符合规范要求。枢纽初期运用实践证明,枢纽工程布置合理,各土建工程设计、施工质量基本符合国家技术标准要求;拦河主坝、副坝及泄水、引水发电等主要水工建筑物已经受较长时间和较高水位运行考验,运行基本正常。水电站投入运行以来实践证明,电站机电工程设计、制造、安装和调试基本满足国家有关标准要求,运行正常。泄洪排沙、引水发电系统各类闸门、启闭机设计、制造、安装和调试基本符合国家有关标准要求,运用状况正常。

征地补偿和移民安置、环境保护、水土保持、工程消防、劳动安全卫生和工程档案等各专项验收中提出的遗留问题已经处理或已作安排。对历次安全鉴定和验收提出的涉及工程安全的问题,根据现场调查和监测资料分析,没有发现影响枢纽安全运用的异常现象。

综上所述,待水利部竣工审计完成和征地手续办理齐全后即可满足竣工验收条件。

三、竣工验收资料

小浪底工程竣工验收资料按照《水利水电建设工程验收规程》(SL 223—2008)的要求进行准备,在竣工初步验收提供资料基础上进行补充完善:一是补充竣工初步验收后工程施工和监理资料;二是补充枢纽初期运行管理资料;三是补充征地补偿和移民安置资料;四是对运行初期监测资料进行分析研究;五是提供枢纽初期运行安全鉴定报告。小浪底工程竣工验收资料目录见表9-5-1。

表 9-5-1 小浪底工程竣工验收资料目录

序号		报告名称	编制单位
1	第一卷	建设管理工作报告	小浪底建管局
2	第二卷	工程建设大事记	
3	第三卷	拟验工程清单及未完工程建设安排	
4	第四卷	工程施工与监理补充工作报告	
5	第五卷	移民管理工作报告	
6	第六卷	运行管理工作报告	
7	第七卷	安全监测资料分析报告	
8	第八卷	历次鉴定、评估和验收遗留问题处理及建议落实报告	
9	第九卷	竣工财务决算审计及整改情况报告	
10		施工质量监督报告	小浪底质监站
11		蓄水安全鉴定报告	水利部水规总院和中国水科院
12	单行本	竣工前补充安全鉴定报告	
13		渗控专题安全鉴定报告	
14		初期运用技术评估报告	
15		竣工验收技术鉴定报告	

四、竣工验收组织机构

小浪底工程竣工验收组织机构主要包括竣工验收主持单位、竣工验收办公室、竣工技术预验收专家组和竣工验收委员会。

(一)竣工验收主持单位

根据《国家重点建设项目管理办法》(计建设〔1996〕1105号)有关要求,国家重点建设项目由国务院计划主管部门或者其委托机构组织有关单位进行竣工验收。经国家发展改革委和水利部共同研究并报告国务院,确定小浪底工程竣工验收由国家发展改革委会同水利部主持。

(二)竣工验收办公室

为做好小浪底工程竣工验收工作,竣工验收主持单位组织成立小浪底工程竣工验收办公室。国家发展改革委投资司副司长纪国刚担任竣工验收办公室主任,水利部建管司副司长孙献忠、小浪底建管局总工程师张利新担任竣工验收办公室副主任,办公室成员由国家发展改革委投资司、水利部建管司和小浪底建管局等单位成员组成。

竣工验收办公室负责竣工验收日常管理工作,协调竣工验收工作中有关问题,对小浪底工程竣工验收筹备工作进行部署和指导。

(三)竣工技术预验收专家组

竣工验收主持单位组织成立小浪底工程竣工技术预验收专家组(简称竣工技术预验收专家组)。竣工技术预验收专家组共有59名成员,聘请中国科学院、中国工程院院士潘家铮为顾问,水利部总工程师刘宁担任专家组组长,国家发展改革委投资司副司长纪国刚、水利部原总工程师高安泽、水利部建管司司长孙继昌、水利部财务司巡视员高军、水利部水库移民开发局局长刘伟平、黄委会总工程师薛松贵担任副组长。竣工技术预验收专家组分为土建工程、金结机电、征地移民和财务审计4个专业工作组,分别对土建工程、金结机电、征地移民和财务审计进行技术预验收。

(四)竣工验收委员会

竣工验收主持单位组织成立小浪底工程竣工验收委员会(简称竣工验收委员会)。竣工验收委员会由国家发展改革委、水利部、财政部、科学技术部、环境保护部、农业部、国家林业局、中国地震局、国家档案局,审计署驻郑州特派员办事处,河南、山西两省人民政府及有关部门,国家开发银行、中国建设银行,工程质量监督等有关单位代表及邀请专家共 61 人组成。国家发展改革委副主任穆虹担任主任委员,水利部副部长矫勇和刘宁、河南省人民政府副省长刘满仓、山西省人民政府副省长刘维佳、黄委会主任李国英担任副主任委员。

五、竣工验收程序

根据《水利工程建设项目验收管理规定》(水利部令第 30 号)和《水利水电建设工程验收规程》(SL 223—2008)的有关规定,小浪底工程竣工验收分为竣工技术预验收和竣工验收会议两个阶段,按以下程序进行。

(一)提交验收申请报告

2008 年 9 月,小浪底建管局以《小浪底水利枢纽工程竣工验收申请报告》(局发〔2008〕34 号)上报水利部,并对竣工验收应具备条件进行自查,满足验收规程,规定竣工验收条件。

(二)制订验收工作方案

水利部制订了小浪底工程竣工验收工作方案,主要包括验收依据、验收程序、验收工作内容、验收组织和建议验收时间、地点等内容。2008 年 11 月,水利部以《关于报送小浪底水利枢纽工程竣工验收申请报告和工作方案的函》(办建管函〔2008〕678 号)向国家发展改革委报送了小浪底工程竣工验收申请报告和竣工验收工作方案。

(三)竣工技术预验收

2008 年 11 月,水利部办公厅、国家发展改革委办公厅印发《关于召开小浪底水利枢纽工程竣工技术预验收会议的通知》(办建管函〔2008〕795 号),2008 年 12 月 14—18 日,国家发展改革委会同水利部在小浪底工程现场主持召开小浪底工程竣工技术预验收会议,形成小浪底工程竣工技术预验收工作报告(见图 9-5-2)。

(四)竣工验收会议

2009 年 4 月,国家发展改革委办公厅、水利部办公厅印发《关于召开黄河小浪底水利枢纽工程竣工验收会议的通知》(发改办投资〔2009〕710 号),2009 年 4 月 6—7 日,国家发展改革委会同水利部在郑州市主持召开小浪底工程竣工验收会议,通过《黄河小浪底水利枢纽工程竣工验收鉴定书》(简称《竣工验

图 9-5-2　2008 年 12 月 14—18 日,小浪底工程竣工
技术预验收会议在小浪底工区召开

收鉴定书》)。

(五)印发《竣工验收鉴定书》

2009 年 8 月,国家发展改革委办公厅、水利部办公厅印发《竣工验收鉴定书》,并将《竣工验收鉴定书》上报国务院。

六、竣工验收主要结论

根据《水利水电建设工程验收规程》(SL 223—2008)的要求,小浪底工程竣工验收主要内容为:检查工程建设情况,检查历次验收遗留问题和初期运行发现问题的处理情况,检查工程是否存在质量隐患和影响工程安全运行问题,检查工程投资、财务情况,对验收中发现的问题提出处理意见,主要分为竣工技术预验收和竣工验收会议两个阶段。

2008 年 12 月 14—18 日,竣工技术预验收专家组在小浪底工程现场主持召开小浪底工程竣工技术预验收会议。会议共安排 5 天时间,12 月 14 日竣工技术预验收专家考察现场及查阅相关资料;12 月 15 日观看工程建设声像资料,听取项目业主、设计、质量监督、运行管理等单位工作报告;12 月 16 日各专业工作组分组讨论并形成工作组意见;12 月 17 日召开竣工技术预验收专家组全体会议,形成《竣工技术预验收工作报告》;12 月 18 日讨论竣工验收鉴定书初稿。竣工技术预验收专家组同意通过竣工技术预验收,建议进行竣工验收。

2009 年 4 月 6—7 日,竣工验收委员会在河南省郑州市主持召开小浪底工程竣工验收会议。竣工验收委员会委员考察现场及查阅相关资料,观看工程建设声像资料,听取工程建设管理工作报告、移民管理工作报告、竣工验收技术鉴定报告、竣工技术预验收工作报告,经充分讨论后,形成《竣工验收鉴定书》。主要结论为:小浪底工程已按照批准的设计内容按期建设完成,工程质量合格;投资控制有效,财务管理制度健全,会计核算规范,竣工财务决算已通过审计;征地补偿到位,移民得到妥善安置;征地移民、水土保持、环境保护、工程档案、工程消防、劳动安全卫生等通过专项验收;运行管理单位落实,制度完善,具备工程运行管理条件;工程经受了初期运用考验,运行正常,发挥了显著的防洪、防凌、减淤、供水、灌溉、发电等社会效益、生态效益和经济效益。竣工验收委员会同意黄河小浪底水利枢纽工程通过竣工验收。

2009 年 8 月 20 日,国家发展改革委办公厅、水利部办公厅印发《关于印发黄河小浪底水利枢纽工程竣工验收鉴定书的通知》(发改办投资〔2009〕1785号)。

第十章 西霞院反调节水库

西霞院反调节水库(简称西霞院工程)是小浪底水利枢纽的配套工程,位于小浪底工程下游 16 千米的黄河干流上,利用其有效库容对小浪底工程进行反调节,可以有效消除小浪底工程发电下泄的不稳定流对下游河道的不利影响,提高电站调峰能力,使小浪底工程发挥最大综合效益。

西霞院工程左、右岸分别为洛阳市吉利区和孟津县,开发目标以反调节为主,结合发电,兼顾供水、灌溉等综合利用。水库总库容 1.62 亿立方米,有效库容 0.452 亿立方米,总装机容量 140 兆瓦,设计年发电量 5.83 亿千瓦时。前期准备工程于 2003 年 1 月开工,2003 年 12 月完工;主体工程于 2004 年 1 月开工,2006 年 11 月截流,2007 年 5 月下闸蓄水,2007 年 6 月首台机组并网发电,2008 年 1 月主体工程完工,2011 年 3 月通过竣工验收。

第一节 规划设计

1993 年,黄委会设计院开始进行西霞院工程规划设计工作。1998 年 7 月,水利部明确小浪底建管局作为西霞院工程建设项目法人,小浪底建管局正式委托黄委会设计院承担了西霞院工程项目建议书、可行性研究报告、工程初步设计、工程招标设计、施工图设计等工作。小浪底建管局按照水利工程建设基本程序履行报批程序。

一、规划审批与设计

(一)前期规划

自 1955 年以来,在历次黄河干流梯级工程布局规划中,西霞院工程均为黄河干流的一个梯级工程。

1993 年,黄委会设计院开始进行西霞院工程规划设计,1996 年 6 月完成了可行性研究报告。1997 年 5 月 21 日,水利部水规总院以《关于报送黄河西霞院水利枢纽可行性研究报告审查意见的函》(水规设〔1997〕22 号)报送水利部。

因西霞院工程项目法人尚未确定,水利部没有批复。

(二)项目建议书

1997 年 4 月,国家计委和水利部审定《黄河治理开发规划纲要》,西霞院工程为三门峡至花园口河段开发的梯级工程之一。1998 年 7 月,水利部以《对〈关于明确黄河西霞院水利枢纽工程建设项目法人的请示〉的批复》(水建〔1998〕297 号)明确小浪底建管局负责西霞院工程建设项目策划和资金筹措等有关准备工作,小浪底建管局委托黄委会设计院编制项目建议书;1999 年 11 月 20 日,小浪底建管局以《关于报送〈小浪底水利枢纽配套工程——西霞院反调节水库项目建议书〉的报告》(局计〔1999〕42 号)向水利部报送了项目建议书;2000 年 1 月,水利部水规总院对《黄河小浪底水利枢纽配套工程——西霞院反调节水库项目建议书》进行审查,并于 2000 年 4 月 3 日以《关于报送黄河小浪底水利枢纽配套工程——西霞院反调节水库项目建议书审查意见的报告》(水总计〔2000〕25 号)向水利部报送了项目建议书及审查意见;2000 年 8 月 23 日,水利部以《关于报送小浪底水利枢纽配套工程——西霞院反调节水库项目建议书审查意见的函》(水规计〔2000〕370 号)向国家计委报送西霞院工程项目建议书及审查意见;2001 年 5 月 14—20 日,中国国际工程咨询公司组织专家评估西霞院工程项目建议书,并于 2001 年 7 月 13 日以《关于黄河小浪底水利枢纽配套工程——西霞院反调节水库项目建议书的评估报告》(咨农水〔2001〕513 号)向国家计委报送评估意见,认为:"西霞院为小浪底发电进行反调节,将更好地实现水资源科学利用、优化配置。在小浪底水利枢纽即将建成之际,建设西霞院反调节水库是十分必要的";2001 年 12 月 7 日,国家计委以《关于审批西霞院反调节水库项目建议书的请示》(计农经〔2001〕2632 号)将西霞院工程项目建议书的审批建议上报国务院;2001 年 12 月 31 日,国家计委以《关于审批西霞院反调节水库项目建议书的请示的通知》(计农经〔2001〕2843 号)批复项目建议书。

(三)可行性研究

2001 年 8 月 8 日,小浪底建管局以《关于报送〈小浪底水利枢纽配套工程——西霞院反调节水库可行性研究报告〉的报告》(局计〔2001〕21 号)向水利部报送可行性研究报告;2001 年 11 月 19—23 日,水利部水规总院对《小浪底水利枢纽配套工程——西霞院反调节水库可行性研究报告》进行审查;2002 年

3月1日,水利部水规总院以《关于报送黄河小浪底水利枢纽配套工程——西霞院反调节水库可行性研究报告审查意见的报告》(水总设〔2002〕14号)向水利部报送可行性研究报告及审查意见;2002年3月18日,水利部以《关于报送黄河小浪底水利枢纽配套工程——西霞院反调节水库可行性研究报告审查意见的函》(水规计〔2002〕90号)向国家计委报送可行性研究报告及审查意见;2002年5月15—20日,中国国际工程咨询公司组织专家评估西霞院工程项目可行性研究报告;2002年10月14日,国家计委以《关于审批西霞院反调节水库可行性研究报告的请示》(计农经〔2002〕1927号)将可行性研究报告的审批建议上报国务院;2002年11月17日,国家计委以《印发国家计委关于审批西霞院反调节水库可行性研究报告的请示的通知》(计农经〔2002〕2512号)批复项目可行性研究报告。批复意见认为:"同意西霞院工程以反调节为主,结合发电,兼顾供水、灌溉等综合利用。该水库总库容1.62亿立方米,水库正常蓄水位134米,汛期限制水位131米;水电站装机容量14万千瓦。该工程为Ⅱ等工程。永久性主要建筑物如挡水坝、泄洪闸、河床式电站、排沙闸(洞)、灌溉引水闸及王庄引水闸等建筑物为2级。工程设计洪水标准采用100年一遇,校核洪水标准采用5 000年一遇"。

（四）初步设计报告

2002年12月25日,小浪底建管局以《关于报送〈小浪底水利枢纽配套工程——西霞院反调节水库初步设计报告〉的报告》(局计〔2002〕18号)向水利部报送初步设计报告;2003年2月16—21日,水利部水规总院对《黄河小浪底水利枢纽配套工程——西霞院反调节水库初步设计报告》进行审查;2003年6月23日,水利部以《关于报送黄河小浪底水利枢纽配套工程——西霞院反调节水库初步设计核定概算的函》(水规计〔2003〕273号)向国家发展改革委报送核定概算;2003年9月22日,国家发展改革委以《关于核定西霞院反调节水库初步设计概算的通知》(发改投资〔2003〕1268号)核定初步设计概算为219 651万元;2003年10月14日,水利部以《关于黄河小浪底水利枢纽配套工程——西霞院反调节水库初步设计报告的批复》(水总〔2003〕477号)批复初步设计报告。初步设计审查意见提出的主要关键性技术问题如下:

（1）坝基工程地质问题。电站厂房坝段坝基为第三系黏土岩和粉砂岩,该地层具有岩性极软弱、胶结较差和水平方向相变大等特点。由于该层被河床覆盖层所覆盖,取样困难,为了进一步复核其主要地质参数和优化设计,基坑开挖后应进行现场试验和测试工作。

(2)土石坝工程问题。根据工程特点,推荐土工膜斜墙砂砾石坝具有减少占地、利于环保、防渗可靠、便于维修管理和相对投资较省等优点,但土工膜接头较多,其施工技术和防护措施要求较高。综合比较,基本同意将土工膜斜墙砂砾石坝作为本阶段选定坝型。下阶段应进一步开展土工膜材料性能、施工方法与技术要求及工程应用专项调查研究和现场试验。

(3)泄洪建筑物问题。基本同意泄洪闸、排沙闸和排沙洞采用底流消能形式。各闸闸基稳定应力分析、渗流计算等内容和成果基本满足相应规范要求。鉴于泄洪闸泄流能力仍有较大裕量,下阶段应对水力计算成果与水工模型试验做进一步比较;优化满足各种运用条件的闸孔形式和孔数;对防冲槽结构形式和消力池结构尺寸应结合单体水工模型试验进一步修正优化。

(4)金属结构问题。根据电站调度运行要求和机组检修维护条件,对电站进水口门式启闭机主要技术参数和拦污栅设计水头做进一步复核;优选电站进水口事故检修闸门充水平压方式;进一步优化弧形工作闸门结构设计和液压启闭机液压系统设计。

(五)招标设计

2003年2月至2004年4月,黄委会设计院受小浪底建管局委托完成西霞院工程招标设计。西霞院主体工程划分为基础开挖工程、坝基基础处理工程、土石坝填筑工程、混凝土施工工程、机电安装工程5个标,辅助工程划分为上游右岸沟道整治工程、王庄闸引水渠工程、下游右岸防护工程3个标。

招标设计阶段在初步设计基础上,进一步对坝体复合土工膜斜墙防渗、厂房地基处理等重要技术问题进行了研究,提出相关技术要求。

(六)施工图设计

2003年5月,黄委会设计院开始进行西霞院工程场内外公路、桥梁、供水井、供水管线、供电线路及管理用房等前期工程施工图设计。

2003年9月底,黄委会设计院完成基础开挖工程、坝基基础处理工程施工图设计,2007年4月底完成枢纽施工图设计,完成施工图、安装图共计4 099张。

二、枢纽总布置

(一)工程等别及建筑物级别

西霞院工程规模为大(2)型,属Ⅱ等工程。大坝、泄洪闸、河床式电站、排沙洞、灌溉引水闸、王庄引水闸等主要建筑物为2级建筑物。工程设计洪水标准采用100年一遇,校核洪水标准采用5000年一遇。地震基本烈度为Ⅶ度,工程主要建筑物地震设防烈度为Ⅶ度。

(二)坝址坝线选定

1. 坝址选定

1996年6月,黄委会设计院对可供选择的坡头、南陈和白坡3个坝址进行了比较,推荐南陈坝址。1997年3月,水利部水规总院审查同意南陈坝址为选定坝址。2001年11月,水利部水规总院对可研报告进行审查,同意南陈坝址为选定坝址。

2. 坝线选定

可研阶段在南陈坝址推荐坝线为折线,左坝肩位于南陈村西北Ⅱ级阶地上,右坝肩位于平庄村北Ⅱ级阶地上。坝线在左岸滩地向上游偏移了200米,左坝肩上游380米处有一冲沟(涧西沟),下游紧靠南陈村;右坝肩上游有一冲沟(堡子沟)。

初设阶段在选定南陈坝址拟定了上、中(可研推荐坝线)、下3条坝轴线。上坝轴线距中坝轴线200米,下坝轴线距中坝轴线200米。上坝轴线左坝肩施工减少了对南陈村的影响,但右坝肩施工增加了对平庄村的影响。下坝轴线左坝肩更靠近南陈村,增大了库区淹没和施工占压的补偿费用。可研推荐坝轴线(中线)在基本不影响有效库容的情况下,减少了南陈村移民搬迁,投资较上、下坝轴线少,是较理想的坝轴线。初设阶段补充了地勘工作,仍采用可研阶段推荐的南陈坝址坝轴线(中线)。

(三)枢纽布置

西霞院工程建筑物布置由左至右依次为:左岸复合土工膜斜墙砂砾石坝、灌溉引水闸、河床式电站、排沙洞及排沙底孔、7孔胸墙式泄洪闸、14孔开敞式泄洪闸、王庄引水闸、右岸复合土工膜斜墙砂砾石坝。西霞院工程总布置示意见图10-1-1。

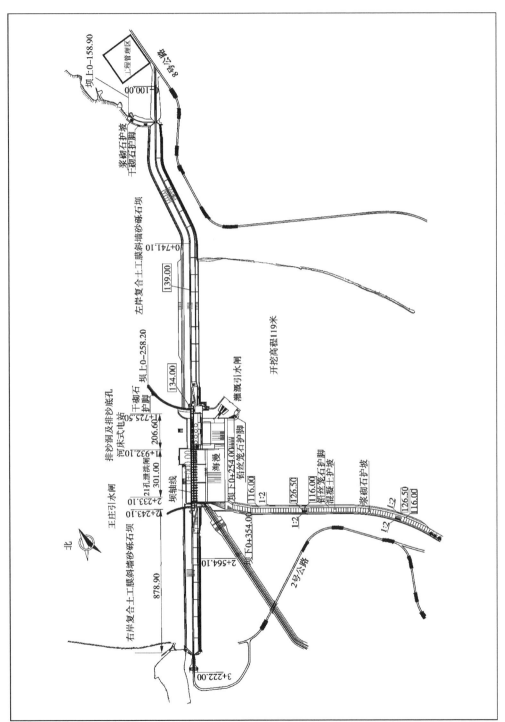

图 10-1-1 西霞院工程总布置示意 （单位：米）

按工程规划对枢纽的运用要求,枢纽总泄流能力不得小于 13 763 立方米每秒;为了长期保持库区淤积平衡,要求正常死水位泄流能力不得小于 6 000 立方米每秒,据此形成了以闸坝式泄洪、排沙为主,进口集中、出口底流式消能布置的特点。21 孔泄洪闸和 6 条排沙洞承担枢纽的泄洪任务,6 条排沙洞和 3 条排沙底孔共同承担枢纽的排沙任务。遇 5 000 年一遇校核洪水,库水位为 134.75 米,枢纽总泄流能力为 14 266 立方米每秒,满足工程规划对枢纽运用的要求。

三、主要设计内容

(一) 土石坝

1. 坝型选择

坝址附近有充足的土料和砂砾石料,以及泄水发电建筑物基础开挖的大量砂砾石料,可作为坝体填筑材料。

可行性研究阶段推荐壤土斜墙坝加水平防渗方案,初步设计阶段对坝型进一步比选,增加了复合土工膜防渗坝型。西霞院工程土石坝最大坝高 20.2 米,最大水头 13.97 米,为 2 级建筑物,土石坝体采用复合土工膜防渗突破《碾压式土石坝设计规范》(SL 274—2001)中"3 级低坝经过论证可采用土工膜防渗体坝"的规定。通过对国内复合土工膜在土石坝工程运用情况进行调研,召开土工膜防渗体坝型专家咨询会,并对复合土工膜位于上游坝坡的斜墙坝和复合土工膜位于坝体中部的正心墙坝进行比选,考虑西霞院工程的重要性和黄河多泥沙的特点,选用复合土工膜位于上游坝坡的斜心墙坝型。

2. 土石坝布置

土石坝段总长 2 609 米,分左岸滩地、河槽和右岸滩地 3 个坝段。

土石坝坝顶宽度 8.0 米,坝顶设计高程 137.8 米,上游侧设有高 1.20 米的混凝土防浪墙,防浪墙顶设计高程 139.0 米;下游侧设有高 0.20 米的混凝土侧墙。

坝体上游坝坡比为 1:2.75,下游坝坡比为 1:2.25。坝体采用复合土工膜斜墙防渗,坝基砂砾石层采用垂直混凝土防渗墙防渗,墙厚 0.6 米。土石坝左右岸滩地段最大坝高 15.0~16.0 米,河槽段最大坝高 20.2 米,河漫滩表部松散层经强夯处理,作为滩地坝段基础。

3. 基础处理设计

(1)强夯。两岸滩地坝段,坝基表部为砂壤土、砂层,结构疏松,为中等压缩性土,表部及砂壤土与砂层之间局部有淤泥质土。对淤泥质土进行挖除处理,对表部的砂壤土和砂层采用强夯处理。

(2)防渗墙。河床段坝基砂砾石属强透水带,采用垂直混凝土防渗墙处理。混凝土防渗墙布置在上游坝脚,墙厚0.6米,底部嵌入基岩。基岩为弱透水或微透水黏土岩(粉砂质)、泥质粉砂岩的嵌入岩石深度为1.5米,基岩为中等透水微胶结砂岩的嵌入岩石深度为3.0米。防渗墙顶部与复合土工膜相接。

两坝肩为黄土和砂砾石,坝肩绕渗处理采用垂直混凝土防渗墙,沿坝坡与岸坡的交线布置。防渗墙插入左、右坝肩,左岸防渗墙延伸1 360米,右岸防渗墙延伸1 616米(含110米帷幕灌浆段)。防渗墙布置于坝轴线上游侧1.9米,墙顶高程为138.0米,底部插入基岩相对不透水泥岩1.5米。

4. 土石坝与岸坡连接

两岸坝肩为黄土,黄土下部为砂砾石,土石坝与坝肩接头部位进行削坡处理。根据坝肩地形条件,左坝肩连接坡度比为1:2,右坝肩连接坡度比为1:1.5。

岸坡防渗墙同滩地防渗墙一样,均作为斜墙土工膜的锚固底座,形成封闭防渗体系。

(二)泄洪闸、排沙建筑物、引水闸

1. 泄洪闸

泄洪闸共设21孔,由14孔开敞式泄洪闸和7孔胸墙式泄洪闸组成,胸墙式泄洪闸靠近电站厂房一侧布置。泄洪闸总宽301米,其中14孔开敞式泄洪闸段宽214.25米,7孔胸墙式泄洪闸段宽86.75米。

14孔开敞式泄洪闸闸室单孔净宽12米,堰顶高程126.4米,堰体采用WESⅢ曲线剖面实用堰,上游与118.0米高程闸底板相连,下游与闸下消力池底板相接,底板高程为114.0米。

7孔胸墙式泄洪闸闸室单孔净宽9.0米,堰顶高程121.0米,堰体剖面曲线为抛物线,上游与118.0米高程闸底板相连,下游与闸下消力池底板相接,底板高程为111.5米。

闸室设事故检修门和弧形工作门各1道,工作门采用液压启闭机启闭,闸室顶部设液压启闭机室,事故检修门由闸顶双向门机启闭。闸顶部高程为139.0米。

2. 排沙建筑物

排沙建筑物由电站坝段两侧 6 条排沙洞和电站坝段 3 条排沙底孔组成,主要承担排沙任务,保持电站进口冲刷漏斗,保护其进口不被泥沙淤堵。排沙洞兼顾汛期泄洪任务。

(1)排沙洞。排沙洞布置在电站左右两侧各 3 条,排沙洞进、出水口高程均为 106.0 米,低于电站进水口 8 米。

为满足库区冲淤平衡和排沙运用要求,排沙洞在汛期限制水位 131 米运用条件下,6 条排沙洞泄流能力不小于 1 000 立方米每秒,在校核洪水位 134.75 米时,泄流能力不小于 1 363 立方米每秒。

排沙洞由进口闸室、压力洞、出口工作闸室、消力池、海漫、防冲槽组成。排沙洞总长 68.30 米,为方形(倒脚)洞,尺寸 4.5 米×4.8 米。每条洞均布置有 4 道闸门,依次为进口检修门(4.5 米×6.4 米)、进口事故门(4.5 米×4.8 米)、出口工作门(4.5 米×3.8 米)及出口检修门(4.5 米×5.06 米)。出口工作门由液压启闭机启闭;出口检修闸门由 129.5 米高程尾水平台上的尾水门机启闭。

(2)排沙底孔。排沙底孔并列布置,在主机段 1 号、2 号、3 号机组右侧,共 3 孔。排沙底孔由进口闸室、压力洞、出口工作闸室、尾水护坦、海漫、防冲槽组成。

机组发电进水流道与排沙底孔进水流道用闸墩隔开,每孔净跨 3.0 米,断面为 3.0 米×5.0 米,进口高程为 106.0 米,低于机组进水口 8 米,出口高程为 99.48 米,与机组尾水管出口高程相同。

3. 引水闸

(1)王庄引水闸。王庄引水闸为复建工程,主要任务为灌溉农田,并满足附近村镇用水。设计引水流量为 15 立方米每秒,加大引水流量为 20 立方米每秒,设计取水保证率为 70%。

王庄引水闸从库区引水,同泄洪、排沙及电站等泄水建筑物集中布置在混凝土坝段右侧(泄洪闸右侧),利用泄水建筑物前形成的稳定河槽进行引水。设一孔引水闸,一孔冲沙闸。

引水闸采用胸墙式闸孔布置,进水口高程 126.0 米,进口段设检修门、工作门各 1 道,均采用平板闸门,工作门孔口尺寸为 2.0 米×1.0 米。冲沙闸进水口高程 125.0 米,工作门孔尺寸为 2.0 米×1.0 米,冲沙闸和开敞式泄洪闸共用一个消力池。

（2）左岸灌溉引水闸。左岸灌溉引水闸为西霞院灌区引水闸首,灌区发展规模为113.8万亩,总干渠设计流量为53.9立方米每秒,起点水位120.0米。

灌溉引水闸从电站尾水引水,结合电站下游左侧导墙布置,闸轴线与电站尾水流向呈130°夹角。闸型选用平底板胸墙式,闸孔共3孔,每孔净宽2.5米,闸室进口高程116.50米,工作门孔口尺寸为2.5米×3.5米,检修门孔口尺寸为2.5米×4.0米。工作门和检修门均为平面闸门,工作门由固定卷扬机启闭,检修门由台车式启闭机启闭。

（三）电站厂房

1. 电站坝段

电站为径流式电站,河床式布置,与泄水建筑物集中布置在右岸滩地。电站厂区建筑物由主厂房、副厂房、安装间、出线场、尾水渠等组成。

电站坝段顺水流方向分为进水口段、主机段和尾水平台及下游副厂房段,全长73.3米,其中进水口段长21.0米,主机段长25.5米,尾水平台及下游副厂房段长26.8米。电站坝段垂直水流方向总长179.6米,其中机组段总长127.6米,安装间段总长52.0米。

进水口平台高程139.0米,厂房顶高程154.5米,安装间、尾水平台和发电机层同高程,均为129.5米。机组段最低高程90.2米,安装间段最低高程88.0米。基础最低处至坝顶最大高度51.0米。

尾水平台宽26.8米,高程129.50米,布置有副厂房、GIS室、中控楼、主变压器及尾水门机。副厂房位于安装间和主厂房下游侧尾水平台下部,为地下结构,共4层。GIS室布置在2号机主厂房下游侧的尾水平台上,长32.8米,宽13.4米,为1层框架结构。中控楼位于安装间下游尾水平台上,为4层框架结构,总长52米,宽12.4米。

开关站出线场在主厂房下游侧。进场公路由左岸坝后道路经下游围堰顶道路进入厂区,可直接进入主厂房。

2. 厂内布置

电站厂房自左至右为安装间、主厂房。主厂房内安装4台轴流转桨式水轮发电机组。发电机层高程129.50米,在下游侧布置机旁盘柜和励磁盘柜,水轮机层地面高程122.60米,在机组上游侧第Ⅰ象限内布置调速器和油压装置,在第Ⅱ象限机墩旁布置发电机中性点设备,下游侧布置机旁动力盘柜,机组间布置吊物井和楼梯井下至蜗壳层。

安装间高程与主机段发电机层高程相同,安装间下不同高程处分别布置有不同的辅助设备,其中水轮机层高程122.60米,布置有空压机房、透平中间油罐室、机修间等;蜗壳层高程114.60米,布置有渗漏排水泵、消防水池及排沙洞排水盘阀;在安装间段排沙洞下部布置有检修排水泵房及渗漏集水井。

(四)机电设计

1. 水轮机

在1996年6月完成的可行性研究报告中推荐采用贯流式机组,初步设计阶段对贯流式、轴流转桨式两种机型进行了进一步比选,推荐采用轴流式机组。2001年11月,水规总院在审批意见中要求对两种机型做进一步经济技术比较。2002年5月13日,小浪底建管局在洛阳主持召开西霞院工程机型比较专家咨询会,主要结论是:在西霞院工程水沙条件下,贯流式机组相对于轴流式机组,其过流部件易磨损且难以处理,运行维护空间小,工作条件差,在黄河这样的多泥沙河流上缺乏实际运行经验。综合考虑各种因素后,小浪底建管局决定采用立轴轴流转桨式机组。

水轮机型号为ZZ(K400)-LH-730,转轮直径7.3米,额定转速75转每分钟。水轮机最大净水头13.82米,额定水头11.5米,最小净水头5.83米。额定流量345立方米每秒。

发电机型号为MF-J35-80/11120,额定电压10.5千伏。机组安装高程116.5米。

2. 电站辅助机械设备

主厂房选定1台2 500千牛/500千牛单小车电动桥式起重机,跨度20.5米,主钩起升高度30米。

主供水为循环供水方式,坝前取水经水泵加压作为备用供水水源。每台机组用水总量约244.8立方米每小时。

电站设有机组检修排水系统及厂房渗漏排水系统,设有透平油和绝缘油两个系统,设置中压气系统和低压气系统。

电站厂房消防给水系统主要包括室内外消火栓系统、发电机水喷雾灭火系统和主变压器水喷雾灭火系统。在中控室、继电保护室及电缆夹层设置一套固定管网洁净气体灭火装置。

为保证机组安全运行,提高电站经济效益,电站设置有全厂性和机组段监测设备。

3. 电气

(1)接入电力系统方式。电站设 220 千伏配电装置,将小浪底至吉利变电站 220 千伏线路"Π 接"接入厂内母线,新建"Π 接"线路 2×5 千米,导线为 LGJ-2×300。

(2)电气主接线。发电机和变压器的组合接线方式采用扩大单元接线。220 千伏侧共有 2 回进线,2 回出线,主接线为单母线接线形式。

电站厂用电共有 5 个电源,其中 2 个由发电机电压母线提供,2 个由系统通过主变压器倒送,1 个由 35 千伏线路从东河清变电站引取。

(3)220 千伏高压配电装置。220 千伏高压配电装置为全封闭组合电器(GIS),出线为架空方式。

(4)过电压保护及接地。电站机电设备及主要建筑均设有直击雷保护、过电压保护、接地保护等装置。

(5)自动控制。电站设有计算机监控系统,计算机监控系统采用分层分布式结构,分为现地控制单元和电站控制中心两部分,在小浪底电站中控室实现远方监控。发电机采用自并激静止晶闸管整流励磁系统,调速器采用双调节微机型调速器。机组设电气制动和机械制动两套制动系统,电站设有视频监视系统。

(6)继电保护。发电机、主变压器采用微机成套保护装置。厂用变压器及近区供电系统继电保护装置采用微机型综合保护装置。西霞院—小浪底线路配置双套光纤分相电流差动保护,西霞院—吉利线路配置光纤分相电流差动保护和光纤分相距离零序保护双套主保护。厂内 220 千伏母线配置 2 套母线保护和 1 套断路器失灵保护。机组保护屏布置在发电机旁,主变保护屏、系统继电保护屏、故障录波屏及安全自动装置屏布置在中控楼继电保护室内。

(五)金属结构

西霞院工程泄洪、排沙、电站、引水等建筑物的各类闸门共计 91 扇,其中平板闸门 55 扇、弧形闸门 21 扇、拦污栅 15 扇;各种起重机械 51 台(套),其中液压启闭机 42 套、固定卷扬式启闭机 3 台、双向门式启闭机 3 台、双向桥机 1 台、螺杆式启闭机2台。

电站进口事故闸门采用2 000千牛倒挂式液压启闭机、闸门与启闭机四连杆机构连接等技术,满足运行要求。

四、主要设计变更

在西霞院工程施工过程中,发生了电站基础处理、土石坝坝顶结构形式调整、排沙闸改为排沙洞、排沙洞及排沙底孔布置调整和坝后地下水位抬升影响处理等设计变更。

(一)电站基础处理

2005年5月,当电站基坑开挖到93~95米高程时,发现电站地基主要为上第三系地层,该地层结构和岩性组成较复杂,与初步设计阶段勘察结果存在较大差异,主要存在地基承载力低、渗透稳定性差等问题。通过多方案比选论证和咨询,对原设计方案进行调整,取消抗滑桩、帷幕灌浆和固结灌浆;在电站坝段基础上游及两侧布设0.6米厚的混凝土防渗墙,对基础承载力低的区域,采用265根桩径0.8米素混凝土桩进行加固,在电站坝段建基面上游增设齿槽,提高抗滑稳定性。

(二)土石坝坝顶结构形式调整

初步设计阶段土石坝坝顶宽度为8.0米,坝顶高程为139.0米。招标设计阶段,对坝顶结构进行了优化。坝顶上游侧设置1.2米高的防浪墙,墙顶高程仍按防洪安全标准139.0米,坝顶高程降到137.8米,预留0.4米的沉降加高,坝顶设计填筑高程为138.2米。

(三)排沙闸变更

初步设计阶段在电站右侧布置了3孔排沙闸,采用底流消能。招标设计阶段水工模型试验显示,排沙闸水力学条件较差,中孔与边孔出口水深差达3米,出口流态差异较大,水流紊动较严重,进口胸墙顶部出现了较大的负压。经分析论证,将3孔排沙闸修改为3条排沙洞,按平底直洞布置,采用消力池底流消能。

(四)排沙洞及排沙底孔布置调整

初步设计阶段,电站排沙底孔和左侧排沙洞的工作闸门均布置在进口。招标设计阶段水工模型试验显示,当工作闸门运用时,闸门后洞身水流处于明满流过渡流态,闸门 1/2 开度时,工作闸门后 5 米范围内产生空腔,水流条件非常复杂,且洞内出现负压。经分析论证,将 3 条排沙底孔和左、右侧共 6 条排沙洞进口工作闸门调整到出口。

(五)坝后地下水位抬升影响处理

水库蓄水后,随着库水位的抬升,大坝下游近坝区域两岸地下水位随之上升,引发南陈村地面及部分房屋出现裂缝、部分滩地浸没及低洼地出水等问题。

经研究论证,采用了混凝土防渗墙截渗方案,并加强监测等措施,主要包括左岸防渗墙延伸 1 260 米,右岸防渗墙延伸 1 516 米(含 110 米帷幕灌浆段);建立坝下地下水位监测网。

第二节　建设管理

西霞院工程建设管理实行项目法人责任制、招标投标制和建设监理制。小浪底建管局作为项目法人,在水利部直接领导下,负责西霞院工程建设管理工作,承担工程建设资金筹集和债务偿还、永久设备及主要工程建设物资采购、招标评标、合同管理、运营管理等职责,加强工程计划、资金、技术、质量、安全生产管理,机组安装实现"达标投产"目标。

一、管理机构

西霞院工程建设管理机构主要包括项目法人、设计单位、监理单位、施工单位和质量监督单位。

(一)项目法人

1998 年 7 月,水利部明确小浪底建管局负责西霞院工程建设项目策划和资金筹措等有关准备工作。2005 年 8 月,水利部印发《关于西霞院反调节水库工程项目法人的批复》(水建管〔2005〕148 号),明确小浪底建管局为西霞院工程建设项目法人。

小浪底建管局设立西霞院项目部,作为现场派出机构,具体负责西霞院工程建设管理工作。西霞院项目部下设综合部、工程技术部、计划合同部、财务部、设备物资部和环境移民部 6 部门,殷保合、张利新和袁全义先后担任西霞院项目部总经理。西霞院项目部组织机构见图 10-2-1。

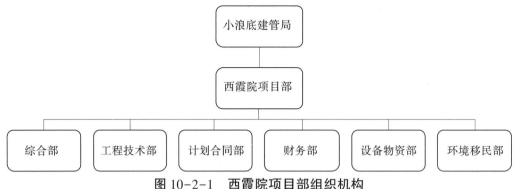

图 10-2-1　西霞院项目部组织机构

(二) 设计单位

黄河勘测规划设计有限公司具有勘察、设计甲级资质,从 20 世纪 50 年代开始西霞院工程勘测工作,20 世纪 90 年代开始设计工作。为保证勘测设计工作的连续性,按照《工程建设项目可行性研究报告增加招标内容以及核准招标事项暂行规定》(国家计委令第 9 号)的要求,在可行性研究阶段,小浪底建管局向水利部报送了《西霞院反调节水库招标办法报告》(局发〔2002〕7 号),建议西霞院工程设计工作不采用招标方式。2002 年 3 月,水利部以《关于报送黄河小浪底水利枢纽配套工程——西霞院反调节水库可行性研究报告审查意见的函》(水规计〔2002〕90 号)同意西霞院工程的设计工作不再招标。2003 年,小浪底建管局与黄河设计公司协商签订了勘察设计合同。在西霞院工程建设期间,黄河设计公司成立西霞院现场代表部,具体负责西霞院工程现场设计工作。

(三) 监理单位

2003 年 6 月,通过公开招标,小浪底咨询公司中标承担西霞院工程监理工作。小浪底咨询公司成立西霞院工程建设监理部(简称西霞院监理部),西霞院监理部下设综合部、合同部、工程技术部、现场部、金结和机电安装部、移民环境部等,具体承担西霞院工程监理工作。

(四) 施工单位

小浪底建管局通过公开招标选择西霞院工程施工单位,西霞院工程主要施工单位见表 10-2-1。西霞院工程施工单位均是中国大型施工企业,具有水利水电工程施工总承包一级资质,其中中国水电基础工程局有限公司具有水工建筑物基础处理工程专业承包一级资质,满足西霞院工程施工需要。

表 10-2-1　西霞院工程主要施工单位

标段名称	施工单位
基础开挖工程（Ⅰ标）	陕西省水电工程局（集团）有限责任公司
坝基基础处理工程（Ⅱ标）	中国水电基础工程局
土石坝填筑工程（Ⅲ标）	中国水利水电第三工程局
混凝土施工工程（Ⅳ标）	中国水利水电第十四工程局
机电安装工程（Ⅴ标）	湘豫联营体（中国水利水电第八工程局与 小浪底水利水电工程有限公司联营体）
王庄引水渠工程	中国水利水电第十一工程局
下游右岸防护工程	中国水利水电第一工程局
上游右岸沟道整治工程	小浪底水利水电工程有限公司

（五）质量与安全监督单位

根据《水利工程质量管理规定》（水利部令第 7 号）和《水利工程质量监督管理规定》（水建〔1997〕339 号），水利部水利工程建设质量监督总站（简称水利部质监总站）承担西霞院工程质量与安全监督工作。2004 年 1 月，小浪底建管局与水利部质监总站签订了《水利工程质量监督书》。2004 年 2 月，水利部质监总站设立西霞院工程质量监督项目部（简称西霞院质监站）进驻西霞院工程现场，代表政府对工程建设质量与安全进行监督。

二、工程招标和合同管理

西霞院工程招标和合同管理责任部门为西霞院项目部计划合同部。西霞院项目部计划合同部按照水利部批准的西霞院工程招标方案，严格执行《中华人民共和国招标投标法》等法律法规，严格招标评标程序，强化合同管理。

（一）工程招标

按照西霞院工程专业分工，结合工程建设实际情况，将西霞院工程分为基础开挖工程（Ⅰ标）、坝基基础处理工程（Ⅱ标）、土石坝填筑工程（Ⅲ标）、混凝土施工工程（Ⅳ标）和机电安装工程（Ⅴ标）5 个主体工程标和王庄引水渠工程、下游右岸防护工程、上游右岸沟道整治工程 3 个附属工程标。

小浪底建管局委托具有甲级资质的小浪底咨询公司作为西霞院工程招标代理机构，采用公开招标的方式进行施工招标。小浪底咨询公司在中国采购与招标网和《中国水利报》等指定媒体上发布招标公告，采用资格预审的方式选择合格的投标人参加投标。按照《中华人民共和国招标投标法》及相关规定，小浪底咨询公司组织开展资格预审、售标、开标、评标等工作,小浪底建管局监察处对开标、评标、议标、定标等招标工作和询价、议标等全过程进行监督见证。

(二)合同管理

项目法人制定《西霞院工程合同管理办法》,西霞院工程合同管理实行合同会签制、法人委托制、合同专用章制、验收移交制和监督检查制。合同签订全部采用水利部颁发示范文本,并建立合同台账。

西霞院工程勘察设计、施工、监理,以及设备和主要材料采购等均签订合同。西霞院工程合同管理严格执行合同管理办法,并制定详细的内控制度。在合同执行过程中,小浪底建管局每半年对合同执行情况进行检查,水利部每年对工程建设管理情况进行稽查,合同执行过程始终处在有效监督之下。

对承包商提出的合同变更和索赔,西霞院项目部结合合同有关规定,根据监理单位评估意见,在与有关各方充分协商基础上审定变更、索赔项目,确定变更单价和索赔费用。变更和索赔处理主要依据为变更指令、设计通知单和监理工程师签认单。

三、设备物资采购

西霞院工程机电金结设备和物资采购管理责任部门为西霞院项目部设备物资部。设备和物资采购严格执行《中华人民共和国招标投标法》等的相关规定,按照"质量可靠、技术先进、工期保证、价格合理"的原则,优选设备制造承包商和物资供应商。

(一)机电金结设备采购

1. 机电金结设备种类及数量

西霞院工程机电设备近500余种、13 000多台(套),主要包括水轮机、发电机、厂房桥机、发电机出口断路器、220千伏主变压器、220千伏GIS设备、计算机监控系统、继电保护系统和厂用电系统等。

西霞院工程金属结构设备总重8 458.43吨,主要包括42台(套)液压启闭机、3台双向门机、3台固定卷扬启闭机、2台螺杆式启闭机、1台桥式起重机、21扇弧形闸门、20扇平面滑动闸门、35扇平面定轮闸门、15扇拦污栅、132套闸门和拦污栅埋件。

2. 机电金结设备招标采购方式

根据西霞院工程金结机电设备性质、工期要求等,小浪底建管局确定重要设备和电站辅助设备采用以公开招标为主、邀请招标为辅的招标方式,零星设备、少量急需设备或不适宜招标的采取询价或议标方式,均订立合同进行采购。

项目法人委托设计单位编制主要机电和金结设备招标文件,委托小浪底咨询公司作为招标代理机构,按照有关法律法规和西霞院工程招标管理办法进行招标采购。小浪底建管局监察处对开标、评标、议标、定标等招标工作和询价、议标等全过程进行监督见证。

3.主要设备供货单位

项目法人对同类型工程和主要设备及制造厂家进行考察,掌握机电及金结设备技术发展水平、总体状况、技术参数和目前运行情况,以及有关制造厂家的产品质量情况、合同执行情况、售后服务情况、设备装备能力、质量管理体系等。在招标选择制造厂家时,确定生产能力强、质量保证体系健全、财务状况好、信誉高的厂家中标,满足了西霞院工程建设需要。西霞院工程主要设备供货单位见表10-2-2。

表 10-2-2　西霞院工程主要设备供货单位

主要设备名称	供货单位
水轮发电机组及附属设备	通用电气亚洲水电设备有限公司
调速器	武汉事达电气股份有限公司
励磁装置	南京南瑞集团公司电气分公司
220千伏主变压器	辽阳易发式电气设备有限公司
计算机监控系统	南京南瑞集团公司
平面闸门及埋件	中国水利水电第十一工程局 中国水利水电第十三工程局 中国葛洲坝机械船舶有限公司 中国水利水电第八工程局
弧形闸门及埋件	三门峡新华水工机械有限责任公司
固定卷扬式启闭机、螺杆式 启闭机、门机、桥机	
液压启闭机	江苏武进液压启闭机有限公司 中船重工中南装备有限责任公司 博世力士乐(常州)有限公司

4.设备监造

在设备制造开工前,西霞院项目部委派设备监造工程师进驻设备制造厂家,对设备制造全过程进行监督和见证。设备监造工程师的主要职责为编制监造大纲,审查供货单位制造工艺和技术措施,签发开工令;在制造过程中按照工序进行质量检查和控制,并履行见证手续;对关键工序和质量控制点进行旁站监督并参与质量检验;审核供货单位竣工资料,监督供货单位处理产品制造质量问题,签发出厂证明等。

(二)物资采购

西霞院工程物资采购依据《中华人民共和国招标投标法》和特殊物资(如民用爆破产品、燃油等)采购管理有关规定,由项目法人和施工单位分别完成。项目法人负责钢材、水泥、粉煤灰、油料(柴油、汽油、液压油、机油)、民用爆破用品、木材、土工膜等主要物资材料的采购,施工单位根据项目法人授权,负责次要、少量材料和项目法人指定供应之外材料的采购。

项目法人一次性物资采购超过 100 万元的,通过公开招标进行采购;一次性物资采购超过 50 万元但小于 100 万元的,对于不易经常变换生产厂家的,可以通过邀请招标采购,其他进行公开招标采购;对计划用量少且项目法人没有备货的,项目法人限定最高采购价格,委托施工单位采购。

西霞院工程建设期主要采购的物资包括钢材 4.24 万吨,木材 1.24 万立方米,水泥 21.53 万吨,柴油 0.76 万吨,复合土工膜 13.93 万平方米,粉煤灰 8.02 万吨,所供物资全部符合国家技术标准,满足工程建设需要。

四、计划与资金管理

西霞院工程建设期间,项目法人设置计划和财务管理机构,配备具有相应资质的计划和财务管理人员,建立健全内控体系,制定《西霞院项目工程价款结算管理办法》《西霞院工程费用支出事项审批管理办法》等制度。

(一)概算

2003 年 9 月,国家发展改革委以《关于核定黄河西霞院反调节水库初步设计概算的通知》(发改投资〔2003〕1268 号)核定西霞院工程初步设计概算投资为 219 651 万元(不含送出工程投资)。投资来源为中央水利基建投资 169 651 万元,银行贷款 50 000 万元。

2008 年 11 月,国家发展改革委以《关于调整西霞院反调节水库工程初步设计概算的通知》(发改投资〔2008〕2946 号)调整西霞院工程初步设计概算,调整后概算总投资为 285 204 万元(不包括水库蓄水渗漏处理投资),其中中央安排水利建设投资 216 216 万元,银行贷款 68 988 万元。

2008 年 12 月,水利部以《关于黄河小浪底水利枢纽配套工程——西霞院反调节水库大坝下游地下水位抬升影响处理实施方案的批复》(水规计〔2008〕639 号)批复地下水位抬升影响处理实施方案,核定投资 14 149 万元,资金由小浪底建管局自筹,可通过银行贷款解决,用发电收入偿还。按照发改投资〔2008〕2946 号文要求,该部分投资纳入西霞院工程总概算。

调整后,西霞院工程概算总投资为 299 353 万元,其中中央安排水利建设投资 216 216 万元,银行贷款 83 137 万元。西霞院工程初步设计概算与调整概算见表 10-2-3。

表 10-2-3　西霞院工程初步设计概算与调整概算　　（单位:万元）

序号	项目名称	初设概算	调整概算	增减额
一	工程部分	183 626	222 828	39 202
1	建筑工程	84 453	97 957	13 504
2	机电设备和安装工程	30 713	43 415	12 702
3	金属结构设备及安装工程	12 364	15 883	3 519
4	施工临时工程	9 185	10 004	819
5	独立费用	28 696	42 299	13 603
6	基本预备费	10 193	3 508	−6 685
7	建设期贷款利息	8 022	9 762	1 740
二	水库淹没处理补偿费	34 533	54 335	19 802
三	水土保持工程	852	1 286	434
四	环境保护工程	640	640	0
五	南陈村搬迁补偿费		6 115	6 115
六	地下水位抬升影响处理工程		14 149	14 149
合计		219 651	299 353	79 702

(二)投资计划及资金

1. 投资计划

2004—2010年,水利部累计下达西霞院工程投资计划299 353万元,其中中央预算内投资99 665万元、中央预算内专项资金48 551万元、中央水利建设基金68 000万元、银行贷款83 137万元。西霞院工程投资计划下达明细见表10-2-4。

表10-2-4　西霞院工程投资计划下达明细　　　　　　（单位:万元）

时间	文号	中央水利基建投资			银行贷款	合计
		中央预算内投资	中央预算内专项资金	中央专项建设基金		
2004年2月	水规计〔2004〕32号		3 096			3 096
2004年4月	水规计〔2004〕132号	25 545				25 545
2004年8月	水规计〔2004〕317号		35 455			35 455
2005年4月	水规计〔2005〕131号	23 120		20 000	6 000	49 120
2005年11月	水规计〔2005〕454号		5 000		10 060	15 060
2006年2月	水规计〔2006〕48号	20 000			20 000	40 000
2006年6月	水规计〔2006〕245号			10 000		10 000
2006年7月	水规计〔2006〕280号		5 000			5 000
2007年4月	水规计〔2007〕110号	5 000		35 000	5 000	45 000
2008年11月	水规计〔2008〕524号	10 000			10 000	20 000
2009年7月	水规计〔2009〕373号	16 000			32 077	48 077
2010年4月	水规计〔2010〕137号			3 000		3 000
合计		99 665	48 551	68 000	83 137	299 353

2. 中央财政预算

水利部累计下达西霞院工程中央财政预算216 216万元,其中非经营性基金83 665万元,国债专项资金64 551万元,中央水利建设基金68 000万元。西霞院工程中央财政预算下达明细见表10-2-5。

3. 资金到位

西霞院工程累计到位资金299 353万元,其中:中央财政拨款216 216万元(非经营性基金83 665万元、国债专项资金64 551万元、中央水利建设基金68 000万元),银行贷款83 137万元。西霞院工程资金到位情况见表10-2-6。

表 10-2-5　西霞院工程中央财政预算下达明细　　（单位:万元）

时间	文号	非经营性基金	国债专项资金	中央水利建设基金	合计
2004 年 4 月	水经调〔2004〕122 号		3 096		3 096
2004 年 5 月	水经调〔2004〕152 号	25 545			25 545
2004 年 8 月	水经调〔2004〕350 号		35 455		35 455
2005 年 4 月	水财经〔2005〕146 号	23 120			23 120
2005 年 7 月	水财经〔2005〕324 号			20 000	20 000
2005 年 11 月	水财经〔2005〕508 号		5 000		5 000
2006 年 4 月	水财经〔2006〕159 号	20 000			20 000
2006 年 9 月	水财经〔2006〕364 号			10 000	10 000
2006 年 11 月	水财经〔2006〕524 号		5 000		5 000
2007 年 4 月	水财经〔2007〕155 号	5 000			5 000
2007 年 7 月	水财经〔2007〕295 号			35 000	35 000
2008 年 12 月	水财务〔2008〕572 号	10 000			10 000
2009 年 11 月	水财务〔2009〕530 号		16 000		16 000
2010 年 5 月	水财务〔2010〕173 号			3 000	3 000
合计		83 665	64 551	68 000	216 216

表 10-2-6　西霞院工程资金到位情况　　（单位:万元）

年份	非经营性基金	国债专项资金	中央水利建设基金	银行贷款	合计
2004	25 545	38 551			64 096
2005	23 120	5 000	20 000	16 060	64 180
2006	20 000	5 000	10 000	20 000	55 000
2007	5 000		35 000	13 940	53 940
2008	10 000			10 000	20 000
2009		16 000		19 500	35 500
2010			3 000	3 637	6 637
合计	83 665	64 551	68 000	83 137	299 353

(三)竣工财务决算

1. 决算编制

2009年3月,小浪底建管局按照《水利基本建设项目竣工财务决算编制规程》(SL 19—2008)等的要求,组织相关人员对西霞院工程建设的相关资料进行收集整理,核实投资计划、预算下达、资金到位和投资完成情况,对合同履行、价款结算、债权债务、各项资产进行清理,对未完工程投资及预留费用进行测算确认,组织开展竣工财务决算编制。

2010年8月5日,小浪底建管局编制完成西霞院工程竣工财务决算。决算基准日为2010年6月30日,决算显示:项目概算投资299 353万元;实际到位资金299 353万元;项目投资299 214.06万元,形成交付使用资产299 214.06万元;项目结余资金138.94万元。

2. 审计

2010年9月1日至10月14日,河南省审计厅对西霞院工程移民资金使用管理情况进行审计。审计提出滞留、挪用、出借移民资金等有关问题,河南省移民办组织有关市、县(区)进行整改,并向河南省人民政府和河南省审计厅报送整改情况报告。

2010年9月19日至10月28日,水利部审计室组织对西霞院工程竣工决算进行审计,下达了《关于对黄河小浪底水利枢纽配套工程——西霞院反调节水库竣工决算的审计意见》(审意〔2010〕15号)。审计认为:小浪底建管局编制的西霞院工程竣工财务决算符合《基本建设财务管理规定》《水利基本建设项目竣工财务决算编制规程》等有关规定,内容真实完整,反映了西霞院工程投资完成情况,可以作为竣工验收的依据。同时,审计中提出基本预备费动用未经批准、建设管理费超支、部分合同管理不规范等问题,小浪底建管局均进行了整改。2010年12月,小浪底建管局将西霞院工程竣工财务决算审计意见整改情况报水利部审计室。

3. 决算调整

2010年12月,小浪底建管局根据水利部审计室审计意见对西霞院工程竣工财务决算进行了调整。调整时,由于实际完成投资比竣工决算时多结余投资118.78万元,因此调整后实际完成投资和交付使用资产均减少118.78万元。调整后项目概算投资299 353万元;实际到位资金299 353万元;项目投资

299 095.28 万元,形成交付使用资产 299 095.28 万元,项目结余资金 257.72 万元。

4.技术预验收

2011 年 2 月 26 日至 3 月 1 日,水利部组织西霞院工程竣工技术预验收,其中财务审计组评价结论为:西霞院工程已按批复的设计内容建设完成,投资控制有效。项目法人编制的竣工财务决算符合《水利基本建设项目竣工财务决算编制规程》(SL 19—2008),已经过审计。工程内部控制制度健全有效,财务管理规范,会计核算清晰,竣工财务决算编制符合有关规定,同意提请竣工验收委员会验收。

5.决算批复

2011 年 12 月,小浪底建管局将西霞院工程竣工财务决算报送水利部审核,水利部转报财政部审批。2012 年 5 月,财政部批复西霞院工程竣工财务决算。项目批复时,由于尾工实际投资比预留节约了 341.42 万元,因此西霞院工程实际完成投资和交付使用资产比原报送数均减少 341.42 万元。批复结果是:项目概算投资 299 353 万元;实际到位资金 299 353 万元;项目投资 298 753.86 万元,形成交付使用资产 298 753.86 万元;项目结余资金 599.14 万元,全部用于偿还银行贷款。

五、技术、质量与安全生产管理

(一)技术管理

西霞院项目部工程技术部为西霞院工程建设技术管理部门,制定了《西霞院工程技术管理办法》。西霞院项目部工程技术部接受小浪底建管局技术部门工作指导,负责西霞院工程建设中的有关技术问题,同时协调设计、监理、施工等单位之间的有关技术工作。在解决重大技术问题时注重发挥咨询专家的技术优势和作用。

黄河设计公司履行设计单位职责,在西霞院工程勘测、规划、设计等技术问题全面对项目法人负责。

小浪底咨询公司履行监理单位职责,对西霞院工程设计、施工、科研试验等技术问题进行监理。

各施工单位依据国家有关规程规范和工程施工承包合同,落实技术管理责任,设置技术管理组织机构,制定技术管理规章制度,形成有效的技术管理保障体系。

西霞院工程建设中遇到的一般性技术问题,由西霞院项目部工程技术部召集监理、设计、施工等单位共同研究会商,确定意见后报西霞院项目部批准后实施。对于较大的技术问题或各方产生分歧,由西霞院项目部召集各方召开专题技术会议研究解决。对于土工膜防渗、厂房坝段软基处理、初期蓄水后绕坝渗流等重大技术问题,组织召开专家咨询会进行咨询,或委托科研院所进行专题研究,形成专题报告,按照规定履行报批程序。

(二)质量管理

1.质量管理体系

西霞院工程建立了"项目法人负责、设计单位协助、监理单位控制、承包商保证、政府部门监督"的质量管理体系,制定"完工之日达到竣工验收条件、机组实现达标投产"的管理目标。

西霞院项目部对工程质量负总责,组织设计、监理、施工等参建各方质量负责人组成西霞院工程建设质量管理委员会,建立质量管理网络,制定《西霞院反调节水库质量管理暂行办法》等制度,加强质量监管,加大质量宣传,提高质量意识,认真组织考评,及时兑现奖罚,对参建各方质量保证管理体系进行监督、检查和评价。

黄河设计公司西霞院现场代表部,常驻西霞院工地,处理工程建设中的技术和质量问题,为工程质量控制提供现场技术支持。

小浪底咨询公司西霞院监理部建立了以总监理工程师为中心、副总监理工程师分工负责、各部门保障的质量监控体系,对工程施工质量实施全过程、全方位监督检查。

施工单位根据施工承包合同和工程质量管理暂行办法,分别建立质量保证体系,加强质量管理,认真履行"三检制",严格按照施工承包合同和技术规范要求进行施工,保证每个工序按程序施工,确保工程质量。

西霞院质监站对项目法人的质量管理体系及运行情况进行监督检查;对设计单位、监理单位和施工单位的资质、质量管理体系进行监督检查;对关键隐蔽工程、重要分部工程、单位工程验收及质量评定情况进行监督、检查和核定(核备),对工程实体质量进行抽样检测,并出具相应的检测报告。

2. 质量检测

参与西霞院工程建设的试验检测单位(机构)均具有省级以上质量技术监督局颁发的资质证书,检测仪器和设备按照有关标准规范进行定期率定、检定,主要检测人员均持证上岗,各种检测、试验满足有关标准规范要求。

施工过程中,施工单位对原材料、中间产品、土石方工程、混凝土工程、机电及金属结构安装工程等进行质量自检,检测结果合格。

监理单位进行平行检测或见证检测,检测结果合格。

3. 质量监督

工程建设过程中,西霞院质监站对工程质量检测资料进行日常抽查,水利部质安总站派出专家组对西霞院工程施工质量进行了 5 次巡查,并委托北京海天恒信水利工程检测评价有限公司对西霞院工程混凝土强度、金属结构焊缝等 7 个方面的施工质量进行了抽检,抽检结果合格。

4. 施工质量评定

西霞院项目部组织监理单位和施工单位对西霞院工程进行项目划分,并报西霞院质监站确认。西霞院工程共划分为单位工程 28 个,其中主要单位工程 13 个;分部工程 176 个,其中主要分部工程 40 个;单元工程 9 861 个。

西霞院工程按照《水利水电工程施工质量检验与评定规程》(SL 176—2007)进行施工质量评定。单元工程质量评定由施工单位自评,监理单位复核确定质量等级;隐蔽(关键部位)单元工程质量评定由施工单位自检合格后,监理单位组织项目法人、设计、监理、施工 4 方联合验收并确定质量等级;分部工程质量评定由施工单位自评、监理单位复核、项目法人认定,质量监督单位核备(核定)质量等级;单位工程质量评定由施工单位自评、监理单位复核、项目法人认定,质量监督单位核定质量等级;工程项目质量评定由监理单位评定、项目法人认定,质量监督单位核定质量等级。

西霞院工程质量评定结果为:单元工程全部合格,其中 8 530 个单元工程施工质量评定为优良,优良率 86.5%;分部工程全部合格,其中 151 个分部工程评定为优良,优良率 85.8%,主要分部工程 40 个,质量等级评定全部优良,优良率 100%;单位工程全部合格,其中 24 个单位工程评定为优良,优良率 85.7%,主要单位工程 13 个,质量等级评定全部优良,优良率 100%,西霞院工程施工质量等级评定为优良。西霞院工程施工质量等级评定统计见表 10-2-7。

表 10-2-7　西霞院工程施工质量等级评定统计

序号	单位工程		分部工程			单元工程		
	单位工程名称	施工质量等级	分部工程个数	优良个数	优良率(%)	单元工程个数	优良个数	优良率(%)
1	★左岸复合土工膜斜墙土石坝	优良	14	12	85.7	738	652	88.3
2	★河床复合土工膜斜墙土石坝		13	11	84.6	831	779	93.7
3	★右岸复合土工膜斜墙土石坝		14	11	78.6	810	732	90.4
4	★左混凝土连接段		3	2	66.7	286	155	54.2
5	★右混凝土连接段		4	4	100.0	142	123	86.6
6	★1~7孔胸墙式泄洪闸		8	6	75.0	371	298	80.3
7	★8~15孔开敞式泄洪闸		8	7	87.5	657	592	90.1
8	★16~21孔开敞式泄洪闸		11	9	81.8	587	517	88.1
9	★电站厂房左侧排沙洞		7	6	85.7	236	196	83.1
10	★电站厂房右侧排沙洞		9	8	88.9	257	223	86.8
11	灌溉引水闸		5	5	100.0	114	97	85.1
12	★王庄引水闸		6	6	100.0	118	98	83.1
13	新建王庄引水渠		4	4	100.0	573	511	89.2
14	★发电厂房		28	24	85.7	1 990	1 800	90.5
15	地面升压变电站		4	4	100.0	67	64	95.5
16	河道整治和防护	合格	4	4	100.0	474	396	83.5
17	水情自动测报系统		1	1	100.0	16	10	62.5
18	场内公路		2	0	0	44	37	84.1
19	管理房屋		3	0	0	259	8	3.1
20	送变电工程	优良	3	3	100.0	86	83	96.5
21	供水工程		4	3	75.0	61	53	86.9
22	★安全监测系统(内、外观)		4	4	100.0	590	578	98.0
23	通信系统		1	1	100.0	6	6	100
24	消防系统		1	1	100.0	15	15	100
25	计算机监控系统		1	1	100.0	8	8	100
26	工业电视系统		1	1	100.0	6	6	100
27	水保工程		7	7	100.0	134	122	91.0
28	地下水位抬升处理工程		6	6	100.0	385	371	96.4
合计	共计单位工程28个,其中24个优良,优良率85.7%。主要单位工程13个,优良率100%,工程项目施工质量等级评定为优良		176	151	85.8	9 861	8 530	86.5

注:带"★"为主要单位工程。

（三）安全生产管理

西霞院项目部成立由项目法人、监理、设计、施工等工程参建单位主要领导组成的西霞院工程安全生产领导小组，全面负责西霞院工程建设安全生产领导工作，建立"项目法人宏观管理、监理单位监督检查、施工单位全面负责、作业人员具体保证、政府安管部门监督"的安全生产管理体系。

安全生产领导小组下设安全生产管理办公室，负责安全管理的日常工作。安全生产管理办公室设在西霞院项目部工程技术部，成员由西霞院项目部工程技术部和西霞院监理部现场部的领导、安全管理相关工作人员组成。

西霞院项目部、西霞院监理部的专职安全员进行现场安全检查，发现违章行为立即制止，发现安全隐患现场开具隐患整改通知书，并督促整改。在检查中还注重检查施工单位安全措施和安全记录，评价施工单位安全管理体系运行状况。

河南省质量技术监督局小浪底分局对西霞院工程的特种设备和操作人员进行监督检查，并对特种设备操作人员进行技术培训；洛阳市孟津县和吉利区人民政府安全管理部门对西霞院工程的安全生产工作进行抽查，河南省公安厅小浪底公安处消防科对消防工作进行指导和监督检查。

六、达标投产

西霞院工程建设初期确定了"达标投产"的建设目标。2007年4月，小浪底建管局印发《小浪底反调节水库工程（发变电部分）达标投产规划》（局发〔2007〕8号），明确了西霞院工程"达标投产"的指导思想、组织机构、工作目标、保证体系和考核评比办法，成立了"达标投产"领导小组、工作小组和3个考核小组。3个考核小组分别为：文明施工及安全管理考核组，质量与工艺、技术指标及调整试验考核组，综合管理及工程档案考核组。

依据《电力工程达标投产管理办法（2006版）》，西霞院工程"达标投产"工作小组制定了"达标投产总体规划""机电设备管理办法""机电监理实施细则""安全文明施工标准""'四必三要'质量控制""三不签、四清楚、五到位"等管理制度，并在西霞院工程机组安装过程中严格执行。

2006年7月，小浪底建管局与中国电力建设企业协会签定了咨询服务协议，中国电力建设企业协会组织成立西霞院工程"达标投产"复检组（简称"达标投产"复检组）。2008年1月12—15日，"达标投产"复检组对西霞院工程4

号水轮发电机组进行了"达标投产"现场复检,认为符合《电力工程达标投产管理办法(2006版)》达标投产的各项条件。2008年2月21日,中国电力建设企业协会批准西霞院工程4号水轮发电机组为"达标投产"机组,并分别向主体参建单位颁发了文件、证书和奖牌。2008年6月20—22日,"达标投产"复检组对西霞院工程1号、2号、3号机组进行了达标投产现场复检,认为符合《电力工程达标投产管理办法(2006)版》达标投产的各项条件。2008年7月9日,中国电力建设企业协会批准西霞院工程1号、2号、3号机组为"达标投产"机组,并分别向主体参建单位颁发了文件、奖牌和证书。

第三节　工程施工

西霞院工程施工分为前期准备工程施工、主体工程施工和附属工程施工,其中前期准备工程施工包括供电、供水、道路交通、现场管理用房、通信、砂石料加工及混凝土拌和系统;主体工程施工包括基础开挖工程、基础处理工程、土石坝填筑工程、混凝土施工工程和机电安装工程;附属工程施工包括王庄引水渠、下游右岸防护工程和上游右岸沟道整治工程。蓄水初期出现了坝后地下水位抬升问题,通过补充勘测和论证咨询,采取防渗墙截渗、辅助抽排和布设监测等方案进行处理。

一、施工组织

西霞院工程坝址处河流流向为南东向,河谷宽度约3 000米,主河槽宽度约600米,河床两岸分布有高、低漫滩,两岸滩地地势平坦,场地开阔,适宜施工设施布置,且便于分期施工和多场面施工。

西霞院工程主要由土石坝段和混凝土坝段组成。其中,泄洪闸、排沙闸、电站等混凝土建筑物集中布置在右岸滩地上,混凝土建筑物两侧为砂砾石坝段。

(一)施工总布置

西霞院工程坝址区河谷较宽,施工场地开阔,结合料场位置、对外交通、地形条件、防洪和环保要求等因素,施工场地主要规划为主体建筑物施工区、施工工厂区、料场开采区、施工生活区和工程管理区、堆弃渣场区等。其中,砂石料加工系统、混凝土拌和系统等主要施工工厂区布置在右岸滩地上,取料场布置在左岸,弃料场主要布置在右岸上游侧,工程管理区布置在左岸二级阶地。西霞院工程施工总布置示意见图10-3-1。

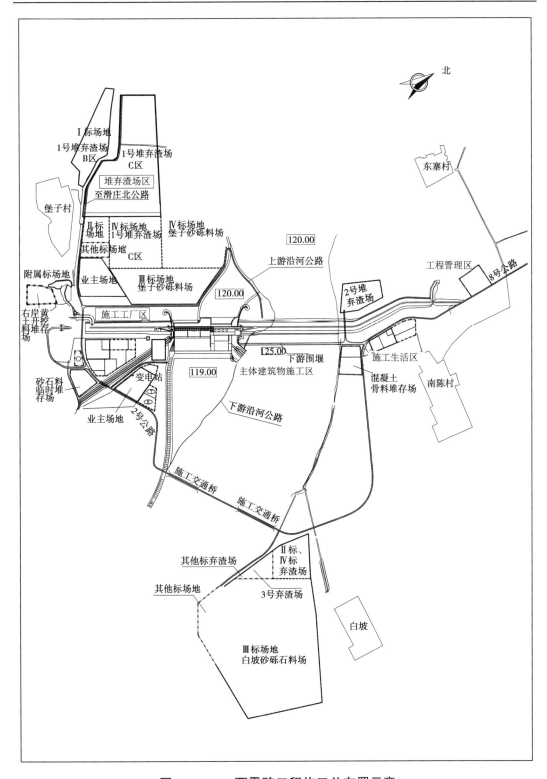

图 10-3-1 西霞院工程施工总布置示意

(二)施工进度

西霞院工程初步设计总工期 54 个月。前期准备工程于 2003 年 1 月开工，2003 年底完工。主体工程于 2004 年 1 月开工，2006 年 11 月截流，2007 年 5 月下闸蓄水，2007 年 6 月首台机组并网发电，2007 年 9 月、12 月和 2008 年 1 月其他 3 台机组分别并网发电，2008 年 1 月主体工程完工。西霞院工程主要工程开工时间、完工时间见表 10-3-1。

表 10-3-1　西霞院工程主要工程开工时间、完工时间

主要工程名称	开工时间	完工时间
前期准备工程	2003 年 1 月 1 日	2003 年 12 月 31 日
基础开挖工程	2004 年 1 月 10 日	2004 年 7 月 23 日
坝基基础处理工程	2003 年 12 月 15 日	2007 年 2 月 12 日
土石坝填筑工程	2005 年 1 月 24 日	2008 年 5 月 30 日
混凝土施工工程	2004 年 4 月 19 日	2007 年 1 月 21 日
机电安装工程	2006 年 2 月 10 日	2008 年 5 月 16 日
地下水位抬升处理工程	2008 年 6 月 10 日	2010 年 1 月 25 日

(三)完成工程量

西霞院工程已按批准的设计内容建设完成，西霞院工程主要工程量见表 10-3-2。

表 10-3-2　西霞院工程主要工程量

项目	单位	初步设计工程量	实际完成工程量	备注
土方开挖	万立方米	730.13	683.28	
土石方填筑		293.09	295.43	
混凝土浇筑		85.33	99.65	
混凝土防渗墙	万平方米	9.80	19.29	含地下水位抬升处理防渗墙
金属结构制安	吨	8 720.00	8 458.43	
水轮发电机组	台(套)	4	4	

二、前期准备工程施工

前期准备工程主要包括供电系统、供水系统、道路交通、现场管理用房、通信系统、砂石料加工及混凝土拌和系统等项目。前期准备工程于 2003 年初开

工,2003年底完工。

(一)供电系统

西霞院工程采用35千伏双回路供电,分为左岸供电系统和右岸供电系统,分别为西霞院工程左岸和右岸的工程建设和营地生活提供用电。西霞院工程供电系统主要施工情况见表10-3-3。

表10-3-3　西霞院工程供电系统主要施工情况

分区	工作内容		施工单位
左岸供电系统	左岸35千伏变电站		中国水利水电第三工程局
	左岸35千伏输电线路		济源市电力输变电检修公司
	左-坝6千伏输电线路		中国水利水电第十一工程局
右岸供电系统	右岸35千伏变电站		
	右岸35千伏输电线路		河南省孟津县电力安装公司
	右岸6千伏输电线路	右-坝6千伏输电线路	
		右-砂6千伏输电线路	
		右-混凝土Ⅰ6千伏输电线路	中国水利水电第十一工程局
		右-混凝土Ⅱ6千伏输电线路	

(二)供水系统

西霞院工程供水系统主要包括左岸供水系统和右岸供水系统。左岸供水系统主要为西霞院工程左岸工程建设生产供水和左岸工程建设各方营地生活供水。右岸供水系统主要为西霞院工程砂石生产系统、混凝土拌和系统、右岸工程建设等生产供水和右岸施工单位营地生活供水。

供水系统主要包括水源井、水泵房、供水平房、水池和供水管路、水泵设备等,其中左、右岸各有2口水源井,由洛阳兴河水利水电工程有限公司负责施工,其他部分由中国水利水电第三工程局施工。

(三)道路交通

西霞院工程初步设计交通道路包括1号~12号路、下游沿河路、左岸交通至料场路和跨黄河浮桥等,在施工阶段进行了优化。西霞院工程施工道路布置见图10-3-2,西霞院工程主要交通道路施工情况见表10-3-4。

(四)现场管理用房

现场管理用房位于左坝头附近,主要包括1座现场办公楼和1座食堂,总建筑面积约2 400平方米。现场管理用房工程由洛阳石油化工总厂工程公司施工。

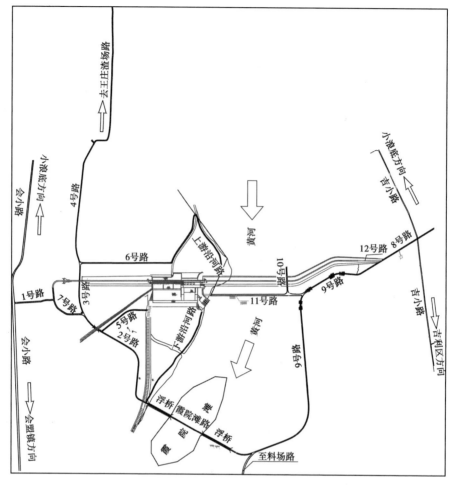

图 10-3-2　西霞院工程施工道路布置

表 10-3-4　西霞院工程主要交通道路施工情况

名称	长度（千米）	施工单位
2 号道路	2.04	小浪底水利水电工程公司
霞院滩道路	0.37	
9 号道路	3.22	中国水利水电第十一工程局
跨河浮桥	0.25+0.30	中国人民解放军驻洛舟桥部队
7 号道路	0.63	中国水利水电第三工程局
8 号道路	1.20	中国水利水电第十一工程局
通往王庄渣场道路	1.62	孟津县黄河工程局

（五）通信系统

西霞院工程通信系统通过小浪底—西霞院光纤实现传输，建设了小浪底建管局枢纽管理区办公楼至西霞院工程现场办公楼光纤,线路全长 20.5 千米。通信系统工程由中国联合通信有限公司洛阳分公司施工。

(六)砂石料加工及混凝土拌和系统

西霞院工程砂石料加工系统布置在大坝上游右岸黄河滩地,主要为西霞院工程生产混凝土成品骨料和大坝反滤料,系统设计成品料生产能力 500 吨每小时,毛料处理能力 730 吨每小时,由小浪底工程公司承建。

混凝土拌和系统主要为西霞院工程生产成品混凝土,设计生产能力 200 立方米每小时,并配备了加热系统和制冷系统,由小浪底工程公司承建。

施工过程中,西霞院工程主体混凝土浇筑工期缩短,混凝土月浇筑强度增大,2004 年 10 月,在西霞院工程右岸增设一套生产能力为 120 立方米每小时的混凝土拌和站,由小浪底工程公司承建。

三、主体工程施工

主体工程施工分为基础开挖工程(Ⅰ标)、基础处理工程(Ⅱ标)、土石坝填筑工程(Ⅲ标)、混凝土施工工程(Ⅳ标)、机电安装工程(Ⅴ标)5 个标段,2004 年 1 月 10 日主体工程开工,2006 年 11 月 6 日实现截流,2007 年 5 月 30 日下闸蓄水,2007 年 6 月 18 日首台机组并网发电,2008 年 1 月主体工程完工。

(一)基础开挖工程

基础开挖工程主要包括泄洪闸基础土方开挖、排沙洞基础土方开挖、王庄引水闸基础土方开挖、电站厂房基础土方开挖、导墙及门库基础土方开挖、上游引水渠土方开挖、下游泄水渠土方开挖、灌溉引水闸基础土方开挖等。工程由陕西省水电工程局(集团)有限责任公司承担,2004 年 1 月 10 日开工,2004 年 7 月 23 日完工,比计划工期提前 5 个月完工。

基础开挖设备主要包括装载机、挖掘机和自卸汽车,开挖料主要运送至王庄、滑庄渣场,共计完成基础开挖约 453 万立方米。

(二)基础处理工程

基础处理工程主要包括土方明挖、地基加固、基础防渗处理、安全监测仪器埋设等。厂房坝段基础开挖后,基础处理方案根据现场原位试验和补充地质勘探做了调整优化,即调整为增设混凝土防渗墙和后压浆素混凝土桩加固基础处理方案。工程由中国水电基础工程局施工,2003 年 12 月 15 日开工,2007 年 2

月 12 日完工。

1. 土方明挖

土方明挖主要包括左、右岸坝肩基础开挖,左岸塌岸防护,左、右岸滩地土石坝基础开挖等,开挖的土方用自卸汽车运输到指定渣场。

2. 地基加固

地基加固分为左岸坝段地基、河床坝段地基和右岸坝段地基等基础加固,主要采取基础强夯和振冲碎石桩两种方法。

基础强夯分为左岸坝段强夯 Ⅰ 区、河床坝段强夯 Ⅱ 区和 Ⅲ 区、右岸坝段强夯 Ⅳ 区 4 个区。主要强夯设备包括履带式起重机 6 台、推土机 2 台、汽车钻机 1 台、夯锤 6 个,夯锤质量 18 吨、外径 2.35 米、落距 13.6 米。夯点呈梅花形布置,行距 3.5 米,点距 4.0 米,设计夯击能 2 400 千牛·米。共完成强夯面积约 12.7 万平方米。

振冲碎石桩布置在桩号 D2+169.50—D2+245.75、坝上 0-008.73 至坝下 0+095.86 之间区域,实际成桩 558 根,造孔 4 893.55 米,填料 5 557.92 立方米,比原设计桩数减小 230 根。

3. 基础防渗处理

大坝基础采用混凝土防渗墙防渗。以电站厂房为界,左侧防渗墙桩号为 ZF0+000—ZF1+922.17,右侧防渗墙桩号为 YF0+000—YF1+380.57。防渗墙混凝土强度等级为 C15(90 天龄期),抗渗等级 W6,弹性模量 $2.2×10^4$ 兆帕,设计墙厚 0.6 米,嵌入基岩深度黏土岩为 1.5 米、粉砂岩为 3.0 米。防渗墙轴线总长 3 302.74 米,实际施工的防渗墙轴线长 3 202.71 米,防渗墙面积 79 296 平方米。

在施工阶段,开挖后发现电站基础主要为上第三系地层,该地层埋藏于覆盖层 20~30 米以下,地层结构为土、岩、砂交合,岩、土不分,与初步设计阶段勘探判断的地质条件有较大差别。上第三系地层成岩差、强度低、层中构造发育,在平面和剖面上岩土体分布变化较大,砂层为透水层,黏土岩为相对隔水层,形成了比较复杂的水文地质条件。存在地基承载力低、沉降大、不均匀变形大、渗透稳定性和抗滑稳定性差等主要问题。

2004 年 3—7 月,对电站基础采用大型现场试验(静力载荷试验、现场直剪试验、现场回弹变形观测)、原位测试(标准贯入试验、静力触探测试和综合测井)、钻孔取样、刻槽取样及室内试验等进行补充勘探,经专题分析研究和多方案比选论证,并报水利部主管部门审查批准,调整了电站基础处理方案:取消初步设计阶段厂房基础抗滑桩、帷幕灌浆和固结灌浆处理方案,在厂房基础周围增设"Ⅱ"形混凝土防渗墙,防渗墙深 30 米、厚 0.6 米,顺水方向长 64.4 米;对基础承载力薄弱区域,按复合地基加固理论设计,采用 265 根桩径为 0.8 米,桩长分别为 15 米、20 米、25 米和 30 米的后压浆素混凝土桩进行加固;将机组和安装间建基面高程进行调整,取消电站基础沿坝轴线方向台阶,增设沿水流方向上游低下游高台阶。基础处理完成后,进行高应变、低应变检测和静载荷试验,桩基质量满足规范要求,承载力满足设计要求,压浆后电站基础扰动区已被浆液充分充填,加固效果满足设计要求。

4. 安全监测仪器埋设

在基础处理工程中共完成 40 支监测仪器安装,其中渗压计 22 支,应变计 14 支,无应力计 4 支,敷设电缆 496.84 米。

(三)土石坝填筑工程

西霞院工程土石坝为复合土工膜斜墙砂砾石坝,布置于混凝土建筑物坝段的两侧,土石坝坝顶总长 2 609 米,其中左岸长 1 725.5 米,右岸长 883.5 米。大坝上游坝坡坡比为 1:2.75,下游坝坡坡比为 1:2.25 和 1:2.5。

土石坝填筑工程施工内容分为坝体填筑施工和复合土工膜施工,其中坝体填筑施工包括坝体砂砾石料、反滤料、过渡层及垫层填筑,坝体上游联锁板和下游边坡块石护坡砌筑,安全监测仪器埋设等。工程由中国水利水电第三工程局施工,2005 年 1 月 24 日开工,2008 年 5 月 30 日完工。土石坝填筑完成主要工程量见表 10-3-5。

表 10-3-5　土石坝填筑完成主要工程量

工程项目	单位	工程量
土石方明挖	万立方米	113.13
土石方回填		225.54
钢筋制安	吨	728.70
混凝土浇筑	立方米	10 546
复合土工膜铺设	万平方米	12.00
预制混凝土铺筑		1.88
干砌石		6.62
监测仪器安装	支(组)	177

1. 坝体填筑施工

(1)坝体填筑碾压试验。在坝体填筑前进行现场碾压试验,根据填筑压实机械和填筑料特性,确定最佳铺料厚度、碾压遍数和最优含水量。

(2)坝体砂砾石料填筑。砂砾石料采用20吨自卸汽车运输上坝,虚铺厚度0.8米,18吨振动碾碾压8遍,压实标准为现场干密度大于或等于2.2克每立方厘米,相对密度大于或等于0.75。

坝体砂砾石料采取大面积铺筑,以减少接缝。压实砂砾石料的振动平碾行驶方向平行于坝轴线。

(3)过渡料填筑。砂砾料填筑前,在坝基上先铺一层过渡料。过渡料虚铺厚度0.6米,18吨振动碾碾压6遍,压实标准为现场干密度大于或等于2.1克每立方厘米,相对密度大于或等于0.75。

(4)反滤料填筑。反滤料位于坝体下游坡脚及排水沟内,在大坝坝体砂砾石填筑完成后进行填筑。反滤料虚铺厚度0.65米,18吨振动碾碾压6遍。完成后采用反铲配合人工削坡,之后进行干砌石施工。

(5)垫层料填筑。垫层料位于坝体上游区,在坝体砂砾石填筑完成后、土工膜施工前进行填筑。垫层料铺填采用从下向上的施工方法,采用人工平料,整形完成后进行碾压。每个填筑作业面完成后,即可进行上部土工膜的施工。

(6)坝体上游联锁板和下游边坡块石护坡砌筑。主要通过人工干摆施工。

(7)安全监测仪器埋设。土石坝段安全监测包括变形监测、渗流监测和应力应变监测,主要安装渗压计98支、土工膜应变计60支、气压计9支、界面计6支、垂线坐标仪2套、温度计2支等。

2. 复合土工膜施工

西霞院工程土石坝段采用复合土工膜(见图10-3-3)斜墙防渗。复合土工膜铺设在上游坝坡,自下而上由垫层、复合土工膜、保护层、预制混凝土联锁板组成。西霞院工程复合土工膜约12万平方米,采用长丝复合土工膜,幅宽不小于4.2米,规格为400克/0.8毫米/400克和400克/0.6毫米/400克。从原材料、生产工艺流程、成品包装运输、现场接缝焊接等进行全过程质量监控。

(1)复合土工膜铺设。主要包括土工膜展铺、底层土工布缝合、土工膜焊接、焊接质量检查验收、上层土工布缝合等工序。

土工膜展铺是从坝顶向下,垂直于坝轴线方向,用人工方式展铺在垫层上。

图 10-3-3　复合土工膜施工

土工布采用手提缝包机,用高强维涤纶丝线缝合,缝合针距为 6 毫米左右,连接面要松紧适度,自然平顺。底层土工布缝合完成后,进行土工膜焊接,用 2PH-213 型热合爬行焊机进行焊接,形成两条焊线宽 10 厘米、间距为 16 毫米的空腔。焊接温度通常控制在 250~300 摄氏度,最高不超过 350 摄氏度,焊接速度一般为 1.5 米每分钟。按照技术标准进行焊接质量检查,质量检查合格后进行上层土工布缝合。

(2)土工膜焊接质量检验。复合土工膜接缝焊接是质量控制的关键环节。要求在施焊前现场进行试验,调整相关参数后再进行正式焊接,并采用目测法、充气法和充水法进行焊缝检测。

土工膜焊接完成后,首先采用目测法进行检查,主要观察焊缝是否有虚焊、漏接、烫损、褶皱、跑偏,是否有夹渣、气泡等缺陷,若发现上述缺陷即采用热风枪进行补焊处理。目测检查完成后,立即进行充气法检查,即将待测段两端密缝,插入气针,充入 0.20 兆帕压力气体,静观 5 分钟气压不小于 0.15 兆帕即为合格。如果气密性检查不合格,在两条焊缝间的空腔内注入压力为 0.05~0.1 兆帕的颜色水,保持 1 分钟,找出漏水处,用热风枪进行补焊处理。处理后用压力水法检查,不再漏水即为合格。

(四)混凝土施工工程

混凝土施工主要包括泄洪和排沙工程、电站厂房工程、灌溉引水工程、混凝土连接段工程、金属结构安装和安全监测仪器等。工程由中国水利水电第十四工程局施工,2004 年 4 月 19 日开工,2007 年 1 月 21 日完工。

泄洪和排沙工程主要包括 1~7 孔胸墙式泄洪闸、8~21 孔开敞式泄洪闸、排沙洞、排沙底孔等;电站厂房工程主要包括发电厂房、厂房基础、排水系统等;灌溉引水工程主要包括灌溉引水闸和王庄引水闸;混凝土连接段主要包括混凝土浇筑、止水、排水等。

金属结构设备主要包括起重机械 51 台(套),其中液压启闭机(63 支油缸,20 套液压泵站)42 套、双向门式启闭机 3 台、固定卷扬式启闭机 3 台、螺杆式启闭机 2 台、桥式起重机 1 台;闸门和拦污栅设备共 91 扇,其中弧形闸门 21 扇(14 扇开敞式弧形闸门,7 扇胸墙式弧形闸门)、平面滑动闸门 20 扇、平面定轮闸门 35 扇、拦污栅 15 扇;闸门和拦污栅埋件共 132 套(扇),其中弧形闸门埋件 21 扇(14 扇开敞式弧形闸门,7 扇胸墙式弧形闸门)、平面滑动闸门埋件 64 套、平面定轮闸门埋件 35 扇、拦污栅埋件 12 套;闸门加重块 1 182 吨。

西霞院大坝混凝土浇筑施工见图 10-3-4。

图 10-3-4 西霞院大坝混凝土浇筑施工

监测仪器主要包括渗压计、钢筋计、锚杆测力计、埋入式测缝计、表面测缝计、双向测缝计、应变计、无应力计、倾角计、水位计、多点位移计、压力盒、垂线坐标仪、静力水准仪、水准标点、位移标点等,施工内容为监测仪器的埋设、安装、调试及安装后 14 天内的观测和施工期保护。

混凝土施工工程完成主要工程量见表 10-3-6。

(五)机电安装工程

机电安装工程主要包括 4 台(套)水轮发电机组及相应附属设备的安装、调试和试运行,由湘豫联营体施工,2006 年 3 月 9 日开工,2008 年 5 月 16 日完工。

表 10-3-6　混凝土施工工程完成主要工程量

项目	单位	工程量
砂砾石开挖	万立方米	33.54
软岩保护层开挖		1.95
软岩开挖		6.87
砂砾石回填		30.62
碎石垫层		0.59
混凝土浇筑		84.61
金属结构安装	吨	9 784.67
安全监测仪器	支(组)	440

1. 机电设备安装

(1)水力机械设备安装。水力机械设备安装主要包括尾水锥管安装、座环安装、导流板及机坑里衬安装、转轮室安装、导水机构安装、转轮组装、主轴密封与水导轴承安装等。2006年3月开始水轮机埋件安装,施工单位开工前按相关设备技术要求和规范要求编制施工组织设计,在设备供货商、设计和监理等单位的指导和监督下进行安装施工,测量方案、安装工艺、检测记录、试验数据贯穿整个机组安装过程。西霞院工程水轮机选型参数见表10-3-7。

表 10-3-7　西霞院工程水轮机选型参数

项目	单位	参数
水轮机型号		ZZK400-LH-730
转轮直径	米	7.3
额定转速	转每分钟	75
额定流量	立方米每秒	345
水轮机导叶安装高程	米	116.5

(2)发电机组安装。发电机组安装主要包括定子组装及安装、定子下线、转子组装及吊装、上下机架组装与吊装、盘车与轴线调整及辅助设备安装等。2007年4月22日,西霞院工程首台发电机组转子吊装见图10-3-5。发电机定子分4瓣,机座为钢板焊接结构,定子机座在厂内组装,工地组合整圆后焊成整体,在机座外壁均匀装有8台空气冷却器。发电机转子由主轴、转子支架、磁轭和磁极组成,采用磁轭压板带离心式径向风扇结构形式,转子主轴采用三段轴结构,分下轴(主轴)、中心体、上轴(集电环轴);转子支架为空心圆盘式结构,厂内组焊加工后,运至工地进行组装和焊成整体。西霞院工程发电机主要技术

参数见表10-3-8。

图10-3-5　2007年4月22日,西霞院工程首台发电机组转子吊装

表10-3-8　西霞院工程发电机主要技术参数

项目	单位	参数
发电机型号		SF-J35-80/10470
额定功率	兆瓦	35
额定功率因数		0.85
额定频率	赫兹	50
额定电压	千伏	10.5
额定电流	安培	2 264
额定转数	转每分钟	75

(3)主变压器安装。西霞院工程安装2台主变压器,呈"一"字形布置在1号机组和3号机组段的尾水平台上,高压侧采用SF6管道母线与220千伏 GIS设备相连,低压侧与共箱母线出线段相连。主变压器型号为SF10-90000/220,采用三相风冷双线圈无励磁调压铜绕组油浸式升压变压器。

主变压器运输轨道布置在下游侧,运输轨道与安装间相通。主变压器安装按厂家及规范标准进行排气、附件安装、注油、试验,严格控制环境温度等,与机组同步并网发电运行。

(4)计算机监控系统。西霞院电站采用以计算机系统为主的监控方式,整个计算机监控系统采用开放式分层分布结构。

计算机监控系统由控制中心设备和现地控制单元组成。控制中心设备包括中控楼2套厂级服务器、1套工程师工作站、2套操作员工作站;3台打印机、2套UPS电源、1套GPS卫星时钟、1台远动网关、1套通信服务器、1套智能自动报警工作站、2台路由器及网络设备;现地控制设备设6套现地控制单元,其中4台机组各设1套、公用设备设1套、220千伏GIS设1套。

(5)220千伏GIS开关站。西霞院工程220千伏GIS开关站布置在1号、2号主变之间,采用单母线接线,主母线为三相分筒式、断路器卧式布置。GIS设备由河南平高东芝高压开关有限公司生产供货,设备室布设4个GIS进出线间隔和1个GIS测保间隔。GIS设备与主变、出线场设备之间采用SF_6管道母线连接。

(6)励磁系统。西霞院工程励磁系统采用自并激晶闸管整流励磁系统,由励磁变压器、制动变压器(2台机合用1台)、三相全控桥式整流装置、励磁调节器、灭磁装置、过电压保护装置、起励装置等部分组成。

(7)继电保护及自动装置。西霞院工程配置1套继电保护及故障信息管理系统,相应配置1套子站设备和分析软件,以实现运行调度部门对站内继电保护、录波器等智能装置的运行状态监视、故障信息管理和动作行为分析,在电网事故时便于继电保护专业人员和调度运行人员快速、准确的处理事故。

(8)辅助设备安装。西霞院工程辅助设备包括技术供水系统、检修排水系统、渗漏排水系统、压缩空气系统、透平油系统、通风排烟系统、闸门冲淤系统、工业电视系统、柴油发电机等,各系统按照设计文件和厂家说明进行安装。

2.机组调试和试运行

西霞院项目部组织成立机组调试和试运行工作小组。工作小组包括西霞院项目部、设计单位、监理单位、机电安装单位和设备制造商。工作小组按照规程规范进行机组调试、72小时试运行,并对试运行相关问题进行整改和落实。西霞院工程机组试运行时间见表10-3-9。

表10-3-9 西霞院工程机组试运行时间

施工项目	安装场地移交日期	72小时试运行完成日期
4号(首台)机组	2006年7月21日	2007年6月17日
3号机组		2007年9月22日
2号机组	2006年11月20日	2007年12月3日
1号机组		2008年1月28日

四、附属工程施工

西霞院工程附属工程施工包括王庄引水渠工程、下游右岸防护工程和上游右岸沟道整治工程。

(一)王庄引水渠工程

1. 新建工程

王庄引水渠是西霞院引水工程王庄闸连接原王庄引水渠之间的一段新建引水渠,总长1 010.6米,主要作用是引水灌溉下游农田。设计引水流量为15立方米每秒,加大引水流量为20立方米每秒,设计取水保证率70%。工程由中国水电十一局施工,2005年11月15日开工,2007年3月15日完工。

工程主要施工内容包括混凝土渠道兼挡墙段49.52米、混凝土渐变段30米,混凝土衬砌段100米,预制混凝土面板段778米,浆砌石渐变段及浆砌石段102.6米,在王庄引水渠渠底桩号0+197.92处修建2×800毫米排水涵洞1座,在王庄引水渠桩号0+766.06处修建预应力混凝土斜空心桥1座,与2号路衔接。

2. 加高改建工程

王庄引水渠新建工程按原渠道断面设计,由于下游渠道淤积,实际引水流量达不到设计要求,对王庄引水渠渠道进行加高改建。

王庄引水渠加高改建工程主要包括渠道全线1 088.6米顶部加高、王庄引水渠桥抬高及两端连接道路改建等内容。加高改建工程由小浪底工程公司施工,2008年2月19日开工,10月31日完工。

(二)下游右岸防护工程

下游右岸防护工程位于西霞院工程电站厂房及泄洪闸出水口下游右岸,分为两段,第一段位于坝下0+280.00—1+515.20,总长度1 235.2米;第二段位于坝下0+196.00—0+280.00,总长84.00米。

工程施工内容主要包括基础开挖、堤体填筑施工、预制混凝土块、现浇混凝土、干砌块石护坡、浆砌块石护坡、钢筋笼卵石护脚等。

工程由中国水利水电一局施工,2004年11月15日开工,2006年8月30日完工。主要完成土方开挖12.45万立方米、砂砾石填筑6.18万立方米、混凝土工程1.10万立方米、砌体工程1.82万立方米、钢筋笼石1.96万立方米。

（三）上游右岸沟道整治工程

上游右岸沟道整治工程位于西霞院工程南岸上游右坝肩至堡子村区域,主要包括1座均质坝、原沟道边坡整治、新沟道开挖及整治等。

工程主要施工内容包括土方开挖、土方填筑、砂砾石料填筑、碎石垫层填筑、坝顶碎石路面、干砌块石护坡、浆砌块石护坡、浆砌块石排水沟、钢筋笼卵石、预制混凝土、PVC排水管、闭孔板、土工布等。

工程由小浪底工程公司施工,2005年12月14日开工,2007年4月8日完工。主要完成土方开挖16.60万立方米、干砌块石护坡0.14万立方米、浆砌块石护坡1.17万立方米、干砌石护脚0.15万立方米、黄土填筑1.83万立方米、砂砾石填筑0.45万立方米。

五、坝后地下水位抬升处理工程

西霞院工程蓄水后,发现近坝区地下水位随之逐步上升。2007年10月,西霞院工程蓄水位133.4米时,左、右岸近坝区地下水位普遍抬升3.0~8.5米,南陈村部分地表和房屋出现不同程度的裂缝,影响到部分村民房屋安全。

小浪底建管局采取延长左、右岸混凝土防渗墙截渗,南陈村整体搬迁和辅助监测等措施,解决了坝后地下水位抬升影响。在工程措施没有实施前,采取降低水库水位运行措施。

（一）处理方案

2008年3月1日,水利部和河南省人民政府在郑州共同主持会议,对西霞院工程蓄水初期坝下区域地下水位抬升引起的有关问题进行专题研究。根据会议精神,小浪底建管局委托黄河设计公司编制《黄河小浪底水利枢纽配套工程——西霞院反调节水库大坝下游地下水位抬升影响处理实施方案》(简称《实施方案》)。

2008年6月2日,小浪底建管局以局发〔2008〕26号文向水利部报送了《实施方案》。2008年6月28—29日,水利部水规总院在北京召开会议,对《实施方案》进行了审查。2008年9月16日水利部水规总院以水总设〔2008〕664号文审查通过了《实施方案》,2009年1月4日水利部以水规计〔2008〕639号文批准了《实施方案》。

《实施方案》主要包括3项内容,一是将大坝基础混凝土防渗墙向左、右两岸分别延伸,左岸防渗墙延伸长度1 260米,右岸防渗墙延伸长度1 516米(其中防渗墙长1 406米,过焦枝铁路处110米采用帷幕灌浆);二是对南陈村进行整体搬迁;三是建立坝后地下水位监测网,随时掌握坝后地下水位变化。

(二)工程实施

1.防渗墙施工

根据《实施方案》,西霞院项目部组织中国水电基础局进行混凝土防渗墙延伸段施工。2008年6月至2009年7月,中国水电基础局完成了左岸一期防渗墙施工,长度1 118.19米,2010年1月25日完成了左岸防渗墙二期施工,增加防渗墙长度260.68米;2008年12月至2009年8月,完成了右岸一期防渗墙施工,长度856米。

2.南陈村整体搬迁

根据《实施方案》,河南省移民办组织召开了受地下水位抬升影响的南陈村整体搬迁协调会,2009年5月,南陈村搬迁完毕。具体内容详见第十章第五节。

3.地下水位观测控制

为了解近坝区渗流场特征,在地下水位抬升比较明显地区建立了左岸、右岸近坝区水文地质观测网,并在吉利滩区和左岸防渗墙后各增设2眼水井进行辅助抽排。

(三)工程效果

防渗墙延伸措施完成后,根据观测资料分析,左、右岸下游近坝区地下水位受库水位影响的情况有了明显改善,主要控制点的地下水位均控制在警戒值以下。启用辅助排水措施后,吉利滩控制点的地下水位均未超警戒值。

第四节　工程监理

西霞院工程监理由小浪底咨询公司西霞院监理部承担。西霞院监理部根据工程施工情况设立工作机构和配置各专业监理人员,建立完善管理制度,发挥"三控制、两管理、一协调"作用。通过审批、分析、调整进度计划,检查施工单位资源配置进行进度控制;建立质量控制体系和质量控制程序,采取事前、事中和事后质量控制措施;通过工程量计量和签认、工程款支付进行投资控制;完善合同管理和变更处理程序,建立信息整理、分析、归类和处理制度,按期编写监理信息、监理月报,进行信息共享,通过现场监理、日碰头会、周进度会、专题会议等措施加强现场协调,确保西霞院工程建设顺利进行。

一、监理体系

西霞院监理部根据专业内容和工作性质设立综合部、合同部、工程技术部、现场部、金结和机电安装部、移民环境部6个部门,根据各部门工作性质和工程施工情况配置各专业监理人员,施工高峰时监理人员达65人。

西霞院监理部根据监理服务合同、工程目标和工作内容,编制了《黄河小浪底水利枢纽配套工程——西霞院工程建设监理规划》,报西霞院项目部批准,根据监理规划制定了监理工作管理制度和实施细则。西霞院监理部主要监理制度见表10-4-1。

表10-4-1 西霞院监理部主要监理制度

序号	制度名称
1	设计技术交底制度
2	车间图纸审查制度
3	施工组织设计和施工方案审查制度
4	工程开工申请审批制度
5	隐蔽工程检查制度
6	工程验收制度
7	工程质量事故处理制度
8	监理信息报告制度
9	监理日志工作制度
10	现场协调会议制度
11	变更处理制度
12	工程支付审核制度
13	工程变更索赔处理制度
14	文件档案管理制度

二、进度控制

西霞院监理部通过审批进度计划、检查验收施工单位资源投入和优化资源配置、分析调整进度计划等措施进行西霞院工程进度控制,各工程进度满足设计要求。

（一）进度计划审批

根据合同条款，西霞院工程Ⅰ、Ⅱ、Ⅲ、Ⅳ、Ⅴ标施工单位分别于2003年12月30日、2003年12月29日、2005年3月3日、2004年5月25日、2006年2月15日向西霞院监理部提交了施工组织设计和施工进度计划。

西霞院监理部对施工组织设计和施工进度计划进行审查，主要审查内容包括里程碑、中间完工日期和竣工日期是否符合合同要求；工程项目内容是否完整、齐全；施工工艺、程序及项目间的逻辑关系是否符合合同技术规范要求；关键路线、关键项目的合理性；计划层次、详细程度是否满足工程实施和管理需要；各标进度计划与合同提供的整个枢纽的进度计划是否协调，交叉点关系是否明确；施工总布置是否符合合同要求并满足工程要求；各单项工程施工方案、施工方法、技术措施、施工强度的可行性与合理性；施工单位投入资源（设备、材料、劳力）是否满足施工强度要求；机构设置和人员配置是否合理、充足、高效；施工场区的使用与其他承包商的界面、与项目法人提供的边界条件是否符合合同要求；安全、环保规划合理性、可行性；与工程有关的其他事项。

施工组织设计和施工进度计划经西霞院监理部审查批准后，作为工程进度计划的控制依据。

（二）施工资源检查验收和优化

西霞院监理部负责批复单项工程开工令。单项工程开工前，监理工程师首先检查验收施工单位的设备、材料、人员等资源到位情况，是否符合合同要求和施工组织设计，具备条件后才发布开工令。在工程实施过程中，监理工程师通过现场监理，全面掌握分析承包商的施工资源到位率、使用效率等情况，发现承包商资源配置不满足施工组织设计或不符合进度要求，及时要求承包商采取措施，增加或调整资源投入。

（三）进度计划分析和调整

施工单位每月向监理单位报送月进度报告，监理工程师根据月进度报告和掌握的现场情况，对实际进度计划与批准的总进度计划进行对比分析，如发现进度计划滞后或偏差，对进度数据进一步整理、分析，找出偏差原因，制定相应措施，改善资源配置或调整局部计划，使其满足总体进度计划要求。

在西霞院工程施工过程中，由于人力、设备、材料等资源配置，以及现场组织、管理和地质情况、设计变更等影响，实际进度与总进度计划产生了偏离，4

个土建标均对实施计划进行了修改,Ⅰ标修改计划 1 次,Ⅱ、Ⅲ标修改计划各 2 次,Ⅳ标修改计划 3 次;Ⅳ标混凝土浇筑设备配置不足,制约了混凝土浇筑工期,监理工程师要求施工单位增加 3 台塔吊和 1 台履带式布料机,抢回了延误 5 个多月的工期。

(四) 进度控制效果

西霞院工程基本按照进度计划完成施工,符合总体进度计划要求。西霞院主体工程进度计划完成情况见表 10-4-2。

表 10-4-2　西霞院主体工程进度计划完成情况

名称	计划完工时间	实际完工时间
基础开挖工程(Ⅰ标)	2004 年 12 月 31 日	2004 年 7 月 23 日
基础处理工程(Ⅱ标)	2007 年 2 月 28 日	2007 年 2 月 12 日
土石坝填筑工程(Ⅲ标)	2007 年 12 月 31 日	2008 年 5 月 30 日
混凝土施工工程(Ⅳ标)	2006 年 12 月 31 日	2007 年 1 月 21 日
机电安装工程(Ⅴ标)	2008 年 6 月 30 日	2008 年 5 月 16 日

三、质量控制

西霞院监理部建立质量控制体系,采用审查施工方案、规定工作程序、现场巡视及旁站监理、检测试验等质量控制措施,规范各阶段和各环节的质量控制内容,对工程施工进行事前、事中、事后全过程、全方位质量监督和控制。

(一) 质量控制体系

西霞院监理部按照 ISO 9001 质量管理体系要求,建立西霞院工程监理质量控制体系,实行总监理工程师负责制,各部门负责职责范围内工程质量控制。

西霞院监理部总监理工程师全面负责质量控制工作,对质量控制体系承担领导、组织、监督和保证作用;不断提出纠正和预防措施,对质量控制体系进行持续改进,提高质量控制水平和质量控制能力。西霞院监理部设立质量专检工程师,协助总监理工程师监管质量控制体系的运行情况,全面检查和监督质量政策和质量标准的实施情况和结果,提出纠正意见和建议,协助调查质量事故和处理情况。

(二) 质量控制措施

在西霞院工程施工监理过程中,监理工程师按照质量控制程序,严格审查承包商提交的施工方案和施工技术措施(见图 10-4-1),加强对承包商试验检测工作的监督,强化工程质量。

图 10-4-1　监理工程师检查土工膜焊缝打压试验

(1)施工方案和技术措施审查。西霞院监理部负责审查施工单位申报的施工方案和技术措施,以保证投入的人力、设备、设施、材料等资源满足工程需要和技术规范要求。

(2)规定质量控制工作程序。工程开工前,西霞院监理部以文件形式向承包单位明确质量控制工作程序。施工单位和监理单位在工作中严格按照控制程序办理。

(3)现场巡视及旁站监理。监理工程师通过现场巡视和旁站监理,及时了解施工单位施工工序、工艺、环境、人员、设备、设施的工作状态及生产效率,从中发现问题及时纠偏,并通过监理工程师指令要求施工单位及时、全面执行。

(4)检测试验。监理工程师对施工单位实验室建立情况进行检查,并对设备和仪器率定与使用、试验过程及方法、试验标准、试验成果真实性与准确性、试验人员资质等进行检查和监督。在监理工程师认为有必要时,对原材料和试样委托第三方进行检测试验。

(三)质量过程控制

在西霞院工程施工过程中,西霞院监理部全过程进行质量控制,主要包括事前质量控制、事中质量控制和事后质量控制。

1. 事前质量控制

在施工前,监理单位通过监理准备工作和对施工准备情况进行检查来进行事前质量控制。

监理单位的监理准备工作主要包括:编制监理规划和实施细则,建立监理质量控制体系,收集和熟悉相关资料,向施工单位移交测量控制网,组织设计单位进行技术交底等。

对施工单位准备情况检查主要包括:审查施工组织设计,审查分部分项施工作业措施计划,对施工组织设计和施工措施进行澄清,检查质量保证体系建立情况,检查开工准备情况,检查人员设备进场情况,检查材料采购计划及到场情况。

2. 事中质量控制

施工过程中的质量控制主要通过巡视和旁站监理、试验检测等方式,对施工质量进行监督检查和控制。

(1)施工程序和施工工艺监督检查,检查是否按批准的技术措施和规程规范进行施工,对于违反规定和程序的立即指示施工单位进行改正。

(2)工序检查验收,检查施工单位质量控制点,认真执行"三检制",自检合格后填写中间交工证书,报送监理工程师查验。监理工程师检查合格并签认交工证书后,才允许下道工序施工。

(3)分部分项工程开工检查,检查内容包括施工方案、设备投入、原材料使用、劳动力调配、质量保证措施等基本材料,经监理工程师审核批准后方可开工。

(4)检查承包商人员、设备的数量和劳动状态及运行情况,发现不能满足质量要求时,指示承包商增加资源投入并加强管理。

(5)现场检查控制原材料、构配件和配制材料的质量,发现不合格品进行标识、禁止使用并运出现场;督促承包商加强质量管理措施。

(6)检查分析外部环境因素对工程质量的影响,以及施工中采取的应对措施,发现所采取的措施不能克服环境因素的影响,不能满足施工质量要求时,立即通知承包商采取改进措施,情况严重时可责令其停工,发出停工令。

(7)对试验检测项目按规定进行检测试验,并及时提交试验成果。

（8）对于发现未经监理工程师批准擅自开工，或不按设计图纸施工，以及其他严重违反质量管理规定的行为，监理工程师指示承包商立即停工进行整改。整改后经监理工程师检查合格后签发复工令方可复工。

（9）隐蔽工程旁站监理。对于隐蔽工程覆盖过程和重要部位、重要工序，以及工序完成后对工序质量无法检查或不易检查的，或即使发现质量问题也不易处理的工序，监理工程师将进行旁站监督检查。

（10）监理工程师组织现场质量协调会，及时通报有关质量情况和存在问题，分析研究改进施工质量的措施。

（11）认真填写监理日志，按班、日记录有关施工质量情况、存在问题及解决问题的办法和过程。

3. 事后质量控制

工程施工完成后，整理施工资料、试验数据，进行外观检查、质量评定等质量控制内容。

（1）单元工程完成后，施工单位及时进行单元工程自检，包括外观质量检查、外形尺寸、位置和高程等，对检查结果进行记录，监理工程师进行审查签认。

（2）施工单位根据检查和检测试验成果，进行质量等级评定，监理工程师进行审核。

（3）分部工程和单位工程完成后，及时进行检查验收和质量等级评定，并报西霞院质监站核定。

（4）对于机械、机电设备和金属结构安装工程，在安装完毕和检查检测项目完成并确认合格后，逐项进行单项试运行检测和联合试运行检测，质量检测评价合格后签发合格证书。

（5）如果发现有质量缺陷，监理工程师将指示施工单位分析原因，总结经验教训，提出整改措施，并提交修补方案。监理工程师对修补方案进行审查、批复。施工单位按批准的修补方案进行修补，完成后进行验收和质量评定。

（6）审查承包商提交的竣工资料，并按国家和行业主管部门的有关规定进行整理归档。

（7）缺陷责任期内，监理工程师应认真检查监督承包商完成缺陷修补和未完工项目的施工。缺陷责任期满经验收合格后签发最终验收证书。

四、投资控制

西霞院监理部通过对工程计量与支付的签认,控制合同价款,约束施工单位保质保量地按进度完成施工项目,并将投资控制在批复概算范围内。

(一) 工程量计量及签认

工程量计量包括联合测量计量和统计计算计量。

对于土石方开挖、大坝回填等工程采用联合测量计量。每月 26 日开始,由施工单位和监理单位测量工程师进行联合测量,出具双方共同签认的计量表,注明相关工程量的具体部位、高程、计量时段等,必要时标明计量依据,如设计图纸、变更指示等。

对混凝土浇筑、钢筋、模板、灌浆等根据实际完成量采用统计计算进行计量。施工单位每月 25 日编报工程量签认单,包括合同编号、项目序号、项目名称、单位、工作部位、计量时段、计算说明、施工单位申报量、监理单位审核量及审核意见等内容,并附工程量计算表。工程量签认单由监理工程师签字认可,作为支付申请计量依据。

(二)计日工签认

对于现场少量合同外、不便于以工程量计量方式进行计量的作业内容,监理单位根据实际情况认为有必要时,通知施工单位以计日工方式进行计量计费。施工单位每天提交计日工报表报送监理工程师审批,主要内容包括项目名称、工作内容,投入人员姓名、工种、级别和耗用工时,投入材料种类和数量,投入设备型号、台数和耗用工时,其他资料和凭证。

(三)价格调整

西霞院工程价格调整主要包括人工价格调整、材料价格调整和设备价格调整。

人工价格调整指对合同价格中的人工直接费由于物价波动引起的价格变动进行调整。材料价格调整指对合同价格中采用批复方式供应的材料由于物价波动引起的价格变动进行的调整。设备价格调整指对合同中设备费的二类费用中包含的人工费和采用批复方式供应的材料费由于物价波动引起的价格变动进行调整。

(四) 工程款支付

1. 月进度款支付

承包商根据截至每月 25 日完成的工程量,向西霞院监理部提交月进度付款申请,并附完成工程量月报表。西霞院监理部审核施工单位支付手续是否齐全、支付凭证是否齐备、保留金和预付款扣除等项目计算是否正确、变更项目是否符合支付条件等,在 14 天内完成核查,并开具支付证书,由总监理工程师签发后报西霞院项目部计划合同部审批。西霞院项目部计划合同部审批后开具结算凭证,施工单位根据结算凭证提供全额发票,到西霞院项目部财务部办理结算手续。

2. 完工支付

在工程移交证书颁发后的 28 天内,施工单位提交完工付款申请单,详细说明根据合同累计完成的全部工程价款金额,经西霞院监理部审核后报西霞院项目部办理支付手续。

3. 最终支付

在工程质量保修责任终止证书颁发后的 28 天内,施工单位提交最终付款申请,附有合同规定已经完成的全部工程价款金额和施工单位认为应付给的其他金额,经西霞院监理部审核后报西霞院项目部办理。

4. 工程预付款支付与扣还

在合同协议签署 21 天内,施工单位向西霞院项目部递交预付款保函,由西霞院监理部签发施工承包合同规定预付款金额 50% 的付款证明,施工单位到西霞院项目部财务部办理付款;在施工单位按照合同要求的人员、设备进入工地现场并经西霞院监理部审核后 10 天内,支付剩余 50% 的预付款。

工程预付款在月进度款支付中逐步扣回,在合同累计完成额达到合同总价的 40% 时开始扣款,至合同累计完成金额达到合同总价的 90% 时扣完。

5. 保留金扣留与返还

西霞院监理部在施工单位月进度付款中扣除保留金。每期扣除金额为月进度付款的 10%,当累计扣除金额达到合同总价的 5% 时扣除结束。

在合同工程完工、签发移交证书后 14 天内,西霞院监理部出具保留金付款证书,西霞院项目部将保留金总额的 50% 支付给承包商。当工程缺陷责任期满且工程没有需要承包商进行处理的缺陷时,西霞院监理部开具支付剩余保留金证明,西霞院项目部返还给承包商剩余保留金。

6.合同变更项目暂支付

对于某些变更项目,在开始实施时,监理单位和承包商对价格难以达成一致,由西霞院监理部根据类似项目合同暂定一个价格进行中间支付,后期根据达成一致的价格进行相应调整。

五、合同管理

西霞院监理部按照监理服务合同履行西霞院工程合同管理职责,维护项目法人和施工单位双方的权益,公平处理合同变更和索赔,并按照技术规范进行合同验收,做好进度、质量和投资控制。

(一)合同管理职责

西霞院监理部根据监理服务合同,编制西霞院工程建设监理规划,履行合同赋予的监理服务职责:代表项目法人核查设计文件和各项设计变更,提出意见及优化建议;及时向施工单位签发设计图纸,并组织设计技术交底;全面主持现场施工管理工作,进行工程进度、质量和投资控制,对主要工作环节进行旁站监理;组织协调施工中出现的问题,进行合同变更处理,定期编制监理周报、月报和工作报告并报告西霞院项目部。

西霞院监理部全面掌握工程建设管理指导意图,并有效传达到施工单位,变成施工单位的行动。同时,通过事前控制,避免和减少可能出现的问题;对已经出现的合同变更,及时准确地进行处理;对已经完成的工程项目,及时组织合同验收并进行移交;若发现施工单位违反合同,做好及时纠正。

(二)合同变更处理

西霞院监理部按照监理职责,根据现场施工情况,对西霞院工程施工中发生的合同变更进行有效处理。

1.合同变更范围

西霞院工程施工中,出现以下情况属于合同变更:增加或减少合同中任何一项工作内容,增加或减少合同中关键项目的工程量超过专用合同条款规定的百分比,取消合同中任何一项工作,改变合同中任何一项工作的标准或性质,改变工程建筑物的形式、基线、标高、位置或尺寸,改变合同中任何一项工作的完工日期或改变已批准的施工顺序,追加为完成工程所需的任何额外工作。

2.合同变更处理程序

项目法人、监理单位和施工单位均可提出合同变更,首先由西霞院监理部根据合同条款进行变更确认并向施工单位发出变更通知,施工单位提出变更报价书,监理单位、项目法人和施工单位进行协商处理,如果不能达成一致,提出合同争议进行索赔处理。西霞院工程合同变更工作流程见图10-4-2。

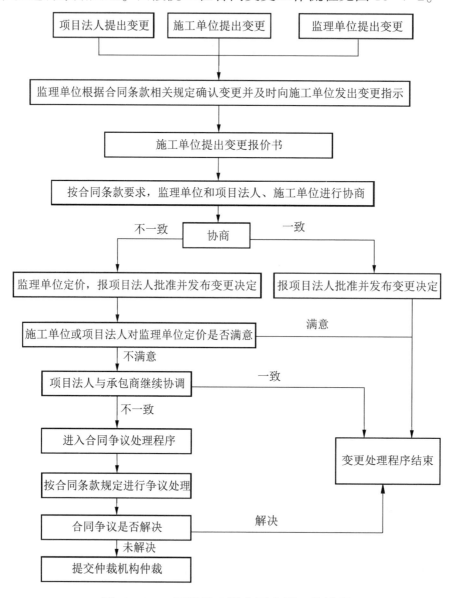

图10-4-2 西霞院工程合同变更工作流程

3. 合同变更审查及处理

西霞院监理部审查合同变更主要内容包括变更的必要性,变更对施工工期的影响,费用的计算方法、费率取值的根据,变更后是否降低使用标准,项目变更前后的费用变化,变更对其他项目的施工干扰和合同影响等,对影响较大的工程变更项目报告项目法人,并预先进行初步评估。

西霞院工程共发生合同变更 276 项,西霞院监理部与项目法人和监理单位通过协商均得到有效处理。西霞院工程合同变更数量见表 10-4-3。

表 10-4-3　西霞院工程合同变更数量

工程名称		合同变更数量(项)
主体工程	基础开挖工程(Ⅰ标)	6
	基础处理工程(Ⅱ标)	9
	土石坝填筑工程(Ⅲ标)	52
	混凝土施工工程(Ⅳ标)	105
	机电安装工程(Ⅴ标)	36
附属及后续工程	王庄引水渠工程	16
	下游右岸防护工程	26
	坝下水位抬升处理工程	26

(三)组织完工验收

西霞院监理部在现场巡视和旁站监理中,组织已完工程工序质量检查和完工验收,做好工程质量和进度控制。当工程完工并具备验收条件时,施工单位对施工质量进行检验和评定,西霞院监理部进行质量复核和评定等级,依据设计图纸、技术要求、规程规范等进行单元工程验收。未经验收或验收不合格的工程不得交付使用或进行后续工程施工。工程验收在施工质量检验与评定基础上,对工程质量提出明确结论意见。

六、信息管理

西霞院工程建设信息管理主要内容包括西霞院监理部监理日记、监理指令、处罚通知、质量评定表、验收单、合同计量支付、变更申请及审批,项目法人结算通知单、文件、指示、例会记录、纪要、简报、合同文件、设计变更批复,施工单位月进度报告、支付申请、报告申请、施工报告,设计单位图纸、变更指令,西霞院质监站质量报告等。

西霞院监理部建立了信息登记制度,通过计算机及小浪底办公自动化系统进行处理、整理、分析和归类,存入网络系统,进行资源共享,对有关信息进行梳理,按期编写监理信息、监理月报,其中监理月报主要内容包括综述、工程进度与形象面貌、质量控制、合同管理与进度款支付情况、安全生产情况、工程大事记、工程照片等。根据工程技术档案管理要求,西霞院监理部及时将有关信息移交小浪底建管局档案室。

西霞院监理部通过对西霞院工程建设信息进行分类处理和分析应用,全面、系统、及时、有效地掌握了西霞院工程建设情况,为监测施工活动、分析预测事件、及时做出决策提供有效信息,做到工程建设全过程目标控制。

七、现场协调

西霞院监理部主要采取现场监理、日碰头会、周进度会、专题会议等措施进行现场协调,保证工程顺利实施。

(一)现场监理

对一般工程项目施工实行巡视监理制,定期进行巡视检查;对重要工程或重要部位实行 24 小时旁站监理,只要现场有承包商施工,就有监理工程师在场。通过现场监理,及时协调解决现场问题,保证工程施工;同时,实时掌握工程施工进度、质量、资源投入等情况,并填写监理日志,定期形成监理周报和月报,提供施工信息。

(二)日碰头会

根据现场施工进度控制需要,对处在关键施工线路上的施工项目,在施工全过程或在其施工关键时段,实行日碰头会制度。日碰头会由监理工程师现场负责人和施工单位现场负责人每天定时、定点在施工现场召开,对当天施工中出现的问题及时进行协商解决。

(三)周进度会

西霞院监理部坚持每周定期召开周进度会,总监理工程师主持会议,施工单位现场负责人和相关部门经理,西霞院监理部领导及现场部、合同部、技术部的负责人,项目法人、设计单位的代表均参加会议。

周进度会上,施工单位汇报周进度计划完成情况、施工质量、需要解决的问题、下周进度计划和工作安排等。西霞院监理部对施工单位一周的工作进行评估,指出存在的问题和整改建议,对下周的进度安排提出具体要求,协调解决有关问题。

(四)专题会议

对施工中出现的重大进度问题和技术问题,由西霞院监理部总监理工程师主持召开专题会议,各有关单位参加,及时进行研究解决,保证工程顺利施工。

第五节 征地移民

西霞院工程建设征地补偿和移民安置涉及河南省济源市和洛阳市孟津县、吉利区,共 3 市(县、区)4 个乡(镇)14 个行政村,分为施工区和库区淹没区两部分。

西霞院工程建设征地补偿和移民安置实行"政府领导、分级负责、县为基础、项目法人参与"的管理体制。对农村移民实施生活安置和生产安置,对乡(镇)企业和乡(镇)外单位进行相应处理,对水利设施及专业项目进行恢复,进行施工区场地清理和库底清理,办理建设用地永久确权手续。2010 年 11 月,水利部水库移民开发局组织了专项验收。

一、规划设计

(一)主要实物指标

1.施工区主要实物指标

西霞院工程施工区占地影响涉及孟津县白鹤镇西霞院村、堡子村和王庄,吉利区南陈村、白坡村和东寨村,济源市坡头镇坡头村。施工区占地影响总人口 2 951 人,其中直接占压拆迁 100 户 318 人,占地影响 2 633 人;房窑总面积 20 876.4 平方米;占地总面积 8 120.6 亩,其中耕地 5 016.5 亩(含水浇地 4 490.5 亩),果园地 1 646.4 亩,塘地 538.8 亩,林地 337.4 亩,其他 581.5 亩;影响乡(镇)企业 9 处,提水站 6 处。西霞院工程施工区占地影响主要实物指标见表 10-5-1。

表 10-5-1　西霞院工程施工区占地影响主要实物指标

序号	项目	单位	合计	济源市	孟津县	吉利区
1	影响总人口	人	2 951	100	2 471	380
(1)	直接占压拆迁人口		318		256	62
(2)	占地影响人口		2 633	100	2 215	318
2	房窑总面积	平方米	20 876.4		16 959.1	3 917.3
(1)	个人部分		18 275.2		14 637.9	3 637.3
(2)	集体部分		2 601.2		2 321.2	280
3	土地面积	亩	8 120.6	121.9	5 488.0	2 510.7
(1)	耕地		5 016.5	119.9	3 285.2	1 611.4
(2)	果园地		1 646.4		1 238.4	408
(3)	林地		337.4		294.4	43
(4)	塘地		538.8		388.8	150
(5)	其他		581.5	2	281.2	298.3
4	农副业设施	处	24		13	11
5	乡(镇)企业		9		2	7
6	小型水利设施					
(1)	渠道	米	6 380		6 080	300
(2)	提水站	处	6		4	2
7	专业项目					
(1)	道路	千米	26.72		16.15	10.57
(2)	10 千伏输电线路		17.52		14.31	3.21
(3)	电信线路		0.50			0.50
(4)	广播线路		2.55		1.20	1.35
(5)	有线电视线路		27.75		25.60	2.15
(6)	渡口	个	1		1	

2. 库区淹没影响主要实物指标

西霞院工程库区淹没影响范围为正常蓄水位 134 米加风浪壅高与相应洪水标准的回水外包线确定的水库淹没区和坍岸影响区。西霞院水库淹没影响涉及河南省济源市、洛阳市孟津县和吉利区 3 个市(县、区)4 个乡(镇)14 个行政村,淹没影响总人口 6 127 人,其中淹没搬迁 2 827 人,淹地影响 3 300 人;淹没影响总土地面积约 3.07 万亩,其中耕地约 1.53 万亩;淹没影响房窑总面积约 16.78 万平方米;淹没影响农副业设施 209 处,提水站 39 处,道路 30.55 千米,10 千伏输电线 27.31 千米,电信线路 23.05 千米,渡口 6 个,乡(镇)企业 31处。西霞院工程库区淹没影响主要实物指标见表 10-5-2。

表 10-5-2　西霞院工程库区淹没影响主要实物指标

序号	项目	单位	合计	济源市	孟津县	吉利区
1	淹没影响总人口	人	6 127	3 331	1 146	1 650
(1)	直接淹没人口		1 884	1 535	120	229
(2)	塌岸影响人口		943	312	572	59
(3)	淹地影响人口		3 300	1 484	454	1 362
2	房窑总面积	平方米	167 834.4	116 853.0	32 003.6	18 977.8
(1)	个人部分		140 991.7	101 690.0	25 545.7	13 756.0
(2)	个人新增房窑		5 069.5	2 633.5		2 436.0
(3)	集体部分		21 773.2	12 529.5	6 457.9	2 785.8
3	土地面积	亩	30 755.4	19 204.9	8 792.3	2 758.2
(1)	耕地		15 291.7	10 314.6	2 976.5	2 000.6
(2)	园地		919.5	415.3	229.9	274.3
(3)	林地		520.4	257.1	249.5	13.8
(4)	塘地		331.4	125.4	161.6	44.4
(5)	其他地		13 692.4	8 092.5	5 174.8	425.1
4	农副业设施	处	209	159	23	27
5	乡(镇)企业		31	21	5	5

续表 10-5-2

序号	项 目	单 位	合 计	济源市	孟津县	吉利区
6	小型水利设施					
（1）	渠道	米	29 390	18 180	8 050	3 160
（2）	提水站	处	39	19	10	10
7	专业项目					
（1）	道路		30.55	12.6	4.65	13.3
（2）	10 千伏输电线路		27.31	15.56	4.2	7.55
（3）	电信线路	千米	23.05	17.45	2.5	3.1
（4）	广播线路		12.6	5.1		7.5
（5）	有线电视线路		9.4	5.3		4.1
（6）	渡口	个	6	5	1	
（7）	文物古迹	处	2		2	
（8）	小浪底水文站		1			

（二）移民安置规划

按照建设征地移民安置实施规划，西霞院工程施工区设计基准年为 2002 年，库区设计基准年为 2003 年。根据施工进度安排，确定施工区移民设计水平年为 2003 年，库区移民设计水平年为 2007 年。

经环境容量分析，确定西霞院工程施工区、库区移民安置去向为大农业安置，设计搬迁年共需生产安置（占地和淹没土地影响）移民总人口 8 670 人，安置劳力 5 047 个。生活安置（搬迁建房）974 户 3 209 人。

施工区设计搬迁年 2003 年生活安置 101 户 320 人，其中吉利区 23 户 62 人，孟津县 78 户 258 人。共规划移民安置点 3 个，其中孟津县规划霞院村 1 个移民安置点，安置 9 户 22 人；堡子村 1 个移民安置点，安置 69 户 236 人；吉利区规划南陈村 1 个移民安置点，安置 20 户 54 人；白坡村 3 户 8 人不参与居民点整体规划，仅按户均指标考虑居民点项目规划投资，由村内进行分散安置。

库区设计搬迁年 2007 年生活安置 873 户 2 889 人，其中济源市 603 户 1 906 人，孟津县 189 户 685 人，吉利区 81 户 298 人。移民安置采取本村集中、分散安置和本乡近迁、本县远迁等安置方式，规划移民安置点 7 个。济源市西滩村规划 2 个安置点,坡头村规划 2 个安置点,留庄村不设安置点,由村内安置;孟津县堡子村规划 1 个安置点,王庄村规划 1 个安置点;吉利区东寨村规划 1 个安置点。

二、移民安置管理

(一)管理体制

西霞院工程移民安置管理期初参照小浪底工程移民安置做法,实行"水利部领导、业主管理、省包干负责、县为基础"的管理模式。2006 年 10 月,修订后的《大中型水利水电工程建设征地补偿和移民安置条例》颁布实施,西霞院移民安置管理按照移民条例规定,实行"政府领导、分级负责、县为基础、项目法人参与"的管理体制。

(二)管理机构

小浪底建管局负责移民资金筹措、拨付和计划管理,与河南省移民办签订移民安置协议,组织与协调设计、监理、监测工作,办理工程建设用地报批手续,会同河南省移民办开展移民安置初验。小浪底建管局西霞院项目部环境移民部承担西霞院工程移民安置具体工作。

河南省移民办代表河南省人民政府对移民安置工作实行宏观协调和监督管理,与洛阳、济源两市签订责任书。在截流、下闸蓄水以及竣工验收阶段,组织开展移民安置县级自验、省级初验。

洛阳市移民局和孟津、吉利两县(区)移民局、济源市移民局,在当地政府和上级移民管理机构领导下,负责组织实施本行政区域范围内的征地补偿和移民安置工作,以及后期扶持政策贯彻落实工作。

(三)监理与监测

小浪底咨询公司承担西霞院工程移民项目的监理工作,负责西霞院工程移民安置进度、质量和资金监理。移民监理工作实行总监理工程师负责制,配备专职监理人员。监理范围包括西霞院工程涉及的施工区和库区移民搬迁安置工作。

河南华水咨询服务有限公司华水移民事务所负责西霞院工程移民生活水平恢复和社会经济监测评估。监测评估从施工区移民搬迁安置开始,到库区移民全部完成搬迁安置结束,选择 5 个移民安置点(其中施工区 1 个、库区

4 个)146 户移民。河南华水咨询服务有限公司华水移民事务所完成监测评估实施细则、阶段性监测评估报告和监测评估总结报告,向业主和河南省各级移民机构提供社会经济发展状况、移民安置区受影响居民社会经济发展状况和社会适应性调整信息,为有关移民机构进行科学项目管理提供技术支持。

(四)合同和资金管理

1. 合同管理

西霞院项目部环境移民部负责征地补偿和移民安置合同管理工作,合同管理主要包括两类:一是与河南省移民管理机构签订的征地移民安置及投资包干协议管理;二是与设计、监理、监测等单位签订的技术服务合同管理。合同管理为工程移民项目实施提供服务。

2. 资金管理

(1)统一筹措,包干使用。西霞院工程移民项目资金由小浪底建管局负责统一筹措,小浪底建管局与河南省移民管理机构签定投资包干协议,包资金、包任务、包时间,超支不补,节余留用。

(2)分级核算。河南省移民办是移民包干资金管理主体,实行省、市、县三级核算,县为基础会计核算单位,乡村为报账单位。地方各级移民管理机构分别负责本级和所属单位移民项目资金实施和财务管理,并对上级政府主管部门负责。

在个人补偿资金兑付方面,地方政府建立分户补偿卡,在资金发放前经过认真核对,"三榜"公布,无异议后首先保证移民建房,并根据建房进度逐步发放补偿费。

三、搬迁安置

西霞院工程施工占地和淹没影响处理工作主要包括农村移民安置、乡(镇)企业及乡(镇)外单位处理和水利设施恢复等,自 2002 年 12 月开始,到2008 年底基本完成。

(一)农村移民安置

西霞院工程农村移民安置包括生活安置和生产安置,移民搬迁后生产、生活水平普遍提高,生活安定。

1. 生活安置

根据批准的初步设计报告,规划水平年移民搬迁安置 3 260 人(其中库区 2 940 人、施工区 320 人),其中济源市 1 921 人、孟津县 977 人、吉利区 362 人。规划采取本乡近迁和本村后靠安置方式,规划移民安置点 13 个(其中库区 10 个、施工区 3 个)。规划新村占地 448.20 亩(其中库区 402.80 亩、施工区 45.4 亩),规划建设居民点街道 14.75 千米,变压器 10 台 380 千伏安,供电线路 15.19 千米,机井 10 眼 1 160 米,水塔 10 座 340 立方米,铺设供水管道 15.16 千米,排水沟 18.87 千米等。

移民搬迁安置工作于 2002 年 12 月开始实施,至 2005 年 6 月底施工区移民全部搬迁完毕,至 2008 年底库区移民全部完成搬迁安置。实际搬迁安置 3 209 人,其中库区 2 889 人、施工区 320 人。实际新建居民点 10 个(其中库区 7 个、施工区 3 个);其中济源市 4 个 1 906 人、孟津县 4 个 943 人、吉利区 2 个 360 人。安置点房屋建设采取统一规划、移民自建和联建自愿的建房方式,移民共建房 828 户(其中施工区 55 户、库区 773 户),全部为砖混结构,人均 57 平方米。现场检查西霞院工程移民新村建设见图 10-5-1。新址建设实际占地 467.43 亩(其中库区 422.89 亩、施工区 44.54 亩),安置点修建村内道路 13.78 千米,安装变压器 8 台 1 150 千伏安,架设供电线路 22.41 千米,新建生活用水井 9 眼 1 020 米、水塔 8 座 1 240 立方米,铺设供水管道 20.51 千米,砌筑排水沟渠 27.71 千米等。

图 10-5-1　现场检查西霞院工程移民新村建设

2. 生产安置

根据批准的初步设计报告,规划水平年移民生产安置 9 357 人(其中库区 6 382 人、施工区 2 975 人),其中济源市 3 559 人、孟津县 3 690 人、吉利区 2 108 人。规划以大农业安置为主,划拨生产用地 9 398.0 亩(其中库区 6 248.0 亩,人均 0.97 亩;施工区 3 150.0 亩,人均 1.1 亩),其中水浇地 3 486 亩、旱地 5 912 亩。规划对调整耕地采取农田基本建设工程措施;对于剩余移民劳力,规划发展养殖业、蔬菜温室大棚、乡(镇)企业和旅游业,以保证移民生活水平得到恢复和提高。

由于规划水平年调整,实施中生产安置人口调整为 8 670 人(其中库区 5 695 人、施工区 2 975 人),其中济源市 3 530 人、孟津县 3 497 人、吉利区 1 643 人。截至 2009 年底,实际调整生产用地 6 737.1 亩,人均 0.78 亩,通过配套机井等设施已全部发展为水浇地,耕地质量满足规划要求。

3. 安置效果

移民安置点建设总体上与新农村建设、小城镇建设有机结合,安置点整齐划一、布局合理,地理位置优越,区位发展优势明显。移民搬迁后的住房条件比搬迁前有明显改善和提高,移民住房条件已超过安置区当地村民平均水平;同时,安置点基础设施配套齐全,公共设施完善,满足了移民生产生活需要,移民对基础设施建设十分满意。

监测评估报告显示,移民搬迁后通过改善农业基础设施,调整种植业结构,利用便利的交通和区位优势发展二、三产业,移民生产开发已初见成效,生产生活水平普遍提高,生活安定。西霞院工程农村移民安置规划与实施见表 10-5-3。

(二)乡(镇)企业及乡(镇)外单位处理

西霞院工程施工占压影响和库区淹没影响乡(镇)企业及乡(镇)外单位采用直接补偿的方式,补偿资金 4 383.57 万元,在 2016 年 5 月下闸蓄水前已全部处理完毕。

1. 乡(镇)企业处理

西霞院工程施工占地影响乡(镇)企业共 9 家,其中吉利区 7 家、孟津县 2 家;库区淹没影响乡(镇)企业共 33 家,其中济源市 22 家、孟津县 5 家、吉利区 6 家。这些乡(镇)企业规模较小,绝大部分为村办企业或个人企业。采用将补偿资金直接兑付给各村、个人或企业的处理方式。

表 10-5-3　西霞院工程农村移民安置规划与实施

项目	单位	初设规划情况	实施情况
搬迁安置人口	人	3 260	3 209
生产安置人口		9 357	8 670
安置点个数	个	13	10
新址征地	亩	448.20	467.43
移民生产用地		9 398.0	6 737.1
新村街道	千米	14.75	13.78
供电线路		15.19	22.41
供水管道		15.16	20.51
机井	眼每米	10/1 160	9/1 020
蓄水池容量	立方米	340	1 240
排水沟	千米	18.87	27.71

2. 乡(镇)外单位处理

西霞院工程施工占地影响及库区淹没影响乡(镇)外单位 3 家,分别为吉利区白坡引黄淤灌渠、吉利区农委白坡护岸工程处和孟津县黄河大渠管理处。采用由各个市(县、区)移民部门将补偿资金直接拨付给受影响单位的处理方式。

(三)水利设施恢复

西霞院工程施工区占压影响的水利设施主要是农村提灌站和渠道。施工区占压影响提灌站 6 处,其中孟津县 4 处、吉利区 2 处;渠道 6 380 米。库区淹没影响提灌站 39 处,其中孟津县 10 处、吉利区 10 处、济源市 19 处;渠道 29 390 米。

施工区规划恢复提灌站 5 处,其中孟津县 3 处、吉利区 2 处。2004 年孟津县完成堡子村 3 处提灌站的恢复使用。2003 年底吉利区完成南陈村 2 处提灌站的恢复使用。受影响渠道均按耕地面积补偿标准(300 元每亩)给予补偿。

库区规划恢复提灌站 37 处,其中孟津县 5 处、吉利区 12 处、济源市 20 处。根据调查和实际情况,3 市(县、区)共恢复 4 处,其余均给予补偿处理。受影响渠道按耕地面积补偿标准(300 元每亩)给予补偿。

(四)移民后期扶持

西霞院工程移民后期扶持纳入国家后期扶持政策,扶持资金由河南省人民政府统一筹集。

按照河南省移民办统一安排部署,2006 年 10 月至 2007 年 3 月,洛阳市人民政府、济源市人民政府及移民管理机构对西霞院工程移民后期扶持人口进行了核定登记,共核定西霞院工程移民后期扶持人口2 660人,扶持标准为每人每年600元,从2006年下半年开始扶持,期限为20年,采用资金直补方式直接发放到移民个人。

在河南省移民办的统一领导下,西霞院工程移民各市(县、区)结合本市(县、区)自身特点和优势,因地制宜地开展了移民生产开发工作,不断进行农业基础设施建设和种植业结构调整,初步形成以养殖业和蔬菜大棚等产业为主,以餐饮、旅游、劳务输出等产业为辅的产业格局,先后实施了吉利区东寨移民村提水站、文化广场,济源市西滩移民村农田水利建设等项目,移民经济社会可持续发展有了保证。

四、专项实施

专业项目分为地方专业项目和非省属专业项目两类。

(一)地方专业项目

西霞院工程施工区占地影响道路27.75千米,10千伏电力线路26.72千米,电信线路17.52千米,广播线路0.5千米,有线电视线路2.55千米。库区淹没影响道路30.55千米,10千伏电力线路27.31千米,电信线路23.05千米,广播线路12.6千米,有线电视线路9.4千米。

施工区安置区及库周改建道路6.1千米,电力线路改建1.9千米,通信线路改建9.1千米。2004年底前完成了恢复和建设。

库区安置区道路复建6.2千米,库周县乡公路复建5.3千米,堡子村外接大桥150米,济孟桥路段加高和桥基防护232米,金清线公路防护750米;安置区库周10千伏电力线路恢复7.8千米;安置区库周通信线路恢复16.65千米;安置区库周广播电视线路恢复16.3千米。2008年底前完成复建。

(二)非省属专业项目

1. 焦柳铁路大桥加固

焦柳铁路两座黄河大桥位于西霞院工程库区,分别距西霞院工程大坝6千米和8千米。西霞院工程蓄水会对铁路大桥桥墩和桥台产生一定影响,需加固防护处理。

加固工程由郑州铁路局洛阳工程指挥部负责建设管理,中铁郑州勘察设计咨询院有限公司负责设计,中国铁建十五局集团有限公司中标承建。工程于2007年3月15日开工,2007年8月底完工。

2007年9月22日,郑州铁路局洛阳工程指挥部组织有关单位成立验收组(西霞院项目部作为验收组成员参加验收)进行完工验收。郑州铁路局洛阳工务段接管该工程。

2. 小浪底水文站迁建

小浪底水文站位于小浪底工程下游4千米,西霞院工程蓄水后,对其测量的水文信息产生一定的影响,根据黄委会水文局的意见,将其迁移到西霞院工程坝下游2.8千米,更名为西霞院水文站。

2007年初小浪底建管局与黄委会水文局签订了西霞院水文站建设合同,合同金额390万元,由黄委会水文局负责建设,费用包干使用。2008年6月30日西霞院水文站完工并通过验收。

3. 小浪底外线公路防护

西霞院工程蓄水后,济源市坡头镇马住村路段的小浪底外线公路将受水库蓄水影响,需对该段采取浆砌石护坡及钢筋混凝土防浪墙进行防护。

该工程由黄河设计公司设计、小浪底工程公司施工,合同总价176.87万元,于2006年12月26日开工,2007年6月5日完工,2008年7月18日通过竣工验收。

4. 马粪滩围堤防护

马粪滩围堤防护工程位于小浪底大坝下游4千米、西霞院大坝上游12千米处黄河南岸,主要作用为保护孟津县东河清村部分耕地和房屋不受西霞院工程蓄水影响。

工程由黄河设计公司设计、小浪底工程公司施工,合同总价为298万元,于2009年4月7日开工,2009年8月30日完工,2009年11月30日通过竣工验收。

5. 文物处理

西霞院工程文物处理分为施工区文物处理和库区文物处理。

按照河南省文物局要求,施工区文物处理委托河南省文物考古研究所组织实施。河南省文物考古研究所从2004年3月开始考古发掘,2004年7月发掘工作基本结束,对现存文物进行了发掘处理。2004年10月16日,河南省文局发函同意施工区可以进行施工。

洛阳市孟津县文物保护管理委员会承担西霞院工程库区文物勘探和发掘工作。2006年7月开始进行勘探发掘,对有价值的文物进行了抢救性保护和处理。2006年10月26日,孟津县文物保护管理委员会出具西霞院工程库区文物古迹处理证明。

五、资金管理

小浪底建管局统一筹措西霞院工程移民项目资金,与河南省移民办签定投资包干协议。河南省移民办是移民包干资金管理主体,实行省、市、县三级核算。

(一)投资概算批复

1.初步设计概算

2003年9月,国家发展改革委以《关于核定黄河西霞院反调节水库初步设计概算的通知》(发改投资〔2003〕1268号)核定西霞院工程征地补偿和移民安置总投资47442万元。其中,水库淹没处理及移民安置投资34533万元,建设和施工场地征用投资12909万元。

2.调整概算

西霞院工程征地补偿和移民安置实施中,由于征地补偿及安置补助倍数调整、增加过渡期生活补助和移民机构开办费等政策性变化,农产品收购价格、设备和建筑材料等物价上涨,实物漏登、施工影响处理等因素,实际投资较概算投资增加较多。

2008年11月,国家发展改革委以《关于调整西霞院反调节水库工程初步设计概算的通知》(发改投资〔2008〕2946号文)批复西霞院工程征地补偿和移民安置总投资85102万元,其中水库淹没处理及移民安置投资54335万元、建设及施工场地征用投资24652万元、南陈村整体搬迁投资6115万元。

(二)资金拨付与管理

小浪底建管局与河南省移民办签订移民包干协议,分期拨付给河南省移民办移民资金共计58172.19万元。其中,施工区包干经费为17544.40万元,库区包干经费为40627.79万元。

小浪底建管局直接拨付项目单位移民资金20840.49万元,拨付南陈村整体搬迁经费 6 269.09 万元。

在移民资金管理上，河南省移民办坚持"统一领导、分级管理、计划管理和专款专用"原则，对移民个人补偿费、集体补偿费、专项、乡（镇）企业及事业单位迁建等费用实行分类管理。河南省移民办制定《河南省在建水库移民资金管理试行办法》《在建水库移民管理单位会计核算试行办法》，实行"乡村统一建账、定期集中办公、及时核对账目、季末自查互检"制度。对西霞院工程征地补偿和移民安置资金，河南省移民办直接列支 1 813.2 万元，其余移民资金分别拨付洛阳市移民办和济源市移民办。

（三）审计监督检查

河南省各级人民政府和移民办高度重视移民资金管理和使用，坚持内外部审计制度，不断强化资金使用的内部控制和监督机制，强化监督检查和财务公开。2005 年 4 月、2007 年 7 月，河南省移民办委托河南江河会计师事务所对西霞院工程移民资金的收支情况进行了 2 次内部审计。2007 年 12 月至 2008 年 2 月，国家审计署驻郑州特派办对西霞院工程移民资金的收支情况进行了审计。对于审计提出的问题和整改建议，市、县两级移民管理机构都及时进行了认真整改或落实了整改措施。

2010 年 9—10 月，河南省审计厅对西霞院工程移民资金管理使用情况进行审计，审计认为：河南省移民办、库区各级党委政府和相关市、县（区）移民机构能够认真落实国家有关移民政策，在组织移民迁安、维护移民群众合法权益等方面做了大量深入细致工作，及时解决移民安置工作中的各种矛盾和问题，有效地保障了西霞院水库移民工程的顺利实施。同时，提出了滞留、挪用、出借移民资金等问题。河南省移民办要求有关市、县（区）按照《关于转发省审计厅对西霞院水库移民项目〈审计报告〉〈审计决定〉的通知》（豫移资〔2010〕49 号）进行整改。

六、场地清理

西霞院工程在移民搬迁后进行场地清理。场地清理分为施工区场地清理和库底清理，主要内容包括建筑物拆除与清理、林木清理和卫生清理等。

（一）施工区场地清理

西霞院工程施工区场地清理范围为施工占地红线范围，涉及济源市坡头村，孟津县霞院村、堡子村，吉利区南陈村、东寨村，总面积 8 120 亩。

2003 年 3 月开始施工区移民建筑物以及占压土地的拆迁、清理工作,至 12 月 15 日场地清理工作全部完成,满足了主体工程按期开工建设的需要。2004 年 1 月 5 日,施工区场地清理通过了小浪底建管局、河南省移民办和黄河设计公司共同组织的验收。

(二)库底清理

西霞院工程库底清理范围为 135 米水位以下淹没影响区,涉及河南省济源市和洛阳市孟津县、吉利区,共 3 个县(市、区)3 个乡 14 个行政村和小企业等项目和单位,总面积为 20.04 平方千米。

2006 年 7 月,西霞院库底清理工作全面展开,经过项目法人、监理单位、地方政府及移民机构等有关部门的共同努力,至 2007 年 5 月,西霞院库底清理及遗留问题全部处理完毕,水利部移民开发局对库区验收遗留问题处理情况进行复查验收。

七、南陈村搬迁

2007 年 10 月,西霞院工程蓄水运用,水库周边地下水位抬升导致南陈村地表和部分房屋出现裂缝,经评估对南陈村进行整体搬迁处理。

(一)规划设计及审批

2007 年 11 月 28 日,小浪底建管局组织设计单位、洛阳市移民局、吉利区移民办、吉利乡政府、南陈村等单位,对南陈村房屋和辅助物进行了调查。

2008 年 3 月 1 日,水利部与河南省人民政府共同主持召开了专题会议,会议明确南陈村实施就近整体搬迁,搬迁群众不纳入水库移民后期扶持范畴。

2008 年 3 月 8 日,黄河设计公司完成南陈村搬迁初步方案。3 月 12 日,洛阳市人民政府组织有关部门和单位召开南陈村搬迁规划方案专题论证会,在充分听取各方意见的基础上,黄河设计公司修改完善了南陈村搬迁规划方案。2008 年 4 月,小浪底建管局将南陈村搬迁规划方案及概算上报水利部。2008 年 12 月,水利部以水规计〔2008〕639 号进行批复。

南陈村整体搬迁规划方案为就近搬迁,由坡下搬迁到坡上 1 千米处,规划南陈村整体搬迁农村居民 460 户 1 860 人,拆迁各类房屋面积 112 181.35 平方米;规划新址人均占地 80 平方米,总计占地 223.2 亩。2008 年 11 月,国家发展改革委批复总投资 6 115 万元。

(二) 搬迁

2008 年 4 月 2 日,河南省移民办组织召开南陈村搬迁协调会,确定南陈村整体搬迁规划方案,并由洛阳市人民政府负责组织实施。同时,小浪底建管局与洛阳市人民政府签订了洛阳市吉利区南陈村整体搬迁框架协议。

按照南陈村整体搬迁框架协议,2008 年下半年南陈村整体搬迁开始实施,2009 年 5 月南陈村居民全部搬入新居,对旧址进行了拆迁清理。新村征地223.2 亩,居民实际建房 488 户 17.08 万平方米,基础设施配套齐全。

八、永久用地确权

西霞院工程占地共涉及河南省济源市和洛阳市孟津县、吉利区,共 3 市(县、区)4 个乡(镇)14 个行政村,建设用地共 39 926.31 亩,其中施工区占地8 506.75 亩、库区占地 31 419.56 亩。建设用地中占用洛阳市孟津县土地11 700.9 亩,占用洛阳市吉利区土地 5 343.46 亩,占用济源市土地 22 881.83亩,全部为永久占地。

2002 年 6 月,小浪底建管局将西霞院工程建设用地预审请示报河南省国土资源厅进行预审;河南省国土资源厅经初步审查后上报国土资源部;2002 年 11 月,国土资源部办公厅以批复西霞院工程建设用地预审意见。

2003 年,河南省发展改革委下达西霞院工程建设先行用地计划;2004 年 7月,小浪底建管局向济源市国土资源局、洛阳市吉利区国土资源局和孟津县国土资源局提出用地申请,启动办理土地征用手续。2005 年 6 月,小浪底建管局委托河南省国土资源厅征地储备中心办理西霞院工程建设用地审报工作。

2006 年 4 月,国家林业局批复西霞院工程"使用林地审核同意书";2008年 3 月,国土资源部以《关于西霞院反调节水库工程建设用地的批复》(国土资函〔2008〕61 号)批准西霞院工程建设用地 39 926.31 亩(其中耕地 20 348.83亩),包括施工区占地和水库淹没土地,划拨给小浪底建管局。

2008 年 7 月,洛阳市孟津县政府、洛阳市吉利区政府、济源市政府分别向小浪底建管局核发土地使用证。共核发土地使用证 9 份,其中孟津县核发 4 份、吉利区核发 2 份、济源市核发 3 份。

九、移民安置验收

2004 年 1 月 5 日,小浪底建管局会同河南省移民办组织施工区场地清理验收。

2006 年 7—10 月,河南省有关市、县(区)对库区 135 米高程以下淹没影响范围进行全面清理,并组织自验;2006 年 10 月 10 日,小浪底建管局会同河南省移民办组织库底清理初步验收;2006 年 10 月 14 日,水利部移民局组织有关单位对西霞院工程库底清理进行验收;2007 年 5 月,水利部移民开发局对库区验收遗留问题处理情况进行复查验收。

2010 年 1—3 月,济源市和洛阳市孟津县、吉利区对西霞院水库移民安置分别进行了竣工验收自验。2010 年 5 月 17—19 日,河南省移民办会同小浪底建管局等单位对西霞院水库移民安置进行了竣工验收初验。2010 年 11 月 14—16 日,水利部水库移民局会同河南省移民办、小浪底建管局等单位,对西霞院工程征地补偿和移民安置进行竣工验收,同意西霞院工程征地补偿和移民安置通过竣工验收。

第六节　环境保护

在西霞院工程建设过程中,环境保护与工程建设同步实施,项目法人编制西霞院工程环境影响报告书和水土保持方案报告书,建立环境保护管理体制和监理监测制度,落实各项防治措施,环境保护和水土保持方案设计防治通过了国家行业主管部门的验收。

一、环境防护治理

西霞院项目部落实环境影响评价报告及其批复文件提出的生态保护和污染防治措施,有效降低了工程建设对环境的影响,并通过监理、监测手段,及时掌握环境保护实施情况,实施效果符合环境保护相关规定。

(一)规划设计

1. 环境影响报告

1997 年 5 月,黄委会设计院与中国绿色环境发展中心完成《黄河小浪底水利枢纽西霞院配套工程环境影响评价大纲》。1997 年 12 月,国家环保局以环监发〔1998〕43 号进行了批复。

1998 年 12 月,黄委会设计院完成《黄河小浪底水利枢纽西霞院配套工程环境影响报告书》。1999 年 4 月,河南省环保局以《关于〈黄河小浪底水利枢纽西霞院配套工程环境影响报告书〉的审查意见》(豫环然〔1999〕6 号)提出初审意见。1999 年 6 月,水利部以《关于报送〈黄河小浪底水利枢纽西霞院配套工程环境影响报告书(修订本)预审意见的函〉》(水资文〔1999〕305 号)对环评报告书进行预审。1999 年 8 月 16 日,国家环境保护总局以《关于〈黄河小浪底水利枢纽西霞院配套工程环境影响报告书〉的批复》(环函〔1999〕287 号)对环境影响报告书进行批复。

2. 环境保护概算

2008 年 10 月,国家发展改革委以《关于调整西霞院反调节水库工程初步设计概算的通知》(发改投资〔2008〕2946 号)核定西霞院工程环境保护投资640 万元。

(二) 管理体制

西霞院工程环境保护工作实行项目法人负责制、监理监测制、施工单位责任制。西霞院项目部行使项目法人职能,负责环境保护日常管理工作。受业主委托,小浪底咨询公司全过程开展环境保护监理工作,小浪底工程建设质量检测中心负责西霞院工程环境监测工作,小浪底建管局职工医院、河南省捷康公司和黄委会黄河中心医院负责西霞院工程施工区和移民安置区的卫生防疫工作。各施工单位按照工作方案负责实施责任区内环境保护措施。

小浪底建管局结合西霞院工程特点,制定《西霞院工程环境保护管理办法》《西霞院施工区环境保护工作实施细则》等环境管理制度,并编写《西霞院工程环境保护手册》和《西霞院工程卫生防疫手册》,明确环境报告制度、环境会议制度、饮用水监测制度和体检等要求。

(三) 污染防治与卫生防疫

1. 水污染防治

西霞院工程施工营地生活污水采用埋地式无动力生活污水净化装置,在施工营地和施工场地设置足够容积的化粪池,并及时清运。生产废水经沉淀池、油水分离器处理后排放。移民安置区生活污水采用化粪池、双翁厕所或纳入镇、城市污水处理系统集中处理 3 种措施。

通过采取水污染防治措施,西霞院工程所在河段水质保护达到《地面水环境质量标准》(GB 3838—88)中的 Ⅲ 类水质标准,施工区生产生活废水排放达到《污水综合排放标准》(GB 8978—1996)一级标准。

2. 噪声、大气污染控制

为防治大气污染,施工单位进入施工现场的机械设备环保指标要符合国家规定,定期检查、维护和保养,保证废气排放合格;施工方法采用湿法工艺,降低作业面粉尘污染;定期对施工道路、开挖现场进行洒水,控制粉尘污染;对膨润土、水泥等粉状材料设置专门库房,运输时加盖棚布;严禁焚烧会产生有毒有害或恶臭气体的物质。

为控制噪声污染,设备选用低噪弱振设备和工艺;对固定噪声源,如拌和系统、砂石料系统等采取降噪措施,设置隔音墙;对接触移动噪声源的施工人员,发放耳塞等隔音器具;合理安排作业时间,避免夜间机械同时施工;严格按照机械设备运转要求定期检查保养设备,以降低设备因润滑不当而引起的噪声。

3. 固体废弃物处理

施工弃渣运往指定的弃渣场,弃渣过程中保持渣场平整,并根据施工进展情况修建排水沟等。料场清挖的表土妥善堆存,防止水土流失。生活营地设置垃圾桶,并定期收集运往指定地点掩埋处理。

移民安置区垃圾处理采用集中堆放、定期处理方式,在安置区内设置垃圾池,专人定期清运。

4. 公共健康和卫生防疫

建立疾病、救护应急系统和应急措施、采取适当预防措施,保证施工人员身体健康;对现场施工人员定期进行体检,有效地防治传染病与职业病;定期对生活营地进行灭鼠、灭蚊,控制蚊虫密度,防止虫媒传染病发生;按照《生活饮用水卫生标准》(GB 5749—85),定期对生活饮用水进行加氯消毒处理。

移民安置区卫生防疫工作,纳入安置地各级人民政府卫生防疫部门正常管理,由当地卫生部门组织各项虫媒杀灭和防疫活动。

(四)环境监理监测

西霞院监理部负责西霞院工程环境保护监理工作,结合西霞院工程特点,制定全面巡视检查、重点旁站监督的工作制度,采取巡视、检查、旁站、下发环境监理通知书、组织召开环境例会、培训及宣传等工作方法,对西霞院工程环境保护实施情况进行监督管理,通过日记录、月进度报告等及时反馈环境保护工作状况。

小浪底工程建设质量监测中心承担西霞院工程环境监测任务,制订环境监测计划,定期对施工区域的大气粉尘、环境噪声、污水、生产生活水质等进行采样监测,每半年对西霞院工程施工区域的环境水体进行一次野外监测和室内分析测定。检查结果均符合环境保护相关规定。

同时,在施工区和湿地保护区边界设置警示性标志,对施工人员进行湿地水禽保护知识宣传,增强施工人员爱鸟护鸟意识,加强施工人员环境保护观念。

(五)验收

2009年8月,中国水科院受小浪底建管局委托,进行西霞院工程竣工验收环境保护调查。2010年5月,中国水科院提交《黄河小浪底水利枢纽配套工程——西霞院反调节水库竣工环境保护验收调查报告》,调查结果显示,西霞院工程施工期基本落实环评及设计阶段提出的各项环境保护措施,有效降低了工程建设对环境的影响。

2010年11月11—12日,环境保护部组织对西霞院工程环境保护进行现场检查验收,同意西霞院工程环境保护通过验收。

二、水土保持

西霞院项目部按照批复的水土保持方案,组织实施水土保持各项措施,开展水土保持监理、监测工作,完成各项水土保持防治任务,较好地控制和减少了工程建设水土流失。

(一)规划设计

1. 水土保持方案

2001年11月,黄委会设计院编制完成《黄河小浪底水利枢纽配套工程——西霞院反调节水库水土保持方案报告书》;2001年11月,水利部水规总院召开审查会对该报告书进行审查并提出审查意见;2001年12月,黄委会设计院根据审查意见对报告书进行修改完善;2003年2月10日,水利部批复西霞院工程水土保持方案报告书。

2. 水土保持概算

2003年,国家发展改革委批复西霞院工程初步设计概算中水土保持方案总投资852.19万元。受设计变更等因素影响,初步设计阶段水土保持设计方案不能完全满足水土保持工作建设需要。2005年12月,小浪底建管局委托黄河设计公司调整西霞院工程水土保持实施方案。2008年10月,国家发展改革委以发改投资〔2008〕2946号文核定西霞院工程水土保持方案投资1 286.25万元。

(二)管理体制

西霞院工程水土保持工作实行项目法人负责制、监理监测制、施工单位责任制。西霞院项目部行使项目法人职能,负责水土保持日常管理工作,委托小浪底咨询公司西霞院监理部开展水土保持监理工作,委托黄河水土保持生态环境监测中心开展水土保持监测工作;各施工单位根据按照报告书要求负责实施责任区内水土保持措施。

(三)水土流失防治

1.分区防治

根据西霞院工程水土流失防治责任范围地貌类型、主体工程布局、施工工艺以及水土流失特点,西霞院项目部将西霞院工程水土流失防治责任范围划分为弃渣场防治区、取料场防治区、工程施工防治区、场内外施工公路防治区、施工生活区和工程管理区防治区、库周坍塌岸区防治区和移民居民点安置防治区等,并分别确定各区的防治重点和措施配置。

弃渣场作为水土流失重点防治区域,要求施工单位按照指定位置进行堆弃渣,采用坡面防护、干砌石护坡、场地平整、砌筑拦渣墙等工程措施和种草等植物措施;取料场严格按照用量计划开采,并将表层土指定地点堆存,后期进行种草绿化西霞院坝后保护区的绿化与生态保护见图10-6-1;工程施工区采取土地平整压实、地面硬化处理、修建临时排水系统等措施;场内外施工公路采取修建排水沟、砌筑浆砌石护坡、两侧植树绿化等措施;施工生活区和工程管理区采取道路硬化、种树、种草等措施;库周坍塌岸区重点进行削坡防护处理;移民居民点安置区进行土地平整、修建道路排水沟、种树等措施。

图10-6-1 西霞院坝后保护区的绿化与生态保护

2. 防治措施

西霞院工程坚持工程建设与水土保持并重原则。采取工程措施与植物措施、临时措施与永久措施相结合的方式全过程防治水土流失。工程措施主要为坡面防护、修建排水沟等;植物措施主要为植物防护、美化绿化工程;临时工程主要为坡面临时防护、修建临时排水沟等,施工结束后进行场地整治。

工程在建设过程中,西霞院项目部落实了水土保持方案确定的各项防治措施,实施了护坡工程、挡渣墙、排水措施、植被恢复等措施,西霞院工程水土保持措施完成情况见表10-6-1。

表 10-6-1　西霞院工程水土保持措施完成情况

水土保持措施		单位	数量
工程措施	基础开挖	立方米	2 084.4
	干砌石坡面		3 409.0
	浆砌石挡渣墙		2 356.5
	浆砌石排水沟		650.0
	场地整治		177 203.0
植物措施	绿化面积	亩	960.0
	乔木	株	151 494
	灌木		429 345
	草坪	亩	168.0
	花卉		10.5

(四) 监理

西霞院监理部负责西霞院工程水土保持监理工作。西霞院监理部通过巡查、专题例会、监理通知书等手段,检查各施工单位水土保持措施落实执行情况;督导主体工程水土保持功能项目建设;检查工程建设过程中水土流失情况及督导整改情况;对于不落实水土保持方案、造成水土流失严重的施工单位,以通知单、处罚等形式要求进行整改。通过综合治理手段,西霞院工程实现了水土流失治理及控制的预期目标。

(五)监测评估

黄河水土保持生态环境监测中心负责西霞院工程建设水土保持监测评估工作,采用现场观测、测试和资料分析,对西霞院工程地面植被、水土流失因子等进行调查监测评估。2009年3月,黄河水土保持生态环境监测中心完成《黄河小浪底水利枢纽配套工程——西霞院反调节水库水土保持监测报告》,监测评估认为,西霞院工程水土保持措施设计及布局总体合理,工程质量达到设计标准,各项水土流失防治指标基本达到方案确定的目标值,其中扰动土地整治率为99.4%,水土流失总治理度达到99.1%,土壤流失控制比为0.83,拦渣率达99.8%,林草覆盖率为25.3%,林草植被恢复率为98.2%。各项水土保持措施运行正常,发挥了较好的水土保持功能。

(六)验收

2009年5月,小浪底建管局委托江河水利水电咨询中心对西霞院工程水土保持设施进行专项验收技术评估,评估认为西霞院工程较好地实施了水土保持各项措施,水土流失防治指标达到方案报告书确定的目标值。

2009年7月10日,水利部主持西霞院工程水土保持设施竣工验收,同意西霞院工程水土保持设施通过专项验收。

第七节 工程验收

按照水利工程建设项目验收规程,西霞院工程验收分为合同工程验收、阶段验收、专项验收和竣工验收。西霞院项目部制定了西霞院工程验收管理办法,成立了验收工作组织机构,按照合同组织合同工程验收;在西霞院工程截流、蓄水、机组启动等关键阶段,水利部主持阶段验收或小浪底建管局受水利部委托主持阶段验收;国家行业主管部门分别主持西霞院工程消防、水土保持、档案、环境保护、征地移民等专项验收;工程竣工后,水利部主持西霞院工程竣工验收。

一、合同工程验收

依据《水利水电建设工程验收规程》(SL 223—1999)和合同条款,西霞院工程合同工程验收分为单元工程验收、分部工程验收和单位工程验收。

2005年3月,西霞院项目部印发《西霞院反调节水库工程验收管理办法》

（西技〔2005〕1号）（简称《验收管理办法》），成立西霞院工程验收工作组（简称验收工作组）。验收工作组包括西霞院质监站、西霞院项目部、西霞院监理部、黄河设计公司西霞院现场代表部、西霞院电厂筹备部和各施工单位，西霞院项目部总经理张利新担任验收工作组组长，西霞院项目部副总经理袁全义、西霞院监理部总监理工程师赵宏、西霞院现场设计代表部设总刘宗仁担任副组长。

根据验收管理办法，西霞院监理部组织单元工程验收和分部工程验收，西霞院项目部组织单位工程验收，验收工作组各成员单位参加。

（一）单元工程验收

西霞院工程施工过程中，西霞院监理部做好工序质量检查和验收。单元工程完工后，施工单位对施工质量进行检验和自评，西霞院监理部依据设计图纸、技术要求、规程规范等进行单元工程验收。对于建基面等重要隐蔽单元工程和关键部位单元工程，由西霞院监理部、西霞院项目部、设计单位现场代表部、施工单位等成立验收组进行验收。验收合格后，西霞院监理部签发验收会议纪要和质量等级签证表。

西霞院工程共划分为9 861个单元工程（其中主要单元工程1 167个）。截至2010年10月31日，9 861个单元工程全部通过验收，合格9 861个，合格率为100%；优良8 530个，优良率为86.5%。

（二）分部工程验收

分部工程完工后，施工单位提交验收申请，西霞院监理部审核验收条件后，由西霞院监理部、西霞院项目部、设计单位现场代表部、施工单位、西霞院电厂筹备部等单位具有中级及以上技术职称的代表成立验收组进行组织验收。对于主要分部工程验收，西霞院质监站列席验收会议。

分部工程验收的主要内容包括：一是听取施工单位关于工程建设和单元工程质量评定情况汇报；二是听取西霞院监理部关于工程监理情况汇报；三是察看工程现场，检查工程完成情况和工程质量；四是检查单元工程质量评定及相关档案资料；五是对验收中发现的问题提出处理意见，讨论并通过分部工程验收鉴定书。

分部工程验收通过后，西霞院监理部签发验收会议纪要，向西霞院项目部移交分部工程验收签证。质量结论经西霞院质监站核备（核定）后，西霞院项目部按规定归档并分发相关单位。

西霞院工程共划分为176个分部工程，其中主要分部工程23个。截至

2010 年 10 月 31 日,176 个分部工程全部通过验收,合格 176 个,合格率为 100%;优良 151 个,优良率为 85.8%。

(三) 单位工程验收

单位工程完工并且具备验收条件后,施工单位提交验收申请,经西霞院监理部审核后转交西霞院项目部,由西霞院项目部主持验收。单位工程验收由西霞院项目部组织设计单位现场代表部、西霞院监理部、施工单位、西霞院电厂筹备部等单位具有中级及以上技术职称的代表成立验收组进行验收,西霞院质监站列席验收会议。

单位工程验收的主要内容包括:一是听取西霞院项目部、设计单位现场代表部、西霞院监理部、施工单位等关于工程建设、设计、监理、施工等工作情况汇报;二是现场检查工程完成情况和工程质量;三是检查分部工程验收有关文件及相关档案资料;四是对验收中发现的问题提出处理意见;五是讨论并通过单位工程验收鉴定书。

单位工程验收通过后,西霞院质监站核定工程质量等级,西霞院项目部签发验收会议纪要。

西霞院工程共划分 28 个单位工程,其中主要单位工程 13 个。截至 2010 年 10 月 31 日,28 个单位工程全部通过验收,合格 28 个,合格率为 100%;优良 24 个,优良率为 85.7%;主要单位工程 13 个,全部为优良,优良率 100%。

二、阶段验收

西霞院工程阶段验收包括截流验收、蓄水验收和机组启动验收。具备《水利水电建设工程验收规程》(SL 223—1999)规定的条件后,水利部主持西霞院工程阶段验收或小浪底建管局受水利部委托主持西霞院工程阶段验收。

(一) 截流验收

2006 年 9 月,西霞院工程具备《水利水电建设工程验收规程》(SL 223—1999)规定的截流验收条件。2006 年 10 月,水利部主持了西霞院工程截流验收。

1. 截流验收范围

西霞院工程截流验收范围主要包括 5 部分:基础开挖工程(Ⅰ标),主要包括上游引水渠、下游泄水渠、混凝土坝段基础开挖;坝基基础处理工程(Ⅱ标),

主要包括土石坝基础强夯、泄洪闸和王庄引水闸基础振冲碎石桩、混凝土防渗墙(不包括河床段);土石坝填筑工程(Ⅲ标),主要包括左右岸土石坝基础开挖、土石坝填筑、土工膜铺设、坝坡联锁板安装与干砌石砌筑;混凝土施工工程(Ⅳ标),主要包括厂房坝段混凝土防渗墙、电站混凝土桩、上下游导墙、右门库、右连接段、王庄引水闸、21孔泄洪闸、右排沙洞、电站厂房和安装间、排沙底孔、左排沙洞、左门库、上游铺盖、消力池、海漫、护坦,金属结构、启闭机、门机等设备安装和调试;下游右岸防护工程,主要包括浆砌石面板、混凝土面板、钢筋笼石。

2.截流验收前工程面貌

截至2006年9月,西霞院工程主要工程形象面貌如下:土石坝段(除了原王庄渠段)已填筑到137.25米高程,左岸土石坝段复合土工膜铺设已经完成;泄洪、排沙、发电、引水等混凝土坝段已全部浇筑到坝顶设计高程139.00米;泄洪闸、排沙底孔、排沙洞等建筑物已全部建成,具备过水条件;泄洪闸工作门和事故检修门、排沙洞和排沙底孔工作门、事故门和出口检修门已安装完毕;王庄引水闸和冲沙闸的工作门和事故门、灌溉引水闸的工作门和检修门已安装完毕,具备挡水条件;电站进口事故门、检修门和尾水检修门已安装完毕,具备挡水条件;尾水门机和2台进口门机安装已完成,并进行了动、静负荷试验;大坝下游右岸防护工程已全部完成。

3.截流前库底清理验收

2006年10月10日,小浪底建管局移民局会同河南省移民办共同组织西霞院工程库底清理初步验收。2006年10月15日,水利部水库开发移民局组织西霞院工程库底清理验收,主要结论认为:库区135米水位淹没影响区的移民得到妥善迁移,库底清理工作基本完成并符合国家有关要求,满足工程截流要求。

4.2007年度汛安排

2006年9月14日,黄河防总以《关于西霞院工程截流后第一个汛期(2007年)度汛方案的批复》(黄防总〔2006〕15号)批准西霞院工程2007年工程度汛方案。2006年9月30日,黄河防总以《关于对西霞院工程截流前后小浪底水库控泄要求的批复》(黄防总办〔2006〕35号)批准西霞院工程截流期间小浪底水库的下泄控制流量。

西霞院工程 2007 年采用大坝挡水、泄洪建筑物泄洪。按照设计要求,2007 年防汛标准为 50 年一遇,相应流量为 9 570 立方米每秒,相应库水位为 132.13 米。根据工程施工安排,2007 年 5 月河床坝段土石坝达到 137.75 米高程,混凝土坝段达到坝顶设计高程 139.00 米,王庄引水渠上游围堰填筑到 134.00 米高程,具备挡水度汛条件。同时,对超标准洪水制定了应对措施。

5. 截流前蓄水安全鉴定

水利部水规总院受小浪底建管局委托,承担西霞院工程截流前蓄水安全鉴定工作。水利部水规总院组织成立西霞院工程截流前蓄水安全鉴定专家组,水利部水规总院副院长刘志明担任专家组组长,水利部水规总院原副总工程师司志明担任副组长,专家组下设水文规划、工程地质、水工结构、施工、金属结构、安全监测等专业。

2006 年 7—9 月,专家组熟悉工程有关设计、施工文件。部分专家赴现场调研并征求有关各方意见,确定工作大纲,并对安全鉴定资料准备和相关工作进行布置和安排。

2006 年 9 月 23 日至 10 月 5 日,专家组在工程现场进一步了解工程设计、已完工程施工质量等情况,与建设各方深入交换意见,对枢纽工程导流、防洪与度汛、拦河土石坝、泄洪闸、河床电站、排沙洞、排沙底孔、王庄引水闸、灌溉引水闸等建筑物施工、地基处理、金属结构等工程进行安全评价,提交了《黄河小浪底水利枢纽配套工程——西霞院反调节水库蓄水安全鉴定报告》(上卷)。

截流前蓄水安全鉴定主要结论为:库坝区征地、移民、专项迁建、库底清理和施工企业临建设施清理不影响工程二期导截流;参建各方应对本次蓄水安全鉴定报告(上卷)所提问题逐项进行研究落实,对二期导截流前必须完成的尾留工程施工和施工质量缺陷进行处理并验收,以及落实二期导截流方案和后续工程施工任务后,具备二期导截流条件,届时可择机实施二期导截流。

6. 截流总体安排

(1)截流时间安排。根据设计条件,西霞院工程截流采用单戗堤立堵截流方式,2006 年 10 月 22 日,进行厂房上下游充水,10 月 25 日导流建筑物开始分流,11 月 6 日龙口合龙。

(2)截流流量。根据设计标准,西霞院工程非汛期设防标准为 1 500 立方米每秒,截流设计流量为 300 立方米每秒。西霞院工程截流期间小浪底水库控制下泄流量见表 10-7-1。

表 10-7-1　西霞院工程截流期间小浪底水库控制下泄流量

时间	控制下泄流量(立方米每秒)
2006 年 10 月 1—15 日	不超过 1 500
2006 年 10 月 16—31 日	不超过 600
2006 年 11 月 1—4 日	不超过 400
2006 年 11 月 5 日至 6 日 6 时	不超过 300
2006 年 11 月 6 日 6—12 时	不超过 150
2006 年 11 月 6 日 12 时至 20 日 24 时	不超过 600
2006 年 11 月 21 日至 2007 年 5 月 31 日	不超过 1 500

7. 验收组织机构

2006 年 10 月,水利部组织成立西霞院工程截流验收委员会。验收委员会由水利部办公厅、规划计划司、建设与管理司、水库移民开发局、水规总院、水利部水利工程建设质量与安全监督总站、黄河水利委员会、小浪底建管局、中国水利工程协会和设计、监理、施工等单位代表和特邀专家组成。验收委员会主任委员由水利部建设与管理司司长孙继昌担任,副主任委员由中国水利工程协会会长俞衍升、黄河水利委员会副总工程师李文家、小浪底建管局局长殷保合担任。

8. 验收主要结论

2006 年 10 月 16—17 日,验收委员会在西霞院工程现场主持召开截流验收会议。验收委员会委员现场检查了工程建设情况,观看了工程声像资料,听取了工程建设管理、设计、监理、施工、施工质量评定和蓄水安全鉴定等工作汇报,认真查阅验收有关资料,经充分讨论,形成并通过《西霞院反调节水库工程截流前验收鉴定书》,主要结论为:截流验收的各项工程满足设计要求;截流方案和措施已安排落实,截流所需的料物和施工设备已准备充足,能够满足截流需要;与 2007 年度汛有关的工程已做妥善安排,安全度汛措施基本落实;库区移民搬迁与库底清理已通过验收;工程档案基本齐全、整理规范;蓄水安全鉴定报告中与截流有关的问题已处理完毕。验收委员会一致认为西霞院工程已具备截流条件,同意通过截流前验收,可以根据实际情况实施截流。

2006 年 11 月 13 日,水利部办公厅以《关于印发西霞院反调节水库工程截流前验收鉴定书的通知》(办建管〔2006〕197号)印发西霞院工程截流验收鉴定书。

(二)蓄水验收

2007年5月,西霞院工程具备了《水利水电建设工程验收规程》(SL 223—1999)规定的蓄水验收条件,水利部主持了西霞院工程蓄水验收。

1.蓄水验收范围

西霞院工程蓄水验收范围为截流验收后续施工内容,主要包括河床段混凝土防渗墙(桩号D0+830—D1+200)、部分土石坝填筑、右岸土石坝段复合土工膜铺设、上游坝坡混凝土联锁板安装、下游坝坡干砌石砌筑(桩号D0+830—D1+725)、上游沟道整治工程和王庄新渠。

2.蓄水验收前工程面貌

截至2007年5月20日,西霞院工程主要工程形象面貌如下:土石坝(除了原王庄渠段)已填筑到137.40米高程,复合土工膜已铺设完成,具备挡水条件;泄洪、排沙、发电、引水等混凝土坝段已全部浇筑到坝顶设计高程139.00米,各类闸门和启闭设备已安装调试完毕,具备过水和挡水条件;大坝下游右岸防护工程、上游沟道整治工程已全部完成;王庄引水渠已完成,具备引水条件。

3.截流前库底清理验收

2007年5月,水利部水库移民局对工程截流阶段库底清理验收未完工程的收尾情况和移民搬迁安置进行检查验收,认为库底清理工程已经完成,移民搬迁安置工作符合下闸蓄水验收要求。

4.蓄水调度方案

2007年5月14日,黄河防总主持召开会议,审查《西霞院工程2007年蓄水调度运用方案(含度汛方案)》。5月24日,黄河防总以《关于西霞院工程2007年蓄水调度运行方案的批复》(黄防总办〔2007〕12号)批复西霞院工程调度运用方案。

西霞院工程下闸蓄水时间从2007年5月30日8时至6月11日20时,蓄水位从122.60米上升至131.00米,蓄水总量约6 998.6万立方米,蓄水速率约为2米每天。小浪底水库调整出库流量,满足西霞院工程下闸蓄水要求,西霞院工程下泄流量按黄河防总要求控制。

西霞院工程蓄水后,水库水位控制在131.00米,根据来水来沙情况,必要时降低水位运用。在小浪底工程调水调沙异重流出库时,西霞院工程降低水位至 129.00 米运用。西霞院工程蓄水计划见表 10-7-2。

表 10-7-2　西霞院工程蓄水计划

时间	工作内容
2007 年 5 月 30 日 8 时	开始下闸蓄水,起始水位 122.60 米
2007 年 5 月 31 日 8 时	蓄水位至 125.00 米
2007 年 6 月 1 日 8 时	蓄水位至 126.00 米
2007 年 6 月 2 日 8 时	原王庄渠断流
2007 年 6 月 4 日 8 时	王庄新渠开始过流
2007 年 6 月 5 日 8 时	蓄水位至 128.00 米,4 号机组开始充水调试
2007 年 6 月 10 日 8 时	王庄渠围堰填筑至 134.00 米
2007 年 6 月 11 日 20 时	蓄水位至 131.00 米
2007 年 8 月 31 日	王庄渠段土石坝填筑到顶 137.40 米,具备挡水条件
2007 年 10 月底	完成坝顶防浪墙施工,工程进入正常运行

5. 2007 年度汛方案

西霞院工程 2007 年度汛方案经黄河防总批准,2007 年度汛标准为 50 年一遇洪水,相应洪峰流量为 9 570 立方米每秒,相应库水位 132.13 米。河床坝段土石坝坝顶高程已达到 137.40 米,根据施工安排,2007 年 6 月 10 日王庄引水渠上游围堰顶高程将填筑至 134.00 米,具备挡水度汛条件。当遇超标洪水时,及时将王庄渠上游围堰加高至设防高程。

6. 蓄水验收前蓄水安全鉴定

水利部水规总院受小浪底建管局委托,在截流前蓄水安全鉴定基础上,承担西霞院工程蓄水安全鉴定。2007 年 5 月,水利部水规总院组织成立西霞院工程蓄水安全鉴定专家组,专家组组长由水利部水规总院副院长刘志明担任,副组长由水利部水规总院原副总工程师司志明担任,专家组下设水文规划、水工结构、施工、金属结构、安全监测等专业。

2007 年 5 月 17—23 日,专家组到西霞院工程现场检查工程现场施工情况,听取了小浪底建管局等各参建单位对工程建设管理、设计、监理、施工、安装等情况汇报,查阅了有关自检报告和资料,与各参建单位充分交换了意见,经专家组认真讨论研究,提交了《黄河小浪底水利枢纽配套工程——西霞院反调节水库蓄水安全鉴定报告》(下卷)。主要结论为:枢纽工程总体布置基本合理,各主要建筑物设计基本符合国家现行有关设计规范要求;各单位工程施工质量满足国家现行有关标准的规定及设计要求;安全监测成果表明各主要水工建筑物施工期工作性态正常;2007年水库蓄水方案和度汛方案已经落实。西霞院工程已具备蓄水投入初期运用的条件。

7. 验收组织机构

2007年5月,水利部组织成立西霞院工程蓄水验收委员会。验收委员会委员由水利部办公厅、建设与管理司、水利建设与管理总站、水库移民开发局、水规总院、黄委会、中国水利工程协会、小浪底建管局等单位的代表以及特邀专家组成,水利部建设与管理司司长孙继昌担任主任委员,中国水利工程协会会长俞衍升、黄委会副总工程师李文家、小浪底建管局局长殷保合担任副主任委员。

8. 验收主要结论

2007年5月27—29日,验收委员会在西霞院工程现场主持召开蓄水验收会议。验收委员会委员现场检查了工程建设情况,观看了工程声像资料,听取了工程建设管理、设计、监理、施工、施工质量评定和蓄水安全鉴定等工作汇报,认真查阅了验收的有关资料,经充分讨论,形成并通过了《西霞院反调节水库工程蓄水验收鉴定书》。主要结论为:西霞院工程泄洪、排沙、引水等工程设施已全部建成和安装调试完毕;挡水建筑物的形象面貌满足蓄水要求;未完工程都已做妥善安排;观测设施已安装、调试,并开始系统观测;蓄水调度运用方案和度汛方案已经黄河防总批复;库区库底清理和移民搬迁安置符合下闸蓄水阶段验收要求;工程档案齐全、整理规范。验收委员会一致认为西霞院工程已具备下闸蓄水条件,同意通过蓄水验收,可以根据实际情况适时下闸蓄水。

2007年6月4日,水利部办公厅以《关于印发西霞院反调节水库工程蓄水验收鉴定书的通知》(办建管〔2007〕118号)印发西霞院工程蓄水验收鉴定书。

(三)机组启动验收

西霞院工程共安装4台水轮发电机组,小浪底建管局受水利部委托主持首台和末台机组启动验收,根据验收规程主持中间机组启动验收。

1. 首台(4号)机组启动验收

2007年4月24日,水利部以《关于西霞院反调节水库有关验收问题的批复》(办建管函〔2007〕86号)委托小浪底建管局主持西霞院工程首台机组启动验收工作。小浪底建管局按照验收规程成立西霞院工程首台机组启动验收委员会和技术预验收专家组。

（1）验收范围。西霞院工程首台机组启动验收范围包括：首台机组引水系统、水轮机、调速系统、水轮发电机、励磁系统、电气一次设备、电气二次设备，全厂油水气系统、消防系统、送变电工程、通信系统，机组启动运行的测量、监视和控制设备设施，设计要求配备的仪器、仪表、工具以及生产准备情况等。

（2）工程面貌。截至 2007 年 6 月 15 日，西霞院工程主要工程形象面貌如下：土石坝段（原王庄渠段除外）填筑到 137.40 米高程，复合土工膜已铺设完成，具备挡水条件；泄洪、排沙、发电、引水等混凝土坝段已全部浇筑到坝顶设计高程 139.00 米，所有闸门和启闭设备已安装调试完毕，具备过水和挡水条件；首台水轮发电机组及其附属设备安装调试完成，油气水系统、水力测量系统、闸门测压系统、通风排烟系统、气体灭火系统、集水井排水系统等全厂公用辅机设备安装调试完成；与首台机组发电相关的 2 号变压器、全封闭组合电器、厂用电等电气一次设备安装调试完成，有关的计算机监控系统和保护、信号、测量等电气二次系统安装调试完成；220 千伏送出输配电工程已经河南省电力公司验收，并投入运行。

（3）验收前完成工作。2007 年 5 月 14 日，黄河防总主持召开专题会议，审查《西霞院工程 2007 年蓄水调度运用方案（含度汛方案）》，5 月 24 日黄河防总以《关于西霞院工程 2007 年蓄水调度运行方案的批复》（黄防总办〔2007〕12号）批复了调度运用方案。

2007 年 5 月 27 日，西霞院工程升压站通过河南省电力工程质量监督中心站的质量监督检查和河南省电力公司受国家电力监管委员会华中电监局郑州监管办公室（简称郑州电监办）委托组织的安全性评价，经河南省电力公司组织验收后，6 月 9 日，升压站和线路受电。6 月 2 日，西霞院工程首台机组通过河南省电力公司受郑州电监办委托组织的安全性评价，可以并网生产运行。

2007 年 5 月 31 日，河南省质量技术监督局小浪底直属局对西霞院工程与首台机组投运相关的全厂压力容器和压力管道进行检测，并办理特种设备使用证。6 月 9 日，河南省消防总站对全厂消防系统进行检测，小浪底公安处进行复核，西霞院工程首台机组基本符合消防条件。

2007 年 6 月 2 日，小浪底建管局主持召开西霞院工程首台机组启动验收预备会议，认为首台机组安装调试完成，具备规程规定的验收条件，同意机组进行充水调试。

2007 年 6 月 11—12 日,西霞院工程首台机组启动技术预验收专家组召开会议,认为首台机组已具备并网发电试运行条件,同意进行 72 小时试运行。

2007 年 6 月 14 日 3 时至 17 日 3 时,西霞院工程首台机组完成 72 小时试运行。

(4)验收组织机构。西霞院工程首台机组启动验收委员会由河南省发展改革委、郑州电监办、黄委会、河南省质量技术监督局小浪底直属局、西霞院质监站、小浪底建管局、小浪底公安处、黄河设计公司、小浪底咨询公司、中国水利水电第八工程局等单位组成,小浪底建管局局长殷保合担任主任委员,河南省发展改革委副处长郭晓和、郑州电监办处长夏旭担任副主任委员。

(5)主要验收结论。2007 年 6 月 17 日,西霞院工程首台机组启动验收委员会在小浪底工程枢纽管理区召开首台机组启动验收会议。验收委员会委员现场检查工程建设情况,观看工程建设声像资料,听取工程建设管理、设计、监理、施工、质量监督、生产准备和技术预验收等工作汇报,认真查阅验收相关资料,经充分讨论,形成并通过《黄河小浪底水利枢纽配套工程——西霞院反调节水库首台机组启动验收鉴定书》。主要验收结论为:西霞院工程首台机组已具备并网投入生产的条件,同意首台机组投入生产运行。

2. 第二台(3 号)机组启动验收

根据《水利水电建设工程验收规程》(SL 223—1999)相关规定,小浪底建管局主持西霞院工程 3 号机组启动验收,组织成立西霞院工程 3 号机组启动验收委员会和技术预验收专家组。

(1)验收范围。西霞院工程 3 号机组启动验收范围包括:3 号机组引水系统、水轮机、调速系统、水轮发电机、励磁系统、电气一次设备、电气二次设备,与 3 号机组相关的油水气系统、消防系统、送变电工程、通信系统,机组启动运行的测量、监视和控制设备设施,设计要求配备的仪器、仪表、工具以及生产准备情况等。

(2)工程面貌。截至 2007 年 9 月 26 日,西霞院工程主要工程形象面貌如下:土石坝段已填筑到 137.40 米高程,复合土工膜已铺设完成,具备挡水条件;泄洪、排沙、发电、引水等混凝土坝段已全部浇筑到坝顶设计高程 139.00 米,所有闸门和启闭设备已安装调试完毕,具备过水和挡水条件;3 号水轮发电机组及其附属设备安装调试完成,油气水系统、水力测量系统、闸门测压系统、通风排烟系统、气体灭火系统、集水井排水系统等全厂公用辅机设备安装调试完成;与3号机组发电相关的2号变压器、全封闭组合电器、厂用电等电气一次设备安装调试完成,有关的计算机监控系统和保护、信号、测量等电气二次系统安装调试完成;220千伏开关站投入运行。

（3）验收前完成工作。2007年8月16日,西霞院工程3号机组投运相关的全厂压力容器和压力管道通过河南省质量技术监督局小浪底直属局检测,并办理特种设备使用证,小浪底公安处检查确认3号机组基本具备启动验收消防条件。

2007年9月13日,西霞院监理部对3号机组安装情况进行现场检查,认为3号机组安装调试完成,报请验收委员会进行充水调试。

2007年9月17—19日,西霞院工程3号机组启动技术预验收专家组召开会议,认为3号机组已具备并网发电试运行条件,同意进行72小时试运行。

2007年9月19日20时至22日20时,西霞院工程3号机组完成72小时试运行。

（4）验收组织机构。西霞院工程3号机组启动验收委员会由河南省电力公司、河南省质量技术监督局小浪底直属局、西霞院质监站、小浪底建管局、小浪底公安处、黄河设计公司、小浪底咨询公司、中国水电八局等单位的代表和特邀专家组成,小浪底建管局副局长陈怡勇担任主任委员,河南省电力公司处长秦争先、小浪底建管局总工程师张利新、黄河设计公司副总经理宗志坚担任副主任委员。

（5）主要验收结论。2007年9月26日,西霞院工程3号机组启动验收委员会在小浪底工程枢纽管理区召开机组启动验收会议。验收委员会委员现场检查工程建设情况,观看工程建设声像资料,听取工程建设管理、设计、监理、施工、质量监督、生产准备和技术预验收等工作汇报,认真查阅验收相关资料,经充分讨论,形成并通过《黄河小浪底水利枢纽配套工程——西霞院反调节水库3号机组启动验收鉴定书》。主要验收结论为:西霞院工程3号机组已具备启动验收条件,同意进入生产运行。

3.第三台（2号）机组启动验收

根据《水利水电建设工程验收规程》(SL 223—1999)相关规定,小浪底建管局主持西霞院工程 2 号机组启动验收,组织成立西霞院工程 2 号机组启动验收委员会和技术预验收专家组。

(1)验收范围。西霞院工程 2 号机组启动验收范围包括:2 号机组引水系统、水轮机、调速系统、水轮发电机、励磁系统、电气一次设备、电气二次设备,与 2 号机组相关的油水气系统、消防系统、送变电工程、通信系统,机组启动运行的测量、监视和控制设备设施,设计要求配备的仪器、仪表、工具以及生产准备情况等。

(2)工程面貌。截至 2007 年 12 月 5 日,西霞院工程主要工程形象面貌如下:土石坝段已填筑到 137.40 米高程,复合土工膜已铺设完成,具备挡水条件;泄洪、排沙、发电、引水等混凝土坝段已全部浇筑到坝顶设计高程 139.00 米,所有闸门和启闭设备已安装调试完毕,具备过水和挡水条件;2 号机组及其附属设备安装调试完成,油气水系统、水力测量系统、闸门测压系统、通风排烟系统、气体灭火系统、集水井排水系统等全厂公用辅机设备安装调试完成;与 2 号机组相关的 1 号变压器、全封闭组合电器、厂用电等电气一次设备安装调试完成,有关的计算机监控系统和保护、信号、测量等电气二次系统安装调试完成;220 千伏开关站投入运行。

(3)验收前完成工作。2007 年 11 月 15 日,西霞院工程 2 号机组投运相关的全厂压力容器和压力管道通过河南省质量技术监督局小浪底直属局检测,并办理特种设备使用证。11 月 21 日,小浪底公安处检查确认 2 号机组基本具备启动验收消防条件。

2007 年 11 月 15 日,西霞院监理部对 2 号机组安装情况进行现场检查,认为 2 号机组安装调试完成,报请验收委员会进行充水调试。

2007 年 11 月 27 日,河南省电力公司受郑州电监办委托对西霞院工程 2 号机组进行安全性评价。

2007 年 11 月 28—30 日,西霞院工程 2 号机组启动技术预验收专家组召开会议,认为 2 号机组已具备并网发电试运行条件,同意进行 72 小时试运行。

2007 年 11 月 30 日 23 时 30 分至 12 月 3 日 23 时 30 分,西霞院工程 2 号机组完成 72 小时试运行。

(4)验收组织机构。西霞院工程 2 号机组启动验收委员会由河南省电力公司、河南省质量技术监督局小浪底直属局、西霞院质监站、小浪底建管局、小浪底公安处、黄河设计公司、小浪底咨询公司、中国水电八局等单位的代表和特邀专家组成,小浪底建管局副局长陈怡勇担任主任委员,河南省电力公司处长秦争先、小浪底建管局总工程师张利新、黄河设计公司副总经理宗志坚担任副主任委员。

(5)主要验收结论。2007 年 12 月 6 日,西霞院工程 2 号机组启动验收委员会在小浪底工程枢纽管理区召开机组启动验收会议。验收委员会委员现场检查工程建设情况,观看工程建设声像资料,听取工程建设管理、设计、监理、施工、质量监督、生产准备和技术预验收等工作汇报,认真查阅验收相关资料,经充分讨论,形成并通过《黄河小浪底水利枢纽配套工程——西霞院反调节水库 2 号机组启动验收鉴定书》。主要验收结论为:西霞院工程 2 号机组已具备启动验收条件,同意进入生产运行。

4.末台(1 号)机组启动验收

受水利部委托,小浪底建管局主持西霞院工程末台机组启动验收,组织成立西霞院工程末台机组启动验收委员和技术预验收专家组。

(1)验收范围。西霞院工程末台机组启动验收范围包括:末台机组引水系统、水轮机、调速系统、水轮发电机、励磁系统、电气一次设备、电气二次设备,与末台机组相关油水气系统、消防系统、送变电工程、通信系统,机组启动运行的测量、监视和控制设备设施,设计要求配备的仪器、仪表、工具以及生产准备情况等。

(2)工程面貌。截至 2008 年 1 月 28 日,西霞院工程主要工程形象面貌如下:土石坝段已填筑到 138.20 米高程,复合土工膜已铺设完成,具备挡水条件;泄洪、排沙、发电、引水等混凝土坝段已全部浇筑到坝顶设计高程 139.00 米,所有闸门和启闭设备已安装调试完毕,具备过水和挡水条件;末台机组及其附属设备安装调试完成,油气水系统、水力测量系统、闸门测压系统、通风排烟系统、气体灭火系统、集水井排水系统等全厂公用辅机设备安装调试完成;与末台机组发电相关的 1 号变压器、全封闭组合电器、厂用电等电气一次设备安装调试完成,有关的计算机监控系统和保护、信号、测量等电气二次系统安装调试完成;220 千伏开关站投入运行。

(3)验收前完成工作。2007 年 12 月 15 日,西霞院工程末台机组投运相关的全厂压力容器和压力管道通过河南省质量技术监督局小浪底直属局检测,并办理了特种设备使用证。2008年1月20日,小浪底公安处检查确认末台机组基本具备启动验收消防条件。

2008年1月13日,西霞院监理部对末台机组安装情况进行现场检查,认为末台机组安装调试完成,报请验收委员会进行充水调试。

2008年1月23—24日,河南省电力公司受郑州电监办委托对西霞院工程末台机组进行安全性评价。

2008年1月24—25日,西霞院工程末台机组启动技术预验收专家组召开会议,认为末台机组具备并网发电试运行条件,同意进行72小时试运行。

2008年1月25日2时50分至28日2时50分,西霞院工程末台机组完成72小时试运行。

(4)验收组织机构。西霞院工程末台机组启动验收委员会由郑州电监办、河南省质量技术监督局小浪底直属局、河南省电力公司、西霞院质监站、小浪底建管局、小浪底公安处、黄河设计公司、小浪底咨询公司、中国水电八局等单位的代表和特邀专家组成,小浪底建管局局长殷保合担任主任委员,郑州电监办处长王朝晖、河南省电力公司处长张翼、小浪底建管局副局长陈怡勇、小浪底建管局总工程师张利新、黄河设计公司副总经理宗志坚担任副主任委员。

(5)主要验收结论。2008年1月30日,西霞院工程末台机组启动验收委员会在小浪底工程枢纽管理区召开机组启动验收会议。验收委员会委员现场检查工程建设情况,观看工程建设声像资料,听取工程建设管理、设计、监理、施工、质量监督、生产准备和技术预验收等工作汇报,认真查阅验收相关资料,经充分讨论,形成并通过《黄河小浪底水利枢纽配套工程——西霞院反调节水库1号机组启动验收鉴定书》。主要验收结论为:西霞院工程末台机组已具备启动验收条件,同意进入生产运行。

三、专项验收

根据《水利水电建设工程验收规程》(SL 223—2008)及国家相关行业规定,西霞院工程通过了消防、水土保持、档案、环境保护、征地移民等专项验收。

(一)消防验收

河南省公安消防总队主持西霞院工程消防竣工验收,组织成立了西霞院工程消防竣工验收专家委员会。专家委员会由河南省大型项目消防审核验收专家组、河南省公安消防总队、河南省公安厅小浪底公安处、小浪底建管局等单位的专家组成,河南省大型项目消防审核验收专家组高级工程师张祖华担任主任委员、河南省大型项目消防审核验收专家组高级工程师李全成担任副主任委员。

2009年3月27日,西霞院工程消防竣工验收专家委员会在小浪底工程枢纽管理区召开了西霞院工程消防竣工验收会议。会议听取建设单位、设计单位、施工单位、监理单位关于工程消防设施建设、设计、施工、监理等情况汇报,分建筑防火、消防电气与防排烟、消防给水、产品材料等4个组进行了实地检查测试,进行充分讨论,形成一致意见:西霞院工程基本符合设计要求,系统运行正常,综合判定该工程合格。2009年4月8日,河南省公安消防总队印发《小浪底水利枢纽配套工程——西霞院反调节水库消防竣工验收会议纪要》(豫公消〔2009〕39号)。2009年4月16日,河南省公安厅小浪底公安处消防科根据消防竣工验收会议纪要精神,向西霞院项目部颁发《关于水利部小浪底配套工程西霞院反调节水库工程验收意见书》(豫公消验字〔2009〕第1号)。验收意见为:西霞院工程消防系统工程基本符合设计要求,系统运行正常,综合判定为合格。

(二)水土保持验收

水利部主持西霞院工程水土保持专项验收,组织成立西霞院工程水土保持设施验收组。验收组由水利部、黄委会、水利部水规总院、河南省水利厅、洛阳市水利局、济源市水利局、孟津县水利局等单位的专家组成,水利部水土保持司副司长牛崇桓担任组长,黄委会水土保持局副局长熊维新、河南省水利厅调研员王祖斌担任副组长。

2009年7月10日,西霞院工程水土保持设施验收组在小浪底工程枢纽管理区召开西霞院工程水土保持设施竣工验收会议。验收组及与会代表查勘工程现场,查阅相关技术资料,听取建设单位关于水土保持工程建设管理情况汇报和评估单位关于技术评估情况汇报,设计、施工、监测、监理等单位对有关情况进行补充说明,经质询、讨论和认证研究,验收组认为:建设单位依法编报水土保持方案,优化水土保持设计,实施水土保持方案各项措施,开展水土保持监理、监测工作,完成批复的防治任务,建成水土保持设施质量合格,较好地控制和减少了工程建设中的水土流失,水土流失防治指标基本达到水土保持方案确定的目标值,运行期间的管理维护责任落实,符合水土保持设施竣工验收的条件,同意该工程水土保持设施通过竣工验收。

2009年7月30日,水利部办公厅以《关于印发黄河小浪底水利枢纽配套工程——西霞院反调节水库水土保持设施验收鉴定书的函》(办水保函〔2009〕594号),印发了西霞院工程水土保持设施验收鉴定书。

(三)档案验收

水利部会同河南省档案局主持西霞院工程档案专项验收,组织成立西霞院工程档案专项验收组。水利部办公厅副主任罗湘成担任验收组组长,水利部办公厅档案处处长李永强、河南省档案局处长李河桥担任副组长。

2009年8月19—20日,西霞院工程档案专项验收组在小浪底工程枢纽管理区召开西霞院工程档案专项验收会议,会议听取小浪底建管局关于西霞院工程项目档案工作情况汇报,实地查看大坝、厂房等主体工程建设情况,检查工程档案管理状况,按比例抽查已归档文件资料,对档案管理和档案质量进行量化赋分,并逐条逐项进行评议。验收组一致认为西霞院工程档案已达到验收合格等级,同意该工程档案通过专项验收。

2009年8月31日,水利部办公厅以《关于印发西霞院反调节水库工程项目档案专项验收意见的通知》(办档〔2009〕351号),印发了西霞院工程档案专项验收意见。

(四)环境保护验收

环境保护部主持西霞院工程环境保护专项验收,环境保护部组织成立西霞院工程竣工环境保护验收组,验收组由环境保护部、水利部、河南省环境保护厅、洛阳市环境保护局、济源市环境保护局、洛阳市孟津县环境保护局等单位的专家组成。

2010年11月11—12日,西霞院工程竣工环境保护验收组在小浪底工程枢纽管理区召开西霞院工程环境保护专项验收会议,环境保护部环境影响评价司建设项目环境保护验收管理处处长连军主持验收。验收组听取小浪底建管局环境保护执行情况报告、小浪底咨询公司环境监理报告、中国水科院对验收调查报告,现场检查环境保护措施落实情况,经认真讨论,形成了西霞院工程竣工环境保护验收意见,认为西霞院工程环境保护手续齐全,落实了环评及其批复文件提出的主要生态保护和污染防治措施,符合环境保护验收条件,同意通过现场验收。

2010年11月26日，环境保护部以《关于黄河小浪底水利枢纽配套工程——西霞院反调节水库工程竣工环境保护验收意见的函》（环验〔2010〕310号），印发了西霞院工程竣工环境保护验收意见。

（五）征地移民验收

水利部主持西霞院工程征地补偿和移民安置竣工验收。水利部水库移民局会同河南省移民办组织成立西霞院工程征地补偿和移民安置验收委员会，水利部水库移民局副局长黄凯担任验收委员会主任委员，河南省移民办常务副主任蒋立、小浪底建管局总工程师张利新担任副主任委员。

2010年11月14—16日，西霞院工程征地补偿和移民安置验收委员会在小浪底工程枢纽管理区召开西霞院工程征地补偿和移民安置验收会议，验收委员会观看工程移民声像资料，听取小浪底建管局、河南省移民办以及设计、监理等单位关于西霞院工程移民安置管理、竣工初验、设计、监理等工作情况汇报，分为农村移民（含档案）和资金专项2个专业工作组，深入库区和移民安置区进行现场检查，审阅有关档案资料，经充分讨论，形成西霞院工程移民安置竣工验收报告。主要结论为：西霞院工程移民安置工作已按规划实施完成，移民得到妥善安置。农村移民搬迁后居住条件较搬迁前有明显改善，基础设施配套齐全；生产用地调整划拨到位，质量满足设计要求，生产开发取得初步成效；移民生产生活水平得到恢复和提高，生活安定。乡（镇）企业完成拆迁补偿，专项设施完成迁改建，功能得到恢复。南陈村完成整体搬迁。移民档案管理比较规范。库区和施工区建设用地手续已办理。移民资金管理使用比较规范，资金收支及管理使用基本符合国家财政法规的规定。西霞院工程征地补偿和移民安置验收委员会同意通过竣工验收。

2010年12月3日，水利部办公厅以《关于印发小浪底水利枢纽配套工程——西霞院反调节水库移民安置竣工验收报告的通知》（办移函〔2010〕947号），印发西霞院工程征地补偿和移民安置竣工验收报告。

四、竣工验收

按照《水利水电建设工程验收规程》（SL 223—2008）相关要求，2011年2月25日至3月2日，水利部主持了西霞院工程竣工验收。

（一）验收条件

2010年11月,小浪底建管局组织设计、监理、施工、主要设备制造（供应）商及运行管理单位等组成竣工验收自查工作组。竣工验收自查工作组按照《水利水电建设工程验收规程》（SL 223—2008）要求,对西霞院工程竣工验收条件进行自检,主要内容如下:

（1）工程建设情况。西霞院工程已按照水利部批准的设计内容全部建设完成。

（2）重大设计变更审批情况。西霞院工程共发生5项重大设计变更。其中,电站坝段地基处理、土石坝坝顶结构形式调整、排沙闸修改为排沙洞、排沙洞及排沙底孔工作门位置调整4项重大设计变更,水利部水规总院审查并以水总设〔2006〕63号进行批复;大坝下游地下水位抬升影响处理实施方案,水利部以水规计〔2008〕639号进行批复。

（3）各单位工程运行情况。西霞院工程各单位工程运行正常,反调节、发电、供水及灌溉等方面效益得到正常发挥。

（4）历次验收所发现问题处理。西霞院工程建设管理严格执行国家和行业有关规程,进行了截流、蓄水、机组启动等阶段验收,并通过蓄水安全鉴定和竣工验收技术鉴定,历次验收和安全鉴定发现的问题均已处理完毕。

（5）专项验收情况。西霞院工程通过国家相关部门组织的消防、档案、水土保持、环境保护、征地补偿和移民安置等专项验收,对验收中发现的问题均已处理或做出安排。

（6）工程投资到位情况。西霞院工程批复总投资为299 353万元,其中中央安排水利建设投资216 216万元,银行贷款83 137万元,工程建设资金已经全部落实到位。

（7）竣工财务决算及审计情况。小浪底建管局组织编制了西霞院工程竣工财务决算,2010年9月19日至10月28日,水利部审计室对西霞院工程竣工财务决算进行审计,下达了《关于对黄河小浪底水利枢纽配套工程——西霞院反调节水库竣工决算的审计意见》（审意〔2010〕15号）。小浪底建管局根据审计意见进行了整改。2010年11月,西霞院工程竣工决算审计通过了水利部审计室组织的复查。

（8）运行管理养护经费落实情况。小浪底建管局负责西霞院工程运行管理,管理养护经费从发电收入列支,每年确保管理养护经费落实到位。

（9）工程质量评定。按照《水利水电工程施工质量检验与评定规程》（SL 176—2007）的有关规定,经施工单位自评、监理单位复核、项目法人认定、西霞院质监站核定,西霞院工程共划分为 28 个单位工程,全部合格,合格率 100%;其中优良单位工程 24 个,优良率 85.7%,且 13 个主要单位工程质量等级全部为优良;工程施工质量等级为优良。

（10）竣工验收资料准备。西霞院工程竣工资料已准备就绪,提供资料主要包括 12 项,分别为工程建设管理工作报告、工程施工管理工作报告、工程设计工作报告、工程建设监理工作报告、工程运行管理工作报告、工程质量监督报告、工程安全监督报告、拟验工程清单、工程度汛方案、工程调度运用方案、电站基础处理专题报告、大坝下游地下水位抬升处理效果分析报告等;备查资料存放于档案室。

（二）技术鉴定

按照《水利工程建设项目验收管理规定》（水利部令第 30 号）和《水利水电建设工程验收规程》（SL 223—2008）,受小浪底建管局委托,水利部水规总院承担西霞院工程竣工验收技术鉴定。水利部水规总院组织成立西霞院工程竣工验收技术鉴定专家组,水利部水规总院副院长刘志明担任专家组组长,水利部水规总院原副总工程师司志明担任专家组副组长,专家组下设水文规划、工程地质、水工结构、施工、金属结构、安全监测、机电、专项验收等专业组。

西霞院工程竣工验收技术鉴定在蓄水安全鉴定基础上,对机电工程的设计、监造、安装调试和初期运用情况进行全面评价;在对下闸蓄水后完成的尾留土建工程评价的基础上,对枢纽土建工程设计、施工、初期运用情况进行全面评价;对枢纽工程初期运用中出现的可能影响工程安全的问题和历次安全鉴定、阶段验收中涉及工程安全运用的遗留问题处理和落实情况进行评价;对安全监测仪器工作状况、资料整编与分析成果进行评价,并根据监测成果对各水工建筑物的安全性状进行评价;检查各专项验收中遗留问题的处理和落实情况等。

2010 年 3 月,竣工验收技术鉴定专家组部分专家赴工程现场进行调查,拟定了竣工验收技术鉴定工作大纲。2010 年 11 月,竣工验收技术鉴定专家组在工程现场召开会议,查阅各类资料,经充分讨论,提交了《黄河小浪底水利枢纽配套工程——西霞院反调节水库竣工验收技术鉴定报告》。主要结论为:工程设计确定建筑物级别、洪水标准和地震设防标准,均符合国家有关标准。工程初期运用实践证明,枢纽工程总体布置基本合理,各主要建筑物设计基本符合国家有关设计规范要求;工程已按批准的初步设计和设计变更建设完成,各单位工程施工质量满足有关标准规定及设计要求;安全监测成果表明各主要水工建筑物的工作性态正常;征地补偿和移民安置、环境保护、水土保持、消防、工程档案等通过专项验收。历次安全鉴定、阶段验收和专项验收遗留问题已经处理和落实;初期运用中涉及工程安全的问题已经处理和完成;水库调度规程已经编制。因此,西霞院工程已具备竣工验收的条件。

(三)质量抽检

根据《水利水电建设工程验收规程》(SL 223—2008)的规定,2010年6—11月,受小浪底建管局委托,北京海天恒信水利工程检测评价有限公司对西霞院工程进行了竣工验收质量抽检,主要检测项目和内容包括土石坝工程,混凝土及钢筋混凝土工程,左、右岸延伸段混凝土防渗墙工程,主要建筑物轴线、断面、高程、几何尺寸,金属结构工程等,检测结果满足设计及规范要求。

(四)验收组织机构

根据西霞院工程竣工验收工作安排,水利部组织成立了西霞院工程竣工技术预验收专家组和竣工验收委员会。

竣工技术预验收专家组下设水工移民、金结机电和财务审计3个专业工作组。水利部水规总院副院长刘志明担任组长,水利部财务司副司长裴宏志、水利部建设与管理司副司长孙献忠、黄委会副总工程师吴宾格担任副组长。

竣工验收委员会由国家发展改革委、水利部、审计署驻郑州特派员办事处、黄委会、河南省人民政府、河南省电力公司、洛阳市人民政府、济源市人民政府等有关单位代表及竣工技术预验收专家组代表组成,水利部总工程师汪洪担任主任委员,河南省人民政府副秘书长何平、水利部建设与管理司司长孙继昌、黄委会副主任赵勇担任副主任委员。

(五)验收结论

西霞院工程竣工验收分为竣工技术预验收和竣工验收委员会验收两个阶段。

2011年2月25日至3月1日,竣工技术预验收专家组在郑州召开西霞院工程竣工技术预验收会议。竣工技术预验收专家组观看了工程建设声像资料,听取项目法人、设计、质量与安全监督、竣工验收质量抽检、运行管理和竣工验收技术鉴定等单位汇报,察看工程现场和移民安置情况。水工移民组、金结机电组和财务审计组分别查阅了工程建设、征地移民和财务审计等有关资料,进行认真讨论,提出专业工作组意见。在此基础上,竣工技术预验收专家组召开全体会议,形成《黄河小浪底水利枢纽配套工程——西霞院反调节水库竣工技术预验收工作报告》,同意西霞院工程通过竣工技术预验收,建议进行竣工验收。

2011年3月1—2日,在竣工技术预验收基础上,西霞院工程竣工验收委员会在郑州召开西霞院工程竣工验收委员会会议。竣工验收委员会委员察看了工程现场,观看工程建设声像资料,听取工程建设管理工作报告、竣工验收技术鉴定报告和竣工技术预验收工作报告,查阅有关工程资料,经充分讨论,形成《黄河小浪底水利枢纽配套工程——西霞院反调节水库竣工验收鉴定书》。主要结论为:西霞院工程已按照批准的设计内容建设完成,工程质量合格;财务管理规范,会计核算清晰,投资控制有效;竣工财务决算已通过审计;征地补偿和移民安置、水土保持、环境保护、工程档案、消防等已通过专项验收;运行管理单位和经费落实,制度完善;工程初期运行正常,初步发挥了反调节、发电、供水等综合效益。竣工验收委员会同意西霞院工程通过竣工验收。

2011年3月29日,水利部以《水利部关于印发黄河小浪底水利枢纽配套工程——西霞院反调节水库竣工验收鉴定书的通知》(办建管〔2011〕156号),印发西霞院工程竣工验收鉴定书。

第十一章　枢纽调度管理

小浪底水利枢纽蓄水运用后,黄河水沙条件及水资源管理格局发生较大变化。根据黄河水资源管理要求,有关部门及枢纽运行管理单位建立并逐步完善小浪底水利枢纽及西霞院反调节水库调度管理机制;总结运用经验,开展运用方式研究,调整枢纽调度运用方式;按照水库淤积演进特点,分阶段编制运用调度规程;统筹兼顾,科学调度,最大限度地发挥了枢纽工程在防洪、防凌、减淤、供水灌溉、发电等方面的综合效益。

第一节　调度管理体制

按照黄河防汛及水量统一调度的要求,借鉴三门峡水利枢纽调度管理经验,国家及黄河流域相关部门建立、健全了小浪底水利枢纽防汛、水量、发电调度管理体制;小浪底建管局加强水量调度与发电调度关系协调,规范内部调度管理办法,提高枢纽综合效益。

一、枢纽调度管理背景

(一) 黄河水量统一调度

黄河是中国西北、华北地区的重要水源,其水资源量仅占全国的2%。随着黄河流域社会经济的快速发展,对黄河水资源的需求急剧增加,加之超量无序用水,1972年黄河下游首次出现断流现象,之后愈演愈烈,到20世纪90年代几乎年年断流,1972—1999年的28年中,黄河下游有22年发生断流。黄河频繁断流造成下游及河口地区生活、生产、生态供水危机,加重了下游河道淤积,破坏了生态系统平衡,影响经济发展和社会安定。

为解决黄河断流问题和缓解黄河流域水资源供需矛盾,经国务院批准,1998年12月14日,国家计委、水利部联合颁布《黄河水量调度管理办法》,授权黄委会实施黄河水量统一调度。黄委会专门成立黄河水资源管理与调度局(简称黄委会水调局),1999年3月1日开始正式实施黄河水量统一调度。

黄河水量统一调度的范围,地域包括流域内的青海、四川、甘肃、宁夏、内蒙古、山西、陕西、河南、山东 9 省(区),以及国务院批准的流域外引用黄河水量的河北省、天津市;资源包括黄河干支流河道水量及水库蓄水量;黄河水量调度年度时段为当年 7 月 1 日至翌年 6 月 30 日。

黄河水量统一调度实行总量控制、以供定需、分级管理、分级负责的原则。国家统一分配沿黄 9 省(区)和河北省、天津市的水量,用水总量和断面流量双控制,省(区)负责用水配水,重要取水口和骨干水库统一调度。

小浪底水利枢纽位于黄河中游峡谷末端,处于控制黄河下游水沙的关键部位,是黄河下游水量调度的总阀门,必须服从黄河水量统一调度。

(二) 黄河防洪统一调度

中华人民共和国成立初期,根据黄河防汛需要,1950 年中央人民政府决定建立各级防汛机构:黄河上游防汛由所在各省负责,下游山东、平原、河南三省设黄河防汛总指挥部,受中央防汛总指挥部领导,正副指挥由河南省人民政府、平原省人民政府、山东省人民政府负责人及黄委会主任担任。黄河防汛总指挥部办公室设在黄河水利委员会,负责日常工作。省、地(市)、县建立相应防汛指挥机构。三省分设黄河防汛指挥部,主任由省人民政府主席或副主席兼任,副主任由该省军区代表及黄河河务局局长兼任,受黄河防汛总指挥部领导。

1960 年三门峡水库建成运用后,把水库上下游的防汛工作联系在一起。1961 年中央召集山西、陕西、河南、山东、河北五省负责人共同研究黄河防汛问题。1962 年国务院决定,黄河防汛总指挥部总指挥、副总指挥由山西、陕西、河南、山东四省负责人和黄委会主任担任。

2007 年 3 月 14 日,黄河防汛总指挥部正式更名为黄河防汛抗旱总指挥部(简称黄河防总),由河南省省长任总指挥,黄委主任任常务副总指挥,流域 8 省(区)副省长(副主席)和北京、兰州、济南军区副参谋长任副总指挥。与原来的黄河防总相比,增加了抗旱职能,工作范围从中下游四省扩展到全流域。

黄河防汛总指挥部和黄河防总的职责之一是:按照规定和授权负责对水利水电工程、蓄滞洪区、涵闸等实施防汛、防凌、抗旱调度。小浪底水利枢纽是黄河中下游防洪工程体系的骨干工程,必须服从黄河防总的统一调度。

二、小浪底水利枢纽调度管理体制

(一)小浪底水利枢纽调度管理单位及职责

小浪底水利枢纽调度管理体制是按照黄河防汛及水量统一调度的要求,并吸收三门峡水利枢纽调度管理经验制定的。

1999年10月25日小浪底水利枢纽蓄水运用之前,黄河防总致函小浪底建管局,明确小浪底水利枢纽伏秋汛期及凌汛期归黄河防总统一调度,其他时间归黄委会统一调度。2001年7月国家防总以国汛〔2001〕8号文,进一步明确小浪底水利枢纽伏汛期及凌汛期服从黄河防总统一调度。在历年黄河防总编制的《黄河防凌调度预案》《黄河中下游洪水调度方案》中均明确:黄河防总负责小浪底水库防汛、防凌调度,小浪底建管局负责组织实施。

2006年国务院颁布实施的《黄河水量调度条例》明确规定:小浪底水库由黄委会组织实施水量调度,下达月、旬水量调度方案及实时调度指令。2004年9月29日水利部批准的《小浪底水利枢纽拦沙初期运用调度规程》和2009年9月4日水利部批准的《小浪底水利枢纽拦沙后期(第一阶段)运用调度规程》中,都明确小浪底水利枢纽水量调度单位为黄委会和黄河防总,发电调度单位为河南省电力公司,运行管理单位为小浪底建管局。黄河防总负责小浪底水利枢纽伏汛期及凌汛期防洪调度,黄委会负责小浪底水利枢纽非汛(凌)期水量调度,河南省电力公司负责小浪底水利枢纽发电调度,小浪底建管局负责执行调度指令。水库调度单位对调度情况的执行结果负责,运行管理单位对枢纽建筑物的安全运行负责。小浪底水利枢纽调度机制见图11-1-1。

黄河防总办具体负责小浪底水利枢纽汛期防洪(凌)调度工作,黄委会水调局具体负责小浪底水利枢纽非汛期水量调度工作,河南省电力公司调度通信中心具体负责小浪底水电站发电调度工作。

小浪底建管局枢纽调度部门,负责联系黄河防总办和黄委会水调局,接收防洪和水量调度指令,制订枢纽发电和泄洪孔洞运用方案,控制枢纽下泄流量满足水量调度指令要求。

小浪底建管局水力发电厂发电分厂负责协调河南省电力公司,按照电调服从水调和"以水定电"原则,落实小浪底水电站发电计划,并执行发电调度指令,运行小浪底水电站发电机组。

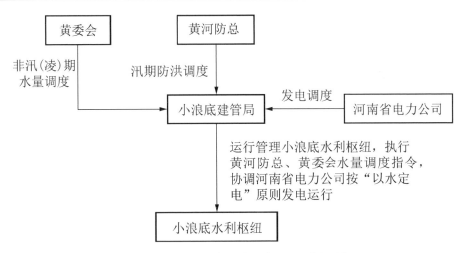

图 11-1-1　小浪底水利枢纽调度机制

小浪底建管局水力发电厂水工分厂负责枢纽闸门运行管理,按照小浪底建管局枢纽调度部门的指令操作闸门运行。

(二)小浪底水利枢纽水量调度机制

1.汛期防洪(凌)调度机制

黄河防总负责小浪底水利枢纽防洪防凌调度,调度时段为每年伏秋汛期7—10 月和凌汛期 12 月至翌年 2 月共 7 个月。防汛(凌)调度指令一般采用明传电报方式下达。

未发生汛情时,黄河防总按日调度,综合考虑黄河下游引水、生态用水、水库蓄水等因素,制定小浪底水利枢纽防汛调度指令;调度指令明确小浪底水利枢纽日均下泄流量、泄流允许误差等。

发生汛情时,黄河防总实时调度,综合考虑防洪安全、水库及下游河道减淤、下游引水等因素,按照洪水调度预案制订小浪底水利枢纽调度方案;调度指令规定小浪底水利枢纽日均或瞬时下泄流量、含沙量、泄流允许误差等。

2.非汛期水量调度机制

黄委会负责小浪底水利枢纽非汛期水量调度,调度时段为每年 3—6 月和11 月共 5 个月。水量调度指令一般采用明传电报方式下达。

黄委会每年汛末根据黄河干支流水库蓄水、非汛期黄河径流预报及沿黄各省(区)引水需求,制订小浪底水利枢纽当年 11 月至翌年 6 月各月下泄流量计划。在年度运行中,黄委会根据上游来水滚动预报和下游引水及生态用水需求,制订小浪底水利枢纽月、旬水量调度方案,每月 28 日前下达下月水量调度方案;用水高峰期的 3—6 月,每月 8 日、18 日、28 日前下达下一旬的水量调度方案。水量调度方案明确规定小浪底水利枢纽日均下泄流量、泄流允许误差等。

(三) 小浪底水利枢纽发电调度机制

按照规划设计,小浪底水利枢纽发电接入河南电网。河南电网以火电为主,水电所占比重较小。小浪底水电站是河南电网的骨干调峰电厂,同时承担调频和事故备用任务。

河南省电力公司负责小浪底水电站发电调度,按照小浪底水力发电厂提出的年、月、日发电计划申请,制订小浪底水电站年、月、日发电计划,按计划调度小浪底水电站发电机组运行。

日常发电调度中,河南省电力公司根据小浪底水电站日发电量计划和电网调峰负荷需求,首先安排小浪底水电站在负荷高峰电量,其余电量安排在负荷平、谷时段,并控制瞬时发电负荷不低于规定下限,避免下游断流。

(四) 小浪底水利枢纽水量调度与发电调度协调

小浪底建管局负责协调水量调度与发电调度关系,制订泄洪孔洞运用方案,保证小浪底水利枢纽下泄流量满足水量调度指令。

(1)小浪底建管局枢纽调度部门根据水量调度指令,制订小浪底水利枢纽发电、排沙水量分配方案。

(2)小浪底建管局水力发电厂发电分厂根据发电水量方案,编制小浪底水电站发电计划,并协调河南省电力公司,落实小浪底水电站发电计划。

(3)小浪底建管局枢纽调度部门根据排沙水量方案,制订泄洪闸门运用方案,下达闸门调度指令;水力发电厂水工分厂执行闸门调度指令,及时开启泄洪闸门排沙或补水运用,满足水量调度指令要求。

(4)当河南电网发生事故时,小浪底建管局水力发电厂发电分厂立即按照河南电网要求,调整小浪底水电站运行方式。小浪底建管局枢纽调度部门向黄河防总或黄委会报告,申请调整水量调度指标,保障河南电网运行安全。

三、西霞院反调节水库调度管理体制

(一) 西霞院反调节水库调度管理单位及职责

西霞院反调节水库是小浪底水利枢纽的反调节配套工程,与小浪底水利枢纽运行管理同厂、发电供应同网。

2006年国务院颁布的《黄河水量调度条例》明确规定:西霞院反调节水库由黄委会组织实施水量调度,下达月、旬水量调度方案及实时调度指令。在历年国家防总批准的《黄河防凌调度预案》《黄河中下游洪水调度预案》中均明确:黄河防总负责西霞院反调节水库防汛、防凌调度,小浪底建管局负责组织实施。

河南省电力公司负责西霞院反调节发电调度,按照"以水定电"原则安排西霞院水电站发电运行。

小浪底建管局是西霞院反调节水库运行管理单位,负责执行水量调度指令,协调水、电调度关系。

(二) 西霞院反调节水库调度机制

黄河防总及黄委会将小浪底水利枢纽和西霞院反调节水库作为整体实施调度。西霞院反调节水库的水量调度机制与小浪底水利枢纽的水量调度机制基本相同,区别是在不同运用期水量调度指令的规范对象不同。

(1)在供水运用期,水量调度指令规定西霞院反调节水库日均下泄流量、泄流允许误差等,使小浪底水电站能够调峰运用,发挥西霞院水库反调节功能。

(2)在泄洪、排沙、调水调沙运用期,水量调度指令规定小浪底水利枢纽的日均下泄流量或瞬时下泄流量、泄流允许误差等;西霞院反调节水库按减淤限制运用水位入出库平衡运用,便于两库排沙减淤。

(三) 西霞院反调节水库水量调度与发电调度协调

小浪底建管局负责小浪底水利枢纽及西霞院反调节水库水量调度与发电调度关系协调,制订两库泄洪孔洞运用方案,满足水量调度指令要求。

(1)小浪底建管局枢纽调度部门根据水量调度指令,制订两库联合运用方案和发电、排沙水量分配方案。

(2)小浪底建管局水力发电厂发电分厂根据两库发电水量方案,编制小浪底、西霞院水电站发电计划,并协调河南省电力公司,落实两水电站发电计划。

(3)小浪底建管局枢纽调度部门根据排沙水量方案,制订两库泄洪闸门运用方案,下达闸门调度指令;水力发电厂水工分厂执行闸门调度指令,及时开启两库泄洪闸门排沙或补水运用,满足水量调度指令要求。

(4)当河南电网发生事故时,小浪底建管局水力发电厂发电分厂立即按照河南电网要求,调整小浪底、西霞院水电站运行方式。小浪底建管局枢纽调度部门向黄河防总或黄委会报告,申请适当调整水量调度指标,保障河南电网运行安全。

四、调度管理机构与措施

小浪底水利枢纽和西霞院反调节水库调度涉及黄河防总、黄委会、河南省电力公司、小浪底建管局等多家单位。为配合做好枢纽调度工作,小浪底建管局专门成立调度管理机构,采取多项措施,逐步形成各方相互配合、密切协作、高效运行的水库调度管理体系。

(一)调度管理机构

(1)第一阶段(蓄水运用至2002年)。1999年1月小浪底建管局正式成立水力发电厂,负责小浪底水利枢纽运行管理工作。水力发电厂下设调度中心、发电分厂、水工分厂等。其中,调度中心负责枢纽调度管理兼防汛办公室职能,主要职责为:联系黄河防办和黄委会水调局,反映枢纽运行条件,提出优化调度建议,执行防洪防凌水量调度指令,编制小浪底水电站发电计划,调度枢纽泄洪闸门等。发电分厂负责联系河南省电力公司,落实小浪底水电站发电计划,执行发电调度指令,操控发电机组运行。小浪底水利枢纽蓄水运用至2002年调度机制见图11-1-2。

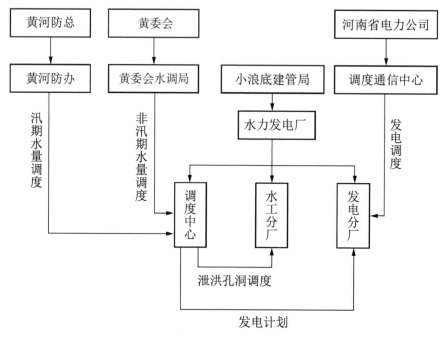

图 11-1-2　小浪底水利枢纽蓄水运用至 2002 年调度机制

小浪底水利枢纽运行初期,水量调度与发电调度矛盾较多,导致弃水较多(因发电计划不落实,被迫用泄洪洞下泄的水量)。2002 年 1—5 月,小浪底水利枢纽累计下泄水量 74.88 亿立方米,其中弃水量为 9.03 亿立方米,弃水率为 12%;另外,下泄流量超标现象也时有发生。主要原因:一是调度各方对小浪底水利枢纽运行条件还不熟悉,缺乏统筹兼顾;二是小浪底建管局水、电调度协调力度不足,水力发电厂调度中心负责水量调度协调,水力发电厂发电分厂负责发电调度协调,不利于统筹协调水、电调度矛盾。

(2)第二阶段(2003—2004 年)。针对枢纽运行初期水、电调度矛盾较多问题,2003 年初小浪底建管局改变调度管理机制,由水力发电厂调度中心统一负责水量调度与发电调度协调工作,其他职责不变。小浪底水利枢纽 2003—2004 年调度机制见图 11-1-3。

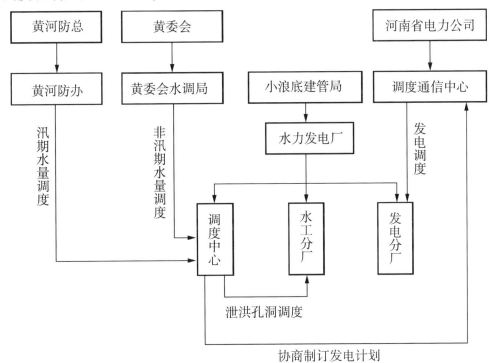

图 11-1-3　小浪底水利枢纽 2003—2004 年调度机制

小浪底建管局水力发电厂调度中心职责调整后,加强与河南电网沟通联系,详细介绍小浪底水利枢纽设计功能和黄河水量统一调度要求"电调服从水调"的原则;同时及时将电网运行情况和困难向水量调度部门反映,促进双方相互理解。2003 年和 2004 年 1—5 月枢纽弃水率分别降至 4.8% 和 0,调度指令执行率大幅提高。

(3)第三阶段(2004年以后)。2004年4月,西霞院反调节水库主体工程开工。为适应小浪底水利枢纽与西霞院反调节水库调度管理需要,2004年4月,小浪底建管局撤销水力发电厂调度中心,成立枢纽调度中心,作为小浪底建管局机关职能部门。枢纽调度中心的职责为:联系黄河防总和黄委会水调部门,反映枢纽运行条件,提出优化调度建议,执行水量调度指令,制订两库联合调度方案,编制两水电站发电计划,调度两库泄洪闸门等。水力发电厂负责联系河南省电力公司,落实两水电站发电计划,执行发电调度指令,操作发电机组运行。2004年后小浪底水利枢纽调度机制见图11-1-4。

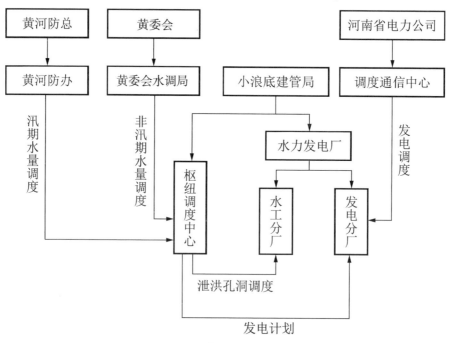

图 11-1-4 2004 年后小浪底水利枢纽调度机制

枢纽调度中心成立后,枢纽调度职能进一步强化。2004年以后,小浪底水利枢纽仅在泄洪、排沙及调水调沙期间发生弃水(下泄流量大于最大发电过机流量导致弃水,或排沙弃水),其他时间均没有弃水。2004—2011年,小浪底水利枢纽年发电量均超过50亿千瓦时(2004年之前最大为36亿千瓦时),枢纽综合效益得到提高。

(二)调度管理措施

在小浪底水利枢纽和西霞院反调节水库调度管理中,小浪底建管局采取多项措施。一是树立民生工程管理理念,坚持公益优先原则,严格执行黄河水量和防汛统一调度指令。二是及时研究编制枢纽调度规程,经水利部批准执行,规范枢纽调度运用。三是加强与流域调度部门沟通协调,优化枢纽调度运用,提高综合效益。四是协作开展枢纽运用方式研究,深化对黄河及水库水沙规律的认识,完善枢纽运用方式。五是加强与河南省电力公司的沟通联系,按照"以水定电"原则落实发电计划,避免弃水。六是加强发电、闸门运行监督管理,形成联动和相互制衡的管理体系。

第二节　枢纽运用方式

小浪底水利枢纽设计阶段,基于对当时黄河水沙条件及黄河水沙规律的认识,拟定了初步的枢纽运用方式。实际运用中,小浪底水利枢纽运用条件变化较大。有关各方密切协作,开展枢纽运用研究,深化对黄河水沙规律的认识,并结合实际运用条件,对枢纽运用方式进行调整完善,满足了小浪底水利枢纽运用调度需要。同时,不断探索完善西霞院反调节水库运用方式。

一、小浪底水利枢纽运用条件

小浪底水利枢纽设计运用方式是在分析多沙河流的特点、总结三门峡水库运用经验的基础上研究拟定的。小浪底水利枢纽开发任务是以防洪(包括防凌)、减淤为主,兼顾供水、灌溉和发电,蓄清排浑,除害兴利,综合利用;枢纽运用原则是在首先满足防洪、防凌和减淤要求的前提下,尽可能发挥供水、灌溉、发电综合效益,同时要保持必须的长期有效库容。

设计阶段根据库区泥沙淤积发展情况,将小浪底水利枢纽运用分为蓄水拦沙、逐步抬高主汛期运用水位、塑造高滩深槽、正常运用四个阶段。小浪底水利枢纽阶段运用见图11-2-1。

小浪底水利枢纽实际运用条件较设计发生了很大变化,主要有以下方面。

(一)来水来沙条件变化

20世纪80年代中期以后,随着流域工农业用水的增加、水库调节的影响,以及气候因素造成的天然水量变化,黄河来水来沙条件发生了较大的变化。主要表现在以下几个方面:

(1)来水来沙量大幅度减少,年内水量分配发生改变。20世纪80年代中期

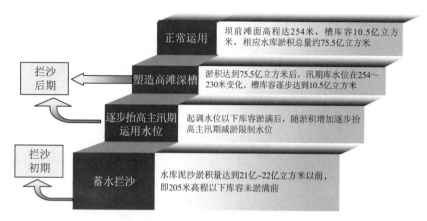

图 11-2-1　小浪底水利枢纽阶段运用

以后,黄河来水来沙量呈大幅度减少趋势,以潼关水文站为例,2000—2010 年,实测年均水量 214.2 亿立方米、沙量 3.0 亿吨,与 1960—1986 年相比,水量、沙量分别减少 47.6% 和 75.4%,与设计水沙系列相比,水量、沙量分别减少 32.2% 和 77.6%。2000—2010 年,小浪底水库实测年均入库水量、沙量分别为 196.48 亿立方米和 3.44 亿吨,与设计比较,水量、沙量分别减少 32.06% 和 73.01%。

由于刘家峡、龙羊峡等大型水库先后投入运用,黄河干流来水年内分配也发生很大变化,汛期比例下降,非汛期比例上升。2000—2010 年与 1960—1986 年比较,潼关断面汛期来水量占全年比例由 57.3% 降至 44.8%。潼关水文站各时期水沙特征值见表 11-2-1,小浪底水库 2000—2010 年实际入库水沙量见表 11-2-2。

表 11-2-1　潼关水文站各时期水沙特征值

水文站	水文年系列	水量（亿立方米）			汛期比例（%）	沙量（亿吨）			汛期比例（%）	含沙量（千克每立方米）		
		汛期	非汛期	全年		汛期	非汛期	全年		汛期	非汛期	全年
潼关	1960—1986 年①	234	174.5	409	57	10.4	2.0	12.4	83.9	44.6	11.4	30.4
	1986—2000 年②	120.5	139.5	260	46	5.8	1.9	7.7	75.3	48.4	13.6	29.7
	2000—2010 年③	94.9	119.3	214.2	45	2.2	0.8	3.0	71.0	23.4	6.6	14.4
	设计系列④	174.5	141.5	316	55	11.4	1.9	13.4	85.1	65.6	13.7	42.3
	②较①减少（%）	48.5	20.1	36.4	19	44.2	4.0	37.8	10.3	-8.5	-19.3	2.3
	③较①减少（%）	59.5	31.6	47.6	22	78.7	60	75.4	13.4	47.5	41.9	52.6
	③较④减少（%）	45.6	15.7	32.2	19	80.7	57.8	77.6	16.6	64.3	51.8	66.0

注:设计系列是小浪底水库设计阶段采用的 1950—1975 年翻番 50 年水沙系列。

表 11-2-2　小浪底水库 2000—2010 年实际入库水沙量

年份	入库水量（亿立方米）	较设计减少（%）	入库沙量（亿吨）	较设计减少（%）
2000	164.01	43.29	3.57	71.98
2001	138.04	52.27	2.94	76.92
2002	153.26	47.01	4.48	64.84
2003	237.26	17.96	7.76	39.09
2004	166.65	42.38	2.72	78.65
2005	209.7	27.49	4.06	68.13
2006	211.92	26.72	2.33	81.71
2007	238.67	17.47	3.13	75.43
2008	194.4	32.78	1.34	89.48
2009	199.75	30.93	1.98	84.46
2010	247.62	14.38	3.51	72.45
平均	196.48	32.06	3.44	73.01

（2）洪水出现概率减小、洪峰流量降低。小浪底水利枢纽投入运用后，洪水出现概率明显减小。1950—1986 年潼关断面年均发生 3 000 立方米每秒以上和 6 000 立方米每秒以上洪水场次分别为 5.5 场和 1.3 场。2000—2010 年，潼关断面年均发生 3 000 立方米每秒以上洪水仅 0.36 场，且最大洪峰流量仅为 4 480 立方米每秒（2005 年 10 月 5 日）。洪水持续时间及洪量也均大幅度减小。1960—1986 年潼关水文站 3 000 立方米每秒以上流量年均出现的天数和水量分别为 30.8 天和 107.4 亿立方米。2000—2010 年潼关水文站 3 000 立方米每秒以上流量年均出现的天数和水量分别为 1.5 天和 4.6 亿立方米。潼关水文站年均洪水发生频次见表 11-2-3，黄河龙门、潼关水文站不同时期各流量级出现天数见表 11-2-4。

表 11-2-3　潼关水文站年均洪水发生频次　　　（单位：次每年）

站名	水文年系列	全年		9—10 月	
		≥ 3 000 立方米每秒	≥ 6 000 立方米每秒	≥ 3 000 立方米每秒	≥ 6 000 立方米每秒
潼关	1950—1986 年	5.5	1.3	1.7	0.1
	1986—2000 年	2.8	0.3	0.5	0
	2000—2005 年	0.36	0	0.25	0

表 11-2-4　黄河龙门、潼关水文站不同时期各流量级出现天数

水文站	水文年系列	≤500立方米每秒		500~1 000立方米每秒		1 000~2 000立方米每秒		2 000~3 000立方米每秒		≥3 000立方米每秒	
		天数	水量（亿立方米）	天数	水量（亿立方米）	天数	水量（亿立方米）	天数	水量（亿立方米）	天数	水量（亿立方米）
龙门	1950—1986 年	8.7	2.5	24.3	16.2	50.4	63.7	27.4	57.4	12.1	40.2
	1986—2000 年	47.4	12.9	39.4	24.9	28.8	33.6	6.4	13.2	1.1	3.9
	2000—2010 年	50.4	13.3	52.5	33.1	19.8	20.7	0.3	0.6	0	0
	设计系列	29.3	8.1	32.8	21.1	41.8	52.8	13.6	27.7	5.5	2.8
潼关	1960—1986 年	4.7	1.5	17.7	11.6	41.5	53.1	28.4	60.3	30.8	107.4
	1986—2000 年	23.5	6.5	41.6	25.8	42.5	51.2	11.0	23.1	4.4	13.9
	2000—2010 年	34.3	9.3	45.8	28.8	36.5	42.0	4.9	10.1	1.5	4.6
	设计系列	16.4	4.86	28.8	18.2	38.5	48.4	25.6	53.4	13.8	49.6

(二)下游河道边界条件变化

1. 主槽严重淤积萎缩

1986 年以后,黄河下游来水偏少,汛期洪水显著减少,洪峰流量明显降低,下游河道淤积加重。1986—1999 年,下游河道年均淤积 2.23 亿吨,占来沙量的 29%,是各时期中最高的。其中,73%的泥沙集中淤积在生产堤以内的主河槽里,导致主槽萎缩,过流能力锐减。小浪底水利枢纽 1999 年 10 月下闸蓄水,之后长期处于下泄小流量清水过程,使得下游主河槽在夹河滩以上发生冲刷,高村以下总体呈淤积状态。到 2002 年汛前,下游河道平滩流量已从 20 世纪 80 年代中期的 6 000~7 000 立方米每秒锐减至 1 800~3 600 立方米每秒,高村附近河段平滩流量只有 1 800 立方米每秒左右。

2."二级悬河"形势日趋严峻

1986 年以后,由于汛期水量大幅度减少,下游河道中小流量的高含沙洪水出现概率增大,导致主河槽淤积萎缩。滩区生产堤影响了滩槽水沙交换,加快了主河槽的淤积,使黄河下游河道"槽高于滩,滩高于背河地面"的"二级悬河"形势十分严峻。黄河下游花园口以下除局部高滩外,河道基本呈"二级悬河"形态,其中东坝头至陶城铺河段滩唇普遍高于大堤附近滩面 2 米以上,最严重的河段滩唇高出堤根 4 米,滩地高出背河地面 4~6 米。发生洪水漫滩时,将增

加大堤偎堤水深,并增加发生"横河""斜河""顺堤行洪"的概率,严重威胁黄河下游堤防安全。

(三)经济社会发展新要求

1. 防止黄河下游断流

1972 年起黄河下游出现断流现象。1972—1999 年的 28 年中,黄河下游利津站有 22 年发生断流,累计断流 1 027 天。1997 年断流最为严重,利津站断流 226 天,断流河段上延至开封柳园口。黄河下游断流严重影响了沿黄地区的生活和生产,破坏了生态平衡,引起社会各界广泛关注。为缓解黄河水资源供需矛盾和黄河下游断流形势,经国务院批准,1999 年 3 月 1 日开始实施黄河水量统一调度。

进入 21 世纪,党中央、国务院继续关注黄河水资源调度管理中出现的新问题、新情况。国务院总理温家宝多次就加强黄河水量统一管理和调度做出指示,在 2002 年 12 月全国抗旱和农田水利基本建设电视电话会议上明确要求:切实加强流域水资源统一管理,尤其要加强黄河水量统一调度和实时调度,统筹兼顾各方用水,在确保黄河不断流的前提下,尽最大努力缓解全流域用水紧张局面;在 2003 年 4 月 13 日水利部信息《黄河水量统一调度存在问题和建议》上批示:今年黄河水特枯,供需矛盾十分突出,必须采取综合手段加强调控,确保黄河不断流,这是水利部门的一项十分艰巨的任务。

2006 年 8 月 1 日,中国第一部流域水量调度管理行政法规——《黄河水量调度条例》正式施行。条例明确指出:"实施黄河水量调度,应当首先满足城乡居民生活用水的需要,合理安排农业用水、工业用水、生态环境用水,防止黄河断流"。

2. 保护黄河下游滩区

黄河下游滩区既是滞洪滞沙的场所,也是滩区群众世代居住地,居住总人口近 190 万人。尽管国家制定了"一水一麦""优先免除农业税"等优惠政策,但由于滩区经常上水受淹,生产条件差,基础设施薄弱,群众生产、生活条件仍十分困难。

黄河滩区群众生存和保安一直是党中央和沿黄各级政府关心的重大问题。加强滩区安全建设,保障滩区人民生命财产安全,对小浪底水利枢纽调度运用提出了更高要求。

二、小浪底水利枢纽拦沙初期运用方式调整

鉴于小浪底水利枢纽实际运用条件较设计发生较大变化,枢纽运用方式需要进一步研究细化,1996 年 11 月水利部《关于小浪底水库运用方式研究项目的批复》(水规计〔1996〕520 号)批准了小浪底水库运用方式研究工作。黄委会设计院联合有关科研单位、大专院校以及小浪底建管局协作开展研究工作,1999 年提出《小浪底水库初期运用方式研究报告》,2000 年提出《小浪底水库 2000 年运用方式研究报告》,2002 年提出《小浪底水库初期防洪减淤运用关键技术研究报告》。上述研究全面系统分析了小浪底水利枢纽拦沙初期(设计蓄水拦沙阶段)运用条件和特点,对原设计运用方式进行了适当调整和细化。水库调度单位参考该系列研究成果,结合黄河和枢纽实际运用条件,逐年编制小浪底水利枢纽防洪、防凌、减淤、供水运用方案,科学规范枢纽运用。

(一)拦沙初期防洪运用方式调整

1. 拦沙初期防洪运用条件

小浪底水利枢纽拦沙初期各年的防洪运用条件不尽相同。

(1)蓄水条件。2000 年小浪底水库移民控制高程为 235 米,2001 年达到 265 米,2001—2003 年完成 265~275 米高程之间的移民搬迁工作。

(2)汛限水位。小浪底水利枢纽拦沙初期,因淤沙库容尚未淤满,水库防洪库容较大,汛限水位主要受减淤要求控制,根据水库淤积变化和减淤运用方式确定。按照调度规程,小浪底水库汛限水位调整应由水库调度部门(黄河防总)报上级主管部门(国家防总或水利部)批准。

2000—2011 年,小浪底水库汛限水位历经三次调整。2000 年汛限水位为 215 米。2001 年开始实行两阶段汛限水位,前汛期汛限水位为 220 米,后汛期汛限水位为 235 米。2002 年以后前汛期汛限水位为 225 米,后汛期汛限水位为 248 米。

(3)汛期时间。2000 年汛期时间为 7 月 1 日至 10 月 23 日,中间没有分期。2001 年开始分前、后汛期。2001—2005 年前汛期为 7 月 1 日至 9 月 10 日,后汛期为 9 月 11 日至 10 月 23 日。2006 年开始汛期时间变为 7 月 1 日至 10 月 31 日,其中前汛期为 7 月 1 日至 8 月 31 日,8 月 21 日视情况可向后汛期水位过渡,后汛期为 9 月 1 日至 10 月 31 日,10 月 21 日视情况可向非汛期水位

过渡。

（4）防洪标准。小浪底水库防洪标准 2000 年为防御 500 年一遇洪水，库水位不超过移民搬迁高程 235 米；2001—2003 年为防御千年一遇洪水，库水位不超过移民搬迁高程 265 米；2003 年以后达到设计防洪标准。

2. 防洪运用方式调整

（1）2000—2004 年，小浪底水利枢纽防洪运用按照黄河防总逐年编制的《小浪底水利枢纽年度洪水调度方案》执行。总体运用方式如下：

由于小浪底水利枢纽初期防洪库容较大，三门峡、陆浑、故县、小浪底四水库联合运用时，小浪底水库分担三门峡水库的防洪任务，三门峡水库按敞泄运用。

为避免小浪底水库有限库容快速淤损，并有利于冲刷下游河道，小浪底水库对中常洪水不控制。

对于三门峡以上来水为主的“上大洪水”，控制花园口洪峰流量不大于 10 000 立方米每秒；对于三门峡至花园口之间来水为主的“下大洪水”，尽量控制花园口洪峰流量不大于 10 000 立方米每秒。

（2）2005 年以后防洪运用方式。2005 年 6 月 8 日，国家防总以国汛〔2005〕11 号文批准《黄河中下游近期洪水调度方案》，使黄河中下游洪水调度有章可循。总体原则是在确保防洪安全、延缓水库及下游河道淤积的前提下，加强中常洪水控制，尽量避免下游洪水上滩，保护滩区安全。此后，黄河防总按照《黄河中下游近期洪水调度方案》确定的原则制订相应的年度洪水调度方案，总体运用方式如下：

预报花园口洪峰流量小于 4 000 立方米每秒时，水库适时调节水沙，按控制花园口流量不大于下游主槽平滩流量的原则泄洪。

预报花园口洪峰流量 4 000~8 000 立方米每秒时，若中期预报黄河中游有强降雨或当潼关水文站发生含沙量大于或等于 200 千克每立方米的洪水，原则按进出库平衡方式运用；若中期预报黄河中游没有强降雨且潼关水文站含沙量小于 200 千克每立方米、小花间来水洪峰流量小于下游主槽平滩流量，原则按控制花园口流量不大于下游主槽平滩流量运用。小浪底至花园口之间来水大于或等于下游主槽平滩流量时，视洪水情况可控制运用。控制水库最高运用水位不超过 254 米。

预报花园口流量大于 8 000 立方米每秒、小于或等于 10 000 立方米每秒时,若入库流量不大于水库相应泄流能力,原则按进出库平衡方式运用;若入库流量大于水库相应泄流能力,按敞泄滞洪运用。

预报花园口流量大于 10 000 立方米每秒时,若预报小浪底至花园口之间流量小于 9 000 立方米每秒,按控制花园口 10 000 立方米每秒运用;若预报小浪底至花园口之间流量大于或等于 9 000 立方米每秒,按不大于 1 000 立方米每秒下泄(发电流量)。

预报花园口流量回落至 10 000 立方米每秒以下时,按控制花园口流量不大于 10 000 立方米每秒泄洪,直至小浪底库水位降至汛限水位。

当洪水危及水库安全时,加大泄洪流量。

(二)拦沙初期防凌运用方式调整

1. 正常情况下防凌运用方式

小浪底水库 12 月底预留 20 亿立方米防凌库容。预报下游河道封冻前 1 旬,水库按防凌预案确定的流量均匀泄流,维持下游流量平稳,避免小流量封河;下游河道封冻后,水库平稳减少泄流,逐步减小下游河道槽蓄水量,使下游流量不超过河道的冰下过流能力。开河期进一步削减下游河道槽蓄水量,适时控泄流量,直至开河,开始控制花园口流量 500 立方米每秒左右。下游河道封冻后,控制花园口流量 350 立方米每秒左右(若考虑同期下游用水,按引水需求增加相应流量),直至封冻河段全部开通;当封冻河面破裂淌冰可能阻塞河道时,立即减少下泄流量,直至下游平稳开河。防凌运用中首先启用小浪底水库 20 亿立方米防凌库容,若不满足防凌需要,再启用三门峡水库 15 亿立方米防凌库容。

2. 枯水条件下防凌运用方式

在水资源极端短缺年份,为节约水资源,凌汛期可采取黄河下游小流量封河方式,小浪底水利枢纽可以适当减小下泄流量。例如,2002—2003 年凌汛期,黄河流域来水量偏少,水资源供需矛盾异常突出。黄河防总启动黄河下游风险调度预案,小浪底水库凌汛期各月下泄流量分别为 175 立方米每秒、144 立方米每秒、157 立方米每秒,花园口各月流量分别为 197 立方米每秒、167 立方米每秒、166 立方米每秒,计划利津封河流量 50 立方米每秒,实际封河流量仅 32 立方米每秒。凌汛期间,小浪底水库增加蓄水 16.2 亿立方米,为春季抗旱供水储备了水源。

3. 丰水情况下防凌运用方式

在水资源丰沛年份,凌汛期小浪底水利枢纽可以适当增加下泄流量,以预留必要的防凌库容,延缓或避免下游封河,降低凌汛风险。例如,2011—2012 年凌汛期,受秋汛洪水影响,小浪底库水位持续上涨,2011 年 12 月 15 日库水位达到 267.83 米,创历史最高水位。为保障防凌安全,凌汛期小浪底各月下泄流量分别为 1 007 立方米每秒、812 立方米每秒、431 立方米每秒,花园口各月流量分别为 1 218 立方米每秒、915 立方米每秒、423 立方米每秒,实现黄河下游-10 ℃气温条件下不封河,有效降低了凌汛风险。

(三)拦沙初期减淤运用方式调整

小浪底水利枢纽拦沙初期减淤运用方式主要是拦沙和调水调沙。运用特点依然是汛期控制水库调蓄水量、形成低壅水,减少水库细沙淤积;控制下泄流量两极分化,减少下游河道泥沙淤积。但具体调控指标较初步设计进行了适当调整。

1. 起调水位

小浪底水利枢纽调水调沙起调水位即主汛期水库最低运用水位。2000 年按照设计运用方式,调水调沙起调水位为 205 米。由于 205 米水位情况下,发电机组运行工况较差,2001 年将起始运用水位由 205 米提升到 210 米,对水库及下游河道减淤效果影响不大,且能明显改善机组运行工况,提高综合效益。

2. 调控流量

小浪底水利枢纽调水调沙下泄流量两极分化。调控下限流量既要满足下游供水、灌溉兼顾电站运行等要求,还不能过大,以避免下游泥沙搬家,淤积艾山以下河道。调控上限流量要满足黄河下游河道不淤或冲刷要求。应不出现调控上限流量与调控下限流量之间的流量级,以避免对山东河道造成严重淤积。

在拦沙初期,原设计调水调沙调控花园口断面下限流量为 800 立方米每秒,可以满足下游供水和电站运行要求;但调控上限流量为 2 000 立方米每秒,明显偏小,不能满足黄河下游河道减淤要求。要满足黄河下游河道减淤要求,调水调沙调控花园口断面上限流量最小为 2 600 立方米每秒,最佳为 3 700 立方米每秒。考虑大量新建河道整治工程尚未经过大洪水考验及黄河水资源短缺等因素,调水调沙调控上限流量采用 2 600 立方米每秒;待下游河道工程经过考验并具备水量条件时,调水调沙调控上限流量可以逐步提高至 3 700 立方米每秒。黄河下游各含沙量级洪水各河段不淤积的临界流量见表 11-2-5。

表 11-2-5　黄河下游各含沙量级洪水各河段不淤积的临界流量　（单位:立方米每秒）

河段	含沙量(千克每立方米)						高含沙
	0～20	20～30	30～40	40～60	60～80	>80	
花园口以上	<1 000	2 300	4 000	4 000	全淤	全淤	全淤
花园口至高村	<1 000	2 000	2 800	3 500	全淤	全淤	全淤
高村至艾山	2 000	2 000	3 000	2 500	2 000	2 500	全淤
艾山至利津	2 300	2 000	2 500	2 000	2 000	2 800	4 000

3. 调控时间

调控时间是调水调沙调控花园口上限流量最少持续时间。为保障下游河道冲刷效果,洪水冲刷历时不宜太短。根据下游实测中常洪水资料分析,调控历时在 6 天以上下游冲刷效果较好。所以,拦沙初期调水调沙调控时间不少于 6 天。

4. 调控库容

调控库容是调水调沙起调水位以上最大蓄水量,应满足枯水条件下的供水和来水较大时凑泄一定历时调控上限流量要求。原设计调控库容 3 亿立方米不能满足要求。为满足调水调沙水量和兼顾下游河道减淤、供水要求,拦沙初期调水调沙调控库容采用 8 亿立方米。主汛期利用调控库容调节入库水沙,控制花园口断面流量两极分化,或小于 800 立方米每秒,或大于 2 600 立方米每秒(确保下游不漫滩,历时不少于 6 天);避免花园口断面出现 800～2 600 立方米每秒的流量过程,以减少下游河道淤积。

三、小浪底水利枢纽拦沙初期运用评估

2006 年 10 月,小浪底水利枢纽已运用 7 年,水库累计淤积量 20.62 亿立方米,水库运用即将转入拦沙后期。为分析水库拦沙初期的运用效果,总结调度运用经验,指导今后调度运用,小浪底建管局委托黄河设计公司开展小浪底水利枢纽拦沙初期运用分析评估工作。黄河设计公司采用拦沙初期实际运用条件,对拦沙初期设计运用方式和实际运用方式的运用效果进行分析比较,主要

结论如下：

（1）水库淤积方面。小浪底水利枢纽实际运用方式比设计运用方式水库淤积量有少量增加，多淤积约 10%，淤积形态基本相似。

（2）下游减淤方面。小浪底水利枢纽实际运用方式比设计运用方式黄河下游河道多冲刷 1.33 亿吨。实际运用方式下游河道发生了全线冲刷。设计运用方式下游河道高村以下河段冲刷量明显偏小，个别河段还会发生少量淤积。

（3）下游防洪方面。小浪底水利枢纽实际运用方式对中常洪水进行了控制运用，减小了下游河道洪水漫滩的概率。设计运用方式下游洪水漫滩面积大幅增加，滩区淹没损失显著增大。

（4）供水灌溉方面。小浪底水利枢纽设计运用方式，在下游用水关键期的 3 月至 6 月上旬，下游生产生活共缺水 11.2 亿立方米，2001 年和 2003 年出现严重的断流局面。实际运用方式保障了下游生产生活用水，实现了黄河不断流的目标，并 4 次向河北、天津应急调水，6 次引黄济青，1 次引黄济淀（河北白洋淀），累计引水 41 亿立方米。

（5）发电效益方面。小浪底水利枢纽实际运用方式比设计运用方式累计多发电 57.43 亿千瓦时，发电效益显著增加。

分析评估说明，小浪底水利枢纽拦沙初期运用方式调整是必要的和科学合理的，对水库淤积影响较小，避免了黄河断流，显著增加了防洪、减淤、供水、灌溉、发电及河流生态效益。

四、小浪底水利枢纽拦沙后期(第一阶段)运用方式

小浪底水利枢纽拦沙后期(第一阶段)相当于设计分期中逐步抬高主汛期运用水位的初始阶段。该阶段的特征是随着水库淤积不断增加，逐步抬升主汛期调水调沙起调水位，调水调沙上限水位也随之逐步抬升。除此之外，运用方式与拦沙初期运用方式相同。

2007 年底小浪底水库泥沙淤积达到 22.91 亿立方米，按照调度规程，2008 年开始小浪底水利枢纽运用进入拦沙后期(第一阶段)。由于该阶段小浪底水库淤积形态较拦沙初期没有明显变化，水库泥沙淤积高程仍然较低，排沙能力依然有限。所以，小浪底水利枢纽拦沙后期(第一阶段)实际运用方式除逐步抬升主汛期调水调沙起调水位、调水调沙上限水位也随之逐步抬升外，

其他方面延续了拦沙初期调整后的运用方式。

五、西霞院反调节水库运用方式

(一)西霞院反调节水库设计运用方式

西霞院反调节水库开发任务是以反调节为主,结合发电,兼顾灌溉、供水等综合利用。西霞院反调节水库为日调节水库,不承担下游防洪任务,在初步设计文件中,为避免水库汛期淤积,按照减淤运用要求确定131米为汛限水位。西霞院反调节水库设计运用方式为:

(1)在汛期,小浪底水库泄洪、排沙、调水调沙运用期间,下泄流量及含沙量较大,小浪底水电站基荷运行,没有反调节需求,西霞院反调节水库按维持库水位131米运用,控制库水位不超过库区滩地表面高程,减少滩地淤积,保持有效库容;小浪底水库供水运用下泄清水期间,西霞院反调节水库按正常蓄水位134米反调节运用,按下游供水需求平稳下泄,并尽量保持较高水位,提高发电效益。

(2)在非汛期,小浪底水库下泄流量较小且均为清水,西霞院水库按照正常蓄水位134米反调节运用,满足下游用水和生态环境要求,并尽量保持较高水位,提高发电效益。

(二)西霞院反调节水库运用方式改变

2007年,西霞院反调节水库蓄水运用后,汛期实际运用方式与设计差异较大。主要是:汛期小浪底水库供水运用下泄清水期间,西霞院反调节水库按库水位不超过131米运用;小浪底水库泄洪、排沙、调水调沙运用期间,西霞院反调节水库敞泄运用。

西霞院反调节水库非汛期实际运用方式与设计完全一致。

(三)运用方式改变的影响及措施

西霞院反调节水库汛期实际运用方式较设计运用方式发生改变,主要影响有两个方面:一是汛期泄洪、排沙、调水调沙期间西霞院反调节水库敞泄运用,威胁引水导墙安全。西霞院电站坝段上游两侧建有左、右引水导墙(基础底面高程118米),用于疏导水流;两导墙之间为砂砾石河床(顶面高程120米)。西霞院反调节水库敞泄运用,会冲刷电站坝段上游砂砾石河床,威胁导墙安全。二是汛期供水运用期间西霞院库水位不超过131米,无法实施反调节运用,影响小浪底和西霞院水电站发电效益。

鉴于上述情况,小浪底建管局采取两项措施:一是加强与黄委会和黄河防办的沟通协调,反映存在问题,建议西霞院反调节水库按照设计方式运用。二是2008年委托黄河设计公司研究编制《西霞院反调节水库运用调度规程》(简称《西霞院水库调度规程》),规范西霞院反调节水库运用调度。

第三节 运用调度规程

小浪底水利枢纽投入运用后,有关各方密切配合,按照水库淤积演进特点分阶段研究编制运用调度规程,先后完成了《小浪底水利枢纽拦沙初期运用调度规程》《小浪底水利枢纽拦沙后期(第一阶段)运用调度规程》。西霞院反调节水库投入运用后,也及时编制了《西霞院反调节水库运用调度规程》。水利部水规总院审查调度规程,协商化解意见分歧,提出具体修改意见。经过反复修改完善,调度规程经水利部批准实施。

一、小浪底水利枢纽拦沙初期运用调度规程

(一)拦沙初期调度规程编制

小浪底水利枢纽1999年10月25日蓄水运用至2002年底,没有编制小浪底水利枢纽运用调度规程,黄河防总和黄委会参照枢纽初期运用研究成果开展枢纽调度工作。

2002年,根据水利部指示及国家标准《大中型水电站水库调度规范》(GB 17621—1998)的有关规定,小浪底建管局委托黄委会设计院作为主编单位、黄河防办和小浪底建管局作为参编单位,共同研究编制《小浪底水利枢纽拦沙初期运行调度规程》(简称《拦沙初期调度规程》)。2003年1月10日,编制单位完成《小浪底水利枢纽拦沙初期调度规程编制大纲》(简称《拦沙初期调度规程编制大纲》)并上报水利部水规总院审查。2003年6月中旬,编制单位根据水规总院对《拦沙初期调度规程编制大纲》的审查意见,完成了《拦沙初期调度规程》(送审稿)并上报水规总院。2003年7月27—29日,水规总院组织专家在北京召开《拦沙初期调度规程》(送审稿)咨询讨论会。2004年4月,编制单位根据咨询讨论会的咨询意见,完成了《拦沙初期调度规程》(报批稿)并上报水

规总院。2004 年 5 月中旬,水规总院在北京召开《拦沙初期调度规程》(报批稿)审查会,会议基本同意《拦沙初期调度规程》(报批稿)。2004 年 6 月,水规总院将《拦沙初期调度规程》(报批稿)及审查意见上报水利部。2004 年 7 月,水利部将《拦沙初期调度规程》(报批稿)发河南、山东两省人民政府征求意见。2004 年 9 月 29 日,水利部正式颁布《拦沙初期调度规程》。

(二)《拦沙初期调度规程》内容

《拦沙初期调度规程》分为正文、附录两部分。正文包括目的及适用范围、总则、水工建筑物安全运行条件、金属结构设备安全运行条件、防洪调度、调水调沙调度、防凌调度、供水灌溉调度、发电调度、枢纽防沙防淤堵调度、水库调度管理、水库调度信息保障、附则共十三章。附录主要包括调度与安全运行所必需的基本资料和规划设计资料。

《拦沙初期调度规程》在确保枢纽安全的基础上,对枢纽拦沙初期运用调度做出明确规定。主要内容如下:

(1)规程适用于水库泥沙淤积量达到 21 亿~22 亿立方米以前的时期。

(2)水库调度单位为黄委会和黄河防总,发电调度单位为河南省电力公司,运行管理单位为小浪底建管局。调度单位对调度指令的执行结果负责,运行管理单位对枢纽建筑物的安全运行负责。

(3)各时段主要调度目标。7 月 1 日至 10 月 31 日为防洪、减淤;11 月 1 日至翌年 2 月底为防凌、减淤;3 月 1 日至 6 月 30 日为减淤、供水、灌溉。

(4)枢纽大坝、泄洪排沙系统和发电系统安全运行条件。水库正常设计水位 275 米(同最高运用水位),最低运用水位一般不低于 210 米,根据土石坝蓄水特点和坝体稳定要求,水库按分级蓄水原则逐步提高允许最高蓄水位,在 260~265 米和 265~270 米水位级应持续不少于 3 个月的时间,在前一级水位运行检验稳定后,方可进入后一级水位蓄水运用。

(5)库水位消落限制条件。库水位非连续下降时,日最大下降幅度不大于 6 米;库水位连续下降时,一周内最大下降幅度不大于 25 米,且日最大下降幅度不大于 5 米。

(6)汛限水位制定原则。

(7)防洪调度期为 7 月 1 日至 10 月 23 日,其中 7 月 1 日至 8 月 31 日为前汛期,9月1日至10月23日为后汛期。

（8）防洪、调水调沙、防凌、供水灌溉、发电调度的原则及方式。其中,发电调度按照"以水定电"原则,服从水量调度。

（9）供水运用下泄流量允许误差指标:日均下泄流量误差不超过10%,旬均下泄流量误差不超过5%。

（10）枢纽防淤堵调度的原则及方式:当实测进水塔前泥沙淤积面高程达到183.5米时,运行管理单位报请水库调度单位批准,小开度、短历时开启排沙洞工作闸门,检查流道是否畅通。以后按0.5米一级逐步提高塔前允许淤积面高程,但最终许可值不得大于187米。若排沙洞淤堵不能泄流,可相机启用明流洞、孔板洞泄流拉沙,必要时辅以高压水枪冲沙,以恢复塔前冲刷漏斗。

二、小浪底水利枢纽拦沙后期（第一阶段）运用调度规程

（一）拦沙后期（第一阶段）运用调度规程编制

2005年底,小浪底水库累计淤积量为17.17亿立方米,预计拦沙初期于2007年结束。根据国家标准《大中型水电站水库调度规范》（GB 17621—1998）的有关要求,为规范拦沙后期枢纽调度运用,2006年6月29日,小浪底建管局委托黄河设计公司作为主编单位,与小浪底建管局共同研究编制《小浪底水利枢纽拦沙后期运用调度规程》（简称《拦沙后期调度规程》）。2007年11月6日,编制单位完成《拦沙后期调度规程》（送审稿）并报水利部审批。

2008年4月,水规总院在北京召开《拦沙后期调度规程》（送审稿）审查会议。会议审查意见为:小浪底水利枢纽拦沙后期持续时间较长,水库运用条件不断变化,水库运用方式也在不断调整,甚至可能出现一些目前无法预见的问题,需要在实际运用中总结经验,对水库运行方式加以优化完善。所以,拦沙后期调度规程难以一步到位,应分阶段编制,使调度规程符合实际情况,发挥科学规范水库调度的目的。根据会议审查意见,小浪底水利枢纽拦沙后期运用调度规程分阶段编制,首先编制《小浪底水利枢纽拦沙后期（第一阶段）运用调度规程》（简称《拦沙后期（第一阶段）调度规程》）。所谓拦沙后期第一阶段,是指小浪底水库淤积泥沙22亿~42亿立方米的运用阶段。确定该指标主要基于以下考虑:

（1）小浪底水库泥沙淤积42亿立方米之前,水库淤积形态与拦沙初期淤积

形态在特征上没有明显变化。小浪底水库泥沙淤积量达到 42 亿立方米以后，水库泥沙淤积高程已经显著提高，小浪底水利枢纽运用条件和运用方式将发生较大改变。

（2）预计小浪底水库泥沙淤积量从 22 亿立方米增加到 42 亿立方米时，黄河古贤水利枢纽工程亦已开始建设，小浪底水利枢纽运用条件发生重要改变，枢纽运用方式也将相应调整。

2008 年 4 月审查会议后，编制单位按照会议审查意见进行修订完善，完成《拦沙后期（第一阶段）调度规程》（报批稿），2008 年 11 月 19 日报水利部审批。2008 年 12 月，水规总院组织专家在北京召开《拦沙后期（第一阶段）调度规程》（报批稿）审查会议。随后编制单位按照审查意见进行修订完善，完成《拦沙后期（第一阶段）调度规程》（上报稿），2009 年 2 月 18 日报水利部审批。2009 年 3 月，水规总院在北京召开《拦沙后期（第一阶段）调度规程》（上报稿）审查会议。会议基本同意修改后的调度规程。2009 年 4 月 28 日，编制单位将进一步修改完善的《拦沙后期（第一阶段）调度规程》（修订稿）上报水利部审批。2009 年 9 月 4 日，水利部正式批准《拦沙后期（第一阶段）调度规程》。

（二）《拦沙后期（第一阶段）调度规程》内容

《拦沙后期（第一阶段）调度规程》参照《拦沙初期调度规程》，仍分为正文、附录两部分。正文包括总则、水工建筑物安全运用条件、金属结构设备安全运行条件、防洪调度、防凌调度、调水调沙调度、供水灌溉调度、发电调度、枢纽防沙防淤堵调度、水库调度管理、水库调度信息保障、附则共十二章。附录主要包括调度与安全运行所必需的基本资料和规划设计资料。

《拦沙后期（第一阶段）调度规程》在确保枢纽安全的基础上，对枢纽拦沙后期（第一阶段）运用调度做出明确规定，与《拦沙初期调度规程》比较，主要调整内容如下：

（1）明确该规程适用于小浪底水库泥沙淤积 22 亿~42 亿立方米的运用阶段。

（2）明确西霞院反调节水库与小浪底水利枢纽是一组工程的两个项目，应将其作为整体实施调度。水库调度单位负责制定枢纽出库流量及含沙量要求，运行管理单位负责制订小浪底水利枢纽、西霞院反调节水库联合运用方案满足调度要求。

（3）完善水库分级蓄水原则。《拦沙初期调度规程》要求"在260~265米、265~270米各级水位运用应持续不少于3个月，在前一级水位运行检验稳定后，方可进行后一级水位蓄水运用"。由于在某一级水位"连续蓄水不少于3个月"实际运用中很难实现，所以《拦沙后期（第一阶段）调度规程》将其修改为"连续运行时间达到45天或累计运行时间达到90天"确认大坝运行无异常后，方可进行后一级水位蓄水运用。

（4）调整了库水位涨落限制条件，明确库水位不宜骤升骤降，库水位在260米以上连续24小时上升幅度不应大于5米，库水位连续下降7天内最大下降幅度不应大于15米；库水位在250米以上时，连续24小时下降最大幅度不应大于4米；库水位在250米以下时，连续24小时下降最大幅度不应大于3米。

（5）将防洪调度期调整为7月1日至10月31日，其中7月1日至8月31日为前汛期，从8月21日起可以向后汛期水位过渡；9月1日至10月31日为后汛期，从10月21日起可以向非汛期水位过渡。

（6）按照国家防总批准的《黄河中下游近期洪水调度方案》，调整了小浪底水利枢纽防洪运用方式。

（7）调整供水运用下泄流量允许误差指标，规定供水运用期间，西霞院反调节水库日均下泄流量误差按±5%控制，其中相对误差的绝对值小于或等于5%的概率应达到75%以上，相对误差的绝对值不应超过10%。

（8）调整发电调度要求：考虑西霞院反调节水库已投入运用，明确发电调度要在满足水库调度单位制定的下泄流量指标的前提下，充分利用西霞院水库的反调节作用，多发电、少弃水，提高调峰作用。

三、西霞院反调节水库运用调度规程

（一）《西霞院反调节水库运用调度规程》编制

西霞院反调节水库于2007年5月蓄水运用。为满足水库运用调度需要，2008年10月小浪底建管局委托黄河设计公司作为主编单位，与小浪底建管局共同研究编制《西霞院反调节水库运用调度规程》（简称《西霞院水库调度规程》）。编制单位依据《西霞院反调节水库初步设计报告》《拦沙后期（第一阶段）调度规程》及其他相关法规，并征求黄委会、河南省电力公司等单位意见，

于 2009 年 8 月完成《西霞院水库调度规程》(送审稿),并上报水利部审批。

2010 年 6 月,水规总院在北京组织召开《西霞院水库调度规程》(送审稿)审查会议。会后编制单位按照审查意见,对《西霞院水库调度规程》(送审稿)进行了修订完善,再次征求黄委会等单位的意见,完成《西霞院水库调度规程》(报批稿),于 2010 年 8 月上报水利部审批。

2011 年 2 月,水规总院在北京组织召开《西霞院水库调度规程》(报批稿)审查会议。会议对个别章节文字表述提出具体修改意见,要求编制单位进行修订完善,并书面征求黄委会及河南省电力公司意见后,再报水规总院。

2011 年 3 月,编制单位按照审查会议意见,对《西霞院水库调度规程》(报批稿)进行修订完善,书面征求黄委会和河南省电力公司意见后,完成《西霞院水库调度规程》(报批修订稿),于 2011 年 6 月 28 日上报水规总院。

2011 年 9 月水规总院在北京组织召开《西霞院水库调度规程》(报批修订稿)复审会,与会代表一致同意《西霞院水库调度规程》(报批修订稿)的水库运用调度原则、运行方式及安全运用条件,对个别章节文字表述提出了完善意见。编制单位按照复审会议意见,完成《西霞院水库调度规程》(修订完善稿),于 2011 年 9 月 28 日报水规总院。2012 年 1 月 17 日水利部批准了《西霞院水库调度规程》。

(二)《西霞院水库调度规程》内容

《西霞院水库调度规程》参照《拦沙后期(第一阶段)调度规程》,分为正文、附录两部分。正文包括总则、水工建筑物及金属结构设备安全运行条件、泄洪排沙调度、供水灌溉及防凌调度、发电调度、水库调度运行保障、附则。附录主要包括调度与安全运行所必需的基本资料和规划设计资料。《西霞院水库调度规程》主要内容包括:

(1)明确水库调度单位为黄委会和黄河防总,发电调度单位为河南省电力公司,运行管理单位为小浪底建管局。水库调度单位负责制订水库下泄流量等指标;电力调度单位按"以水定电"原则制定发电指标;运行管理单位严格执行调度指令,制订小浪底水利枢纽、西霞院反调节水库联合运用方案。水库调度单位对调度指令的执行结果负责,运行管理单位对枢纽建筑物的安全运行负责。

(2)明确西霞院反调节水库是小浪底水利枢纽的配套工程,应将其作为整体实施调度。

（3）明确水工建筑物及金属结构设备安全运用条件。西霞院反调节水库正常蓄水位 134 米,汛期排沙限制水位 131 米。

（4）明确泄洪、排沙、供水、灌溉及防凌调度方式:在小浪底水利枢纽泄洪、排沙(西霞院反调节水库入库含沙量大于 1 千克每立方米)和调水调沙下泄大流量时,西霞院反调节水库按库水位不超过 131 米运用;其他时间按 134 米水位反调节运用。

（5）明确供水运用下泄流量允许误差指标:日均下泄流量误差按 5% 控制,其中相对误差的绝对值小于或等于 5% 的概率应达到 75% 以上,相对误差的绝对值不应超过 10%。

（6）明确发电调度要按照"以水定电"原则,服从水量调度。

第四节　防洪调度运用

小浪底水利枢纽 1999 年 10 月 25 日下闸蓄水,2000 年 1 月 9 日首台机组正式并网发电。1999—2011 年,因来水来沙条件和下游河道边界条件相比设计有较大变化,并且经济社会发展对小浪底水利枢纽发挥防断流、防洪保滩等作用提出新的要求,小浪底水利枢纽优化调整调度运用方式,在充分发挥综合效益、延长水库使用寿命等方面进行了不断探索与实践。

一、水情

2000—2011 年,小浪底水利枢纽充分发挥水库运用初期防洪库容较大的优势,实施拦洪错峰或蓄洪,有效削减下游洪峰流量,减小下游防洪压力,充分发挥枢纽防洪减灾效益。❶ 小浪底水利枢纽历年水情见表 11-4-1。

2000—2011 年,潼关水文站发生 1 次(2011 年 9 月)达到该站编号洪水条件(洪峰流量超过 5 000 立方米每秒)的洪水,发生 2 次洪峰流量 4 000~5 000 立方米每秒洪水(分别发生在 2003 年秋季、2005 年秋季),发生 6 次洪

---

❶ 本节引用的流量、含沙量,2000—2001 年进出库水量、沙量数据来自黄委会水文局发布的实时报讯数据,2002—2011 年进出库水量、沙量数据来自黄河泥沙公报。

表11-4-1　小浪底水利枢纽历年水情

年份	库水位（米）				入库流量			出库流量				水量统计					
	年初	最高	最低	平均	平均入库（立方米每秒）	最大日均入库（立方米每秒）	发生日期（月-日）	平均出库（立方米每秒）	最大日均出库（立方米每秒）	发生日期（月-日）	弃水（立方米每秒）	年入库（亿立方米）	汛期入库（亿立方米）	下泄水量（亿立方米）	调节补水（亿立方米）	弃水量（亿立方米）	利用率（%）
2000	205.58	234.81	192.63	213.5	516	2 310	10-13	481	1 130	04-26	471	163	67	152	27	146	2
2001	234.08	236.33	191.72	221.9	437	2 200	08-21	493	1 510	04-02	199	138	54	155	55	63	59
2002	235.21	240.87	208.00	224.8	482	2 750	06-24	607	2 780	07-11	141	152	50	191	64	44	77
2003	221.26	265.69	217.98	236.4	749	4 030	10-03	660	2 340	10-24	217	236	147	208	57	68	67
2004	257.62	261.99	218.63	246.3	534	2 840	07-07	651	2 680	07-09	88	169	67	206	82	28	87
2005	251.13	259.61	219.78	248.0	671	3 900	10-05	701	3 520	06-23	138	212	105	221	79	44	80
2006	257.71	263.41	221.27	246.8	672	2 770	06-25	816	3 700	06-24	151	212	88	257	89	48	81
2007	244.92	256.32	218.70	243.9	770	2 640	06-29/03-24	781	4 010	06-26	95	243	122	246	72	30	88
2008	251.31	252.75	219.17	242.0	666	2 620	03-27	714	4 040	06-25	68	211	80	226	72	22	90
2009	243.23	250.34	216.00	238.0	697	2 380	09-16	682	4 000	06-28	69	220	85	215	64	22	90
2010	240.14	251.71	211.65	240.1	794	3 900	07-04	783	3 870	06-26	123	250	120	247	71	39	81
2011	250.79	267.83	215.01	248.3	822	5 720	09-22	812	4 010	06-26	80	259	125	256	80	25	90
年平均	241.1	253.5	212.5	237.5	651	3 172		682	3 133		153	205	92	215	68	48	74
合计												2 464	1 110	2 582	812	579	

注：入出库水量2000—2002年采用黄委会水文局实时报汛数据，2003—2011年采用黄河泥沙公报数据；汛期为每年7—10月。

峰流量 3 000~4 000 立方米每秒洪水（2003 年秋季 3 次，2001 年、2010 年、2011 年各 1 次）。2000—2011 年黄河潼关水文站洪峰情况见表 11-4-2。

表 11-4-2　2000—2011 年黄河潼关水文站洪峰情况

年份	各级洪峰出现次数			最大洪峰流量（立方米每秒）	最大洪峰流量发生时间（月-日 T 时:分）
	≥5 000 立方米每秒	4 000~5 000 立方米每秒	3 000~4 000 立方米每秒		
2000				2 200	10-13T05:00
2001			1	3 000	08-21T14:00
2002				2 520	07-06T11:18
2003		1	3	4 350	10-03T04:00
2004				2 140	08-22T12:48
2005		1		4 500	10-05T12:00
2006				2 630	09-01T01:00
2007				2 850	03-23T08:30
2008				2 700	03-26T07:30
2009				2 390	09-16T11:30
2010			1	3 320	09-21T04:30
2011	1		1	5 800	09-21T19:12
合计	1	2	6		

注:2011 年的洪峰流量为潼关水文站 1998 年以来最大值。

2000—2011 年，小浪底水库汛期（7—10 月）入库水量、沙量最大的年份皆为 2003 年，水量为 147 亿立方米、沙量为 7.8 亿吨（为设计多年平均值的 59%）。汛期入库水量大于 100 亿立方米的年份还有 2005 年、2007 年、2010 年和 2011 年，这些年份汛期入库沙量皆少于 3.6 亿吨。2000—2011 年小浪底水库汛期入库水量、沙量变化见图 11-4-1。

二、调度运用

2000—2004 年，小浪底水利枢纽防洪调度按黄河防总每年制订并上报国家防总备案的"黄河中下游洪水年度调度方案"执行。2005 年 6 月 8 日,国家防总批准《黄河中下游近期洪水调度方案》(国汛〔2005〕11 号),正式明确小浪底水利枢纽运行初期的防洪调度方式。

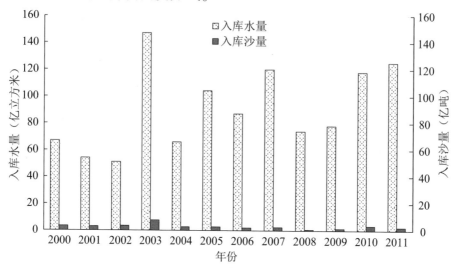

图 11-4-1　2000—2011 年小浪底水库汛期入库水量、沙量变化

2000—2011 年,黄河小浪底至花园口之间(小花间)支流洪水实测最大洪峰流量小于 3 000 立方米每秒,加上小浪底上游洪水,测算在天然情况下花园口断面洪峰流量皆在 8 000 立方米每秒之下,基本属于小洪水或中常洪水。实际防洪调度运用中,小浪底水利枢纽突出下游保滩和抗旱供水作用,前汛期(7—8月)主要实施拦洪、削峰、错峰,兼顾调水调沙与供水运用,控制花园口断面流量小于下游平滩流量,避免下游洪水漫滩;后汛期(9—10 月)多以拦洪蓄水为主,实现洪水资源化利用。

2000—2011 年,黄河中游前汛期(7—8 月)没有发生较大洪水,后汛期(9—10 月)洪水相对较为突出,主要表现在 2003 年、2005 年和 2011 年。

(一)2003 年防洪调度运用

2003 年黄河中下游发生罕见的"华西秋雨"洪水,是小浪底水利枢纽投入运用以后(截至 2011 年)历时最长、洪量最大、水库拦蓄洪水最多的洪水,对黄河下游造成的灾害影响也是最大的。

1. 洪水情况

2003 年 8 月 25 日至 10 月 19 日,黄河流域遭遇几十年来最为严重的"华西秋雨"天气。泾河、北洛河、渭河、山陕区间、伊洛河、三花间出现大范围、持续性的降雨过程。泾河、渭河、伊洛河上许多水文站的日降雨量、洪水水位均创历史纪录。黄河中下游干支流相继发生 17 次洪水过程。其中,渭河发生的 6 次洪水过程"首尾相连",持续 50 余天,洪量达 60 亿立方米以上。渭河中下游全线超过历史最高水位,渭河咸阳站 8 月 30 日洪峰流量 5 340 立方米每秒,为自 1981 年以来最大洪峰。洛河卢氏站 8 月 29 日洪峰流量 2 350 立方米每秒,为该站有记录以来的最大流量。2003 年汛期黄河潼关水文站、伊洛河黑石关水文站实测流量过程见图 11-4-2。

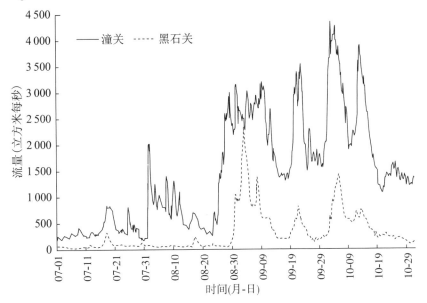

图 11-4-2　2003 年汛期黄河潼关水文站、伊洛河黑石关水文站实测流量过程

渭河洪水在潼关水文站形成 4 次洪峰,最大洪峰流量 4 350 立方米每秒(10 月 3 日)。由于来源区不同,这 4 次洪水过程的最大含沙量前高后低,其中第一次洪水主要来自泾河上游多沙区,含沙量较大,潼关水文站最大含沙量 240 千克每立方米;后面 3 次洪水主要来自渭河上游干支流,含沙量较小,潼关水文站含沙量均在 40 千克每立方米以下。

2. 防洪调度

(1)主汛期调度。小浪底水利枢纽 1999 年 10 月蓄水运用至 2003 年汛前,黄河来水持续偏枯,流域旱情接连不断,下游地区供水形势持续紧张。在 2003 年"华西秋雨"洪水来临之前,主要调度目标是利用水库防洪库容较大的优势,在保障防汛安全的前提下争取多蓄水,以改善黄河下游供水紧张局面。

2003年7月1日小浪底水库水位219.37米,低于汛限水位225米。7—8月小浪底水库以拦蓄为主,出库流量基本维持在100~300立方米每秒。进入8月后,因黄河中游地区降雨产生的小洪水接连入库,库水位上涨较快,8月7日突破汛限水位,至8月15日达到228.39米。

8月21日,国家防办发出《关于继续做好防汛工作的通知》,要求各地防汛抗旱指挥部要坚决克服麻痹大意思想,继续保持高度警惕,做好迎战大洪水的各项工作。该日小浪底水库水位上涨至229.58米。8月22日国家防办发函批复黄河防总《关于小浪底水库提前蓄水运用的请示》,原则同意小浪底水库2003年8月31日前控制蓄水位不超过240米,自9月1日开始向后汛期限制水位248米过渡的运用方式。

(2)秋汛调度。2003年8月25—26日,北洛河、泾河等流域普降大到暴雨,局部地区出现大暴雨,"华西秋雨"洪水来临。2003年秋汛期间潼关、小浪底、花园口水文站实测流量过程见图11-4-3。在8月25日至10月19日秋汛洪水期间,三门峡水库大多数时间实施敞泄运用,小浪底水库调度主要经历四个阶段。

第一阶段:8月25日至9月6日。因小浪底水库蓄水未达到后汛期限制水位248米,为保障来年供水及引黄济津调水水量,水库继续进行蓄水运用,通过调控机组出力控制日均出库流量为240立方米每秒,将渭河第一、二次洪水拦在库内。

由于小浪底水库汛期长时间拦水拦沙,进水塔前泥沙淤积发展较快,8月27日,黄河防总办下达《关于小浪底水利枢纽防淤堵调度的通知》(黄河防总办电〔2003〕132号),要求当坝前淤积高程达到183.5米时,开始实施防淤堵调度措施。小浪底建管局8月29日回函《关于小浪底水利枢纽防淤堵调度通知的复函》(局电〔2003〕13号),提出鉴于2003年8月2—3日24小时内,塔前淤积高程从176米抬升至180.4米,日抬升幅度达4.4米,为确保塔前淤积高程不超过187米,建议当塔前淤积高程达到183米时,启动防淤堵调度措施。

8月31日黄河防总办向小浪底建管局下达《关于小浪底水库转入防洪运用的预通知》(黄河防总办电〔2003〕146号),阐明黄河洪水形势及防洪局面,要求小浪底建管局做好适当控泄运用的各项准备。

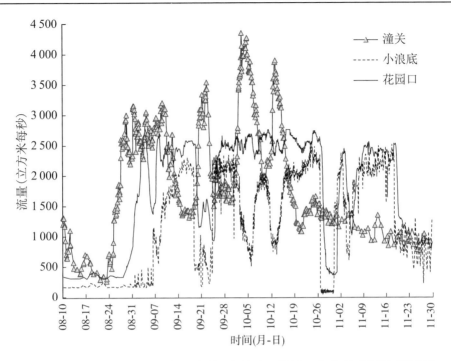

图 11-4-3 2003 年秋汛期间潼关、小浪底、花园口水文站实测流量过程

此阶段,小浪底水库拦蓄洪水 12.2 亿立方米、泥沙 2.89 亿吨,蓄水位从 229.91 米陡涨至 245.83 米。

第二阶段:9 月 6—18 日。9 月 6 日,小浪底水库坝前淤积面平均高程达到 182.3 米,浑水顶面高程 203.6 米,浑水层厚度 21.3 米。渭河第三次洪水过程开始入库,同期下游伊洛河亦发生洪水。为兼顾下游防洪安全、水库运用安全和减淤等目标,9 月 6—18 日,黄河防总组织实施了黄河第二次调水调沙试验。试验期间,小浪底水库按下游伊洛河、沁河洪水变化调控出库水沙,控制花园口断面平均流量 2 400 立方米每秒左右,平均含沙量 30 千克每立方米左右。黄河防总办每 4 小时下达 1 次小浪底水库出库流量和含沙量控制指标。出库流量控制指标在 600~2 200 立方米每秒;出库含沙量控制指标前高后低,范围在 7~150 千克每立方米。其间,小浪底建管局组织人员加强实时调度,安排闸门操作人员现场 24 小时值守,频繁调整 3 条排沙洞、3 号明流洞及发电机组组合运用控制出库流量和含沙量,启闭闸门达 92 次。但因出库流量、含沙量控制指标调整频繁、变幅大,且根据水文站测流反馈数据来调整孔洞运用方式需要占用一定时间,4 小时平均流量和平均含沙量控制偏差仍然较大,出库流量最大偏差为 150 立方米每秒,含沙量最大偏差为 52.2 千克每立方米。

9月8日8时,小浪底水库蓄水位为248.01米,超过后汛期汛限水位248米。当日黄河防总办向国家防办发出《关于小浪底水库超汛限水位运用的报告》(黄河防总办电〔2003〕230号),提出小浪底水库继续按花园口水文站2 500立方米每秒流量控泄,在渭河第三次洪水入库期间,库水位将继续上涨,短期超汛限水位运行,洪水过后将尽快降回至248米。同日,小浪底建管局向黄河防总办发出《关于要求放宽小浪底水库汛限水位控制的函》(局电〔2003〕14号),提出小浪底水利枢纽建筑物在当前水位下运行正常,两岸山体同水位渗流量较往年减少40%~80%,水库265米高程以下具备正常蓄水运用条件,为给来年枢纽竣工验收提供第一手资料,减少下游防洪压力,增加水资源供给保障,建议放宽小浪底水库后汛期水位限制。

9月17日,小浪底水库浑水层全部泄完,坝前淤积面高程降至181米以下。9月18日,黄河下游兰考蔡集河段河道内生产堤发生决口,导致大堤偎水,黄河下游防汛形势陡然紧张。同时,引黄济津已于9月12日开始,有降低水流含沙量的需求。小浪底水库水位接近250米,即将具备大坝250~260米阶段蓄水检验条件。基于以上因素,小浪底水库于9月18日18时30分结束黄河第二次调水调沙试验,关闭泄流孔洞,出库流量减至400立方米每秒。

此阶段,小浪底水库拦蓄洪水6.1亿立方米,库水位从237.07米上涨至249.07米,涨幅12米;水库入库沙量3.64亿吨,出库沙量0.74亿吨,排沙比约20%。

第三阶段:9月19日至10月26日。渭河第四次洪峰于9月21日在华县站形成(21日21时3 400立方米每秒),9月23日小浪底库水位快速上涨至253.75米,为减缓库水位上涨速度,满足大坝分级蓄水安全需要,同时兼顾减轻下游防洪抢险压力,减少滩区淹没损失,小浪底水库自9月23日17时开始加大泄流,按控制花园口断面2 700立方米每秒拦洪控泄运用。其间,小浪底建管局一般安排3条排沙洞、3号明流洞和发电机组组合控制泄流,9月26—30日择机实施2号、3号孔板洞检验性过流。至9月底,小浪底水库水位达到254.19米。

随后渭河第五、六场洪水相继发生,同期伊洛河也发生洪水,为避免洪水叠加,满足花园口断面流量2 700立方米每秒的控制要求,小浪底水库出库流量一度减小至800立方米每秒。由于持续拦洪控泄运用,小浪底水库水位快速上涨,10月6日突破260米,10月15日达到最高值265.69米,相应蓄水量95.5亿立方米。

因小浪底水库的运用水位超出分级蓄水限制指标幅度大、时间长(2003年汛期以前,小浪底水库最高运用水位仅240.87米),其蓄水安全问题备受关注。10月初,黄河防总办连续4次发文要求小浪底建管局加强安全监测和综合分析评价,并要求每日8时、16时报告安全分析结果。10月7日,黄河防总办下发紧急通知,成立小浪底水库运行安全评估小组,组长由黄委会总工程师薛松贵担任,成员由黄委会总工办、黄河设计公司、小浪底建管局相关人员组成;安全评估小组负责小浪底水库运行安全评估,每日向黄河防总提供评估意见。小浪底建管局按照要求加密枢纽安全巡查、观测频次,并请黄河设计公司对距大坝较近的库区1号、2号滑坡体安全稳定进行复核,每天组织进行安全分析评估,及时报告有关情况,为黄河防总调度决策提供依据。10月13日,小浪底水库蓄水位达到263.83米,国家防办当日向黄河防总发函《关于进一步加强小浪底水库安全度汛工作的紧急通知》(国汛办电〔2003〕94号),提出鉴于小浪底水库大坝为土石坝,属建成后首次高水位长时间运行,情况比较复杂,一旦出现重大险情,后果不堪设想。要求将小浪底水库安全放在首位,必须确保水库安全度汛。

10月15日以后,渭河洪水逐步减小。为将小浪底水库蓄水位尽快降至260米以下,黄河防总安排三门峡水库提前蓄水至非汛期运用水位318米,小浪底水库继续按花园口水文站流量2 700立方米每秒控制运用。小浪底库水位逐步下降,10月26日8时库水位降至262.34米。2003年秋汛期间三门峡出库流量和小浪底水库水位过程见图11-4-4。

第四阶段:10月26日至11月18日,秋汛洪水逐步削减,小浪底入库流量从1 300立方米每秒左右逐步减小至1 000立方米每秒左右。10月26日,国家防总总指挥、国务院副总理回良玉检查黄河防汛工作来到小浪底水利枢纽,组织现场防汛会商。考虑蔡集生产堤溃口漫滩已达40多天,堵口抢险比较困难;山东东明河段黄河堤防出现较多的渗水和险情,被水围困群众生活受到较大影响;河南、山东两省均向黄河防总提出减小小浪底水库下泄流量,给下游顺利抢险创造条件的建议;且小浪底大坝也已经过250米以上约40天高水位考验,枢纽工程运行稳定。经综合研究分析,认为小浪底水库260米以上水位蓄水时间可以延长,决定小浪底水利枢纽立即控制出库流量,全力配合蔡集在10月底完

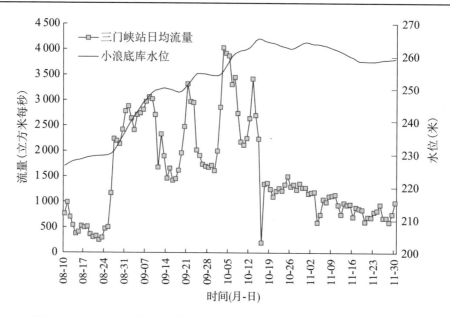

图 11-4-4　2003 年秋汛期间三门峡出库流量和小浪底库水位过程

成堵口。当日 16 时 30 分,小浪底水利枢纽出库流量从 2 300 立方米每秒减小到 100 立方米每秒。小浪底建管局采用全停发电机组,仅保留 3 号排沙洞以工作门设计最小开度泄流(开度 1.23 米,流量约 130 立方米每秒),且采用每开 3 小时就关闭 1 小时的运用方式,严格执行流量控制指标。

10 月 28 日 9 时,花园口断面流量降至 500 立方米每秒以下。10 月 29 日蔡集堵口成功。小浪底水库从 10 月 30 日 20 时 30 分起再次加大出库流量,按花园口断面流量不超过 2 500 立方米每秒控制泄流,进一步降低库水位,保障防凌库容。按照当年防凌预案,11 月底小浪底水库蓄水位应维持在 259 米左右,11 月 18 日小浪底水库水位降至 258.56 米,秋汛洪水调度过程结束。

在 2003 年秋汛期间,小浪底水利枢纽水库拦蓄洪水总量达 63 亿立方米,将花园口断面可能出现的 6 000 立方米每秒洪峰流量削减至 2 800 立方米每秒,有效减轻了下游防洪压力,减免滩区灾害损失 100 亿元以上。小浪底水库削峰作用明显。2003 年秒汛有无小浪底水库调节情况下花园口断面流量过程对比见图 11-4-5。

由于持续高水位防洪运用,小浪底水库淤积泥沙 4.8 亿立方米,其中包括部分细颗粒泥沙,且库尾发生淤积,侵占了设计有效库容。由于防洪运用时间长,出库流量及含沙量控制精度要求高,小浪底水利枢纽泄洪孔洞组合运用方式调整频繁,闸门启闭累计达 400 余次,导致 3 条排沙洞闸门及孔洞均发生不同程度的故障和磨损。

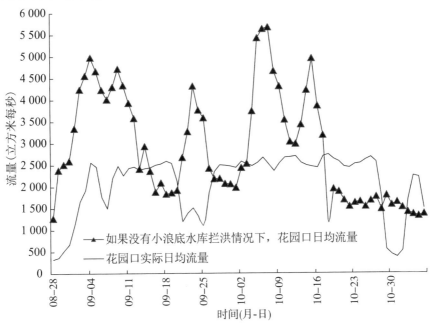

图 11-4-5　2003 年秋汛有无小浪底水库调节情况下花园口断面流量过程对比

2004 年实施了万家寨、三门峡、小浪底三库联调的汛前调水调沙运用,利用黄河中游水库群蓄水大流量集中冲刷小浪底水库库尾泥沙,有效调整水库淤积形态,2003 年泥沙淤积侵占的设计有效库容得到完全恢复。

2003—2004 年的调度实践表明,在小浪底水库拦沙运用期,小浪底水库可调库容较大,对含沙量不高的中常洪水(4 000～8 000 立方米每秒级)实施保滩运用,会使水库淤积量增加,但由于小浪底水库有较好的库形条件(水库库尾段纵比降较大,基本为 U 形河槽),通过实施中游水库群联合调度,三门峡水库加大流量下泄冲刷,可以优化调整水库淤积形态。同时,这种运用方式还可以增加水库后汛期蓄水量,有利于雨洪资源充分利用。

(二)2005 年防洪调度运用

1. 洪水情况

2005 年黄河中游潼关断面出现 6 次洪水过程。其中,发生在 7 月和 8 月上旬的前 3 场洪水洪峰流量较小(潼关站流量小于 2 000 立方米每秒),前两场洪水的含沙量较高。特别是 7 月下旬的第二场洪水,渭河华县站含沙量达 517 千克每立方米,潼关站含沙量达 496 千克每立方米。发生在 8 月 20 日前后和 9

月下旬至 10 月上旬的 3 场洪水规模相对较大,特别是第五、六场洪水于 9 月下旬至 10 月上旬接连发生,同期伊洛河也发生洪水,防汛形势严峻。

9 月下旬至 10 月上旬,黄河中下游渭河和三花间大部分地区出现较大范围的降雨。受持续降雨影响,渭河临潼站 10 月 2 日 15 时 12 分洪峰流量 5 270 立方米每秒,洪峰水位 358.58 米,比 2003 年秋汛最高水位高出 0.24 米,为历史最高洪水位;华县站 10 月 4 日 9 时 30 分洪峰流量 4 800 立方米每秒,是自 1981 年以来的最大洪水;黄河潼关断面从 9 月 30 日开始起涨,几次出现洪峰,最大洪峰流量 4 500 立方米每秒(10 月 5 日 12 时)。2005 年汛期黄河潼关、华县水文站实测流量过程见图 11-4-6。

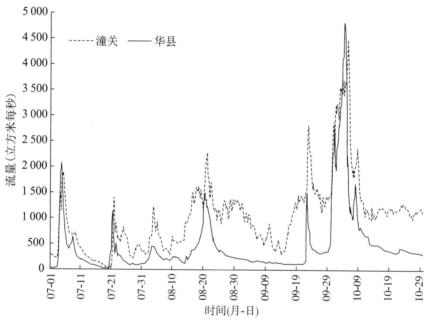

图 11-4-6 2005 年汛期黄河潼关、华县水文站实测流量过程

在潼关第六场洪水期间,三花间伊洛河、沁河同期发生洪水。10 月 4 日 0 时 42 分,伊洛河黑石关站洪峰流量 1 870 立方米每秒;10 月 4 日 8 时,沁河武陟站洪峰流量 270 立方米每秒。该场洪水陡张陡落,历时较短,在花园口形成 2 860 立方米每秒的短时洪峰。2005 年秋汛期间黄河中下游洪水流量过程见图 11-4-7。

2.防洪调度

2005 年汛期黄河中游洪水多发,其中秋汛洪水相对较为突出,相比 2003 年秋汛洪水,其在黄河干流形成的洪峰、洪量、持续时间都相对较小。

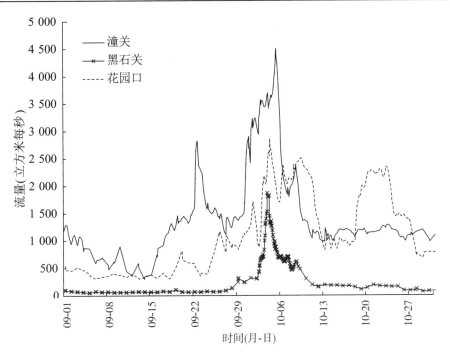

图 11-4-7　2005 年秋汛期间黄河中下游洪水流量过程

（1）前汛期调度。2005 年 7 月 1 日,汛前生产性调水调沙刚刚结束,黄河中游山陕区间出现较大范围降雨过程,产生了第一场洪水。该场洪水含沙量较高,三门峡水库最大出库含沙量 301 千克每立方米(7 月 5 日 12 时),洪水在小浪底库区形成异重流。小浪底水库按不超过汛限水位 225 米进行泄洪排沙运用,最大出库流量 2 510 立方米每秒(7 月 8 日 9 时 24 分),最大出库含沙量 152 千克每立方米(7 月 6 日 10 时)。7 月 8 日 17 时,小浪底库水位降至接近 221 米。为避免库水位过低,影响后续供水安全,小浪底水库结束本次泄洪排沙。此后小浪底水库分别于 7 月 20 日和 8 月 4 日拦蓄了第二、三场小洪水,库水位逐步回升至汛限水位 225 米。第四场洪水从 8 月 15 日持续至 9 月 5 日,大部分时段入库流量在 1 500 立方米每秒以下。该场洪水正好发生在前汛期向后汛期的过渡期间。8 月 20 日后,小浪底水库开始由拦蓄洪水向后汛期汛限水位过渡,出库流量 300 立方米每秒左右,至 9 月 17 日秋汛洪水来临前,水库蓄水位抬升至 239.51 米。2005 年汛期黄河中游洪水流量及小浪底水库水位过程见图 11-4-8。

（2）秋汛调度。2005 年 9 月 17 日至 10 月 10 日,黄河中游接连发生第五、六场洪水,潼关断面洪峰流量分别为 2 820 立方米每秒和 4 500 立方米每秒,其中第六场洪水期间伊洛河、沁河也发生洪水。10 月 2 日,国务院总理温家宝针

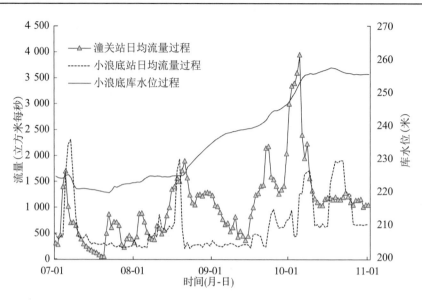

图 11-4-8　2005 年汛期黄河中游洪水流量及小浪底水库水位过程

对汛情做出重要批示："要及时给予指导和帮助,确保群众生命安全,确保西安等城市安全,确保交通干线安全"。10 月 3 日,国家防办下发《关于进一步做好黄河渭河防汛抗洪的紧急通知》(国汛办电〔2005〕112 号),指出渭河出现近 10 年一遇洪水,渭河干流部分河段超历史最高水位,伊洛河也发生洪水,防汛形势严峻,要求统筹兼顾,科学调度小浪底、陆浑、故县等水库,在确保水库自身安全的情况下,充分发挥水库拦洪错峰作用。小浪底水库根据以上要求实施拦洪错峰运用,控泄指标在 150~2 000 立方米每秒范围内不断调整变化,控制花园口断面流量不超过 2 500 立方米每秒。2005 年秋汛洪水含沙量较小,潼关水文站实测最大含沙量 36 千克每立方米(9 月 22 日 20 时),小浪底水库未专门实施排沙运用,一般由机组发电满足控泄指标要求,不足水量采用 3 号排沙洞或 3 号明流洞泄流补充。

至 10 月 10 日,小浪底水库蓄水位从 241.1 米上升至 255.6 米,拦蓄洪量 25.8 亿立方米。此后,黄河中游洪水削减,潼关水文站流量稳定在 1 000 立方米每秒左右。为配合下游王庵控导工程抢险,小浪底水库减小出库流量至 700 立方米每秒以内。因出库流量小于入库流量,库水位缓慢上涨。10 月 17 日,王庵工程抢险结束,小浪底库水位上升至 257.47 米,超过后汛期限制水位近 9.5 米。之后,小浪底水库适当加大出库流量,10 月 19—22 日最大日均流量达到 2 000 立方米每秒。泄流运用方式为首先安排机组发电,不足水量通过 3 条排沙洞泄流补充。

　　此后,小浪底水库逐级减小泄流量,10月27日小浪底水库开始按700立方米每秒控泄,防洪运用结束。11月1日8时汛期结束时,小浪底库水位回落至255.54米。

(三)2011年防洪调度运用

　　2011年黄河洪水主要发生在秋季黄河中游,洪水峰高量小,持续时间较短,且山陕区间洪水与伊洛河洪水同期发生。

1.洪水情况

　　2011年9月上中旬,黄河中游相继发生3次较强秋雨过程,山陕区间、泾渭河、伊洛河普降大到暴雨。受连续降雨影响,泾渭河和伊洛河相继发生多场洪水过程。渭河形成近5年一遇洪水,临潼、华县水文站出现1981年以来最大洪水,洪峰流量分别为5 410立方米每秒(19日10时18分)和5 260立方米每秒(19日20时18分),潼关水文站出现1998年以来最大洪水洪峰流量5 800立方米每秒(21日19时12分),编号为黄河中游2011年第一号洪峰。与此同时,伊洛河也发生两场相当于10年一遇秋汛的大流量过程,洛河卢氏站、伊河东湾站洪峰流量分别为1 660立方米每秒(19日3时)和1 460立方米每秒(14日8时40分),黑石关站出现2 560立方米每秒洪峰(19日8时),为1982年以来最大洪水。2011年汛期潼关水文站、黑石关水文站实测流量过程见图11-4-9。

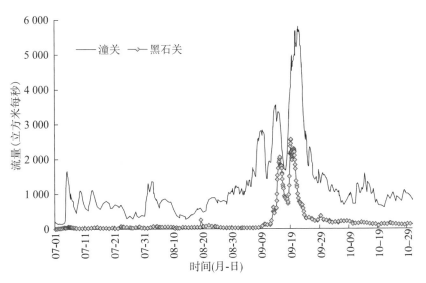

图11-4-9　2011年汛期潼关水文站、黑石关水文站实测流量过程

2. 防洪调度

2011年主汛期黄河中游来水偏少,小浪底水库、西霞院水库联合调度,出库流量一般为350~700立方米每秒。8月21日后,小浪底水库逐步蓄水,从前汛期汛限水位225米(相应库容11.8亿立方米)开始向后汛期汛限水位248米(相应库容42.8亿立方米)过渡。

9月4—24日,黄河中下游发生以渭河、伊洛河来水为主的秋汛洪水。19日4时至23日6时,潼关水文站流量持续在4 000立方米每秒以上,洪峰流量5 800立方米每秒。三门峡水库敞泄运用,最大出库流量5 960立方米每秒(9月22日12时),最大出库含沙量120千克每立方米(9月8日8时)。9月18日15时,黄河防总宣布启动黄河Ⅲ级防汛应急响应。为削减黄河下游洪峰,小浪底水库实施拦蓄洪水运用,出库流量按400立方米每秒控制,避免了中游洪水与伊洛河洪水叠加,减轻了下游防洪压力。其间,小浪底水库水位上涨较快,至9月24日达到261.2米(相应蓄水量68.5亿立方米)。9月24日以后至汛末,洪水削减,小浪底水库入出库水量基本平衡(其间最大出库流量为1 500立方米每秒),小浪底水库水位维持在263.5米上下,为大坝260~265米水位蓄水安全检验提供了较好条件。2011年秋汛期黄河中下游洪水流量过程见图11-4-10,2011年汛期小浪底水库出库流量和库水位过程见图11-4-11。

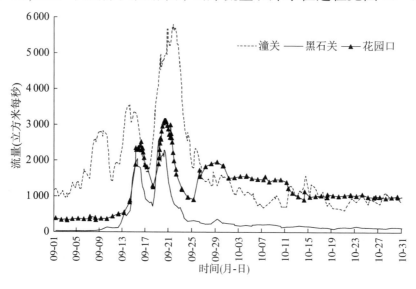

图11-4-10 2011年秋汛期黄河中下游洪水流量过程

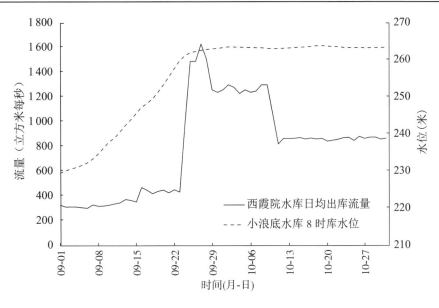

图 11-4-11　2011 年汛期小浪底水库出库流量和库水位过程

第五节　防凌调度运用

黄河下游流向偏北,冬季一般入海口河段首先封河,而后向上游发展,容易发生冰塞、冰坝险情,很可能造成较大凌汛(见图 11-5-1)灾害。历史上凌汛灾害是黄河最难防范的灾害之一。中华人民共和国成立后,黄河下游于 1951 年、1955 年 2 次发生凌汛决口,造成了较大灾害损失。三门峡水利枢纽投入运行后,显著增强了防凌抗灾能力,黄河下游没有出现大的凌汛灾害。小浪底水利

图 11-5-1　黄河下游凌汛

枢纽距黄河下游更近,水库调节能力更强,设计防凌库容20亿立方米,在三门峡水利枢纽配合下基本解除了黄河下游的凌灾威胁。2007年西霞院水库投入反调节运用,部分缓解了小浪底水利枢纽水电调度矛盾和压力。

一般情况下,每年12月至翌年2月为小浪底水库防凌调度期。在1999—2012年防凌调度期间,水资源紧缺局面严重,黄河下游地区多次发生严重干旱,黄河防总在2002—2003年防凌调度期启用了防凌风险预案,最大限度压减黄河下游冬季河道流量;并两次发布干旱预警(2008—2009年度和2010—2011年度),启动抗旱供水紧急响应。受低温和电煤紧缺影响,河南省电网供电严重不足,在防凌调度期存在拉闸限电现象。在多数防凌调度期,还实施了黄河下游跨流域调水。因此,小浪底水利枢纽防凌与供水、防凌与发电调度需求交织,矛盾突出。

小浪底建管局以社会效益优先,严格执行水调指令,加强水电协调,精确调控小浪底水利枢纽和西霞院反调节水库出库流量,及时化解凌汛风险,为黄河下游平稳封、开河奠定基础,有效保障了黄河下游防凌安全,兼顾了供水、生态用水、跨流域调水、发电等多目标需求。

防凌调度的关键是控制一个相对稳定的封河流量,保障水流在冰盖下顺畅通行,防止形成冰塞和冰坝。小浪底水库投入运用前,黄河下游封河流量一般为500立方米每秒左右。小浪底水库投入运用后,多数年份为枯水年,利用小浪底水库运行初期防凌库容富余度较大优势,黄河下游探索实施50~200立方米每秒小流量封河调度,以减少冬季入海水量,节约水资源,增加来年春灌水资源储备。在来水偏丰年度,利用水库蓄水温度相对较高的优势,在黄河下游可能封河的关键时期,小浪底水库加大泄流,给下游河道水量较好的热力和动力条件,可以降低封河的可能性,消除凌汛威胁。

一、小流量封河防凌调度

2000—2012年,在黄河下游防凌调度期初(12月1日),小浪底水库蓄水量大多不足50亿立方米,汛限水位225米以上的可调水量不足30亿立方米。小浪底水库防凌调度期初蓄水量与黄河下游计划封河流量见图11-5-2。为减少冬季入海水量、节省水资源,从2001年冬季起,黄河下游大多数年度采用小流量封河方案,比较典型的小流量封河年份有2001—2002年度、2002—2003年度、2009—2010 年度。2005—2006 年度,虽然小浪底水库蓄水较多,黄河下游仍然采用了小流量封河方案。

实施小流量封河防凌调度需要具备 3 个条件:

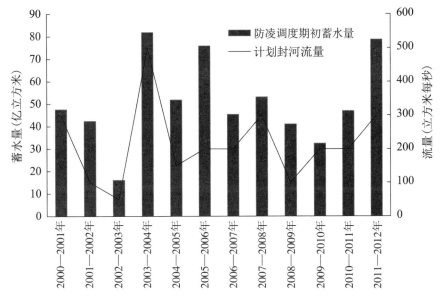

图 11-5-2　小浪底水库防凌调度期初蓄水量与黄河下游计划封河流量

一是水库有富余的防凌库容。当下游出现冰塞等险情时,可以有效拦蓄来水,减小出库流量,避免险情发展扩大。在枯水年份,小浪底水库冬季蓄水量少,可用防凌库容达 50 亿立方米以上,远远超过设计防凌库容 20 亿立方米,为实施小流量封河奠定了基础。

二是小浪底水库和西霞院水库要按照防凌调度指令要求精确调控出库流量,维持西霞院水库平稳泄流。

三是发挥下游引黄涵闸保障能力。黄河下游沿岸有许多取水涵闸,当黄河下游出现可能造成凌汛险情的突发情况时,紧急启用引黄涵闸适当分水,可以快速调节河道流量,有效弥补小浪底水库和西霞院水库调节"鞭长莫及"的窘况,确保黄河下游小流量封河运用安全。

(一)典型年份小流量封河调度

1. 2001—2002 年度防凌调度

2001 年 12 月 1 日,小浪底水库蓄水位 233.31 米,相应蓄水量 42.4 亿立方米。因水文预报 2002 年仍是枯水年,为缓解水资源供需矛盾,黄河下游首次采用小流量封河方案,计划河口地区封河流量 100 立方米每秒。防凌调度期小浪底水库各月平均出库流量分别为 354 立方米每秒、188 立方米每秒、427 立方米每秒,下游利津站各月平均流量分别为 49 立方米每秒、88 立方米每秒、46 立方米每秒。2002 年 3 月 1 日,小浪底库水位为 240.87 米,相应蓄水量 53.3 亿立方米。2001—2002 年度防凌调度期小浪底水库蓄水位和日均出库流量变化见图 11-5-3。

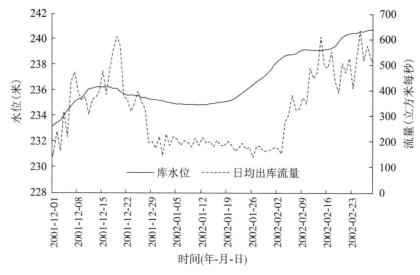

图 11-5-3　2001—2002 年度防凌调度期小浪底水库蓄水位和日均出库流量变化

由于河口地区在进行挖河施工,2001 年 12 月 14 日河口地区 1 号坝及西河口测验断面首次发生封河时,流量不足 50 立方米每秒,小于计划封河流量,给防凌调度增加了难度。之后,气温反复变化,封河河段长度时增时减,最大封河长度发生在 2002 年 1 月 2 日,约 105 千米,冰厚 3~8 厘米。之后,气温回升,下游河段逐步开河,至 1 月 15 日,下游河段全部开通,未出现凌汛险情。

在 2001—2002 年度防凌调度期,小浪底水库下泄流量指标较小,火电燃煤供应紧张,导致河南电网发电能力不足,加上发电机组 AGC 系统试运行等原因,水电矛盾突出。其中,最突出的是 2001 年 12 月 18—21 日,小浪底水库泄流指标为 350 立方米每秒,实际连续 4 天发电流量偏大,最大日均流量达到 611 立方米每秒(12 月 20 日),一度造成防凌紧张局面。黄河防总办 12 月 19 日分别向小浪底建管局和河南省电力公司发函要求严格执行水调指令,按"以水定电"原则安排发电。因气温回升,上述流量进入下游河道,没有造成防凌危害。

2002 年 1 月上旬末期,受引黄入冀结束关闸影响,下游河道流量突增,未完全开河的下游部分河段出现了水漫冰面的情况。小浪底建管局立即协调电网减少小浪底机组出力,出库流量由 200 立方米每秒压减至 181 立方米每秒。随着后期气温较高,封冻河段没有发生险情。

2002 年 1 月 15 日,黄河下游河段全线开河,凌汛威胁解除。自 2002 年 2 月 4 日起,黄河下游用水需求增加,小浪底水库逐步加大泄流,向春灌供水运用过渡。

2001—2002 年度防凌调度期,黄河下游首次采用小流量封河方式,小浪底水库蓄水量增加 10.9 亿立方米,受突发寒流及河口地区挖河施工影响,实际封河流量小于计划封河流量,使得小浪底水库出库流量指标进一步减小。在电网发电能力不足情况下,水电矛盾突出。小浪底水库日平均出库流量控制精度大部分在 10% 以内,部分日期存在较大偏差。从实际结果看,在下游河道对偏差流量的坦化作用下,一定程度的流量偏差没有对黄河下游防凌安全造成影响。

2. 2002—2003 年度防凌调度

2002 年 12 月 1 日,小浪底水库蓄水位为 213.3 米,相应蓄水量仅有 16.1 亿立方米,水库蓄水严重不足。2002—2003 年度防凌调度期还实施了引黄济津应急调水。按当时水文长期预报结果,预计 2003 年上半年黄河水资源仍严重偏枯。面对严峻的枯水形势,为缓解水资源供需矛盾,黄河防总启用黄河下游防凌风险调度预案,计划河口地区封河流量 50 立方米每秒。防凌调度期小浪底水库各月平均出库流量分别为 175 立方米每秒、144 立方米每秒、157 立方米每秒,利津水文站各月平均流量分别为 44 立方米每秒、32 立方米每秒、31 立方米每秒。2003 年 3 月 1 日,小浪底库水位上涨至 229.28 米,相应蓄水量 32.3 亿立方米。防凌调度期,小浪底水库蓄水量增加 16.2 亿立方米。

2002—2003 年度防凌调度期,河道流量小、气温变化大,黄河下游出现两次封、开河。第一次封河出现在 2002 年 12 月 9—18 日,封河长度较小;第二次封河出现 2002 年 12 月 24 日至 2003 年 2 月 18 日,封河长度大、历时长。2003 年 1 月上旬,济南北镇站平均气温为 1970 年以来同期最低值,黄河下游最大封河长度达 330.6 千米,下游凌情一度较为严重。由于调度措施得当,流量控制平稳,2003 年 2 月 18 日实现全线"文开河"❶,没有发生险情。2002—2003 年度防凌调度期小浪底水库蓄水位和日均出库流量变化见图 11-5-4。

---

❶　以热力作用为主形成的融冰开河。在天气转暖后,河道流量平稳,水温缓慢升高,冰封逐步溶解,冰水安全下泄或就地消融。

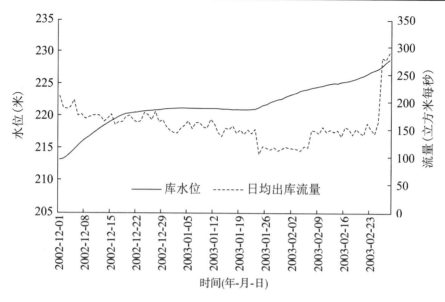

**图 11-5-4　2002—2003 年度防凌调度期小浪底水库蓄水位和
日均出库流量变化**

2002 年 12 月 1—7 日,小浪底水库日均下泄流量按 190 立方米每秒控制。因寒流影响,预估到河口地区可能封河,自 12 月 8 日起,小浪底水库下泄流量按 170 立方米每秒控制。12 月 9 日,黄河下游河道发生了第一次封河,最大封冻长度 10.25 千米。其后,黄河下游河道于 12 月 24 日再次发生封河。由于引黄济津从山东位山闸引水约 100 立方米每秒,黄河下游实际封河流量约 32 立方米每秒。黄河下游稳定封河后,小浪底水库 12 月 27 日起按 150 立方米每秒控泄。2003 年 1 月 8 日,黄河下游河道封河长度达到此防凌调度期最大值 330.6 千米,最大冰厚约 30 厘米。2003 年 1 月 23 日,引黄济津停止,小浪底水库开始按 120 立方米每秒控泄。2 月 7 日,小浪底水库控泄指标恢复至 150 立方米每秒。

2003 年 2 月中旬,气温上升较快,2 月 18 日黄河下游全线平稳开河。之后,因下游用水需求增加,小浪底水库日均流量 2 月 25 日起按 280 立方米每秒控制,至 3 月 1 日防凌调度结束。

2002—2003 年度凌汛期,黄河下游采用防凌风险调度预案,实际封河流量只有 32 立方米每秒,为历年最小值。因同期进行引黄济津,防凌形势仍然十分紧张。

随着河南经济的快速发展,用电需求增长强劲。2002 年冬季,因电煤短缺,出现了多年没有的拉闸限电现象。河南电网对小浪底水利枢纽多发电需求迫切,水电矛盾十分突出。在下游河道封河期间,小浪底水库日均出库流量指标下调至 150~120 立方米每秒,小于小浪底发电机组单机最小发电流量 170 立方米每秒。经多方协调,在黄河防总许可和河南电网的理解支持下,小浪底建管局采取发电机组间断开停机,在停机时段启用排沙洞小开度补充调控流量的调度方式,较好地完成了控泄任务。

此防凌调度期,黄河下游河道流量减到最低,入海水量大幅度减少,小浪底水库蓄水量增加 16.2 亿立方米,有效改善了黄河下游水资源严重不足的局面,为春灌用水和确保不断流奠定了良好基础。

3.2005—2006 年度防凌调度

2005 年 12 月 1 日,小浪底水库蓄水位为 259.15 米,相应蓄水量 75.8 亿立方米,水库蓄水相对较丰。黄河下游仍然采用小流量封河方案,计划河口地区封河流量为 200 立方米每秒。防凌调度期各月小浪底水库平均出库流量分别为 449 立方米每秒、299 立方米每秒、477 立方米每秒,利津站各月平均流量分别为 506 立方米每秒、304 立方米每秒、177 立方米每秒。

2005—2006 年凌汛期,黄河下游实施了引黄济津应急调水。因气温变化反复,黄河下游出现罕见的 3 次封、开河。其间,下游河道发生柴油泄漏突发事件,并一度出现冰塞险情。2005—2006 年度防凌调度期小浪底水库蓄水位和日均出库流量变化见图 11-5-5。

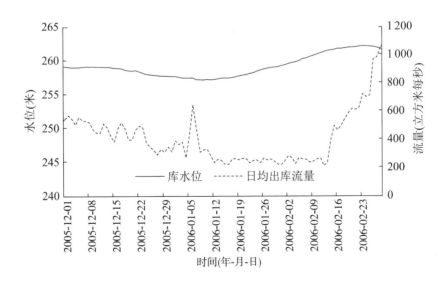

图 11-5-5　2005—2006 年度防凌调度期小浪底水库蓄水位和日均出库流量变化

2005年12月22日,受寒流影响,黄河下游部分河段流凌密度达到80%～90%,小浪底水库12月24日出库流量按350立方米每秒控制,12月25日起日均出库流量按300立方米每秒控泄。因气温回升,12月29日流凌及岸冰全部融化,第一次封、开河过程结束。

2006年1月5日14时,河南省巩义市第二发电厂发生柴油泄漏,泄漏量10余吨,泄漏柴油经伊洛河注入黄河,并沿黄河河道向下游演进。为缓解污染影响,一方面在河道水面采取吸污、除污举措;另一方面相关水库采取紧急调度措施,陆浑水库、故县水库当日全关泄流设施,小浪底水库紧急将泄流量加大到600立方米每秒。

1月6日,受寒流影响,黄河下游河口地区再次出现封河,小浪底水库7日10时起按400立方米每秒控泄。1月7日21时30分,经有效清污处理,河南省人民政府宣布解除黄河污染预警。小浪底水库自1月8日14时起,日均下泄流量恢复至300立方米每秒。1月10日黄河下游达到最大封河长度57.4千米,共计15段。1月11日,受大流量演进影响,黄河山东滨州河段出现冰塞,河道水位快速上涨近3米,最高水位一度超过2005年调水调沙最高水位(相应流量约3300立方米每秒),逼近控导工程坝顶。由于对已污染水流无法采取分水措施,险些造成漫滩。为应对险情,11日14时30分,小浪底水库出库流量减少至250立方米每秒。由于气温快速回升,封河形势未继续发展,冰塞险情自然缓解。至1月29日,黄河下游再次全线开河。

第三次封河发生在2006年2月4日凌晨,东营黄河义河险工9号坝以上河段形成插冰封河,最长封河近44千米。此次封河持续时间较短,至2月16日8时,第三次全线开河。此后因气温升高,下游用水需求增加,进入春灌供水期。小浪底水库2月14日12时起按日均流量500立方米每秒控泄,2月24日起按1000立方米每秒控泄。2006年3月1日,小浪底水库蓄水位261.59米,相应蓄水量80.9亿立方米。在防凌调度期,小浪底水库增加蓄水量5.1亿立方米,为后续的春灌和调水调沙运用储备了丰富的水源。

2005—2006年度黄河下游防凌调度,是在丰水形势下采取小流量封河的一次尝试,黄河下游出现"三封三开"现象,再次表明小流量更容易导致河道出现封河。

4. 2008—2009年度防凌调度

2008年12月1日,小浪底水库蓄水位为245.11米,相应蓄水量41.0亿立方米。防凌调度期小浪底水库蓄水量和来水量均偏少。黄河下游河口地区计划封河流量 100 立方米每秒。黄河下游于 2008 年 12 月 22 日开始封河,其间最大封河长度为 174 千米。2009 年 2 月 10 日全线开河。

2008 年 10 月中旬至 2009 年 2 月中旬,黄河中下游地区持续干旱少雨,出现严重旱情,大部分地区连续无降雨天数达 60 天以上,局部地区 100 天以上。河南省遭受自 1951 年以来的最严重旱情,小麦受旱面积达 4 150 万亩,枯死面积达 65 万亩,1 月 31 日河南省将干旱预警等级提升至红色。黄河防总分别于 1 月 6 日、1 月 11 日、2 月 3 日和 2 月 6 日先后发布黄河流域干旱蓝色、黄色、橙色、红色预警,依次启动Ⅳ、Ⅲ、Ⅱ、Ⅰ级应急响应。2009 年 2 月中下旬,黄河下游旱情逐步缓解。黄河防总于 2009 年 2 月 27 日将预警级别从红色降为蓝色,3 月 10 日解除干旱预警。

为缓解旱情,黄河防总多次加大小浪底水库下泄流量缓解下游地区旱情。防凌调度期间,小浪底水库各月平均出库流量分别为 425 立方米每秒、432 立方米每秒、829 立方米每秒,利津站各月平均流量分别为 244 立方米每秒、205 立方米每秒、110 立方米每秒。2008—2009 年度防凌调度期小浪底水库蓄水位和日均出库流量变化见图 11-5-6。

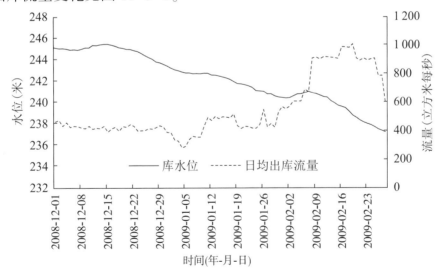

图 11-5-6　2008—2009 年度防凌调度期小浪底水库蓄水位和
日均出库流量变化

2008 年 12 月,小浪底水库和西霞院水库下泄流量基本按 450 立方米每秒控制。12 月 20—21 日,黄河下游出现大幅降温,山东全河段气温降至-10 ℃左右,

22 日高村以下河段开始封河。2008 年 12 月 31 日至 2009 年 1 月 2 日,小浪底水库和西霞院水库按 350 立方米每秒控泄。2009 年 1 月 3 日,因西霞院水库发生机组检修漏油事件,小浪底水库和西霞院水库日均下泄流量减少至 290 立方米每秒。由于漏油量较少,此次漏油事件未对黄河下游造成影响。

2009 年 1 月 6 日,黄河防总发布干旱蓝色预警,小浪底水库和西霞院水库日均下泄流量增加至 350 立方米每秒。1 月 10 日,黄河防总发布干旱黄色预警,小浪底水库和西霞院水库日均下泄流量增加至 500 立方米每秒。1 月 11—13 日和 23—27 日,黄河下游两次出现大的降温过程。自 1 月 19 日起,小浪底水库和西霞院水库日均下泄流量调整至 400 立方米每秒。1 月 27 日,黄河下游封河长度达到该期最大封冰长度 174 千米,共 43 段,封河上首位于济南历城付家庄险工。随后,黄河下游地区气温逐步回升,封河长度缓慢减小,开河形势平稳。2009 年 2 月 10 日,黄河下游全线开河,较上年度提前 12 天。

2009 年 2 月,黄河下游凌汛威胁逐步削减,旱情进一步加剧。黄河防总于 2 月 3 日发布干旱橙色预警,2 月 6 日发布干旱红色预警。为应对旱情,小浪底水库按照黄河防总要求逐级加大下泄流量,1 月 30 日起按 550 立方米每秒控泄,2 月 3 日起按 600 立方米每秒控泄,2 月 6 日起按 700 立方米每秒控泄,2 月 8 日起按 900 立方米每秒控泄,2 月 16 日达到该期最大值 1 000 立方米每秒。之后,黄河下游地区旱情减弱,小浪底水库和西霞院水库逐级减少下泄流量,2 月底减少至 600 立方米每秒。

此防凌调度期,黄河下游防凌与抗旱交织,一方面需要确保防凌安全,控制下游河道稳定的封河流量;另一方面需要充分发挥水库水量调节功能,尽可能缓解下游地区旱情。在实际调度过程中,小浪底水利枢纽利用 2008 年秋季拦蓄的水资源,在确保防凌安全的前提下,增加下泄水量,缓解了下游地区旱情,充分发挥了枢纽社会效益。2009 年 3 月 1 日,小浪底水库蓄水位降至 237.33 米,相应蓄水量 27.9 亿立方米。在整个防凌调度期,小浪底水利枢纽为下游补水 13.1 亿立方米。

在抗旱关键时期,黄河防总按照《黄河流域抗旱预案(试行)》(2008 年 7 月 1 日施行)的要求,将小浪底水库和西霞院水库泄流控制精度提高到±2%。为满足黄河防总指令要求,小浪底建管局采取以下措施:

(1)单位内部水量调度、发电运行、闸门操作等部门密切配合,及时沟通信息、协商方案、协同运作。

（2）协调河南电网,按流量指标的下限安排小浪底机组发电,不足水量由泄洪孔洞补水满足。

（3）加强调度值班和闸门操作值班,实时监控小浪底水利枢纽下泄流量;当发电流量不足时,立即开启泄洪孔洞补水,满足水调指令要求。

（4）西霞院水库入出库平衡运用,尽可能维持下泄流量均匀。

通过采取上述措施,小浪底水利枢纽下泄流量精确满足黄河防总指令要求,有效保障了黄河下游防凌和供水安全。小浪底水库和西霞院水库 2008 年 12 月至 2009 年 3 月调度指令执行情况见表 11-5-1。

表 11-5-1 小浪底水库和西霞院水库 2008 年 12 月至 2009 年 3 月
调度指令执行情况

文号	生效时间	指令流量（立方米每秒）	指令精度（%）	其间执行精度（%）	备注
黄防总办电〔2008〕373 号	12 月 3 日 8 时	400	±10	5.38	
黄防总办电〔2008〕383 号	12 月 31 日 8 时	350	±10	6.38	
黄防总办电〔2009〕01 号	1 月 3 日 20 时	290	±5	0.47	
黄防总办电〔2009〕02 号	1 月 6 日 8 时	350	±10	-0.27	干旱蓝色预警
黄防总办电〔2009〕07 号	1 月 10 日 22 时	500	±5	-0.77	干旱黄色预警
黄防总办电〔2009〕14 号	1 月 19 日 12 时	400	±10	6.81	
黄防总办电〔2009〕27 号	1 月 30 日 14 时	550	±5	3.57	
黄防总办电〔2009〕28 号	2 月 3 日 20 时	600	±5	2.97	干旱橙色预警
黄防总办电〔2009〕36 号	2 月 6 日 8 时	700	±5	3.1	
黄防总办电〔2009〕43 号	2 月 8 日 20 时	900	±5	1.89	干旱红色预警
黄防总办电〔2009〕56 号	2 月 16 日 20 时	1 000	±2	-1.48	
黄防总办电〔2009〕61 号	2 月 20 日 20 时	900	±2	0.44	
黄防总办旱电〔2009〕1 号	2 月 26 日 8 时	800	±2	-1.63	
黄防总旱电〔2009〕1 号	2 月 27 日 8 时	800	±5	-1.25	干旱蓝色预警
黄防总办旱电〔2009〕2 号	2 月 28 日 8 时	600	±5	-0.63	
黄水调调电〔2008/2009〕50 号	3 月 5 日 8 时	600	±5	-1.59	
黄水调调电〔2008/2009〕51 号	3 月 11 日 8 时	600	±5	-0.73	取消干旱预警

(二) 其他年份小流量封河调度

1. 1999—2000 年度防凌调度

1999—2000 年度防凌调度期是小浪底水利枢纽下闸蓄水后首次经历的凌汛期,由于库区移民搬迁及其配套工程尚未完成,水库蓄水运用受到一定限制。在该防凌调度期,小浪底水库按照最低发电水位和库区黄河公路大桥(南村大桥)施工限制水位要求,蓄水位控制范围为 205~210.5 米。由于蓄水较少、调节库容有限,小浪底水库一般按入出库平衡运用。1999 年 12 月 1 日至 2000 年 2 月 10 日,小浪底水库日均出库流量 200~500 立方米每秒。受黄河上中游开河影响,2000 年 2 月中旬流量增加至 700 立方米每秒左右。1999—2000 年度防凌调度期小浪底水库蓄水位和日均出库流量变化见图 11-5-7。

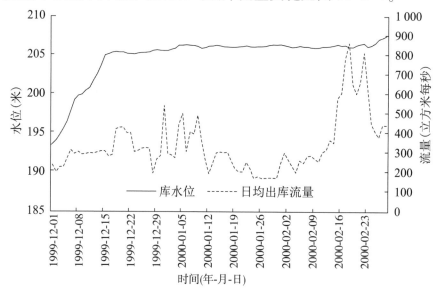

图 11-5-7 1999—2000 年度防凌调度期小浪底水库蓄水位和日均出库流量变化

1999—2000 年度凌汛期,黄河下游河口地区计划封河流量 200 立方米每秒。凌汛期气温为此前 27 年的同期最低。受气温变化和流量不平稳的影响,黄河下游河道出现"两封两开"现象。

2. 2004—2005 年度防凌调度

2004 年 12 月 1 日,小浪底水库水位 246.8 米,相应蓄水量 51.8 亿立方米,水库蓄水量相比上年度较少。凌汛期实施了引黄济津应急调水。黄河下游河口地区计划封河流量 150 立方米每秒。在防凌调度期,小浪底水库日均流量控制指标变幅不大,各月平均出库流量分别为 312 立方米每秒、251 立方米每秒、247 立方米每秒,利津站各月平均流量分别为 220 立方米每秒、282 立方米每秒、232 立方米每秒。至 2005 年 3 月 1 日,小浪底水库蓄水位上涨至 255.1 米,相应蓄水量 67.1 亿立方米,防凌调度期小浪底水库蓄水量增加 15.3 亿立方米。

2004 年 12 月 27 日,黄河下游垦利县护林险工上游段首先封河。黄河下游河段最大封河长度发生在 2005 年 1 月 18 日,封河长度 233.6 千米,共封河 63段。2005 年 3 月 1 日,下游河段全线文开河。2004—2005 年度防凌调度期小浪底水库蓄水位和日均出库流量变化见图 11-5-8。

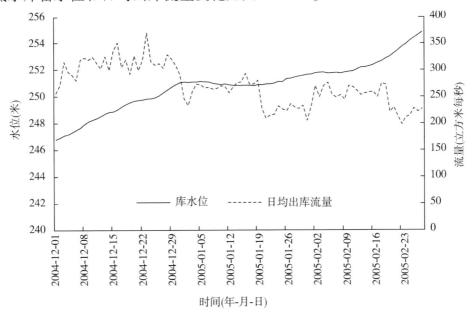

**图 11-5-8　2004—2005 年度防凌调度期小浪底水库蓄水位和
日均出库流量变化**

3. 2006—2007 年度防凌调度

2006 年 12 月 1 日,小浪底水库蓄水位 244.53 米,相应蓄水量 45.3 亿立方米,蓄水量较往年偏少。凌汛期实施了引黄济淀应急调水。黄河下游河口地区计划封河流量 200 立方米每秒。防凌调度期小浪底水库各月平均出库流量分别为 402 立方米每秒、257 立方米每秒、290 立方米每秒,利津水文站各月平均流量分别为 168 立方米每秒、216 立方米每秒、108 立方米每秒。2007 年 3 月 1日,小浪底水库蓄水位上升至 252.44 米,相应蓄水量 55.8 亿立方米,防凌调度期增加蓄水量10.5亿立方米。黄河下游河段自2007年1月7日在山东东营市护林控导上首首封,1月15日达到最大封河长度45.4千米。黄河下游封、开河形势平稳,没有发生异常情况和险情。2007年2月5日,下游河段全线文开河。自2月25日起,小浪底水库加大泄流量至800立方米每秒,转入春灌供水运用。2006—2007年度防凌调度期小浪底水库蓄水位和日均出库流量变化见图11-5-9。

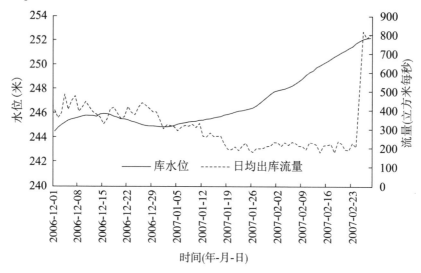

图11-5-9 2006—2007年度防凌调度期小浪底水库蓄水位和
日均出库流量变化

4. 2007—2008年度防凌调度

2007年12月1日,小浪底水库蓄水位251.16米,相应蓄水量53.1亿立方米。凌汛期实施了引黄济淀应急调水。黄河下游河口地区计划封河流量300立方米每秒。本防凌调度期小浪底水库入出库水量基本平衡,库水位保持在251米左右。在本防凌调度期内,黄河防总仅4次调整小浪底水库泄流指标(2007年12月1日起为450立方米每秒,2008年1月1日起为370立方米每秒,1月22日起为420立方米每秒,2月22日起为800立方米每秒),调整次数为历年同期最少。

2007—2008年度西霞院反调节水库开始投入运用。通过西霞院水库反调节,黄河下游流量更加均匀平稳。因西霞院水文站尚未正式启用,小浪底水库和西霞院水库出库流量继续采用小浪底水文站测报数据。受西霞院水库蓄水位频繁变化及回水顶托影响,小浪底水文站流量难以准确测报,往往存在偏差,给防凌调度带来新的问题。

此防凌调度期,小浪底水库各月平均出库流量分别为 525 立方米每秒、437 立方米每秒、580 立方米每秒,利津站各月平均流量分别为 335 立方米每秒、291 立方米每秒、264 立方米每秒。2008 年 3 月 1 日,小浪底水库蓄水位为 250.10 米,相应蓄水量 49.2 亿立方米。2007—2008 年度防凌调度期小浪底水库蓄水位和日均出库流量变化见图 11-5-10。

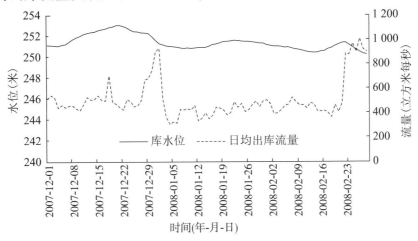

图 11-5-10 2007—2008 年度防凌调度期小浪底水库蓄水位和日均出库流量变化

此防凌调度期气温前高后低,黄河下游低温持续时间较长,封、开河均较晚。2008 年 1 月 21 日,东营市黄河干流清八断面上游段出现首封(较上年度晚 14 天),2 月 1 日达到最大封冻长度 134.8 千米。2 月 22 日黄河下游河段全线平稳开河,较上年度晚 17 天。同日,小浪底水库加大泄流至 800 立方米每秒,转入春灌供水运用。

5. 2009—2010 年度防凌调度

2009 年 12 月 1 日,小浪底水库蓄水位 240.25 米,相应蓄水量 32.4 亿立方米,同期蓄水量在 2000—2011 年期间仅多于 2002 年。凌汛期实施了引黄济津、引黄济淀应急调水。黄河下游河口地区计划封河流量 200 立方米每秒。在防凌调度期,小浪底水库入出库水量基本平衡,库水位维持在 240 米上下。

2009—2010 年度防凌调度期小浪底水库和西霞院水库各月平均出库流量分别为 429 立方米每秒、346 立方米每秒、483 立方米每秒,利津站各月平均流量分别为 316 立方米每秒、287 立方米每秒、204 立方米每秒。2010 年 3 月 1

日,小浪底水库蓄水位为 240.54 米,相应蓄水量 31.1 亿立方米。2009—2010 年度防凌调度期小浪底水库蓄水位和日均出库流量变化见图 11-5-11。

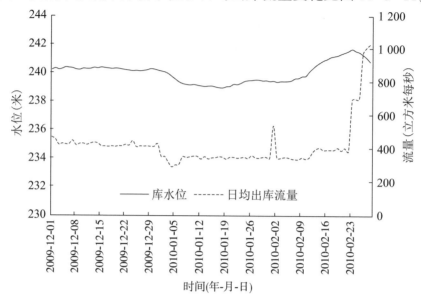

图 11-5-11 2009—2010 年度防凌调度期小浪底水库蓄水位和
日均出库流量变化

此防凌调度期黄河下游最大封河长度 255.4 千米,为 2003 年以来的最大值。黄河河口段出现多年未遇凌情,利津站实测最大冰厚 0.35 米,黄海、渤海和辽东湾出现大面积海冰。开河形势较为平稳,没有发生卡冰壅水漫滩情况。2010 年 2 月 21 日,下游河段全线开通。

此凌汛期实施了较长时间的引黄济津、济淀应急调水。此次应急调水从 2009 年 10 月 1 日开始,2010 年 2 月 28 日结束,历时 151 天,共计从黄河引水约 10 亿立方米,完成向天津市和河北白洋淀、大浪淀、衡水湖的补水任务。

2009 年 12 月 30 日陕西华县赤水段地下管道发生柴油泄漏事件,泄漏的柴油沿赤水河进入渭河,1 月 2 日 0 时,潼关断面监测石油类含量超出地表水Ⅲ类标准 7 倍,黄河干流受到污染。为给治理油污染创造条件,防止其往下游扩散,2010 年 1 月 2—7 日三门峡水利枢纽关停发电机组,泄流减少至 20 立方米每秒,小浪底水库和西霞院水库出库流量由 350 立方米每秒减为 300 立方米每秒。经有效治理,此次油污染事故未对小浪底水库水质造成明显影响。

6. 2010—2011 年度防凌调度

2010 年 12 月 1 日,小浪底水库蓄水位 249.76 米,相应蓄水量 46.9 亿立方米。此凌汛期实施了引黄济津、济冀应急调水,黄河下游河口地区计划封河流量200立方米每秒。防凌调度期小浪底水库入、出库总水量基本平衡,库水位维持在250米附近。

此防凌调度期,小浪底水库和西霞院水库各月平均出库流量分别为404立方米每秒、326立方米每秒、603立方米每秒,利津站各月平均流量分别为110立方米每秒、108立方米每秒、64立方米每秒。2011年3月1日,小浪底水库蓄水位为249.47米,相应蓄水量43.7亿立方米。2010—2011年度防凌调度期小浪底水库蓄水位和日均出库流量变化见图11-5-12。

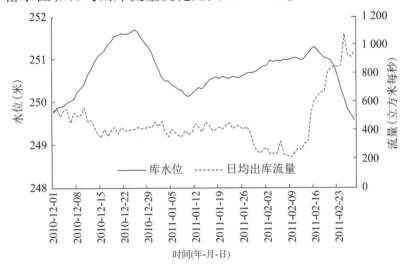

图11-5-12　2010—2011年度防凌调度期小浪底水库蓄水位和
日均出库流量变化

2010年12月上旬黄河下游气温偏高,12月中旬受强冷空气影响气温陡降,12月15日利津以下河段开始流凌(较常年偏早2天),12月16日河口出现封河(较常年偏早15天),封河流量约100立方米每秒。此后,封河向上游发展,至2011年1月28日达到2010—2011年度最大长度,共57段302.3千米,为2003年以来的最大值。之后,随着气温回升,下游逐步开河,至2月23日15时全线平稳开通,封河历时为70天,居2000年以来第二位。

2010—2011年度凌汛期,黄河中下游晋、陕、豫、鲁4省发生严重旱情,小浪底水库防凌调度与抗旱调度交织。黄河防总于2011年2月10日、16日先后发布黄色、橙色干旱预警,分别启动Ⅲ、Ⅱ级应急响应。小浪底水库和西霞院水库于2月10日、16日、20日连续3次加大下泄流量,下泄流量从300立方米每秒逐级加大到 900 立方米每秒,在确保防凌安全的情况下,全力支援下游抗旱。

此凌汛期因发生突然降温、低温持续时间长、封河长度大、引黄渠道突发封冻及抗旱应急响应等原因,防凌调度形势较为紧张,水库调度指令的突发性较强,且执行精度要求高,给小浪底水库和西霞院水库严格执行调度指令并避免水库弃水带来较大考验。小浪底建管局通过精心组织、加强防凌调度值班、做好水电信息沟通协调,在河南省电网大力支持下,实现小浪底电厂、西霞院电厂联合优化运行,充分发挥西霞院水库调控作用,较好地实现了防凌及抗旱控泄目标,并实现小浪底水库和西霞院水库零弃水。2010—2011 年度防凌调度期小浪底水库和西霞院水库调度指令执行情况见表 11-5-2。

表 11-5-2　2010—2011 年度防凌调度期小浪底水库和西霞院
水库调度指令执行情况

序号	指令接收时间 (年-月-日 T 时:分)	开始执行时间 (年-月-日 T 时:分)	指标流量(立方米每秒)	要求精度 (%)	实际控泄精度 (%)	备注
1	2010-12-02 T16:40	2010-12-03 T08:00	350	±10	5.6	
2	2010-12-24 T17:02	2010-12-25 T08:00	450	±10	9.97	
3	2011-01-02 T12:03	2011-01-02 T13:00	300	±10	7.43	引黄济津潘庄干渠因冰凌堵塞发生漫溢
4	2011-02-10 T22:10	2011-02-10 T22:30	500	±5	1.65	干旱黄色预警
5	2011-02-16 T09:20	2011-02-16 T10:00	700	±2	1.19	干旱橙色预警
6	2011-02-19 T18:09	2011-02-20 T10:00	900	±2	0.88	
7	2011-03-02 T18:09	2011-03-03 T08:00	800	±10		解除干旱预警

二、大流量不封河防凌调度

在2000—2001年度防凌调度期,小浪底水库首次正式投入防凌运用,黄河下游未实施小流量封河调度,下泄流量相对较大。在2003—2004年度、2011—2012年度防凌调度期,小浪底水库蓄水和来水相对较丰,下泄流量也相对较大。相对较大的泄流加上水库蓄水体温度相对较高,进入下游河道的水流具有相对较好的动力条件和热力条件,给凌汛期黄河下游不封河奠定了基础,有效降低了黄河下游的凌汛风险。

(一)2000—2001年度防凌调度

2000—2001年度凌汛期,小浪底水库首次正式投入防凌运用,黄河下游气温极低,2001年1月15—19日山东河段最低气温-16 ℃,为20世纪50年代以来第四位低温。同期还实施了引黄济津应急调水。计划河口地区封河流量300立方米每秒。小浪底水库2000年12月19日前按入出库平衡运用,出库流量一般在350~400立方米每秒,12月19日起按500立方米每秒控泄,12月30日起按600立方米每秒控泄,2001年1月9日起按500立方米每秒控泄,1月16日按350立方米每秒控泄。防凌调度期,小浪底水库各月平均出库流量分别为450立方米每秒、450立方米每秒、340立方米每秒,利津站各月平均流量分别为258立方米每秒、357立方米每秒、262立方米每秒。

在2000—2001年度防凌调度关键时期,小浪底水库加大泄流(2001年1月上旬平均出库流量达671立方米每秒),使封河形势得以化解,黄河下游首次在严寒之年没有封河。2000—2001年度防凌调度期小浪底水库蓄水位和日均出库流量变化见图11-5-13。

(二)2003—2004年度防凌调度

2003—2004年度防凌调度期,小浪底水库蓄水和来水均较丰,2003年12月1日库水位259.45米,相应蓄水量81.8亿立方米。黄河下游实施了引黄济津应急调水,计划河口地区封河流量500立方米每秒。防凌调度期小浪底水库各月平均出库流量分别为805立方米每秒、501立方米每秒、495立方米每秒,利津站各月平均流量分别为775立方米每秒、594立方米每秒、275立方米每秒。整个防凌调度期,小浪底水库入、出库水量基本平衡,库水位一直保持在接近260米范围。2003—2004年度防凌调度期小浪底水库蓄水位和日均出库流量变化见

图 11-5-14。

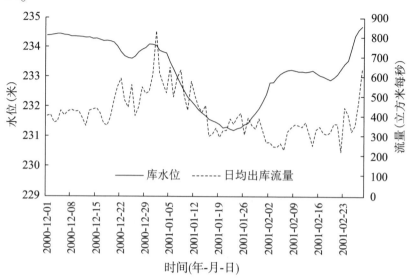

**图 11-5-13　2000—2001 年度防凌调度期小浪底水库蓄水位和
日均出库流量变化**

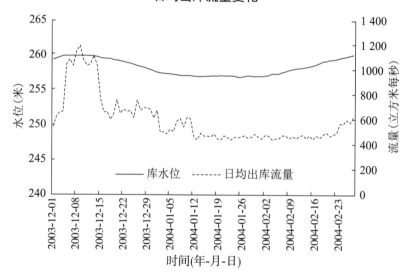

**图 11-5-14　2003—2004 年度防凌调度期小浪底水库蓄水位和
日均出库流量变化**

按照《小浪底水利枢纽拦沙初期调度规程》,为确保大坝安全,小浪底水库需要在 250~260 米蓄水位运行检验一段时间后,才能往上一级抬高蓄水位。受黄河"华西秋雨"后续影响,2003 年 12 月上中旬小浪底水库入库流量仍然较大。为控制库水位不超过 260 米,并兼顾引黄济津和下游用水等需求,小浪底水库 2003

年12月4—14日按入出库平衡运用,2003年12月15日至2004年1月1日按650立方米每秒控泄,1月2—6日按450立方米每秒控泄,1月7—9日按520立方米每秒控泄,1月10—11日按650立方米每秒控泄。因下游河道流量较大,2004年1月6日提前20多天完成此次引黄济津调水任务。

2004年1月上旬,预报一股较强冷空气将于1月中下旬影响黄河下游地区,河口地区可能封河,为确保黄河下游防凌安全,小浪底水库自1月12日起按450立方米每秒均匀下泄。2004年2月下旬,黄河下游地区气温回升,凌汛威胁基本解除,小浪底水库2月24—29日按日均流量550立方米每秒控泄,3月1日起按日均流量750立方米每秒控泄,此年度防凌调度顺利结束。

此防凌调度期,黄河下游出现几次降温过程。2004年1月中下旬,山东河段日平均气温达到-5 ℃,河口地区达到-10 ℃,已达到往年封河的条件。小浪底水库水体具有较高的出库水温(最低为7.8 ℃)、相对较大的出库流量,以及小浪底水库比较靠近下游的地理位置,使黄河下游在可能封河的关键时期河道流量始终保持在500立方米每秒左右,为河道不封河奠定了基础。

(三)2011—2012年度防凌调度

2011—2012年度防凌调度期,小浪底水库蓄水和来水都较丰,2011年12月1日,小浪底水库蓄水位265.79米,为水库蓄水运用以来同期最高值,相应蓄水量为76.5亿立方米。凌汛期实施了引黄济津、济冀应急调水,黄河下游河口地区计划封河流量为300立方米每秒。

2011—2012年度防凌调度期,小浪底水库和西霞院水库各月平均出库流量分别为1 038立方米每秒、745立方米每秒、424立方米每秒,出库总水量为2000—2012年期间同期最大值。利津站各月平均流量分别为1 181立方米每秒、710立方米每秒、306立方米每秒。因入库流量也较大,小浪底水库入出库总水量基本平衡。2012年3月1日,小浪底水库蓄水位为265.12米,相应蓄水量76.5亿立方米,为历年同期最大值。2011—2012年度防凌调度期小浪底水库蓄水位和日均出库流量变化见图11-5-15。

此防凌调度期,黄河下游出现多次寒流过程,气温与往年相比基本正常。河口1号坝水文断面8时气温从2011年12月15日至2012年2月12日近两个月持续保持在0 ℃以下,最低温度为-9 ℃(2012年2月2日)。因该段时间河道流量持续较大(2011年12月1日至2012年2月4日利津断面均大于500

立方米每秒),平均水温均在 0 ℃以上,黄河下游没有发生封河,只出现 2 次流凌过程。首凌日期(2012 年 1 月 23 日)较常年偏晚 37 天,为有记录以来最晚年份。

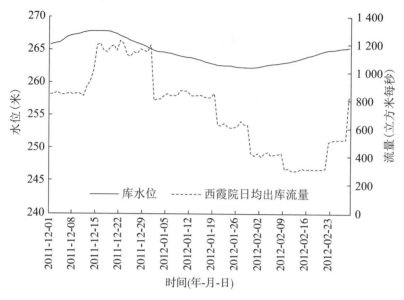

图 11-5-15　2011—2012 年度防凌调度期小浪底水库蓄水位和日均出库流量变化

在此防凌调度期,黄河防总共调整小浪底水库和西霞院水库下泄流量控制指标 9 次。由于指标调整次数较多,变幅较大(300~1 200 立方米每秒),且大多数指标调整都极为紧迫,增加了水库控泄难度。小浪底建管局加强防凌调度值班,实时做好应急调度响应,按照"以水定电"原则协调电网合理安排机组发电,并及时合理开启西霞院闸门补水,满足了控泄指标要求,为黄河下游防凌安全打下基础。

2011 年 12 月 15—31 日,西霞院水库按日均流量 1 200 立方米每秒控泄。因西霞院电站 1 台发电机组大修,其他 3 台机组过流能力总计约 950 立方米每秒,不能满足泄流指标需求,需要开启泄洪孔洞补充。小浪底建管局采取集中补水措施,每天全开 18 号和 19 号泄洪闸 4~5 小时,下泄流量约 1 000 立方米每秒冲刷坝下淤积体,取得较好的冲刷效果。2012 年 2 月 12 日西霞院水库坝下淤积体监测资料表明,淤积体高度降低 1.17~4.73 米,且分布范围明显减小。

2000—2011 年黄河下游历年凌情及小浪底水利枢纽防凌调度见表 11-5-3。

表11-5-3　2000—2011年黄河下游历年凌情及小浪底水利枢纽防凌调度

防凌调度年度	12月1日		3月1日		计划封河流量（立方米每秒）	小浪底和西霞院水库月均下泄流量（立方米每秒）			小浪底水库总弃水量（亿立方米）	黄河利津站月均流量（立方米每秒）			封河日期（年-月-日）	开河日期（年-月-日）	最大封河长度（千米）	引黄情况	特殊情况
	库水位（米）	蓄水量（亿立方米）	库水位（米）	蓄水量（亿立方米）		12月	1月	2月		12月	1月	2月					
2000—2001	234.41	47.6	234.63	47.9	300	450	450	340	16.11	258	357	262	未封河			引黄济津	
2001—2002	233.31	42.4	240.87	53.3	100	354	188	427	1.16	49	88	46	2001-12-14	2002-01-15	105		河口地区挖河施工，实际封河流量不足50立方米每秒
2002—2003	213.3	16.1	229.28	32.3	50	175	144	157	2.27	44	32	31	2002-12-09 2002-12-24	2002-12-18 2003-02-18	330.6	引黄济津	启动防凌预案，黄河下游出现"两封两开"现象

续表 11-5-3

防凌调度年度	12月1日 库水位(米)	12月1日 蓄水量(亿立方米)	3月1日 库水位(米)	3月1日 蓄水量(亿立方米)	计划封河流量(立方米每秒)	小浪底和西霞院水库月均下泄流量(立方米每秒) 12月	1月	2月	小浪底水库总弃水量(亿立方米)	黄河利津站月均流量(立方米每秒) 12月	1月	2月	封河日期(年-月-日)	开河日期(年-月-日)	最大封河长度(千米)	引黄情况	特殊情况
2003—2004	259.45	81.8	260.21	78.8	500	805	501	495	0	775	594	275	未封河	未封河			
2004—2005	246.8	51.8	255.1	67.1	150	312	251	247	0	220	282	232	2004-12-27	2005-03-01	233.6	引黄济津	黄河下游出现"三封三开"现象;1月5日,伊洛河发生水污染事件;1月11日,山东滨州河段出现冰塞,险些造成漫顶
2005—2006	259.15	75.8	261.59	80.9	200	449	299	477	1.56	506	304	177	2005-12-22 2006-01-06 2006-02-04	2005-12-29 2006-01-29 2006-02-16	7.4		
2006—2007	244.53	45.3	252.44	55.8	200	402	257	290	0.07	168	216	108	2007-01-07	2007-02-05	45.4	引黄	
2007—2008	251.16	53.1	250.10	49.2	300	525	437	580	0	335	291	264	2008-01-21	2008-02-22	134.8	济淀	

续表 11-5-3

防凌调度年度	12月1日		3月1日		计划封河流量（立方米每秒）	小浪底和西霞院水库月均下泄流量（立方米每秒）			小浪底底水库总弃水量（亿立方米）	黄河利津站月均流量（立方米每秒）			封河日期（年-月-日）	开河日期（年-月-日）	最大封河长度（千米）	引黄情况	特殊情况
	库水位（米）	蓄水量（亿立方米）	库水位（米）	蓄水量（亿立方米）		12月	1月	2月		12月	1月	2月					
2008—2009	245.11	41	237.33	27.9	100	425	432	829	0.04	244	205	110	2008-12-22	2009-02-10	174		黄河下游旱情红色预警
2009—2010	240.25	32.4	240.54	31.1	200	429	346	483	0	316	287	204	2009-12-27	2010-02-21	255.4	济津、济淀	12月30日渭河发生油污染事件
2010—2011	249.76	46.9	249.47	43.7	200	404	326	603	0	110	108	64	2010-12-16	2011-02-23	302.3	济津、济冀	黄河下游旱情橙色预警
2011—2012	265.79	78.7	265.12	76.5	300	1 038	745	424	0	1 181	710	306	未封河				

注：2010—2011年度，2011—2012年度防凌调度期小浪底水库和西霞院水库出库流量采用西霞院水文站测报数据。

第六节 减淤调度运用

小浪底水利枢纽拦沙运用期的减淤调度,主要是通过小浪底水库拦沙和调水调沙运用,达到控制下游河道不淤积抬升、水库淤积总量不超过75.5亿立方米并尽量延缓淤积、淤积形态满足设计要求的目标。

2000—2011年,由于来水来沙相比设计大幅偏少,并于2002—2011年进行了3次调水调沙试验和10次调水调沙生产运行,小浪底水库淤积速度慢于设计预期,同时下游河道主槽全线冲刷,行洪输沙能力得到一定程度恢复。

一、入出库水沙

2000—2011年,小浪底水库总计入库水量2 413亿立方米,年均入库水量201亿立方米,为设计多年平均值的72%;总计入库泥沙39.57亿吨,年均入库泥沙3.30亿吨,为设计多年平均值的25%;总计出库水量2 582亿立方米,年均出库水量215亿立方米;总计出库沙量7.05亿吨,排沙比17.8%。小浪底水库大流量下泄和排沙运用主要集中在调水调沙期,其间最大日均出库流量4 040立方米每秒(2008年6月25日),最大出库含沙量352千克每立方米(2004年8月24日0时)。2000—2011年小浪底水库历年沙情见表11-6-1。

二、调水调沙试验调度运用

2002—2004年,小浪底水利枢纽实施了3次调水调沙试验。试验期间,小浪底水库总下泄水量约91亿立方米,总下泄沙量约1.1亿吨,入海沙量约2.4亿吨;下游主槽实现全线冲刷。黄河下游各河段平滩流量有了较大程度的增加,最小平滩流量由试验前的不足1 800立方米每秒增加至近3 000立方米每秒;小浪底水库因防洪运用产生的不利淤积形态得到调整和恢复。3次调水调沙试验各具特点,实现了预期目标,取得了丰富的试验成果,深化了对黄河水沙运动规律的认识,特别是对下游河道泥沙冲淤、人工塑造水库异重流排沙、浑水水库排沙的认识,检验和丰富了调水调沙相关技术和调控指标,对下一步实施调水调沙生产运行奠定了基础。

表11-6-1　2000—2011年小浪底水库历年年沙情

年份	入库沙量（亿吨）	汛期入库沙量（亿吨）	出库沙量（亿吨）	汛期出库沙量（亿吨）	年排沙比（%）	水库淤积量（亿立方米）	最大入库含沙量		最大入库沙量		最大出库含沙量		最大日出库沙量	
							千克每立方米	发生日期（月-日）	万吨	发生日期（月-日）	千克每立方米	发生日期（月-日）	万吨	发生日期（月-日）
2000	3.57	3.34	0.04	0.04	1.1	3.11	340	07-10	4 651	07-10	0		56	07-14
2001	2.94	2.94	0.23	0.23	7.8	2.99	593	07-05	8 561	08-22	194	08-23	238	10-01
2002	4.48	3.49	0.75	0.73	16.7	2.06	612	08-18	8 579	07-06	267	09-07	749	09-08
2003	7.77	7.76	1.13	1.11	14.5	4.93	734	08-01	6 464	08-27	156	09-08	1 318	09-9
2004	2.72	2.72	1.42	1.42	52.2	1.17	542	08-22	7 404	08-23	352	08-24	4 409	08-23
2005	4.06	3.61	0.45	0.43	11.0	2.91	591	07-23	4 160	07-05	152	07-06	1 461	07-06
2006	2.33	2.08	0.40	0.33	17.2	3.45	454	08-02	3 285	08-02	303	08-03	1 201	08-03
2007	3.12	2.51	0.71	0.52	22.6	2.29	384	10-08	4 373	10-08	177	07-30	1 564	06-30
2008	1.34	0.74	0.46	0.25	34.5	0.24	318	06-29	3 158	06-29	154	06-30	1 824	06-30
2009	1.98	1.62	0.04	0.03	1.8	1.72	454	06-30	3 629	06-30	12.7	07-02	177	07-01
2010	3.51	3.50	1.09	1.09	31.1	2.40	591	07-05	3 637	07-27	288	07-04	2 529	07-05
2011	1.75	1.75	0.33	0.33	18.8	-2.05	304	07-05	2 330	09-08	263	07-04	1 512	07-05
平均	3.30	3.01	0.59	0.54	17.8	2.10	493		5 019		193		1 420	
合计	39.57	36.06	7.05	6.51		25.22								

注：2000年的水库淤积量数值为当年汛后总库容减去设计总库容126.5亿立方米。

（一）首次调水调沙试验

以小浪底水利枢纽运用为核心的黄河首次调水调沙试验于 2002 年 7 月 4 日 9 时开始,至 7 月 15 日 9 时结束,历时 11 天。2002 年 5 月、6 月,黄河上中游来水较此前几年同期偏丰,至 6 月底,小浪底水库水位已升至 236.09 米左右,相应蓄水量 43.4 亿立方米,其中汛限水位 225 米以上的蓄水量为 14.2 亿立方米。小浪底水库具备了进行调水调沙试验的水量条件。2002 年调水调沙试验期间小浪底水库泄流见图 11-6-1。

图 11-6-1　2002 年调水调沙试验期间小浪底水库泄流

2002 年 6 月 26 日,黄委会向水利部上报了《关于进行黄河小浪底水库调水调沙试验工作的报告》。6 月 30 日下午,黄河防总办组织黄委会水文局、信息中心及小浪底建管局等有关单位召开黄河首次调水调沙试验准备工作会议。7 月 1 日,黄河首次调水调沙试验总指挥部办公室分别致电河南、山东两省防汛指挥部,小浪底建管局,河南省电力公司,部署调水调沙试验工作;当日下午又向小浪底建管局、河南黄河河务局、山东黄河河务局、黄委会水文局下达通知,设立试验指挥分中心,印发《黄河首次调水调沙试验工作流程》。7 月 2 日,黄河首次调水调沙试验总指挥部办公室向小浪底建管局下达《关于黄河首次调水调沙试验小浪底水库泄流的预调令》(黄河防总办电〔2002〕41 号)。

2002 年 7 月 4 日 8 时 30 分,黄河首次调水调沙试验开始仪式在黄河防汛指挥大楼防洪厅举行,水利部副部长索丽生出席会议。9 时,首次调水调沙试验总指挥、黄委会主任李国英下达开始令。接到开始令后,小浪底水利枢纽 3 条明流洞、3 条排沙洞按要求准时同步开启,与发电机组组合控泄,10 时 54 分,小浪底水文站实测流量达到当日最大值 3 480 立方米每秒,3 000 立方米每秒以上的流量持续到当日 22 时。此后至此次调水调沙试验结束,小浪底水利枢纽下泄流量维持在 2 550~3 000 立方米每秒。在此次调水调沙试验过程中,黄河花园口断面流量一般在 2 600~3 000 立方米每秒,利津断面流量在 1 900~2 500 立方米每秒范围。2002 年调水调沙试验期间小浪底、花园口、利津断面日均流量过程见图 11-6-2。

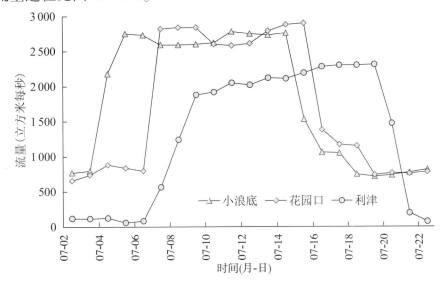

图 11-6-2 2002 年调水调沙试验期间小浪底、花园口、
利津断面日均流量过程

　　首次调水调沙试验是结合 7 月上旬黄河中游发生的一场小洪水实施的。7 月 5 日 8 时至 7 月 9 日 8 时,中游洪水通过黄河潼关断面,潼关水文站实测最大流量 2 150 立方米每秒,最大含沙量 208 千克每立方米。洪水经三门峡水库调节后,三门峡水文站最大流量 3 780 立方米每秒(7 月 7 日 22 时),最大含沙量 513 千克每立方米(7 月 6 日 2 时)。7 月 6 日,异重流到达小浪底水利枢纽坝前,坝前浑水面高程最高上升至 197.58 米,出库含沙量相应增大。小浪底水文站出现两次沙峰,峰值含沙量分别为 66.2 千克每立方米(7 日 12 时 18 分)、83.3 千克每立方米(9 日 4 时)。经及时减小低位孔洞(排沙洞)泄流量,增加高位孔洞(明流洞)泄流量,小浪底水利枢纽出库含沙量大多控制在 20 千克每立方米以下。这次调水调沙试验期间,黄河下游花园口、利津断面最大实测含沙量分别为 44.6 千克每立方米、31.9 千克每立方米。2002 年调水调沙试验期间小浪底、花园口、利津断面含沙量过程见图 11-6-3。

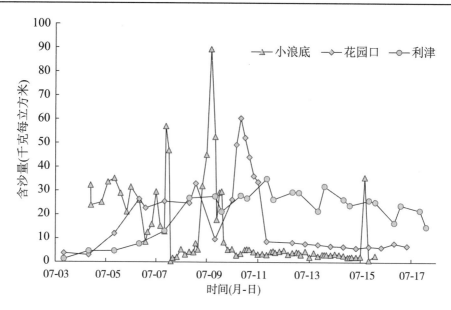

图 11-6-3　2002 年调水调沙试验期间小浪底、花园口、利津断面含沙量过程

　　此次调水调沙试验,小浪底水库水位从 236.54 米降至 223.98 米,下降 12.56 米,平均下泄流量 2 740 立方米每秒,下泄总水量 26.1 亿立方米,其中入库水量 10.2 亿立方米、水库补水 15.9 亿立方米;入库沙量 1.83 亿吨,出库沙量 0.32 亿吨,排沙比 17.4%;出库平均含沙量 12.2 千克每立方米。花园口水文站 2 600 立方米每秒以上流量持续 10.3 天,平均含沙量 13.3 千克每立方米;艾山水文站 2 300 立方米每秒以上流量持续 6.7 天;利津水文站 2 000 立方米每秒以上流量持续 9.9 天。7 月 22 日,此次调水调沙水流全程入海,入海沙量 0.53 亿吨。此次试验中,每输送 1 吨泥沙入海约用水 49 立方米。

　　首次调水调沙试验,以小浪底水库单库调节控制为主,通过小浪底水利枢纽不同高程泄洪孔洞和发电机组组合泄流,塑造黄河花园口水文站流量不小于 2 600 立方米每秒、平均含沙量不大于 20 千克每立方米、历时 11 天的黄河下游水沙过程。黄河下游河道总体表现为冲刷(仅夹河滩至孙口河段因漫滩而微淤),没有出现人们担心的"冲河南、淤山东"的现象。下游河道主槽实现全程冲刷,高村以上河段主槽平均冲深 0.19 米,高村以下河段主槽平均冲深 0.15 米。下游河道主槽过流能力(平滩流量)均有一定程度增加,其中漫滩最为严重的夹河滩至孙口河段平滩流量增加 300~500 立方米每秒,夹河滩以上河段增加 240~300 立方米每秒,孙口以下河段增加 80~90 立方米每秒。调水调沙试验结束后,下游河道最小主槽过流能力从不足 1 800 立方米每秒提升至 1 890

立方米每秒。

此次调水调沙试验,为满足下泄流量和含沙量双控要求,小浪底水利枢纽泄洪孔洞和发电机组频繁调整,共计启闭泄洪闸门 211 次,平均每天约 19 次,甚至超常规局部开启明流洞工作闸门调节清水泄量(明流洞工作闸门设计工况为全开全关)。即便如此,仍然很难满足双控,特别是含沙量控制精度要求。

(二)第二次调水调沙试验

2003 年 8 月下旬至 10 月中旬,黄河中游出现持续 50 余天的"华西秋雨",干、支流相续出现十多次洪水过程。8 月 26 日至 9 月 6 日,小浪底水库蓄水量由 33 亿立方米增至 56 亿立方米,库水位从 230.23 米升至 245.71 米,且中游来水后劲很足。在此形势下,黄河防总决定小浪底水利枢纽从 9 月 6 日开始,结合防洪预泄,进行黄河第二次调水调沙试验。

小浪底水库第二次调水调沙试验从 2003 年 9 月 6 日 9 时开始,18 日 18 时 30 分结束,历时 12.4 天。流量调控目标是控制花园口水文站平均流量 2 400 立方米每秒左右。考虑到小花间洪水叠加,2003 年 9 月 6—8 日,小浪底出库流量基本控制在 1 000 立方米每秒以下,9 月 9—12 日控制在 1 500 立方米每秒左右,9 月 13—18 日控制在 2 000 立方米每秒左右。其间,小浪底水利枢纽平均下泄流量 1 690 立方米每秒,花园口水文站平均流量 2 390 立方米每秒。调水调沙开始时小浪底库水位 248.83 米,结束时库水位 249.33 米,总体变化不大。2003 年调水调沙试验期间小浪底、花园口、利津断面日均流量过程见图 11-6-4。

受此前三门峡水库敞泄排沙影响,调水调沙开始时,小浪底水库坝前浑水厚度约 22 米,坝前淤积面高程达 182.5 米。小浪底水库在调水调沙前期出库流量较小,但含沙量较高;在调水调沙中期,调控花园口水文站含沙量 30 千克每立方米左右;在调水调沙后期,泄放清水冲刷下游河道。这次调水调沙,陆浑水库、故县水库参与调控,尽量拉长、稳定小花间流量过程,配合小浪底水库控制花园口断面流量和含沙量。三门峡水库 9 月 10 日前为敞泄运用,之后按汛限水位 305 米入出库平衡运用。

9 月 17 日,小浪底水库浑水层全部泄完,坝前淤积面高程降至 179 米以下,出库含沙量减少至 7 千克每立方米;同时,黄河下游兰考段生产堤出现溃决漫滩险情,并对黄河大堤安全产生威胁;引黄济津也于 9 月 12 日开始,对降低水

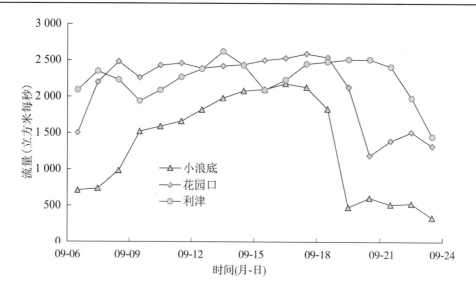

图 11-6-4 2003 年调水调沙试验期间小浪底、花园口、

利津断面日均流量过程

流含沙量提出了要求;小浪底水库水位已接近 250 米,有条件开展大坝 250～
260 米分级蓄水水位检验。综合这些因素,小浪底水利枢纽于 9 月 18 日 18 时
30 分结束本次调水调沙试验,日均下泄流量按 400 立方米每秒控制。

此次调水调沙试验期间,实测小浪底水库最大出库含沙量为 156 千克每立
方米(9 月 8 日 6 时),花园口水文站最大含沙量 87.8 千克每立方米(9 月 9 日
7 时),利津水文站最大含沙量 80.1 千克每立方米(9 月 15 日 0 时)。小浪底水
库入库水量 24.25 亿立方米,下泄水量 18.2 亿立方米;入库沙量 0.58 亿吨,出
库沙量 0.74 亿吨,排沙比 128%。9 月 23 日 2 时,此次调水调沙水流全部入海,
入海水量 27.2 亿立方米,入海沙量 1.21 亿吨。2003 年调水调沙试验期间小浪
底、花园口、利津断面含沙量过程见图 11-6-5。

此次调水调沙试验,小浪底水库下泄的泥沙全部入海,黄河下游河道实现
全线沿程冲刷,总冲刷量为 0.46 亿吨。调水调沙试验过后,下游各河段主槽过
流能力(平滩流量)均有不同程度增加,增幅为 150～400 立方米每秒,主槽最小
过流能力从 1 890 立方米每秒提升至 2 100 立方米每秒。此次调水调沙试验花
园口断面径流量 27.5 亿立方米,相当于每输送 1 吨泥沙入海约用水量 23 立方
米。

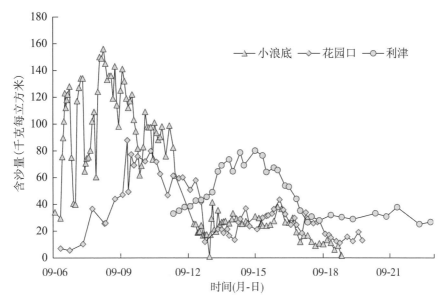

图 11-6-5 2003 年调水调沙试验期间小浪底、花园口、利津断面含沙量过程

黄河第二次调水调沙试验是在中下游发生洪水期间开展的,是基于以小浪底水库为主的黄河中游水库群联合调度的较大范围的调水调沙试验。通过科学预报、精心调度,充分利用时间差、空间差,实现小花间清水与小浪底水库下泄的含沙水流在花园口水文站准确"对接",实现拦洪、减灾、水库和下游河道双重减淤、洪水资源化等多重目标。此次调水调沙试验塑造花园口断面平均流量 2 400 立方米每秒、平均含沙量 30 千克每立方米水沙过程,下游河道基本达到沿程冲刷,进一步验证了对于细沙(小浪底水库运用初期的出库泥沙约 90%为细沙),可以利用较少的水量输送更多的泥沙入海。黄河第二次调水调沙试验加深了对下游河道细沙输沙能力的认识,为此后优化调水调沙运用、放宽对小浪底出库含沙量的限制奠定了基础。

此次调水调沙试验,小浪底水库出库流量、含沙量控制指标按 4 小时一个时段调整。小浪底水利枢纽明流洞、排沙洞和机组组合运用满足控制指标要求,泄洪闸门共启闭 92 次,平均每天 7 次。

(三)第三次调水调沙试验

小浪底水利枢纽第三次调水调沙试验于 2004 年 6 月 19 日开始,7 月 13 日结束,历时 24 天。其间,小浪底水库于 6 月 29 日 0 时至 7 月 3 日 21 时因库区发生游船沉船事件而小流量(500~1 000 立方米每秒)下泄 5 天,此次试验实际历时 19 天。按照运行方式不同,此次试验可分为两个阶段。

第一阶段(6月19日9时至29日0时)。此阶段小浪底水库利用水库蓄水清水下泄,冲刷下游河道主槽,并在下游河道卡口部位实施人工扰动泥沙,增加主槽卡口河段过流能力。

6月19日9时至29日0时,小浪底水库按控制花园口断面平均流量2 600立方米每秒下泄,库水位从249.1米下降至236.6米。6月29日0时至7月3日21时,为配合库区沉船打捞工作,小浪底水库暂停调水调沙运用,按500~1 000立方米每秒下泄。沉船打捞工作结束后,7月3日21时至7月5日15时,小浪底水库恢复调水调沙试验,按控制花园口断面平均流量2 800立方米每秒下泄。7月5日小浪底水库水位下降至235米左右。

第二阶段(7月5日15时至13日8时)。此阶段利用万家寨、三门峡水库水量加河道来水量,通过三门峡水库集中下泄,冲刷小浪底库尾泥沙,在小浪底水库塑造异重流排沙,减少小浪底和三门峡水库淤积,并调整小浪底水库库尾不利的淤积形态。小浪底水库持续按控制花园口水文站流量2 800立方米每秒下泄。

7月5日15时至7月7日,三门峡水库加大泄流量(1 800~2 500立方米每秒),持续冲刷小浪底库尾淤积的泥沙。小浪底水库对接水位233.26米。7月5日18时,小浪底库区距坝52~58千米处产生异重流,跟踪监测发现该异重流在向坝前推进过程中逐渐衰减,至距坝60米处消失。

7月7日8时万家寨水库泄流抵达三门峡水库,三门峡水库对接水位为310.3米。三门峡水库进一步增大泄流量,7日14时6分三门峡水文站峰值流量5 130立方米每秒。小浪底水库对接水位233.04米。7日14时三门峡水库开始排沙,至20时含沙量从2.2千克每立方米增加至446千克每立方米,在小浪底水库形成异重流并持续向坝前运动。8日13时50分,小浪底水库异重流排沙出库,排沙洞泄流最大含沙量为70千克每立方米。9日2时异重流沙峰出库,小浪底水文站实测最大含沙量16.9千克每立方米。之后,随三门峡水库下泄流量减少,异重流过程逐渐消失。7月11日,小浪底水库异重流排沙结束,下泄浑水历时约80小时。7月13日8时小浪底水库按500立方米每秒下泄,调水调沙试验结束。

在小浪底水库清水下泄阶段,花园口水文站最大含沙量7.2千克每立方米,利津水文站最大含沙量24千克每立方米;在小浪底水库异重流排沙阶段,花园口水文站最大含沙量13.1千克每立方米,利津水文站最大含沙量23.1千克每立方米。2004 年调水调沙试验期间小浪底、花园口、利津断面日均流量过程见图 11-6-6,2004 年调水调沙试验期间小浪底、花园口、利津断面含沙量过程见图 11-6-7。

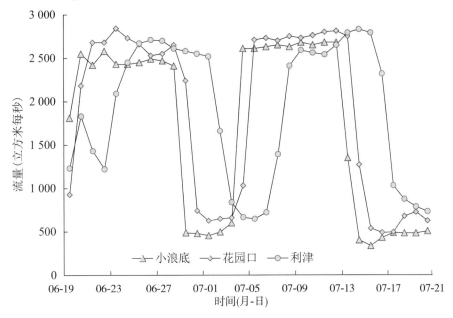

图 11-6-6　2004 年调水调沙试验期间小浪底、花园口、

利津断面日均流量过程

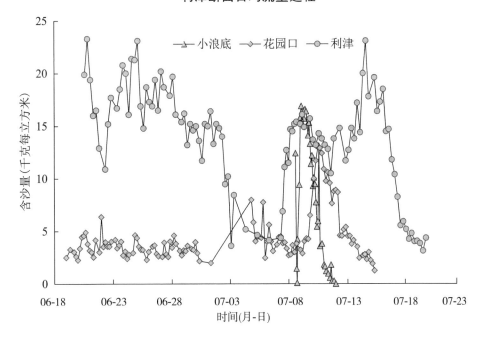

图 11-6-7　2004 年调水调沙试验期间小浪底、花园口、利津断面含沙量过程

这次调水调沙试验期间,黄委会安排实施了船载射流装置扰动泥沙试验,在局部区域使用机械手段扩大调水调沙效果。试验区域包括小浪底库区淤积三角洲顶坡段(南村附近)和黄河下游的主槽卡口河段。试验结果表明,在调水调沙过程中,针对一些关键部位,特别是卡口河槽,辅以人工扰动,可以对改善局部淤积形态发挥积极作用。

此次调水调沙试验,小浪底水库起始库水位 249.0 米(蓄水量 57.3 亿立方米),结束库水位 224.96 米(蓄水量 24.4 亿立方米),平均下泄流量 2 163 立方米每秒,下泄水量 46.8 亿立方米(其中水库补水 35.9 亿立方米),入库沙量 0.432 亿吨,出库沙量 0.044 亿吨,排沙比 10.2%。7 月 20 日 8 时,此次调水调沙水流全程入海,入海水量 48.0 亿立方米,入海沙量 0.697 亿吨。此次试验中,花园口水文站径流量 47.6 亿立方米,相当于每输送 1 吨泥沙入海约用水量 68 立方米。

在调水调沙试验期间,实测悬移质平均中值粒径 D_{50}(小于某粒径的泥沙质量占总质量的 50%所对应的粒径),小浪底水文站为 0.007 毫米,花园口水文站为 0.042 毫米,利津水文站为 0.030 毫米。黄河下游各测站悬移质中粗沙(直径大于 0.05 毫米)所占百分比的沿程变化与平均中值粒径的沿程变化情况一致。调水调沙后,下游河道各河段主槽泥沙中值粒径 D_{50} 变大,粗颗粒泥沙含量也增大。特别是高村以上各河段增量变化最明显,中值粒径 D_{50} 由 0.058~0.106 毫米增加到 0.108~0.272 毫米,直径大于 0.05 毫米的泥沙所占百分比由 55.5%~77.6%增加到 78.0%~90.8%,黄河下游主槽河床均发生不同程度粗化。

第三次调水调沙试验主要利用水库蓄水,通过万家寨水库、三门峡水库、小浪底水库联合调度,首次成功在小浪底库区塑造人工异重流出库。小浪底库区淤积三角洲顶坡段的淤积形态得到调整,在 2003 年防洪运用期间淤积侵占的长期有效库容得以恢复,距坝 94~110 千米区域的河槽底部高程基本恢复到 1999 年状态,小浪底水库干流淤积纵剖面(最低河底高程)见图 11-6-8。这证明,利用黄河中游发生的较大流量级洪水或人工塑造较大流量入库过程,能够冲刷小浪底库区前期淤积泥沙,优化水库淤积形态,一定程度恢复库容,对增强小浪底水库运用的灵活性和水沙调控能力、实施泥沙多年调节和长期塑造黄河下游协调的水沙关系具有重要意义。

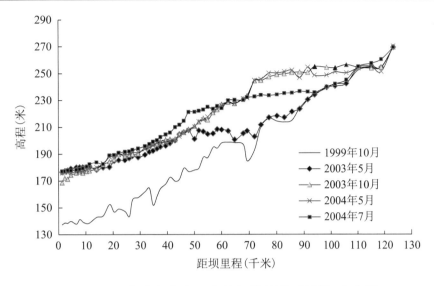

图 11-6-8　小浪底水库干流淤积纵剖面(最低河底高程)

此次调水调沙试验,通过小浪底水库较长时间下泄清水冲刷黄河下游河道,加上人工扰沙辅助措施,卡口河道主槽平均冲刷深度达 0.66 米,下游河道主槽最小过流能力从 2 100 立方米每秒增加至 2 730 立方米每秒左右。

此次调水调沙试验持续时间长达 24 天,是 2002—2011 年期间调水调沙历时最长的一次。黄河防总办向小浪底水利枢纽共计下达 36 份调度指令,要求小浪底水利枢纽按±5%偏差控制瞬时流量。小浪底建管局加强调度值班力量,实时跟踪并预测机组出力变化,采用闸门远控的手段快速调整孔洞泄流来削减发电流量变化影响。小浪底水利枢纽泄洪孔洞闸门启闭平均每天超过 12 次,最多一天启闭 29 次,累计达到 293 次,然而瞬时出库流量偏差值仍接近 30%。由于长时间频繁启闭,泄洪孔洞闸门故障有所增加。

第三次调水调沙试验,一是调水调沙分两阶段进行,第一阶段小浪底水库利用蓄水,按控制花园口断面流量 2 600 ~ 2 800 立方米每秒清水下泄,冲刷下游河道,待小浪底库水位降至对接水位转入第二阶段。第二阶段联合调度万家寨水库、三门峡水库、小浪底水库,利用万家寨水库蓄水结合河道来水冲刷三门峡水库泥沙,降低潼关高程;利用万家寨水库、三门峡水库蓄水结合河道来水冲刷小浪底水库泥沙,在小浪底库区人工塑造异重流排沙,减少小浪底水库泥沙淤积,塑造泥沙淤积形态。二是调水调沙以调水为主,不再限制小浪底水库出库水流含沙量,小浪底水库尽可能开启低位孔排沙。三是在小浪底水库淤积三角洲顶坡段和黄河下游卡口河段实施了人工扰沙试验,辅助调整局部淤积形态。

三、调水调沙生产运行调度

从 2005 年开始,调水调沙转入生产运行。在 2005—2011 年小浪底水库共实施 10 次调水调沙生产运用。按实施时期不同,分为汛前调水调沙和汛期调水调沙。以汛前调水调沙为主,每年安排实施,规模也相对较大;而汛期调水调沙视汛期洪水情况相机开展,规模相对较小。

(一)汛前调水调沙

按防汛要求,小浪底水库进入主汛期前需将水位降至汛限水位以下。汛前利用供水期富余的水量实施调水调沙,是兼顾防洪和减淤的合理选择。

1. 运用方式

2005—2011 年汛前调水调沙基本采用第三次调水调沙试验的方式进行:调水调沙分两阶段进行。第一阶段,小浪底水库利用蓄水清水下泄,冲刷下游河道,下泄流量按花园口水文站流量不大于下游主槽平滩流量控制(随下游主槽平滩流量增加也相应提高),待小浪底库水位降至对接水位转入第二阶段。第二阶段,联合调度万家寨水库、三门峡水库、小浪底水库,利用万家寨水库蓄水结合河道来水冲刷三门峡水库泥沙,降低潼关高程;利用万家寨水库、三门峡水库蓄水结合河道来水冲刷小浪底水库泥沙,在小浪底库区人工塑造异重流排沙,减少小浪底水库泥沙淤积,塑造泥沙淤积形态。调水调沙以调水为主,不再限制小浪底水库出库水流含沙量,小浪底水库尽可能充分排沙。

2. 开展时间

小浪底水库 2005 年、2006 年汛前调水调沙均从 6 月 10 日开始逐级加大泄流(正式开始时间分别为 6 月 16 日、6 月 15 日)。考虑到黄河下游部分滩区小麦收割较晚,过早拆除浮桥会影响滩区收麦农忙交通。2007—2011 年的汛前调水调沙均推迟至 6 月 19 日正式开始。调水调沙结束时间主要根据小浪底水库蓄水量而定,并满足汛前将库水位降至汛限水位的要求。2005 年、2006 年汛前调水调沙运用于 6 月底结束。从 2007 年起,为应对黄河下游地区在 7 月上旬常出现的"卡脖子旱",汛前调水调沙的结束时间逐步向后推延至 7 月 9 日。历年调水调沙小浪底水库运用时间见表 11-6-2。

表 11-6-2 历年调水调沙小浪底水库运用时间

序号	时期	开始时间 (年-月-日 T 时:分)	结束时间 (年-月-日 T 时:分)	历时(天)
1	2002 年	2002-07-04T09:00	2002-07-15T9:18	11.0
2	2003 年	2003-09-06T09:00	2003-09-18T18:00	12.4
3	2004 年汛前	2004-06-19T09:00	2004-07-13T08:18	24.0
4	2005 年汛前	2005-06-10T09:00	2005-06-30T12:00	20.1
5	2006 年汛前	2006-06-10T12:00	2006-06-28T08:42	17.9
6	2007 年汛前	2007-06-19T11:00	2007-07-02T10:00	13.0
7	2007 年汛期	2007-07-29T03:30	2007-08-06T18:30	8.6
8	2008 年汛前	2008-06-19T09:30	2008-07-03T06:30	13.9
9	2009 年汛前	2009-06-18T12:30	2009-07-03T18:30	15.3
10	2010 年汛前	2010-06-19T09:00	2010-07-08T00:00	18.6
11	2010 年第二次	2010-07-25T22:00	2010-08-03T08:00	8.4
12	2010 年第三次	2010-08-11T12:00	2010-08-21T09:00	9.9
13	2011 年汛前	2011-06-19T09:00	2011-07-07T08:30	18.0

3.用水量

2005—2011 年汛前调水调沙水量以小浪底水库蓄水为主,万家寨水库、三门峡水库蓄水及河道来水为辅。每次汛前调水调沙小浪底水库平均下泄水量 47.93 亿立方米,其中水库补水 37.72 亿立方米,占 79%。历年汛前调水调沙小浪底水库出库水量及补水量见表 11-6-3。

表 11-6-3 历年汛前调水调沙小浪底水库出库水量及补水量

年度	2005	2006	2007	2008	2009	2010	2011	平均
出库水量 (亿立方米)	52.11	54.97	40.75	41.37	44.90	51.36	50.05	47.93
水库补水 (亿立方米)	43.96	46.74	27.95	28.76	36.96	40.41	39.28	37.72
水库补水 比例(%)	84	85	69	70	82	79	78	79

4.库水位

2005—2011 年汛前调水调沙运用,小浪底水库第二阶段运用开始时的库水位逐年不同。库水位越低,小浪底水库异重流规模越大,排沙效果越好。

2005—2011 年每次汛前调水调沙是当年小浪底水库水位降幅最大的时期,

小浪底水库水位降幅约 30 米。随着水库淤积的发展,库水位单日最大降幅有逐年增加趋势。历年汛前调水调沙小浪底水库水位变化见表 11-6-4。

表 11-6-4　历年汛前调水调沙小浪底水库水位变化

年度	起始水位（米）	对接水位（米）	结束水位（米）	水位降幅（米）	平均日降幅（米）	最大日降幅（米/日期）
2005	251.73	229.12	225.84	25.9	1.3	2.16/6 月 26 日
2006	253.86	229.00	225.87	28.0	1.6	2.31/6 月 27 日
2007	244.65	227.49	223.62	21.0	1.6	2.45/6 月 27 日
2008	245.19	227.05	222.89	22.3	1.6	2.77/6 月 27 日
2009	249.76	226.06	220.77	29.0	1.9	3.29/6 月 28 日
2010	250.57	218.23	217.64	32.9	1.8	2.77/6 月 29 日
2011	248.41	214.26	216.36	32.1	1.8	4.55/7 月 3 日

5. 冲淤情况

2005—2011 年汛前调水调沙运用,小浪底水库下泄总水量 336 亿立方米,总排沙比 60%;下游河道全线冲刷(总冲刷量约 2.5 亿吨),约有 3.9 亿吨泥沙被送入大海,平均每吨泥沙入海小浪底水库需下泄水量约 88 立方米。黄河下游主槽最小过流能力从 2 730 立方米每秒逐步增加到 4 000 立方米每秒左右,有效减小了中小洪水漫滩概率。下游河道主槽河床泥沙逐步粗化,冲刷效率逐步降低。历年汛前调水调沙小浪底水库及下游河道冲淤情况见表 11-6-5。

表 11-6-5　历年汛前调水调沙小浪底水库及下游河道冲淤情况

年度	最大日均出库流量（立方米每秒）	最大出库含沙量（千克每立方米）	入库沙量（亿吨）	出库沙量（亿吨）	入海沙量（亿吨）	水库排沙比（%）	河道冲淤量（亿吨）
2005	3 520	8.7	0.450	0.023	0.613	5	-0.647
2006	3 700	58.7	0.230	0.084	0.648	37	-0.601
2007	4 010	97.8	0.601	0.261	0.524	43	-0.288
2008	4 040	154	0.580	0.517	0.598	89	-0.201
2009	4 000	12.7	0.504	0.037	0.345	7	-0.343
2010	3 870	288	0.352	0.527	0.701	150	-0.254
2011	4 010	263	0.288	0.366	0.427	127	-0.136
平均	3 879	126	0.429	0.259	0.551	60	-0.353
合计			3.005	1.815	3.856		-2.823

6. 孔洞运用与闸门操作

在调水调沙运用期间,小浪底水利枢纽一般使用排沙洞、明流洞和发电机组组合运用。为精确调控下泄流量,小浪底水利枢纽泄流孔洞,特别是具有局部开启能力的排沙洞工作闸门调整比较频繁,平均每天启闭泄洪闸门最多达14.5次。历年汛前调水调沙小浪底水利枢纽泄洪闸门启闭情况见表11-6-6。

表11-6-6　历年汛前调水调沙小浪底水利枢纽泄洪闸门启闭情况

年度	2005	2006	2007	2008	2009	2010	2011
历时(天)	20.13	17.86	12.96	13.88	15.25	18.63	17.98
水调指令(个)	8	8	12	15	9	13	25
闸门启闭(次)	139	133	92	178	202	222	261
日均启闭(次)	6.9	7.4	7.1	12.8	13.2	11.9	14.5

7. 水能利用

2005—2011年汛前调水调沙运用,小浪底水利枢纽总计泄水335.51亿立方米,其中近一半水量(48.6%)用于发电,总计发电40.2亿千瓦时,其他水量通过排沙洞、明流洞等泄洪孔洞泄放。历年汛前调水调沙小浪底水利枢纽发电水量利用情况见表11-6-7。

表11-6-7　历年汛前调水调沙小浪底水利枢纽发电水量利用情况

年度	出库水量 (亿立方米)	发电量 (亿千瓦时)	最大日发电量 (亿千瓦时)	发电水量 (亿立方米)	泄洪孔洞 泄水量 (亿立方米)
2005	52.11	6.35	0.37	26.8	25.3
2006	54.97	6.15	0.39	24.8	30.2
2007	40.75	4.33	0.36	19.0	21.8
2008	41.37	4.94	0.40	19.8	21.6
2009	44.90	5.77	0.45	22.5	22.4
2010	51.36	6.73	0.46	26.9	24.5
2011	50.05	5.92	0.44	23.4	26.7
合计	335.51	40.19		163.2	172.5

(二)汛期调水调沙

2005—2011年汛期,小浪底水库利用洪水开展3次汛期调水调沙运用,开展时间分别为2007年7月29日、2010年7月25日、2010年8月11日。运用方式是小浪底水库按控制花园口水文站流量不大于下游主槽平滩流量控泄,时间不少于6天,小浪底水库尽量启用底孔充分排沙。相比汛前调水调沙,汛期调水调沙规模小、水库运用水位低、泄水量少,入出库沙量较多。不同于汛前调水调沙以扩大下游主槽为主要目标,汛期调水调沙主要目标是尽可能将入库泥沙输入大海,延缓水库和下游河道淤积。这3次调水调沙运用,下游河道冲刷相对较少,但输沙入海效率高,平均每输送1吨泥沙入海用水量41立方米。历年汛期调水调沙小浪底水库及下游河道冲淤情况见表11-6-8。

表11-6-8　历年汛期调水调沙小浪底水库及下游河道冲淤情况

年度	时段 (月-日)	起始水位(米)	入库水量(亿立方米)	出库水量(亿立方米)	入库沙量(亿吨)	出库沙量(亿吨)	入海沙量(亿吨)	水库排沙比(%)	下游河道冲淤量(亿吨)
2007	07-29— 08-07	225.1	10.8	17.3	0.87	0.46	0.45	53	0
2010	07-25— 08-03	220.2	10.9	12.4	0.75	0.26	0.31	35	−0.10
2010	08-11— 21	221.8	13.0	19.0	0.90	0.49	0.43	54	−0.12
平均		222.4	11.6	16.2	0.84	0.40	0.40	47	−0.07
合计			34.7	48.7	2.52	1.21	1.19		−0.22

经过小浪底水库拦沙和调水调沙运用,截至2011年汛后,小浪底水库实测总库容101.28亿立方米,累计淤积量25.22亿立方米,平均每年淤积2.1亿立方米。其间,淤积最多的年份为2003年,年淤积量5.3亿立方米;淤积最少的年份为2011年,基本没有淤积。小浪底水库淤积以干流为主,呈三角洲淤积状态。西霞院水库共淤积泥沙0.16亿立方米,淤积主要分布在库区131米高程以下的低洼滩面上,库区原主河槽基本稳定。2000—2011年,黄河下游各河段均发生冲刷,河道主槽过流能力明显改善,下游河床抬高和主槽萎缩的趋势得到遏制和扭转。黄河下游河道累计冲刷20.37亿吨,其中汛期冲刷14.41亿吨,主槽最小平滩流量从不足1 800立方米每秒增加至4 000立方米每秒左右。

第七节 供水灌溉调度运用

供水灌溉是小浪底水利枢纽的主要开发任务之一。随着社会经济的不断发展,黄河下游灌溉规模和用水需求不断增加,跨流域引黄调水趋于常态化,加之维持黄河健康生命的更高要求,小浪底水库供水任务不断加重。一般情况下,除防洪、防凌、调水调沙等特殊运用外,满足下游供水需求是制定小浪底水库出库流量指标的最主要考虑因素。

一、供水灌溉调度任务

小浪底水利枢纽供水灌溉调度主要任务是:确保黄河下游不断流;保障下游沿岸、滩区、引黄灌区人民生活、生产、农业灌溉用水需求;满足天津、河北、青岛等地区跨流域供水需求;满足黄河下游河道生态用水需求。

黄河水量调度年度为每年 7 月 1 日至翌年 6 月 30 日。2000—2011 年,黄河流域来水偏枯。2000 年和 2001 年是小浪底水文断面历史第 2、第 3 极枯水年,仅略大于历史最枯年份 1997 年。2002—2003 调水年度,小浪底水库入库水量仅 120.3 亿立方米,是设计多年平均值的 43%,为 2000—2011 年期间来水最少的年份;花园口水文站天然径流量为 250.7 亿立方米,是多年均值的 50%,也是有实测资料以来最小值。2000—2011 年,黄河下游多次发生严重旱情,出现供水严重紧缺局面。其间,黄河防总和黄委会实施了《2002—2003 黄河下游防凌风险调度预案》《2003 年旱情紧急情况下黄河水量调度预案》,2009 年 2 月发布黄河下游红色干旱预警,2011 年 2 月发布黄河下游橙色干旱预警。黄河下游地区旱情主要发生在冬、春两季,特别是冬季抗旱与防凌交织,给小浪底水库调度增加了难度。

二、供水灌溉调度运用

小浪底建管局坚持公益优先,根据水库调度指令要求,快速准确调整小浪底水库和西霞院水库下泄流量,在水资源极端短缺年份牺牲发电效益、动用小浪底水库发电死水位以下蓄水向下游供水,确保黄河下游不断流,有效缓解了黄河下游供水紧张局面,并为黄河下游跨流域应急调水提供了可靠水源(包括 7 次向河北、天津应急调水,7 次引黄济青调水,5 次引黄补淀调水)。

（一）供水调度措施

2000—2011 年，在除防洪和调水调沙运用外，小浪底水利枢纽全年其他时段均按供水方式运用，每日按下游用水（含跨流域供水）需求控制下泄水量。

按照《黄河水量调度条例》（2006 年 8 月 1 日起施行）、《黄河流域抗旱预案（试行）》（2008 年 7 月 1 日施行）和调度规程，小浪底水利枢纽供水运用主要调度措施如下：

（1）严格按照水调指令要求控制出库流量。2004 年 9 月 29 日以前，小浪底水利枢纽运用调度规程尚未编制完成，黄河防总办或黄委会水调局根据实时水情，确定小浪底水利枢纽供水运用日均下泄流量允许误差，最大 ±10%，最小 ±1%。2004 年 9 月 29 日，水利部颁布《小浪底水利枢纽拦沙初期运用调度规程》，规定小浪底水利枢纽供水运用日均下泄流量允许误差为 ±10%，旬均允许误差为 ±5%。2009 年 9 月 4 日，水利部颁布《小浪底水利枢纽拦沙后期（第一阶段）运用调度规程》，规定供水运用以西霞院水库泄量为准，要求西霞院水库日均下泄流量允许误差按 ±10% 控制，其中相对误差的绝对值小于或等于 ±5% 的概率应达到 75% 以上，相对误差的绝对值不应超过 10%，旬均下泄流量误差不应超过 5%。

在供水运用中，小浪底建管局严格执行水量调度指令，精细控制小浪底水库和西霞院水库下泄流量。一是积极协调河南省电网调度部门，严格按照"以水定电"原则制订小浪底水库和西霞院水库发电计划；二是当日均发电流量小于水调指标时，及时启用泄洪孔洞补水；三是 2003 年小浪底建管局协调黄河防总办和黄委会水文局，将小浪底水文站日均出库流量计算时段从 0~24 时改为当日 8 时至次日 8 时，在后半夜电网负荷较低的时段，有充足的时间调整机组出力过程，减小泄流超标风险。采取上述措施，有效保障了小浪底水库和西霞院水库泄流控制精度，仅在特殊情况下，由于水调指令变化较大或执行时间较短，电网无法及时调整运行方式，偶尔出现日均下泄流量超标现象。2000—2001 年、2001—2002 年、2002—2003 年、2003—2004 年调水年度，日均出库流量偏差超过 10% 的天数分别为 52 天、59 天、14 天、21 天。

（2）抬高汛期运用水位，增加水库调蓄供水能力。为保障供水，经国家防总批准，小浪底水库汛限水位在 2001 年和 2002 年两次调整抬高，前汛期汛限水位从 215 米调整至 225 米；后汛期汛限水位从 235 米调整至 248 米。在实际调度过程中,在保证防洪安全的情况下,小浪底水库按照黄河防总安排,探索实践洪水资源化,拦蓄后汛期洪水,增加非汛期供水资源储备,分别在 2005 年 10 月 2 日、2010 年 10 月 4 日、2011 年 9 月 17 日,突破后汛期汛限水位运用,充分拦蓄后汛期来水,增加水库蓄水量,有效提高黄河下游冬、春季及跨流域供水保障能力。

(3)旱情严重的情况下,动用死库容为下游供水。2000 年和 2001 年两个枯水年,小浪底水库蓄水较少,黄河下游发生严重旱情。小浪底建管局以公益效益为先,牺牲发电效益,连续两年动用小浪底水库发电死水位以下蓄水量向下游供水,在大旱之年有效缓解下游旱情,为黄河下游不断流提供了保障。

(二)抗旱供水调度

2000—2011 年期间,黄河下游多地发生较为严重的旱情,小浪底水利枢纽充分利用水库蓄水,及时加大泄流,保障下游沿岸用水需求。

1.2000 年春、夏抗旱供水调度

2000 年,黄河来水严重偏枯,小浪底水库年入库水量 163 亿立方米,仅为设计平均值的 58%。小浪底水利枢纽刚投入蓄水运用,水库存蓄的水量也较少。在 2000 年春夏之交,黄河下游地区出现严重干旱。为缓解旱情,小浪底水库自4 月 25 日起加大泄流至 400 立方米每秒,库水位持续下降,至 5 月 22 日,库水位已接近发电死水位 205 米。

5 月 22 日,黄委会水调局发来《关于动用小浪底水库 205 米以下库容的商榷函》,通报了下游严重的干旱形势,建议动用小浪底水库 205 米以下库容为下游供水。小浪底建管局当天回函表示同意。5 月 26 日小浪底库水位降至 205米以下,6 月 27 日库水位降至最低 192.63 米,8 月 9 日库水位才回升至 205 米。小浪底水库停止发电 76 天,累计停机供水 25.6 亿立方米。

2000 年实施的抗旱供水调度,开创了大旱之年黄河不断流之先河。小浪底建管局当年被水利部评为 2000 年度水调先进集体。

2.2001 年春、夏抗旱供水调度

2001 年是黄河流域的又一个特枯年份,小浪底水库年入库水量仅 138 亿立方米,为历年最小值,不足设计平均值的一半。为缓解春灌高峰期用水紧张局面,3 月下旬到 4 月中旬,小浪底水利枢纽按流量 900~1 500 立方米每秒向下游集中供水。大流量下泄导致小浪底水库水位持续下降,6 月 12 日降至 1~4 号机组发电死水位210米以下。截至6月26日,小浪底水库水位降至206.91米。由于下游旱情持续发展,黄委会水调局6月26日发来《关于动用小浪底水库205 m以下库容的商榷函》,小浪底建管局于当日回函表示同意。6月30日,小浪底库水位降至205米以下,小浪底水利枢纽机组全停。7月28日,小浪底水库水位降至最低191.72米。之后,小浪底水库水位开始回升,8月22日回升至205米,24日回升至210米。2001年,小浪底水库在210米以下水位持续运用74天,其中在205米以下水位持续运用54天,累计停机供水10.5亿立方米。小浪底建管局当年被黄委会评为2001年度水调先进集体。

3. 2002秋季至2003年春季抗旱供水调度

2002年黄河流域气候异常,降雨稀少,来水严重偏枯。小浪底水库入库水量为152亿立方米,仅比2001年稍多。黄河主要来水区全年实际来水量241亿立方米,比历史来水最枯的1997年还少33亿立方米,比多年均值偏枯53%。特别是下半年,黄河全流域来水严重偏枯,黄河干流水库的蓄水量比往年同期明显减少,下游沿黄地区又发生了50年一遇的夏秋连旱,使黄河水资源供需矛盾异常突出,全河防断流形势非常严峻。小浪底水利枢纽抗旱供水调度见图11-7-1。

图11-7-1　小浪底水利枢纽抗旱供水调度

2002年10月23日,黄委会在郑州召开年度水量调度工作会议,向沿黄各省(区)通报2002—2003调水年度黄河水资源总量预测和沿黄各地面临的严重旱情,要求各省(区)做好应对极端困难情况的应急预案。2003年2月26日,黄委会邀请沿黄 7 省(区)水利和水调部门及国电西北公司、黄河干流主要枢纽管理单位代表在郑州对《2003 年旱情紧急情况下黄河水量调度预案》进行会商讨论。为充分节省水资源,凌汛期启动了《黄河 2002—2003 年度防凌风险调度预案》,将利津水文站封河流量降到 50 立方米每秒。为确保黄河不断流和沿黄地区农村和城市生活用水,2003 年春灌实施《2003 年旱情紧急情况下黄河水量调度预案》,预案采用包括挖掘黄河流域所有水库可调水量、提高水库泄流控制精度、扣减沿黄各省(区)水量分配指标、对省际断面流量下限进行严格监督等非常措施,以确保黄河不断流。

2002 年汛后至 2003 年春灌期间,由于来水偏少,小浪底水库蓄水量一直偏低。2002 年汛期结束时,小浪底水库水位仅 209.75 米(水库蓄水量 13.3 亿立方米),为历年同期最低值;2002—2003 年凌汛期结束时,小浪底水库水位 229.28 米(蓄水量 32.3 亿立方米),仅高于 2000 年同期值。因水库蓄水不足,2003 年上半年,小浪底水库各月出库流量均比往年同期偏少。2003 年 3—6 月,黄河下游地区降雨有所增加,旱情趋于缓解。小浪底建管局高度重视抗旱供水运用,采取措施将枢纽泄流精度偏差控制在 2%以内,有力保障下游防断流和抗旱供水安全。2003 年上半年小浪底水库各月出库流量及水调指令执行情况见表 11-7-1。

表 11-7-1　2003 年上半年小浪底水库各月出库流量及
水调指令执行情况

项目	1 月	2 月	3 月	4 月	5 月	6 月	平均
年初计划出库流量 (立方米每秒)	144	170	600	500	400	350	361
指令要求出库流量 (立方米每秒)	142	158	544	457	450	595	393
实际出库流量 (立方米每秒)	144	157	541	458	446	592	388
指令执行偏差率(%)	1.1	-0.1	-0.4	0.4	-1	-0.5	-0.3

(4)2008—2009 年度凌汛期抗旱供水调度。2008 年末至 2009 年初,黄河中下游大部分地区连续无降雨日达 60 天以上,局部地区 100 天以上。河南省遭受了自 1951 年以来最严重旱情,小麦受旱面积 4 150 万亩,其中严重受旱700 万亩,50 万亩出现麦苗枯死现象;山东省受旱面积 2 030 万亩,沿黄地区受

旱面积 1 155 万亩。部分地区出现人畜饮水困难。黄河防总于 1 月 6 日、1 月 11 日、2 月 3 日、2 月 6 日先后发布蓝色、黄色、橙色、红色干旱预警,2 月 27 日将旱情预警级别从红色降为蓝色,3 月 10 日解除干旱预警。

2009 年 1 月 6 至 3 月 10 日干旱预警期间,小浪底水库充分利用调蓄水量,先后 7 次加大下泄流量,日均下泄流量从 290 立方米每秒逐级加大到 1 000 立方米每秒,累计供水 35.3 亿立方米,其中水库补水 9.2 亿立方米。

(5)2010—2011 年度凌汛期抗旱供水调度。2010 年 10 月以后,黄河中下游晋、陕、豫、鲁 4 省降水量偏少,部分地区连续 100 多天无有效降雨,出现严重旱情。截至 2011 年 2 月上旬,4 省干流引黄灌区农作物受旱面积达 36%,旱情严重地区出现农作物枯死和人畜饮水困难现象。黄河防总于 2011 年 2 月 10 日、16 日先后发布黄色、橙色干旱预警,分别启动Ⅲ级、Ⅱ级应急响应。

小浪底水库和西霞院水库于 2 月 10 日、16 日、20 日连续 3 次加大下泄流量,下泄流量从 300 立方米每秒逐级加大到 900 立方米每秒,在保障防凌安全的情况下,全力支援下游抗旱。2011 年 2 月 25 日至 3 月 1 日,黄河中下游出现大范围的较强降水过程,4 省旱情缓解。3 月 2 日黄河流域区域干旱预警解除。

2010 年底,天津、河北地区缺水严重,计划从黄河取水 15 亿立方米,为历次最多。本次引黄济津、济冀调水从 2010 年 10 月开始,计划 2011 年 2 月 28 日完成。因 2011 年 1 月、2 月华北持续低温,引黄济津、济冀的两条输水渠道均发生严重封冻,导致引水流量锐减,实际引水完成时间分别推迟至 4 月中旬和 5 月上旬。

(三)供水量与水量使用

2000—2011 年,小浪底水库累计向下游供水 2 581.67 亿立方米,其中水库调节补水 811.65 亿立方米;年均向下游供水 215.14 亿立方米,年均水库调节补水 67.64 亿立方米。每年 3—6 月是黄河下游灌溉用水高峰期,小浪底水库历年 3 月至 6 月上旬(汛前调水调沙一般从 6 月中旬开始)累计供水 775 亿立方米,年均供水 64.60 亿立方米;累计补水 234 亿立方米,年均补水 19.54 亿立方米。其中,小浪底水库 2001 年灌溉用水高峰期补水量最多,为 32.10 亿立方米。2000—2011 年小浪底水库供水量及补水量见表 11-7-2,2000—2011 年小浪底水库灌溉用水高峰期(3 月至 6 月上旬)供水量及补水量对比见图 11-7-2。

表 11-7-2　2000—2011 年小浪底水库供水量及补水量　　（单位：亿立方米）

年份	全年		3 月至 6 月上旬	
	供水量	水库调节补水量	供水量	水库调节补水量
2000	151.95	26.59	62.61	13.60
2001	155.32	54.83	68.07	32.10
2002	191.45	63.83	64.85	22.75
2003	208.14	57.47	43.50	12.66
2004	205.92	82.22	66.30	26.15
2005	221.18	78.76	63.97	20.85
2006	257.49	88.90	93.01	29.21
2007	246.37	71.79	62.68	24.29
2008	225.94	72.26	76.47	23.83
2009	214.96	64.36	50.89	3.67
2010	246.85	70.68	58.66	9.05
2011	256.10	79.96	64.26	16.32
平均	215.14	67.64	64.60	19.54
合计	2 581.67	811.65	775	234

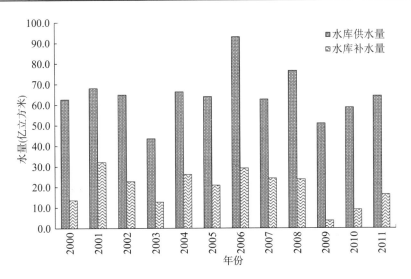

图 11-7-2　2000—2011 年小浪底水库灌溉用水高峰期（3 月至 6 月上旬）

供水量及补水量对比

2000—2011 年，小浪底水库最大供水流量发生在 3—5 月灌溉用水高峰期。小浪底水库历年 3—5 月平均出库流量分别为 783 立方米每秒、785 立方米每秒、652 立方米每秒,其中 2006 年 3—5 月平均出库流量为历年最大,分别为 1 010 立方米每秒、991 立方米每秒、1 014 立方米每秒。2000—2011 年小浪底水库 3—5 月平均出库流量见表 11-7-3。

2000—2011 年,黄河下游花园口断面以下年平均引黄水量 95.2 亿立方米,最大年引水量 111.3 亿立方米(2002 年),最小年引水量 72.9 亿立方米(2004 年)。黄河下游用水以农业灌溉为主。如 2008 年,黄河下游花园口断面以下引水总量为 89.8 亿立方米,其中农田灌溉占 77.4%、林牧渔畜业占 5.3%、工业占 7.5%、城镇公共和居民生活占 5.9%、生态环境占 3.9%。2008 年黄河下游各行业引水量对比见图 11-7-3。

表 11-7-3　2000—2011 年小浪底水库 3—5 月平均出库流量　(单位:立方米每秒)

年份	3 月	4 月	5 月
2000	814	863	559
2001	818	901	702
2002	950	714	581
2003	541	458	446
2004	753	780	656
2005	618	850	671
2006	1 010	991	1 014
2007	706	846	629
2008	944	918	803
2009	595	721	481
2010	814	596	635
2011	835	777	641
平均	783	785	652

根据黄河利津水文站测报数据,2001—2011 年黄河年平均入海水量为 149.4 亿立方米,其中 2000—2002 年水量仅为平均值的 1/3,分别为 47.6 亿立方米、45.7 亿立方米、41.0 亿立方米。从 2003 年起,入海水量明显增大,其中 2005 年水量最多,达到 207.5 亿立方米。入海水量增加,有利于恢复、改善入海口地区生态环境。2000—2011 年黄河下游年引水量及利津断面径流量对比见图 11-7-4。

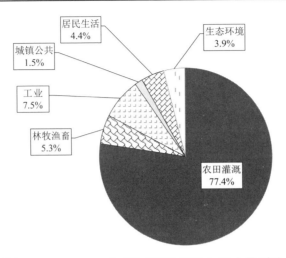

图 11-7-3 2008 年黄河下游各行业引水量对比

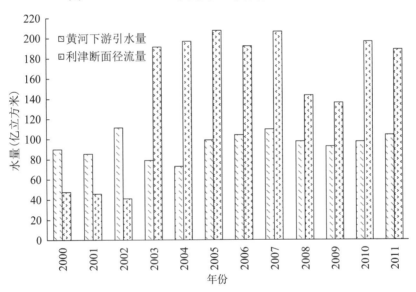

图 11-7-4 2000—2011 年黄河下游年引水量及利津断面径流量对比

(四) 供水水质

根据国家环保部网站公布的小浪底水库出库水质每周测验数据,2004—2011 年小浪底水库最好水质为Ⅱ类,最差水质为劣Ⅴ类,主要污染指标为溶解氧和氨氮。其中,Ⅱ类水质占 34.6%、Ⅲ类水质占 28.3%、Ⅳ类水质占 28.3%、Ⅴ类水质占 7.7%、劣Ⅴ类水质占 1.0%。一般冬季蓄水较多时出库水质相对较好,夏季蓄水较少时出库水质相对较差。水库对蓄水的净化作用明显。小浪底水库劣Ⅴ类水质共出现 4 次,分别发生在 2004 年第 35 周(8 月 23—29 日)、2007 年第 30 周(7 月 23—29 日)、2008 年第 28 周(7 月 7—13 日)、2010 年第

28 周(7 月 5—11 日)。除 2006 年外,其他年份都出现过 V 类水质,其中 2008 年出现 V 类水质的时间长达 10 周。2004—2011 年小浪底水库出库水质见表 11-7-4。

三、水库供水运用效果

2000—2011 年,小浪底水库调节运用,显著优化黄河下游水资源配置,增加黄河下游非汛期水量,提高水资源综合效益,实现黄河不断流目标,提高下游水环境质量,保证下游城乡居民生活用水,缓解工农业用水紧缺矛盾,修复改善下游河流生态系统功能。以往受断流影响破坏的 200 多平方千米河道湿地得到修复且能够稳定发育,水生生物的多样性得到恢复。20 世纪 80 年代消失的黄河铜鱼重新在下游成群出现,多年未见的黄河刀鱼也重新出现。

表 11-7-4　2004—2011 年小浪底水库出库水质　(单位:天)

年份	I 类	II 类	III 类	IV 类	V 类	劣 V 类
2004	0	63	161	98	35	7
2005	0	98	182	77	7	0
2006	0	133	84	147	0	0
2007	0	119	70	126	42	7
2008	0	161	28	98	70	7
2009	0	161	77	98	28	0
2010	0	126	105	98	28	7
2011	0	147	119	84	14	0
合计	0	1 008	826	826	224	28
所占比例(%)	0	34.5	28.4	28.4	7.7	1.0

黄河河口地区水量的增加,对河口三角洲湿地生态系统完整性、生物多样性及稳定性产生积极影响。黄河河口三角洲国家自然保护区的鸟类数量由小浪底水库运用前的 187 种增加到 283 种,黄河河口三角洲地区植被呈现良性演替。同时,3—6 月营养盐入海通量得到均化,降低了赤潮发生概率,改善了近海水域浮游植物生长条件及鱼类的生存环境。

在保障黄河下游生产用水、生活用水及生态用水的同时,2000—2011 年期间,7 次向天津应急调水,累计从位山闸、潘庄闸引水 59.6 亿立方米,缓解天津市供水紧缺的局面;7 次引黄济青,累计引水 9.4 亿立方米,改善了青岛市高氟、咸水区的居民饮水质量,防范了海水内侵;自 2006 年开始 5 次向干涸的白洋淀实施应急生态调水,累计从位山闸引水 33.2 亿立方米,使白洋淀湿地生态系统得到了一定程度恢复。

第八节　发电调度运用

小浪底水利枢纽安装 6 台 30 万千瓦水轮发电机组,额定发电流量 1 776 立方米每秒;西霞院工程安装 4 台 3.5 万千瓦水轮发电机组,额定发电流量 1 380 立方米每秒。小浪底、西霞院水利枢纽的发电调度,按"以水定电"的原则服从水量调度、安排发电生产。作为河南省电网为数不多的大型水电站,小浪底水电站以其机组运行稳定、调节容量大、调节速率快、响应时间短的特点,在以火电为主的河南省电网主要发挥发电调峰、调频和事故备用作用。

一、发电调度任务

河南省电网以火力发电为主。截至 2011 年底,河南省发电机组总装机容量 5 406 万千瓦,其中火电装机占 89.01%。根据统计,2000—2009 年河南省电网年最大峰谷差呈逐年递增趋势,由 2000 年的 397 万千瓦增长至 2009 年的 937 万千瓦,年均增长 10%,月平均最高、最低负荷差为 300 万千瓦左右(夏季更大),调峰压力很大。

2001 年底,小浪底电站 6 台机组 AGC 系统(Automatic Generation Control,自动发电控制系统)投运成功,实现了河南省电网在郑州远程遥控小浪底机组和小浪底水电站经济运行两大目标,也使河南省电网的调峰、调频性能,豫、鄂两省联络线的运行条件进一步改善,事故备用能力增强。自 2001 年底小浪底水电站全部发电机组投运以后,河南电网每年的迎峰度夏方案均安排"用电高峰时段全开小浪底水电站发电机组,满负荷运行"作为保障河南电力安全的重要措施之一。

枢纽调度规程规定:小浪底水利枢纽的发电任务是在满足水库调度单位制定的下泄流量指标的前提下,充分利用西霞院水库的反调节作用,尽量多发电、少弃水,提高小浪底水利枢纽的发电效益和在电力系统中的调峰作用。发电调度原则是"以水定电"。当电网有特殊需求时,运行管理单位应及时通报,水库调度单位应尽可能予以协助。

二、调度运用

(一)调度措施

小浪底水利枢纽的具体发电调度措施为:小浪底建管局根据黄河防总及黄委会水调局的水量调度指令编制枢纽每日发电量建议计划,报送电力调度单位。电力调度单位在计划日电量范围内安排发电机组日内出力过程,直接向小浪底电站下达开停机及负荷调整指令。小浪底水电站中央控制室见图11-8-1。

图11-8-1 小浪底水电站中央控制室

按照枢纽调度规程,当过机水流含沙量大于100千克每立方米时,宜适当减少开机台数;当过机水流含沙量大于200千克每立方米时,宜停机避沙峰。在2000—2011年期间,机组实测最大过机含沙量35.2千克每立方米(2002年7月10日4时5号机组和6号机组)。由于没有出现过高的过机含沙量,小浪底、西霞院水利枢纽在此期间内没有采取停机避沙措施。

(二)减少水库弃水

在小浪底水利枢纽蓄水运用初期,由于调度各方对枢纽运行条件不熟悉,缺乏统筹兼顾。特别是2000年至2003年上半年黄河来水极枯,防止黄河下游断流和抗旱供水需求突出,小浪底水库水电调度协调难度很大。水库弃水量较多,日均下泄流量超标现象也出现较多。2001—2003年,小浪底水库年弃水量分别达到61.4亿立方米、44.5亿立方米和68.5亿立方米。

小浪底建管局作为水调与电调两方面的执行单位,采取种种措施,尽量避免下泄流量超标。为便于准确控制日均出库流量,2003年建议黄河防总和黄委会水文局,将小浪底水文站日均出库流量计算时段从0~24时改为当日8时至次日 8 时。这样,在后半夜电网负荷较低时段,有比较充足的时间调整机组出力,满足泄流指标要求,并减少水库弃水。

从 2004 年开始,中国实施节能减排战略,大力扶持清洁可再生能源。电力调度单位对水力发电大力支持,在发电量安排方面给予优先考虑,将水电站弃水列入考核内容。与此同时,经过数年的磨合和探索,小浪底水利枢纽的水电调度相关单位对枢纽运用的特点和规律逐渐熟悉,加上枢纽调度规程的颁布实施,水电调度矛盾有所缓解。小浪底水利枢纽发电水量利用率从 70% 左右提高到 80% 以上,可利用水量弃水率大幅度减少。从 2007 年开始,除调水调沙和防洪运用外,小浪底水利枢纽基本没有弃水。2001—2011 年小浪底水利枢纽发电水量利用率及弃水量见图 11-8-2。

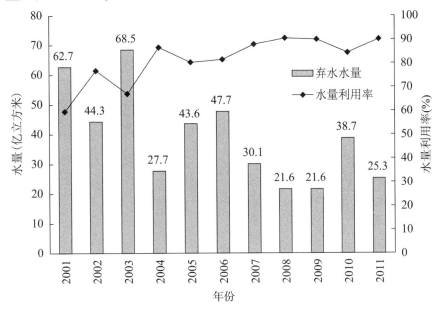

图 11-8-2　2001—2011 年小浪底水利枢纽发电水量利用率及弃水量

(三) 发电量

小浪底水库下闸蓄水运用以来,年发电量逐年抬升。在竣工后的两年内(2002—2003 年),年发电量显著提高,分别为 32.72 亿千瓦时和 34.82 亿千瓦时。自 2004 年开始,小浪底水库年发电量均超过 50 亿千瓦时,呈缓慢增长趋势。2000—2011 年小浪底水利枢纽总计发电量为 532 亿千瓦时;西霞院水库自 2007 年开始发电生产后,至 2011 年末累计发电 19.8 亿千瓦时。

2000—2011 年小浪底水利枢纽历年发电情况见表 11-8-1。

表11-8-1　2000—2011年小浪底水利枢纽历年发电情况

年份	平均运用水位（米）	下泄水量（亿立方米）	发电水量（亿立方米）	弃水水量（亿立方米）	水量利用率（%）	年发电量（亿千瓦时）	7—10月发电量（亿千瓦时）	最大日发电量 万千瓦时	最大日发电量 日期（月-日）	年平均耗水率（立方米每千瓦时）	西霞院水库年发电量（亿千瓦时）
2000	213.50	152.0				6.13	1.98				
2001	221.86	155.3	92.6	62.7	60	21.09	4.42	1 645	10-31	4.39	
2002	224.84	191.4	147.1	44.3	77	32.72	11.22	2 465	03-09	4.50	
2003	236.44	208.1	139.6	68.5	67	34.82	9.93	3 187	12-09	4.01	
2004	246.30	205.9	178.2	27.7	87	50.01	12.32	3 387	06-22	3.56	
2005	248.04	221.2	177.6	43.6	80	50.26	12.39	3 651	06-15	3.53	
2006	246.82	257.5	209.8	47.7	81	58.06	14.25	3 847	06-12	3.61	
2007	243.87	246.4	216.3	30.1	88	58.87	22.98	3 635	06-19	3.67	1.72
2008	242.03	225.9	204.3	21.6	90	55.44	14.40	4 013	06-20	3.69	3.63
2009	238.00	215.0	193.3	21.6	90	50.14	15.35	4 516	06-19	3.86	4.21
2010	240.14	246.8	208.2	38.7	84	51.77	18.18	4 636	06-19	4.02	4.48
2011	248.32	256.1	230.8	25.3	90	62.26	18.48	4 405	06-21	3.71	5.75
合计		2 581.16	1 997.8	432		531.57	156				19.8
平均	237.5				82					3.80	

注：表中年发电量采用上网电量电力公司结算数据。

第九节　安全保障调度

作为运行管理单位,小浪底建管局的首要任务是保障小浪底水利枢纽运行安全,维持枢纽良好工况。2000—2011 年,与枢纽调度直接相关的大坝蓄水安全和泄流孔洞防淤堵方面的问题相对突出,黄委会水调部门与小浪底建管局采取优化枢纽调度和运行管理措施,有效克服或解决相关问题,确保枢纽安全运行和综合效益充分发挥。

一、小浪底水利枢纽蓄水安全调度

小浪底水库正常运用水位(同最高运用水位)275 米,最低运用水位一般不低于 210 米。根据土石坝蓄水特点和坝体稳定要求,小浪底水库需按分级蓄水原则逐步提高允许最高蓄水位。2000—2011 年,小浪底水库运用水位从 205 米左右逐步抬升至 265 米以上。其间,小浪底建管局加强原型观测分析,定期组织大坝安全会商,在高水位运用期间多次组织专家进行安全分析评估,保障水库安全蓄水运用。长期监测成果表明,小浪底水利枢纽一直处于安全稳定状态。

(一)蓄水安全要求

按照设计要求,为保证坝体安全稳定,小浪底水库在 250 米、260 米、265米、270 米、275 米等各水位级的持续时间不得少于半年,除防洪、防凌等短时期蓄水情况外,在前一级水位稳定后方可进行后一级水位的蓄水运用。

2004 年 9 月,水利部批准执行的《小浪底水利枢纽拦沙初期运用调度规程》规定:根据土石坝蓄水特点和坝体稳定要求,水库按分级蓄水原则逐步提高允许最高蓄水位,在 260~265 米、265~270 米水位级应持续不少于 3 个月时间,每级水位蓄水运用的原型观测资料应及时汇总分析,在前一级水位运行检验稳定后,方可进行后一级水位蓄水运用。在防洪、防凌期遇特殊情况时,经上级主管部门批准后,允许短期突破,此时应加强枢纽建筑物安全监测,并尽快恢复到允许最高蓄水位以下。

鉴于小浪底水库在汛后蓄水至 265 米以上并持续 3 个月时间,难以满足每年 12 月底需预留 20 亿立方米防凌库容的要求,水利部 2009 年 9 月批准执行《拦沙后期(第一阶段)调度规程》,对其中的 265~270 米、270~275 米蓄水检验条件调整为:当水库在 265~270 米水位间运用时,应及时对原型观测资料进行分析,在连续运用时间达到 45 天或累计运用时间达到 90 天并经水库调度单位和水库运行管理单位确认大坝运行无异常后,方可进入 270 米以上水位蓄水运用。

(二)水库移民对蓄水高程的限制

小浪底水库蓄水初期,除按大坝蓄水安全要求逐级抬高运用水位限制外,还有水库移民进度的限制。

1999 年 10 月下闸蓄水至 2000 年 3 月,因小浪底库区移民补偿工程南村黄河公路大桥施工,水库允许最高运用水位为 210.5 米。

2000 年 7 月 1 日至年末,受库区移民搬迁限制,允许蓄水高程为 235 米以下。

2001 年至 2003 年汛前,移民搬迁高程限制为 265 米以下。

2003 年汛前,小浪底水库 276 米高程以下移民搬迁工作完成。

(三)水库蓄水运用

小浪底水库 2000 年初蓄水位 205.58 米,6 月 28 日历经当年最低蓄水位 192.63 米后,蓄水位逐步回升,至年末蓄水至 234.81 米。

2001—2002 年来水持续偏枯,小浪底水库蓄水位抬升幅度不大,最高蓄水位 240.87 米(2002 年 3 月 1 日)。

2003 年上半年,黄河水资源严重偏枯,小浪底水库最高蓄水位 230.69 米(4 月 8 日),之后库水位缓慢下降。进入汛期,小浪底水库水位继续下降,至 7 月 15 日降至本年度最低水位 217.98 米。之后,随着黄河"华西秋雨"洪水来临,小浪底水库水位于 9 月 12 日突破 250 米,10 月 6 日突破 260 米,10 月 15 日短时间突破 265 米,在最高达到 265.69 米后第 2 日回落至 265 米以下,11 月 16 日回落至 260 米以下,2004 年 6 月 17 日回落至 250 米以下。

2003 年秋汛至 2004 年汛前,小浪底水库蓄水位长时间保持在 250 米以上(并在 260 米以上水位持续 41 天),枢纽运行安全稳定,顺利完成 250~260 米水位蓄水运用检验。

2006 年 2 月 2 日至 5 月 13 日,小浪底水库蓄水位再次达到 260 米以上,持续 101 天,枢纽运行安全稳定,满足蓄水在 260~265 米水位持续超过 3 个月的要求,具备了 265~270 米水位蓄水运用检验条件。

2011 年发生秋汛洪水,11 月 17 日水库蓄水再次突破 265 米,最高蓄水位达到 267.83 米(12 月 13 日)。

2000—2011 年小浪底水库运用水位见表 11-9-1,2001—2011 年小浪底水库蓄水位过程见图 11-9-1,2000—2011 年小浪底水库运行水位分级见表 11-9-2。

表 11-9-1 2000—2011 年小浪底水库运用水位 (单位:米)

年份	年初	年末	年增减	年内最高	年内最低	年平均
2000	205.58	234.08	28.50	234.81	192.63	213.50
2001	234.08	235.21	1.13	236.33	191.72	221.86
2002	235.21	221.26	−13.95	240.87	208.00	224.84
2003	221.26	257.62	36.36	265.69	217.98	236.44
2004	257.62	251.13	−6.49	261.99	218.63	246.30
2005	251.13	257.71	6.58	259.61	219.78	248.04
2006	257.71	244.92	−12.79	263.41	221.27	246.82
2007	244.92	251.31	6.39	256.32	218.70	243.87
2008	251.31	243.23	−8.08	252.75	219.17	242.03
2009	243.23	240.14	−3.09	250.34	216.00	238.00
2010	240.14	250.79	10.65	251.71	211.65	240.14
2011	250.79	264.88	14.09	267.83	215.01	248.32

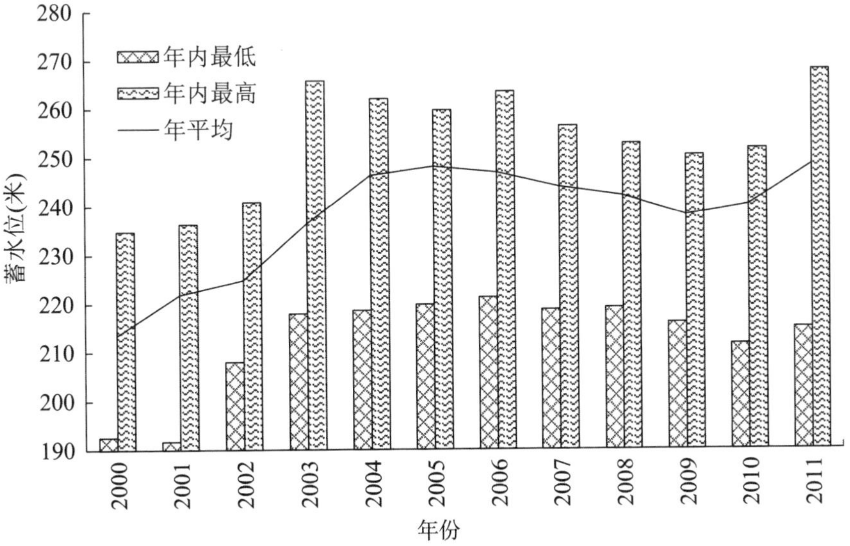

图 11-9-1 2001—2011 年小浪底水库蓄水位过程

表 11-9-2　2000—2011 年小浪底水库运行水位分级　（单位:天）

年份	小于 240 米	240~250 米	250~260 米	260~265 米	265 米以上
2000	366	0	0	0	0
2001	365	0	0	0	0
2002	352	13	0	0	0
2003	244	15	65	39	2
2004	106	86	121	53	0
2005	89	22	254	0	0
2006	95	106	66	98	0
2007	92	144	129	0	0
2008	103	138	125	0	0
2009	137	222	6	0	0
2010	146	188	31	0	0
2011	78	96	92	54	45
合计	2 173	1 030	889	244	47

《小浪底水利枢纽拦沙后期(第一阶段)运用调度规程》规定小浪底水库水位涨落限制条件:库水位在 250~275 米时,连续 24 小时下降最大幅度不应大于 4 米;库水位在 250 米以下时,连续 24 小时下降最大幅度不应大于 3 米。

随着小浪底水库淤积量的逐年增加,低水位库容大幅减小。小浪底水库 230 米以下库容在 1999 年 10 月蓄水运用前黄委会水文局实测数据为 42.34 亿立方米,至 2011 年减少至 15.35 亿立方米。在调水调沙后期的低水位、大流量下泄情况下,入库水量不足,容易导致库水位降幅超标,且随水库淤积发展,超标现象会更加突出。2009 年汛前调水调沙期间库水位日降幅达到 3.29 米(6 月 28 日)。2010 年汛前调水调沙期间,从 6 月 30 日至 7 月 3 日库水位日降幅连续 4 天都大于 3 米,最大值为 3.4 米(7 月 3 日)。

二、小浪底水利枢纽进水口防淤堵调度

小浪底水利枢纽泄洪系统和发电洞系统进水口集中布置在左岸进水塔。按照设计,小浪底水利枢纽泄洪孔洞中位置最低、启闭灵活的 3 条排沙洞主要任务是保证在进水塔前形成冲刷漏斗区,防止泥沙淤堵泄洪洞进口,减少发电洞过流泥沙含量(特别是粗颗粒泥沙),减轻泥沙对水轮机的磨蚀。小浪底水利枢纽泄洪孔洞中唯有排沙洞工作闸门可以局部开启调节流量,由此在日常运

用中,当发电泄流不足时,经常短时开启排沙洞补水,完成每天的控泄指标。

按照设计,小浪底水利枢纽进水塔前最高允许泥沙淤积高程为 187 米。排沙洞洞径相对较小,进口段布置曲折复杂(进口 6 条洞,在检修门后渐变为 2 条洞,在事故门后又变为 1 条洞),进口至事故闸门距离达 40 余米,淤堵易、疏通难。为避免进水口淤堵,进水塔前最高允许泥沙淤积高程设计指标 187 米,不能一步到位,应通过分级运用检验,逐步提高。

2002 年 7 月黄河首次调水调沙试验期间,为控制出库含沙量不大于 20 千克每立方米,小浪底水利枢纽排沙洞被限制运用,大量泥沙淤积在坝前。进水塔前淤积高程(距进水塔 60 米的漏斗区 01 断面,下同)在调水调沙试验前为 175.5 米,7 月 16 日调水调沙试验结束时达到 183.2 米,塔前浑水层约 14 米,位置最低的 3 条排沙洞进口被淤泥完全埋没。

8 月 30 日,黄河防总办、黄委会设计院、小浪底建管局共同商讨启用小浪底水利枢纽排沙洞恢复塔前漏斗有关问题。会后,小浪底建管局编制《小浪底水利枢纽恢复塔前漏斗运用方案》上报黄河防总办。9 月 4 日黄河防总办复函同意开启排沙洞,实现在塔前 200 米范围形成漏斗区的目标。9 月 5 日塔前淤积高程 179.3 米,浑水层厚 12.1 米。9 月 5—10 日,小浪底水利枢纽启用排沙洞排沙运用,出库流量按 500 立方米每秒控制,其间最大含沙量 267 千克每立方米(9 月 7 日 19 时),排沙约 3 260 万吨,最大过机含沙量 35 千克每立方米。排沙运用结束后,塔前淤积高程降至 176 米,塔前形成小范围漏斗区,浑水层基本消失。

2002 年 11 月 8—11 日,水利部副总工程师刘宁带领国家防办、水规总院、建管司有关领导赴黄委会和小浪底建管局,调研排沙洞进水口防淤堵调度问题。

11 月 18 日,黄委会设计院完成《小浪底水利枢纽近期运用规程和方式研究大纲》、《关于近期小浪底排沙洞运用的意见》(简称《意见》)。《意见》提出:近期不实施排沙运用,在塔前实测淤积达到 183.5 米高程时报请黄河防总批准,小开度开启工作门,以检验进水口流道是否畅通;以后淤积高程每抬高 0.5 米时,再重复开门检验一次,以确定排沙洞进口淤积高程的最终许可值。塔前泥沙淤积高程最高不超过 187 米。

水利部调研组经与黄河防总和小浪底建管局协商,最终一致同意黄委会设计院的意见。之后,在小浪底水利枢纽运用调度规程编制中,将此次协商确定的调度方案作为小浪底水利枢纽防淤堵调度措施予以采纳。

从 2003 年开始至 2011 年,由于采取了调水调沙优化措施,小浪底水利枢纽塔前泥沙淤积高程一直没有再达到 183.5 米。

三、西霞院反调节水库坝下冲淤调度

为消能防冲,西霞院水库泄洪坝段下游(桩号 0+030.00—0+080.00)布置了消力池,消力池下游至桩号 0+176.00 为钢筋混凝土护坦,再往下游为 20 米宽浆砌石海漫,海漫下游接 21 米宽的钢筋笼石加护带。2007—2011 年坝下监测表明,西霞院坝下没有冲刷破坏情况,反而靠近右侧(南岸)区域发生淤积。

2010 年之前,西霞院坝下没有明显冲淤现象。2010 年汛后监测发现,西霞院大坝开敞式泄洪闸区段下游 130 米以下区域发生淤积,最大淤积厚度约 5 米。

经初步分析,导致西霞院坝下淤积的主要原因是:在排沙运用期间,由于水位低,位于右侧的 14 孔开敞式泄洪闸泄流能力小,导致其下游泥沙沉积。为避免坝下淤积体进一步发展,小浪底建管局从 2011 年开始实施西霞院坝下冲淤调度,主要措施如下:

(1)在调水调沙前期清水下泄阶段,利用西霞院运用水位较高、开敞式泄洪闸泄流能力大的时机,启用开敞式泄洪闸集中冲刷坝下淤积体。

(2)在供水运用期间,需要启用泄洪孔洞补水时,启用开敞式泄洪闸集中泄水冲沙。

(3)根据坝下淤积体情况,优化运用孔洞组合泄流,提高冲刷效果。

通过实施上述调度措施,2011 年西霞院坝下淤积没有进一步增加。

第十节　孔洞运用

正常情况下,小浪底、西霞院水库通过发电系统泄流;在泄洪、排沙、调水调沙运用时期或供水运用发电流量不满足要求时,启用泄洪孔洞泄流。2000—2011 年,小浪底水库、西霞院水库所有泄洪孔洞都经历了实际泄流检验。

小浪底电站和西霞院水利枢纽均设有南、北岸引水工程,4 个引水工程的引水口随水库主体工程同期建成。截至 2011 年底,仅有西霞院水库南岸引水

工程正式投入运行,小浪底南、北岸配套灌区工程处于规划设计阶段,西霞院北岸配套灌区工程未启动规划设计工作。

一、泄洪孔洞运用

(一)小浪底泄洪孔洞组合运用

小浪底水利枢纽泄洪建筑物包括 3 条直径为 6.5 米的排沙洞、3 条明流泄洪洞(简称明流洞,城门洞形,宽度分别为 1 号 10.5 米、2 号 10.0 米、3 号 10.5 米,高度均为 13.0 米)、3 条直径 14.5 米的孔板消能泄洪洞(简称孔板洞),以及 1 座 11.5 米宽、17.5 米高的正常溢洪道。按照调度规程,小浪底水利枢纽泄水建筑物组合运用原则如下:

(1)根据泄水建筑物自身特性和运用条件,统筹兼顾异重流排沙减淤、水库排污排漂、进水口防淤堵、发电洞进口"门前清"、下游消力塘和泄水渠出流均匀、流态平稳等要求。

(2)当机组过机含沙量低于 100 千克每立方米时,枢纽下泄流量应首先满足发电要求,其余泄量按不同水位、不同下泄流量制订泄水建筑物组合运用方案。小浪底水利枢纽泄水建筑物不同水位下泄流能力见表 11-10-1。

表 11-10-1　小浪底水利枢纽泄水建筑物不同水位下泄流能力

(单位:立方米每秒)

库水位 (米)	排沙洞			孔板洞			明流洞			正常溢洪道	合计
	1 号	2 号	3 号	1 号	2 号	3 号	1 号	2 号	3 号		
175	0	0	0	—	—	—					0
180	142	142	142	—	—	—					426
190	335	335	335	—	—	—					1 005
200	419	419	419	1 146	1 076	1 076	139				4 694
210	461	461	461	1 239	1 167	1 167	730	12			5 698
220	500	500	500	1 326	1 255	1 255	1 280	452			7 068
230	500	500	500	1 407	1 338	1 338	1 624	952	139		8 298
240	500	500	500	1 484	1 414	1 414	1 914	1 280	687		9 693
250	500	500	500	1 557	1 489	1 489	2 174	1 495	1 122		10 826
260	500	500	500	—	1 559	1 559	2 404	1 693	1 430	—	10 145
265	500	500	500	—	1 591	1 591	2 500	1 789	1 563	1 038	11 572
270	500	500	500	—	1 623	1 623	2 593	1 883	1 684	2 405	13 311
275	500	500	500	—	1 654	1 654	2 680	1 973	1 796	4 050	15 307

小浪底水利枢纽排沙洞和明流洞为常用的泄洪排沙孔洞,只有排沙洞的工

作闸门可以局部开启运用,便于精确调控流量、沙量,在实际运用中启闭次数相对较多。

1. 泄洪孔洞运用

2000—2011 年,小浪底水利枢纽没有泄放超过 4 300 立方米每秒的流量,使用排沙洞、明流洞和发电泄流组合可完全满足泄流要求。一般情况下,优先使用位置较低的排沙洞泄流,其中 3 号排沙洞相比其他两条排沙洞出流含沙量大、排沙效果好,使用率相对较高。2000—2011 年,3 号排沙洞工作闸门累计启闭 1 214 次,平均每年约 101 次;过流时间累计达 16 118 小时,平均每年约 1 343 小时。小浪底水利枢纽排沙洞、明流洞闸门启闭次数与过流时间见表 11-10-2。

表 11-10-2　小浪底水利枢纽排沙洞、明流洞闸门启闭次数与过流时间

年份	1号排沙洞		2号排沙洞		3号排沙洞		1号明流洞		2号明流洞		3号明流洞	
	次数	过流时间(小时)	次数	过流时间(小时)	次数	过流时间(小时)	次数	过流时间(小时)	次数	过流时间(小时)	次数	过流时间(小时)
2000	19	620	128	5 790	71	5 608	4	47				
2001	38	1 517	112	2 033	144	2 344	421	355	8	74		
2002	104	204	130	395	113	330	164	360	46	392	11	34
2003	162	1 213	166	1 177	346	3 491	49	17	35	479		
2004	143	485	122	511	123	641	5	3	17	143	15	10
2005	101	646	94	754	119	770	15	43	29	171	19	156
2006	99	769	142	897	98	717	15	40	17	221	15	133
2007	43	383	32	409	39	535	9	51	9	134	5	76
2008	18	289	19	308	19	264	10	4	12	124	3	100
2009	26	298	31	223	25	340	13	3	13	203	6	23
2010	59	577	65	610	75	711	8	10	13	99	6	127
2011	29	338	30	236	42	367	12	3	11	183	9	72
合计	841	7 339	1 071	13 343	1 214	16 118	263	564	197	2 042	132	1 284

2. 孔板洞原型过流试验与检验性运行

小浪底水利枢纽 3 条孔板洞由导流洞改建而成,进口高程 175 米,洞径 14.5 米,孔板环处孔径 10~10.5 米,1 号孔板洞洞身高程较低,2 号、3 号孔板洞

高程相同。孔板洞工作门闸室设在孔板下游泄洪洞中部,采用两孔偏心铰弧形闸门,最大工作水头为140米,是国内外工作水头最大的偏心铰弧形工作闸门。小浪底孔板泄洪洞闸门孔口处流速高达33～35米每秒,单洞最大泄洪功率超过2 000兆瓦,是世界上最大的采用孔板消能技术的泄洪洞。由于孔板消能机理复杂和小浪底水利枢纽密集的洞室布置,在设计初期曾对孔板洞开展过一系列专题模型试验研究,但是模型的比尺效应及某些复杂的水力学现象模型难以模拟,因此孔板洞实际泄洪消能效果和泄洪安全性一直是业内专家关注的焦点。

在2000—2011年期间,小浪底水利枢纽下泄流量一直在4 500立方米每秒以下,由排沙洞、明流洞和发电组合泄流可以满足需要。小浪底建管局没有安排孔板洞投入常规的泄洪排沙运用,只进行了一些孔板洞试验性和检验性过流。

为进一步检验孔板洞运行安全性,在2000—2011年期间,小浪底建管局安排了一系列孔板洞原型过流试验。其中,针对运用洞身高程较低的1号孔板洞安排的试验有2次,分别于2000年4月(库水位210米)和11月(库水位234米)进行;2号孔板洞试验于2004年6月(库水位248米)进行。以上试验观察和成果分析主要由中国水利水电科学研究院负责实施。试验监测内容包括:结构内观(应力应变)、水力学(包括时均及脉动压力、空化噪声、孔板环及闸门振动、通气风速、掺气浓度、空蚀等)、山体振动3个方面。试验结果表明:孔板洞运行整体是安全的,随着水库运用水位的抬高,孔板洞洞身和中闸室的空化风险有增强趋势。

2000—2011年,除开展孔板洞原型过流试验外,小浪底建管局于2003年9月安排2号孔板洞检验性泄流运用44小时,2003年9月、11月安排3号孔板洞检验性泄流运用总计64小时。

孔板洞原型过流试验和检验验证了孔板洞运用的安全特性,并为孔板洞投入常规运用积累了经验。

3.溢洪道检验性运行

小浪底水利枢纽溢洪道进口底板高程258米,为防止挑流水舌冲击消力塘上游边坡,调度规程规定其最低运用水位不低于265米。2003年10月,小浪底建管局利用秋汛期间高水位泄洪的时机,实施了溢洪道泄流检验,过流运用96

小时,溢洪道整体运行正常。

(二)西霞院泄洪孔洞组合运用

西霞院反调节水库泄水建筑物布置在混凝土坝段,从左至右为6条排沙洞和3条排沙底孔、7孔胸墙式泄洪闸、14孔开敞式泄洪闸。

截至2011年底,《西霞院反调节水库运用调度规程》处于水利部审批阶段(2012年1月批准执行)。2007—2011年,西霞院水库泄洪孔洞调度主要依据西霞院工程设计文件和小浪底水利枢纽孔洞运用经验。2010年之前,泄洪孔洞组合运用原则如下:

(1)统筹兼顾水库排漂、进水口防淤堵、发电洞进口"门前清"、下游消力池和泄水渠出流均匀、流态平稳等要求。

(2)泄水建筑物组合运用,同一消力池内闸孔工作闸门应对称启闭。排沙期间优先启用排沙洞或排沙底孔。

(3)当水轮发电机组过机水流含沙量低于90千克每立方米时,按调度要求首先利用发电下泄流量,其余泄量由泄洪排沙系统下泄。

2010年汛后,监测发现西霞院水库坝下右侧出现泥沙淤积,小浪底建管局枢纽调度部门对以上调度原则进行补充完善,增加了在有条件的情况下合理运用开敞式泄洪闸,集中泄放较大流量冲刷坝下淤积体等内容。

西霞院水库泄洪孔洞较多,单孔流量较小,流量调节可选孔洞组合也相应较多。2007—2011年实际运用中,胸墙式泄洪闸运用次数相对较多,达到604次,每孔平均每年启闭约17次。西霞院水库泄水闸门启闭次数与闸孔过流时间见表11-10-3。

表11-10-3 西霞院水库泄水闸门启闭次数与闸孔过流时间

年份	6条排沙洞		3条排沙底孔		7孔胸墙式泄洪闸		14孔开敞式泄洪闸	
	启闭次数	过流时间(小时)	启闭次数	过流时间(小时)	启闭次数	过流时间(小时)	启闭次数	过流时间(小时)
2007	157	4 935	26	2 208	322	5 701	64	2 456
2008	71	2 355	14	1 235	60	1 660	34	983
2009	47	1 712	22	964	48	692	14	231
2010	34	1 885	16	1 138	113	3 207	44	5 734
2011	34	879	14	4 977	61	1 475	114	2 131
合计	343	11 766	92	10 522	604	12 735	270	11 535

二、引水口工程运用

小浪底水利枢纽和西霞院水利枢纽均设有南、北岸引水工程。这4个引水工程的引水口都随水库主体工程同期建成。截至2011年底，仅有西霞院水库南岸引水工程正式投入运行，小浪底水库南、北岸配套灌区工程处于规划设计阶段，西霞院水库北岸配套灌区工程还未启动规划设计工作。

(一)引水口工程

1. 小浪底南岸引水口工程

小浪底水库南岸灌区位于洛阳市北邙岭，北靠黄河，南临洛河，涉及孟津县、偃师市、洛阳市郊区等的20个乡(镇)，是河南省重要的粮食产区和商品粮基地。

(1)引水口工程立项及审批。1991年7月29日，水利部在对河南省《关于黄河小浪底水库灌区引水口方案的批复》(水规〔1991〕28号)文中明确:同意在小浪底水库泄水建筑物进水塔群北侧预留北岸灌溉洞，引水流量30立方米每秒;南岸灌溉引水流量20立方米每秒;引水方式由河南省自行决定，小浪底水利枢纽进水塔南侧不预留引水口，引水线路不能跨越大坝。

1997年7月，国家计委将南岸引水口工程纳入小浪底水利枢纽工程概算，总投资15 000万元。1998年7月，水利部以《南岸引水口工程可行性研究报告》(水规计〔1998〕276号文)批复，核定静态投资9 744万元，动态投资10 855万元。

1998年11月，受水利部委托，黄委会组织对《南岸引水口工程初步设计报告》进行审查，原则同意《南岸引水口工程初步设计报告》，核定工程总投资应控制在水利部批复的投资规模以内。确定南岸引水口工程设计灌溉面积54.83万亩，引水流量28.6立方米每秒，其中灌区引水流量19.6立方米每秒，向洛阳市供水流量9立方米每秒;年总引水量4.23亿立方米，其中灌溉引用水量1.39亿立方米，为洛阳市城市供水2.84亿立方米。

(2)引水口工程概况。南岸引水口工程为大(2)型引水工程，位于小浪底水利枢纽坝轴线上游右岸700米处，全长3.34千米，由进水塔、引水隧洞、出口分水设施等建筑物组成。进水口为塔式正面三台阶取水，底坎高程分别为240米、246米和252米;隧洞为圆形压力洞，洞径3.6米，长3.15千米;出口分水工程为开敞式，用弧形闸门控制，消力池消能，池内分设引水闸、提水闸、供水闸和退水闸,进行分水和退水。

引水方式为直接从小浪底水库库区自流引水,设计引水流量28.6立方米每秒,其中城市用水流量9.00立方米每秒,灌溉用水流量19.6立方米每秒;加大引水流量35立方米每秒。设计最低引水水位243.0米。设计冲沙流量34立方米每秒,加大冲沙流量48立方米每秒。控制灌溉面积52.91万亩;年均供水4.23亿立方米,其中灌区1.39亿立方米、城市供水2.84亿立方米。工程总工期31个月。

(3)引水口工程建设情况。小浪底南岸引水口工程由小浪底建管局依据工程进度核拨工程款,由河南省水利厅和洛阳市水利局共同负责建设管理。工程于1998年7月开工,2002年6月完工。2002年5月15日,洛阳市水利局成立洛阳市小浪底南岸引水口工程管理处。2002年6月,由水利部建设与管理司、河南省水利厅主持,小浪底南岸引水口工程通过竣工验收,工程竣工后由洛阳市小浪底水库南岸引水口工程管理处负责运行管理。

(4)灌区配套情况。小浪底南岸灌区规划为大(2)型灌区,分为东部片区、西部片区和南部片区。通过东部总干渠、西部总干渠、南部总干渠及相应各级渠道,在各调蓄水库(调蓄池)的配合调节下,自流或提水取水。灌区工程共布置有3条总干渠、10条干渠、2条分渠、9座调蓄水库(调蓄池)。

小浪底南岸灌区工程由地方政府负责筹资建设,2001年编报完成《小浪底南岸节水型生态农业灌区项目建议书》,2008年编报完成灌区工程可行性研究报告。截至2011年底,灌区工程仍处于规划设计阶段。

2004年初,洛阳市政府利用小浪底南岸引水口工程节余资金启动西部总干渠部分工程,主要包括西部总干渠1.96千米和南部总干渠全部5.33千米,扩容改造了1座调蓄水库(九泉水库)。工程投资6 266万元,其中国家投资3 266万元、地方投资3 000万元。工程于2005年3月完工,2011年11月通过竣工验收。

2. 小浪底水库北岸引水口工程

(1)引水口工程。小浪底北岸引水口工程(灌溉塔)布置在小浪底水利枢纽进水塔群北侧,是小浪底水利枢纽的组成部分,设计引水流量30立方米每秒,规划年引水量3.63亿立方米。小浪底北岸引水口工程的引水隧洞(简称灌溉洞)在0+750.00处设调压井,在0+818.71、0+845.71处分别岔接西沟水库供水支洞和西沟电站引水洞。北岸引水口工程随小浪底水利枢纽主体工程同步建设。在小浪底主体工程建设期间,灌溉洞桩号0+000(进口)—0+838.71段同期施工,其中0+000(进口)—0+218.01段属国际标施工,0+218.01—0+838.71段为国内标施工。后来在西沟电站建设期间,将该段灌溉洞延长施工至0+865.71,并在延长段岔接西沟电站引水洞,利用灌溉洞向西沟电站供水发电。在灌溉洞已施工段末端临时设有混凝土堵头,待北岸灌区工程建设完成后与灌区总干渠连接通水。

(2)灌区配套情况。小浪底北岸灌区位于小浪底水库北岸,南靠黄河、北临沁河,地域涉及济源市、沁阳市、孟州市、温县、武陟县,含17个乡(镇)、12个办事处,共472个自然村,总人口约123万人,总灌溉面积74.6万亩,属大(2)型灌区。小浪底北岸灌区是河南省重要的粮食产区,也是河南省相对干旱缺水的地区。灌区工程建设任务是解决灌区范围内的农业灌溉用水及生产生活用水,兼顾济源、沁阳、孟州3市工业生产用水及生活用水。

小浪底北岸灌区工程由地方政府负责筹资建设。1991年《黄河小浪底水利枢纽南北岸灌区可行性研究报告》通过初步审查,1999年地方政府组织编制了《小浪底北岸灌区规划报告》。2008年,根据国家粮食战略新形势,地方政府对灌区范围进行了较大调整,重新编制了《小浪底北岸灌区可行性研究报告》。水利部水规总院于2011年2月组织对《小浪底北岸灌区工程规划报告》进行了初审。按照规划报告,小浪底水库北岸灌区工程主要由1条389千米总干渠、4条干渠及众多分渠、支渠组成,包括引水工程、总干渠及各类建筑物552座。截至2011年底,工程没有实施。

3.西霞院水库南岸引水口工程

西霞院水库南岸引水口工程位于西霞院大坝混凝土坝段南头,引水口工程包括王庄引水闸、王庄冲沙闸及王庄渠渠首段,随西霞院水库主体工程同步建设完成,设计引水流量15立方米每秒。西霞院南岸引水口工程是西霞院水库蓄水淹没的孟津县王庄引水口的补偿项目。

西霞院水库南岸引水口工程配套灌区为孟津县黄河渠灌区。灌区位于孟津县东北部,始建于1958年,灌区设计灌溉面积25万亩,实际灌溉面积7.2万亩。

西霞院水库2007年蓄水运用后,西霞院水库南岸引水口工程即投入使用。

投运后发现因下游引水渠发生了淤积,导致渠首段过流能力下降,不能满足设计供水指标要求。2008 年,小浪底建管局将渠首段的渠堤加高 1 米,增大渠首段的过流能力,满足了设计供水指标要求。

4.西霞院水库北岸引水口工程

西霞院水库北岸引水口工程的渠首涵闸位于西霞院大坝下游,随西霞院工程主体工程同步建设,配套的灌区工程尚未进入规划阶段。

(二)西霞院水库南岸引水口运用

西霞院水库南岸引水口工程位于西霞院工程管理区,由小浪底建管局负责管理运行,2007 年 6 月 4 日开始向王庄引水渠供水。王庄引水渠配套灌区由孟津县黄河渠道管理所管理运行。

2007—2011 年,西霞院水库南岸引水口工程的调度管理方式为:孟津县黄河渠道管理所按期向黄河河务部门申请用水指标,并根据灌区实际用水需求,向小浪底建管局枢纽调度部门书面提出引水流量申请。小浪底建管局枢纽调度部门根据西霞院水库运用情况和引水申请,下达引水闸门调度指令。水力发电厂负责涵闸的运行和维修养护工作,及时按照闸门调度指令启闭闸门,保障供水。

2007—2011 年,西霞院南岸引水口闸门开度调整总计 323 次,累计供水 7.22 亿立方米。2007—2011 年西霞院水库南岸引水口取水量见图 11-10-1。

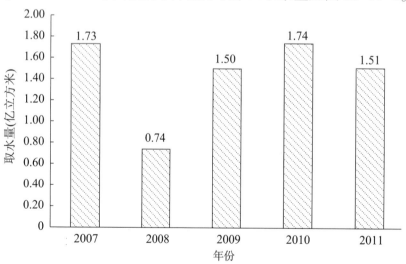

图 11-10-1 2007—2011 年西霞院水库南岸引水口取水量

第十一节　枢纽调度信息系统

2000—2011 年,为满足水库调度工作需要,小浪底建管局开发建设了调度信息系统,主要包括:小浪底水库和西霞院水库调度自动化系统(包括水情自动测报系统)、郑州集中控制系统、水库泥沙信息管理系统等。

一、小浪底水库和西霞院水库调度自动化系统

(一)小浪底水库水情自动测报系统

三门峡至小浪底区间(简称三小间)是三门峡至花园口区间(简称三花间)的主要暴雨产流区之一。在小浪底水库水情自动测报系统建设之前,三小间降雨信息主要从人工报汛站获得。该区域共设有 18 个人工报汛雨量站,平均每站控制面积约 320 平方千米,暴雨洪水测报精度相对较低。小浪底工程建设期间,小浪底建管局委托黄委会水文局建设了水库水情自动测报系统。该系统包括外业水雨情信息采集传输站 43 处(其中雨量站 29 处、水文站 4 处、水文站兼雨量站 7 处、中继站 3 处),中心站 4 处(郑州预报中心站、郑州数据中心站、郑州备用数据中心站、小浪底建管局中心站)。小浪底水库水情自动测报系统采用超短波与卫星混合组网的通信方式(在 2003 年后,卫星通信方式逐步改换为全球移动通信系统,即 Global System for Moblie Communication,简称 GSM 短信)。

小浪底水库水情自动测报系统于 1998 年 10 月建成投运。该系统除小浪底大坝上游水位站外,其他站点建成后全部移交黄委会水文局管理运行。小浪底建管局早期通过电话拨号网络,2004 年后采用专线网络从黄委会水文局获取相关测报信息。

在小浪底水库水情自动测报系统中,坝上水位站采用了当时国内最大量程(40 米)的超声波水位计。由于小浪底水库坝前水位年内变幅超过 40 米,该水位计每年需多次人工搬迁到不同高程。由于没有适宜的固定安装环境,拆装工作比较困难。为改善搬迁安装条件,2003 年小浪底建管局在进水塔内(2 号发电塔与 2 号明流塔之间)建设了钢架楼梯及多层安装平台,方便设备上下搬迁安装,并采用交流电替代太阳能供电,提高了设备保障率。

2008 年以后,雷达水位计设备由国外引进,并在黄河流域得到应用。相对

于超声波水位计,雷达水位计具有精度高、量程大和不受气温干扰的优点。2009 年小浪底建管局采用新型 70 米量程雷达水位计替换坝前超声波水位计,2011 年又在进水塔内相邻区域安装 1 台同型设备,并从数据采集至接收处理全环节实现双路互备运行,显著提升小浪底水利枢纽坝前水位测量的可靠性和自动化水平。

为满足防汛需求,小浪底建管局 2008 年在枢纽管理区桥沟河上安装 1 台水位计,2009 年在西沟水库泄洪塔前安装 1 台水位计。

这些水位计的自动测量数据(每 6 分钟一组测点数据)都采用短波电台发送至位于坝顶控制楼三楼和桥沟办公楼二楼的两套接收处理设备上,再双路传输至位于郑州市的生产调度中心办公楼(紫荆山路 68 号)调度自动化系统服务器中。

(二)西霞院水库水情自动测报系统

2007 年西霞院反调节水库下闸蓄水运用,配套建设的西霞院水情自动测报系统同步投入运行。该系统包括小浪底至西霞院区间流域雨量站 6 处、水位站 7 处(坝前 3 处、坝后 2 处、库区 2 处)。

水位观测信息传输方式仍然采用超短波电台。系统在西霞院电站厂房和西霞院反调节水库建设项目部办公楼各设一间机房,同步接收处理水位信息,再双路传输至郑州调度自动化系统服务器中。

西霞院库区雨量观测信息采用 GSM 短信直接发送至郑州水情信息服务器,再转入调度自动化系统服务器中。

(三)调度自动化系统

2004 年之前的调度办公软件是调度人员使用 Visual Basic 语言、Excel VBA 等编制的零散小型程序,包括针对水库水情自动测报系统数据的出库流量监视程序、闸门开度流量自动计算及辅助生成调度指令程序、检修工作票登记及统计、枢纽日水情和调度运行数据辅助输入及报表统计程序等。这些小型程序以解决调度工作实际需求为目的,属于工具性质,实用性强,为后来建设调度自动化系统打下了一定基础。

从 2004 年起,小浪底建管局枢纽调度部门开始依托自身力量,由简而繁,逐步研发小浪底水利枢纽调度自动化系统(简称枢纽调度自动化系统)。调度工作人员编制了系统功能需求、工作流程、算法逻辑和界面布置,临时聘用一名程序员负责编程。系统采用客户端和服务器模式,使用 C#编程语言和 NET Framework 开发平台,采用 SQL Server 数据库存储数据,在专网中运行。随着西霞院水库投入运行,2007 年系统又扩展开发了西霞院水库调度相关的内容。

2005—2008 年,小浪底建管局开发建设小浪底水利枢纽郑州集中控制系统(简称郑州集控系统),其中包含水库调度自动化子系统有关的集成开发内容。郑州集控系统开发建设,扩充了枢纽调度自动化系统的信息采集渠道。枢纽调度自动化系统从郑州集控系统中间数据库自动获取到小浪底和西霞院水利枢纽发电机组与闸门运行工况信息、工程安全监测信息,并借郑州集控系统开发项目为枢纽调度自动化系增加了水库地理信息三维展示功能,基本满足调度办公需要。

小浪底建管局枢纽调度部门以自身力量为主研发的调度自动化系统界面简朴,但其功能贴近实际工作需求,投入使用后显著减轻了调度值班人员值班监屏负担,减小了人工统计计算的出错概率,提高了调度安全保障。2011 年底小浪底水利枢纽调度自动化系统主要应用功能见图 11-11-1。

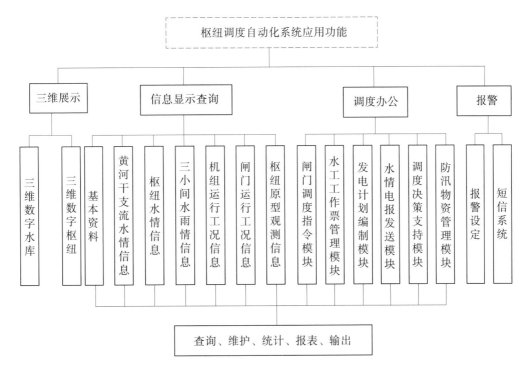

图 11-11-1 2011 年底小浪底水利枢纽调度自动化系统主要应用功能

二、郑州集控系统

(一) 开发目标

郑州集控系统开发目标是通过与小浪底、西霞院工程现地发电监控系统、闸门监控系统、工程安全监测系统、视频监控系统互联,实现对小浪底、西霞院水利枢纽水电站和闸门的远程集中监视与控制,并为枢纽调度及安全、防汛等重要指挥决策提供信息支持。

2003 年至 2004 年初,小浪底建管局拟规划建设两个中心,即位于郑州的生产调度中心和位于洛阳的生产管理中心。集控系统最初拟规划布置在洛阳生产管理中心。2004 年下半年,小浪底建管局发展战略调整,不再建设洛阳生产管理中心。集控系统的安装部署地点改至郑州生产调度中心办公楼七楼。小浪底水力发电厂的下级部门——调度中心,升级为小浪底建管局机关职能部门——枢纽调度中心,牵头负责郑州集控系统的开发建设工作。

(二) 开发建设

2004 年,小浪底建管局与黄河设计公司联合编制完成郑州集控系统招标文件,同年 7 月委托中国水利水电科学研究院所属北京中水科自动化工程公司承担郑州集控系统开发建设工作。

郑州集控系统开发建设分两个阶段实施:2004—2006 年为第一阶段,主要工作是软件开发、硬件设备采购安装,并完成与小浪底水利枢纽相关系统的联网调试;2008—2009 年为第二阶段,主要完成与西霞院反调节水库相关系统的联网调试。

为保证郑州集控系统开发建设工作顺利开展,2005 年 4 月 18 日,小浪底建管局召开郑州集控系统开发工作专题会议,成立由小浪底建管局副局长董德中为组长,枢纽调度中心、水力发电厂、综合服务中心相关负责人共同组成的郑州集控系统开发工作组,全面负责郑州集控系统开发工作的组织协调和把关工作。工作组成立后,与开发单位建立协调会商机制,多次召开开发工作会议,并统筹组织开展系统联合开发、设备出厂检验、现场安装调试等工作。

2005 年 8 月 8 日,郑州集控系统开发工作组在郑州召开会议,对系统网络结构及其他有关问题进行咨询澄清。北京中水科自动化工程公司、黄河设计公司、河南省电力公司等单位的专家和代表应邀参加了这次会议。与会专家和代表认为北京中水科自动化工程公司设计的郑州集控系统的三层网络结构安全性满足《电网与电厂计算机监控系统及调度数据网络安全防护规定》(国家经贸委令第 30 号,2002 年)及《电力二次系统安全防护规定》(电监会令第 5 号,2004 年)有关要求。

2005 年 9—12 月,郑州集控系统基本完成第一阶段工作,构建了双冗余不间断电源及网络等基础平台。小浪底水利枢纽闸门监控子系统、发电监控子系统、安全监测子系统、水库调度子系统和视频监控子系统相继投入试运行。2006 年 6 月汛前调水调沙期间,小浪底水利枢纽的泄洪闸门启闭全部使用郑州集控系统远程操作完成,成功启闭排沙洞、明流洞闸门 100 余次。2009 年,郑州集控系统第二阶段工作与西霞院水库发电、闸门监控、视频监控系统的联网调试工作完成。2009 年 12 月 14 日,郑州集控系统通过了竣工(移交)验收。

(三)应用

由于小浪底水力发电厂装机容量较大,河南电网此前尚无大型水电站异地监控的先例,对使用郑州集控系统远程控制小浪底水力发电厂发电机组的安全可靠性存有疑虑。郑州集控系统开发调试完成后,其发电子系统的遥控、遥调功能一直没有正式启用,仅遥测、遥信功能得到利用。

闸门监控子系统仅在 2006 年 6 月汛前调水调沙期间实施了小浪底工程闸门的遥控、遥调操作,其他时间只发挥系统遥测、遥信功能。

水库调度自动化系统运行在郑州集控系统搭建的环境基础平台(包括电源与网络环境)上,通过集控系统中间数据库获取发电机组出力及闸门开度的实时、准确信息。利用相关信息,调度工作人员可以预判出库流量变化,准确掌握闸门运行状态,节省了调度决策时间,提高了调度安全保障。郑州集控系统水调子系统数据通信模式见图 11-11-2。

工业电视及大屏幕子系统建成后,枢纽调度部门一直使用。根据调度工作需要,2006 年基于该子系统构建的平台,在枢纽工程进、出水口区域增设了多个摄像头。

三、水库泥沙信息管理系统

泥沙问题是制约小浪底水库运用的关键性问题之一。小浪底水库布设有 174 个基本测验断面、35 个漏斗区测验断面。一般每年汛前、汛后各实施一次

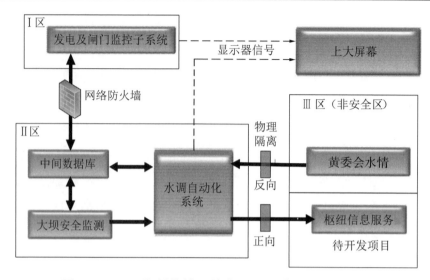

图 11-11-2 郑州集控系统水调子系统数据通信模式

大断面测验,满足及时准确掌握水库泥沙冲淤信息的需要。

水库泥沙测验成果包括断面地形数据、泥沙颗粒级配数据等,数据量较大,且逐年不断累计。为对水库泥沙测验成果进行有效存储管理和科学分析利用,2005—2006 年小浪底建管局委托郑州沃特信息技术有限公司开发了小浪底水库泥沙信息管理系统。2009 年又委托该公司(已重组为北京安河清源信息技术有限公司)扩展开发了西霞院水库泥沙信息管理系统,形成完整的小浪底水库、西霞院水库泥沙信息管理系统。

小浪底水库、西霞院水库泥沙信息管理系统运用了数据库管理技术、地理信息技术和专业数学模型,提供了信息统计查询、数据对比分析、三维地理信息显示、水库冲淤计算及直观展示等功能。该系统可以对小浪底、西霞院水库测验断面的大量观测数据实施有效管理利用,其计算分析和二维、三维展示等功能为开展水库优化调度研究提供了条件。

小浪底水库、西霞院水库泥沙信息管理系统业务逻辑框架见图 11-11-3,小浪底水库、西霞院水库泥沙信息管理系统主要功能模块见图 11-11-4。

小浪底水库、西霞院水库泥沙信息管理系统开发完成后,分别在枢纽调度中心和小浪底水利水电工程公司进行安装部署。该系统投入运用以后,在泥沙测验数据输入和管理、水库库容计算、冲淤分析展示方面得到了较好应用。

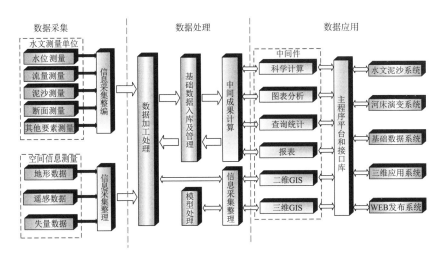

图 11-11-3 小浪底水库、西霞院水库泥沙信息管理系统业务逻辑框架

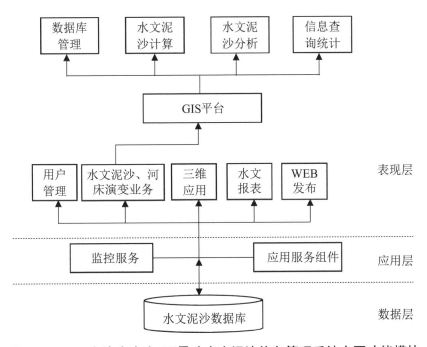

图 11-11-4 小浪底水库、西霞院水库泥沙信息管理系统主要功能模块

第十二章　枢纽运行管理

随着小浪底水利枢纽和西霞院工程建设任务的逐步完成,运行好、维护好、管理好枢纽工程成为小浪底建管局的主要任务。在枢纽运行管理中,小浪底建管局坚持"安全第一、公益性效益优先"的理念,按照"以水定电、电调服从水调"的原则,严格执行调度运行指令,积极开展管理创新和技术创新,科学开展运行、检修、监测工作,加强生产运营管理,保证了小浪底水利枢纽和西霞院工程持续安全稳定运行、综合效益充分发挥和国有资产保值增值。

第一节　运行管理体制

小浪底建管局坚持高起点、高标准开展枢纽运行管理,根据枢纽运行管理需要,科学确定管理模式,优化调整管理机构,加强人力资源管理及培训,完善各项管理制度和规程规范,推进工程运行管理体制改革,实现从工程建设向运行管理的平稳过渡和有序衔接,枢纽运行管理水平不断提高。

一、管理模式

小浪底水利枢纽及其配套工程——西霞院反调节水库实行"建管合一"的管理模式,小浪底建管局既负责枢纽建设管理,又负责枢纽运行管理,承担枢纽建成后的生产经营、偿还贷款本息、资产保值增值等责任。小浪底水利枢纽运行管理按照高起点、高标准要求进行谋划,在运行筹备期提出"以安全为基础,以发挥枢纽综合效益为中心,面向21世纪,创建一流管理、一流技术、一流人才"的指导思想;明确枢纽运行管理方针为:人员精干高效、一专多能、一岗多责,运行维护一体化、机电一体化、运行高度自动化,不设大修队伍,后勤服务社会化。

西霞院工程运行管理方式,按照原设计方案,需要设置西霞院水力发电厂负责运行管理工作。为有利于统一调度运行、精简机构人员、提高运行管理效率,2006年11月,小浪底建管局研究并经有关调度部门同意,不再设置西霞院水力发电厂,西霞院工程与小浪底水利枢纽实行统一管理机构、统一机组编号、统一电价的"一厂两站"运行管理方式,西霞院工程实行无人值班、少人值守,设施设备运行维护和检修工作由小浪底建管局水力发电厂承担,电站运行、监控在小浪底电站中控室完成。

二、管理机构

运行管理阶段的组织机构,以尾工建设时期的组织机构为基础进行优化调整。2004 年初,小浪底建管局郑州生产调度中心投入使用,小浪底建管局机关搬迁到郑州办公。2004 年 5 月,小浪底建管局成立枢纽调度中心、退休职工管理处、工区管理办公室(2007 年 9 月更名为枢纽管理区办公室,对外以小浪底移民局的名义协调处理移民有关事务);2006 年 3 月,成立政策研究和法律事务处(2008 年 4 月更名为公司管理和政策研究处);2008 年 1 月,经营管理处更名为计划处,2010 年 4 月更名为规划计划处。先后成立保卫处和移民工作处(2010 年 4 月撤销);陆续撤销洛阳办事处、郑州总部管理处、郑州生产调度中心项目部、资源环境处。

随着小浪底工程和西霞院工程的竣工验收,为保障枢纽安全稳定运行、适应多元化发展形势要求,小浪底建管局于 2009 年 5 月设立安全监督处,负责枢纽运行安全监督管理工作;设立项目建设管理办公室,负责枢纽管理区维护维修项目管理工作;成立河南小浪底水资源投资有限公司,以资本运作的方式,投资湖北、广西、云南等省(自治区)水电项目开发。小浪底实业公司更名为黄河小浪底旅游开发公司,成立小浪底置业有限公司。2010 年 4 月,撤销生产技术处和项目建设管理办公室,成立建设与管理处,负责枢纽生产、维修维护等管理工作;2011 年 4 月,撤销西霞院项目部。小浪底建管局运行管理阶段组织机构见图 12-1-1。

自 1999 年 10 月工程下闸蓄水开始,枢纽部分设施设备逐步投入运行,2001 年 12 月主体工程完工后,小浪底工程主要设施设备全面投入运行。为做好枢纽生产运行筹备工作,小浪底建管局在 1996 年 8 月工程建设高峰期,成立运行管理筹备机构——电厂筹备处,从人员、制度、物资等方面全面开展运行管理筹备。1999 年 1 月,小浪底建管局撤销电厂筹备处,成立水力发电厂,作为非法人独立核算单位,专门负责枢纽生产运行、维修维护、安全监测,小浪底建管局副局长张光钧兼任水力发电厂厂长。水力发电厂机构设置和人员配置借鉴国内外先进水利枢纽运行管理经验,实行精干高效、一专多能、一岗多责,设置办公室、财务部、物资部(后改为生产保障部)、生产技术部、安全监察部5个职能部门和发电分厂、水工分厂、调度中心(2004年5月撤销)、监测中心(2000年8月增设)、水电供应部(2004年5月增设)等生产单位。小浪底建管局水力发电厂组织机构见图12-1-2。2007年6月,西霞院电站首台机组并网发电后,撤销发电分厂,设立运行调度分厂和发电维护分厂,强化发供电运行及维护管理。

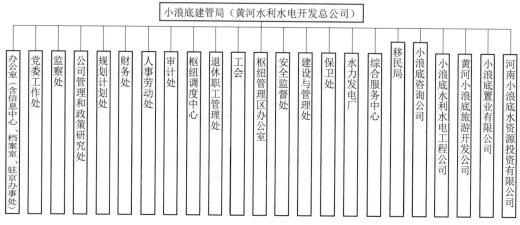

图 12-1-1　小浪底建管局运行管理阶段组织机构

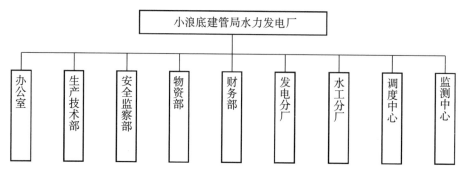

图 12-1-2　小浪底建管局水力发电厂组织机构

三、人员配备及培训

小浪底工程运行管理人员原设计编制为1651人。随着科技快速发展进步、设备自动化水平提高和社会化服务发展,小浪底建管局按照既定的枢纽运行管理方针,对原设计编制进行大规模裁减,在保持小浪底建管局人员总体规模600人左右不变的情况下,核定具体负责小浪底生产运行管理的水力发电厂人员正式职工编制为 172 人。

小浪底工程运行管理人员主要来源于 4 个方面:一是部分从事工程建设管理和监理的人员转岗从事枢纽运行管理工作。职能部门、后勤服务、水工设施运行维护、枢纽监测、供水供电保障等人员大部分为工程建设和监理人员转岗。二是招聘部分高校毕业生作为枢纽设施设备运行维护的主要力量。1995—1997 年每年招聘大学应届毕业生 30 多人,随后每年招聘 10 多人,主要包括电力系统自动化、水利水电动力工程、继电保护、计算机等专业。三是公开招聘少量技术骨干。1997 年底,小浪底建管局公开招聘 4 名有水力发电厂运行管理经验的技术骨干,充实电站运行管理筹备力量。四是从其他单位聘用部分技术人员。1998 年 6 月之后,通过签订劳务合同,先后从中国水电一局、白山水力发电厂、洛阳首阳山电厂、三门峡水电厂和郑州水工机械厂成建制聘用部分技术人员按专业分配到各班组,协助承担发供电设备和水工金属结构设备维护操作工作。

为满足枢纽运行管理需要,小浪底建管局结合人员到位情况,制订系统培训计划,对新招聘的职工和部分转岗人员分专业、分岗位开展了机电设备安装、设备检修维护、调度运行等培训。培训方式采用外出培训和现场培训相结合。1995—1998 年主要组织人员到有关电厂进行专业培训,共组织 10 批次 177 人次外出培训。小浪底建管局运行维护外出培训见表 12-1-1。

表 12-1-1 小浪底建管局运行维护外出培训

序号	时间	人数	地点	培训内容
1	1995 年 10 月至 1996 年 5 月	11	五强溪电厂	机电安装
2	1996 年 8—12 月	12	莲花水电厂	
3	1997 年 4—7 月	23	隔河岩电厂	运行培训
4	1997 年 8 月	15	丰满电校	仿真机培训
5	1997 年 8—11 月	15	白山电厂	机组检修
6	1997 年 9 月至 1998 年 2 月	38	葛洲坝电厂	运行、检修培训
7	1998 年 3—7 月	22		检修维护
8	1998 年 4—7 月	14	二滩电厂	机组安装
9	1998 年 4—9 月	20	广州抽水蓄能电厂	运行培训
10	1998 年 10 月	7	三门峡电厂	检修及管理

小浪底工程建设进入设备安装期,组织运行人员介入机电设备安装和调试工作,掌握机电设备结构、性能、安装工艺,参加设计联络会和设备出厂验收,参加制造厂家组织的培训等。邀请电力行业相关培训机构进行继电保护、励磁、电测计量、安稳装置、电焊、起重、自动发电控制等专业及特种作业培训。培训中根据内容分阶段进行考核,确保培训效果。至1999年底,运行管理人员的运行维护技能达到较高水平,经考试全部取得上岗资格。鉴于枢纽运行管理人员通过系统培训已具备自主接机能力,小浪底建管局决定首台机组接机发电由水力发电厂独立承担。2000年1月,小浪底电站首台机组实现独立自主接机运行、一次性自动化并网成功。

小浪底工程进入正常运行管理期后,小浪底建管局每年都制订人员培训计划,采用走出去、请进来等方式,对全体职工进行政治思想、业务、技术、安全、管理等全方位的系统化培训,提高职工队伍的业务水平和综合素质。

四、管理制度和运行检修规程

根据工作重点从工程建设管理转到运行管理的实际,小浪底建管局建立健全各项规章制度,逐步制定行政党群、生产技术、安全监督、规划计划、经营管理、后勤保障等各方面的管理制度,并根据实际情况不断修订完善,形成覆盖全面的制度体系。

根据生产运行需要,小浪底建管局专门制定《小浪底建管局水力发电厂管理办法》,并组织编制运行生产管理制度和运行检修规程,保障枢纽安全运行。生产管理制度主要包括发电运行管理制度、水工运行管理制度、检修及项目管理制度、设备管理制度、技术监督管理制度、安全管理制度及其他生产管理制度等共39项,并根据管理机构和职责调整等情况进行2次修编与完善。运行检修规程主要包括调度规程、水工和监测规程、金属结构运行规程、金属结构检修维护规程、发电设备运行规程、一次设备检修规程、二次设备检修规程、自动化设备检修规程、机械设备检修规程等108项,并根据运行管理情况,对运行检修规程进行3次补充和修改完善。

五、管理体制改革

小浪底工程竣工验收后,为适应水利改革发展要求和小浪底工程运行管理的需要,小浪底建管局对小浪底和西霞院工程运行管理体制进行了深入研究论证。按照有利于枢纽综合效益发挥、有利于长远发展、有利于干部职工队伍稳定的原则,小浪底建管局制订管理体制改革方案,经水利部审核后报中央机构编制委员会办公室。2011年5月,中央机构编制委员会办公室印发《关于设立水利部小浪底水利枢纽管理中心的批复》;2011年9月,水利部印发《关于成立水利部小浪底水利枢纽管理中心的通知》。

根据中央机构编制委员会办公室和水利部文件,小浪底建管局改制为水利部小浪底水利枢纽管理中心(简称小浪底管理中心),理顺了小浪底工程运行管理体制,确立"小事业、大企业"的管理模式,明确"做实事业,做强企业"的发展目标。

小浪底管理中心为水利部直属正局级事业单位,内设8个职能处室和1个直属的副局级事业单位库区管理中心(水政监察支队),总编制60人,对所属企业黄河水利水电开发总公司(正局级单位)和黄河小浪底水资源投资有限公司(副局级单位)依法履行出资人职责,小浪底管理中心组织机构见图12-1-3。黄河水利水电开发总公司内设8个职能部门、3个生产管理和后勤服务单位,人员总编制315人,黄河水利水电开发总公司组织机构见图12-1-4。黄河小浪底水资源投资有限公司内设6个职能部门和3个全资子公司,人员总编制190人。黄河小浪底水资源投资有限公司组织机构见图12-1-5。

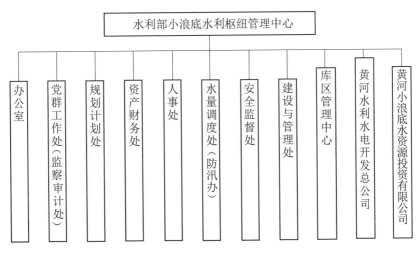

图 12-1-3　小浪底管理中心组织机构

小浪底管理中心主要职责为负责小浪底水利枢纽和西霞院水利枢纽的运

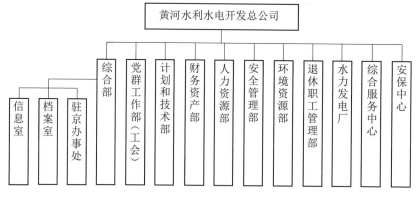

图 12-1-4　黄河水利水电开发总公司组织机构

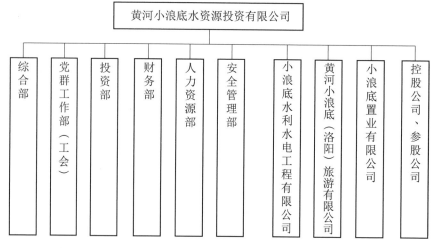

图 12-1-5　黄河小浪底水资源投资有限公司组织机构

行管理、维修养护和安全保卫,负责执行黄河防汛抗旱总指挥部和黄委会对小浪底和西霞院工程下达的防洪、防凌、调水调沙、供水、灌溉、应急调度等指令,并接受其对调度指令执行情况的监督;负责小浪底水利枢纽管理区和西霞院水利枢纽管理区及其库区管理,按规定开展水政监察工作;负责小浪底水库和西霞院工程资产管理等。库区管理中心(水政监察支队)主要负责小浪底水库和西霞院水库库区管理及地震台网的运行管理、塌岸滑坡体监测和水政监察等有关工作。

黄河水利水电开发总公司主要负责小浪底水利枢纽和西霞院水利枢纽的运行、管理,执行枢纽管理中心下达的水量调度指令,完成发电任务;负责小浪底水利枢纽和西霞院水利枢纽的防洪、防凌、减淤、供水、灌溉等功能发挥和资产的管理及保值增值、贷款的还本付息、增值税减免等有关政策的研究和落实;

负责小浪底水利枢纽管理区和西霞院水利枢纽管理区的公共区域管理。

黄河小浪底水资源投资有限公司主要负责对外投资管理、水电项目开发、工程施工、项目咨询、房地产开发、旅游开发等业务;对全资子公司、控股公司、参股公司履行出资人职责。

第二节　技术管理

为保证小浪底枢纽工程安全稳定运行,小浪底建管局建立健全技术管理体系,做好枢纽设施设备缺陷管理、评级管理、技术监督和可靠性管理。针对运行管理中的技术难题,加强科学试验与研究,广泛开展技术交流与合作,提升枢纽运行安全稳定性能。

一、技术管理体系

枢纽运行实行职能部门和生产部门分级技术管理体系,小浪底建管局编制技术发展规划和完善技术管理制度,为枢纽安全稳定运行提供技术保障。

(一)技术管理职责

枢纽运行技术管理实行小浪底建管局职能部门和生产部门分级管理制度。小浪底工程运行初期,小浪底建管局生产技术处作为技术管理职能部门,负责小浪底工程运行技术管理,制定技术管理规章制度和技术发展规划,审查枢纽运行管理工作技术方案的可行性和必要性,审批有关技术方案并监督检查执行情况,对有关技术成果进行验收鉴定;组织开展技术交流与合作,开展科技成果评审与奖励。2010年4月,小浪底建管局撤销生产技术处,成立建设与管理处。建设与管理处作为技术管理职能部门,负责枢纽运行技术管理工作。

小浪底建管局水力发电厂具体负责小浪底工程和西霞院工程运行管理工作,包括运行操作、巡视检查、安全监测、维护维修等。水力发电厂下设生产技术部,由生产技术部具体负责枢纽运行管理技术工作,包括编制枢纽运行管理制度、运行操作规程和检修维护规程,开展设备缺陷管理、技术监督管理、设备评级管理和可靠性评价等技术管理工作,掌握设施设备运行状态,不断提高枢纽安全稳定运行性能。

(二)技术发展规划

小浪底建管局从2006年开始编制技术发展规划,为与小浪底建管局企业发展规划相匹配,2008 年 7 月小浪底建管局印发《科学技术工作实施意见(2008—2009 年)》;2010 年 2 月,小浪底建管局印发《2010—2014 年技术发展规划》。《小浪底建管局科学技术工作实施意见和技术发展规划》全面分析枢纽运行技术管理存在的问题和面临的形势,确立以工程安全稳定运行为主要技术发展目标,明确重点任务,制定保障措施,强化技术管理活动。

(三)技术管理制度

小浪底工程运行筹备期,小浪底建管局组织水力发电厂编制完成枢纽运行生产管理制度和运行检修规程,切实保障枢纽安全运行。小浪底建管局不断完善技术管理制度。2004 年 8 月,小浪底建管局印发《项目立项管理办法》,明确运行管理项目前期技术管理内容和履行程序,执行技术方案审查和审批程序。2005 年 1 月,小浪底建管局印发《项目验收管理(移交)暂行办法》,规定枢纽运行管理验收检查相关内容和要求。2009 年 1 月,小浪底建管局印发《基建项目建设管理办法》,加强枢纽运行过程中基建项目技术管理的监督检查,进一步明确各单位的技术管理职责,规定技术方案变更等相关程序。

二、生产技术管理

为保障枢纽安全稳定运行,小浪底建管局逐步建立完善生产技术管理体系,其内容主要包括设备缺陷管理、设备评级管理、技术监督管理和可靠性管理。

(一)设备缺陷管理

设备缺陷是指枢纽运行过程中,设施、设备存在影响工程、设备或人身安全,以及影响经济、文明生产或不能实现其设计功能的异常现象。根据影响安全运行程度,将设备缺陷分为紧急缺陷、重要缺陷和一般缺陷 3 类,其中紧急缺陷要求在 24 小时内消除,重要缺陷一般要求在 1 个月内处理或列入年度检修计划进行处理,一般缺陷在日常维护工作中消除。

小浪底建管局水力发电厂制定了设备缺陷管理制度,按照工作职责对设备进行分区负责,对设施设备缺陷实行全过程管理,包括缺陷登记、消除、验收、分析、预防、控制、统计、考核等内容。设备管理部门每月定期对设备缺陷进行分析,提出分析报告;生产技术管理部门组织建立设备缺陷管理台账,督促设备管理部门做好缺陷登记、统计、分析,对缺陷进行全面分析,总结变化规律,为设施设备的大修、更新改造提供科学依据。

当设备存在缺陷时,无论是否影响到安全生产,均安排及时消除。对不能及时消除、威胁安全生产和系统完整的重要缺陷,组织有关单位和人员制定监视和控制措施,进行事故预想,防止缺陷蔓延或扩大。同时,设备缺陷处理始终坚持工作票管理制度。

(二)设备评级管理

为全面检查和掌握设备运行技术状况,保证设备安全可靠运行,小浪底建管局水力发电厂制定了《发电设备评级管理标准》和《水工建筑物评级管理标准》,对枢纽建筑物发供电设备和水工建筑物进行评级管理。

设备评级范围包括主设备和辅助设备。发供电主设备包括水轮机、发电机和主变压器,水工建筑物主设备包括挡水建筑物(主坝和副坝)、泄洪排沙建筑物、发电引水建筑物、厂房建筑物和尾水建筑物,其他设备为辅助设备。根据设备运行技术状况、安全性、缺陷状况等状态,评级结果分为一类、二类、三类设备。其中,能达到设计功能、技术状况良好,且能安全、经济、满负荷运行的设施设备,称为一类设备;个别结构部件有一般性缺陷,但效能正常发挥、经常满负荷运行的设施设备,称为二类设备;不能保证安全运行、效能不能正常发挥、有重大缺陷的设施设备,称为三类设备。一类、二类设备统称为完好设备,完好设备数量与参与评级设备数量之比称为设备完好率。

小浪底工程2002年开始进行设备评级,发供电主设备18台、辅助设备221台,水工建筑物主设备71台、辅助设备193台;西霞院工程从2008年开始进行设备评级,发供电主设备10台、辅助设备122台,水工建筑物主设备105台、辅助设备83台。设备评级由生产管理部门每年组织1次。截至2011年底,主设备完好率均达到100%,辅助设备完好率达到97%以上。

(三)技术监督管理

为保证枢纽运行管理各项活动符合国家、行业有关法规、标准及强制性要求,小浪底建管局水力发电厂参照电力行业通行管理手段,在首台机组投运伊始建立了技术监督管理制度,其主要内容包括绝缘监督、金属监督、继电保护监督、化学监督、自动装置监督、电测仪表监督、电能质量监督,同时结合小浪底工程实际,补充水工专业技术监督内容。技术监督管理主要内容为监测并控制设施设备健康水平、安全质量、经济运行等有关参数和性能指标,及时发现管理偏差、设备存在的缺陷和隐患,提出改进和整改建议,以确保枢纽设施设备安全、经济运行。

随着设备管理的不断深入,各专业技术监督工作范围逐步扩大,各设备管理部门开展全过程的设施设备技术监督管理,包括相关规程制度、设备制造、安装调试、交接验收、运行检修、技术改造等各环节的资料整理和过程管理,按照国标和行业技术规范、技术指标、检验周期,开展相关的检测和诊断,定期编写技术监督总结,实现数据、报告、资料、分析等全过程管理。

(四)可靠性管理

可靠性管理主要针对发供电设备。发供电设备可靠性是指设备在规定条件下、规定时间内,完成规定功能的能力。评价指标主要包括强迫停运系数、可用系数、运行系数、非计划停运率、等效强迫停运率、机组降低出力系数、等效可用系数、利用小时数等 27 项指标,这些指标是反映电力企业设备管理水平的重要参考。

按照《发电设备可靠性评价规程》(DL/T 793—2001),小浪底工程发电机组自 2001 年开始进行发电设备可靠性数据统计,西霞院电站机组从 2008 年开始进行可靠性数据统计,通过定期对发电设备可靠性数据进行统计,分析影响设备可靠性指标的主要原因,从中发现设备故障的规律和设备存在的问题,为设备运行和检修提供依据。

按照行业管理要求,小浪底建管局水力发电厂通过可靠性评价管理系统定期向中国电力企业联合会可靠性管理中心报送可靠性信息数据。

三、试验研究

小浪底工程和西霞院工程复杂的水沙条件和严格的运行要求,在运行管理中遇到了诸多技术难题,工程投入运用后,按照工程设计要求并结合工程运用情况,不断开展科学试验和研究工作,确保了枢纽的安全稳定运行。

(一)孔板洞原型过流试验

小浪底工程孔板洞由 3 条内径 14.5 米的导流洞采用孔板消能技术改建而成,考虑到孔板消能机理的复杂性,工程设计阶段进行了专题研究和模型试验,投入运行后小浪底建管局多次组织进行孔板洞原型过流试验。

2000 年 4 月 26 日和 11 月 8 日,小浪底水库水位分别为 210.2 米和 234.2

米时,小浪底建管局委托中国水科院组织进行 1 号孔板洞原型过流观测试验。试验主要包括水力学和闸门、山体振动及常规结构力学原型观测,同时完成事故闸门动水落门试验。2004 年 6 月 20—21 日,库水位 246~248 米,小浪底建管局委托中国水科院组织 2 号孔板洞原型过流观测试验。试验进行了进水塔和山体振动原型试验分析,完成事故闸门动水落门试验,其间 2 号和 3 号孔板洞同时过流 1 个小时。

原型试验结果表明,孔板洞设计合理,过流中未见明显空蚀迹象,结构及山体振动微弱,孔板洞可以安全参与泄洪运用。

(二) 大坝变形规律及影响因素研究

为确保大坝安全稳定运行,小浪底建管局开展大坝监测数据系统分析,主要研究库水位、时间、渗流、调水调沙、坝体材料等因素对坝体变形的影响程度,总结大坝变形规律,并对 275 米水位下坝体变形进行预测和稳定性复核;同时,优化完善工程安全监测系统,完善安全预警体系,为安全运行提供科学依据,确保枢纽建筑物安全稳定运行。

(三) 水库泥沙淤积规律研究

为合理利用小浪底工程淤积库容,塑造良好的淤积形态,小浪底建管局加强水库泥沙淤积形态监测,研究水库泥沙淤积规律,分析水库调度运用与水库冲淤、水能利用的关系,通过水库实际运行监测、数学模型计算、物理模型试验等手段,提出有利于塑造水库理想淤积形态的水库调度方式,为延长小浪底水库淤积库容使用时间、发挥工程最大效益奠定了基础。

(四) 高强度等级混凝土修补技术研究

小浪底工程采用大量高强度等级混凝土,由于混凝土高水化热效应而产生裂缝,加之运行中高速、高含沙水流对混凝土冲蚀、磨蚀严重,产生大量裂缝和掉块,每年汛后混凝土维修维护工程量大。小浪底建管局深入研究高强度等级混凝土裂缝机理、防治及处理措施,形成高强度等级混凝土修补专有技术,确保了混凝土修补质量,并有方向性地开拓市场。

(五) 闸门抗磨防腐蚀技术研究

小浪底工程闸门采用"环氧富锌或喷锌+环氧云铁+氯化橡胶面漆"或"H06-4 环氧富锌防锈底漆+8840 环氧不锈钢鳞片漆"技术进行防腐蚀和抗磨蚀,实际运行过程中,发现排沙洞弧形工作闸门面板磨损较为严重。通过模拟对比试验,采用金属热喷涂法,"喷锌+喷316T不锈钢+环氧封闭漆"新型不锈钢复合涂层,较好地解决了磨损与电化学腐蚀的双重问题,延长了闸门面板防腐蚀周期,降低了闸门防腐蚀检修费用。2010年和2011年在闸门面板上应用,效果良好。

(六)机组稳定运行与抗磨蚀研究

2005年初,小浪底建管局水力发电厂与清华大学流体机械及工程研究所联合开展小浪底水轮发电机组稳定运行性能和机组过流部件抗空蚀、磨蚀研究。

水轮发电机组稳定运行性能研究完成了4个水头下水轮机绝对效率及稳定性试验、1个水头下水轮机动应力和力特性试验,进行了水轮机内部整体流道流动分析、转轮及轴系动力特性计算和水轮机内补气特性理论计算,综合考虑水压力脉动性能、关键位置噪声、关键位置振动摆度、叶片疲劳破坏、泥沙磨损、空蚀、效率,以及电网具体要求等因素,对小浪底水电站水轮发电机组运行区进行重新划分,划分为禁止运行区、过渡运行区和安全运行区3部分。

机组过流部件抗空蚀、磨蚀研究选取小浪底工程1号机组,分别对转轮5号叶片和12号导叶上的碳化钨涂层厚度进行跟踪测量。监测结果表明,叶片正面涂层平均每月减少10.5微米,叶片背面涂层平均每月减少18.375微米;导叶正面涂层平均每月减少3.43微米,导叶背面涂层平均每月减少3.125微米。对不同水头、不同开度条件下,提出叶片磨蚀、空蚀的变化趋势。

四、科技管理

针对枢纽运行中遇到的技术难题,小浪底建管局加强科技合作与交流,制定科技创新和奖励办法,解决枢纽运行管理中的技术问题,促进人才成长,确保枢纽安全稳定运行,并取得多项科技成果。

(一)技术交流与合作

结合枢纽运行管理需求,对标枢纽运行管理标准,小浪底建管局选派运行管理及专业技术人员,围绕枢纽安全稳定运行管理、多泥沙河流水工建筑物管理、水库管理与生态可持续发展、流域综合开发等多个领域,广泛开展技术交流与考察。

(1)参加国际间技术交流与合作。2000—2011年,小浪底建管局与国际合同供应商建立双边交流固定机制,选派运行管理和专业技术人员广泛开展国际间技术交流与考察,组织开展了小浪底水利枢纽主坝系统运行维护、水利项目环境保护和流域水资源综合利用、小浪底工程泄洪系统运行维护、小浪底工程发电系统运行维护、小浪底电站计算机监控系统、小浪底电站水轮机系统运行维护、水利工程安全监管、防洪和洪水资源化利用等技术交流活动;组织参加国际大坝委员会年会、堆石坝国际研讨会等高规格会议。

（2）积极参与国内行业协会。小浪底建管局先后与国内行业协会建立联系,主要包括中国大坝学会、中国水利学会、中国水利工程协会、中国水力发电工程学会、中国咨询工程协会、河南省水利学会、河南省测绘学会、河南省电力行业协会等45家。通过行业协会平台,加强行业间技术、资讯等信息双边和多边交流,为小浪底工程运行管理提供技术支持。

（3）组织开展专题调研考察。结合小浪底工程运行管理实际,有计划组织多层次管理和专业技术人员,赴相关科研单位、枢纽运行管理单位、原设备生产制造厂家进行调研考察,考察内容包括枢纽运行管理、水工建筑物维修养护、泥沙监测和水库淤积研究、水轮机抗磨蚀、设备更新改造等,广泛吸收和借鉴先进经验,开阔视野,为解决枢纽运行管理过程中出现的实际问题提供思路和方案。

（二）科技成果与奖励

2005年9月、2008年7月和2011年6月,小浪底建管局组织召开3次科技工作会议（见图12-2-1）,总结科技工作、人才培养经验和成绩,表彰优秀科技成果、科技人才和论文论著。

1. 优秀科技成果

2005年9月,小浪底建管局印发《科技进步奖申报及评审办法（试行）》,规定了科技进步奖申报及评审程序和标准,从2006年起每年评审1次科技进步奖。截至2011年底,小浪底建管局共组织进行了6次评审,48个项目获得科技进步奖,其中科技进步一等奖7项、二等奖16项、三等奖25项。

2. 优秀科技人才

2005年6月,小浪底建管局印发《专业技术拔尖人才选拔及管理办法》;2005年8月,小浪底建管局印发《科技工作会议优秀专业技术人员评选奖励办法》;2006年2月,小浪底建管局印发《专业技术人员津贴实施意见》,开展专业技术人才评选和表彰工作,后期根据实施情况对《科技工作会议优秀专业技术人员评选奖励办法》进行修订完善。截至 2011 年底,小浪底建管局共评选表彰专业技术拔尖人才 15 人次、优秀专业技术人才 23 人次、一等技术津贴 28 人次、二等技术津贴 38 人次、三等技术津贴 79 人次。

图 12-2-1　2008 年 7 月小浪底建管局召开第二次科技工作会议

3.优秀论文论著

2005 年 8 月,小浪底建管局印发《科技工作会议优秀论文论著评选奖励办法》,开展优秀论文论著评选表彰工作,后期根据实施情况对《科技工作会议优秀论文论著评选奖励办法》进行修订完善。截至 2011 年底,小浪底建管局共评选奖励优秀论文 150 篇,其中一等奖 6 篇、二等奖 19 篇、三等奖 38 篇、鼓励奖 87 篇;优秀论著 30 部,其中特别奖 1 部、一等奖 5 部、二等奖 8 部、三等奖 14 部、鼓励奖 2 部。

第三节　安全管理

小浪底工程安全运行事关黄河下游亿万群众的生命财产安全和经济社会发展大局。小浪底建管局按照"安全第一、预防为主、综合治理"的安全生产方针,结合水利、电力工程运行管理特点,遵守国家、政府、行业安全管理相关规定和要求,设置安全管理组织机构,建立安全管理规章制度,开展职工安全教育培训、隐患排查治理、安全监督检查、应急救援等安全管理工作,确保了枢纽安全稳定运行。

一、安全管理机制

小浪底建管局建立健全安全管理机构,制定安全管理制度,分级负责枢纽安全管理工作,层层落实安全生产管理责任,确保了枢纽安全稳定运行。

(一)安全管理机构

枢纽运行安全管理由小浪底建管局安全委员会负责,安全委员会下设办公室,负责日常管理工作。小浪底工程建设期及运行初期,安全委员会办公室设在小浪底咨询公司办公室安全部;2002 年 4 月,小浪底建管局进行机构调整,安全委员会办公室调整至生产技术处;2009 年 5 月,小浪底建管局增设安全监督处,安全委员会办公室调整至安全监督处。

小浪底建管局局长担任安全委员会主任,副局长担任安全委员会副主任,各部门(单位)主要负责人担任安全委员会委员。安全委员会办公室设置专职安全管理人员,负责日常安全管理、监督检查和统筹协调等工作。

(二)安全管理职责

小浪底建管局安全委员会全面领导小浪底工程安全管理工作。安全委员会办公室承担安全生产日常管理工作,对全局的安全生产工作进行指导、监督和检查,负责制定安全生产管理制度、应急预案,督促并检查各单位安全体系、安全生产管理制度和落实安全生产责任制情况,参加生产安全事故调查等。

机关各部门负责本部门安全生产管理工作,落实安全委员会各项规章制度和工作要求。局属各单位负责管理区域内安全管理工作,落实安全生产责任,负责生产设备日常安全检查、维护和定期检验,保证其安全运行,及时排查和治理安全隐患。

小浪底建管局水力发电厂具体负责枢纽运行管理和操作维护,成立安全监察部,参照电力行业安全管理特点和经验,逐步建立完善枢纽运行安全管理监督体系和保障体系,实行安全生产"一岗双责"制度,层层落实安全生产责任制,开展安全生产检查考核,确保生产安全。

(三)安全管理制度

小浪底建管局按照安全生产的有关要求,结合实际制定《安全生产检查规定》《安全生产隐患排查治理暂行规定》《安全生产目标责任考核实施细则》等安全生产管理制度。

小浪底建管局水力发电厂参照电力行业安全生产管理特点和有关要求,制定《水力发电厂各级人员安全职责》《工作票、操作票管理规定》《事故、障碍、异常情况调查统计制度》《安全生产检查制度》《安全分析制度》《动火作业管理制度》《习惯性违章处罚条例》《防火责任制度》等安全生产管理制度;按照枢纽安全运行要求,编制了《发电系统运行规程》《发电系统检修维护规程》《水工运行维护检修规程》《枢纽监测规程》等安全操作规程,规范生产现场安全管理工作。

随着小浪底工程生产运行管理工作的不断深化,小浪底建管局根据实际需要,不断健全和完善各项安全管理制度。2004年和2009年,小浪底建管局分别结合实际情况对各项安全管理制度进行了集中补充和修订。

西霞院工程投入运行后,相应的安全管理制度适用于西霞院工程安全管理。

二、日常安全管理

在枢纽运行管理过程中,小浪底建管局做好安全教育培训、监督检查、隐患排查治理、"两票三制"(工作票制度、操作票制度、交接班制度、巡回检查制度、设备定期试验轮换制度)、"两措计划"(反事故措施计划与安全技术劳动保护措施计划)、障碍异常管理、特种设备、消防安全等日常管理,不断提升人、机、环等安全要素,确保枢纽安全稳定运行。

(一) 安全教育培训

小浪底建管局安全教育培训主要包括新入职人员三级安全教育培训、岗位安全培训和专题安全教育培训等内容。

新入职人员三级安全教育培训主要针对新参加工作的人员(包括合同工、临时工、实习人员等),必须进行局、部门、科室三级安全教育,重点学习国家、行业有关的安全生产方针、政策、法规,了解本单位、本岗位安全生产情况,掌握本岗位一般安全生产知识,经考试合格后可进入生产现场参加工作。

岗位安全培训主要针对岗位安全生产要求,由各科室组织对在岗人员开展经常性安全教育培训。重点学习本岗位的安全规程、事故预防、应急处理等知识,以及相关安全生产规定和要求等。岗位安全培训结合班组安全日活动、事故预想、考问讲解等形式一并开展。

专题安全教育培训主要针对生产需要、季节特点、专业要求等开展有针对性的专题讲座,由安全管理部门、各部门、各科室根据实际情况不定期地组织实施。

根据工作安排,小浪底建管局不定期地组织人员参加国家和行业有关安全生产专题培训活动,开展特种作业安全教育,派出有关人员参加安全学习交流,丰富安全教育培训内容。

(二)安全监督检查

围绕枢纽生产运行,小浪底建管局结合水利、电力行业安全管理特点,分层级开展以生产现场为重点的安全生产监督检查。在局级层面制定《安全生产检查规定》和相关安全管理目标考核要求,在厂级层面制定《安全生产检查制度》《安全生产奖惩条例》,明确检查组织机构、检查内容、检查频次、考核要求,按照局、部门、科室三级控制原则,进行日常安全检查、春(秋)季安全大检查、节前安全检查、专项安全检查。

小浪底建管局安全委员会办公室全面负责安全生产监督检查工作,每季度组织安全生产大检查不少于1次,每月对局属各部门(单位)安全生产抽查不少于1次,检查重点放在元旦、春节、"五一"、国庆、安全生产月等重要节假日和重大活动期间。局属各部门(单位)负责各自管理责任区内生产经营活动全过程的安全专项检查工作,每周不少于1次。小浪底公安处负责道路交通、消防专项、水面安全检查工作,每月不少于1次。对检查发现的问题,要求各责任部门记录在案,并按要求进行整改,在规定时间内将整改情况报送检查部门备案。

(三)隐患排查治理

为加强事故隐患监督管理,防止和减少事故发生,小浪底建管局按照国家、水利部、河南省人民政府和电力行业管理部门的有关规定和要求,逐步建立完善安全生产事故隐患排查治理管理体系。

小浪底建管局安全委员会全面负责安全生产隐患排查治理监督检查工作;小浪底建管局安全委员会办公室负责督促、检查相关单位的制度制定和安全生产隐患排查治理情况;局属各部门(单位)是安全生产事故隐患排查治理工作的直接责任主体,按照职责分工,具体负责组织实施本部门(单位)管理区域和职责范围内的安全生产隐患排查治理工作。

安全生产隐患排查治理范围主要包括各生产经营、后勤服务生产经营场所、设施和安全管理行为等。隐患排查治理内容主要包括安全生产规章制度、监督管理、教育培训、事故查处等方面存在的薄弱环节,基础设施、技术装备、作业环境、防控手段等方面存在的事故隐患。安全生产事故隐患排查治理工作实行隐患登记、整改、销号等全过程管理。

(四)"两票三制"管理

按照《电业安全工作规程》《电力设备典型消防规程》的相关规定,以及电力行业的多年运行实践,小浪底建管局水力发电厂制定了"两票三制"。

"两票三制"分别针对运行人员、检修维护人员规定了操作人、监护人、许可人、工作负责人、签发人等安全责任、权限,以及工作程序、填写标准等。安全管理部门每月检查"两票"执行情况和合格率,并作为安全考核的一项重要指标。交接班制度明确发电运行人员交班值和接班值应履行的工作内容与程序;巡回检查制度明确发电运行人员定期设备设施巡回检查周期、内容、路线及巡回检查标准要求;设备定期试验轮换制度明确定期试验切换的设备、周期。

水工建筑物运行维护、闸门操作、金属结构检修作业的人员组织结构与发电运行、检修维护管理模式不同,行业中也无成熟的管理经验,安全管理部门参照发电操作票、工作票管理思路,制定了《工作单、操作单管理制度》,有效地规范了工作程序,保障了生产安全。

"两票三制"构成枢纽安全运行管理最基本的工作内容和工作程序,通过落实各项制度要求,提高预防事故能力,杜绝人为责任事故,杜绝恶性误操作事故。

(五)"两措计划"管理

"两措计划"是电力行业防止人身事故和重大设备损坏事故发生,保障安全生产的重要手段。小浪底建管局水力发电厂根据上级单位颁发的反事故技术措施、需要消除的重大缺陷、提高设备可靠性的技术改进措施,以及事故防范对策编制反事故措施计划;根据国家、行业颁发的标准,从改善劳动条件、防止伤亡事故、预防职业病等方面编制安全技术劳动保护措施计划。

"两措计划"由小浪底建管局水力发电厂各部门编制,经审核批准后列入年度计划,并在年度计划中优先安排。安全管理部门定期检查"两措计划"的完成情况和实施效果,并把"两措计划"完成率作为年度管理目标考核的重要指标。

(六)事故、障碍、异常管理

依据《电业生产事故调查规程》,小浪底建管局水力发电厂制定了《事故、障碍、异常情况调查统计制度》,对全厂事故、障碍、异常情况实行统一管理,通过调查分析,总结经验教训,研究发生规律,分级制定预防对策,减少事故、障碍、异常情况发生。

设备事故、人身事故及一类障碍按《电业生产事故调查规程》进行分类和定性,二类障碍和异常按照《事故、障碍、异常情况调查统计制度》进行分类和定性。发生事故、障碍、异常的部门要在规定时间内按照规定格式上报,遵循《事故、障碍调查报告管理制度》进行过程调查及原因分析,并做出处理意见。处理意见要做到"四不放过",即事故原因未查清不放过、责任者未受到处理不放过、整改措施未落实不放过和有关人员未受到教育不放过。

(七)特种设备管理

小浪底工程特种设备主要有压力容器、电梯、起重设备等。小浪底建管局建立特种设备安全管理制度,办理特种设备登记注册,明确特种设备操作人员、安全管理人员,开展特种设备维护保养工作,定期进行特种设备安全检验。

2002 年 12 月,河南省质量技术监督局设立小浪底分局。在河南省质量技术监督局小浪底分局的监督指导下,小浪底建管局逐步建立健全特种设备安全档案和设备台账,开展特种设备操作人员培训,制订在用特种设备检验计划,指定兼职安全管理人员,积极配合河南省质量技术监督局小浪底分局检验人员开展特种设备定期安全检验,实现小浪底工程特种设备登记注册率、定期检验率、作业人员持证率 100%。

(八)消防安全管理

小浪底工程和西霞院工程消防安全贯彻"预防为主、防消结合"的方针,枢纽管理区实施"谁主管、谁负责"的消防管理原则,各生产区域主要负责人是消防安全第一责任人,安全管理部门负责监督管理小浪底工程和西霞院工程消防安全管理工作。

小浪底公安处设置消防科,按照法定职权与程序进行小浪底工程和西霞院工程枢纽管理区消防设计审核、消防验收及消防安全监督检查;同时,小浪底公安处消防科配置消防救援队伍和消防设施设备,负责枢纽管理区消防救援工作,并设立火警电话"119"。

安全管理部门每季度组织 1 次消防安全检查,一般结合安全生产大检查一并进行。检查发现的隐患和缺陷要求立即整改;不能立即改正的隐患和缺陷,要求采取临时措施并制订整改方案。各责任单位按照消防设施检查维修保养有关规定,委托具有相应资质的专业单位对消防设施设备进行定期检测和维护检修,对自动消防设施进行全面检查测试,对灭火器进行维护保养和维修检查。检测单位按要求出具检测报告存档备查。对消防系统出现的问题及时解决,同时根据现场设备损耗情况及时对消防设施设备进行增补和维护,确保消防系统安全可靠。

发供电生产区域和水工建筑物运行区域按照《小浪底水利枢纽管理区防火责任制》明确各级人员的防火责任;明确生产现场重点防火部位,制定《动火作业管理制度》,严格执行动火工作票制度;成立防火安全领导小组和兼职消防队,经常性开展消防安全宣传教育培训,开展初期灭火演练,熟悉应急疏散通道。

三、应急救援管理

为预防和减少水库大坝突发安全事件造成灾害,提高突发险情和事件的应急处置能力,小浪底建管局成立应急救援指挥部,编制应急救援预案,适时组织应急救援演练,并根据条件变化和演练情况修订完善应急救援预案。

(一)应急救援机构

为快速、有效地应对小浪底工程突发事件,2003 年 6 月,小浪底建管局印发《小浪底水利枢纽突发事件应急处置规定》,成立小浪底建管局应急救援指挥部,局长任总指挥、副局长任副总指挥,各部门(单位)主要负责人为应急救援指挥部成员。各有关部门(单位)结合实际成立应急抢险工作组和各专业兼职应急抢险队。根据机构调整情况对应急救援指挥部成员和应急抢险队进行调整。

(二)应急救援预案

2003 年 6 月,小浪底建管局印发《小浪底水利枢纽突发事件应急处置规定》,制定了小浪底工程突发事件应急救援措施;随后编制《大坝安全应急救援预案》《大面积停电应急救援预案》《黑启动应急救援预案》等专项应急预案。

2006年4—6月,小浪底建管局邀请河南省安全生产监督管理局和郑州大学等单位的专家进行咨询,编制印发《小浪底建管局突发事故总体应急救援预案(试行)》。各部门(单位)依据总体应急救援预案编制本部门(单位)分预案和专项预案。2007年2月,小浪底建管局印发《事故应急救援预案分预案和专项预案(试行)》。

2007年6月,小浪底建管局依据国家修订的安全事故分类标准和行业管理部门应急预案编制导则,对突发事故应急救援预案体系进行修订。2007年8月,小浪底建管局发布修订后的《突发事故应急救援预案》。2009年3月和2011年9月,根据应急预案执行情况和机构、人员变动情况,小浪底建管局对应急救援预案体系进行第二次、第三次修订。

(三) 应急救援演练

小浪底建管局组织各单位进行应急预案学习,不定期组织各有关单位进行综合应急演练,各部门单位组织开展专项应急演练,检验各有关单位的综合应急能力。生产单位每季度组织现场事故模拟应急演练;生产单位班组每月进行事故预想,通过假想现场事故现象,分析制定事故预防和处置措施,锻炼事故分析、预防能力;根据演练情况,及时发现问题和总结分析,对预案进行修订完善,确保预案行之有效,进一步提高抢险队员的应急能力和事故处理能力。

四、防汛安全管理

小浪底建管局负责小浪底工程和西霞院工程防汛工作,全面贯彻"安全第一、常备不懈、以防为主、全力抢险"的方针,成立防汛指挥机构,严格执行黄河防总指令,发生超标准洪水时,确保小浪底工程和西霞院工程安全,努力减少损失,充分发挥小浪底工程的防洪效益。

(一) 防汛组织机构

小浪底建管局防汛指挥部统一指挥小浪底工程和西霞院工程的防汛工作。小浪底建管局局长任防汛指挥部指挥长,其他局领导和小浪底工程设计总工程师任副指挥长,各部门(单位)主要负责人任指挥部成员,负责各自分管职责范围内的防汛责任。

防汛指挥部下设办公室,负责防汛日常管理工作。小浪底工程运行初期,防汛指挥部办公室设在小浪底建管局水力发电厂;2004年4月,小浪底建管局成立枢纽调度中心,防汛指挥部办公室设在枢纽调度中心。

小浪底建管局各生产、经营单位分别成立防汛抢险队,负责本单位一般防汛抢险。驻小浪底武警部队成立武警抢险队,担负支援现场的防汛抢险任务;与驻洛阳舟桥部队开展军民共建,重大险情联系部队官兵支援防汛抢险工作。

(二)防汛预案

每年汛前,小浪底建管局根据当年实际情况修订完善防汛抢险应急预案,明确当年防汛目标、指导思想、组织机构、运用方式、工作重点、各部门(单位)防汛责任、防汛预警及应急处理原则、不同工程部位险情应急处理方案和防汛物资储备情况,细化应急措施,增强预案的针对性和可操作性。防汛预案经上级防汛机构批准后印发各部门(单位)执行。

小浪底建管局防汛指挥部办公室不定期对防汛预案执行情况进行监督检查,并组织开展防汛演练,确保防汛预案各项措施执行到位。

(三)防汛职责

防汛指挥部办公室负责制定小浪底工程和西霞院工程的防汛预案,负责防汛物资的验收和调拨管理;负责与上级防汛部门联系,及时掌握并通报汛情信息;负责执行黄河防总调度指令,制定小浪底工程和西霞院工程闸门调度指令;发现防汛险情时,立即向防汛指挥部报告,协调各单位的防汛抢险工作。

机关各部门按照《防汛工作管理办法》做好本职防汛工作。办公室负责协调地方人民政府和联系驻附近部队,枢纽管理区办公室负责协调库区移民防汛工作,协调地方人民政府相关部门密切关注库区滑坡体和库周塌岸情况。

水力发电厂负责小浪底工程和西霞院工程防汛工作,负责金属结构、机电设备防汛抢险,确保防汛设施正常运用,防汛供电系统安全可靠,泄洪设备可调率100%;严格执行调度指令,做好巡视检查和大坝安全会商工作,发现险情立即按预案组织抢险。

小浪底咨询公司(小浪底水利水电工程公司)负责小浪底工程泄水渠、东苗家滑坡体、4号公路滑坡体、桥沟河、西霞院工程泄水渠及所承担在建工程的防汛工作;负责小浪底工程和西霞院工程水工建筑物的防汛抢险工作;负责防汛物资应急采购、仓储管理和抢险运输工作;负责防汛待命抢险设备维修、保养工作;负责小浪底工程和西霞院工程原型观测及水库泥沙观测、库区滑坡体和库周塌岸观测工作。

小浪底旅游开发公司负责小浪底工程和西霞院工程枢纽管理区道路、坝后水土保护区、马粪滩备料场等区域的防汛工作。

综合服务中心负责桥沟办公生活区、东山基地、枢纽维修中心生活区的防汛工作及防汛通信、车辆、医疗、饮食保障工作。

保卫处负责小浪底工程和西霞院工程枢纽管理区安全保卫工作,负责联系驻小浪底工程和西霞院工程的武警部队,做好小浪底工程和西霞院工程核心区域安全保卫工作;在防汛抢险关键时期,通知武警抢险队协助防汛抢险工作。

小浪底公安局负责小浪底工程和西霞院工程枢纽管理区的社会治安管理,负责小浪底工程和西霞院工程坝前、坝后相应责任区水面管理工作。

(四)防汛备汛

小浪底建管局认真做好防汛备汛工作,开展汛前检查、维修养护、消缺和隐患排查治理等,汛前完成泄洪孔洞、闸门、启闭设备、电气控制系统等防汛设施设备的大修、更新改造、动态调试等工作。

小浪底建管局设立防汛物资的专用仓库,防汛指挥部办公室负责制定防汛物资的储备定额和调拨管理。各生产、经营单位设有防汛物资专库,建立物资储备定额,储备必要的防汛物资,满足本单位一般防汛抢险工作需要。防汛专库管理单位做好防汛物资管理,确保物资足额完好,满足防汛抢险工作需要。

五、职业健康安全管理体系认证

2005年5月,为进一步提升枢纽安全管理水平,小浪底建管局决定开展小浪底水利枢纽安全健康管理体系认证工作,具体由水力发电厂负责制定工作规划并实施。

2005年7月,水力发电厂确定北京中电力企业管理咨询有限责任公司为认证咨询机构,中国电力企业联合会(北京)认证中心为认证审核机构。2005年8月,水力发电厂成立职业健康安全管理体系贯标领导小组和工作小组,同时任命管理者代表。

北京中电力企业管理咨询有限责任公司培训了水力发电厂29名内审员,开展管理手册、程序文件、风险源辨识和风险评价等文件编写,识别出危险源1 132项,评价出不可容许风险13项,并对经确定的重大风险因素制订专项管理方案或控制措施。2006年2月,北京中电力企业管理咨询有限责任公司对水力发电厂职业健康安全管理体系开展情况组织内审。

2006年6月,根据水力发电厂申请,中国电力企业联合会(北京)认证中心对水力发电厂职业健康安全管理体系进行了初次审核。2006年9月,中国电力企业联合会(北京)认证中心对体系开展情况进行第二次审核,提出8项不符合项,无严重不合格项。水力发电厂针对提出的问题逐项进行整改后,中国电力企业联合会(北京)认证中心对整改结果进行审核确认,认为水力发电厂从管理到控制各方面符合《职业健康安全管理体系规范》(GB/T 28001—2001)要求,同意水力发电厂通过职业健康安全管理体系认证。

2006年11月16日,中国电力企业联合会(北京)认证中心向小浪底建管局水力发电厂颁布职业健康安全管理体系认证证书和认证标志。

六、典型事故及事件

小浪底工程运行过程中,发生"2·19"全厂对外停电、配合"7·1"华中(河南)电网事故处理、"1·2"检修沉淀油误排、"12·13"误投风闸等安全事故和事件。

(一)"2·19"全厂对外停电事故

2006年2月19日15时13分,水力发电厂3名检修人员在小浪底工程3号发电机组小修过程中,进行励磁调节器功率柜冷却风机清扫作业。为验证励磁风机启动是否正常,在短接灭磁开关常开辅助节点第7、8号端子过程中,误短接第6、8号端子,将220伏交流电源引入地下公用220伏直流系统,引发正在运行的1号、2号、5号发电机组灭磁开关同时跳闸,造成全厂对外停电,发电机组与电网解列1小时32分钟,损失电量130万千瓦时。

事故发生后,小浪底建管局成立事故调查组,并配合水利部和国家电力监管委员会组成联合调查组,开展事故调查。在查清事故原因、分清责任的基础上,小浪底建管局按照"四不放过"原则,对相关责任人进行处理,对现场存在隐患的设备进行整改,开展安全生产宣传教育活动,进一步强化安全管理工作。

(二)配合"7·1"华中(河南)电网事故处理

2006年7月1日20时48分,河南电网多条线路跳闸,致使电网潮流发生变化,造成豫西、豫北、豫中电网7条220千伏线路负荷严重过载,导致河南电网电压异常波动。面对突然出现异常情况,小浪底建管局水力发电厂严格执行调度指令,20 时 50 分,在 2 分钟时间内,紧急停运 4 台运行发电机组,减轻电网断面潮流压力;20 时 59 分,系统出现功率振荡,频率最低至 49.11 赫兹,1 台发电机组跳闸;21 时 05 分,河南电网功率振荡平息;21 时 55 分,小浪底建管局水力发电厂连续开启 5 台发电机组带满有功及无功出力,为电网快速恢复做出贡献,受到河南省直工委通报表彰。

(三)"1·2"检修沉淀油误排事件

2008 年 8 月 25 日至 2009 年 1 月 1 日,西霞院工程 8 号发电机组 A 级检修期间,检修单位在对机组转轮体注油过程中发生泄漏,在机组尾水管内聚集了约 100 升检修用油(46 号透平油,淡黄色,无毒,张力较大)。

2009 年 1 月 2 日,8 号发电机组尾水闸门提起后,尾水管内聚集的透平油进入尾水渠,并向下游河道扩散,形成浮油。1 月 3 日晚,小浪底建管局水力发电厂与黄河水调部门和河南省电力公司协调,将西霞院发电机组全部停机,关闭西霞院工程泄洪闸控制下泄流量,安排部署尾水渠附近浮油的收集处理工作,至 1 月 4 日 19 时 30 分,尾水渠内浮油全部清理完毕。

(四)"12·13"误投风闸事件

2009 年 12 月 13 日 9 时 6 分,小浪底建管局水力发电厂 5 号发电机组停机过程中,电制动未能正常投入,3 名运行值班人员根据要求在地下厂房母线层投入 5 号机组机械制动,将机组停机至稳定状态。在退出 5 号机组机械制动时,因机械制动退出信号未返回,运行人员又进行了多次机械制动投退操作,在操作过程中,1 名值班人员误入正在运行的 6 号机组间隔,在额定转速情况下误投入 6 号机组机械制动,造成 6 号机组停运、6 号机组机械制动闸板损毁,闸板磨损产生的粉尘散落在发电机定、转子线圈表面。经过检查、清理,12 月 15 日 19 时 58 分,6 号机组恢复正常发电。小浪底建管局按照安全管理相关规定对相关责任人进行处理。

第四节　设施设备运行管理

为做好枢纽运行管理,小浪底建管局制定了运行管理制度和运行操作规程,加强巡视检查和分析会商,全面掌握设施设备运行工况,确保枢纽安全稳定运行。同时,按照"以水定电""电调服从水调"调度原则,实行"一厂两站"管理模式,实现两库联合调度,不断优化运行方式,提高水能利用率和机组运行效率。

一、水工建筑物运行管理

小浪底建管局水力发电厂制定了水工建筑物运行管理制度,做好巡视检查,开展大坝安全会商,全面分析和评价水工建筑物运行状况,确保枢纽安全稳定运行。

(一)运行管理范围

小浪底工程水工建筑物主要包括挡水建筑物、泄水建筑物、引水发电建筑物和其他水工建筑物。挡水建筑物主要包括主坝和副坝;泄水建筑物主要包括10座进水塔、3条明流洞、3条孔板洞、3条排沙洞、1条溢洪道、1条灌溉洞和3座消力塘等;引水发电建筑物包括6条引水发电洞、1座地下发电厂房、主变室、尾水洞、尾水渠、防淤闸等;其他水工建筑物有排水洞、灌浆洞、交通洞和电缆洞等。

西霞院工程水工建筑物主要包括复合土工膜斜墙砂砾石坝、14孔开敞式泄洪闸、7孔胸墙式泄洪闸、6条排沙洞、3条排沙底孔、河床式电站、王庄引水闸、灌溉引水闸等。

(二)接收、封闭管理与注册登记

施工承包商按照合同完成施工内容并通过合同验收后,小浪底建管局水力发电厂作为运行管理单位接收枢纽工程进行运行管理,金属结构设备与水工建筑物被同时接收。

小浪底建管局水力发电厂对接收后的枢纽工程仍然按照施工期管理方式实行封闭管理,派驻保安看管现场。2007年6月30日,小浪底工程核心区域实行武警守卫;西霞院工程接收后,核心区域也实行武警守卫。水力发电厂制定《水工工作单管理制度》,对进入管理区进行缺陷处理、后续作业施工等人员,办理水工工作许可单,实行许可制度。

根据水利部《水库大坝注册登记办法》,工程竣工验收后要向大坝主管部门进行注册登记。2009年9月,小浪底工程在水利部大坝安全管理中心注册登记,注册登记号为BDA0000011—A410881。2011年12月,西霞院工程在水利部大坝安全管理中心注册登记,注册登记号为BDA0000012—B410881。

(三)运行管理制度

按照国家和水利行业有关管理条例和规程,结合水工建筑物实际运用情况,2002年小浪底建管局水力发电厂制定了《初期运行调度规程》《水工建筑物巡视检查管理制度》《大坝安全监测管理制度》《水工建筑物安全作业制度》等,以后根据实际运行情况进行了修订。2008年西霞院工程投入运行后,补充完善了西霞院工程水工建筑物相关管理制度。

(四)巡视检查

水工建筑物巡视检查规程规定了巡视检查的频次、路线、顺序、部位和内容等,制定了巡视检查记录内容和要求,主要分为日常检查、年度详查和特种检查。

1. 日常检查

日常检查由水工专业技术人员按照水工建筑物巡视检查规程规定的巡检线路和内容要求,对水工建筑物进行巡视检查,正常巡检频次为每周1~2次,遇水库水位达到历史新高水位或骤升骤降期间加密巡检频次。2003年"华西秋雨"期间,小浪底水库水位持续上升,水工运行人员加密巡检频次,实行24小时值班,对重点部位每2小时巡检1次;在每年汛前调水调沙期间,水库水位降速较快,水工运行人员每日巡检2~4次,准确掌握枢纽运行情况。

日常检查主要包括以下内容:主坝及副坝重点检查坝坡沉陷变形、坝后渗流、测压管水位变化、固体材料与可溶性物质流失等情况;泄洪排沙建筑物重点检查是否有影响泄洪能力和设备运行的情况;主厂房、主变室、尾闸室等地下洞室主要检查建筑物顶部、边墙混凝土变形、裂缝及渗水情况;水下部分主要检查进水口前和出水口消力池泥沙淤积情况、混凝土水下部分冲刷和磨蚀情况及闸门槽埋件锈蚀情况等。

日常检查巡视检查按照规程要求做好详细记录,对检查发现的问题,要求及时进行汇报并采取应急措施以防事态恶化。根据日常检查情况,水工运行人员对相关记录进行汇总,编制水工建筑物巡视检查周报,报送相关单位和工作人员。

2. 年度详查

年度详查由水工运行管理及相关专业技术人员在每年汛前和汛后各组织1次,年度详查要根据水工建筑物运行情况制订检查方案。汛前年度详查重点检查水工建筑物维护维修情况和备汛情况;汛后年度详查根据汛期运行情况,重点检查水工建筑物磨损情况和存在的主要问题。年度详查后编制水工建筑物年度检查报告,分析水工建筑物运行情况,进行水工建筑物安全状况评价,对存在的问题提出处理意见并及时安排处理。

3.特种检查

特种检查是在遇到严重影响工程安全运行(如发生特大暴雨、大洪水、有感地震等)、发生比较严重的破坏现象或出现其他危险迹象时,运行管理单位组织有关单位和专家进行检查,分析情况并提出应对措施。截至2011年底,小浪底工程和西霞院工程没有组织特种检查。

(五)大坝安全会商

2003年10月,小浪底水库高水位期间,小浪底建管局组织运行、设计、监测等相关人员对枢纽建筑物运行情况开展会商诊断。2004年10月,为强化小浪底工程安全管理,小浪底建管局水力发电厂制定《大坝安全会商制度》,成立以水力发电厂厂长为组长的大坝安全监察工作小组,由大坝安全监察工作小组负责大坝安全会商工作,大坝安全会商分为日常会商和专题会商。2007年5月,水力发电厂组织大坝安全会商(见图12-4-1)。2008年7月,对《大坝安全会商制度》进行修订,将西霞院工程纳入大坝安全会商。

图12-4-1 2007年5月,水力发电厂组织大坝安全会商

日常会商一般每月会商1次,当水库水位超过历史最高水位或水库水位骤升骤降时,加密会商频次。2003年"华西秋雨"期间,小浪底水库水位上升较快,突破历史最高水位24.61米,小浪底建管局每天组织1次大坝安全会商;在每年汛前调水调沙期间,水库水位下降较快,水力发电厂一般每周组织1~2次大坝安全

会商;2011 年 10—12 月,小浪底水库水位超过历史最高库水位 265.48 米,水力发电厂每周组织 1 次高水位大坝安全会商,全面掌握枢纽运行情况。

当发现异常、遭遇洪水,或针对某一运行时段,小浪底建管局组织大坝安全专题会商,必要时邀请水利行业相关专家,对大坝安全运行情况进行分析,提出咨询意见。2003 年 10 月,小浪底建管局邀请运行、设计、监测等相关人员对枢纽建筑物首次高水位运行情况进行大坝安全专题会商;2004 年 12 月,组织左岸山体帷幕补强灌浆效果分析和坝基渗水分析专题会商;2008 年 5 月,组织汶川地震对枢纽影响分析大坝安全专题会商;2009 年 7 月,组织库区滑坡体、库区泥沙淤积以及西霞院坝后地下水位变化情况大坝安全专题会商;2010 年 1 月,组织 2009 年度大坝安全专题会商;2011 年 1 月,组织 2010 年度大坝安全专题会商,对分析枢纽建筑物运行状态和保证安全稳定运行提供了技术支撑。

（六）运行统计

小浪底工程自 1999 年 10 月 25 日下闸蓄水到 2011 年底,水库最高水位 267.83 米(2011 年 12 月 13 日);西霞院工程达到水库正常蓄水位。巡视检查和安全监测情况表明,各建筑物运行正常。小浪底水库水位过程线见图 12-4-2,小浪底工程历年水库水位统计见表 12-4-1,小浪底工程泄洪孔洞过流运用时间见表 12-4-2,西霞院工程泄洪系统过流运用时间见表 12-4-3。

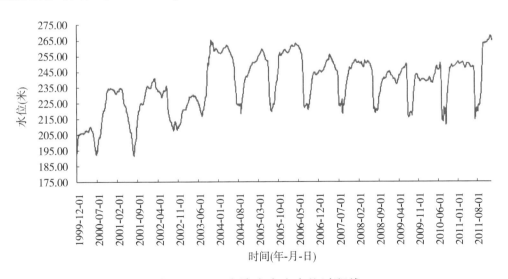

图 12-4-2　小浪底水库水位过程线

表 12-4-1　小浪底工程历年水库水位统计

年份	最低水位（米）	最高水位（米）	250米以上运行时间（天）	260米以上运行时间（天）	265米以上运行时间（天）
2000	192.65	234.88	—	—	—
2001	191.76	237.66	—	—	—
2002	208.00	240.87	—	—	—
2003	217.19	265.48	106	41	2
2004	218.63	261.99	174	53	—
2005	219.78	259.61	254	—	—
2006	221.27	263.41	164	98	—
2007	218.70	256.32	129	—	—
2008	219.17	252.75	125	—	—
2009	216.00	250.34	6	—	—
2010	211.65	251.71	31	—	—
2011	215.01	267.83	191	99	45
合计			1 180	291	47

表 12-4-2　小浪底工程泄洪孔洞过流运用时间　　　（单位：小时）

序号	建筑物名称	累计过流时间
1	1号排沙洞	7 930
2	2号排沙洞	12 447
3	3号排沙洞	12 706
4	1号明流洞	680
5	2号明流洞	2 363
6	3号明流洞	1 589
7	1号孔板洞	29
8	2号孔板洞	54
9	3号孔板洞	92
10	正常溢洪道	96

表 12-4-3 西霞院工程泄洪系统过流运用时间 （单位：小时）

序号	建筑物名称	累计过流时间
1	1 号排沙洞	1 199.5
2	2 号排沙洞	1 405.0
3	3 号排沙洞	1 211.5
4	4 号排沙洞	1 915.6
5	5 号排沙洞	2 070.3
6	6 号排沙洞	1 360.3
7	1 号排沙底孔	1 088.9
8	2 号排沙底孔	2 674.0
9	3 号排沙底孔	1 566.5
10	1 号泄洪闸	672.0
11	2 号泄洪闸	1 513.9
12	3 号泄洪闸	868.7
13	4 号泄洪闸	3 125.4
14	5 号泄洪闸	903.4
15	6 号泄洪闸	2 204.7
16	7 号泄洪闸	597.3
17	8 号泄洪闸	452.6
18	9 号泄洪闸	715.6
19	10 号泄洪闸	501.3
20	11 号泄洪闸	583.4
21	12 号泄洪闸	521.6
22	13 号泄洪闸	931.6
23	14 号泄洪闸	901.1
24	15 号泄洪闸	511.1
25	16 号泄洪闸	951.2
26	17 号泄洪闸	723.1
27	18 号泄洪闸	782.5
28	19 号泄洪闸	697.6
29	20 号泄洪闸	893.6
30	21 号泄洪闸	466.8
31	王庄引水闸	36 673.7
32	王庄冲沙闸	4 141.3

二、金属结构设备运行管理

小浪底建管局水力发电厂制定了金属结构设备运行管理制度和操作规程，做好巡视检查和维护操作，闸门启闭成功率达到100%。

（一）运行管理范围

小浪底工程泄洪排沙系统和引水发电系统共有闸门99扇，其中平面闸门51扇、弧形闸门22扇、拦污栅26扇；各种起重机械77台（套），其中固定卷扬式启闭机19台、液压启闭机28台（套）、螺杆启闭机1套、门式启闭机2台、台车式启闭机1台及其他检修桥机26台；配套闸门及启闭机的充水平压系统和泥沙冲淤系统各1套。

西霞院工程泄洪、排沙、电站、引水等建筑物各类闸门共计91扇，其中平板闸门55扇、弧形闸门21扇、拦污栅15扇；各种起重机械51台，其中液压启闭机42套、固定卷扬式启闭机3台、双向门式启闭机3台、双向桥机1台、螺杆启闭机2台；充水平压、冲淤及检修排水系统各1套。

（二）运行管理规程

2002年，金属结构运行管理人员根据设备具体情况，编制了《孔板洞金属结构设备运行规程》《明流洞金属结构设备运行规程》《排沙洞金属结构设备运行规程》《坝顶400吨门式启闭机运行规程》等。2006年根据运行情况进行修订，同时补充编制《溢洪道金属结构设备运行规程》《发电洞金属结构设备运行规程》《灌溉洞金属结构设备运行规程》《闸门计算机监控运行操作规程》等。

（三）巡视检查

按照金属结构设备运行规程，运行管理人员对金属结构设备开展巡视检查，主要包括日常检查、定期检查、特别检查和安全检测。

1. 日常检查

日常检查由水力发电厂金属结构专业技术人员承担。日常检查主要内容为检查金属结构设备运行工况是否正常，各表计及信号指示是否正常，零部件是否齐全完好；调水调沙、枢纽泄洪运用及大流量下泄时，运用中的闸门及启闭机每2小时巡检1次；其他时段，排沙洞、孔板洞、明流洞事故门和工作门、发电洞进口事故门、灌溉洞事故门、充水平压系统每天至少巡检1次，其他设备每周至少巡检1次。

日常检查人员需熟悉工程情况且具有运行经验,每次巡视检查后及时填写金属结构设备日常巡查记录,如发现异常情况,应详细记录时间、部位、状况描述,并进行初步分析判断和上报。根据日常检查情况,金属结构运行人员对相关记录进行汇总,编制金属结构设施设备巡视检查周报,报送相关单位和工作人员。

2. 定期检查

定期检查由金属结构运行维护人员在每年汛前和汛后各组织 1 次。汛前定期检查重点检查启闭设备运行状况是否正常、防汛措施是否充分;汛后定期检查重点检查设备变化和损坏情况。定期检查后编制金属结构设施设备检查报告,分析金属结构设施设备运行情况,进行安全状况评价,对存在的问题提出处理意见并及时安排处理。

3. 特别检查和安全检测

在启闭设备超标运行或发生重大事故及特大洪水、暴风、暴雨、强感地震后,及时进行特别检查。安全检测依据《水工钢闸门和启闭机安全检测技术规程》(SL 101—94)开展,检测频次与大坝安全鉴定同步。截至 2011 年底,小浪底工程和西霞院工程金属结构设备没有进行特别检查和安全监测。

(四) 运行操作

闸门操作按照运行规程要求和调度部门闸门操作指令进行,见图 12-4-3。闸门及启闭机检修调试需要操作闸门时,工作开始前必须办理工作单,涉及泄洪系统的工作单须经水调部门批准,涉及发电系统的工作单须经发电运行调度部门批准。闸门操作完成后及时将结果反馈给调度部门。闸门操作人员和监护人员必须经过培训考试合格后,方可进行相关操作和监护。门式起重机、桥式起重机等特种设备,必须由具有特种设备作业资质的人员进行操作,操作前必须进行检查测试,检查测试合格后方可进行相应作业。

工作闸门均建立了远方操作与监控系统,可实现“无人值班、少人值守”管理模式。

(五) 运行统计

小浪底工程和西霞院工程闸门操作启闭成功率均达到100%,小浪底工程泄洪孔洞闸门启闭次数见表 12-4-4,西霞院工程泄洪系统闸门启闭次数见表12-4-5。

图 12-4-3　2009 年 6 月,水力发电厂工作人员进行闸门运行操作

表 12-4-4　小浪底工程泄洪孔洞闸门启闭次数

序号	建筑物名称	闸门启闭次数 (截至 2011 年 12 月 31 日)
1	1 号排沙洞	971
2	2 号排沙洞	1 194
3	3 号排沙洞	1 369
4	1 号明流洞	412
5	2 号明流洞	317
6	3 号明流洞	217
7	1 号孔板洞	54
8	2 号孔板洞	88
9	3 号孔板洞	64
10	正常溢洪道	28

三、发供电设备运行管理

小浪底建管局制定发供电设备运行管理制度和运行规程,实行"一厂两站"运行管理模式,按照"以水定电"的原则进行调度运行,不断优化机组运行方式,开展运行分析,确保机组安全稳定运行。

(一)运行管理范围

小浪底工程和西霞院工程发供电设备实行"一厂两站"运行管理模式,发供电设备包括小浪底工程 6 台单机容量 300 兆瓦水轮发电机组、6 台主变压器和 1座 220 千伏开关站;西霞院工程 4 台单机容量 35 兆瓦水轮发电机组、2 台主变压

表 12-4-5 西霞院工程泄洪系统闸门启闭次数

序号	建筑物名称	闸门启闭次数 （截至 2011 年 12 月 31 日）
1	1 号排沙洞	30
2	2 号排沙洞	37
3	3 号排沙洞	48
4	4 号排沙洞	70
5	5 号排沙洞	67
6	6 号排沙洞	48
7	1 号排沙底孔	20
8	2 号排沙底孔	44
9	3 号排沙底孔	19
10	1 号泄洪闸	28
11	2 号泄洪闸	62
12	3 号泄洪闸	40
13	4 号泄洪闸	161
14	5 号泄洪闸	50
15	6 号泄洪闸	102
16	7 号泄洪闸	36
17	8 号泄洪闸	7
18	9 号泄洪闸	11
19	10 号泄洪闸	7
20	11 号泄洪闸	15
21	12 号泄洪闸	7
22	13 号泄洪闸	11
23	14 号泄洪闸	10
24	15 号泄洪闸	15
25	16 号泄洪闸	13
26	17 号泄洪闸	13
27	18 号泄洪闸	9
28	19 号泄洪闸	13
29	20 号泄洪闸	13
30	21 号泄洪闸	13
31	王庄引水闸	285
32	王庄冲沙闸	8
合计		293

器;两站计算机监控系统、消防系统,以及油、气、水等辅助系统。水轮发电机组安装完成并经过 72 小时试运行后移交小浪底建管局水力发电厂进行运行管理。小浪底、西霞院机组投产时间见表 12-4-6。

表 12-4-6 小浪底、西霞院机组投产时间

序号	机组编号		投产运行时间
1	小浪底工程	1 号机组	2001 年 12 月 31 日
2		2 号机组	2001 年 11 月 1 日
3		3 号机组	2001 年 5 月 22 日
4		4 号机组	2000 年 12 月 30 日
5		5 号机组	2000 年 10 月 15 日
6		6 号机组	2000 年 1 月 9 日
7	西霞院工程	7 号机组	2008 年 2 月 13 日
8		8 号机组	2007 年 12 月 20 日
9		9 号机组	2007 年 9 月 28 日
10		10 号机组	2007 年 6 月 18 日

(二)运行调度原则

小浪底工程和西霞院工程按照"以水定电""电调服从水调"的原则进行调度运行。黄河防总办和黄委会水调局制定小浪底水库下泄流量,形成书面调度指令,下达到小浪底建管局枢纽调度中心;枢纽调度中心据此编制水调指令下发到水力发电厂机组运行单位;机组运行单位将水调指令按照当前发电机组运行水头折算成电量计划,报河南省电力公司调通中心,河南省电力公司调通中心根据所申请的电量计划安排小浪底电站发电机组运行方式,当值值长接受河南省电力公司的调度指令,按调度指令开停机、增减负荷,控制下泄流量。

西霞院工程投入运行后,实行两库联合调度运行。枢纽工程下泄流量以西霞院工程下泄流量作为控制指标;小浪底工程和西霞院工程电站机组统一编号,接受河南省电力公司的统一调度。机组运行单位根据水调指令、电量计划和机组运行水头,核算小浪底工程和西霞院工程日发电量指标,优化两站机组运行方式,向河南省电力公司申报日发电计划;河南省电力公司根据所申请发电计划安排小浪底工程和西霞院工程发电机组运行方式;当值值长接受河南省电力公司调度指令,保证枢纽日均出库流量在控制范围内并完成日发电计划。

（三）运行管理规程

为规范发供电设备运行管理，在 1999 年筹建阶段，小浪底建管局水力发电厂参照电力行业管理机制，编制了发供电设备运行管理制度，主要包括《发电系统作业工作票、操作票管理制度》《运行交接班制》《发电设备巡回检查制度》《发电设备定期试验与轮换制度》《运行分析制度》《运行工作月考核制度》等。根据实行情况，在 2002 年、2005 年和 2010 年对各项管理制度进行修订和完善。

小浪底工程首台机组投产前，依据国家相关技术规范和设备具体情况，运行人员编制了《水轮机运行规程》《水轮发电机运行规程》《变压器运行规程》等所有发供电设备运行规程。根据设备更新技改及运行情况，在 2002 年、2005 年和 2010 年对发供电设备运行规程进行修订和完善。

2007 年，在西霞院工程首台机组投产发电前，运行人员组织编写了西霞院电站发供电设备运行规程。根据设备更新技改及运行情况，2010 年对西霞院发供电设备运行规程进行修订和完善。

（四）运行值班方式

小浪底工程首台机组投运前，发供电设备运行人员参加河南省电力公司调度机构组织的调度系统运行业务考试，取得调度系统运行值班合格证书。接机运行后，参考其他水电厂值班模式，确定"五值三倒"运行值班模式。在人员分工上，采用"机电合一"值班方法，所有值班人员不区分机械和电气专业，由值长统一领导，负责所有发供电设备运行工作。

2001 年，根据生产实际情况，增加 1 个运行值，采用"五值三倒加常白班"运行值班模式，6 个值轮流作为常白班，负责生产过程中设备调试试验及大修、小修安全措施实施等连续性工作。

2007 年，西霞院工程机组投产发电，实行"一厂两站"运行方式，在小浪底电站控制室对西霞院工程发供电设备实施运行监视和操作，两站所有发供电设备和值班人员由小浪底电站运行值长统一调度。西霞院电站只保留少量值守人员，负责巡视设备及办理工作票等工作。

（五）运行操作与分析

1. 日常巡检及操作

运行日常工作在值长统一安排下进行，主要包括设备巡检（见图 12-4-4）、监屏、设备定期试验与轮换、许可工作票和执行操作任务等。设备巡检按照指定路线,在规定表格上详细记录设备状况和参数;监屏人员实时监视设备运行状态,执行值长下达的操作指令,实行两小时轮换制;运行人员按照预定周期开展设备定期试验与轮换运行;根据维护人员提交的工作票,审查工作内容、安全措施、工作起止时间是否符合现场生产条件,在做完安全措施后办理许可手续;执行操作任务由操作人按照"三考虑、五对照"(考虑系统改变后是否安全、经济、可靠,考虑一次系统改变后对二次保护系统及自动装置的影响,考虑操作中可能出现的问题;对照现场实际,对照系统,对照规程,对照图纸,对照参考操作顺序)的要求先填写操作票,操作监护人审票,并得到值长许可后方可工作。操作中严格执行操作监护制和操作复诵制度,严格按操作票顺序逐项进行,每执行一项操作应严格执行"四对照"(对照设备名称、编号、位置和拉合方向),执行完一项操作记录一项。

图 12-4-4　2010 年 2 月,运行人员进行开关站日常巡检

2. 事故预想和反事故演习

小浪底建管局水力发电厂运行人员以值为单位每月组织 1 次事故预想。事故预想有事故现象和处理对策,记录在专用记录本上。根据设备实际情况,运行人员预想可能性事故和处理对策,主要内容包括发生事故后的异常现象及问题、设备存在的缺陷及薄弱环节、新设备投入前后可能发生的事故、影响设备安全运行的季节性事故、特殊运行方式及操作技术上的薄弱环节、设备系统重大复杂操作等。

为提高运行人员的应急处理能力,每个运行值每季度组织 1 次反事故演习。每季度第一个月月底前报送演习方案,第三个月月底前报送演习总结。反事故演习采用背靠背方式组织,由一个值拟订演习题目和演习方案,并在演习过程中充当演习评判,对另一值进行演习操作。演习结束后进行讨论总结和过程分析。

3.发电机组优化运行

在"以水定电""电调服从水调"原则的基础上,积极协调水调、电调关系,优化小浪底和西霞院两库联合调度运行方式,提高水能利用率。在大流量下泄期间,加强与电力调度部门沟通协调,在保证机组安全稳定运行的前提下,最大限度多发电、少弃水。优化机组组合方式,尽量不同时开启共用尾水洞的两台机组,以降低发电尾水位,提高机组有效水头。在保证机组安全稳定运行的前提下,使机组运行在高效率区,尽量维持机组高出力运行,减少机组空载运行频次和时间,提高发电效益。合理编制设施、设备检修计划,统一安排小浪底电站和西霞院电站发电计划、运行方式与检修方式,C修时间一般安排在春季和秋季,A修时间一般安排在冬季,并根据水量情况进行调整。

4.运行分析

根据发供电设备运行情况,运行人员及时对机组和设备运行数据进行整理,分析设备运行趋势和运行状态,采用经验判断、逻辑推理、理论计算等方法,及时发现和找出设备运行存在的问题及薄弱环节,有针对性地提出改进运行工作的措施和对策,提高安全经济运行水平。

运行分析的重点对象是设备主要运行参数和运行方式、技术经济指标、重大和频发性设备缺陷、运行生产中异常情况、设备检修质量、试验状况、继电保护及自动装置动作情况、仪表指示情况等。

运行分析主要手段为岗位分析、专业分析和专题分析。岗位分析是指运行值班岗位人员在值班期间对仪表显示、设备参数变化(如超限等)、设备异常和缺陷、操作异常等情况进行分析,提出改进建议;专业分析由值长组织,结合现场实际对一段时间内本专业运行的安全性、经济性进行分析,重点总结各种运行方式对安全性、经济性的影响,提出改进建议和对策;专题分析主要针对当前设备运行中对安全性和经济性影响较大的突出问题开展分析,用于指导后期工作。

(六)运行统计

小浪底电站自2000年1月投入运行,西霞院电站自2008年6月投入运行,机组运行稳定可靠。小浪底电站和西霞院电站历年发电运行数据见表12-4-7。

表 12-4-7　小浪底电站和西霞院电站历年发电运行数据

年份	机组运行时间（小时）										上网电量（万千瓦时）
	1号机	2号机	3号机	4号机	5号机	6号机	7号机	8号机	9号机	10号机	
2000	0	0	0	96.00	718.00	3 529.70					61 319.06
2001	126.60	232.70	419.20	3 708.60	3 906.00	5 542.50					210 924.44
2002	3 276.92	2 459.76	3 001.86	5 212.09	3 727.71	3 090.39					327 166.23
2003	2 382.02	1 617.33	3 429.63	2 197.86	2 506.32	6 282.03					348 201.24
2004	4 324.82	3 381.44	3 853.15	3 329.69	3 238.61	4 331.26					500 137.67
2005	3 175.12	3 369.86	4 470.37	4 582.06	3 967.70	3 590.42					502 617.30
2006	5 348.39	4 870.75	5 299.86	4 735.53	4 068.40	4 519.49					580 598.44
2007	4 911.44	4 530.37	5 792.64	5 608.73	4 622.23	3 457.04	0	145.93	2 060.48	4 105.78	605 790.09
2008	4 295.85	2 950.97	4 627.80	3 948.80	3 766.44	5 196.79	4 259.47	2 119.44	5 466.10	6 055.57	590 696.77
2009	4 004.17	3 736.14	5 068.65	3 470.27	4 229.35	4 349.57	4 337.23	4 812.78	5 295.17	4 047.60	543 552.10
2010	4 638.21	3 751.19	3 887.60	4 778.29	4 329.45	4 927.87	4 783.45	4 018.69	3 259.45	5 831.55	562 395.51
2011	2 321.65	3 279.38	3 985.09	6 191.14	6 347.16	6 841.40	3 724.18	5 588.81	6 230.55	5 560.40	680 027.82
合计	53 167.37	50 061.34	60 917.55	64 348.81	62 955.48	73 047.94	17 104.33	16 685.65	22 311.75	25 600.9	5 513 426.67

第五节　设施设备检修维护

小浪底建管局按照一专多能、一岗多责的原则设置运行管理机构和进行人员配置,不设置专业维修队伍。小浪底工程和西霞院工程水工建筑物、金属结构设备和发供电设备运行操作与日常维护维修工作由运行维护人员负责,专项维修工作通过招标选择有资质的专业队伍承担,水力发电厂作为项目管理单位加强检修维护管理,满足设施设备检修维护要求。

一、水工建筑物维修养护

小浪底工程和西霞院工程水工建筑物结合巡视检查结果,按照"经常养护、随时维修、防重于修、修重于抢"的原则,制定《水工建筑物维护规程》。水工建筑物维修养护分为日常维修养护、岁修、大修和抢修。

(一)日常维修养护

日常维修养护是根据日常巡查发现的水工建筑物缺陷,进行日常维修保养和局部修补,保障枢纽建筑物的完好性。小浪底建管局水力发电厂负责水工建筑物巡视检查工作,不专门配置维护维修机构和人员。根据巡视检查情况,水工建筑物日常维修养护主要委托小浪底水利水电工程公司承担,水力发电厂作为项目管理单位进行管理。

日常维修养护是保证水工建筑物安全稳定运行的基础,费用实行年度包干管理。日常维修养护主要包括定期清理坝顶和上下游坝坡杂草、树木及其他杂物,及时清理坝基排水廊道及沟渠并保证排水畅通;对泄洪建筑物混凝土或浆砌石掉块、冲刷、裂缝、渗水等缺陷及时进行修复或灌浆处理;定期清理和维修排水洞及周边排水沟,确保排水畅通;及时清理道路及交通洞路面杂物,修复路面和路基破损。

水力发电厂作为项目管理单位,负责制订水工建筑物日常维修养护技术方案。日常维修养护技术方案内容主要包括项目范围、内容、工程量、工作进度安排、维修养护质量标准、监督检查和工程验收等。对日常巡视检查发现的问题,水力发电厂以水工维修养护任务单的方式给实施单位(小浪底水利水电工程公司)下达维修养护任务,包括维修内容、主要工程量和完成时限。在维修过程中,水力发电厂按照日常维修养护技术方案进行监督检查。维修养护工作完成后,水力发电厂按照验收管理办法组织验收。

(二)岁修

岁修是指水工建筑物存在的缺陷,不能通过日常维修养护进行及时消缺,需编制专项技术方案和年度维修计划进行实施。岁修主要以项目承包方式委托有资质单位(主要是小浪底水利水电工程公司)承担。

1. 主坝坝顶表层纵向裂缝临时处理与监测

2001年7月24日,巡检时发现坝顶下游侧存在1条非连续纵向裂缝;2003年10月高水位期间,坝顶缝隙变化明显。为探明坝顶纵向裂缝性状,2004年6月,拆除坝顶路面六棱砖并沿裂缝开挖探坑,发现裂缝靠近坝顶下游侧,基本平行于坝轴线,长约627米,最大深度3.9米。2004年7—11月,采用充填砂砾石料、钢钎捣实方法对裂缝进行临时封闭处理,在表面铺设土工膜,并埋设土体位移计进行裂缝监测。截至2011年底,土体位移计监测到的坝顶表层裂缝最大缝宽为39.04毫米。

2. 大坝坝坡整修

运行初期,巡检人员发现小浪底大坝上下游边坡存在局部不均匀沉降变形。2002年4月,对小浪底大坝上游坝坡桩号D0+000—D0+800、高程260米以上和下游坝坡桩号D0+100—D0+700、高程270米以上局部沉降明显部位进行修补;2010年9月对大坝上游坝坡桩号D0+800以右、高程260米以上局部进行修补。

3. 排沙洞锚具槽渗油处理

排沙洞采用后张法无黏结预应力混凝土衬砌,最高运用水头122米。投入运行后,发现部分锚具槽周围有油脂渗出。经分析,认为油脂来自施工期预应力钢绞线张拉段涂抹的保护油脂,锚具槽二期混凝土回填不实是锚具槽渗油的主要原因,排沙洞内水压力加剧了渗油量。根据现场试验对比,采用向锚具槽内灌注环氧树脂封堵渗油通道并在锚具槽周围粘贴双层碳纤维的综合加固处理方案。2005年汛后检查发现汛前处理后锚具槽不再渗油,表面粘贴材料完好。

4. 混凝土裂缝、掉块修补处理

小浪底工程采用以隧洞泄洪为主,高含沙、高速水流对水工流道冲蚀严重,发生掉块、裂缝,成为每年汛后混凝土修补的主要内容。经过深入研究裂缝成因和修补对比试验,形成有效的处理方案:对于干缝,先对裂缝表面使用封缝材料进行封闭,然后向裂缝内灌注环氧树脂,灌浆完成后将裂缝表面打磨清理干净再涂刷柔性涂料进行封闭;对于渗水裂缝,改用聚氨酯进行灌浆;对于掉块,主要采用环氧砂浆进行修补,确保了枢纽安全运行。

5.地下厂房顶拱渗水处理

水库蓄水后,地下厂房顶拱渗水量明显增大。长期渗水将影响厂房顶拱安全稳定。2002年7月对厂房顶拱f1、f2断层进行化学灌浆,对集中渗漏水较大部位进行导排,厂房顶拱漏水情况有所改善。2004年6—10月,在厂房装修顶棚上铺设了防水材料并对岩壁梁上的排水沟进行改造,解决了厂房顶拱向发电机层漏水的问题,改善了厂房内运行环境。2005年2月,对地下厂房顶拱全面进行渗水引排处理,处理后效果明显改善,厂房顶拱基本处于干燥状态。

(三)大修和抢修

大修指水工建筑物发生较大损坏,修复工作量较大、技术较复杂,需编制专项大修计划经上级单位审批后进行的修理工作。抢修指水工建筑物发生紧急事故而损坏或故障,影响安全运行或正常使用,需立即组织的修复工作,并按照要求及时向上级单位报告。截至2011年底,小浪底工程和西霞院工程没有进行大修和抢修。

二、金属结构设备检修维护

小浪底工程和西霞院工程金属结构设备按照"当修必修、修必修好"的原则做好检修维护工作,结合运行情况,小浪底建管局水力发电厂制定《金属结构设备运行维护管理制度》《金属结构设备防腐检修规程》等。金属结构设备检修维护主要分为日常维护保养和专项检修维护。

(一)日常维护保养

小浪底工程和西霞院工程金属结构设备采用运行维护一体化管理模式,小浪底建管局水力发电厂金属结构运行维护人员既承担金属结构设备巡视检查和操作,又负责设备日常维护保养工作。小浪底工程运行初期,运行维护管理人员较少,成建制从郑州水工机械厂聘请部分人员辅助运行管理。

金属结构日常维护保养主要内容为设备结构件表面及周边区域清洁,各类连接件(螺栓)的紧固,设备各部件配合关系和工作参数的调整,以及滑动、转动及运动部件的润滑。日常维护保养主要包括随时维护和定期保养。随时维护是维护人员对在巡视检查或操作运行中发现的问题及时进行维护保养工作;定期保养是维护人员依据金属结构设备使用要求,结合巡视检查情况,每年汛前、汛后针对整台(套)设备进行维护保养。

1. 闸门及埋件日常维护保养

定期清理闸门表面油污和附着水生生物,定期清理闸门结构件梁格内积水、沉积物或其他杂物;清理闸门止水装置工作区域内沉积物或其他杂物。拧紧松动的连接螺栓,配齐丢失的连接螺栓。调整闸门门叶位移(变形)或倾斜,调整闸门水封压缩量符合设计要求。定期润滑闸门滑动、滚动支承及其他转动装置,润滑吊耳销轴及穿销装置,按要求润滑检修闸门门叶节间连接用移轴装置。

2. 固定卷扬、门式、台车式启闭机日常维护保养

清洁启闭机表面灰尘、油污、铁锈,清理起皮、鼓包的涂层并修补局部脱漆。紧固松动的螺栓,使弹簧垫圈与螺母及零件支承面相接触并达到规定力矩,更换断裂、缺失的螺栓和弹簧垫圈,紧固松动的行走轨道。定期对卷筒及开式齿轮、钢丝绳及滑轮组、轴承、联轴器进行润滑,定期向各润滑点加注润滑油脂。调整启闭机吊轴中心位于同一水平线上,调整制动器轴瓦中心线与制动轮中心线偏差达到设计要求,定期调整制动衬垫与制动轮的实际接触面积不得小于总面积的75%,定期调整制动轮与制动瓦的间隙符合设计要求,调整轨道接头处允许偏差以符合设计要求,调整夹轨器钳口与轨道的间隙以符合设计要求;调整同跨两车挡与缓冲器偏差以符合设计要求。

3. 液压启闭机日常维护保养

清理活塞杆行程内的障碍物以避免活塞杆受到任何刮划,清洁油箱及管路、油泵、阀组元件、油压表、油温表等部件表面,定期清洗空气过滤器、吸油滤油器、回油滤油器、注油孔及隔板滤网。紧固液压缸各部位及其与支座的连接螺栓、液压阀组的固定螺栓和液压管道的固定及连接螺母,更换断裂的弹簧垫圈,更换导致漏油或渗油的失效密封圈。补充油箱中的液压油并保持正常液面,定期过滤启闭机内液压油,去除杂质和水分,定期化验液压油并及时更换老化的液压油。定期调整并校验减压阀、节流阀、溢流阀和各种仪表,以保持其动作灵活、指示准确。

4.启闭机电气设备日常维护保养

定期清洁电气设备表面和盘柜内灰尘,定期清理电器触头和电磁铁表面。紧固电动机及其风扇、护罩的连接螺栓,定期紧固全部电气接线和电气部件接线端子,定期检查并紧固全部电气设备不带电的外壳及支架的接地端子连接。定期测试并调整电动机绕组绝缘电阻值,定期校验并调整各种监测仪表、信号及指示装置的精度,定期调试并调整行程限位开关、过载保护及其他联锁保护开关以保证动作灵敏可靠。图 12-5-1 为 2011 后 5 月工作人员进行启闭机日常维护保养。

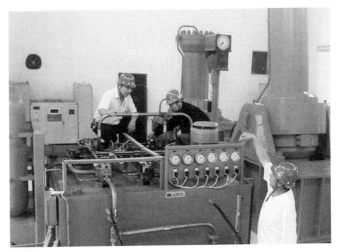

图 12-5-1　2011 年 5 月工作人员进行启闭机日常维护保养

(二)专项检修维护

小浪底工程和西霞院工程金属结构设备运用集中在每年 6 月下旬防洪预泄和 7—8 月泄洪排沙运用,其他时段运用较少。截至 2011 年底,闸门及启闭机运行频次低,在日常维护保养基础上,设备健康状况良好,专项检修维护工作量较少。专项检修维护以项目承包方式通过招标委托有资质的施工单位(如郑州水工机械厂、三门峡水工机械厂等)进行。

1.充水平压系统改造

根据黄河多泥沙特点,小浪底工程泄洪洞和发电洞采用旁通管为主的充水平压方式。充水平压管道分两层布置在 10 座进水塔内,进口高程分别为 200.5 米和 225.5 米,介于正常死水位 230.0 米和闸门前最高淤积面 187.0 米之间。充水管道相互连通,以便相互补充、互为备用。

充水平压系统在实际运用过程中噪声很大,振动明显,并多次发生蝶阀电动头连接轴断裂和伸缩节拉杆座板断裂现象,直接影响到泄洪洞正常工作。2004年6月,对充水平压管道进行原型过流观测,结果表明管道振动加速度过大,分析认为产生管道振动的原因主要是管道弯头太多,需要对充水平压系统进行改造。

2008年7—12月,对小浪底工程进水塔充水平压系统进行改造,拆除管道十字、丁字接头及两侧蝶阀,增设电动刀闸阀和连接管道,更换电动闸阀;在管道转弯处增设混凝土镇墩和钢支架;更换发电塔、孔板塔充水平压电气控制盘柜。充水平压系统改造后,系统运行正常,振动量明显减小,达到预期效果。

2. 闸门防腐处理

金属结构设备投入运行后,根据设备运行状况和日常维护保养情况,做好闸门防腐处理工作,并通过试验研究采用新材料提高闸门防腐性能。闸门防腐处理情况见表12-5-1。

表 12-5-1　闸门防腐处理情况

名称		闸门防腐处理
排沙洞	事故闸门	2004年,1号、2号、3号排沙洞事故闸门面板及埋件防腐处理
	工作闸门	2004年,1号、2号、3号排沙洞工作闸门及埋件防腐处理 2010年,1号、2号、3号排沙洞工作闸门面板防腐处理
明流洞	事故闸门	2008年,3号明流洞事故闸门防腐处理
	工作闸门	2004年,1号明流洞工作闸门面板及埋件防腐处理 2011年,1号、2号、3号明流洞工作闸门面板防腐抗磨蚀试验
孔板洞	事故闸门	2004年,1号、2号、3号孔板洞事故闸门面板及埋件防腐处理
	工作闸门	2004年,1号、2号、3号孔板洞工作闸门面板及埋件防腐处理 2010年,1号、2号、3号孔板洞工作闸门面板后结构防腐处理

3. 排沙洞偏心铰弧门转铰顶止水改造

小浪底工程排沙洞工作闸门为偏心铰弧形闸门,顶部辅助止水为转铰式,运行中出现转铰止水弹簧钢板压裂损坏、转角橡皮鼓出损坏、闸门面板刮伤等问题。经过分析研究,2007年对排沙洞偏心铰弧门转铰顶止水进行改造,用弹簧取代弹簧钢板,用固定间隙止水替代原L形止水。改造后消除了弹簧钢板压裂、转角橡皮鼓出损坏、闸门面板刮伤,避免了因缝隙流可能引发的闸门振动问题。新型转铰维护工作量很小,检修周期延长,节省了设备运行维护费用。2010年,排沙洞偏心铰弧门转铰顶止水技术获国家知识产权局实用新型专利。

三、发供电设备检修维护

按照《发电企业设备检修导则》,结合多泥沙河流水电机组实际运行情况,小浪底工程和西霞院工程发供电设备检修维护主要分为日常检修维护、定期检修和设备更新改造。

(一)日常检修维护

小浪底建管局水力发电厂按照人员效率、一专多能、机电一体化、运行维护一体化模式对发供电设备进行机构和人员配置,同时成建制地聘用专业技术队伍(主要包括中国水电一局、白山水力发电厂、三门峡明珠机电公司等)协助做好发供电设备日常检修维护工作。

日常检修维护工作主要包括设备巡检、缺陷消除、定期预试、设备异动、临时检修等。

设备巡检按班组开展,一次室、二次室、机械室、自动室4个班组各自对所辖设备进行巡检,巡检周期为每周1次,按照规定格式记录设备运行状况。设备缺陷按《缺陷管理制度》进行分类登记,经运行批准后按责任分工消除。按照《电力设备预防性试验规程》和《继电保护及电网安全自动装置检验条例》规定的周期进行电气设备预防性试验。设备异动由生产班组发起,经生产管理部门批准后实施。遇到设备故障影响发供电设备正常运行的缺陷,发起临时检修,在运行人员许可条件下及时进行缺陷消除。

(二)定期检修

按照《发电企业设备检修导则》,机组检修规模从高到低分为 A、B、C、D 四个等级。A 级检修是对发电机组进行全面的解体检查和修理;B 级检修针对某些设备存在的问题,对机组部分设备进行解体检查和修理;C 级检修根据设备磨损老化规律,有重点地对机组进行检查、修理和清扫;D 级检修主要是指机组总体运行情况良好,对主要辅助系统和设备进行消缺。

结合国内机组检修管理水平和机组运行情况,小浪底工程和西霞院工程机组检修方式以计划检修为主,并适当调整检修间隔和等级组合,确定为 A—C—C—C—C—A 检修模式,即每台机组 6 年进行一次 A 修,间隔中间每年进行 1 次 C 级检修,同时取消 B 级检修和 D 级检修,检修模式满足机组安全运行需要。

1.A级检修管理

小浪底工程和西霞院工程机组A级检修按照小浪底建管局项目管理办法进行管理,检修单位根据小浪底建管局招标投标管理办法由职能管理部门通过招标方式确定。水力发电厂作为项目管理单位,制订检修技术方案,通过"检修文件包"管理加强过程管控,保证检修质量。

(1)A级检修计划。根据机组运行状态、水库预计来水、年调节水库运行情况,水力发电厂每年第四季度确定第二年机组A级检修计划,机组年度检修计划报河南省电力公司审批。水力发电厂提前收集和整理待检修机组历史运行资料,分析机组各系统运行情况,统计和整理设备存在的问题和缺陷,综合考虑年度设备技术更新改造计划,参考《发电企业设备检修导则》的标准要求和机组实际情况,确定检修项目及检修质量标准。机组A级检修工期按70天控制。

(2)"检修文件包"管理。水力发电厂作为项目管理单位,在检修开工前组建机组检修质量监督管理小组,全面负责机组大修的各项管理协调工作。为规范检修项目管理程序,保证机组检修质量和进度,推行"检修文件包"管理。"检修文件包"明确开工前各项准备工作和重要技术方案审批程序,规定质量监督和验收程序,设置H点(停工待检点)和W点(见证点),规范机组检修安全措施、组织措施、技术措施,细化每一项标准检修项目及质量标准。

(3)A级检修过程控制。大修开工前,检修单位编写检修安全措施、组织措施、技术措施,机组检修质量监督管理小组进行审核确认。检修队伍入场后,首先进行入场培训,监督做好现场防护,移交专用工器具、日常工器具等。定期召开现场协调会,通报工作中的危险点,部署防范措施。机组检修质量监督管理小组深入现场检查,发挥安全督促检查作用,从技术上、工艺上进行督导,对质量严格把关。对重要设备拆装或主要工序整个过程跟踪监督,对H点(停工待检点)和W点(见证点)进行验收与见证。

A级检修期间所用的备品备件一般要求原厂产品,其他物资一般要求从使用过的质量可靠的型号中选购产品。对于检修单位提供的消耗性材料,双方通过协商确定厂家型号,保证供货质量。

(4)A级检修试运行及验收。检修后设备传动和试运行严格按照大纲执行。设备恢复、上电、试转等操作均由运行人员进行,检修单位项目经理、各专业负责人、机组检修质量监督管理小组全部到场,监视整个试运行过程。24小时试运行后,对检修进行整体验收。

机组投运一段时间后,水力发电厂根据大修总结报告及实际运行情况等,组织各级管理人员和技术人员对机组修前、修后性能指标进行分析,对机组检修安全、质量、工期、进度、现场管理及机组试运行情况等进行总结和分析,对存在的问题制定纠正和预防措施,并跟踪实施和改进。

(5)A级检修统计。小浪底工程和西霞院工程机组A级检修通过招标方式选择实施单位。截至2011年底,小浪底工程发电机组进行12台次A级检修,西霞院工程发电机组进行4台次A级检修(见图12-5-2)。小浪底工程发电机组A级检修见表12-5-2,西霞院工程发电机组A级检修见表12-5-3。

图12-5-2　2007年10月,小浪底工程6号机组大修

2.C级检修管理

小浪底建管局水力发电厂承担C级机组检修,结合机组运行情况开展检修标准化作业,加强现场管控,保证机组检修质量和安全运行。

(1)检修计划安排。除本年度A级检修的机组,一般情况下每台机组每年安排1次C级检修。机组检修计划制订年计划、月计划、周计划并报送河南省电力公司调度部门批复执行。

表 12-5-2 小浪底工程发电机组 A 级检修

序号	机组号	起止时间(年-月-日)	委托检修单位
1	5 号	2002-05-19—09-09	黄河电力检修工程有限责任公司
2	6 号	2002-12-03—2003-01-17	吉林省长白山水电安装检修有限责任公司
3	2 号	2003-07-03—09-18	
4	4 号	2003-10-20—12-27	黄河电力检修工程有限责任公司
5	3 号	2004-09-25—12-04	吉林省长白山水电安装检修有限责任公司
6	1 号	2005-11-02—2006-01-15	黄河电力检修工程有限责任公司
7	5 号	2006-10-18—2007-01-09	吉林省长白山水电安装检修有限责任公司
8	6 号	2007-09-20—11-27	黄河电力检修工程有限责任公司
9	4 号	2009-08-17—10-29	
10	2 号	2009-10-23—10-27	吉林省长白山水电安装检修有限责任公司
11	3 号	2010-07-15—09-25	黄河电力检修工程有限责任公司
12	1 号	2011-10-27—12-28	吉林省长白山水电安装检修有限责任公司

表 12-5-3 西霞院工程发电机组 A 级检修

序号	机组号	起止时间(年-月-日)	委托检修单位
1	8 号	2008-08-29—2009-01-04	三门峡明珠机电公司
2	10 号	2009-07-20—09-27	
3	9 号	2010-07-19—09-28	
4	7 号	2010-10-27—12-31	

C 级检修任务由水力发电厂承担。各班组在机组检修之前做好前期准备工作:一是根据设备运行状况、技术监督数据和历次检修情况,对检修项目进行确认和必要调整,制定符合实际的对策和技术措施;二是确定技改异动项目,及早立项审批;三是做好备品备件、材料准备和仪器仪表工器具的检查工作。

(2)检修标准化作业。为提高机组检修管理水平,提高机组检修质量,按照精细化管理要求,小浪底建管局水力发电厂逐步开展标准化 C 级检修工作,制定标准化作业指导书,制定 C 级检修项目 120 余项,制定 C 级检修标准工作票 26 种,提高了工作效率和机组检修管理水平。

（3）检修现场管理。检修维护人员依据标准化作业指导书开展现场管理，做好各工序的协调配合，严格执行三级验收制度，保证检修安全和质量。检修结束后，各设备专责对设备异常、处理方法、处理结果、试验数据等进行整理分析，做到完整、正确、简明、实用，并及时整理归入设备管理技术档案台账。

（4）C级检修统计。小浪底工程和西霞院工程根据发电机组运行状况适时开展C级检修工作，至2011年底共开展C级检修69次。小浪底工程发电机组C级检修见表12-5-4，西霞院工程发电机组C级检修见表12-5-5。

表12-5-4 小浪底工程发电机组C级检修

年份	1号机组	2号机组	3号机组	4号机组	5号机组	6号机组
2000					11-20—12-21	01-12—31 新机停运消缺
						05-25—09-30 小修及低于 发电水位停运
2001		11-25—12-04		06-25—09-25 转轮处理		01-09—21
						11-27—12-03
2002	03-29—04-04	07-17—27	04-07—04-13	05-31—06-05		
		11-04—15	09-23—10-01	10-25—11-10		
2003	06-10—17	04-19—05-28				10-14—20
2004	03-17—27	04-01—12	05-24—06-03	05-10—20	02-16—26	04-22—27
		10-11—21			11-08—17	10-25—11-04
2005	03-30—04-06	05-30—06-06		06-06—11	05-20—29	05-11—18
2006		04-18—26	02-16—23	03-28—04-06	02-08—15	04-05—12
					09-02—12	08-17—09-05
2007	03-07—16	04-02—11	03-19—30	04-21—29	11-26—12-05	04-11—20
2008	03-04—14	03-18—26	04-15—25	04-01—10		
		11-17—04-26				
2009	03-22—04-02	04-08—19	03-09—21	2008-12-31— 2009-01-11		
2010	05-11—21	11-02—13			04-26—05-09	04-12—23
	12-09—19					
2011		03-17—04-05 监控改造和 推力焊接		05-11—30 监控改造	08-31—09-16 监控改造	04-10—29 监控改造

注：表内数据为日期（月-日）。

表 12-5-5　西霞院工程发电机组 C 级检修

年份	7 号机组	8 号机组	9 号机组	10 号机组
2008		04-04—14		
2010	01-05—16	03-30—04-11		11-15—25
2011	01-05—16	03-08—15	08-17—27	

注:表内数据为日期(月-日)。

(三)设备更新改造

根据发供电设备运行情况,持续开展设备更新改造,不断提高设备运行可靠性和健康水平。设备更新改造随大修一并进行,一般委托检修单位实施,但对于技术难度较大的更新改造项目,通过招标方式确定专业实施队伍。

1.5 号机组动不平衡处理

小浪底工程 5 号机组启动验收时,存在上机架、上导振动摆度大等问题。空载额定转速时上机架振动幅值 0.32 毫米,高于设计要求 0.12 毫米;空载额定转速时上导振动摆度 0.40 毫米,上导瓦双侧总间隙 0.36 毫米,机组振动明显。

2002 年 9 月 11 日,进行 5 号机组变速试验,发现上机架振动幅值与机组转速平方值呈线性关系,表明 5 号机组存在动不平衡现象。究其原因是转子叠片出现错误。

2002 年 10 月 10—13 日,对 5 号机组进行动平衡试验,采用 DVF-Ⅱ型数字向量滤波器跟踪滤波后的上机架振动幅值、上导振动摆度及其相位角,判断上机架振动高点位置及应加配重块位置。通过 4 次逐步累计增加配重块,总重达到 296 千克,5 号机组上机架振动幅值由试验前的 0.32 毫米减少为 0.122 毫米,上导摆度由试验前的 0.40 毫米减少为 0.25 毫米,有效地解决了 5 号机组转子动不平衡问题。

2.推力轴承渗油改造

小浪底工程机组投运后,由于推力轴承油槽强度及密封条不耐油、尺寸偏小等因素,推力轴承油槽底板内环形底板与外环形底板法兰组合缝处出现渗漏,推力轴承油槽外挡油圈与外底板联结法兰处出现渗漏,推力轴承油槽外挡油管两瓣组合缝和推力冷却器法兰缝出现渗漏。推力轴承油槽内挡油圈高度不足导致出现甩油现象。

在 2002—2005 年机组 A 修期间,将 6 台机组推力油槽组合面盘根更换为耐油密封条,直径由 8 毫米增大为 8.5 毫米;推力油槽底板径向和轴向绝对调平,外侧底板下面的矩形垫板更换为矩形楔子板;推力轴承油槽内挡油管加高200 毫米。在 2006—2011 年机组大修期间,又将 6 台机组推力油槽内底板与外底板环形组合缝、推力油槽分瓣组合面及组合螺栓、推力油槽和油槽外底板实施封焊处理,用 12 块钢板在发电机下机架支臂之间加装支撑板以提高推力油槽的整体刚度。采取以上措施消除了推力轴承油槽漏油、甩油现象。

3. 发变组保护和牡黄线路保护改造

小浪底工程机组发变组保护采用奥地利伊林公司数字继电器(DRS)保护,投运后相继发生 8 次装置误动;长期带电的中间继电器损坏率高,出口中间继电器动作功率不满足反措要求;匝间短路和80%定子接地保护存在没有电压闭锁判据原理缺陷。2007 年 10 月至 2011 年 12 月,小浪底建管局水力发电厂利用机组大修时机,将 6 套保护更新改造为许继电气股份有限公司研制生产的WFB-805A 微机型发电机变压器组成套保护装置,并根据需要对相应二次回路进行调整。

牡黄线是小浪底黄河变电站连接洛阳 500 千伏牡丹变电站的输电线路,其线路保护设备采用 WXH-35 型和 LFP-902C 型线路保护装置。随着运行时间的延长,设备元器件出现老化,2008 年后多次出现电源插件故障、报警无法复归、装置死机等异常情况,设备进入不稳定期。2010 年 5—7 月,小浪底建管局水力发电厂和洛阳供电公司同时实施牡黄线线路保护技术改造,采用不同厂家不同原理的双套微机保护配置。第一套为南瑞继保公司生产的 RCS-931BM 型光纤差动保护(带 CZX-12R2 分相操作箱),通道方式为专用纤芯;第二套是北京四方公司生产的 CSC-101AS 型光纤距离保护(带 CSC-122A 断路器辅助保护装置),通道方式为复用光纤通道。

4. 开关站断路器电腐蚀故障分析及处理

2003 年 4 月 26 日至 5 月 2 日,小浪底建管局水力发电厂进行常规开关站春检,在对 220 千伏断路器进行 SF_6 微水检测时,发现 3 台断路器 B 相六氟化硫测试阀门喷出大量灰白色粉末物质。2004 年春检,又相继发现 3 台断路器有较多的灰白色粉末出现。

小浪底建管局水力发电厂将收集的部分灰白色粉末样本送往中国船舶重工集团公司第七研究院第七二五研究所,进行电镜能谱分析试验,结果显示样本中铝、铁元素含量较多。针对断路器内存在灰白色粉末及灭弧室下法兰中部发热两种现象,2004年10月14日,小浪底建管局水力发电厂将一相断路器拆除,返厂进行解体检查,发现在断路器灭弧室内存在两个问题:一是断路器灭弧室内顶部存放有三氧化二铝(Al_2O_3)干燥剂,在断路器分合闸时的振动引起干燥剂破碎,形成粉末,从干燥剂盒内撒出落在灭弧室底部;二是绝缘拉杆与动触头连接杆的圆柱销及圆柱孔配合间隙偏大,产生悬浮电位,使圆柱孔和圆柱销变形,同时伴随发热现象,圆柱销在电腐蚀作用下分解出铁元素。

2005年水力发电厂将整批17组51台断路器分阶段返厂解体检修,更换原有绝缘拉杆,在绝缘拉杆的圆柱孔附近安装一等位片,消除电腐蚀现象,更换了质量合格的干燥剂。

5. 计算机监控系统改造

小浪底工程计算机监控系统采用奥地利伊林公司SAT系统,整个系统采用开放、分布式结构,主要由电站上位机系统和现地控制单元组成。上位机设备采用10兆比特每秒双绞线以太网结构,现地控制层采用16兆比特每秒令牌光纤环网。随着元件老化以及扩容需求,计算机监控系统不能满足运行需要。

2005年,厂级服务器升级更换为SUN公司Blade 2500计算机,服务软件同时升级。2006年,上位机网络和现地令牌环网升级改造为100兆比特每秒工业以太环网。2008年,对6台机组LCU、公用系统LCU和开关站LCU进行扩容改造,增加现地LCU开关量输入输出和模拟量输入通道。

鉴于计算机监控系统出现网络阻塞等不稳定现象,水力发电厂开始对计算机监控系统进行整体技术改造。新系统采用安德里茨技术有限公司水电集团(原奥地利伊林电气公司)NEPTUE系统。上位机采用SAT 250 SCALA系统,现地控制单元主要采用AK1703 ACP智能PLC控制器。网络结构采用100兆比特每秒双环光纤以太网,通信规约采用基于TCP/IP的IEC60870-5-104国际标准规约。2010—2011年完成计算机监控系统上位机部分、机组现地控制单元和公用系统改造。

6. 地下厂房桥机变频改造

小浪底工程地下厂房两台桥式起重机(型号250/50吨+250/50吨双小车)1999年投运,至2010年电气元件老化、控制原理落后等原因,造成设备运行故障率高,影响桥机安全稳定运行,机组大修起吊发电机转子存在一定风险。

2010年5月,小浪底建管局水力发电厂对地下厂房2台桥机电气系统进行全变频改造升级,采用全矢量电机数字变频调速技术,新增变频电机和变频器;增加触摸屏综合监控系统,实现信息共享及数据传输;配备完善限位保护、过速保护、零位保护等各种保护功能。

7.西霞院机组导叶分段关闭装置改造

2008年6月23日,西霞院工程8号机组因机械事故紧急电磁阀动作停机,造成17个导叶摩擦装置动作,4个导叶上轴端产生塑性变形。甩负荷曲线显示导叶从93%开度至全关用时5~6秒,比设计关闭时间少3~4秒。

2008年7月24—25日,小浪底建管局组织召开专家咨询会,建议改善机械式两段关闭阀结构,增加电气两段关闭措施,确保两段关闭可靠实现。2008—2011年,利用机组大修时机对西霞院4台机组两段关闭装置进行改造。对导叶分段关闭装置整体结构进行强化处理,对行程导板进行加厚处理;在调速器供油管路上新增1套电气液控换向阀,依靠调速器控制系统PLC实现逻辑判断控制电气液控单向阀,由电气液控单向阀控制分段关闭电磁阀动作,实现了机组发生事故紧急停机电气液控换向阀和机械液控换向阀同时动作的功能,保证可靠实现两段关闭功能。

第六节　枢纽监测管理

为保证枢纽安全稳定运行,随时掌握枢纽运行状况,在小浪底工程和西霞院工程水工建筑物及水库周边布置了位移变形、渗压渗流、应力应变等监测仪器,通过对监测仪器数据的分析研究,全面掌握枢纽建筑物的运行状态,及时发现异常和可能危及建筑物的不安全因素,为枢纽建筑物的安全稳定运行提供科学依据。

根据小浪底工程和西霞院工程运行管理状况,枢纽监测主要包括水工建筑物监测、库周滑坡(变形)体监测、渗漏水监测、水库淤积监测和地震监测等。

小浪底建管局水力发电厂设置了监测中心,负责小浪底工程和西霞院工程安全监测及资料整编分析,必要时邀请有关科研机构和设计单位专家进行专题研究分析枢纽设施安全状况。截至2011年底,监测资料结果表明,各建筑物运行条件符合设计要求,运行状态安全稳定。

一、水工建筑物监测

水工建筑物监测是对水工建筑物整体性状全过程持续监测,实时采集监测仪器数据,及时对其分析处理,对水工建筑物稳定性、安全性做出评价。小浪底工程和西霞院工程分别建立水工建筑物安全监测系统,通过对监测数据整编分析,全面了解建筑物运行工况。

(一)小浪底工程水工建筑物监测

小浪底工程水工建筑物主要包括大坝、泄洪排沙系统和引水发电系统,按照规范要求布设监测仪器,通过及时进行数据采集、整编和分析,表明各建筑物处于稳定工作状态。

1. 监测仪器布置及系统鉴定

小浪底工程共布置 3 201 个监测点、64 座监测站,其中 449 个渗压渗流测点、1 372 个变形测点、1 268 个应力应变测点、112 个其他测点,所使用仪器涉及 33 种监测仪器与设施。监测项目包括渗压渗流监测、变形监测、结构应力应变监测、水力学监测和强震台阵(网)监测等。小浪底工程监测仪器随工程施工进行埋设,2001 年底各类观测仪器安装完毕。小浪底工程安全监测仪器数量及分布见表 12-6-1。

运行初期阶段,由于超出量程、电缆断裂等因素,部分监测仪器失效。2003年至 2004 年 8 月,小浪底建管局根据历次安全鉴定意见,对部分失效仪器进行补埋或改造,主要包括更换进口高边坡 250 米高程平台和厂房多点位移计,厂房周边排水廊道内补充安装渗压计,坝下游增设量水堰,对不合适的量水堰进行改建等,共补埋或改造多点位移计 30 套、渗压计 42 支、量水堰监测仪 40 支、其他仪器 67 支。

为全面掌握监测仪器工作状态,2006 年 10 月至 2007 年 5 月,小浪底建管局委托水利部大坝安全管理中心对小浪底工程安全监测系统进行鉴定,通过监测仪器现场检测、查阅资料和计算分析,对监测系统完备性进行检查及评价,对监测成果可靠性进行评价及合理性分析,并根据监测仪器工况进行分类处理。主要鉴定结论为:小浪底工程报损仪器 481 支,工程部分竣工初步验收后仪器完好率 95.84%。各类监测项目观测精度基本满足技术规范要求;大坝、左岸山体、西沟坝、泄洪系统及厂房等建筑物安全监测项目、测点布置和设备选型符

表12-6-1　小浪底工程安全监测仪器数量及分布（支）

观测项目	序列号	仪器名称	不同工程部位的仪器数量														
			主坝	进水塔	进水口边坡	导流洞	孔板洞	1号明流洞	2号排沙洞	3号排沙洞	出水口边坡及消力塘	1号/5号发电尾水洞	地下厂房	1号/5号蜗壳	西沟坝副坝	左岸山体库岸滑坡体	小计
渗流观测	1	渗压计	181	17	6	10		10		6	46	32	13		17	66	404
	2	测压管	11													12	23
	3	量水堰	9										8			5	22
	合计		201	17	6	10		10		6	46	32	21		17	83	449
变形观测	4	多点位移计		15	44	60		36		24	66	182	196			1	624
	5	测缝计		40				10	5	15		50	32			5	157
	6	测斜管	18		3						3	4				7	35
	7	堤应变计	138														138
	8	界面变位计	11														11
	9	沉降仪系统	23														23
	10	倾角计	6														6
	11	位移标点		6	8						26						40
	12	收敛计锚固点							4				12				16
	13	静力水准		26									19			10	55
	14	引张线		15									9			8	32
	15	视准线测点	150		16												166
	16	水准点	15	40									6				61
	16	正垂线		3													3
	17	倒垂线		3												2	5
	合计		361	148	71	60		46	9	39	95	236	274			33	1372

续表 12-6-1

不同工程部位的仪器数量（支）

观测项目	序列号	仪器名称	主坝	进水塔	进水口边坡	导流洞	孔板洞	1号明流洞	2号排沙洞	3号排沙洞	出水口边坡及消力塘	1号/5号发电尾水洞	地下厂房	1号/5号蜗壳	西沟坝副坝	左岸山体库岸滑坡体	小计
应力应变观测	18	锚索测力计			25					11	19		19				74
	19	锚杆测力计						16			25	40	27				108
	20	混凝土应变计	24	15		20	48	78	12	99		24	30	31			381
	21	点焊式应变计															0
	22	应变片							32	28							60
	23	混凝土无应力计	6	5		10	6	10	2	10		12	12	10			83
	24	钢筋计	6	2		40	48	61	10	57		16	67	79			386
	25	钢板计										16		10			26
	26	总压力盒	10	13				5									28
	27	土压力计组	44														44
	28	温度计		78													78
	合计		90	113	25	70	102	170	56	205	44	108	155	130			1 268
水力学仪器	29	脉动压力计				18	3	6									27
	30	水听器				12	3										15
	31	时均压力计				21	9										30
底座仪器	32	掺气仪						10									10
	33	流速仪						10									10
	34	强震仪				12										8	20
	合计					63	15	26								8	112
总计			652	278	102	203	117	252	65	250	185	376	450	130	17	124	3 201

合规程规范及小浪底工程实际;仪器完好率较高,正常监测的仪器测值能合理反映工程运行中结构性态变化。

截至 2011 年底,小浪底工程各类监测仪器 3 380 支(点),其中内部监测仪器 2 865 支、外部变形监测 403 点、水力学仪器底座 112 个。监测仪器损坏 481 支,仪器完好率 85.77%,其中运行期仪器完好率为 95.84%。截至 2011 年底小浪底工程安全监测仪器工况见表 12-6-2。

表 12-6-2　截至 2011 年底小浪底工程安全监测仪器工况

序号	仪器分类	仪器安装数量	运行期仪器损坏数量(竣工初验后)	施工期仪器损坏数量
1	内部监测仪器	2 865	140	341
2	外部变形监测测点	403	0	0
3	水力学仪器底座	112	0	0
	合　计	3 380	481	

2. 监测数据采集、整编及分析

(1)数据自动化采集。按照设计要求,并经过反复研究和论证,选取大坝及其基础、左岸山体、进/出口高边坡、进水塔、消力塘和地下厂房等关键部位 885 支仪器(计 1 078 个测点)实施自动化数据采集。自动化采集设备选用美国基美星公司 2300 系统,至 2002 年 6 月全部安装调试完毕,安装 24 台 2380 测控单元。

美国基美星公司系统升级后,备品备件采购困难,且新系统不兼容 2300 系统。从 2009 年开始,数据自动采集单元分 3 期逐步进行升级改造,选用南京南瑞集团公司 DAMS-Ⅳ 型智能分布式系统。至 2011 年底,测量单元全部更换完毕,共配置 74 台数据采集单元,接入自动化监测仪器 1 296 支。数据自动采集系统一般每日 8 时采集 1 个数据,并按照相关规程要求,适时加密数据采集。

剩余内部监测点和外部变形测点采用英国 Psion 公司生产的掌上数据记录仪进行人工测读数据,一般每 1~2 周测读 1 次。

(2)数据整编分析。小浪底建管局委托中国水科院、东北水利水电勘测设计研究院、河海大学,于 2004 年完成"小浪底水利枢纽工程安全监控系统"联合开发,2009 年进行升级改造,安全监测系统对监测数据进行整编分析,对超出警戒值的测值可报警提示。安全监测管理单位及时对监测数据进行汇编,根据有关规程规范要求,编制月报、年报、大坝安全会商监测简报及专题报告,特殊运用时期编制日报,不定期委托专业单位进行监测资料整编和分析。

3.监测成果

结合小浪底工程监测仪器布置情况,按照大坝、左岸山体、进水塔、进水口边坡、出水口边坡及消力塘、孔板洞、明流洞、排沙洞、地下厂房、引水发电洞及尾水洞等部位简述监测成果。

(1)大坝监测。大坝监测主要包括大坝渗压渗流监测、变形监测和应力应变监测。

大坝渗压渗流监测。截至2011年底,大坝防渗墙下游侧的基础渗压计工作水头基本稳定在140米左右,水头折减系数为51.2%~72.2%,防渗墙下游覆盖层渗透比降稳定,小于设计允许值0.1。大坝心墙区渗压计孔隙压力增长趋势与坝体填筑过程同步增加,大坝填筑到顶后基本停止增长并呈现逐渐消散下降趋势。坝体上游堆石体和过渡料渗压计,当库水位超过其安装高程时,测值随库水位变化趋势明显,符合正常规律。

大坝变形监测。截至2011年底,大坝上下游变形规律一致,各测点测值连续、无异常趋势性变化,下游侧测点变形量大于上游侧;顺水流方向水平位移呈两岸坝肩处测点向上游方向位移,河床中心测点向下游方向位移;垂直位移和顺水流方向水平位移呈两岸位移量小、原主河床区位移量大的特点;在同一坝轴线桩号,高程高的测点位移量大于高程低的测点位移量。各测点变化量逐年变小,符合土石坝变形一般规律。截至2011年底,坝顶垂直位移最大值1 490毫米,约为坝高的0.9%,年变化量由2001年的332毫米逐年减小到2011年的40.7毫米。

大坝应力应变监测。截至2011年底,大坝心墙区土压力与坝体自重有良好相关性,压力基本均匀,土体内部接触良好,上游水压力随距离增大而减小。主坝混凝土防渗墙以压应力为主,压应力在设计范围内,位于防渗墙下游侧土压力大于上游侧,符合坝体内部应力分布规律。

(2)左岸山体监测。左岸山体监测主要包括渗压监测和地下水位监测。截至2011年底,帷幕轴线上游侧测压管和渗压计测值水头接近库水位并随库水位保持相同变化趋势;帷幕轴线下游侧测值基本保持不变,在库水位超过230米以后有轻微变化,左岸山体帷幕防渗性态正常。

(3)进水塔监测。进水塔监测主要包括塔体与基础变形监测、接缝开合度监测、塔基扬压力、塔基应力及塔内温度监测。

截至2011年底,进水塔水平位移、垂直位移等监测资料表明,位移变形规律符合大体积混凝土位移变化规律,与温度相关密切,库水位变化对进水塔位移变形影响不明显。进水塔基础多点位移计测值稳定,表明进水塔基础稳定。进水塔塔架间测缝计开度变幅较小,纵缝闭合程度较好。

进水塔塔基渗压计主要受库水位影响变化,有明显规律性,略低于上游水位,变幅在50~70米。进水塔基础总压力基本在设计范围之内,塔基渗流性态正常。塔体混凝土内部场已趋于稳定。发电塔混凝土应变和钢筋计应力大部分处于受压状态,混凝土应力状况良好。

(4)进水口边坡监测。进水口边坡监测主要包括高边坡变形、渗流监测和预应力锚索监测等。截至2011年底,进口边坡表面位移和内部变形测值均没有超过设计安全限值,测值过程曲线平顺、无突变。边坡岩体位移主要为开挖卸荷效应,与之对应的锚索应力测值反映出相同岩体蠕变规律,锚索测力计测值过程曲线未出现过快增长趋势。进口边坡排水效果良好,边坡岩体整体稳定。

(5)出水口边坡及消力塘监测。截至2011年底,出水口边坡多点位移计测值表现为孔口位移大,越往深处位移量越小。测斜仪测值后期变化趋于平稳,岩体蠕变无趋势性变化,表明岩体是稳定的。消力塘南北隔墙安全稳定,底板抗拔锚杆应力测值变化不大,多为受压状态,说明底板渗透压力与库水位无明显关系,底板渗流性态在安全范围内。

(6)孔板洞、明流洞、排沙洞监测。孔板洞监测项目主要包括应力应变、外水压力、围岩变位等。截至2011年底,监测资料表明,孔板洞各部位受力均匀一致,围岩变形基本稳定,钢筋混凝土应力处于正常变化范围内。

明流洞监测项目主要包括围岩变形、外水压力、结构应力应变等。截至2011年底,监测资料表明,多点位移计测值较为稳定,洞室围岩变形、应力变化稳定,围岩与洞身接缝变化比较稳定。

排沙洞主要监测项目为应力应变监测。截至 2011 年底，混凝土应变计、钢筋计、无应力计、锚索测力计、测缝计、渗压计和多点位移计的监测过程曲线平滑，混凝土应力处于正常变化范围内。

（7）地下厂房监测。地下厂房监测主要包括围岩变形监测、沉陷监测、渗压监测、岩壁吊车梁变形监测、应力监测，布设仪器主要有多点位移计、锚索测力计、测斜管、渗压计、测缝计、引张线等。

截至 2011 年底，主厂房顶拱多点位移计测值变化相对平稳，无明显趋势性变化，测值年变幅在 0.2~8 毫米以内，测值变化正常。厂房基础变形表现为沉降，最大值为 4.3 毫米，沉降变形较小，已趋于稳定。吊车梁与围岩的开度变化受温度影响，呈周期性变化，无明显趋势性变化，性态正常。

锚杆应力计多数测点测值受气温影响，呈周期性变化特征，年变幅为 5~30 兆帕，无明显趋势性。钢筋计和锚杆测力计测值比较稳定，预应力松弛较小，围岩应力基本稳定。

各部位渗压水位变化很小，基本维持在埋设高程附近，厂房底板及其附近的上下游侧渗流压力较小，渗流场稳定。

（8）引水发电洞及尾水洞监测。引水发电洞监测主要包括应力应变监测、围岩变形监测、外水压力监测和接缝开合度监测等；尾水洞监测主要包括围岩变形监测、渗压监测、洞身收敛监测和接缝开合度监测等。截至 2011 年底，监测结果表明，引水发电洞和发电尾水洞围岩基本稳定，各断面均基本为收敛变形，收敛变形在允许范围以内，位移过程较稳定，未见异常变化趋势。

（二）西霞院工程水工建筑物监测

西霞院工程两岸为复合土工膜斜心墙砂砾石坝，中间泄洪排沙和引水发电建筑物为混凝土坝，按照规范要求布设监测仪器，通过数据采集、整编和分析，表明各建筑物处于稳定工作状态。

1. 监测仪器布置

西霞院工程安全监测包括土石坝段监测和混凝土坝段监测（包括电站坝段和泄洪坝段），共布置各类监测仪器 855 支（点），涉及 22 种监测仪器与设施，其中内部观测仪器 617 支（点），外部观测标点和设备 238 支（点）。西霞院工程安全监测仪器数量及分布见表 12-6-3。

表 12-6-3 西霞院工程安全监测仪器数量及分布

部位	仪器名称	设计数量（传感器）	完好数量（传感器）	接入自动化传感器数量	备注
土石坝段（包括两岸新增防渗墙）	水准标点	8	8	—	外观项目
	位移标点	45	45	—	
	工作基点	8	8	—	
	水准基点（组）	2	2	—	
	界面变位计	6	5	5	
	气压计	10	9	9	
	渗压计	119	119	116	
	无应力计	1	0	0	
	混凝土应变计	2	2	2	
	土工膜应变计	60	39	39	
	温度计	2	2	2	
	垂线坐标仪	2	2	2	
	小计	265	241	175	
电站坝段（包括右排沙洞、左导墙和灌溉引水闸）	水准标点	33	33	—	外观项目
	工作基点	1	1	—	
	位移标点	29	29	—	
	多点位移计	56	48	48	
	埋入式测缝计	12	9	9	
	表面式测缝计	9	6	6	
	双向测缝计	16	16	16	
	压力盒	19	18	18	
	钢筋计	4	3	3	
	无应力计	7	6	6	
	混凝土应变计	23	23	23	
	渗压计	57	57	57	
	小计	287	270	207	

续表 12-6-3

部位	仪器名称	设计数量（传感器）	完好数量（传感器）	接入自动化传感器数量	备注
泄洪闸坝段（包括王庄引水闸和右导墙）	水准标点	52	52	—	外观项目
	工作基点	1	1	—	
	位移标点	20	20	—	
	多点位移计	8	7	7	
	埋入式测缝计	24	24	24	
	表面式测缝计	15	15	15	
	双向测缝计	14	14	14	
	压力盒	12	11	11	
	钢筋计	36	36	36	
	无应力计	8	8	8	
	混凝土应变计	27	26	26	
	渗压计	54	53	53	
	锚杆测力计	12	12	12	
	倾角计	5	5	5	
	水位计	2	2	2	
	垂线坐标仪	2	2	2	
	静力水准测点	11	11	11	
	小计	303	299	226	
合计		855	810	608	

西霞院工程蓄水后,发现两岸渗水引发地下水位抬升,在大坝下游左右岸补充布设 40 个地下水位测点,对绕坝渗流情况进行监测。

2. 数据采集、整编和分析

西霞院工程关键部位 608 支重要监测仪器接入安全监测自动化采集系统。自动化采集系统采用美国基康公司 MICRO-10 升级产品 GK440 分布式网络测量系统,2008 年 9 月完成安装调试,一般每日 8 时采集 1 个数据。外部变形测点及环境量采用人工观测,一般每 1~2 周测读 1 次。

西霞院工程监测自动化数据分析系统采用 C/S(客户机/服务器) 和 B/S (浏览器/服务器)相结合的混合架构,自动化采集系统数据自动转入,人工观测数据可以从系统中直接输入,也可以从外部文件导入。自动化数据分析系统由国家电力监管委员会大坝安全监察中心开发,2008 年 12 月完成开发研制工作并投入运行。

根据有关规程规范要求,编制月报、年报、大坝安全会商监测简报及专题报告,特殊运用时期编制日报。

3. 监测成果

结合西霞院工程监测仪器布置情况,按照土石坝段、混凝土坝段和近坝区周边等部位简述监测成果。

(1)土石坝段监测。土石坝段监测主要包括防渗墙渗压监测、土工膜防渗监测、位移监测、土工膜应变监测、土石坝和混凝土坝结合部位渗压监测等。

水库蓄水后至 2011 年底,土石坝段防渗墙上下游渗压计测值差为 5.32~12.19 米,监测结果表明防渗墙削减水头作用明显。土工膜后渗压计及坝体内渗压计测值均在安装高程左右(仪器测值接近零),说明土工膜后及坝体内基本没有产生渗压,土工膜具有很好的防渗效果。

左岸土石坝段测点上下游方向位移变化最大值为 15.4 毫米,其他测点位移变化量不大于 6.0 毫米。右岸土石坝段测点位移变化值不大。左右岸土石坝测点垂直累计位移量均呈沉降变化。左岸段沉降变化要大于右岸坝段。截至 2011 年底,左岸坝段累计沉降量 3.3~76.1 毫米,右岸坝段累计沉降量 7.5~14.7 毫米。测点垂直位移从坝顶到坡底累计位移依次减小,符合土石坝位移变化规律。

土石坝和混凝土坝结合部位土工膜后 4 支渗压计实测值与安装高程相近,每年最大测值不超过安装高程 0.4 米,明显小于上游水位,表明结合部没有产生集中渗漏,土工膜工作正常。

截至 2011 年底监测资料结果表明,土工膜应变计测值在每年 2 月左右出现应变最大值,每年 8 月左右出现应变最小值,呈现与温度相关的变化特性,未见异常趋势性变化。

(2)混凝土坝段监测。混凝土坝段监测主要包括渗压监测、坝顶沉降监测、厂房下游 129 米高程平台沉降监测、结构应力监测等。

截至 2011 年底监测资料显示, 混凝土坝段防渗墙削减水头在 6.5 米以上。坝顶 139 米高程平台累计沉降位移 5~18 毫米, 相邻坝段间沉降位移差不超过 2 毫米, 累计沉降和不均匀沉降较小。

厂房下游 129 米高程平台累计沉降为 5.0~20.6 毫米, 相邻测点间最大沉降差为 2.5 毫米, 大部分相邻测点沉降差不大于 1.5 毫米, 累计沉降和不均匀沉降较小。

混凝土坝厂房基础桩顶压力盒总应力最大测值范围为 0.297~0.659 兆帕, 桩间压力盒最大测值范围为 0.220~0.647 兆帕, 均为压应力。闸室段压应力测值范围为 0.001~0.533 兆帕, 已经趋于稳定。

厂房坝段和泄洪闸坝段各测点钢筋实测应力范围为 -55.80~90.12 兆帕, 大部分钢筋计实测值为压应力, 呈周期性变化, 与温度相关性较好。钢筋计实测应力基本稳定, 变化规律一致, 未发现明显异常变化。

(3) 近坝区周边地下水位监测。防渗墙延长段实施后, 左、右岸下游近坝区地下水位受库水位影响情况有了明显改善, 主要控制点地下水位均控制在警界值以下。

二、库周滑坡(变形)体监测

小浪底工程库区两岸及近坝区分布有多处滑坡(变形)体。为及时掌握滑坡(变形)体稳定情况, 对东苗家滑坡体、1 号滑坡体、2 号滑坡体、大柿树变形体、阳门坡变形体进行监测, 并纳入小浪底工程安全监测系统, 对其稳定性进行初步分析判断。监测结果显示, 滑坡(变形)体没有出现失稳滑坡迹象。

(一) 东苗家滑坡体

东苗家滑坡体位于小浪底大坝下游约 2 千米的右岸基岩斜坡区, 正对泄水渠出水口, 滑坡体东西宽约 350 米, 南北长约 400 米, 总体积约 500 万立方米。

东苗家滑坡体采用外观监测点和埋设测斜管等方式进行监测, 并与压坡、打排水孔、完善地表排水等工程措施相结合。截至 2011 年底监测资料结果表明, 东苗家滑坡体变形总体具有坡外运动发展的趋势, 平均变形速率约为 5 毫米每年, 整体上稳定性较好。

(二) 1 号滑坡体

1 号滑坡体位于库区右岸, 距大坝约 4 千米, 滑坡体东西顺河向长约 650

米、南北宽约 400 米,最大厚度约 80 米,总体积约 1 100 万立方米。滑坡体略向河床突出 10~30 米,分布高程在 120~300 米。

1999 年蓄水前,开始对 1 号滑坡体进行监测,监测频率为每月 1 次。滑坡体原埋设监测点 21 个,由于库水位上升,低于 270 米高程的测点被水淹没,后期对剩余的 6 个测点进行监测;2006 年 9 月,在 275~285 米高程间补设 3 个监测点,同时布设裂缝宽度测量。

截至 2011 年底,1 号滑坡体中部位移最大,累计最大值约为 250 毫米;滑坡体后缘位移次之,量值约为 100 毫米;滑坡体后缘外侧基岩上测点位移不超过 10 毫米。随着水库淤积抬高,前缘滑带逐渐深埋,1 号滑坡体边坡各部位边坡位移幅度变小,月平均位移不超过 2 毫米,边坡处于稳定状态。

(三) 2 号滑坡体

2 号滑坡体位于 1 号滑坡体下游,与 1 号滑坡体相隔一沟,距大坝约 3 千米。滑坡体南北长 200~300 米、东西宽约 750 米,滑坡体平均厚约 25.8 米,最厚 46 米,总方量约 410 万立方米。滑坡体分布高程 150~300 米。

1999 年蓄水前,开始对 2 号滑坡体进行监测,监测频率为每月 1 次。滑坡体原埋设监测点 16 个,由于库水位上升,低于 270 米高程的测点被水淹没,后期对剩余的 5 个测点进行监测。2006 年 9 月,在 275~285 米高程区间补设 3 个监测点,同时布设裂缝宽度测量。

2 号滑坡体中部位移最大,累计最大量值约为 350 毫米,基岩监测点位移量值不超过 50 毫米,最大月位移不超过 20 毫米。随着水库淤积的抬高,前缘滑带逐渐深埋,2003 年 8 月以后,月平均位移不超过 2 毫米,且边坡位移有逐渐收敛趋势,2 号滑坡体整体处于稳定状态。

(四) 大柿树变形体

大柿树变形体位于库区右岸,下距大坝约 7 千米。滑坡体平面呈不规则圈椅形,东西顺河方向长约 1 300 米,南北宽约 560 米,变形裂缝范围内发生明显失稳体积约 450 万立方米,潜在滑动体积约 1 915 万立方米。

2003 年秋汛高水位时,该变形体出现地表裂缝,对变形体埋设了 4 组裂缝监测桩,2004 年 9 月上旬开始监测,每月监测 1 次。

截至 2011 年底,从各组监测桩变化过程线看,裂缝宽度及裂缝两侧高差均呈缓慢递增变化,每月缝宽变化最大范围为 1.4~1.8 毫米,缝宽变化不明显;

各组桩变形变化规律相同,未见异常趋势性变化,地表巡查未见明显异常趋势性变化。后期水库泥沙淤积起到压脚作用,稳定性增强。

(五)阳门坡变形体

阳门坡变形体位于库区黄河右岸,下距大坝约 88.5 千米,变形体分为上、下游两部分,总体积约 4 900 万立方米。

阳门坡变形体监测运用全球卫星定位技术,采用双频 GPS 接收机进行监测作业。2004 年 7 月开始监测,2004—2005 年每月监测 1 次,2006—2011 年改为 2 个月监测 1 次,汛期加密监测 1 次。截至 2011 年底监测结果显示,阳门坡变形体累计位移总体向库区水平位移,并伴随下沉变化,各点变化速率小于 3.5 毫米每月,各点间变化规律相近,未见异常趋势性变化。

三、渗漏水监测

小浪底工程基础防渗充分考虑泥沙淤积形成天然铺盖的有利作用,按照"前堵后排、堵排结合、以排为主"的渗控设计原则,在左右岸山体防渗帷幕后布设排水设施,以降低地下水位保证山体稳定。小浪底工程蓄水后,发现排水洞渗水量较初步设计渗水量偏大,开展了渗漏水量和水质监测,为防渗帷幕补强加固提供技术支持,确保了坝肩山体稳定运行。

(一)渗漏水量监测

1999 年 10 月下闸蓄水后,随即开展渗漏水量监测,监测部位主要有 1 号、2 号、4 号、28 号、30 号排水洞及厂房顶拱等。监测方法采用量杯测量体积和秒表记录时间,求出每个排水孔流量,计算排水孔每天排水量,累加得出各排水洞每天渗水总量。在正常情况下,渗漏水每周监测 1 次,在水库水位超过历史新高等情况下,监测频次调整为每周 2 次。

小浪底工程运行初期,根据渗漏水量监测情况,发现两岸坝肩排水洞渗水量较初步设计值偏大,且随着水库水位上升有进一步增大趋势。经综合分析,渗漏水量偏大的主要原因是悬挂式帷幕、帷幕体单薄、主要地质构造呈上下游方向展布、承压水得到补给等因素。同时,委托河海大学采用同位素综合示踪方法、黄委会设计院物探总队采用瞬变电磁法,研究探测左岸山体的渗漏途径,查找出了较为确切的渗漏通道。为此,小浪底建管局采用综合措施进行渗漏水处理,根据水库水位变化和渗漏水量情况,分 3 个阶段进行帷幕灌浆补强加固(实施情况见第六章工程施工);重新封堵地质探洞和 F_{28} 断层出露点;补打 28 号排水洞和 30 号排水洞内排水孔,以减少地下厂房顶拱渗水量;在监测地下水位不超过警戒值的条件下,附加阀门有控制性地封堵部分排水量较大的排水孔等,取得明显效果。

截至 2011 年底监测资料表明,右岸 1 号排水洞渗水量经采取综合处理后大幅减小,并趋于稳定,实测 260~265 米库水位时的渗流量为 6 000~7 000 立方米每天,小于预测正常蓄水位时的渗流量;左岸山体在库水位 260 米时,实测渗流量由 14 000 立方米每天减少到 6 859 立方米每天,渗控效果明显;地下厂房顶拱渗流量大幅减小,结合引排处理,厂房顶拱处于干燥状态;河床段坝基渗水均为清水,水平防渗设施削减水头 20%~40%,混凝土防渗墙削减剩余水头的 90% 以上,防渗效果良好,小浪底工程坝基和两岸山体渗流安全稳定。

(二)渗漏水质监测

大坝渗漏水水质监测主要内容为分析库水和渗漏水的水温与化学成分,查清库水和渗漏水化学成分与变化规律,分析渗漏水对山体溶蚀的影响。

根据小浪底工程安全鉴定意见,2004 年 5 月,小浪底建管局开始大坝渗漏水水质监测工作,确定取样监测点为坝前 1 个、坝后 15 个,监测参数为 16 个,初始每周 1 次,2005 年 7 月后改为每月 1 次。渗漏水水质监测取样点见表 12-6-4,渗漏水水质监测参数见表 12-6-5。

表 12-6-4　渗漏水水质监测取样点

水样类型		取样位置	说明
坝前库水	01 断面	从库底每 10 米深采集一个样	坝前 01 断面主流部位设一条垂线,沿垂线从库底每 10 米深采集一个样。取样数量因水位的不同而变化
坝后渗漏水	左岸山体	2 号排水洞 U-28、U-94、U-142 孔	
		4 号排水洞 U136 孔	
		28 号排水洞 U214B 孔	
		30 号排水洞 D04 孔、D142 孔、D194 孔、D39 孔、D10 孔	
	右岸山体	1 号排水洞 D05 孔、D66 孔、D101 孔	
	坝基	坝后水塘左、右量水堰	

表 12-6-5　渗漏水水质监测参数

监测项目	监测参数
理化指标	气温、水温、气味、浊度、pH、TDS、HCO_3^-、总碱度、游离 CO
无机阴离子	Cl^-、SO_4^{2-}
金属及其化合物	K^+、Na^+、Ca^{2+}、Mg^{2+}、总硬度

小浪底工程渗漏水水质监测分析表明,未发现坝区渗漏水对岩石、灌浆帷幕和混凝土构件产生溶蚀现象,渗漏水水质变化不影响枢纽安全和结构稳定。

四、水库淤积监测

黄河高含沙水流泥沙淤积对水库运行产生严重影响,为及时掌握库区泥沙淤积状态,开展了水库泥沙淤积监测,分析水库泥沙淤积状况和冲淤规律,进行进水塔群前防淤堵研究。截至 2011 年底监测结果显示,库区泥沙淤积优于设计指标。

(一)小浪底水库淤积监测

小浪底水库淤积测验主要包括库区泥沙淤积测验和进水塔前漏斗区泥沙淤积测验。泥沙测验设备采用英国 Geoswath 条带测深仪、Haypack 软件导航、辅助 GPS 全球卫星定位系统,库区泥沙淤积测验在每年汛前、汛后各测验 1 次;进水塔前漏斗区范围为距坝 4.2 千米以内,每月监测 1 次,在汛期根据来水来沙情况加密监测。

1. 库区淤积监测

小浪底水库库区泥沙监测共布设 174 个测验断面,其中干流布设 56 个断面,左岸 21 条支流布设 65 个断面,右岸 19 条支流布设 53 个断面。在进行水下监测的同时,在干流及部分支流"偶数"断面采集河床质泥沙样品,进行颗分试验。小浪底水库库区泥沙淤积监测断面示意见图 12-6-1。

监测结果表明,截至 2011 年 12 月,小浪底水库累计淤积泥沙 25.22 亿立方米,水库有效库容为 101.28 亿立方米。

小浪底水库干流泥沙淤积为三角洲淤积形态,淤积体顶点位于黄河 8 断面(距坝 10.32 千米),平均淤积高程 215.3 米。三角洲淤积体前坡段(黄河 1 断面至黄河 8 断面)纵向比降为 2.96‰,淤积体洲面段位于黄河 08 断面至 37 断面(黄河 37 断面位于南村大桥上游 2.4 千米),淤积体尾部段位于黄河 37 断面以上。

水库各支流出现不同程度淤积,支流河口形成拦门沙淤积。近坝段支流河道比降变缓趋势明显,以平淤为主,中坝段支流泥沙淤积呈现两边低淤积形态,远坝段河断面间呈倒比降现象。

黄河干流 01 断面至 46 断面(距坝 85.76 千米)范围内,泥沙中值粒径 D_{50} 为 0.002~0.009 毫米,属粉砂类泥沙。

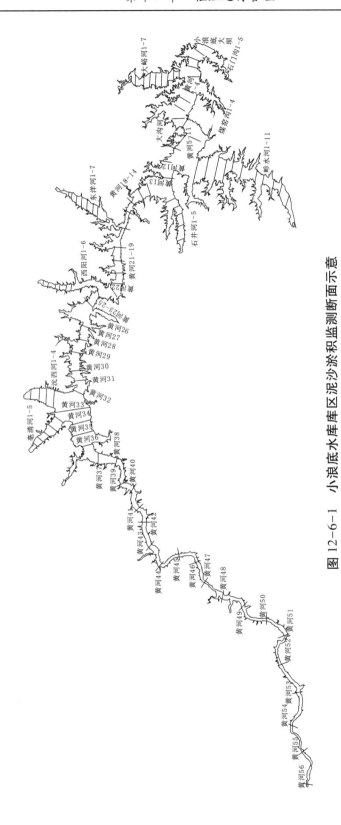

图 12-6-1　小浪底水库库区泥沙淤积监测断面示意

2.塔前漏斗区监测

进水塔前漏斗区为距坝4.2千米范围,共布设31个断面,采用加密断面法进行监测,01断面至10断面平均间距91米,10断面至20断面平均间距200米,20断面至31断面平均间距136米。

截至2011年12月,漏斗区01断面与31断面平均河底高程差10.3米,河道形成向下游倾斜纵比降为1.84‰的缓斜坡,塔前漏斗形态初步显现。塔前漏斗区01断面(距进水塔60米),河底平均淤积高程为181.9~190.5米,坝前泥沙淤积高程较进水塔前高8~10米。

(二)西霞院水库淤积监测

西霞院水库淤积采用断面法测验,水库淤积测验布设12个断面(如图12-6-2所示),测量范围至小浪底水库尾水区。漏斗区测验范围为大坝至漏斗上沿,共布设13个观测断面。

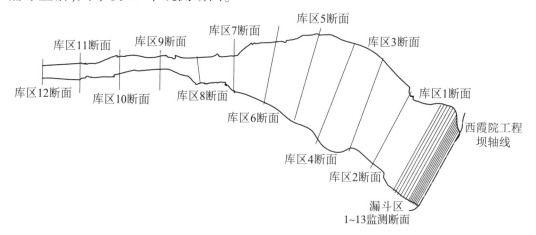

图12-6-2 西霞院水库泥沙测验断面示意

监测结果显示,截至2011年12月,西霞院水库累积泥沙淤积量0.15亿立方米,对应134米水位下有效库容为1.296亿立方米。

五、地震监测

为监测小浪底水库诱(触)发地震活动情况,分析地震对枢纽建筑物的影响,小浪底工程建立了地震监测系统,截至2011年底地震监测结果显示,没有出现水库诱(触)发地震迹象,地震对枢纽安全运行没有产生影响。

(一)监测台网布置

小浪底工程地震监测分为微震监测系统和强震监测系统。微震监测系统测定地震时间、震源和震级,分析地震发展规律,研究水库蓄水诱(触)发地震的可能性;强震监测系统测定枢纽建筑物震动速度、加速度和持续时间,评定地震对建筑物损坏程度。

小浪底工程微震监测系统于 1993 年完成总体设计,1995 年完成台网建设,1996 年 6 月投入运行。微震监测系统以小浪底库区为中心,主要监测半径 150 千米,采用遥测模—模无线传输、可见和磁介质记录、人机结合进行资料分析处理的组网方式。地震台网由 1 个台网中心、1 个中继站和 8 个固定遥测地震台组成。台网中心设在洛阳市丽春路小浪底 1 号院,中继站位于洛阳市孟津县横水镇新店村,8 个外台均匀分布在库周黄河两岸,其中东沟台、上孟庄台、螃蟹蛟台和当腰台位于黄河北岸,王良台、乔岭台、青石台和南关郎台位于黄河南岸。重点监控区内,设计有效地震监测下限为 ML0.5 级,震感定位精度误差小于 3 千米,震级精度误差小于 0.3 级。小浪底工程地震台网布置见图 12-6-3。

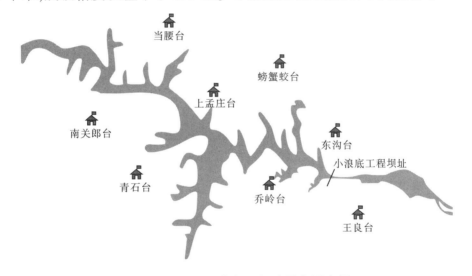

图 12-6-3 小浪底工程地震台网布置

小浪底工程强震监测系统布设 10 套强震仪,布置于枢纽建筑物中,其中进水塔布设 3 个,左岸山体布设 1 个,大坝下游 281 米高程布设 3 个,大坝下游 250 米高程布设 1 个,大坝下游 155 米高程布设 1 个,出水口边坡布设 1 个。强震台网中心位于大坝下游左侧 274 米平台。强震监测系统与小浪底工程安全监测系统同步建设,2001 年投入运行。

(二)台网系统改造

2008 年 4 月至 2009 年 1 月,地震台网进行数字化改造。强震和微震台网中心一并迁至小浪底工程坝顶控制中心,强震监测系统不变;微震外台地址不变,对测震设备、供电、通信信道进行改造,取消中继站,测震和数据采集设备采用北京港震仪器设备有限公司产品,采用光纤将所有外台地震信号实时传输到台网中心进行分析处理。

(三) 监测成果

地震台网从 1996 年 6 月投入运行,记录了小浪底工程 1999 年蓄水前地震本底资料。截至 2011 年底,通过对蓄水前后资料对比分析,没有出现明显的水库诱(触)发地震迹象。小浪底水库地震台网监测到的最大强震为 ML5.4 级,发生在 2010 年 1 月 24 日 10 时 36 分,震中位于山西运城市、河津市、万荣县交界(北纬 35.5°、东经 110.7°)处,震源深度 12 千米,距小浪底工程大坝约 175 千米,大坝区域有一定震感。经强震分析计算,大坝及其附近地震烈度不大于 IV 度,地震对大坝安全没有构成影响。

第七节　生产运营管理

小浪底工程是一座以防洪、防凌、减淤为主,兼顾供水、灌溉和发电,以公益性效益为主的多功能综合利用水利枢纽,发电收益承担了其他功能的成本费用支出。在确保枢纽公益性效益全面发挥的同时,尽量发挥枢纽经济效益,小浪底建管局积极建立健全运营管理机制,不断探索和完善符合经营管理实际的组织机构和规章制度体系,加强规划计划、财务资产、预算支出管理,保证枢纽持续良性运转、国有资产保值增值,努力打造一流企业。

一、生产运营主体

2000 年 5 月,根据《水利部关于同意修改黄河水利水电开发总公司章程的批复》,黄河水利水电开发总公司主要经营范围调整为水资源开发及经营、电力生产与销售及供水,公司注册资本增至 10 亿元,经济性质为全民所有制企业,负责小浪底工程运行管理,承担小浪底工程贷款还本付息义务,确定了黄河水利水电开发总公司运行管理小浪底工程主体地位。

2000 年初,小浪底工程首台机组投入商业运行,小浪底工程开始生产经营管理工作,小浪底建管局(黄河水利水电开发总公司)由单一的工程建设管理转变为工程建设管理与生产经营管理并进。黄河水利水电开发总公司建立生产经营账,与小浪底建管局负责小浪底工程建设核算的基建账并行,负责小浪底工程生产经营核算。

2000年5月24日,黄河水利水电开发总公司生产经营账开始启用。依据相关制度,小浪底建管局(黄河水利水电开发总公司)对小浪底工程和西霞院工程交付使用资产及相关债权债务进行接收和账务合并调整,明确固定资产管理与使用权责关系,建立财务收支管理制度,实行财务预算管理,保障小浪底工程和西霞院工程正常生产经营活动。

小浪底工程投入运行后,小浪底建管局与黄河水利水电开发总公司继续实行"一套人马、两块牌子"的管理方式。对内两块牌子同时使用,工作业务基本相同,印发各类公文和规章制度时,以"小浪底建管局(黄河水利水电开发总公司)"的形式进行;对外根据工程建设或经营管理业务需要分别使用不同名称。

二、规划计划

小浪底工程规划计划工作坚持围绕中心、统筹兼顾、科学安排、重点突出、实事求是、注重效益原则。工程投入运行后,企业发展规划和区域发展规划逐步完善,投资计划管理、合同管理逐步规范,电力生产情况平稳有序,企业管理水平不断提升。

(一) 规划

小浪底建管局制定规划管理办法,编制企业发展规划和专题规划并付诸实施。企业发展规划为小浪底建管局总体发展规划;专题规划在企业发展总体规划的基础上编制,主要包括区域规划和技术规划等。

1. 企业发展规划

小浪底建管局企业发展规划按照五年规划进行编制,主要采用职能部门牵头组织,聘请第三方专业咨询机构协助编制的方式进行。

1998年,小浪底建管局组织编制第一个五年发展规划,规划期为1998—2002年。第一个五年发展规划目标为,确保小浪底工程建设顺利进行,按期实现蓄水、发电等阶段目标;做好小浪底工程初期运行管理工作,实现平稳过渡;发展对外业务,争取水利行业监理、咨询等工作。

2003—2004年,小浪底工程建设处于收尾阶段,小浪底工程从建设期向运行管理期过渡,小浪底建管局综合分析发展形势和行业环境,聘请专业咨询公司,编制了第二个五年发展规划,规划期为 2005—2009 年。第二个五年发展规划目标为:积极准备小浪底工程竣工验收,申报水利优质工程大禹奖和鲁班奖;做好西霞院工程建设,按期实现截流、发电等阶段目标;枢纽运行管理方面向设备先进、技术领先、管理科学的电厂迈进。

2009 年,小浪底建管局组织编制了第三个五年发展规划,规划期为 2010—2014 年。第三个五年发展规划目标为:在枢纽运行管理方面深入开展精细化管理,实施同业对标,争创电厂运行管理国际先进水平;谋求多元发展,在水电融资、旅游开发、多种经营等方面寻求发展;持续提升运行管理和科学调度水平,深入开展两库优化调度运行方式研究,最大限度地延长两库使用寿命,充分发挥西霞院水库反调节作用,提高水能利用率,争取年均发电量稳定在较高水平。

2.专题规划

在企业发展规划总体框架下,小浪底建管局开展专题规划。2008 年小浪底建管局生产技术处牵头编制《黄河小浪底水利枢纽生态保护系统规划——概念性总体规划》《黄河小浪底水利枢纽生态保护系统概念性详细规划》,对小浪底工程坝后保护区、翠绿湖保护区、西霞院保护区等区域进行生态保护规划。

2009 年,小浪底建管局组织编制《小浪底建设管理局 2010—2014 年技术发展规划》,对保障枢纽安全稳定运行的技术保障体系、技术研究与运用等工作进行规划部署;组织编制《小浪底建设管理局 2010—2014 年安全生产发展专项规划》,对提高安全管理水平、开展重要安全基础研究、完善安全基础项目建设等工作进行部署安排。

2010 年,小浪底建管局分别组织编制《东山基地规划》《桥沟生活区区域规划》《西霞院水库左坝肩观景台区域规划》《西霞院电站厂房区域规划》《西霞院坝后左右岸水土保护区域规划》等多项区域规划。

(二)投资计划

枢纽运行管理投资计划实行统一管理、分级负责原则,切实保障枢纽运行维护投资到位,并强化过程管理,保证投资计划顺利实施。

1.计划编制

小浪底建管局投资计划由各责任单位负责编制并申报,经营管理处(计划主管部门)统一负责汇总整理。经营管理处负责申报与总体规划相关项目投资计划;水力发电厂负责申报枢纽运行管理投资计划,枢纽管理区办公室、综合服务中心、小浪底工程公司等单位负责申报各自责任区管理范围内投资计划。各申报单位在每年 10 月 31 日前完成下一年度生产经营投资计划编制工作。投资计划编制包括项目背景、技术方案、所需费用和实施计划等内容。

小浪底建管局投资计划从 2005 年开始编制年度计划、建议计划和框架计划,形成三年滚动计划,逐年滚动顺延。

2. 计划审批与下达

各申报单位将下一年度生产经营投资计划和技术方案报送生产技术处,生产技术处对投资计划项目的必要性和技术方案可行性进行审查。经营管理处根据生产技术处审查意见审核项目所需投资,汇总编制三年投资滚动计划,报小浪底建管局投资计划审查领导小组审核,并在年初职工代表大会审议通过后下达执行。

3. 计划实施

各部门单位根据下达的投资计划,编制实施计划,经经营管理处汇总审核后下发执行。项目管理部门严格按照实施计划组织年度计划项目实施。年度投资计划需要进行调整时,由项目管理部门提出申请,说明调整原因及实施中存在的问题,经分管领导审查后报经营管理处审批。经营管理处负责计划的实施监督检查,会同生产技术、安全监督等部门每半年或不定期联合对年度投资计划项目执行情况组织检查,对发现的问题及时通知项目管理部门进行整改,确保投资计划按期实施。

(三) 招标及合同管理

小浪底工程和西霞院工程运行管理投资计划项目,按照《中华人民共和国招标投标法》及相关制度进行招标管理,严格合同管理,保证投资计划顺利实施。

1. 招标管理

小浪底建管局招标领导小组负责审批招标项目和招标工作计划,审核重大项目招标文件的技术与商务重要问题。招标办公室设在计划管理部门,负责制定招标工作程序,建立评标专家库,组织重大招标活动。招标工作采用直接招标和委托招标相结合的模式,根据招标项目的大小、技术复杂程度等,分别由招标办公室、项目实施单位或招标代理机构承担。

80万元以上的基建和更新改造项目,40万元以上的大修项目,30万元以上的勘测、科研、设计、咨询和其他项目由招标办公室负责组织招标和签订合同;限额以下的项目由项目实施单位负责组织招标和签订合同,报招标领导小组备案;对于专业技术较强或复杂项目委托招标代理机构组织招标。

招标方式分为公开招标和邀请招标,对于单一来源、专有技术等不宜招标的项目,采用谈判、询价、委托等方式确定实施单位。

2. 合同管理

合同管理实行会签制、法人委托制、验收移交制、监督检查制等基本制度,经营管理处负责组织对各部门(单位)签订的合同每半年或不定期地进行监督、检查。

项目管理单位负责枢纽运行有关合同履行过程中的现场管理工作,项目管理部门明确履行合同具体责任人和相应权限,合同管理相关人员在权限范围内履行职责。合同履行过程中,对发生的重大变更,由技术主管部门和合同主管部门提出审查意见,项目管理部门按照审查意见修改完善变更申请报告,经分管领导批准后执行。

三、资产交付与管理

小浪底建管局(黄河水利水电开发总公司)资产主要为小浪底工程和西霞院工程竣工交付资产,包括大坝、洞渠、道路、厂房、发电设备等,以及生产运行过程中建造和采购的资产。

(一)资产交付

小浪底工程和西霞院工程建成后,基本建设形成的资产由小浪底建管局基建账交付给黄河水利水电开发总公司生产经营账核算。

根据小浪底工程进展、完成情况,按照财政部《基本建设财务管理规定》《基本建设财务管理若干规定》的相关要求,自2000年首台机组发电开始,小浪底建管局(黄河水利水电开发总公司)分年度陆续将基本建设形成的、达到预定可使用状态但尚未交付的资产,以暂估入账形式交付使用管理。2012年8月23日,水利部以《转发财政部〈关于批复水利部黄河小浪底水利枢纽工程竣工财务决算的通知〉》(水财务〔2012〕381号),核定小浪底工程项目竣工财务决算投资314.93亿元,其中交付使用资产304.60亿元、转出投资8.06亿元、核销基建支出 2.27 亿元。

根据西霞院工程进展情况,按照财务制度相关规定,自 2007 年首台机组发电开始,小浪底建管局(黄河水利水电开发总公司)分年度陆续将基本建设形成的、达到预定可使用状态但尚未交付的资产,以暂估入账形式交付使用管理。2012 年 7 月 2 日,水利部以《转发〈财政部批复黄河小浪底水利枢纽配套工程——西霞院反调节水库工程竣工财务决算的通知〉》(水财务〔2012〕300 号)核定西霞院工程竣工财务决算投资 29.88 亿元,全部为交付使用资产。

2012 年 12 月,小浪底建管局完成小浪底工程和西霞院工程基本建设形成资产的全部移交工作,工程建设使用的拨款、借款及债权债务同时移交黄河水利水电开发总公司。小浪底建管局基建账封账并撤销银行账户,黄河水利水电开发总公司对小浪底建管局交付的资产及相关债权债务全盘接收。小浪底工程和西霞院工程交付资产见表 12-7-1。

表 12-7-1　小浪底工程和西霞院工程交付资产　（单位:万元）

序号	项目	合计
1	小浪底工程	3 045 956.53
2	西霞院工程	298 753.86
合计		3 344 710.39

(二) 资产管理

小浪底工程和西霞院工程建设形成的交付使用资产包括建筑物、构筑物、房屋、发电设备、输配电设备、通信线路及设备、自动化控制及仪器仪表、水工设备、检修维护设备、生产用设备及器具、运输设备、管理用设备及器具、安全保护设施、家具等 14 大类。黄河水利水电开发总公司作为生产运行单位对资产进行使用维护管理,具体管理部门是生产技术处(资产管理中心),由其对全部生产经营固定资产实施统一监督管理,财务部门负责价值管理,各资产使用部门(单位)负责对其构建、领用的实物资产实施日常管理。

为加强对固定资产管理,提高固定资产的使用效率,明确各部门(单位)对固定资产管理与使用的权责关系,黄河水利水电开发总公司建立资产管理制度,定期对固定资产和库存设备、材料等进行盘点,保证资产安全和合理使用。2003 年,小浪底建管局(黄河水利水电开发总公司)制定了《固定资产管理办法》《关于进一步加强固定资产管理工作的意见》。2008 年对固定资产管理办法进行修订,明确固定资产管理实行"统一管理、分级负责"的管理体制和层层落实管理责任的管理办法,按照责、权、利相结合的原则,实行"谁使用、谁维护、谁管理"的方式。各部门使用的固定资产由生产技术处(资产管理中心)、财务处和使用部门进行日常物、账、卡管理;所属非独立核算单位对其使用的固定资产进行日常管理并接受生产技术处(资产管理中心)及财务处的业务指导。

生产技术处(资产管理中心)负责固定资产的购置、维修、处置等事项的审批和备案工作;组织各部门和所属非独立核算单位固定资产集中采购;对所属非独立核算单位固定资产采购进行指导;办理各部门及所属非独立核算单位固定资产的验收、调拨、领用等手续;负责固定资产统一编号;牵头组织固定资产的清查盘点,每年至少组织1次;提出固定资产调拨、配置建议,报领导审批,并组织实施;对申请报废、报损的固定资产组织技术鉴定,提出处理意见,报领导审批,并办理有关手续;监督检查固定资产使用情况。

财务部门负责固定资产的价值管理,定期与实物管理部门(单位)进行账、卡核对,参与固定资产清查盘点工作,及时反映固定资产价值的增减变动,准确计提折旧。

各部门、所属非独立核算单位对本部门(单位)固定资产的安全完整负责,各部门(单位)配备兼职或专职固定资产管理人员协助进行管理。各部门、所属非独立核算单位负责管理和使用好本单位的固定资产,建立本单位固定资产管理责任制,落实本单位固定资产使用人、保管人;提出本部门固定资产购置计划和维修申请;建立本部门固定资产个人领用卡片;提出本部门固定资产报废、报损申请;负责本部门的固定资产清查盘点。

2009年4月,小浪底建管局对生产技术部职责进行划分,资产管理中心职责划分到财务处,由财务处负责固定资产价值管理、监督管理和购置计划归口管理,负责组织固定资产年度计划申报、牵头报废固定资产的技术鉴定、组织开展固定资产盘点等。

四、预算管理

为规范预算资金管理,强化预算执行监督,提高资金使用效益,小浪底建管局(黄河水利水电开发总公司)制定预算管理办法,实施会计委派制,对本级、下属财务独立核算单位经济事项实行全面预算管理。

小浪底建管局(黄河水利水电开发总公司)预算安排坚持"量入为出、确保重点、效益优先"的原则,以成本费用控制为基础,以资金收支管理为核心。财务预算以业务预算、资本预算、筹资预算等为基础进行编制。每年 11 月初,结合发展战略、年度工作目标及生产经营计划,发布编制三年滚动财务预算通知,向各预算归口管理部门(单位)布置下一年度的收入及支出预算编制工作。各预算归口管理部门(单位)按照预算编制通知,结合本部门(单位)的职责、特点和实际工作需要,编制三年滚动财务预算,职能部门负责编制对外投资、融资、计划项目,以及纳入公司管理费用的各项预算建议方案;生产辅助部门负责编制纳入水、电、通信等各项预算建议方案;电厂负责编制生产人员经费、制造费用及生产设备维修维护费用等预算建议方案,经汇总、审核、领导班子集体决策通过后,分解下发各预算归口管理部门。年度财务预算正式下达后,一般不予调整。但涉及枢纽安全、防汛、抢险或应急事项除外。

各部门(单位)严格执行年度财务预算,合理安排生产经营和经济事项。坚持"无预算、超预算项目不开支"原则,严把预算执行关。按月编制预算执行情况报告,认真分析并纠正预算执行偏差,督促预算执行进度,强化预算的刚性和精细化管理。

小浪底工程和西霞院工程运行管理与维护维修工作实行枢纽运行包干费管理。枢纽运行包干费用包括枢纽运行人员工资薪金支出、日常管理费用,以及枢纽运行、维护和日常消耗性材料费用等。年度财务预算由水力发电厂编制,小浪底建管局(黄河水利水电开发总公司)核定下达。水力发电厂根据批复的预算,按月制订资金使用计划,小浪底建管局(黄河水利水电开发总公司)统筹资金使用计划和存量资金情况拨付资金,水力发电厂按照有关制度规定规范资金的使用,严格日常开支管理。

五、经营收入

小浪底工程是以公益性为主的民生工程,发电收入是保证枢纽正常运行、偿还贷款的主要来源。同时,小浪底建管局(黄河水利水电开发总公司)积极争取增值税优惠政策,用于偿还贷款。

（一）发电收入

在确保枢纽公益性效益的同时，小浪底建管局坚持科学调度运行，积极协调政府有关部门和水量调度、电力调度部门，合理确定电价及电量计划，最大限度地利用水资源，努力创造最优经济效益。

1. 电价核定

2000年1月6日，经河南省物价局核定，小浪底电站临时上网电价核算为0.293元每千瓦时（豫价工函字〔2000〕03号），自小浪底电站发电之日起实行至签订正式购售电合同。

2000年1月9日，河南省电力公司与小浪底建管局水力发电厂签订并网调度协议，明确小浪底电站并入电网调度运行的安全和技术问题，设定双方应承担的基本义务、技术条件和行为规范。

2001年12月13日，国家发展计划委员会批准核定小浪底电站上网电价为0.345元每千瓦时（计价格〔2001〕2665号），分三年到位。2002年1月1日起，小浪底电站上网电价按0.315元每千瓦时执行。

2003年7月，河南省发展计划委员会以"豫计价管〔2003〕1148号"文印发实行峰谷分时电价的通知，河南省电力公司通知从2003年7月1日起分时计量。综合考虑小浪底电站电量计划、水库来水情况、翘尾电量电价等因素，经与河南省电力公司协商，2003年11月17日，小浪底建管局与河南省电力公司签订购售电协议，商定2003年11—12月电价结算原则，其中每月1.5亿千瓦时按正常电价、1亿千瓦时按0.27元每千瓦时结算，剩余上网电量的1/2按0.24元每千瓦时结算，另外1/2按弃水电价0.2元每千瓦时结算。其他时段上网电量按照原结算办法执行。

2005年4月22日，国家发展和改革委员会下达《关于华中电网实施煤电价格联动有关问题的通知》（发改价格〔2005〕667号），小浪底电站上网电价提高为0.317元每千瓦时，至2011年底，一直执行该电价。

2007年5月8日，河南省发展和改革委员会核定西霞院电站上网电价按0.317元每千瓦时（豫发改价管函〔2007〕218号）。2007年5月，黄河水利水电开发总公司与河南省电力公司签订《并网调度协议》，明确西霞院电站4台机组作为小浪底电站7~10号机组，双方不再签订西霞院电站并网调度协议和购售电合同。

2. 电量计划

小浪底水力发电厂作为河南省统调电厂,每年根据黄河水量调度计划、水量预测和小浪底工程运用条件,编制下一年度发电量计划,报河南省发展计划委员会审批。河南省发展计划委员会根据河南省经济增长等预期目标,在每年年初下达各电力企业年发电量计划。计划内电量按核定上网电价结算,年度翘尾电量(超计划)部分按照河南省平均上网电价和开发电价结算。西霞院电站机组投产后,发电量随小浪底电站发电量计划一并下达。小浪底电站发电量计划见表12-7-2。

表12-7-2　小浪底电站发电量计划　　　　(单位:亿千瓦时)

年份	发电量计划	备注
2001	17.5	
2002	27	
2003	34	
2004	40	调增10亿千瓦时
2005	45	
2006	45	
2007	50	
2008	58	
2009	64	
2010		
2011		

3. 收入

2000年1月,小浪底工程首台机组投产发电,2007年6月西霞院工程首台机组投产发电。截至2011年底,小浪底电站累计发电约531.58亿千瓦时,西霞院电站累计发电约19.77亿千瓦时,发电收入总计约142.94亿元。2000—2011年发电量及发电收入见表12-7-3。

(二)补贴收入

小浪底工程建设资金投入巨大,使用银行贷款较多,固定资产比重大,且小浪底工程以公益效益为主,发电收入是偿还贷款本息的唯一来源,还贷资金缺口较大。

表 12-7-3　2000—2011 年发电量及发电收入

年份	小浪底发电量 （万千瓦时）	西霞院发电量 （万千瓦时）	发电量合计 （万千瓦时）	发电收入 （万元）
2000	61 319.06		61 319.06	10 540.83
2001	210 924.44		210 924.44	47 992.04
2002	327 166.23		327 166.23	76 032.98
2003	348 201.24		348 201.24	77 014.38
2004	500 137.67		500 137.67	137 002.18
2005	502 617.30		502 617.30	136 692.72
2006	580 598.44		580 598.44	138 462.48
2007	588 683.55	17 106.54	605 790.09	159 406.24
2008	554 405.46	36 291.31	590 696.77	160 790.94
2009	501 418.91	42 133.19	543 552.10	147 118.82
2010	517 721.65	44 673.86	562 395.51	151 892.31
2011	622 559.86	57 467.96	680 027.82	186 418.45
累计	5 315 753.81	197 672.86	5 513 426.67	1 429 364.37

　　为解决小浪底工程还贷资金缺口问题，2006 年 1 月 24 日，财政部印发《关于小浪底水利工程电力产品增值税政策问题的通知》（财税〔2006〕2 号），明确自 2006 年 1 月 1 日起，对小浪底工程生产销售的电力产品按照增值税适用税率征收增值税，增值税税收负担超过 8% 的部分实行先征后返政策。

　　截至 2011 年底，小浪底建管局（黄河水利水电开发总公司）累计取得增值税返还的补贴收入 77 342.89 万元。2006—2011 年增值税返还补贴收入见表 12-7-4。

表 12-7-4　2006—2011 年增值税返还补贴收入　　（单位：万元）

年份	金额
2006	10 083.01
2007	13 049.46
2008	15 261.25
2009	12 416.51
2010	13 625.36
2011	12 907.30
累计	77 342.89

六、贷款偿还

小浪底工程和西霞院工程建设期贷款折合人民币共计 119.67 亿元。偿还贷款的资金来源于发电收入和增值税返还的补贴收入。

(一)小浪底工程贷款偿还

小浪底工程贷款包括内资贷款(国家开发银行贷款、中国建设银行贷款)和外资贷款(世界银行硬贷款、国际开发协会信贷、出口信贷国际商业贷款等)。实际到位贷款 111.36 亿元,其中内资贷款 29.55 亿元、外资贷款 9.88 亿美元(折合人民币 81.81 亿元)。除用财政拨款置换贷款 17.74 亿元外,其他贷款本金全部用发电收入偿还。

截至 2011 年底,小浪底建管局(黄河水利水电开发总公司)累计偿还小浪底工程贷款 81.66 亿元,其中内资贷款 29.55 亿元、外资贷款 6.29 亿美元(折合人民币 52.11 亿元);未偿贷款全部为外资贷款,共计 3.59 亿美元,折合人民币 29.70 亿元,全部贷款将按照贷款合同约定,于 2029 年偿还完毕。小浪底工程截至 2011 年底贷款偿还情况见表 12-7-5。

表 12-7-5　小浪底工程截至 2011 年底贷款偿还情况

贷款种类	到位资金			截至 2011 年底累计偿还贷款本金			未偿贷款本金		
	内资(亿元)	外资(亿美元/亿欧元)	合计(折合人民币亿元)	内资(亿元)	外资(亿美元/亿欧元)	合计(折合人民币亿元)	内资(亿元)	外资(亿美元/亿欧元)	合计(折合人民币亿元)
国家开发银行贷款	25.23		25.23	25.23		25.23			
中国建设银行贷款	4.32		4.32	4.32		4.32			
世界银行硬贷款(一期美元)		$4.60	38.07		$3.72	30.79		$0.88	7.28
世界银行硬贷款(二期美元)		$2.14	17.71		$1.06	8.77		$1.08	8.94

续表 12-7-5

贷款种类	到位资金			截至 2011 年底累计偿还贷款本金			未偿贷款本金		
	内资（亿元）	外资（亿美元/亿欧元）	合计（折合人民币亿元）	内资（亿元）	外资（亿美元/亿欧元）	合计（折合人民币亿元）	内资（亿元）	外资（亿美元/亿欧元）	合计（折合人民币亿元）
世界银行硬贷款（二期欧元）		€ 1.03	10.61		€ 0.55	5.67		€ 0.48	4.94
国际开发协会信贷		$ 1.12	9.27		$ 0.25	2.07		$ 0.87	7.20
出口信贷国际商业贷款等		$ 0.74	6.15		$ 0.58	4.81		$ 0.16	1.34
合计	29.55	$ 9.88	111.36	29.55	$ 6.29	81.66		$ 3.59	29.70

（二）西霞院工程贷款偿还

西霞院工程实际到位贷款 83 137 万元，全部为中国建设银行贷款。所有贷款均由发电收入偿还。截至 2011 年底，黄河水利水电开发总公司已累计偿还西霞院工程贷款本金 19 068 万元，剩余贷款本金 64 105 万元，将按照贷款合同约定于 2019 年前全部偿还完毕。

七、资产财务

小浪底工程和西霞院工程基建形成资产陆续交付，小浪底建管局（黄河水利水电开发总公司）生产经营资产和财务状况随之变化。截至 2011 年底，小浪底建管局（黄河水利水电开发总公司）生产经营资产总额约为 266.16 亿元，负债总额约为 40.32 亿元，所有者权益约为 225.83 亿元。小浪底工程 2000—2011 年资产、财务状况见表 12-7-6。

表 12-7-6　　小浪底工程 2000—2011 年资产、财务状况　　（单位：万元）

年份	资产	负债	所有者权益
2000	972 123.12	424 704.02	547 419.10
2001	1 698 762.60	756 033.31	942 729.29
2002	1 735 277.31	762 302.14	972 975.18
2003	2 414 772.59	858 290.66	1 556 481.93
2004	2 261 421.17	698 072.03	1 563 349.15
2005	2 170 401.03	611 613.08	1 558 787.96
2006	2 116 158.82	552 756.18	1 563 402.64
2007	2 195 246.73	490 041.98	1 705 204.75
2008	2 594 513.89	503 288.37	2 091 225.52
2009	2 544 904.97	448 633.17	2 096 271.80
2010	2 667 526.63	464 034.83	2 203 491.80
2011	2 661 558.16	403 225.38	2 258 332.78

八、税费缴纳

小浪底建管局(黄河水利水电开发总公司)生产经营所涉及的税种主要有电力产品销售税率为 17% 的增值税及其附加(包括税率为 5% 的城建税、税率为 3% 的教育费附加、税率为 2% 的地方教育费附加)、税率为 25% 的企业所得税、营业税、房产税、城镇土地使用税、印花税、个人所得税等税种。按照国家税务总局《关于黄河小浪底水库税收征管问题的通知》(国税函〔2000〕610 号),小浪底水库电力产品增值税及其附加在河南省和山西省按照 72.96% 和 27.04% 的比例分成缴纳,西霞院反调节水库电力产品增值税全部上缴河南省。

同时,小浪底工程还以上网电量按照 0.008 元每千瓦时和 0.005 元每千瓦时标准分别计算缴纳库区扶持基金和水资源费。

截至 2011 年底,小浪底建管局(黄河水利水电开发总公司)累计上缴各项税费 286 050.66 万元。其中,实际缴纳的增值税超过 8% 部分,共计 77 342.89 万元已于 2011 年底返还到位。小浪底工程 2000—2011 年上缴税费见表 12-7-7。

表 12-7-7　小浪底工程 2000—2011 年上缴税费　（单位：万元）

年份	增值税	税金附加	企业所得税	其他税费	合计
2000	886.82	56.45	—	—	943.27
2001	8 375.41	344.61	—	2.83	8 722.85
2002	12 394.93	495.61	—	25.33	12 915.87
2003	12 380.95	465.03	—	36.33	12 882.31
2004	23 214.95	2 391.84	—	37.40	25 644.19
2005	23 969.60	2 151.78	—	232.26	26 353.64
2006	22 005.20	1 968.72	348.30	959.58	25 281.79
2007	29 843.62	2 131.03	99.92	713.42	32 788.00
2008	27 457.48	2 196.60	292.14	600.04	30 546.26
2009	23 195.86	1 983.71	4 076.31	1 607.09	30 862.96
2010	25 400.21	2 029.53	3 940.99	5 417.15	36 787.87
2011	27 063.03	2 569.30	4 250.80	8 438.50	42 321.63
累计	236 188.06	18 784.21	13 008.47	18 069.92	286 050.66

九、达标创一流工作

小浪底建管局成立之初，水利部党组提出建设一流工程、总结一流经验、培养一流人才的建设管理目标。为贯彻水利部党组提出的要求，实现小浪底工程设施设备稳定可靠、全员劳动生产率高、社会效益显著、管理水平一流的目标，小浪底建管局依据电力工业部《水力发电厂安全文明生产双达标与创一流规定》，开展"达标创一流"工作。经过全体干部职工的共同努力，小浪底工程成为水利行业首家一流水力发电厂，西霞院工程成为水利行业首个达标投产工程。

小浪底工程和西霞院工程开展"达标创一流"工作，对标国内先进管理标准，解决枢纽运行初期存在的大量缺陷和隐患，改善现场环境，安全、文明生产水平明显提高。同时规范企业管理，提高职工综合素质，为创建一流企业打下基础。

（一）小浪底工程"双达标、创一流"

2001 年初，小浪底建管局年度工作会议上，将"双达标、创一流"作为枢纽运行管理一项重要工作进行安排部署，由水力发电厂具体负责实施，并指定经营管理处作为"双达标、创一流"直接管理、协调部门,促进"双达标、创一流"工作顺利实施。

2001年2月,水力发电厂职工大会正式提出"双达标、创一流"规划。2001年3月,水力发电厂成立达标领导小组和"双达标、创一流"办公室,并聘请一流水力发电厂有经验的专家指导达标工作。"双达标、创一流"办公室下设企业管理、设备整治、文明生产及环境综合治理、精神文明和企业文化建设等4个小组。为更好地落实"双达标、创一流"工作,水力发电厂参照《一流水力发电厂考核实施细则》,结合水利行业特点和工程实际情况,制定了"双达标、创一流"考核细则,并根据生产管理实际情况进行两次修订。在考核细则中,对"双达标、创一流"需要限期整改的项目,按月进行考核。将每个部门月奖金的30%作为考核专项奖金,根据不同工作岗位的安全风险、工作难易程度、工作压力大小等确定不同的奖金分配系数,实施差别化奖金管理。同时,各部门负责人实施风险抵押金制度,以增强责任意识,激励和引导各级人员重视"双达标、创一流"工作。

2001年3月,"双达标、创一流"办公室组织全厂对照考核标准开展拉网式排查。根据检查发现的问题,达标领导小组分3批共下达449条目标计划,按照一流电厂要求逐项对照、查漏补缺、综合治理,完善生产现场设备标识,改善地下工程通风条件,进行环境整治和漏水、漏气、漏油"三漏"治理。

为配合"双达标、创一流"工作,小浪底建管局加紧尾工施工及周边环境治理的进程。采用上堵、下排、中间疏导等方式减少厂房、中闸室等部位的渗水,使渗水问题得到有效控制;2002年11月,枢纽管理区道路硬化全部竣工,各类护坡、沟渠全部整治一新。通过集中整治,地下厂房、进水塔、孔板洞、中闸室等部位环境干净整洁,设备本色清晰、编号完整,全厂设备综合渗漏率降低到0.10‰;厂区环境美化,总绿化面积达到宜绿化面积的98%以上;修编生产、安全、行政等管理制度及岗位规范和工作标准6册267篇35万余字,修编运行规程、检修规程、调度规程等共7册51万余字。

2003年1月8—10日,中国电力企业联合会和河南省电力行业协会组成专家组,对小浪底工程创建工作进行考评,认为全面达到一流水力发电厂考核标准。2005年8月23日,中国电力企业联合会为小浪底水利枢纽"一流水力发电厂"授牌。

（二）西霞院工程"达标投产""创一流"

在西霞院工程建设初期，小浪底建管局提出建设精品工程、实现"达标投产"的工程建设目标，2008年7月，经中国电力建设企业协会认证，西霞院工程实现"达标投产"。

西霞院工程"达标投产"后，水力发电厂结合生产工作实际，提出将"一流水力发电厂"各项管理和运行工作向西霞院电站延伸。2010年4月，成立西霞院电站"创一流"组织机构，制订西霞院电站"创一流"工作规划及实施计划，明确"创一流"工作分为四个阶段进行，即准备阶段、实施阶段、整改阶段、申报验收阶段，并将任务和完成时间节点逐一分解到各个部门，各部门按照责任区域，以各项考核指标为基准，从安全管理、设备维护、人员培训、标准化制度和精神文明建设等方面入手，修订完善各项规章制度，制订标准化作业指导书，开展设备改造和环境治理工作。

2010年10月18日，中国电力企业联合会对西霞院电站"创一流水力发电厂"工作进行最终验收。专家组一致认为：西霞院工程各项考核指标均达到一流水力发电厂标准，同意西霞院反调节水库电站享受小浪底水力发电厂"一流水力发电厂"荣誉称号。

第十三章　工程保障

建设好、运行好、管理好小浪底工程,任务艰巨,责任重大,相应的各类保障工作十分重要。按照"建设一流工程、总结一流经验、培养一流人才"的目标要求,党的建设、群团工作、精神文明建设、新闻宣传、文化建设、人力资源管理、档案管理、供水供电、信息通信、后勤服务、安全保卫等各项工程保障工作,目标一致,责任明确,措施有力,并紧密结合实际有序推进和组织实施,为工程建设、运行、管理以及单位改革发展提供全方位保障。

第一节　思想政治保障

在中共水利部党组、河南省委的领导下,中共水利部小浪底水利枢纽建设管理局委员会(简称小浪底建管局党委)以中国特色社会主义理论体系为指导,针对小浪底工程建设的特点和实际需要,充分发挥政治优势和优良传统,坚持"两手抓、两手都要硬"的方针,围绕中心,服务大局,持续加强党的建设、群团工作、精神文明建设,发挥党的政治核心、领导核心和广大党员的先锋模范作用,为圆满完成工程建设、枢纽运行管理、单位改革发展等各项工作任务提供思想政治保障和精神支撑。

一、党的建设

小浪底建管局党委树立大政工理念,在工程建设管理中发挥业主的积极主导作用,在全工区建立党务联席会议制度,广泛组织开展各类创先争优活动,以党的政治核心作用强化工程建设管理的思想组织保证,把原本只有经济合同关系而无行政隶属关系的业主、监理、设计、施工等各方参建单位及人员的思想统一到一起、力量凝聚到一块、行动协调到一致,推动小浪底工程建设、管理的各项工作顺利开展。

针对单位内部建设管理,小浪底建管局党委围绕各个阶段的中心任务,按照思想、组织、作风、制度、廉政"五位一体"的工作格局,建立健全党建各项工作制度、机制,持续加强和深化党的建设,提升党建工作水平,以党的建设引领和保障各项工作的开展。

(一)组织建设

1. 小浪底建管局党委

小浪底建管局党委组织关系隶属中共河南省委,接受中共河南省委和中共水利部党组双重管理。党委成员中的副局级以上干部由水利部征求中共河南省委意见后推荐、选举或任命。

(1)临时党委。1992年2月,水利部党组决定亢崇仁任小浪底建管局临时党委书记。1992年4月,水利部党组决定小浪底建管局临时党委由亢崇仁、朱云祥、刘松深、席梅华、王咸儒5人组成,亢崇仁任党委书记,朱云祥任副书记。4月23日,水利部党组决定白玉松任小浪底建管局临时党委副书记(正局级)。1992年11月,增补李武伦为小浪底建管局临时党委委员。

1994年10月,水利部党组决定綦连安任小浪底建管局临时党委书记(兼),胡伯瑞任小浪底建管局临时党委副书记。

(2)第一届党委。1995年6月,小浪底建管局召开第一次党员大会,选举产生中共小浪底建管局第一届委员会和第一届纪律检查委员会。小浪底建管局第一届党委由綦连安、孙景林、胡伯瑞、王咸儒、李武伦、何有源、席梅华、张善臣、文锋9人组成,綦连安任书记,孙景林、胡伯瑞任副书记。

1996年5月,水利部党组决定张基尧任小浪底建管局党委书记(兼)。

1996年10月,水利部党组决定增补李其友、张光钧、李国英、曹征齐为小浪底建管局党委委员。张基尧、孙景林、胡伯瑞、李其友、王咸儒任小浪底建管局党委常委。

1997年6月,水利部党组任命陆承吉、张善臣为小浪底建管局党委副书记。

2001年2月,水利部党组决定增补殷保合、朱卫东、庄安尘、袁松龄为小浪底建管局党委委员。

2001年11月,水利部党组任命陆承吉为小浪底建管局党委书记。

(3)第二届党委。2002年12月,小浪底建管局召开第二次党员代表大会,选举产生中共水利部小浪底水利枢纽建设管理局第二届委员会和第二届纪律检查委员会。第二届党委由陆承吉、张善臣、孙景林、李其友、张光均、殷保合、庄安尘、袁松龄、曹应超 9 人组成,陆承吉任书记,张善臣任副书记。

2004 年 2 月,水利部党组决定殷保合任小浪底建管局党委书记。2004 年 6 月,增补董德中为小浪底建管局党委委员。2004 年 8 月,增补陈怡勇为小浪底建管局党委委员。2005 年 6 月,增补张利新为小浪底建管局党委委员。

2009 年 12 月,水利部党组决定张善臣任小浪底建管局党委书记,殷保合改任党委副书记。

(4)第三届党委。2010 年 4 月,小浪底建管局召开第三次党员代表大会,选举产生中共水利部小浪底水利枢纽建设管理局第三届委员会和第三届纪律检查委员会。第三届党委由张善臣、殷保合、董德中、陈怡勇、曹应超、张利新、崔学文、刘云杰 8 人组成,张善臣任书记,殷保合任副书记。

党委的日常性工作,由党委日常工作部门按照党委部署和要求统筹进行组织协调,基层党组织负责具体实施和落实。小浪底建管局临时党委成立之初,设党委办公室、组织部、宣传部,作为党委日常工作机构。此后,根据工作任务及形势变化,对党委日常工作机构及时进行调整,至 2011 年 12 月,归并设置党群工作处,职责涵盖党务、思想政治、精神文明、纪检监察、文化建设、宣传、工会、共青团等。

坚持把"一个中心、两个基本点"的党的基本路线贯彻落实到工作全过程和各个环节,贯彻好、执行好水利部党组、河南省委指示精神,正确把握政治方向,积极发挥政治核心和保障监督职能。面对小浪底工程建设、运行管理各个阶段的中心任务,小浪底建管局党委注重加强党委班子自身建设,健全和完善党委工作机制,横向到边、纵向到底。同时,党组织的各项工作和活动均围绕工程建设管理展开,但不包办、不干扰、不替代日常行政工作和事务。

随着党组织工作的逐步深化和推进,党委每年年初研究制订年度工作计划,组织召开年度工作暨纪检监察工作会议,总结上年度工作,分析形势任务;对本年度党的工作及纪检监察工作进行安排,提出具体要求,逐项分解任务,逐项督促落实。建立健全政工例会等制度机制,定期召集党、工、团组织相关负责人召开会议,研究、讨论和推进相关工作。将党的工作纳入各层次年度工作目标和绩效考核范畴,随同业务工作一同部署、一同检查、一同考核、一同落实。

2. 基层党组织建设

基层党组织的设立和组建,采取党委统一领导,党委下设党总支和直属党支部。党员人数较多、组织机构相对独立的部门(单位)设立党总支,根据需要,党总支内设党支部;其他基层党支部的划分组建,充分考虑工作的互补、配合,原则上2~4个行政业务有关联的部门(单位)划分在一起组建成一个党支部。

小浪底建管局临时党委成立之初,在全局组织成立4个基层党支部。此后,小浪底建管局党委结合全局工作以及党员干部队伍状况,及时调整完善基层党组织设置,做到行政业务工作开展到哪里,党的组织建设就延伸到哪里,确保党的基层组织全覆盖。

按照小浪底建管局党委的统一部署和要求,党的各项工作、活动的组织开展,党员的日常教育、管理和监督以及干部职工考核、学习、交流等,均以党支部为单位进行,充分发挥党支部的阵地和战斗堡垒作用,打造堡垒型党组织。截至2011年12月,全局共设有12个基层党支部,分别是机关一党支部、机关二党支部、机关三党支部、退休职工管理处党支部、驻京办事处党支部、枢纽管理区管理部门党支部、电厂党支部、综合服务中心党支部、咨询(工程)公司党支部、旅游公司党支部、置业公司党支部、投资公司党支部、龙背湾公司党支部。

支委班子成员配备及建设。党委注意选好配齐各党支部(党总支)委员会人员,党支部(党总支)书记原则上由同级正职担任,注重选配业务干部和年轻干部,利用支部工作平台,培养锻炼业务干部、年轻员工的综合素质和政治素养。与此同时,采用各种措施加强各级基层党组织班子建设,以老带新、岗位工作实际历练、组织专题党务工作培训、政工例会等以会代训、相互工作观摩交流,等等,提高班子的整体创造力、凝聚力和战斗力。

结合实际,党委建立健全党务联席会议制度、政工例会制度、民主评议党组织制度以及其他日常党建工作制度机制,出台《党支部工作目标管理责任制》《党支部工作考核办法》《党的工作规则》,强化对基层党组织工作的督促、检查与考核,充分发挥基层党组织的战斗堡垒作用。

2007年,在水利系统率先建设标准化党支部活动室(见图13-1-1),实行党旗党徽、入党誓词、组织机构、工作职责、成绩荣誉"五上墙",强化基层党组织的阵地意识和作用。

图 13-1-1　2007 年建设的标准化党支部活动室

3.组织管理

(1)组织生活。遵循《中国共产党章程》以及党的组织生活各项制度规定，严肃党的组织生活，严格党员日常教育、管理和监督。按要求做好每一位党员组织关系的接转留存工作，建立规范的党员信息管理台账。

落实党委中心组学习、"三会一课"、主题党日活动等制度，强化党员党性意识和组织意识；定期组织进行民主评议党员、党组织，对后进党员及党组织负责人，分层次进行谈话诫勉；明确责任及人员，及时收缴党费，严格党费收支和管理使用。

每年提前确定主题，研究制订具体实施方案，按程序组织召开组织生活会和民主生活会，对查摆出的问题和收集到的意见建议，逐项督促整改和落实。

定期组织开展新党员入党宣誓、庆"七一"等活动，坚定理想信念，强化党员组织意识。

截至 2011 年 12 月，全局共有党员 362 人，其中在职党员 252 人、退休党员 110 人。每一位党员全部纳入一个党的基层组织接受教育、管理和服务。

(2)组织发展。小浪底建管局党委十分重视组织发展工作，2006 年 8 月，小浪底建管局党委研究制定《关于进一步加强发展党员工作的通知》(局党发〔2006〕41 号)、《关于进一步加强组织发展工作的实施意见》，对组织发展的指导原则、程序、要求等做出详细明确的规定，规范组织发展。

2010 年 4 月，小浪底建管局党委组织制定《发展党员三年滚动计划》，加强对组织发展计划的宏观控制、督促指导以及组织协调,保证发展党员质量。在发展党员中引入票决制,审慎做好组织发展工作。

截至2011年12月,全局累计发展新党员96人。

(3)党务干部队伍建设。小浪底建管局党委根据工作需要设立党的专职工作机构,按要求配备专兼职党务干部队伍,采取以会代训、内部自我培训、党校脱产培训、专题学习培训、外出学习考察等措施,不断提高党务干部的业务素质和工作能力,打造"干净、务实、担当"的党务干部队伍。

(二)思想建设

小浪底建管局党委把党的思想建设放在党建工作的重要位置,以建设学习型党组织为主要目标,切实抓好政治理论学习、教育和培训。小浪底建管局党委坚持以社会主义核心价值观为根本,按照"围绕中心、服务大局、关注热点、抓住重点"的方针,积极做好和大力开展思想政治工作,并把它作为工程建设和管理的生命线,统一思想、提高认识、凝聚人心、鼓舞斗志。

1.党的思想建设

小浪底建管局党委中心组示范引领党的思想建设,制定学习制度,对党委中心组学习的内容、频次、方式、要求等做出明确规定。每年年初,研究确定党委中心组学习计划和重点,定期组织集中学习和研讨。学习方式上,集中学习和自学相结合,理论学习和工作实践相结合,并以党委中心组学习和思想建设为示范,引领和带动全员学习和理论武装。

(1)传达学习和宣传党的路线方针政策。组织全体党员干部学习党的基本理论、路线、方针和政策,深入领会马克思列宁主义、毛泽东思想、邓小平理论、"三个代表"重要思想、科学发展观等思想理论体系。对党的重大理论问题,邀请中央党校的专家、教授等进行系统理论学习辅导,提升政治理论学习的实际效果,并注重以政治理论学习指导实践、推进工作。及时组织党的十四大、十五大、十六大、十七大精神传达、学习和贯彻,及时组织学习中央和水利部党组、河南省委的部署、文件和精神。邀请专家、教授现场进行辅导和讲座,有针对性地组织开展各类专题学习、讨论、演讲、考试活动,促进政治理论学习真正学懂弄通、入脑入心。

(2)开展理想信念教育。小浪底建管局党委以处级以上党员领导干部为重点,组织开展党史、爱党、爱国等专题教育,强化全体党员的理想信念和党性修养。

（3）拓展思想建设的载体和平台。倡导"学习工作化、工作学习化"的学习理念。采取请进来、走出去等多种方式，集中学习和个人自学相结合，党委、党支部、党小组三级全方位带动，组织开展各类读书学习活动，并结合实际采用省部级党校脱产培训、座谈研讨、专家辅导、内部党课、系列讲坛、实地参观调研等多种方式组织开展学习、教育和培训。

（4）建立健全思想建设的制度机制保障。研究制定《小浪底建管局学习制度》等相关制度和办法，对参加学习、教育、培训的人员、内容、时间和效果提出明确要求，严格监督检查和考核，使学习、教育和培训制度化、长效化、常态化。坚持理论学习和教育培训与实际工作、与重大活动和工作部署、与提高政治理论水平、与转变工作作风、与推进科学发展相结合，在结合中促进党员干部队伍综合素质的提高，促进思想建设成果的转化，突出学习、教育和培训的计划性、针对性和系统性。

（5）以主题教育和实践活动深化思想建设。按照上级统一部署，先后开展了"讲学习、讲政治、讲正气""讲正气、树新风""保持共产党员先进性""践行科学发展观"等系列主题教育和实践活动。同时，结合小浪底工程建设管理和自身党员干部队伍实际，先后组织开展"艰苦奋斗，谱写治黄新篇章""既当主人、又当小工""社会主义核心价值体系""新解放、新跨越、新崛起""一个党员干部一面旗帜，一个党员一个榜样，一个职工一个形象""品行教育"等具有小浪底特色的主题教育和实践活动，统一思想、凝聚力量、促进工作，不断深化思想建设，促进党员干部政治意识、思想水平、素质修养得到持续锤炼和提升。

2.思想政治工作

（1）完善工作机制。党委结合实际，完善全局思想政治工作网络格局，构建起"党委领导，各级行政逐级负责，专兼职政工干部和党工团骨干为主，党政工团齐抓共管"纵向到底、横向到边的网络型思想政治工作机制，保障思想政治工作有序开展。

（2）突出重点，强化爱国主义教育。高举爱国主义旗帜，弘扬民族和时代精神，广泛深入开展以主题教育为主要方式的形势任务教育，结合各个阶段的中心任务和工作特点，突出重点，确立主题，为工程建设管理提供强大的思想引领和精神动力。

前期工程建设期间,面对艰苦的工作条件和环境,把"艰苦奋斗,为国争光"作为主旋律,筑牢创业的基石。

主体工程建设期间,倡导"报效祖国,为祖国而战"的民族精神,号召"在外国人面前我们是中国人,在中国人面前我们是小浪底人",凝聚中国建设者为国争光,推动国际工程建设。

小浪底工程建成后,面对成绩和荣誉,开展"声誉高了、荣誉多了,小浪底人怎么办"的大讨论,统一和确立"坚持人民利益第一,最大限度发挥枢纽综合效益,维护黄河健康生命"新的使命和方向,以使命统一思想,以思想指导行动,以行动形成合力。

(3)创新工作方式方法和思路。结合实际不断创新思想政治工作思路和方法。在小浪底工程建设高峰期,以工区党务联席会为牵引,创建了"中—外—中"夹心饼干式的富有小浪底特色的思想政治工作模式,"责任上分,目标上合;岗位上分,思想上合;对外部分,对内部合"。每半年一次领导和职工群众信息沟通交流,分层次组织开展谈心谈话,充分利用局长接待日、局长信箱、局长热线电话、电子意见箱等渠道,加强与职工群众的思想沟通和交流。

重视思想和成长引领。持续教育广大职工牢固树立正确的世界观、人生观、价值观,增强大局意识、责任意识、和谐意识;积极营造干事创业氛围,积极搭建干事有舞台、奉献有认可、发展有空间的人才成长平台,打牢思想政治工作的根基。

重视思想政治工作与解决实际问题相结合。虚功实做,针对企业改革、职工岗位调整、干部竞聘、机关搬迁、工资改革、住房分配等涉及职工切身利益的事项、职工关心关注的热点问题,早介入、及时做好沟通,全过程做好"一人一事"思想政治工作,并及时协调解决其中的现实问题。

重视舆情信息收集分析。建立职工舆情信息收集制度,及时征集收集各类舆情信息,切实掌握职工队伍思想状况,准确把握职工思想动态,提高思想政治工作的针对性。积极参加各类思想政治工作的交流和研讨,提高思想政治工作的科学化水平。

重视总结提高。研究制定《关于进一步加强思想政治工作的意见》,汇编出版《化雨春风》《化雨春风二》思想政治工作文集,实施企业文化战略拓展思想政治工作新平台,不断总结、探索和创新思想政治工作的途径、方式、方法和载体。

(三) 作风建设

小浪底建管局党委围绕建设务实型党组织,持续加强作风建设,改进工作作风。着力增强宗旨观念,通过领导示范和典型带动相结合,经常性教育和主题实践活动相配合等多种形式,教育和引导广大党员干部牢固树立宗旨意识,加强党性修养,不断提高为基层、为群众服务的意识和能力。

将围绕单位中心任务作为党的工作全部出发点和立足点,倡导自觉主动围绕中心、服务大局,强调"服务、结合、渗透、贯穿"党的工作理念,把党的工作与行政业务工作有机结合起来,把党的工作渗透到行政工作的方方面面和各个环节。尤其是在重大工程建设和重大活动中,做到党委有部署、党支部有动员、党员有行动,在实际中发挥和体现党组织、党员的服务、保证、先进作用。

把作风建设作为各类主题教育的重要内容,助推作风建设不断深化。按照中央《关于加强和改进党的作风建设的决定》、"两个务必"等要求,积极倡导八个方面的良好风气,组织全体党员认真对照检查,切实整改和解决作风方面存在的问题。同时,结合实际,以"一个党员领导干部一面旗帜,一个党员一个榜样,一个职工一个形象"的"三个一"及"讲正气、树新风"等,在作风上彰显党员干部的旗帜引领、党员的榜样示范和职工群众的形象体现,持续深化作风建设。

制定《关于开展党员双文明责任区竞赛活动的通知》,广泛开展党员双文明责任区竞赛活动。给每名党员制作一块印有党徽的"共产党员"标牌,放置在办公桌上,警示党员和党员干部时时严于律己,处处起表率作用,并主动接受群众监督。

定期开展优秀党员和先进工作者评选表彰,进行正向激励和引导。严格执行民主生活会、民主评议等制度,定期组织开展批评和自我批评。

建立和积极推行党委、党支部两级调研制度,以问题为导向,持续推动机关深入基层,转变作风。针对生产管理中存在的实际问题,党委班子成员每年进行深入调研,撰写专题调研报告,指导工作。结合实际,制定党委班子成员以及机关部门深入一线现场办公相关制度,促进深入一线、现场研究解决问题,提升服务意识。

以"励精图治,追求卓越"的小浪底精神为引领,大力推行"六个一流"(争创一流的工作业绩、取得一流的综合效益、建设一流的职工队伍、培育一流的企业文化、打造一流的水利水电品牌、形成一流的水利枢纽管理中心)以及精细化管理和执行力建设,逐层、逐级、逐岗组织研究制定具体的"六个一流"标准要求,做到个个有要求、人人有标准,着力打造务实的全员工作作风。

(四)制度建设

小浪底建管局党委将制度建设贯穿于党的工作和党建全过程,抓住制度建立健全、制度学习宣贯、制度执行三大环节,切实发挥制度治本和刚性约束的作用。

及时研究分析,逐步建立健全党的各项规章制度,结合实际不断修订完善,定期汇编成册。截至2011年底,党的制度已涵盖了思想建设、组织建设、作风建设、制度建设和党风廉政建设等全部内容,初步形成较为完备的党建工作制度体系。

加强制度学习和宣贯,制度汇编人手一册,组织开展各类制度学习、宣贯活动,适时进行制度专题考试,做到人人了解制度、个个熟悉制度。

强化制度执行,小浪底建管局党委班子带头认真学习制度、严格执行制度、自觉维护制度;由党委和纪检监察部门牵头,相关部门配合,有重点地对制度执行情况进行定期或不定期的检查考核,发现问题,及时督促整改。制度成为了各级党组织和广大党员干部的行为准则和硬性规范,党的各项工作不断迈上制度化、规范化、科学化的新台阶。

(五)纪检监察和党风廉政建设

开展纪检监察和党风廉政建设工作是小浪底建管局党委的一项重要工作,在小浪底工程建设和运行管理过程中,小浪底建管局党委把党风廉政建设和纪检监察工作与行政业务工作同研究、同部署、同落实、同检查、同考核,实现工程安全、干部安全、资金安全、生产安全"四个安全"。

1. 组织机构

中共水利部小浪底水利枢纽建设管理局纪律检查委员会(简称小浪底建管局纪委)产生于1995年6月。小浪底建管局纪委在小浪底建管局党委和上级纪检部门的领导下,具体负责和协调推进党风廉政建设和党的纪检工作,对全局纪检工作进行统一领导,各党总支、党支部设纪检委员,在小浪底建管局纪委的统一领导下组织开展工作。

截至2011年底,经党员大会或党员代表大会民主选举并报上级党组织批

准,小浪底建管局先后选举产生了3届纪委:

1995年6月,小浪底建管局第一次党员大会,选举产生中共小浪底建管局第一届纪律检查委员会(简称第一届纪委)。第一届纪委由胡伯瑞、胡季平、袁松龄、但懋相、崔学文、于仁春、魏小同7人组成,党委副书记胡伯瑞兼任纪委书记,胡季平任纪委副书记。1997年8月,水利部党组决定张善臣兼任小浪底建管局纪委书记。

2002年12月,小浪底建管局第二次党员代表大会,选举产生中共小浪底建管局第二届纪律检查委员会(简称第二届纪委)。第二届纪委由张善臣、赵新民、崔学文、文锋、葛书田5人组成,党委副书记张善臣兼任纪委书记,赵新民任纪委副书记。

2010年4月,小浪底建管局第三次党员代表大会,选举产生中共小浪底建管局第三届纪律检查委员会(简称第三届纪委)。第三届纪委由张善臣、赵英治、葛书田、李家山、柯明星5人组成,党委副书记张善臣兼任纪委书记,赵英治任纪委副书记。

根据工作和形势需要,1992年6月,小浪底建管局成立监察处,具体负责小浪底建管局的行政监察以及效能监察工作。1996年8月,监察处与审计处合署办公,成立监察审计处,2001年12月重新设立监察处。

2.廉政机制

严格实行党风廉政建设责任制。按照"谁主管谁负责"和"分级管理"原则,制定《党风廉政建设责任制实施细则》,每年层层组织签订《党风廉政建设责任书》,对提升政治意识、规范政治生活、遵守纪律规矩、改进工作作风、加强监督管理、认真履行责任、加强理论学习、严守工作程序、严格请示报告、加强廉洁自律等事项以及责任追究等做出详细规定和要求,明确责任清单。

每年年初,小浪底建管局党委定期组织召开纪检监察专题会议(原则上与年度党的工作会议合并召开),研究确定年度纪检监察工作计划和要点,逐级、逐项分解任务,责任到部门、单位,责任到人,建立党风廉政建设及纪检监察工作任务清单,逐项督促落实。

结合实际,小浪底建管局制定出台《关于建立健全教育、制度、监督并重的惩治和预防腐败体系实施意见》《关于贯彻落实水利部贯彻落实中央〈建立健全惩治和预防腐败体系2008—2012年工作规划实施办法〉的意见》,建立健全教育、制度、监督并重的惩治和预防腐败体系。

制定《关于贯彻执行〈国有企业领导人员廉洁从业若干规定〉的实施办法》,对各级领导干部廉洁从业做出详细、明确的规定。严格执行《中国共产党党内监督条例》《党员领导干部报告个人有关事项规定》《中国共产党党员干部廉洁从政若干准则》等党纪条规。

发挥审计免疫职能作用,引进第三方审计机构,严格落实例行审计、领导干部离任审计等制度,发现问题严肃整改和查处。

制定出台《党支部(总支)工作考核办法》《党风廉政建设责任制考核办法》《干部责任追究办法》《领导干部任前廉政鉴定办法》等制度办法,完善党风廉政建设和纪检监察工作考核清单,严格实施党风廉政建设考核,并与部门(单位)工作绩效考核、年终干部考核相结合,着力落实党风廉政建设主体责任。

3. 廉政教育

小浪底建管局党委始终把党性、党风、党纪教育作为党员干部队伍建设和党风廉政建设的根本性工作,关口前移,教育为先,在思想上筑牢党纪国法和思想道德两道防线。

加强政治理论学习,在小浪底工程建设和运行管理过程中,及时组织开展"三个代表"重要思想、科学发展观、社会主义核心价值体系以及中共中央、中纪委等重要理论和会议精神的学习,使广大党员干部的思想与党中央的决策部署保持一致;组织党员学习党章、党史,教育引导党员干部树立正确的世界观、价值观、人生观。

重视党纪教育,通过讲座、数字化办公平台、《小浪底报》、电子显示屏等多种渠道和媒介广泛开展党性、党风、党纪教育,及时组织以案说法、警言征集、读书思廉、知识竞赛、任前谈话等活动。编发廉政短信、征集廉政楹联开展廉政提醒;开展"廉政文化进家庭"活动,加强廉政文化建设。

注重正面宣传,组织党员干部向焦裕禄、孔繁森、汪洋湖、郑培民、谢会贵、崔政权等先进人物学习,向党员干部推荐好书、好文章、好影视作品,陶冶情操,培养高尚品德。

开展警示教育。通过组织观看警示光盘、到监狱现场聆听现身说法、阅读腐败分子忏悔文章、典型案例分析讨论等各种方式,开展警示教育。

4. 廉政风险防控和治理

全面开展岗位廉政风险防控,层层组织排查岗位廉政风险点,研究制订具体的防控措施,统一汇总、编印成册,适时调整完善,逐项、逐岗监督、检查和落实。

强化专项监察。2004 年 10 月,研究制定《招标及集中采购监察工作实施办法》,依照"突出重点,相对独立"原则,采用事前介入、重点环节和关键程序现场旁站监督、专项监察 3 种方式,对工程建设招标投标、机组检修、物资采购等实施全方位、全过程监督监察,重点监察项目立项、开标评标、中间变更、验收等关键环节,确保招标、集中采购工作合法、有序、规范进行。

开展专项治理。先后开展商业贿赂治理、工程建设领域突出问题治理、"小金库"治理、《中国共产党党员领导干部廉洁从政若干准则》执行情况自查自纠等活动。每个专项治理均成立工作组,提前制订工作方案并认真落实、强化问题导向、突出治理成效。

结合工程建设管理的实际,以问题为导向,以关键环节、重点领域为着力点,与地方有关部门、单位联合,研究制订具体的工作方案,在西霞院工程建设以及枢纽管理区,专项开展预防职务犯罪工作,强化源头治理和预防。

5. 信访举报处理

对发生的廉政以及违纪问题,严格按照规定予以责任追究和处理。开通举报电话,设立线上线下举报箱和意见箱,及时受理信访举报。2002—2011 年,共收到信访举报 53 件。按照"事实清楚、证据确凿、定性准确、处理恰当、手续完备"要求,每件都严格按照规定的程序和要求进行处理;对实名举报的,及时将调查核实结果反馈举报人。

6. 效能监察与绩效考核

从 2002 年开始,由监察部门牵头组织,制定出台《部门工作绩效考核办法》等具体制度、办法,并及时进行修订完善;同时,根据制定的绩效考核办法,对各部门、单位工作定期(每季度)进行效能监察和工作绩效考核,考核结果与部门、单位绩效奖金直接挂钩,奖勤罚懒,促进工作,提升效能。

根据实际,对劳动纪律、环境卫生、公共秩序管理等进行定期和不定期现场监督检查,发现问题及时督促整改和问责。

(六) 特色党建

1. 两个"五湖四海"

在小浪底主体工程建设期,小浪底建管局党委开展了两个"五湖四海"建设活动。针对来自全国各地的中方建设者要搞好团结协作,这是国内范畴的"五湖四海";与此同时,中方建设者要搞好与外国承包商的团结协作,这是国际范畴的"五湖四海"。

在第一个"五湖四海"建设上,党委综合运用思想动员、精神鼓励、宣传表彰、经济奖罚等措施推进。在中方施工单位开展劳动竞赛、文明工地和文明营地评选、青年文明号创建等活动;层层召开保截流动员大会,提出"全体中国人都是小浪底工程的主人"口号,倡导强烈的主人翁精神;通过节假日慰问、患病看望等,关心生产一线员工,强化以人为本;开展青年志愿者活动,为建设者的日常生活提供便捷的服务。

在第二个"五湖四海"建设上,严格实行合同管理的同时,与外国承包商积极开展联谊,邀请外国承包商参加中国新年招待会、发电庆典等活动;组织"小浪底工程外籍人员截流庆典"节目慰问;开展"洋劳模"评选活动,奖励有突出贡献的外籍专家,组织到三峡等地参观考察,使他们亲身感受到中国业主的真诚和对他们的尊重。

两个"五湖四海"建设活动,在全工区树立起共同体意识,中外建设者团结一致、克服困难、全力投入到小浪底工程建设中,合力将延误的工期赶回来。小浪底工程截流前,承包商打出"CGIC:Oct. 31 1997,the day! 1997 年 10 月 31 日,就是这一天!"的标语,表达了对"九七"截流整个目标的高度认同。

2. 党务联席会议

党务联席会议始于 1996 年,是小浪底建管局党委为调动小浪底主体工程全体建设者工作积极性和主动性而组织的特色党建工作机制。

党务联席会议由小浪底建管局党委组织,每月召开一次,参加会议的人员为中方各参建单位党团组织负责人。会议内容主要是:传达学习中共中央、河南省、水利部有关文件和会议精神;通报各单位政治工作情况和人员思想动态;帮助协调解决各单位工作中的矛盾和困难;通报业主和监理单位的重大工作部署;提出下个月思想政治工作意见。党政联席会议把业主、监理、设计、各参建中方施工单位紧密地凝聚在一起,为工程建设的顺利进行提供政治、思想和组织保证。

3. "三个一"主题实践活动

2008 年开始,小浪底建管局党委研究制订具体的工作方案,印发《关于深入开展"三个一"主题实践活动的通知》,在全体干部职工中组织开展"三个一"主题实践活动。同时,针对党员干部队伍的实际,分别对全体党员干部以及职工、党员、党员领导干部三个不同层次提出具体的目标要求:

对全体党员干部的总体要求是:思想上,要与中共中央、水利部党组、小浪底建管局党委要求保持一致;工作上,要立足本职、积极主动;行动上,要遵规守纪、团结和谐;作风上,要求真务实、表里如一;学习上,要养成读书、看报、上网学习习惯,不断补充新知识。

对职工、党员、党员领导干部三个不同层次的要求是:

对职工提出:"一个职工一个形象"。具体要求是:时刻牢记自己是小浪底建管局职工;完成岗位要求和领导交办的工作任务;言行举止文明,注重个人衣着和办公室环境整洁,尊老爱幼、邻里和睦。

对党员提出:"一个党员一个榜样"。具体要求是:时刻铭记自己是一名共产党员;工作上高标准严要求;事事处处起带头作用。

对党员领导干部提出:"一个党员领导干部一面旗帜"。具体要求是:出好主意、用好干部、协调好方方面面关系;思想上是职工的主心骨,工作上是行家里手,作风上是大家楷模;两个文明一起抓,做出领导和职工满意的业绩,带出高效团结和谐的队伍。

"三个一"主题实践活动分学习动员、问题查找、整改提高、长效机制建设4个步骤,按照先易后难、逐步推进的原则开展。经过4年的持续开展,广大干部职工的思想、作风、意识明显提高,促进了各项工作质量与效率的提升。

二、群团工作

小浪底建管局党委按照中央群团工作方针,结合实际建立健全工会和共青团组织,指导和支持工会、共青团独立开展工作,突出工、团各自职能优势,发挥桥梁纽带和后备军作用。

(一)工会

1.组织机构

1996年11月,小浪底建管局工会委员会成立,直属河南省总工会。工会结合全局组织机构设置及分布情况,按照与党支部(党总支)相对应的模式,下设4个分工会,具体负责各项工会活动的组织开展;分工会主席原则上由同级副职担任。

1996 年到 2011 年底,经工会会员代表大会民主选举并报上级工会组织批准,先后选举产生 3 届工会委员会。历届工会委员会组成见表 13-1-1。

表 13-1-1　历届工会委员会组成

时间(年-月)	届次	主席	副主席	委员(按姓氏笔画排列)
1996-11	第一次工会代表大会	方全亮(副主席)1998 年 1 月任主席	周砚(兼)	方全亮、朱宝琴、杨汉杰、肖大强、陈玲、周砚、姚志林、袁淑玉、蔡杏圃
2003-07	第二次工会代表大会	赵新民	宋建平周砚	朱卫东、肖明、宋建平、周砚、赵新民、高爱民、郭忠民
2007-12	第三次工会代表大会	崔学文	常献立	巴秋莲、朱卫东、肖明、高爱民、常献立、崔学文、梁宏

2. 主要工作

按照充分发挥桥梁纽带作用的职能要求,不断完善工会工作机制,建立健全《小浪底建管局"全民所有制工业企业职工代表大会条例"实施细则》等民主管理和监督相关制度办法,完善职工代表大会、职工提案、联席会议等制度机制。1998 年 1 月开始建立职工代表大会制度,每年定期组织召开年度职工代表大会,审议单位年度工作报告及其他重大事项,民主决策,民主监督;会前层层组织收集职工提案,经代表大会审议后,逐项分解落实。职工代表大会闭会期间,适时组织召开职工代表大会联席会议,审议通过医疗保险、人事管理、绩效考核等涉及职工群众切身利益的相关事项和制度,保障职工群众的民主权利。

拓展职工群众知情权、参与权、监督权。定期组织工作通报,定期或不定期进行舆情信息调研收集和征求意见,设立局长接待日,开通局长热线、局长信箱,组织好每半年一次的领导与职工群众信息沟通交流会,促进政务企务公开。针对分房、全员岗位竞聘等涉及职工群众切身利益的问题和事项,事先广泛征求职工群众的意见和建议,必要时,工会组织职工群众代表全程参与和监督。督促单位依法完善劳动合同制,依法与各种用工类型的劳动者签订劳动合同,合同签订率和履约率均为 100%。

组织群众,凝聚群众,定期或不定期组织开展先进工作者、先进集体、模范职工之家、岗位能手、劳动模范等各类创先争优评选表彰活动,树先进、立榜样,激励引导广大职工群众立足岗位建功立业,发挥好工会的组织凝聚职能。

深化职工之家建设。2005年4月,研究制定《小浪底建管局职工年休假实施办法》等制度办法,保障职工休假、疗养权益。广泛组织开展一线慰问、子女夏令营、"健康快车"等活动,对生活确实有困难的职工群众及时给予适当的救济和帮扶,针对特殊情况及时组织开展"爱心捐助"。每年组织在职和退休职工进行综合性身体健康检查,关心关爱职工群众。

开展丰富多彩的文化娱乐体育活动,丰富职工群众业余文化生活。组建乒乓球、书法、摄影、文学创作等多个文体兴趣小组;以分工会为主体,文体兴趣小组为补充,每年组织开展篮球、乒乓球、羽毛球、足球比赛和趣味类、棋牌类等体育活动;同时,针对女职工特点,组织好"三八"妇女节庆祝等特色活动。结合工程建设管理单位的实际,在工地组织开展职工文艺汇演、庆元宵节等文艺活动。从2009年起,每两年举办一届职工运动会。积极承办和参加上级工会组织以及水利文协、体协举办的各类竞技比赛和活动。职工活动中心见图13-1-2。

推动在枢纽管理区、郑州生产调度中心和洛阳生活基地完善文化体育场所、设施、设备建设,为职工群众开展文化体育活动提供良好保障。先后建设职工活动室、多功能厅等场馆设施,以及篮球、足球、乒乓球、羽毛球、网球、游泳、健身等场地设施。2010年,在枢纽管理区建设了包括室内游泳馆、乒羽馆、健身区、瑜伽室、体操室等场馆的现代化职工活动中心。

图13-1-2　职工活动中心

(二)共青团

在小浪底建管局党委和共青团河南省委的双重领导下,局团委紧紧围绕小浪底工程建设运行管理、单位改革发展和促进青年成长成才,努力打造基层先锋共青团,充分发挥党的助手和后备军作用。

1. 组织机构

1996 年 1 月,中国共产主义青年团水利部小浪底水利枢纽建设管理委员会成立,直属共青团河南省委领导。按照与党支部对应的原则,下设各团支部(团总支)。

1996 年至 2011 年底,经团员大会民主选举并报上级团组织和党组织批准,先后选举产生两届团委。历届团委组成见表 13-1-2。

表 13-1-2　历届团委组成

时间(年-月)	届次	书记	副书记	委员(按姓氏笔画排列)
1996-02	第一次团员大会	—	杨涛	王克利、田育寅、刘小宁、刘湘君、祁志峰、杨涛、张海军
2006-08	第二次团员大会	柯明星	刘强中张红建	刘强中、李锐、李向涛、杨静、张红建、陈洲、陈磊、柯明星、袁芳

2002 年 4 月,宋建平任局团委书记(兼)。

2008 年 11 月,刘红宝任局团委书记(兼)。

2. 主要工作

按照党有号召、团有行动的总要求,组织团员青年开展多种形式的政治理论学习,强化理论武装。学习中共十五大、十六大、十七大精神等,举办"理论学习心得交流""小浪底工作体会交流""牢固树立社会主义荣辱观专题教育""成长之路"系列讲座,开展"做企业主人,我为企业发展出主意""局情水情教育"主题活动,以及"爱祖国、爱水利、爱中原、爱小浪底"赴南水北调等工程建设一线考察学习活动。工作中学和教、专题辅导、座谈交流、参观考察等多种方式结合,拓展思想教育载体,提升青年思想政治素质。

开展"尊长爱幼 文明乘车""讲文明、树新风、告别不文明行为""文明电话用语"等活动,组织"牢记两个务必 改进团的作风""永远跟党走""学党史、知党情、跟党走""节约从我做起"主题教育,打造作风过硬的团员青年队伍。

全方位、多角度搭建平台,创新载体,服务青年成长。1998 年至 1999 年连续两次评选表彰"十佳青年"。举办"网络知识学习"讲座,组建"青年发展论坛"。举办即兴写作、演讲比赛,组织青年汇编出版《我眼中的小浪底》。开展知识竞赛和创新创效活动,评选表彰优秀青年科技论文。

组织开展青年文明号创建。1995 年 12 月,在小浪底工程建设中开展"青年文明号"创建活动,组建 6 支青年突击队。1997 年 3 月,受到团中央的授牌表彰。小浪底爱国主义展示厅班组在 2009 年和 2011 年两次获得全国"青年文明号"称号。

持续开展"青年林"建设,并将其作为团员青年保护"母亲河"行动的活动、教育新阵地。2009 年,完成一期"青年林"的种植工作,之后植树规模逐年扩大。

广泛开展青年志愿者服务活动。组织义务理发、修理、写春联、医疗等活动,设立"爱心基金",为贫困山区孩子购买学习文体用品;2008 年 5 月,团员青年踊跃缴纳"特殊团费",支援汶川抗震救灾;组建志愿者服务队,在小浪底水利枢纽管理区,为重大会议、活动提供服务,为重大节假日的游客提供服务。

三、精神文明建设

小浪底建管局党委重视精神文明建设,始终坚持"两手抓,两手都要硬"的工作方针,高标准、严要求,着力提升广大干部职工文明素质和文明程度,切实弘扬"献身、负责、求实"的水利行业精神,文明创建工作持续巩固、深入、提高和创新,取得了良好成效。1997 年 1 月,小浪底建管局被评为"郑州市文明单位";1998 年 1 月被评为"河南省文明单位";1999 年 9 月获"全国创建文明行业先进单位"称号;2005 年 10 月获首届"全国文明单位"称号;2009 年 1 月第二次获"全国文明单位"称号;2011 年 12 月第三次获"全国文明单位"称号。

(一)组织领导

1996 年,小浪底建管局党委成立精神文明建设领导小组,正式开展文明创建工作,制订创建目标,明确创建内容,细化创建措施。先后制定印发《创建文明单位工作规划》《加强小浪底建管局社会主义精神文明建设实施方案》等。同时,将文明单位创建工作列入不同时期的《五年发展总体规划》和《企业文化建设规划》，加强组织领导，深入思想教育，推进学习文化，加强民主管理，严格遵纪守法，优美环境卫生，注重业务领先和工作实绩，按照地(市)级文明单位创建、省级文明单位创建、全国文明单位创建"三个步骤"，一步一个台阶，稳步推进。

小浪底建管局党委将精神文明建设放在突出位置进行认真研究、部署和推进，强化领导，严格要求。党委班子发挥表率作用，保持团结、清廉、高效、务实的作风，注重加强自身建设，分工协作，身体力行带头引领和推进文明创建工作。

建立健全文明创建工作机制，构建党委统一领导，精神文明创建领导小组负责，党政工团齐抓共管，职工广泛参与的创建工作机制和格局。

自1996年开始，陆续制订和印发具体的创建工作规划和实施方案，建立健全相应的规章制度和办法，将文明创建工作与其他工作同布置、同落实、同检查、同考核，考核中认真落实各项奖惩制度，有针对性地加大惩处力度，并严格实行文明创建工作"一票否决"。

(二)思想教育

小浪底建管局党委把加强思想教育作为文明创建的基础性工作抓紧抓好，突出重点，选好载体，不断引领和保持良好的精神风貌和道德风尚，持续提升广大干部职工的文明素养和单位的文明程度。

始终强化小浪底无小事意识，及时根据形势的发展变化和干部队伍实际，先后组织开展"认清形势、统一思想、改进作风、促进发展""品行管理""艰苦奋斗""做最有用的好员工""三个一"等各类主题教育。

落实好《公民道德建设实施纲要》，突出抓好"文明环境、文明办公、文明行为、文明家庭"以及"文明工地、文明营地、文明处室、文明职工"工作。认真开展各类创先争优活动，广泛组织开展先进工作者、先进集体以及文明工区、文明家庭、青年文明号等评比。

以人为本，关心职工的工作、生活和身心健康，定期收集舆情和意见建议，及时协调解决职工群众的实际困难和问题，逐年提高职工收入，持续改善职工工作、生活住宿条件。

注重加强人文关怀和心理疏导，分层次开展谈心谈话，加强信息沟通交流，定期情况通报。

加强民主管理,建立健全职工代表大会制度。涉及单位长远发展以及职工群众切身利益的重大问题,全部交由职工审议、评议。严格落实民主集中制原则和"三重一大"民主决策制度。

(三)学习培训

以党委中心组学习为示范,制定出台各层次学习制度和规定,积极创建学习型组织,学习氛围浓厚。

认真组织开展政治理论学习,建立党内定期学习制度,及时选编印发政治理论学习资料。邀请中央党校专家,对中国共产党党史、党的历次代表大会精神以及"三个代表"重要思想、科学发展观等重大理论学习进行专题辅导。以党支部为单位,建立标准化学习阵地和场所。

开办小浪底讲坛,邀请各行各业权威专家、学者,围绕历史、哲学、人生、健康等专题,定期举办学习辅导讲座。

开展"三地三批三层次""全员全系列全覆盖"培训,针对改革、发展、管理中的问题,分批次组织局、处、科三级干部分别赴井冈山干部学院、浦东干部学院、延安干部学院、武汉大学、浙江大学等地轮训;有针对性地组织各层次专业人员开展外部调查学习活动,走出去学习交流。

制定实施"人才强局"战略,开展知识能力体系建设。结合工程建设管理的需要,组织开办合同管理、英语、施工技术、企业文化、监理工程师、项目管理、企业管理、MBA 研究生班等各类培训班,广泛开展科学文化知识和业务技能培训。

制订读书学习计划,组织开展读书学习活动,定期推荐必读、选读书目,如《把信送给加西亚》《中国共产党党史》《科学社会主义 500 年》等,开展读书心得体会交流。

注重青年职工的学习教育,广泛组织开展各类主题演讲、辩论赛、知识竞赛、青年职工论坛等活动,引导年轻职工学习理论、明确方向、提高素质。

(四)文化宣传

在精神文明创建过程中,党委注重文化的引领作用,根据实际,逐步塑造和丰富企业精神内涵。2004 年,在深入分析、全面梳理、科学总结的基础上,系统制定了第一轮五年文化建设规划,形成包括理念、行为和视觉识别等为主要内容的文化体系,大力弘扬"励精图治、追求卓越"的企业精神和"锐意进取、严谨求实、雷厉风行、迅捷高效"的企业作风。2011年,结合中共中央、水利部及自身改革发展形势,在继承和融合第一轮文化建设实践经验的基础上,研究制定第二轮五年文化建设规划。

加大对先进集体、优秀人物、典型事迹的选塑、宣传,以身边的人和事教育引导身边的人,激励职工发扬精神,弘扬正气。

拓展文化建设体系,将安全文化、廉政文化、制度文化融入单位母文化建设体系,丰富文化内涵,以文化的引领和感召推动精神文明建设上台阶。

(五)遵纪守法

经常开展法制教育、普法宣传、法律知识竞赛等活动。坚持对各级领导干部进行正反两个方面的教育,明确法规、纪律"底线"。结合实际开展预防职务犯罪工作,深入推进党风廉政建设,实现工程、干部、资金、生产四个安全。

截至2011年,小浪底建管局无严重违法违纪案件及刑事案件,无重大安全质量责任事故。

(六)文体卫生

建立职工每年体检、带薪休假和工间操等制度,落实计划生育以及女职工生理、生育政策,不断深化职工劳动保障权益和健康检查、疗养待遇。

按照"为职工所建、为职工所用、使职工受益"的原则,先后在枢纽管理区、郑州生产调度中心和洛阳生活基地建设了职工活动室、多功能厅等场馆设施。2010年,在枢纽管理区建设了包括室内游泳馆、乒羽馆、健身区、瑜伽室、体操室等场馆的现代化职工活动中心。

广泛组织开展群众性文体卫生活动,做到年年有计划、月月有活动;定期组织春节文艺汇演、元宵节游艺晚会,不定期开展歌咏比赛等职工文艺活动;每两年组织一次全员职工运动会,成立各类文体兴趣小组,制定相应管理办法,完善相关工作机制,推动群众性文化体育活动广泛开展;积极参加省、部组织的各类文体竞赛、活动,大力培养和倡导健康向上的生活方式和情趣。

关心关怀退休人员,成立专门机构,配备专职工作服务人员,落实好相关政策要求,积极推行文化养老,结合特点组织开展丰富多彩的老年文化、体育、疗养、考察活动,使职工老有所依、老有所乐。

(七)生态环境

在国内大型水利工程建设中首次引进环境监理制度,对施工区的大气、水质、噪声进行全程监测;通过植树造林、植草绿化,把生态植被恢复、美化绿化工程与工程建设同步实施。

大力度、全方位实施枢纽管理区生态提升工程,制定专题规划,有计划地逐步实施。小浪底工区绿树成荫,环境优美,舒适和谐。小浪底工程被国家环保总局评为首批国家环境保护百佳工程,被水利部命名为国家水利风景区和开发建设项目水土保持示范工程。

高标准绿化、美化郑州紫荆山路66号家属院和洛阳生活小区,这两个家属院分别被郑州市、洛阳市评为园林式小区。

(八)治安管理

以公安为主体,武警、安保配合,联防联动,建立严密的治安防范体系。设置专门职能部门,充分利用社会资源,强化治安管理职能主导作用。

加强对暂住、流动人口管控管理,强化公共场所治安整顿,严厉打击扰乱生产、施工、管理的违法、犯罪活动,保持枢纽管理区治安环境良好。

(九)公益效益

小浪底建管局党委始终将小浪底工程定位于造福华夏的"民生水利工程",坚持公益优先的原则,严格做到水资源统一调度、电调服从水调,充分发挥枢纽巨大的社会效益和生态效益。保障黄河安澜,实现黄河不断流,基本解除黄河下游凌汛威胁,保障黄河中下游地区工农业供水灌溉,多次跨流域向白洋淀、天津、青岛等地远程供水。

通过不同形式,积极履行社会责任。自2002年4月起,小浪底建管局根据河南省委、省政府统一安排,先后派出"栾川县三个代表驻村工作队""济源市驻村帮扶工作队""济源市驻村第一书记"等,通过引入资金开展基础设施建设、增强基层组织建设等措施,切实突破制约群众发展致富的瓶颈,引导村民致富增收,高质量地完成各项驻村扶贫任务。

选派人员、投入资金,全力支持西藏、贵州、四川等地水利建设。

结合实际,采用多种方式,年年帮扶枢纽管理区周边乡(镇)、村的经济社会发展和脱贫工作。

（十）军民共建

1992年，小浪底建管局与驻孟津某部高炮团、舟桥团签订军民共建协议。小浪底工程建设人员与人民解放军相互学习，互相帮助，结下了深厚的友情。在小浪底工程建设的各个阶段，对防汛、抢险、工程保障等工作，当地驻军都给予大力支持；小浪底建管局也积极开展拥军拥属活动，定期走访慰问，大力支持部队建设。献身、负责、求实的水利行业精神与人民军队的光荣传统、优良作风融为一体、相得益彰。

第二节　新闻宣传

小浪底工程是中国改革开放期间第一个全方位、大跨度与国际工程管理惯例接轨的大型水利枢纽，综合效益显著，工程开发建设的社会影响度、知名度、敏感度很大，国内外宣传机构、媒体及其他有关各方人员关注度很高，这是小浪底宣传工作开展的现实需要，也是小浪底宣传工作开展的有利条件。

一、主流媒体宣传

小浪底工程建设期间，中宣部、新华社、中央电视台、人民日报社等十分关注小浪底工程建设，十分重视对小浪底工程的宣传报道，并结合推进工程建设的实际需要，指导、组织、策划一系列大型宣传报道活动，并在小浪底工程建设的开工、截流、竣工验收等重要节点或关键时期，都在第一时间予以宣传报道。中央电视台在小浪底工程截流时，开创性组织大河截流现场直播；中国水利报社作为水利行业自身的主要宣传机构，在小浪底工程现场设立记者站，并多次组织记者深入工程建设一线开展系列宣传报道活动，在小浪底工程的宣传报道中发挥了不可替代的作用。主流媒体的积极参与，推动了小浪底宣传工作有序开展，形成独具特色的小浪底宣传工作格局，为小浪底工程建设创造了良好的环境和氛围。

1996年下半年，为配合导流洞抢工战役，为工程建设营造有利的舆论环境，中宣部、水利部组织人民日报社、新华社、解放军报社、经济日报社、光明日报社、中央电视台、中央人民广播电台等中央各大媒体记者到小浪底工程建设管理一线,采访、发表、播发了大量小浪底工程建设管理的宣传稿件,全方位、多角度地追踪宣传工程进展,生动完整地宣传报道小浪底工程建设管理情况。

1997年10月小浪底工程截流,在各方的高度重视和配合下,水利部统筹协调组织,来自中央各大主流媒体以及河南、山东、上海、天津等地方新闻媒体共160余名记者齐聚小浪底,对小浪底工程展开大规模的宣传报道。中央电视台派出100多名编辑记者,对截流进行现场直播,并在直播结束后汇集出版《记者眼中的小浪底》一书。中央电视台"科技博览"栏目在大河截流后以小浪底工程的设计、施工技术为主要内容制作了16期专题节目,在黄金时段播出。

2009年4月,小浪底水利枢纽进行竣工验收,人民日报社、新华社、光明日报社、经济日报社、中央人民广播电台、央视一套、央视四套、中国日报社、中国经济导报社、中国水利报社、水利部网站等21家媒体30余名记者同步报道小浪底工程竣工验收活动。其中,中央电视台在4月7日的《新闻联播》中,及时报道了黄河小浪底水利枢纽通过竣工验收的消息;人民日报社在2009年4月8日一版头条位置刊发长篇通讯《安澜黄河铺展青春画卷——写在黄河小浪底水利枢纽工程竣工验收之际》,报道黄河小浪底水利枢纽工程通过竣工验收;中国水利报社用3个整版刊登《小浪底:无可替代的世纪精品》,庆祝小浪底工程顺利通过竣工验收。

二、内部宣传

小浪底建管局党委始终重视宣传工作,坚持正确的工作原则和方向,建立和完善相关工作制度机制,完善宣传工作载体和平台,设置专门宣传工作机构,加强专兼职宣传队伍建设,结合各个时期的工作需要,开展丰富多彩的宣传活动,把握正确的舆论导向,坚持正面宣传为主,为小浪底工程建设、运营、管理以及单位的改革发展保驾护航。

(一)宣传机制

一是坚持正确的宣传工作原则。小浪底建管局党委始终坚持以邓小平理论和"三个代表"重要思想为指导,贯彻落实科学发展观,围绕中心任务和形势的发展变化,围绕小浪底工程建设的实际需要,坚持"三贴近"原则,坚持正确的舆论导向和正面宣传为主的工作原则,突出重点、创新方式方法,充分利用宣传统一思想、营造氛围、鼓舞士气、凝聚力量,唱响主旋律,努力为各项工作目标任务的顺利完成提供强大的思想保证、精神动力、舆论支撑,取得良好的效果。

二是完善宣传工作机制。建立健全"党委统一领导、宣传部门归口管理、各部门(单位)通讯员分工协作、逐级负责"的宣传工作机制,党委主要领导部署要求,分管领导具体负责和组织协调,统筹推进和组织实施宣传工作。组织召开宣传工作会议,总结工作、明确目标、确定重点、提出要求,研究制订具体的宣传工作计划、要点和方案,提升宣传工作效果。

三是充分利用外部宣传力量和资源。针对大型宣传活动,小浪底建管局党委均提前研究部署,策划好主题和方案,主动邀请各方宣传媒体及人员开展宣传报道;对外部宣传机构、媒体、人员关于小浪底工程组织开展的各类宣传报道活动,主动、细致、热情做好相关配合、服务和沟通工作,充分利用好、发挥好外部宣传力量和资源,把握好小浪底工程相关宣传报道的主导权、话语权。

四是突出重点宣传。紧紧围绕工程建设的中心任务和形势的发展变化,在工程开工、大河截流、水库蓄水、机组发电以及竣工验收等重大节点,提前研究确定宣传重点,研究策划具体的实施方案,充分利用好内外两个资源,全力策划、组织和实施好重大宣传活动。与此同时,不断创新方式方法,及时做好政治理论宣传、方针政策宣传、形势任务宣传、重要事项宣传、先进典型宣传等的宣传报道工作,以重点带动一般,突出宣传效果。

(二)宣传机构

小浪底建管局党委成立专门机构归口管理宣传工作,建立专兼职两个宣传队伍,为宣传工作的顺利开展提供组织保证。成立宣传处,与党委宣传部实行"两块牌子,一套人马"合署办公。

1992年10月,成立党委宣传部。1996年8月,党委宣传部更名为宣传处。1996年8月,成立小浪底工程报社。1996年11月,成立小浪底电视台。1997年4月,成立中国水利报社驻小浪底记者站。2002年1月,撤销宣传处,新闻宣传职能划归党委工作处。

（三）宣传载体

1.《小浪底工程报》

1996 年 10 月 11 日,《小浪底工程报》(见图 13-2-1)第 1 期出版。水利部部长钮茂生发来贺信:欣闻《小浪底工程报》创刊,特此表示热烈祝贺！希望你们坚持正确的舆论导向,努力做好"讲政治"和"水利第一"两篇文章,坚持两个文明一起抓,为把小浪底建成新时期爱国主义教育场所和培养现代水利人才的基地,做出自己应有的贡献。中共河南省委书记李长春为试刊第一期题词:黄河兴伟业 浪底展宏图。

图 13-2-1　《小浪底工程报》

《小浪底工程报》(内资(豫直)121 号),四开四版,每月 3 期,每期印数3 000 份。《小浪底工程报》宣传党和国家的方针政策以及水利法规,反映小浪底建管局的工作部署、工程进展、建设成果、管理经验、先进技术、先进人物事迹,为小浪底国际招标工程建设服务。报纸向小浪底建管局全体职工和工区各中方参建单位免费发放,赠寄水利部、河南省有关领导和小浪底工程技术委员会专家、中央和地方新闻机构的记者等单位和人员。

1999 年,随着小浪底工程建设高峰期的结束,《小浪底工程报》改为半月刊,每月 2 期,刊号改为"内资(豫直)133 号"。2001 年,改为每月 1 期。2002

年 10 月,《小浪底工程报》改名为《小浪底工程》,2005 年又改名为《小浪底》,截至 2011 年 12 月,累计出版 255 期。

2. 小浪底电视台

小浪底电视台于 1996 年 11 月成立。随着工程建设的发展和播出需要,小浪底电视台网络覆盖整个小浪底工区,播出直径 20 千米,覆盖 3.5 万人左右。1996 年 12 月 16 日开播《小浪底新闻》,每周播出 2 次。2002 年 3 月,《小浪底新闻》随小浪底主体工程的完工而停播。2004 年小浪底电视台撤销。

3. 小浪底数字化办公平台新闻栏目

2003 年 11 月,第一条内部新闻在小浪底建管局数字化办公平台"新闻"栏目刊发。随后,"新闻"栏目在每个工作日滚动播发内部新闻,成为单位内部传播速度最快的新型宣传媒介。2004 年 4 月,小浪底建管局数字化办公系统更新,增设"媒体报道"栏目,将小浪底建管局在《人民日报》、《新华社每日电讯》、《中国水利报》、中国水利部网站等其他传媒发布的消息进行转发。截至 2011 年 12 月,小浪底建管局数字化办公平台累计播发新闻近 1 万条,成为各部门、单位开展舆论宣传、交流工作情况、传播相关信息的重要载体和平台。

4. 小浪底对外门户网站

小浪底对外门户网站于 2003 年 11 月开设,网址为 www.xiaolangdi.com.cn。门户网站设"新闻中心""小浪底水利枢纽""小浪底旅游""企业文化"等栏目。2009 年小浪底对外门户网站进行改版升级,增设"留言板""多元发展""水利要闻""图片中心"和"视频中心"等栏目。小浪底对外门户网站是小浪底对外宣传,同时也是外部了解小浪底的重要窗口和阵地。

三、重大宣传活动及宣传作品

(一)重大宣传活动

为了让关心和支持小浪底工程建设的观众和读者及时了解工程建设动态,小浪底建管局分别在工程建设重大节点,邀请国内外主流媒体开展全方位宣传报道。小浪底建管局 1996—2009 年重大宣传活动见表 13-2-1。

表 13-2-1　小浪底建管局 1996—2009 年重大宣传活动

序号	时间（年-月）	事件	参加新闻单位及活动内容	备注
1	1996-10	导流洞赶工	人民日报社、新华社、光明日报社、经济日报社、中央电视台、中央人民广播电台、中国水利报社等中央各大媒体 36 名记者赴小浪底采访	
2	1997-04	准备截流	美国时代周刊社、美联社、路透社、金融时报社、法国法新社、费加罗时报社、荷兰电讯报社、泰国亚洲时报社、日本读卖新闻社等世界权威新闻机构的 12 名驻京记者赴小浪底采访	共发表 40 余篇报道
3	1997-06		中央 21 家新闻单位 24 名记者赴小浪底采访	
4	1997-07	世界银行贷款	凤凰台杨澜一行 3 人就小浪底工程世界银行贷款相关事宜赴小浪底进行现场专题采访	
5	1997-10	工程截流	中外各大新闻媒体共 160 余名记者，采写大量工程截流的稿件。中央电视台派出 100 多名编辑记者，对截流进行现场直播，收视率达 14%，观众人数达 1.6 亿	
6	2001-01	首台机组发电	中国水利报社记者赴小浪底采访	
7	2002-12	竣工初步验收	中国水利报社记者赴小浪底采访	
8	2008-12	竣工预验收	《中国水利报》用 8 个专版刊登小浪底水利工程相关内容	
9	2009-04	竣工验收	人民日报社、新华社、光明日报社、经济日报社、中央人民广播电台、中央电视台（央视一套和央视四套）、中国日报社、中国经济导报社、中国水利报社、水利部网站等 21 家媒体 30 余名记者报道竣工验收	中央电视台在 4 月 7 日当天的《新闻联播》中报道

（二）重要展览

为了向外界及同行展示小浪底工程建设成果，小浪底建管局适时参加或主办了大型科技成就展览。小浪底建管局 1995—2011 年重要展览见表 13-2-2。

表 13-2-2　小浪底建管局 1995—2011 年重要展览

序号	时间（年-月）	展览地点	展览名称
1	1995-10	北京	全国"八五"建设成果展
2	1997-11		改革开放 20 年以来利用外资成果展
3	2000-09		第 27 届世界大坝会展
4	2005-10	上海	国家重点工程建设成果展
5	2005-09	小浪底工区	小浪底建管局第一届科技会议《科技高筑小浪底》成果展
6	2008-07		小浪底建管局第二届科技会议《科技高筑小浪底》成果展
7	2008-10	北京	改革开放 30 周年成果展
8	2011-05	小浪底工区	小浪底建管局第三届科技会议《科技高筑小浪底》成果展

（三）主要宣传作品

在小浪底工程建设和管理期间，国内主流媒体及时跟踪报道工程建设和管理成果，其中不乏较有影响力的精品，主要作品见表 13-2-3。

表 13-2-3　主要作品

序号	发表媒体	题目	发表时间（年-月-日）
1	《经济日报》	黄河梦——小浪底水利枢纽工程纪实	1991-12-03
2	《人民日报》	治理黄河史上的空前壮举	1993-06-17
3	《中国水利报》	小浪底——下个世纪的精品	1993-10-16
4	《经济日报》	黄河应无恙——记建设中的小浪底水利枢纽工程	1994-04-18
5	新华社	治黄再写壮丽篇——写在小浪底前期工程竣工之际	1994-07-03
6	《经济日报》	"小浪底"面临着挑战	1995-12-19

续表 13-2-3

序号	发表媒体	题目	发表时间（年-月-日）
7	《人民日报》	治理黄河的壮举——小浪底水利枢纽工程建设侧记	1996-02-02
8	《香港文汇报》	治理黄河的宏伟工程——小浪底水利工程视察	1996-05-11
9	《中国水利报》	历史选择了小浪底	1996-05-14
10	《河南日报》	为了造福千秋的伟业	1996-05-20
11	新华社《瞭望新闻周刊》	小浪底国际管理模式日趋成熟	1996-05-22
12	《工人日报》	真情慰问小浪底	1996-05-28
13	《人民日报》	挑战小浪底	1996-09-04
14	《中国妇女报》	中国有个小浪底	1996-11-01
15	《解放军报》	奇迹，在黄河之孕育	1996-11-12
16	《经济日报》	小浪底之民族魂	1996-11-15
17	《光明日报》	小浪底之歌	1996-11-17
18	《解放日报》	根治黄河的重要一着——建设中的小浪底工程	
19	《农民日报》	一曲自强不息的颂歌——小浪底工程素描	1996-12-28
20	《光明日报》	小浪底治黄战略性工程图解	1997-03-22
21	《人民日报》	小浪底,中国人的骄傲	1997-08-06
22		为了自己的工程——记小浪底工程中的中国建设者们	1997-08-13
23	《中国水利报》	接轨与撞击——"小浪底现象"	1997-09-06 1997-09-09 1997-09-12
24		小浪底——一面爱国主义的旗帜	1997-10-01
25	中央电视台《新闻联播》	治黄壮举——小浪底工程系列报道	1997-10-02 1997-10-03
26		效益巨大　举世瞩目	1997-10-02
27	中央电视台《新闻联播》	参与国际竞争前的"热身"	1997-10-03
28	《中国日报》	小浪底大河截流(一至二)	1997-10-27
29	《中国新闻》	中国治黄史上的辉煌篇章——写在小浪底工程截流之际	1997-10-28

续表 13-2-3

序号	发表媒体	题目	发表时间（年-月-日）
30	《河南日报》	为了母亲河的微笑——小浪底建设者风采录	1997-10-28
31	《解放军报》	今日缚苍龙——黄河小浪底工程截流目击记	1997-10-29
32	《人民日报》	筑起的,不仅仅是一座大坝——写在小浪底工程截流之际	1997-10-29
33	《经济日报》	我们为什么要建黄河小浪底水利枢纽——写在小浪底工程截流	1997-10-30
34	《新华每日电讯》	小浪底:中国水利走向世界的新起点	1997-11-01
35		人类治水的双子星座	1997-11-09
36	中央电视台《新闻联播》	黄河小浪底水利枢纽工程大坝基坑开挖提前结束	1997-11-28
37	《人民日报》	小浪底:迎接汛期之战——写在黄河截流150天之际	1998-04-05
38	《中国水利报》	小浪底——实践"三个代表"的生动体现	2001-09-08
39	《瞭望新闻周刊》	小浪底工程如何省下38亿元投资	2002-12-16
40	《中国水利报》	小浪底再造秀美山川——"国家环境保护百佳工程"展示	2003-09-27
41	中央电视台《科技博览》	科技高筑小浪底	2004-07-26
42	《光明日报》	黄河安澜梦　今圆小浪底——记黄河小浪底水利枢纽工程	2008-11-24
43		小浪底守护黄河	2008-11-25
44	《人民日报》	安澜黄河铺展青春画卷——写在黄河小浪底水利枢纽工程竣工验收之际	2009-04-08
45	《中国水利报》	小浪底:无可替代的世纪精品	2009-04-09

2009年9月,小浪底建管局将2009年6月以前在相关媒体上发表的关于小浪底的新闻作品集结,正式出版《沸腾的小浪底——小浪底水利枢纽新闻作品集》。

第三节　文化建设

小浪底工程是水利国际工程,又是水利民生工程,在工程建设、运行、管理的过程当中,在继承发扬中华优秀文化传统的基础上,融合、学习中外优秀文化基因,形成了兼收并蓄的特色文化和小浪底精神文化内涵。

党委注重文化的力量,注重发挥文化的引领、激励和凝聚作用。特别是在2004年,成立文化建设规划领导小组和工作小组,系统组织开展文化建设工作,推进文化建设工程,形成了一系列文化建设成果。

一、企业文化建设

小浪底文化建设,历经企业文化核心萌发、企业核心价值观确立、文化建设系统提升3个阶段。

(一)企业文化核心萌发

小浪底工程在国家经济较为紧张时期上马,部分利用世界银行贷款建设。能否获准世界银行贷款,取决于前期工程的施工进度和质量能否通过世界银行的多次严格评估。在小浪底前期工程建设期间,工地条件异常艰苦,建设任务异常艰巨,小浪底建管局党委针对实际情况,号召大家"艰苦奋斗,为国争光",以"艰苦奋斗"的精神力量引领全体建设者,高质量实现水利部提出的"三年任务两年完成"的小浪底前期工程建设目标,小浪底工程建设顺利通过世界银行专家团的严格检查评估。"艰苦奋斗、为国争光"逐步确立为小浪底企业文化的核心特质。

(二)企业核心价值观确立

在小浪底主体工程建设期间,建设工地有700多名外国建设者和上万名中国建设者。在中西方文化的激烈碰撞、艰巨的工程建设任务,以及位于关键线路上的导流洞施工又发生十多次塌方等不利因素叠加下,1997年截流目标可能无法实现。小浪底建管局党委以"报效祖国"为核心,采取多种措施,相继提出号召:"为祖国而战""在外国人面前我们是中国人,在中国人面前我们是小浪底人""既当小工,又当主人",两个"五湖四海"等,统一思想、凝聚力量,团结带领全体建设者,夺回外商延误的工期,胜利实现1997年10月28日大河截流的既定目标,高质量完成小浪底主体工程建设任务。因此,"报效祖国"的价值观在小浪底得到确立。

在小浪底国际工程建设过程中,水利部党组对小浪底的文化建设也高度重视和关心。先后协调和组织乌兰牧骑艺术团到小浪底施工一线进行慰问演出,中央电视台心联心艺术团慰问演出在小浪底施工现场设立分会场,知名作家、画家赴小浪底采风等大型文化艺术活动,丰富小浪底工程建设的文化氛围和内涵。

(三)文化建设系统提升

小浪底主体工程完工后,小浪底建管局党委从进一步发挥枢纽巨大的社会效益、经济效益出发,从单位的长远可持续发展出发,决定从系统构建符合小浪底工程运行管理以及单位改革发展的企业文化体系入手,全面启动企业文化建设战略,并聘请专业公司提供咨询和指导。

2004年9月,小浪底建管局党委聘请北京普智企业管理咨询有限公司,利用6个多月的时间,对工程建设期间的文化建设进行系统总结和提炼,对单位发展现状、队伍状况等进行全方位的诊断,对影响企业发展的内外环境和因素进行系统的分析,就干部职工对精神文化的需求以及单位开展文化建设的期望、建议等进行广泛问卷调查。在此基础上,2005年6月,系统研究制定《小浪底建管局企业文化规划》,该规划包括《分析研究报告》《文化纲要》《视觉识别系统及使用规范》《行动纲要》和《制度修订建议》5部分,形成了理念、行为和视觉识别等为主要内容的文化建设体系。新的文化建设体系是在吸纳工程建设期已有的文化精神内涵基础上,按照民生水利工程、市场经济、企业运作等思维模式提出的企业价值观体系,是小浪底文化建设提升的行动纲领。

按照《小浪底建管局企业文化规划》的总体部署,小浪底文化系统建设和提升分导入期(2005年7月至2006年12月)、深化期(2007年1—12月)、推广期(2008年1月至2009年12月)、调整期(2010年1—6月)4个阶段分步推进和实施。

在每个阶段,党委均结合实际,组织进一步研究制订详细具体的推进方案,严格贯彻执行,并通过成立专门的文化建设实施机构、健全传播网络、组织文化专题培训、开展企业管理论坛、总结推广典型事例、完善规章制度等措施,使文化融入到广大干部职工的思想和行为中,成为潜在意识和行为自觉。

二、文化建设成果

(一) 文化手册

2005 年 11 月制作的《小浪底文化手册》,其内容包含小浪底企业文化总论、小浪底企业文化理念系统、小浪底企业文化行为规范、小浪底企业文化形象系统、小浪底企业文化建设实施方案 5 部分。其中,小浪底企业文化理念系统中的核心理念是:

(1) 企业使命:维持黄河健康生命,谋求企业持续发展。

(2) 企业愿景:我们将以小浪底水利枢纽运营为根本,成为一个在水利水电及其相关领域谋求多元化发展的大型现代企业。

(3) 企业精神:励精图治,追求卓越。

(4) 企业作风:锐意进取,严谨求实;雷厉风行,迅捷高效。

(5) 核心价值观:安全、诚信、人本、创新。

(二) 爱国主义教育基地展示厅

1997 年 10 月 27 日,小浪底爱国主义教育基地展示厅正式建成挂牌。展示厅设在工地办公楼大厅,采用图片结合文字的形式,以战略篇、战役篇、旗帜篇、移民篇、使命篇、科技篇 6 部分展示了小浪底工程建设和管理全过程。2002 年,展示厅由工地办公楼大厅迁至小浪底大坝坝顶南岸专门设计建造的展览厅,并进行第一次改版。2005 年,展厅进行第二次改版,充实了内容,完整地介绍小浪底工程建设的艰难历程,展现中方建设管理者改革开放的胸怀和爱国主义精神,以及小浪底水利枢纽功在当代、利在千秋的民生效益和社会效益(见图 13-3-1)。

(三) 工程纪念广场

在毗邻小浪底大坝下游的黄河故道区域经生态修复后,成为坝后生态保护区。2002 年,在坝后生态保护区下游侧建设长 73 米、宽 57 米的椭圆形工程纪念广场,广场中央矗立着名为"建设者之歌"的群雕。广场中心耸立 1 座高约21 米、由 3 根不锈钢圆柱共同支撑起 1 块铜制巨石的主体雕塑,主体雕塑四周设立了高约 6 米的 7 座分别代表工程设计、工程监理和大坝工程、泄洪排沙系统工程、引水发电系统工程、机组安装工程以及工程移民的主题雕塑。

工程纪念广场旨在以艺术化的形式,从不同侧面向工程建设的历史致敬。

图 13-3-1　爱国主义教育基地展示厅(2005 年)

(四)工程文化广场

在坝后生态保护区靠近主坝区域建设工程文化广场。工程文化广场长、宽各 200 米,布置了按 1:18.7 比例制作的小浪底大坝断面模型,形象、直观地展现大坝构造。工程文化广场放置的导流洞混凝土衬砌时使用过的钢模台车原型,代表着同期国际主流施工工艺。停放在工程文化广场的由意大利制造的"佩尔蒂尼"自卸汽车原型,载重量 65 吨,展示了小浪底工程建设引入先进的施工设备。

(五)歌曲

2006 年,由著名词曲作家组成创作队伍创作了《小浪底之歌》(李幼容作词,曾文济作曲)、《黄河的眼睛》(李幼容作词,张丕基作曲)、《河缘》(李幼容、朱景和作词,张丕基作曲)、《小浪底之波》(魏世祥作词,曾文济作曲)、《大河小浪一支歌》(李幼容作词,王世光作曲)、《我爱母亲河》(李幼容作词,曾文济作曲)、《黄河新歌》(李幼容作词,王世光作曲)共 7 首歌曲。其中,《小浪底之歌》主推为小浪底建管局局歌,并专门制作成 MTV 电视片。

(六)《大河圆梦》专题片

2008 年,为迎接竣工验收,小浪底建管局委托河南多元文化传媒有限公司制作了《大河圆梦》专题片,专题片时长 28 分 25 秒,以千秋遗梦、世纪寻梦、十年追梦、大河圆梦 4 个篇章,从勘测设计、建设历程、攻坚克难、综合效益等方面全方位、多角度展示小浪底工程,并广泛应用于小浪底建管局对外形象宣传。

(七)电视剧

以小浪底工程建设为主线,由中央电视台和河南电影制片厂联合摄制了8集电视剧《大河图》。1999年3月在中央电视台8套播出。

(八)小浪底赋及碑刻

2011年小浪底建管局成立20周年之际,小浪底建管局聘请屈金星等专业人员创作《小浪底赋》,从宏观的视角和历史的维度记载小浪底工程规划、建设、运行、管理的过程,概括了小浪底工程发挥的巨大综合效益。《小浪底赋》篆刻在小浪底水利枢纽大坝上的一块长12米、高2.5米、宽1米的石碑上(见图13-3-2)。

图13-3-2　小浪底赋碑刻

小浪底赋

鸿蒙演荡,盘古挺天地之脊梁;昆仑逶迤,长河酿华夏之琼浆。降马画卦,伏羲启迪蒙昧;抟水抟土,女娲化育阴阳。立国铸基,大河护佑炎黄;劈山疏水,禹功惠及黎苍!

黄河澎湃,累积膏壤。地驰俊采,云蒸盛昌。大道探悟于九曲,厚德滂被乎八荒。一河孕育汉唐雄风,千秋升腾乾坤气象。然逝者如斯,涛声悲怆:浊流翻滚,纵横无缰,生灵涂炭,流离四方。叹沧桑长安,黄沙汴梁!问滚滚浊浪,河道哪方?

大国肇创,喷薄朝阳。大哲问河,心怀四莽。辅佐耿耿,良言锵锵。远瞩高瞻,运筹帷幄于燕京;精心布阵,谋定而动于洛阳。天赐桓枢,襟秦岭,挽太行,九河俯冲汪洋;守中原,护齐鲁,一峡横锁苍茫。小浪底应运而生,大黄河安澜在望!

改革东风劲吹,开放大潮激荡。四方精英,问道于黄河;万国旗帜,会盟于太行。国际资本,涌流小浪底;寰宇思维,撞击黄河浪。河床支离,沙石危若累卵;峰崖兀立,洞隧密赛蜂房。洞塌岩阻,工期延宕。气豪万古,挽狂澜兮高峡;云凌九霄,卷霹雳兮北邙。移山填海,爱国豪情以挟风雷;筑坝蓄水,治河壮志为引龙黄。长虹卧波,绘连绵之宏图;铁臂干云,奏辉煌之交响。鸿功盖世,乃中外智慧之结晶;伟略齐天,实群黎同心之佐帮!

高坝雄峙,重置心脏。驯金龙兮瑶池,融碎玉兮河央。纵白螭兮天际,醒雄狮兮泱漭。浪叠河床,有梦复绿;水润稻花,无诗亦香。睢鸠栖兮蒹葭漾,白鸥翔兮画廊长。黄沙入海,东京再现梦华;碧流润野,泉城复涌雪浪。星耀洪波,洛神惊兮河图新;灯璨云乡,河伯慕兮沧海光。熙熙民生,缘水而兴;蒸蒸国祚,因河而旺。壮哉母亲河,德泽九州!美哉小浪底,功惠四方!

嗟夫!天行健,日月灿烂;地势坤,江河浩荡。纵览古今,国衰河易泛,河泛则民殃;国兴河益畅,河畅则民康。而今大河安澜,盛世华章。故曰:河运实国运也,治河犹治国也。河道亦国道也,国道若天道耶?河运国运总峥嵘,国道天道俱沧桑!遥梦海晏河清时,莽原星汉共祯祥!

乃为颂曰:昆仑磅礴,百川泱漭。河哺华夏,民铸国纲。同心移山,情动厚壤。众志成城,重任共襄。江河安澜,福泽黎苍。国运殷昌,长乐未央。上善若水,盛德如洋。寰宇和谐,大道无疆!

第四节　人力资源

人力资源管理在小浪底工程建设和运行管理过程中扮演着重要角色。小浪底工程人力资源管理方式同样呈现着国际工程的特色,承载着中国用工制度演变的印迹。

一、人力资源管理

小浪底工程建设、运行管理的人力资源主要由业主(小浪底建管局)、工程师(小浪底咨询公司)和承包商(包括国际承包商和国内承包商)提供保障。

1994年10月主体工程开工以后,三方人员根据工程建设情况在专业配置、人员配备等方面不断变化。1994年10月至1997年10月属于人员上升期,1997年10月截流时建设人员达到顶峰,之后至1999年12月属于平稳期,全工区人员一直保持在12 000人左右;2000年1月首台机组发电后,随着工程项目的逐渐竣工,人员相应逐步减少,后随着劳动用工改革,服务于小浪底工程运行管理的人员共约2 000人。

在人力资源管理上,小浪底建管局的人员由本单位进行管理。根据水利部水人劳〔1992〕104号文件批复,小浪底工程咨询有限公司的人员党组织关系和行政后勤工作委托小浪底建管局代管,在实际工作过程中,其人力资源也由小浪底建管局代管。工区各个承包商的人力资源均由其自行管理。这样全工区的人力资源就可归结为业主与工程师人力资源管理和承包商人力资源管理两部分。

(一)业主与工程师人力资源管理

小浪底建管局人力资源管理的主要任务是:在工程建设前期,组建机构、筹备人员,吸收和培养适应国际工程建设的人才等;在工程建设期,充分发挥业主、工程师单位(小浪底咨询公司)和各类咨询机构等单位的人才资源,处理和协调各方关系,确保工程质量、进度和投资控制;在工程运行期,对组织机构、人员构成等做出调整,以适应工作重点的转移和任务的变化。业主与工程师人力资源管理,分长期合同制员工管理、短期合同制用工管理、劳务用工管理等。

1.长期合同制员工管理

根据单位属性,结合实际,小浪底建管局长期合同制员工的管理按照国有企业有关规定执行。主要包括人员的聘用、培训、岗位安排、工资和福利待遇等。

（1）人员来源。黄委会调入：1991 年，黄委会所属黄河水利水电开发总公司与小浪底筹建办公室全部人员并入小浪底建管局，随着工程建设的进展，小浪底建管局又从黄委会机关、黄委会设计院等单位调入一部分人员。水利水电工程局调入：为加强对工程的管理，提高技术管理水平，小浪底建管局从中国水利水电工程总公司所属工程局又调入一部分有经验的技术人员作为业主和工程师。高校应届毕业生招聘：小浪底建管局从 1991 年成立以后，将招聘高校应届毕业生作为补充人力资源的重要措施。其中，1995—1997 年为招聘高峰期，每年招聘 30~40 名。

通过以上 3 种途径，在小浪底建管局形成老中青结合、知识层次互补、以老带新的人力资源结构体系，为工程建设提供了有力的人力资源保障。

（2）人员数量。小浪底建管局按照"精干高效"的人员组成原则严格控制人员数量，同时按照工程建设和运行管理，管理工作的实际需要对人员进行适当调整，人员数量随工程建设和运行管理任务多少的变化而调整。

（3）人员管理。局级干部由水利部负责选拔、任免、培训、考核等工作，工资、保险等社会福利由小浪底建管局负责发放。

处级干部是小浪底建管局的中层干部，人事管理由小浪底建管局负责，主要包括选拔、任免、职称评聘、培训、考核、监督以及工资、保险发放等。

一般员工是小浪底建管局的基层工作者，是工程建设和运行管理的主要力量。其人事管理由小浪底建管局负责，主要包括选拔、任免、职称评聘、劳动合同签订等工作，而具体的日常管理尤其是工作上监督、考核等由其所在部门（单位）负责。

由人事劳动部门依据《人事管理办法》《工作岗位管理办法》《岗位知识和能力体系管理办法》《职工奖惩办法》《职工绩效考核办法》《关于加强劳动纪律管理的规定》等制度，进行人员的日常管理工作。

（4）人员培训。结合小浪底工程实际，加强国际工程综合管理人才、电站运行管理人才、经营管理人才的培养工作。为满足国际工程建设的需要，结合国际工程管理特点，主要采用邀请专家到工地实训、鼓励自学、边学边干、多岗位锻炼等方式，同时结合人员结构，以老带新、以老帮新、新老互帮，培养了一批国际工程综合管理人才。坚持精干高效、一专多能的原则,提前储备发电运行专业人才,系统开展岗前实践培训,适时参加机组安装调试,在实践中培训,实现顺利接机发电。结合企业发展战略性转移需要,前瞻性地开展经营管理人才培养,从各大专院校邀请相关专家,开设英语、计算机和市场经济、企业管理等方面的讲座,还举办了为期两年的工商管理硕士(MBA)研究生课程进修班,培养了一批经营管理型人才。

在人才的培养过程中,逐渐建立健全《人事管理办法》《职工教育培训管理办法》《创建学习型组织实施方案》《人才培养工作先进集体评选表彰办法》《人才培养工作实施意见》等一系列人才培养的制度。

(5)选拔任用。认真执行《干部选拔任用工作条例》,坚持党管干部原则和好干部标准,始终将干部人事工作纳入党委研究决策范畴,确保党的领导贯穿干部选拔任用全过程。将政治标准放在选人用人首位,坚持政治坚定、事业为上、公道正派,按照“双优先”原则,优先选拔基层干部、优先配备基层岗位。坚持“使用与培养相结合”的指导思想,逐步形成和确立早发现、早培育、早成才,看主流、看发展、看潜力选拔人才,给机遇和压担子相结合等重要观念,提升人才队伍的知识和能力。

制定《专业技术拔尖人才选拔和管理办法》《享受技术津贴人员选拔和管理办法》等人才选拔激励制度;有计划地安排青年干部多岗位交流锻炼,为人才队伍知识和能力水平的提升提供学习渠道;安排青年干部到水电施工、设计单位和地方进行工作锻炼,为人才的选拔任用奠定基础。

2. 短期合同制员工管理

小浪底建管局以短期合同形式聘用大量的临时岗位工作人员(简称短期合同工),作为工程建设人力资源的有益补充。短期合同工的聘用主要从主体工程开工后的 1995 年开始,当年聘用 189 人。随着工作任务量的增加,聘用人员也逐渐增多,最高达到 1 252 人。

短期合同工的劳动合同由小浪底建管局或其所属公司与本人签订,短期合同工工作上受用人单位安排、监督和考核,人员管理由用人单位负责。

3. 劳务用工管理

为满足工程建设和运行管理对聘用人员的文化水平和业务素质的需要,小浪底建管局聘用一定数量的专业技术人员和技术工人,这部分劳务主要集中在小浪底工程咨询有限公司和水力发电厂。

小浪底工程咨询有限公司聘用的劳务主要为各大水利水电工程局、水利水电设计院等单位有施工经验的水工建筑、机电安装、测量、内外部观测、试验等专业人员。水力发电厂聘用劳务主要为中国水利水电工程局、水力发电厂、机械水工厂等单位的水力发电、水工机械等专业人员。

在合同签订形式上,一般由小浪底建管局与劳务所在单位签订劳务合同,明确需要人员的层次和专业知识结构,并明确双方的权利和义务。劳务所在单位根据用人单位的需求选拔符合条件的人员,若选派人员的条件和工作表现不符合用人单位合同规定中的需求,用人单位将要求劳务所在单位重新进行调配。

劳务人员的人事管理仍由原单位负责,岗位工作则由用人单位安排,受所在单位和用人单位双重领导。劳务费用由用人单位向劳务派出单位结算,劳务人员的工资、保险和各种福利由原单位发放。

(二)承包商人力资源管理

小浪底工程建设期间的承包商人力资源管理,包括国际承包商人力资源管理和国内承包商人力资源管理。

1.国际承包商人力资源管理

国际承包商以项目管理的模式对人力资源进行管理,在现场配置极少的高层管理人员,相对精简的中层管理人员,大量使用劳务和一些分包商,形成"金字塔式"的管理模式。

(1)高层管理人员。承包商在现场的项目经理、主要部门经理(如商务部、会计部、技术部、生产部等部门经理),属高层管理人员,由公司本部派出,大多数为公司正式职员,这部分人员数量较少。

(2)中层管理人员。其余部门经理和下一级部门经理通常属于承包商的雇员,这部分人由承包商在以往所承揽的工程建设中有过合作且表现较为优秀的人员中聘用,或按承包商的用人要求在属地专业技术人员中聘用,这部分人工资水平较高,聘用时间相对较长、稳定。

(3)劳务人员。承包商使用数量最多、规模最大的是劳务人员。一是通过当地劳务市场;二是通过翻译等内部人员推荐。承包商一般都会与当地劳务公司或劳动部门签订劳务人员供用合同,一方面是为了确保能在劳务市场上及时获得一定数量、一定技能的劳务人员,保证劳务来源的稳定性,同时也降低了承包商在用人上所花的费用。对于劳务人员的使用,承包商采取灵活的机制,比如雇用渠道广泛、实行差别工资、使用时间灵活掌握等。

小浪底工程建设中3个国际土建标都是以国外承包商为责任方的联营承包,联营体一般都有多个分包商,分包商的人力资源可看作是承包商人力资源的一部分,但具有相对独立性。承包商对分包商的管理模式,基本上采用的是项目总承包方式,即以项目管理的方式对分包商人力资源进行管理。

2. 国内承包商人力资源管理

小浪底工程建设期间正值国家劳动用工体制不断深化改革的重要时期,国内承包商在小浪底建管局的引导下,积极适应国际招标管理、合同管理模式,结合实际完善自身的人力资源管理体系。

在小浪底工程建设期间引入的国内承包商多为常年从事水利工程建设的水利水电施工单位,在人力资源管理中,计划体制下的因素居多,同时积极借鉴国际承包商的管理模式,实现融合转变,较大地提高了项目管理水平。

小浪底工程国内承包商人力资源管理实践证明,在合同框架内整体性成建制引入具有一定水平、能力和经验的施工队伍,对促进工程建设能发挥巨大作用。1996年成建制引进国内专业施工队伍——中国水利水电第一、三、四、十四工程局组成OTFF联营体,使工程建设出现重大转机,完成3条导流洞的赶工任务,保证了小浪底工程按计划实现截流。

二、人力资源管理体制改革

小浪底工程是国内最大的国际招标工程,也是第一个与国际管理模式全方位接轨的工程,工程建设期间正值国内劳动用工体制不断深化改革,特定的环境与时代赋予其在人力资源管理上的特殊性。

(一)劳动用工管理

小浪底工程的劳动用工服务于工程建设阶段目标。前期工程建设阶段,劳动用工管理主要是组建工程建设管理队伍,为主体工程建设做好准备;主体工程建设阶段,劳动用工管理主要围绕保证工程建设的顺利进行这一核心任务,合理组织各方面劳动用工,并对各类人员进行管理;尾工阶段,随着工作重心发生转移,劳动用工管理重点则是做好承包商退场后各类劳动用工的善后处理,同时满足枢纽运行管理的用工需求。

在整个工程建设过程中,中外用工管理制度、新旧劳动用工观念在冲突中深入融合。小浪底工程建设期间,正是中国劳动用工制度深刻变革的年代,社会保障制度改革处在试验阶段,终身保障的刚性用工制度仍然没有打破,国际承包商带来的国际管理模式对小浪底的用工观念形成冲击。作为业主的小浪底建管局以多重身份处理用工关系。首先,它以项目法人身份对工程建设负责;其次,它以工程业主身份履行国际合同,同时还要以一个国有企业形象面对社会。面对实际情况,小浪底建管局一方面按照国内的用工体制对内部用工进行管理;另一方面按照国际管理模式对国际承包商的劳动用工进行管理,有效融合东西方用工管理制度、新旧劳动用工观念,促进工程建设的顺利开展。

小浪底建管局克服单一的固定用工体制,大胆尝试多元化用工。一是坚持岗位"一专多能、运行维护一体化,机构设置精简,管理层次简化,不设大修队伍,设备设施高度自动化"等原则,在职职工始终未突破600人。二是以委托管理方式引入公安队伍,以监理服务合同形式引进部分高素质监理队伍,以劳务合同形式引进部分技术工人队伍,以军民共建模式引进当地驻军保障后勤,以短期合同形式解决临时工作岗位和季节性工作岗位用工问题,后勤服务实行社会化管理等。用工形式多元化,既满足了工程建设的用工需求,又避免了单一固定工体制所存在的问题。为解决工期滞后的问题,在合同框架内向工程承包商提出成建制引进中国水利水电工程局施工队伍,引入具有一定施工水平、施工能力和施工经验且有组织、管理的施工队伍,对促进工程建设发挥了巨大的作用,保证了小浪底工程按计划于1997年10月成功截流。

(二)用工制度改革

为解放和发展生产力,小浪底建管局在不同阶段因时因地、围绕工程建设持续推进人力资源管理改革。

1. 前期工程建设阶段

小浪底建管局大胆破除旧的用工观念,突破单一的固定工体制,实行多元化用工。

2. 主体工程建设阶段

为适应枢纽工程从前期的国内合同管理模式迅速转入国际工程合同管理模式的形势,引入竞争机制,在部分岗位尝试竞争上岗,在职工中提倡"岗位靠竞争、收入靠贡献、晋升靠业绩、发展靠条件"的竞争意识。同时,按照"小业主、大监理"的改革思路,全面充实监理力量,建设一支专业分工细、基本素质高的监理队伍。破除终身保障的刚性用工体制,实行全员劳动合同制。

建设管理转向枢纽运行管理阶段。为适应新的工作需要,大力调整机关职能结构,在"公开、平等、竞争、择优"原则下全面实行竞争上岗,把管理重心由过去的身份管理变为以岗位管理为主,并引入岗位测评技术,完成工作岗位的纵向分类,从而为实施全面人力资源管理奠定基础。

《中华人民共和国劳动法》实施期。在工程建设期间,小浪底建管局各法人单位分别签署临时劳动用工合同并形成一定规模。《中华人民共和国劳动法》实施以后,小浪底建管局开展劳动用工改革,将直接聘用的临时用工转变为劳务派遣和经济合同用工,既符合新的劳动法的要求,又保障了其他用工形式人员的利益。

(三) 激励机制

小浪底工程主体工程实行国际招标,3 个中标承包商的责任方均为来自欧洲发达国家的著名公司,使参与小浪底工程建设的人员工资收入分配处于特殊的高工资环境之中,而参与小浪底工程建设的国内单位均为国有企业,需执行国有企业工资收入分配机制。小浪底建管局需解决好计划工资体制与自主分配之间的矛盾,以及为解决争夺人才的外部压力提高职工收入水平与现实国情民情之间的矛盾。

1995 年和 1996 年,小浪底建管局连续两次进行收入分配改革,破除平均主义,把奖金分配与工程建设阶段目标挂钩,收入分配向前方倾斜、向一线人员倾斜,激发了关键岗位上技术人才和管理人才的斗志。面对承包商雇员的高工资待遇,增强内部分配活力,建立能够有效发挥作用的激励机制。首先,区分工地前方与基地后方,收入分配向前方倾斜;界定施工现场一线人员和非一线人员,收入分配向一线人员倾斜,调动施工现场一线监理和技术骨干的积极性。其次,把奖金分配与工程建设阶段目标挂钩,对在工程建设阶段目标做出重大贡献的人员给予一次性重奖,对在工作中取得突破性成果的职工进行特别嘉奖。这两个倾斜和奖金分配改革,起到了"安定军心"的作用,极大地扭转了被动局面。

随着小浪底工程由建设管理转向运行管理和经营发展的战略调整,建设管理体制下的工资分配制度已难以适应经营管理新体制的需要。为此,在 2001 年底启动机构调整及劳动人事制度改革,重点考虑了工资收入分配制度改革,以建立能够有效吸引、激励和留住有用人才,形成以重实绩、重贡献的激励机制为目标,以工资收入分配重视管理人才、技术人才为导向,从"外部公平、内部公平、员工公平、小组公平"出发,以岗位科学测评为依据,实现岗位纵向分类,建立完善的企业工资分配体系。通过工资收入分配及改革,较好地处理了计划工资体制与自主分配之间的矛盾,打破了身份管理下的分配"大锅饭",建立按岗位管理的职务津贴,改革奖金分配制度,提高业务骨干和关键岗位职工的收入水平,保持企业在人才市场上的持久竞争力。

小浪底工程建设相关人力资源保障见表13-4-1。

表13-4-1　小浪底工程建设相关人力资源保障

用工主体	时间	用工形式	用工人数
小浪底建管局(业主)	工程建设期间	短期合同工	最高峰达1 200余人
小浪底咨询公司(监理)	工程建设期间	劳务合同用工	465人
Ⅰ标外国承包商	工程建设初期	外籍人员	38人
		中方雇员	92人
		中方劳务	225人
	1997年10月工程施工高峰期	外籍人员	75人
		中方雇员	215人
		中方劳务	1 126人
	2000年1月首台机组发电	外籍人员	50人
		中方雇员	181人
		中方劳务	1 207人
Ⅱ标外国承包商	工程建设初期	外籍人员	29人
		中方雇员	879人
	1997年10月工程施工高峰期	外籍人员	251人
		中方雇员	3 649人
		分包商人员	5 568人
	2000年1月首台机组发电	外籍人员	92人
		中方雇员	2 344人
		分包商人员	954人
Ⅲ标外国承包商	1997年10月工程施工高峰期	外籍人员	114人
		中方雇员	3 146人

三、外籍人员管理

小浪底工程建设利用世界银行贷款、采用国际招标进行建设管理,工程建设期间有 51 个国家或地区 700 多名外籍人员从事工程咨询、检查、施工等工作,同时还有国际机构和外籍人员到小浪底工程进行参观考察。小浪底建管局根据工程建设需要,设置外事管理机构,建立外事管理制度,对外籍人员进行服务、管理,使外籍人员按照中国法律及合同要求出入境,保障外籍人员在小浪底工区正常生活和工作,为小浪底工程建设做出应有贡献。

(一)外籍人员类别

到小浪底工程咨询、检查、施工、考察的外籍人员,主要包括以下几个方面:

(1)世界银行检查团。世界银行为确保其贷款项目符合贷款协定要求,对贷款项目进行严格检查和评估。从 1988 年 7 月开始,直到项目实施完成,世界银行每年组织检查团到小浪底工程现场检查工程和移民环境实施情况,提出检查备忘录。

(2)特别咨询专家组。按照世界银行要求,业主聘请世界上有关专业专家,定期对工程设计、建设管理、移民环境等进行独立审查和咨询。在小浪底工程前期检查评估期间,组建第一届特别咨询专家组(13 人),主要协助业主在设计、移民、环境等进行咨询检查;在工程建设期间,组建第二届特别咨询专家组,分为大坝安全特别咨询专家组(7 人)和环境移民特别咨询专家组(9 人),特别咨询专家组定期到小浪底工程现场分别对大坝安全和移民环境进行检查咨询,提出咨询报告。

(3)加拿大 CIPM 公司。按照世界银行关于聘用咨询公司导则,1990 年 7 月,黄河水利水电开发总公司通过招标与加拿大 CIPM 公司签订咨询服务合同,协助业主编制招标文件和准备世界银行评估文件。1994 年 6 月,黄河水利水电开发总公司与加拿大 CIPM 公司续签咨询服务合同,为业主、工程师和设计提供专业咨询。加拿大 CIPM 公司根据合同长驻小浪底工程现场。

(4)争议评审团。为解决合同争议,小浪底工程引进争议评审团,争议评审团成员共 3 人,要求来自聘任公司非所属国籍。1998 年 9 月至 2001 年 2 月,争议评审团在小浪底工程现场共举行 9 次听证会。

(5)来参观考察的外籍人员。小浪底工程采用国际招标,世界影响范围广,很多国际机构和外籍人员到小浪底工程交流考察。

（6）国际承包商外籍人员。国际施工承包商或设备供应商，按照合同在小浪底工程现场进行工程施工管理、设备安装调试和技术培训，一般长驻小浪底工程现场。

（二）管理机构

小浪底工程开工前，黄河水利水电开发总公司负责外事管理工作，主要负责组织协调并配合世界银行的检查评估工作。工程开工后，小浪底建管局与黄河水利水电开发总公司合署办公，采取多项管理措施，为长期在小浪底工程外籍人员工作和生活提供服务保障，做好短期到小浪底工程进行咨询、检查、考察等外籍人员接待工作。

根据《外国经济专家来华工作管理办法》和小浪底工程合同，小浪底建管局制定外事管理制度，做好外籍人员管理。小浪底建管局成立外事工作领导小组，负责外事工作的领导；设置外事处负责外事联络、翻译、宣传国家外事政策等工作；河南省公安厅小浪底公安处负责协调外籍人员出入境管理，小浪底咨询公司承担承包商外籍人员出入境备案、工作检查等工作。小浪底建管局、小浪底咨询公司、国际标承包商等单位配置翻译人员协助做好外事管理工作。

（三）管理方式

对长驻小浪底工程的外籍人员，专门建立生活区，创建适宜生活环境。小浪底建管局聘请加拿大 CIPM 公司外籍人员，专门建设一栋花园式公寓楼，配置家具、电器、厨房等生活用品，同时在工作上配置翻译、技术助理、司机和其他服务人员，使他们全身心投入到工作中去。施工承包商外籍人员生活区在合同中已明确，由承包商自行规划、设计、建设和使用，实行封闭管理。

世界银行检查团、特别咨询专家组、加拿大 CIPM 公司争议评审团和到小浪底工程参观考察的外籍人员，来华和到小浪底工作均由业主负责接待，小浪底咨询公司、设计、承包商等单位根据外籍人员到小浪底工作性质，分别做好配合工作。承包商外籍人员出入境管理由小浪底公安处负责，并报小浪底咨询公司备案，合同约定承包商主要管理人员同时向业主备案。

建立激励机制和约束机制，充分发挥外籍人员作用。在小浪底工程建设中,按照两个"五湖四海"原则,经常与外籍人员组织文化、体育等联谊活动,每年给外籍人员举办圣诞活动和新年晚会,遇到洛阳牡丹花会等大型活动邀请外籍人员参加;开展"洋劳模"评选活动,其中有 2 人获得国家外国专家局友谊奖,极大地激发了外籍人员工作的积极性。同时,小浪底建管局建立外籍人员考核约束机制,业主经常检查加拿大 CIPM 公司外籍人员工作效率、工作任务;小浪底咨询公司加强外籍人员职业道德、劳动纪律管理,对不满足工程建设要求、违反合同内容等外籍人员依据合同要求承包商予以辞退。

工程建设期间,外事管理依法有序,没有发生涉外事件的不良影响,外籍人员在小浪底工区工作生活满意度较高。

(四)管理效果

外籍人员为小浪底工程建设做出了贡献。小浪底建管局聘请的加拿大 CPIM 公司、特别咨询专家组、争议评审团等外籍人员,在小浪底工程优化设计、技术管理、进度管理、合同管理、索赔处理等发挥了重要作用,促进了合同争议的有效解决,提升了小浪底工程建设的管理水平;施工承包商外籍人员带来先进施工技术和管理经验,加快了工程施工进度,提高了工程质量。同时,国内技术人员通过工程建设与外籍人员共同工作和交流,掌握先进技术和管理经验,培养出一大批国际工程管理人才。

第五节　档案管理

随着小浪底工程建设的推进,小浪底建管局成立专门工作机构负责档案管理工作,逐步完善档案管理设施设备,做好内部档案资料和国际工程档案资料的收集归档、移交,注重档案资料的利用,及时启动档案数字化建设和达标工作,提升档案管理的层次和科学化水平。

一、管理机构

小浪底建管局在 1995 年之前没有专门的档案管理机构,前期工程建设产生的文件等档案材料由监理单位保管,小浪底建管局机关文件等档案材料由小浪底建管局办公室保管。

1995 年 7 月,小浪底建管局印发《关于办公室等处室设立科级机构的通知》(水小建人〔1995〕32号),明确在小浪底建管局办公室设档案科,人员编制3人,负责全局档案管理工作,履行监督、检查、指导职能;各部门设兼职档案员,负责本部门档案收集整理工作。

2008年12月,小浪底建管局印发《小浪底建管局(黄河水利水电开发总公司)机关部门及生产管理和后勤服务单位主要职责内设机构和人员编制规定》(局人〔2008〕36号),成立档案室(副处级);档案室由办公室代管。档案室主要职责是负责收集管理科技、工程、设备、文书档案,以及财务档案,协助人事劳动处管理干部人事档案,负责监督、检查、指导局属各单位档案管理工作。

具体工作中,针对工程建设管理实际,按照《水利档案管理工作规定》,小浪底建管局档案管理实行统一领导、分级管理的工作机制,成立小浪底工程建设项目档案领导小组,建立以小浪底建管局局长任组长、总监理工程师和总工程师任副组长、各处室明确一名处级领导分管档案的管理网络。

二、档案设施

1996年5月,小浪底建管局在小浪底工地办公楼副楼一层设置档案库房及借阅室。档案库房约300平方米,分1号库房、2号库房。

1998年更换档案装具柜,配置33列165节密集架。

2003年,西霞院工程开始筹建,增设13列64节密集架,配置库房必需的保护设备设施。

2009年,小浪底建管局按照国家一级档案馆标准将原招待所改造为档案馆(见图13-5-1)。2010年9月,小浪底建管局档案馆正式启用。新建档案馆总建筑面积为2 894.29平方米,主要包括库房面积1 423.9平方米、办公室面积161.73平方米、科技资料阅览室面积1 236.67平方米等,实现了库房、阅览室、办公室"三分开"。档案库房安装火灾自动报警及气体灭火系统,配备116列电动智能密集架、自动恒温恒湿机、防磁柜、消毒柜、保密柜、计算机、复印机等设备。

2011年11月,小浪底建管局在东山教学实习基地东北角开始建造小浪底岩芯库房,2012年8月15日完工,库房总建筑面积1 224平方米,保存有小浪底Ⅰ标、Ⅱ标、Ⅲ标、左岸山体、西霞院岩芯约10 000余箱。

图 13-5-1　小浪底建管局档案馆外景

三、收集归档

按照统一领导、分级管理的原则,档案室负责收集归档机关各部门文件等档案材料,指导所属单位档案收集归档工作。档案室编制归档档案材料收集范围和保管期限表,包括文书、科技、会计、音像、实物等,涵盖了所有应归应收档案。

工程建设期间,国际工程标的工程资料移交以每一个竣工日期为移交节点。档案室结合国内档案管理规范要求,在尊重施工承包合同的前提下,通过与承包商协商或利用监理工程师现场会议等方式,要求外国承包商根据 FIDIC 合同条款及国际招标工程惯例,移交工程档案资料。为此,档案管理部门专门制定国际工程项目资料的收集范围及保管期限。一般情况下,在工程验收前,由各承包商负责按照合同规定整理应移交的工程档案资料,监理工程师对工程项目的施工、质量检测、进度控制、资金支付等档案资料的完整性、准确性、系统性以及是否符合档案管理规定进行重点审核,待承包商应移交的工程资料达到档案管理规定要求后再组织进行项目验收,从而把小浪底工程项目施工形成的所有文件材料都纳入到档案管理范畴。截至 2002 年 12 月,小浪底主体工程 3 个土建工程标共移交档案 26 100 余卷,占同期工程档案归档总数的 84.8%。

截至 2011 年 12 月,档案馆共收集归档保管的档案材料有:文书档案 14 140 件、科技档案 60 727 卷(含竣工图纸 55 149 张)、照片 3 430 张、光盘 398 张、录像磁带 440 盘、实物档案 163 件、岩芯 10 000 余箱、图书资料 28 237 册。

四、档案验收

(一)小浪底工程档案验收

根据水利部《水利基本建设项目档案资料管理规定》(水办〔1997〕275号),水利工程竣工验收前,必须进行档案专项验收。

2002 年初,小浪底建管局成立档案自检工作领导小组和工作小组,提出档案自检工作安排意见。2002 年 4 月,档案自检工作领导小组对工程档案收集、整理、归档情况,已归档图纸和档案资料的数量、质量进行全面自检。2002 年 5月,小浪底建管局向水利部提交《小浪底水利枢纽主体工程竣工验收档案资料自检报告》(局发〔2002〕21 号),申请对小浪底主体工程档案资料进行验收。

2002 年 7 月 9—11 日,水利部办公厅会同国家档案局及河南省档案局组成验收组,对小浪底水利枢纽主体工程档案资料进行专项验收。

2002 年 7 月 25 日,水利部下发《关于印发小浪底水利枢纽主体工程档案资料专项验收意见的通知》(办档〔2002〕114 号),通过小浪底工程项目档案专项验收。验收结论为:小浪底水利枢纽主体工程档案资料基本达到完整、准确、系统的要求,绝大多数档案材料均已按时归档,并在工程建设、管理及运行过程中发挥了应有的作用,取得了显著的经济效益和社会效益,验收组同意小浪底水利枢纽主体工程档案资料通过专项验收。

(二)西霞院工程档案验收

2009 年 8 月 19—20 日,水利部办公厅会同河南省档案局组成西霞院反调节水库工程项目档案专项验收组,并依据水利部《水利工程建设项目档案管理规定》(水办〔2005〕480 号)和《水利工程建设项目档案验收管理办法》(水办〔2008〕366 号),对西霞院反调节水库工程项目档案进行专项验收。验收组一致认为西霞院反调节水库工程档案已达到验收合格等级,同意该工程档案通过专项验收。

2009 年 8 月 31 日,水利部办公厅下发《关于印发西霞院反调节水库工程项目档案专项验收意见的通知》(办档〔2009〕351 号),验收结论为:西霞院反调节水库工程归档文件材料已按国家和水利部的档案管理规定要求,分阶段移交到局档案室,基本实行了工程各门类档案的集中统一管理。各类档案资料已按《水利工程建设项目档案验收管理办法》(水办〔2008〕366号)的要求进行了收集、整理,分类较为合理,工程竣工图图面整洁,签字手续完备,编制较为规范,能够反映工程建设实际。已归档的文件材料可从不同角度完整、准确、系统地反映工程建设过程。

五、档案数字化

(一)档案数字化建设

按照水利部关于档案管理应逐步推行数字化、实现档案信息化的工作要求,1999年,小浪底建管局购置档案管理软件,将1989—2002年的文书档案案卷目录全部输入计算机,建立文书档案数据库。

2004年,小浪底建管局档案室购置网络版档案管理系统,实现文书档案文件级目录检索。

2007年,档案室开始对纸质档案进行数字化加工,按照档案的保管期限、重要程度、查阅次数确定数字化加工工作程序和工作内容。

截至2011年12月,小浪底工程重要档案实现数字化,西霞院工程主体工程档案全部实现数字化。

(二)档案管理达标

根据国家档案局颁布的档案目标化管理要求,1997年,小浪底建管局开始启动档案目标化管理工作,按照管理标准逐项落实,在组织机构、制度建设、设备设施、开发利用等方面全面开展创建工作。

创建期间,档案室编写了小浪底建管局大事记、组织沿革、全宗介绍、工程简介、制度汇编等10余种档案编研材料;建立健全各项规章制度;先后两次对档案库房进行改造,实现库房、借阅、办公室三分开;系统配置空调、除湿机、复印机、消毒柜、扫描仪、计算机等23台(套)专用设备,为达到国家级档案管理标准奠定基础。

1998年9月,水利部办档〔1998〕70号文批准小浪底建管局档案管理为省部级档案管理达标企业。

1999年12月,水利部办档〔1999〕247号文批准小浪底建管局档案管理为国家二级档案管理达标单位。

2011 年 12 月,小浪底建管局被河南省档案局授予省直单位 2008—2011 年度档案工作先进单位。

六、档案利用

已归档的文字、图纸、图表、声像等各种载体的档案资料作为工程建设、管理过程的原始及真实记录,为后续工程建设、运行维护等管理工作提供了可靠的资料。

小浪底工程档案资料在小浪底国际工程建设管理中发挥了重要作用。3 个国际工程承包商先后提出索赔 83 余项,其中大坝标承包商提出索赔 54 项、泄洪排沙系统工程标承包商提出索赔 20 余项、引水发电系统标承包商提出索赔 9 项,3 个标的索赔额度高达数十亿元人民币。档案人员配合反索赔小组从合同文本到谈判备忘录,从监理工程师日志到承包商现场记录,提供了 1 000 余卷档案资料,为反索赔工作提供了有力的直接证据。

档案在民事诉讼中也发挥了重要作用。2006—2011 年,在山西垣曲某造纸厂诉小浪底移民局搬迁补偿费案件,小浪底建管局起诉濮阳市某公司土地侵权案,郑州市某防水工程有限公司诉黄河水利水电开发总公司建设工程施工合同纠纷案,小浪底建管局水力发电厂李××、刘××诉小浪底建管局继续履行劳动合同争议案等 10 余起案件中,档案室提供了河南、山西两省移民包干协议,小浪底工区土地证,施工承包合同及来往文函、劳动合同、解除合同通知及相关文件等 100 余卷。

小浪底工程档案资料的利用限于小浪底建管局和小浪底工程咨询公司的工作人员查阅或借阅,原则上不对外公开。据统计,从 1996 年至 2011 年 12 月,平均每年查阅者达 710 人次,查借阅档案 1 440 余卷。2002 年工程竣工时期,查阅人数达到 1 900 余人次,查阅案卷 2 300 余卷。

第六节　供水供电

小浪底供水、供电系统建成于小浪底工程建设前期,在前期工程和主体工程建设期间,为工程施工和生产生活用水用电提供服务保障;在小浪底水利枢纽运行管理期,为小浪底水利枢纽管理区及西霞院反调节水库管理区生产、生活用水用电提供服务保障(包括西霞院反调节水库工程建设期的水电保障)。

一、管理机构

1993年4月,小浪底建管局成立生产筹备处。生产筹备处下设综合办公室、供水队、供电队、通信队4个科级单位,主要职能是负责小浪底工区的供水、供电、通信系统的建设、运行、维护和保障服务。1996年,生产筹备处更名为水电管理处。2002年1月,水电管理处与行政处合并,成立综合服务中心,综合服务中心下设供水队、供电队等。2004年5月,综合服务中心的供水队和供电队合并成立水电供应部。水电供应部作为水力发电厂二级单位(副处级单位),下设供水室、供电室;供水室、供电室均为科级单位,职责不变。2011年,水力发电厂水电供应部更名为水力发电厂水电供应分厂,职责不变。

二、供水系统

为规范供水管理,加强供水保障,1998年3月小浪底建管局制定供水系统管理制度,2005年编制供水系统运行维护规程,2010年对供水系统各站点、设施进行规范命名。1993—2011年,供水系统运行稳定,没有发生生产安全事故、事件,没有发生因供水造成施工中断或引起索赔的情况,没有发生影响枢纽安全运行的事件。

(一)施工期供水系统

在小浪底工程施工期间,供水系统分为业主供水和承包商自行供水两类。

业主供水包括黄河南岸临时供水系统和黄河北岸供水系统。其中,黄河南岸临时供水系统和黄河北岸供水系统的供水池及以上设施、承包商以外的其他用户出水管道由小浪底建管局负责建设和运行管理,承包商负责自行建设运行出水管道等设施。小浪底建管局按照与承包商签订合同中规定的用水单价和水表计量计算水费,向用水单位收取费用。

1.黄河南岸临时供水系统

黄河南岸临时供水系统建成于1992年,由2座水源井和1座500立方米水池组成。水源井位于右岸坝基上游围堰部位,水池位于小浪底建管局原南岸临时办公生活区东侧山体上。黄河南岸临时供水系统主要为右岸坝基防渗墙施工和原南岸临时办公生活区提供生产用水和生活用水。1994年9月,小浪底主体工程开工后,黄河南岸临时供水系统 2 座水源井泵房因大坝施工拆除。

2. 黄河北岸供水系统

黄河北岸供水系统建成于 1993 年,分为蓼坞供水系统和洞群供水系统两个子系统。

(1)蓼坞供水系统。蓼坞供水系统由蓼坞水源井、蓼坞姊妹井、水厂加压泵房、水厂水池、178 米高程水池、205 米高程水池、圪脑洼加压泵站和 252 米高程水池组成。

蓼坞水源井位于蓼坞村南侧黄河岸边滩地,井深 50 米,出水量 400 立方米每小时,安装深井泵 1 台。蓼坞姊妹井位于蓼坞水源井上游约 100 米处,由两口相距 3 米的井组成,井深均为 50 米,每口井出水量 70 立方米每小时。水厂水池和水厂加压泵房位于蓼坞水源井北侧约 500 米处 146 米高程的台地上,水池容量 1 000 立方米,加压泵房安装 7 台加压水泵和 2 套生活用水消毒设备。178 米高程水池位于水厂加压泵房北侧山体上,容量 500 立方米。205 米高程水池位于桥沟东区小浪底建管局办公楼南侧山体上,容量 500 立方米。圪脑洼加压泵站位于 178 米高程的山洼处,安装 1 台管道加压泵。252 米高程水池位于东山营地北侧山顶上,容量 200 立方米。

蓼坞水源井、蓼坞姊妹井分别供水至水厂水池,经水厂加压泵房加压后向 178 米高程水池和 205 米高程水池供水,圪脑洼加压泵站加压后供水至 252 米高程水池。178 米高程水池主要为蓼坞区域Ⅱ标、Ⅲ标承包商混凝土拌和站和生产办公区域提供生产、生活用水,同时为蓼坞区域国内施工单位等工程参建单位提供生产、生活用水,并由供水管路经黄河大桥供水至黄河南岸,为东河清区域提供生产、生活用水。在东河清变电站处经管道加压泵加压后供水至大坝南端区域和 425 米高程寺院坡微波站。205 米高程水池为桥沟办公、生活区以及桥沟西区的外籍营地提供生活用水和生产用水。252 米高程水池为东山上的Ⅱ标和Ⅲ标承包商中方劳务营地提供生活用水,Ⅱ标、Ⅲ标承包商在东山营地内分别建设 1 个调节用蓄水池,容量均为 200 立方米。小浪底工程施工期蓼坞供水系统见图 13-6-1。

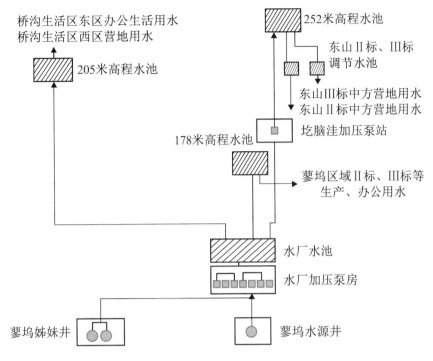

图 13-6-1　小浪底工程施工期蓼坞供水系统

（2）洞群供水系统。洞群供水系统由洞群水源井、洞群姊妹井、一级站水池、一级加压站、二级加压站、三级站水池、三级加压站、四级站水池、四级加压站和 308 米高程水池等组成。

洞群水源井位于小浪底主坝下游围堰下游约 600 米处黄河岸边滩地，井深 50 米，出水量 1 000 立方米每小时，安装深井泵 1 台。洞群姊妹井位于洞群水源井下游约 100 米处，由两口相距 3 米的井组成，井深均为 50 米，每口井出水量 500 立方米每小时。一级站水池和一级加压站位于洞群水源井北侧约 100 米处 146 米高程的滩地，一级站由 2 个容量各为 1 000 立方米的水池组成，一级加压站安装 5 台水泵。二级加压站位于主坝下游围堰以下 160 米高程的台地上，安装 4 台管道加压泵。三级站水池和三级加压站位于二级加压站 2 号明流洞南侧 230 米高程的山坡上，三级站由 2 个容量各为 1 000 立方米的水池组成，三级加压站安装 5 台水泵。四级站水池和四级加压站位于主坝北侧正常溢洪道以南 290 米高程的山头上，四级站由 2 个容量各为 1 000 立方米的水池组成，四级加压站安装 2 台水泵和 1 套生活用水消毒设备。308 米高程水池位于桐树岭营地西侧山头上，容量 500 立方米。

洞群水源井和洞群姊妹井分别供水至一级站水池，一级站水池向周边提供少量施工用水;一级站水池经一级加压站和二级加压站加压后供水至三级站水池,三级站水池提供洞群、出水口等部位施工、生产用水;三级站水池经三级加压站加压后供水至四级站水池,四级站水池提供大坝、进水口、洞群、开关站、地下厂房等部位施工、生产用水;四级站水池经四级加压站加压后供水至 308 米高程水池,向桐树岭营地、OTFF 联营体营地等部位提供生产、生活用水。小浪底工程施工期洞群供水系统见图 13-6-2。

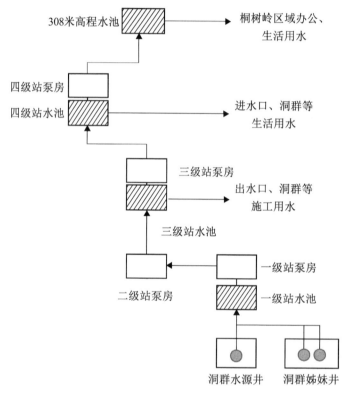

图 13-6-2　小浪底工程施工期洞群供水系统

3.承包商(Ⅰ标)自行供水系统

Ⅰ标承包商在马粪滩工作场地邻近黄河公路大桥下游约 100 米处黄河岸边滩地修建水井 1 口和加压泵站 1 座,在加压泵站南侧约 50 米处山坡上修建水池 1 座,供马粪滩工作场地生产、办公用水和位于黄河公路大桥上游约 300 米处的Ⅰ标承包商中方劳务营地生活用水。这些设施均由Ⅰ标承包商负责管理。

(二)运行期供水系统

小浪底工程运行管理期供水系统分为机组技术供水系统和其他生产、生活供水系统两类。

1. 机组技术供水系统

运行管理期机组技术供水主要用于小浪底地下厂房的发电机组冷却、润滑等功能。2000年1月，小浪底首台发电机组并网发电之前，将蓼坞姊妹井改造成蓼坞备用井，扩容为2台出水量1 000立方米每小时的深井泵，通过新修建的供水管道向位于地下厂房17号交通洞口北侧约100米处的万方水池供水。洞群姊妹井改造成葱沟备用井，扩容为2台出水量1 300立方米每小时的深井泵，通过新修建的供水管道向万方水池供水，两个供水系统的运行模式为互为备用。

2011年技术供水系统见图13-6-3。

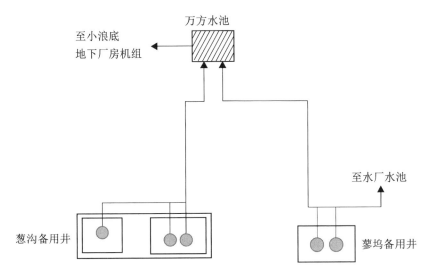

图13-6-3　2011年技术供水系统

2. 其他生产、生活供水系统

运行管理期的生产、生活供水系统由蓼坞供水系统、葱沟供水系统和技术供水系统组成。

蓼坞供水系统主要用于桥沟办公及生活区、东山营地、蓼坞滩区域、旅游公司办公区域的生产及生活供水。该生产、生活供水系统由位于146米高程的蓼坞加压站、蓼坞加压站水池、东山区域的205米高程水池、178米高程水池、252米高程水池及供水管道组成。施工期临时供水系统全部拆除。2011年初，小浪底建管局委托黄河设计公司对枢纽管理区的供水系统进行综合自动化改造，实现集中控制、自动化运行,供水系统集控中心设在葱沟供水系统一级加压站。

葱沟供水系统主要用于地下厂房、地面副厂房、坝顶控制楼、桐树岭武警营地区域、桐树岭中方劳务营地等核心区域的生产、生活供水。该系统由位于146米高程的葱沟一级加压站、葱沟一级加压站水池(由2个容量各为1 000立方米的水池组成),230米高程的葱沟三级加压站、葱沟三级加压站水池(由2个容量各为1 000立方米的水池组成),290米高程的葱沟四级加压站、葱沟四级加压站水池(由2个容量各为1 000立方米的水池组成),高程280米、278米、291米、308米水池及供水管道组成。施工期临时供水系统全部拆除。2011年,葱沟供水系统与蓼坞供水系统一起进行自动化改造。在蓼坞水源井和葱沟水源井水泵进行大修时,蓼坞备用井和葱沟备用井共同组成技术供水系统用于蓼坞供水系统和葱沟供水系统的备用水源。

(三)供水系统运行管理

运行期的供水系统由小浪底建管局负责管理,运行维护人员采用劳务用工与短期合同制用工相结合的用工形式。运行维护人员主要来自中国水利水电第三、八、十一工程局和黄河设计公司地质勘探总队。供水系统运行管理主要由蓼坞运行班组、葱沟运行班组、检修班组、综合管理办公室承担。蓼坞运行班组负责蓼坞备用井供水系统的运行值班工作,葱沟运行班组负责葱沟备用井的供水系统运行值班工作,检修班组负责供水系统的巡视和综合维修工作,综合管理办公室负责供水量统计、水费收缴、材料管理和用水户管理等工作。供水系统的水质检验委托洛阳市自来水公司检验中心进行,检测结果显示水质达标。

2008年10月后,采用辅助经济合同方式委托管理,先后与小浪底工程公司、中国水利水电第十一工程局有限公司签订运行维护委托管理合同。

小浪底水利枢纽运行管理期,每年技术年供水量约600万立方米,其中2010年最高,达1 285.42万立方米。1995—2011年供水量统计见表13-6-1。

三、供电系统

小浪底工程供电系统在不同建设阶段,系统构成及管理方式各不相同。1998年3月,小浪底建管局编制完成供电系统制度汇编,2005年编制完成供电系统运行维护规程汇编,2010年对供电系统各站点、设施进行统一规范命名。

表 13-6-1　1995—2011 年供水量统计

年份	供水量（万立方米）	年份	供水量（万立方米）
1995	529.31	2004	252.96
1996	542.59	2005	628.18
1997	—	2006	565.88
1998	848.26	2007	943.23
1999	614.94	2008	701.61
2000	545.61	2009	980.56
2001	305.47	2010	1 285.42
2002	201.22	2011	972.82
2003	221.32		

(一) 施工期供电系统

小浪底工程施工供电分为两个阶段,即临时供电阶段和正式供电阶段,相应供电系统分别为临时供电系统和正式供电系统。

1. 临时供电系统

1992 年,在小浪底工程黄河北岸建设 1 座 35 千伏公路桥临时变电站,安装 1 台容量为 5 000 千伏安变压器,用于黄河北岸道路、黄河北岸供水等初期用电。电源取自济源市 35 千伏坡头变电站,经 35 千伏蓼坞—留庄(坡头)输电线路供电。1994 年该临时变电站拆除,蓼坞—留庄(坡头)输电线路与坡头变电站连接断开。

2. 正式供电系统

小浪底工程施工供电系统于 1992 年 3 月开工建设,1994 年 2 月完工。小浪底工程施工用电取自洛阳 220 千伏朝阳变电站,采用双回路供电,两回 110 千伏线路分别为朝东线(朝阳变电站至东河清变电站)、朝孟(朝阳变电站至孟津变电站)—孟东线(孟津变电站至东河清变电站),总长 53.7 千米。在小浪底工程黄河大桥南端台地上建设 110 千伏东河清变电站 1 座,安装 2 台容量为 25 000 千伏安变压器,作为小浪底工程施工期供电总电源,并由 6 千伏出线供马粪滩区域和变电站周边区域施工、生产、生活用电。

在小浪底工程大坝南端下游约 500 米山顶上,建设有 1 座 35 千伏南坝头变电站,安装 2 台容量为 6 300 千伏安变压器,双回路电源均取自东河清变电站 35 千伏出线,6 千伏出线用于大坝施工及土石料场供电。

在小浪底工程黄河北岸蓼坞区域山坡上,建设有 1 座 35 千伏蓼坞变电站,安装 2 台容量为 10 000 千伏安变压器,双回路电源均取自东河清变电站 35 千伏出线,6 千伏出线用于蓼坞区域Ⅱ标、Ⅲ标承包商生产、办公供电,北岸洞群及发电系统施工供电和桥沟办公生活区供电。

在小浪底工程留庄转运站建设有 1 座 35 千伏留庄变电站,安装 1 台容量为 2 000 千伏安变压器,电源取自蓼坞变电站送出的 35 千伏蓼坞—留庄输电线路,6 千伏出线用于留庄转运站供电。

在小浪底工程连地砂石料场建设有 1 座 35 千伏连地变电站,安装 1 台容量为 5 000 千伏安变压器,电源取自蓼坞变电站送出的 35 千伏蓼坞—留庄输电线路,6 千伏出线用于连地砂石料场供电。

小浪底工程施工期供电系统见图 13-6-4。

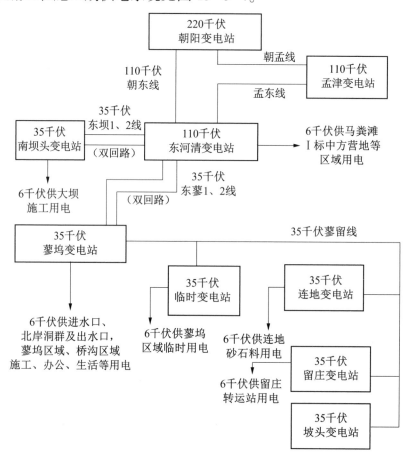

图 13-6-4 小浪底工程施工期供电系统

(二)运行期供电系统

2001 年,小浪底供电系统进行 6 千伏升 10 千伏改造,同时进行设备更新改造,增加微机综合自动化系统。东河清变电站更新改造后容量为 2 台 8 000 千伏安变压器。蓼坞变电更新改造后容量为 2 台 4 000 千伏安变压器,作为蓼坞区域、桥沟办公生活区、桐树岭区域供电电源和小浪底水电站厂用电备用电源。拆除 35 千伏南坝头变电站和连地变电站。

2003 年 1 月,新建小浪底工程东河清变电站至西霞院反调节水库右岸变电站的 35 千伏东霞线,将 35 千伏蓼坞—留庄输电线路延伸至西霞院反调节水库左岸变电站,将原位于小浪底工程南坝头的变电站和连地变电站拆除的设备分别转移安装在西霞院反调节水库工程右岸和左岸两座施工临时变电站,用于西霞院反调节水库工程建设施工供电。2010 年这 2 座施工临时变电站拆除。

2009 年以后,小浪底水利枢纽管理区供电电源改为由西霞院水电站 2 台 35 千伏容量 12 500 千伏安变压器分两路供电。一路是利用原蓼坞—西霞院 35 千伏供电线路,更名为霞蓼 1 线,用于西霞院向蓼坞变电站供电;另一路是利用原 35 千伏东霞线和东蓼 2 线,更名为霞蓼 2 线,用于西霞院经东河清变电站向蓼坞变电站供电。东河清变电站 110 千伏外购电源作为备用电源。同时,蓼坞变电站扩容为 2 台 12 500 千伏安变压器。

小浪底工程运行管理期供电系统见图 13-6-5。

在小浪底水利枢纽运行管理期,陆续建设了 11 座 10 千伏变电站,分别为葱沟变电站、桥沟东区变电站、桥沟西区供热制冷站变电站、小浪底工程教育基地 1 号院变电站、小浪底工程教育基地 2 号院变电站、小浪底工程科研基地变电站、转轮加工车间变电站、小浪底文化馆变电站、东山基地 3 号公寓楼变电站、东山基地洗浴中心变电站、枢纽维修中心生活区变电站。

(三)供电系统运行管理

小浪底工程施工期,国际承包商自各变电站引出的 6 千伏供电线路及其配电系统均由承包商自己负责建设和运行管理,此外的供电系统由小浪底建管局负责管理。

2008 年 10 月之前,小浪底建管局供电系统运行维护人员采用劳务用工与短期合同制用工相结合的用工形式。劳务用工主要来自中国水利水电第三、八、十一工程局等单位。供电系统运行管理主要分为运行班组、供电调度、修试

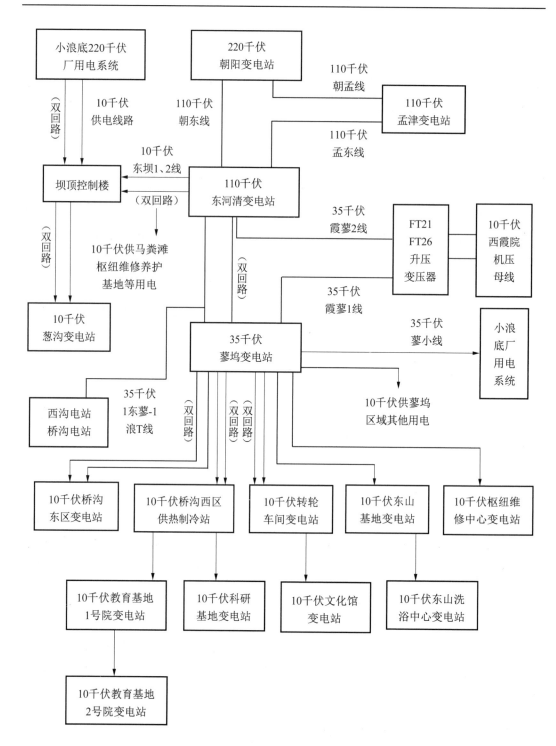

图 13-6-5 小浪底工程运行管理期供电系统

班组、外线班组、综合管理办公室。运行班组负责供电系统各变电站运行值班工作;供电调度负责供电系统运行操作指挥、运行维护工作协调;修试班组负责供电系统各变电站日常维护检修工作;外线班组负责供配电变压器、输配电线路、路灯照明等巡视和日常维护检修;综合管理办公室负责进行供电量的统计、电费收缴、材料管理和用电户管理等工作。2008年10月后,小浪底建管局供电系统采用辅助经济合同承包方式进行运行管理,先后与小浪底水利水电工程有限公司、中国水利水电第十一工程局签订运行维护管理承包合同。

小浪底工程施工期,1997年供电量最高,达11 972.40万千瓦时。根据小浪底建管局与施工承包单位签订的合同中规定的用电单价,按照电能计量表计算电费,由用电单位向小浪底建管局缴纳相应费用。1995—2011年供电量统计见表13-6-2。

表13-6-2 1995—2011年供电量统计

年份	年供电量 (万千瓦时)	年份	年供电量 (万千瓦时)
1995	4 458.12	2004	2 374.70
1996	8 886.56	2005	3 340.41
1997	11 972.40	2006	2 790.63
1998	11 561.05	2007	1 836.61
1999	9 143.58	2008	2 914.88
2000	5 567.02	2009	2 067.82
2001	2 445.04	2010	2 762.59
2002	1 646.89	2011	3 045.95
2003	1 666.53	合计	78 480.78

1993—2011年,供电系统运行稳定,没有发生生产安全事故、事件,没有发生因供电原因造成施工中断或引起索赔的情况,没有发生影响枢纽安全运行的事件。

第七节 信息通信

小浪底建管局十分重视信息通信工作,成立专门机构,研究制定相关规划,持续完善基础设施设备条件,不断提高小浪底工程建设管理的信息化、数字化水平。

一、机构设置

1993年,小浪底建管局成立通信队,设在生产筹备处,由通信队具体负责小浪底工程通信网的建设、运行、管理工作。1996年,生产筹备处更名为水电管理处,通信队为该处的一个科室。2002年,通信队划归综合服务中心管理,负责电话系统、计算机网络(桥沟办公楼之外部分)、视频会议系统等信息系统的建设、运行和维护工作。

1993年,小浪底建管局成立信息中心(副处级单位)。1995年信息中心撤销,相应业务职责划归技术处。2000年,信息中心重新成立,科级单位,设在小浪底建管局办公室,具体负责计算机网络、信息管理系统的建设、运行和维护工作。

在小浪底工程和西霞院工程建设过程中,根据工作需要,相关专业应用系统由相关业务部门负责建设和运行管理。

二、信息化规划

1999年,小浪底建管局成立信息化工作领导小组,委托华中理工大学及加拿大咨询专家潘士弘编制《小浪底企业集成信息系统总体方案设计》。该规划提出了小浪底建管局网络建设规划、应用系统规划、计算机配置规划等,是小浪底建管局计算机管理信息系统开发和应用的纲领性文件。该规划方案历时8个月编制完成,并通过专家鉴定和小浪底建管局组织的验收。由于种种原因,该规划未得到全面落实。

三、通信系统

在小浪底工程和西霞院工程建设中,小浪底建管局引进当时成熟和先进的通信技术和设备,为工程的建设和运行管理提供通信保障。

(一)专用电话通信网

1991年9月至1992年12月,小浪底建管局相继建设了短波电台等一批临时通信设施,在黄河南岸、北岸小浪底建管局办公区和小浪底建管局洛阳办事处3套40门空分交换机系统,解决了内部临时通信。

为解决与水利部通信和对外通信,1993年1月在南岸临时办公区,建设有4条单话路中继电路的卫星地球站,实现了与水利部地球站联网;同年2月,建成200门程控交换机。1994年1月,在桥沟1号公寓楼临时通信机房内新安装了400门数字程控用户交换机,先后与济源市电信公网、洛阳电信公网联网,实现了内部4位等位拨号、外部通过7位公网号码直接拨入功能,基本满足内部通信需要。

1994年9月,在小浪底工区黄河南岸东河清与黄河北岸蓼坞,由小浪底建管局投资各建一个邮电支局,为参与小浪底建设的国际国内承包商提供长途及本地电话服务,建成后的土建设施、通信设备、线路产权全部交付给地方电信部门运营管理。两个电信支局分别安装了200线数字程控交换机及相应配套的传输系统和电源系统。

1995年5月,在桥沟办公楼机房新安装开通了800门数字程控用户交换机,为业主、监理提供电话服务。桥沟原400门数字程控用户交换机搬迁到洛阳基地1号楼6楼通信机房并开通运行。在小浪底工程施工期,用户达到1 300户。

1999年11月,安装开通小浪底水力发电厂200门电力调度交换机,安装2个调度台与河南电力调度中心联网,满足了河南省电力调度部门对小浪底电厂运行、检修业务的通信要求。2001年5月,安装开通爱立信微微蜂窝移动系统(小灵通系统),主要为电厂调度及生产检修使用。

2002年5月,对桥沟800门数字程控用户交换机进行升级改造,安装开通1 200门数字程控局用交换机,同时安装开通西霞院远端模块交换系统。同年8月,对洛阳400门程控交换机进行升级改造,安装开通800门数字程控局用交换机。

2003年5月,安装开通郑州生产调度中心800门数字程控局用交换机系统。至此,小浪底电话专用通信网基本建成,用户数量接近4 000户。小浪底电话专网通信网络见图13-7-1。

(二)联网传输通道

1993年12月,建设完成蓼坞电信支局到济源电信局24芯的光缆线路,该线路是蓼坞电信支局的出局线路,也是小浪底建管局桥沟交换机的出局线路,是小浪底第一条光缆线路,全长40千米。1999年10月,建成小浪底水力发电

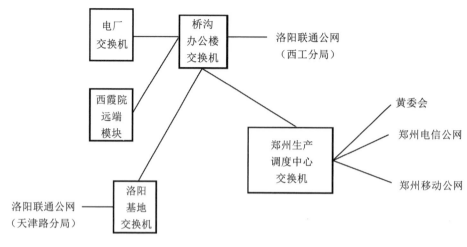

图 13-7-1 小浪底电话专网通信网络

厂—洛阳牡丹变电站 220 千伏 2 条 8 芯 OPGW（地线复合光缆），开通 2 套 34 兆比特每秒准同步数字系列光传输设备。2002 年架设了寺院坡到小浪底办公楼 24 芯光缆线路。2003 年敷设小浪底办公楼到西霞院反调节水库的 24 芯光缆线路。

1994 年 4 月，建成第一条微波线路——小浪底工地到洛阳的 34 兆比特每秒准同步数字系列微波线路。1995 年 1 月，建设洛阳市西工区电信局—涧西区电信局—小浪底建管局洛阳基地之间的光缆线路，该线路与洛阳—寺院坡—小浪底工地的数字微波线路连接，贯通了洛阳基地与小浪底工地的通信联系。同年 5 月，建成了寺院坡—东马沟 34 兆比特每秒 PDH 微波线路。东马沟微波站是黄委会郑州—三门峡的防汛微波线路的一个中继站，通过这条线路实现了小浪底专用通信网与黄河专用通信网的防汛系统联网。2005 年 7 月，建设开通了小浪底工地到郑州 155 兆比特每秒准同步数字系列微波系统，提供 64 路 2.048 兆比特每秒数字电路，为小浪底工地与郑州生产调度中心提供传输电路通道。2011 年 5—10 月，对小浪底—寺院坡—洛阳联通公司（原洛阳邮电局）和寺院坡—黄委会洛阳通信处的微波进行改造，由准同步数字系统改造成同步数字系统，传输容量从 33 兆比特每秒提高到 155 兆比特每秒。小浪底微波系统见图 13-7-2。

四、办公自动化

(一) 管理信息系统

1994 年底，在小浪底工地构建临时局域网，网络操作系统为 Novell Netware

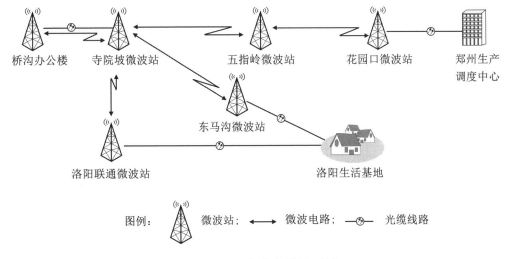

图例：⊼ 微波站；↔ 微波电路；~◇~ 光缆线路

图 13-7-2 小浪底微波系统

3.1,并建立了以 Expedition 文函管理和 P3(Primavera Project Planner)进度控制系统为主的临时管理信息系统。1995 年,在临时系统的基础上,先后完成枢纽管理区办公楼局域网的设计和建设、P3 进度控制系统的二次开发和应用、Expedition文函管理系统的二次开发和应用、水雨情管理系统的开发和应用、小浪底工程建设多媒体演示系统的开发等。1998 年,完成大坝安全监控系统和电厂自动控制系统的开发工作,初步形成小浪底工程建设管理信息系统。小浪底工程建设管理信息系统见图 13-7-3。

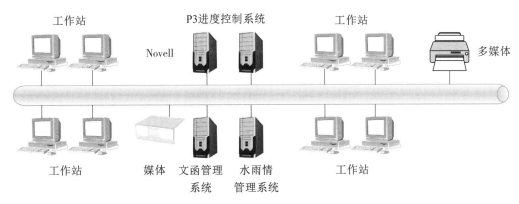

图 13-7-3 小浪底工程建设管理信息系统

(二)计算机网络系统

1999 年 11 月,小浪底建管局对计算机网络系统进行升级,通过专线及防火墙技术实现局域网与公共网络的安全、稳定互连,并通过电话拨号方式支持移动办公和远程办公。2004年6月,洛阳基地的计算机网络建设完成,郑州生产调度中心、小浪底工地与洛阳生活基地之间的计算机网络建设全部完成并联网运行。2005年1月,对小浪底工地办公楼的网络设备进行升级,在小浪底工地、郑州生产调度中心、洛阳生活基地构建了千兆骨干局域网,通过虚拟专用网络(VPN)方式实现了三地局域网与公共网络互联互通。2005年10月,完成小浪底工地办公楼的网络布线升级,到桌面的传输速度由10兆比特每秒提升到100兆比特每秒。

(三)综合数字办公系统(OA系统)

2000年2月,小浪底建管局第一代办公自动化系统投入运行。该系统为Lotus Notes 5.0,为C/S结构,具备公文处理、电子邮件收发、信息发布、网上论坛等功能。

在第一代办公自动化系统的基础上,2002年初开发建设第二代办公自动化系统,即小浪底建管局综合数字办公平台。2002年12月完成系统建设规划,2003年7月开始实施,当年12月建成并投入试运行,2004年3月投入正式运行。

在小浪底建管局综合数字办公平台基础上,2010年对小浪底水利枢纽建设管理局信息资源共享平台进行开发,并于2012年投入正式运行。小浪底建管局综合数字办公平台见图13-7-4。

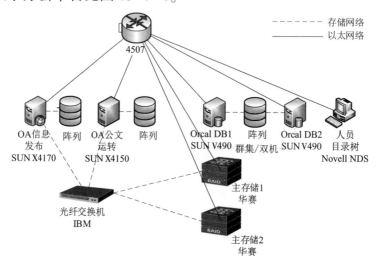

图13-7-4 小浪底建管局综合数字办公平台

第八节　后勤保障

小浪底工程后勤保障包括生产生活用地、生产生活用房、交通、餐饮、水电暖、医疗卫生、保洁绿化、物业管理等内容。小浪底建管局成立专门工作机构，明确职责任务，做好相关服务保障。

一、组织机构

在小浪底前期工程建设期，后勤服务保障管理由郑州总部管理处、洛阳办事处和行政处共同承担；在小浪底主体工程建设期，为加强后勤保障工作，成立行政处负责后勤保障；在小浪底工程运行期，调整成立综合服务中心负责后勤服务保障工作。

二、制度机制

结合工作实际，后勤保障部门不断加强制度机制建设，形成以小浪底建管局后勤管理制度、综合服务部门管理制度、综合服务管理部门各科(室)管理制度的"三级"后勤管理制度体系。截至 2011 年 12 月 31 日，先后印发的后勤管理制度有《机关工作用车管理办法》《综合服务中心工作检查和督办制度》等194 项。

强化资产管理，不断建立健全后勤资产管理责任制，对后勤资产建账、立卡、造册，实行动态管理；对水电暖设施设备实行挂牌管理，完善技术档案，明确责任，定期巡检，及时检修。

2004 年，后勤管理部门提出"有困难，找中心"的承诺。2006 年，后勤管理部门开展节约型后勤建设，开源节流，节能降耗。2008 年开始采用智能 IC 卡，探索智慧后勤系统建设。

三、用地用房保障

(一) 生产、生活用地

工程建设用地和办公生活用地分布在小浪底工区、洛阳市和郑州市，共计 9 343 472.45 平方米。

在工程建设期，小浪底建管局陆续通过划拨方式在洛阳市孟津县、吉利区和济源市取得 9 243 499.65 平方米作为工程管理区,包括桥沟生活区、东山营地区、蓼坞施工场区、东西河清区、马粪滩区、小南庄及桐树岭区、神树及寺院坡区、中部占压区。1993 年,小浪底建管局在洛阳市涧西区丽春西路 1 号通过划拨方式取得土地 87 221.20 平方米,建立洛阳办公及生活基地(见图 13-8-1)。

图 13-8-1 小浪底建管局洛阳办公及生活基地(2005 年)

2000 年 9 月,小浪底建管局在郑州市管城区紫荆山路 66 号通过土地出让方式取得土地 12 751.6 平方米,建立郑州生产调度中心(见图 13-8-2),土地使用期 50 年。

图 13-8-2 小浪底建管局郑州生产调度中心(2005 年)

(二)生产生活用房

小浪底前期工程开工时,小浪底建管局办公及生活用房主要是租用黄委会设计院勘测总队勘测一队(黄河北岸)和勘测二队(黄河南岸)的房屋,并租用部分民居窑洞。

1994年3月,小浪底建管局开始迁入桥沟河两岸办公生活区。根据需要,办公生活区功能逐步完善,包括东一区、东二区和西二区,主要建筑物有办公楼、公寓楼、多功能厅、招待所、车队、综合楼、职工医院、锅炉房等,总建筑面积为61 345平方米。桥沟生活区东一区营地建筑物见表13-8-1,桥沟生活区东二区营地建筑物见表13-8-2,桥沟生活区西二区营地建筑物见表13-8-3。桥沟生活区东一区营地平面布置示意(2005年)见图13-8-3,桥沟生活区东二区营地平面布置示意(2005年)见图13-8-4,桥沟生活区西二区营地平面布置示意(2005年)见图13-8-5。

表13-8-1　桥沟生活区东一区营地建筑物

序号	建筑物名称	建筑形式	面积(平方米)
1	办公楼	框架结构八层	12 248.00
2	招待所	砖混结构三层	2 678.90
3	1号公寓楼		3 756.52
4	2号公寓楼	砖混结构五层	3 756.52
5	3号公寓楼		3 756.52
6	4号公寓楼		3 756.52
7	职工食堂(多功能厅)	二层	3 700.00
8	5号公寓楼	砖混结构三层	1 345.17
9	东区变电站		
10	制冷站	一层	556.83
11	锅炉房		624.00
12	机电标监理部	平房	624.42
13	专家楼		1 316.98
14	小浪底宾馆	框架结构	9 998.00

表 13-8-2　桥沟生活区东二区营地建筑物

序号	建筑物名称	建筑形式	面积(平方米)
1	实验室	砖混结构三层	1 042.03
2	车队办公楼		1 835.53
3	大车库及经营用房	二层	2 105.11
4	小车库	砖混平房	206.84

表 13-8-3　桥沟生活区西二区营地建筑物

序号	建筑物名称	建筑形式	面积(平方米)
1	综合楼、建设银行	砖混结构四层	3 120.00
2	食堂	平房	180.81
3	拘留所	窑洞	496.40
4	聚龙宾馆	平房	
5	医院	砖混结构三层	1 445.00
6	蓼坞邮电所		
7	配电房		
8	教学基地	平房	1 046.00
9	锅炉房	砖混结构一层	537.20

　　国外承包商营地设在桥沟生活区西一区,包括Ⅰ、Ⅱ、Ⅲ标营地。2003 年外商退场时移交给业主,2004 年经整修后作为小浪底建管局职工生活居住区。桥沟生活区西一区Ⅰ标营地建筑物统计见表 13-8-4,桥沟生活区西一区Ⅱ标营地建筑物统计见表 13-8-5,桥沟生活区西一区Ⅲ标营地建筑物统计见表 13-8-6。桥沟生活区西一区Ⅰ标营地平面布置示意(2005 年)见图 13-8-6,桥沟生活区西一区Ⅱ标营地平面布置示意(2005 年)见图 13-8-7,桥沟生活区西一区Ⅲ标营地平面布置示意(2005 年)见图 13-8-8。

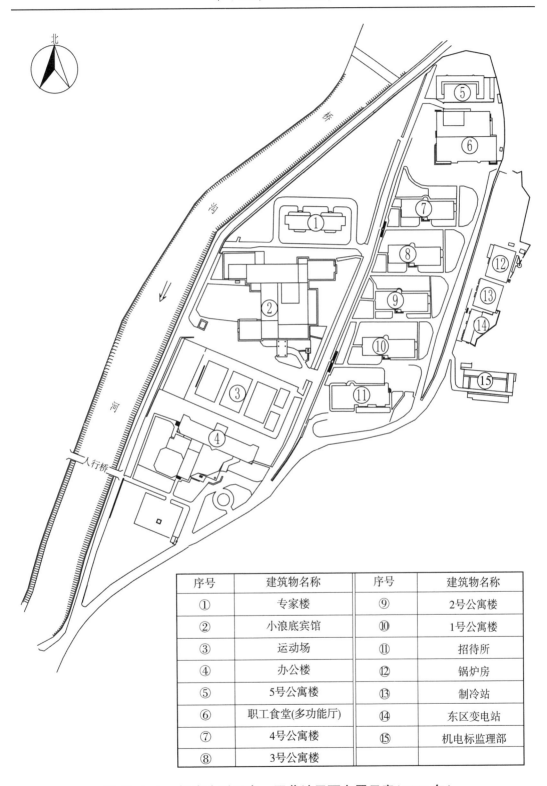

序号	建筑物名称	序号	建筑物名称
①	专家楼	⑨	2号公寓楼
②	小浪底宾馆	⑩	1号公寓楼
③	运动场	⑪	招待所
④	办公楼	⑫	锅炉房
⑤	5号公寓楼	⑬	制冷站
⑥	职工食堂(多功能厅)	⑭	东区变电站
⑦	4号公寓楼	⑮	机电标监理部
⑧	3号公寓楼		

图 13-8-3 桥沟生活区东一区营地平面布置示意(2005年)

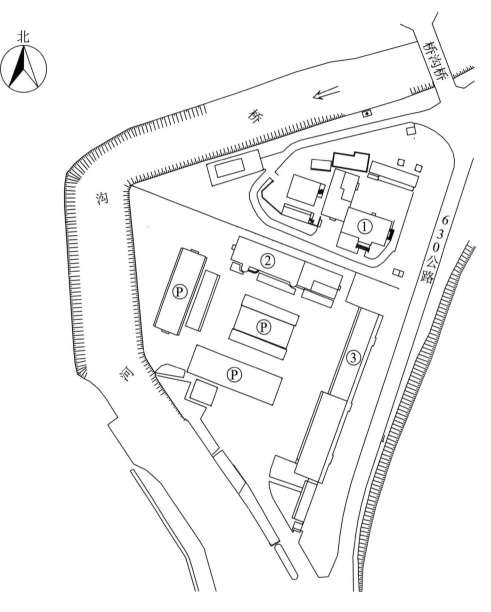

序号	建筑物名称	序号	建筑物名称
①	实验室	②	车队办公楼
③	一层车库，二层经营用房	P	车库

图 13-8-4　桥沟生活区东二区营地平面布置示意(2005 年)

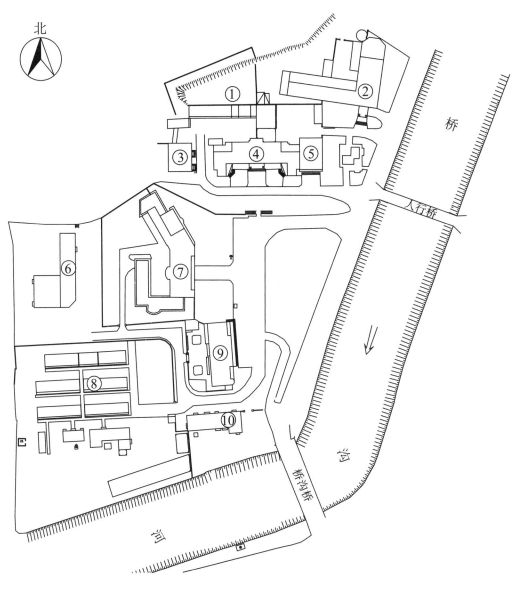

图 13-8-5 桥沟生活区西二区营地平面布置示意（2005 年）

序号	建筑物名称	序号	建筑物名称
①	拘留所	⑥	锅炉房
②	聚龙宾馆	⑦	医院
③	食堂	⑧	教学基地
④	综合楼	⑨	蓼坞邮电所
⑤	建设银行	⑩	配电房

表 13-8-4　桥沟生活区西一区Ⅰ标营地建筑物

序号	建筑物名称	建筑形式	面积(平方米)
1	H1～H4	砖混平房	417.60
2	F1～F8		400.20
3	F9～F12		202.10
4	G1～G5		640.20
5	M1～M12		1 064.88
6	L1～L8		591.60
7	I(贵宾室)		164.07
8	E1	砖混楼房	553.60
9	E2		488.00
10	E3		488.00
11	E7～E8		722.58
12	学校	砖混平房	178.17
13	大餐厅		621.79
14	BU		272.70
15	AT		254.00
16	办公室		353.41

表 13-8-5　桥沟生活区西一区Ⅱ标营地建筑物

序号	建筑物名称	建筑形式	面积(平方米)
1	A	砖混楼房	968.00
2	B		1 144.00
3	C		783.00
4	D		910.13
5	JE	砖混四层	1 376.40
6	E	砖混楼房	910.13
7	M		1 560.00
8	J		1 450.40
9	S1	砖混平房	179.64
10	S2～S5		446.40
11	S6～S9		390.60
12	YM	砖混三层	990.6
13	YE	砖混四层	1 357.6

续表 13-8-5

序号	建筑物名称	建筑形式	面积（平方米）
14	YM	砖混三层	808.50
15	大餐厅	砖混平房	1 260.00
16	保龄球馆		111.05

表 13-8-6　桥沟生活区西一区Ⅲ标营地建筑物

序号	建筑物名称	建筑形式	面积（平方米）
1	A1~A6、A10~A11	砖混平房	662.88
2	A7、A12		233.20
3	A8~A9、A14~A15		273.04
4	A13		127.76
5	A16		142.19
6	A17、A21		198.14
7	A18~A20		306.15
8	A22~A27	拆除	
9	B1~B18	砖混平房	544.32
10	B19~B30		224.52
11	B31~B34		68.20
12	B35~B38		70.92
13	B39~B42		121.56
14	B43~B54	拆除	
15	B55~B60	砖混楼房	180.00
16	PA28~PA30	砖混平房	87.48
17	PB6A~PB66		87.48
18	餐厅		476.73
19	洗衣房		74.14
20	健身房		129.60

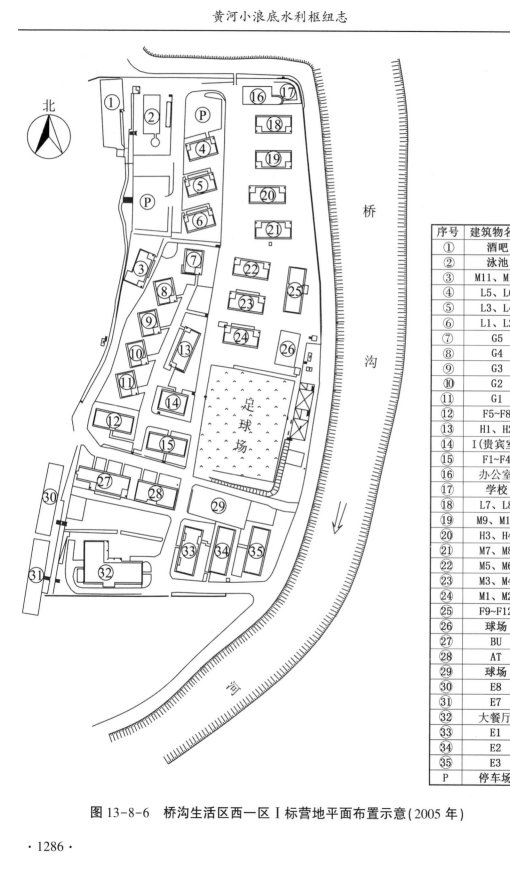

序号	建筑物名称
①	酒吧
②	泳池
③	M11、M12
④	L5、L6
⑤	L3、L4
⑥	L1、L2
⑦	G5
⑧	G4
⑨	G3
⑩	G2
⑪	G1
⑫	F5~F8
⑬	H1、H2
⑭	I(贵宾室)
⑮	F1~F4
⑯	办公室
⑰	学校
⑱	L7、L8
⑲	M9、M10
⑳	H3、H4
㉑	M7、M8
㉒	M5、M6
㉓	M3、M4
㉔	M1、M2
㉕	F9~F12
㉖	球场
㉗	BU
㉘	AT
㉙	球场
㉚	E8
㉛	E7
㉜	大餐厅
㉝	E1
㉞	E2
㉟	E3
P	停车场

图 13-8-6　桥沟生活区西一区Ⅰ标营地平面布置示意(2005年)

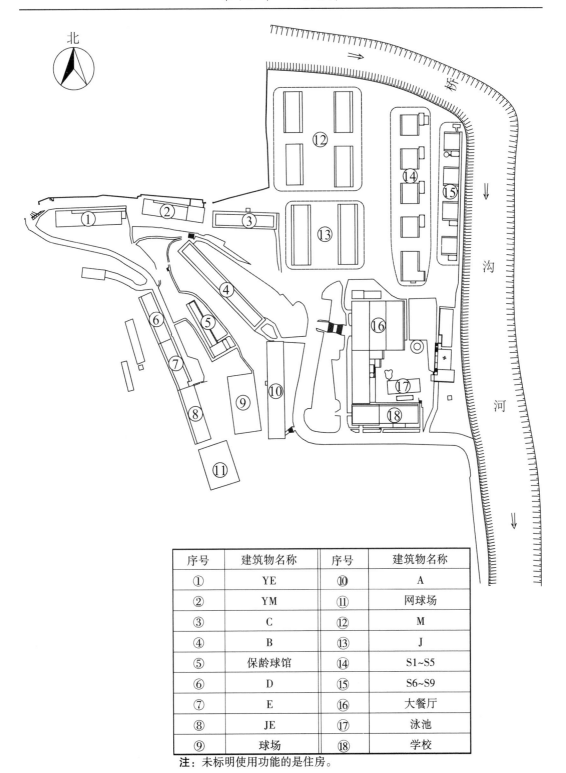

序号	建筑物名称	序号	建筑物名称
①	YE	⑩	A
②	YM	⑪	网球场
③	C	⑫	M
④	B	⑬	J
⑤	保龄球馆	⑭	S1~S5
⑥	D	⑮	S6~S9
⑦	E	⑯	大餐厅
⑧	JE	⑰	泳池
⑨	球场	⑱	学校

注：未标明使用功能的是住房。

图 13-8-7　桥沟生活区西一区Ⅱ标营地平面布置示意(2005 年)

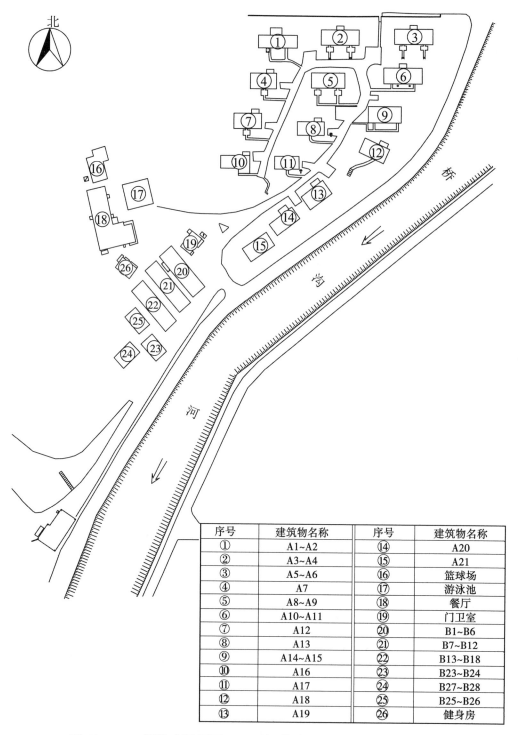

序号	建筑物名称	序号	建筑物名称
①	A1~A2	⑭	A20
②	A3~A4	⑮	A21
③	A5~A6	⑯	篮球场
④	A7	⑰	游泳池
⑤	A8~A9	⑱	餐厅
⑥	A10~A11	⑲	门卫室
⑦	A12	⑳	B1~B6
⑧	A13	㉑	B7~B12
⑨	A14~A15	㉒	B13~B18
⑩	A16	㉓	B23~B24
⑪	A17	㉔	B27~B28
⑫	A18	㉕	B25~B26
⑬	A19	㉖	健身房

图 13-8-8　桥沟生活区西一区Ⅲ标营地平面布置示意(2005年)

承包商营地包括位于西河清的Ⅰ标承包商中方营地,位于东山的Ⅱ标、Ⅲ标承包商中方营地,位于桐树岭和连地的Ⅲ标承包商中方营地,以及位于马粪滩的Ⅰ标承包商中方营地等。小浪底工程结束后,上述营地由西霞院工程的承包商租用。西河清Ⅰ标中方营地建筑物统计见表13-8-7,桐树岭Ⅱ标承包商中方营地建筑物统计见表13-8-8,马粪滩Ⅰ标承包商中方营地建筑物统计见表13-8-9。小浪底工程施工期承包商营地平面布置示意见图13-8-9,Ⅱ标、Ⅲ标承包商中方东山营地平面布置示意见图13-8-10,桐树岭国际Ⅱ标承包商中方营地平面布置图见图13-10-11,Ⅲ标承包商中方连地营地平面布置示意见图13-8-12。

表 13-8-7 西河清Ⅰ标中方营地建筑物

序号	建筑物名称	建筑形式	面积(平方米)
1	管理人员楼	砖混平房	302.22
2	职员俱乐部		163.26
3	职员楼	砖混楼房	2 553.99
4	急诊所	砖混平房	58.70
5	电视房		10.75
6	营地办公室		57.41
7	工人俱乐部		266.40
8	食堂		378.18
9	工人宿舍	砖混楼房	1 210.72
10	淋浴房	砖混平房	286.75
11	锅炉房		149.13

表 13-8-8 桐树岭Ⅱ标承包商中方营地建筑物

序号	建筑物名称	建筑形式	面积(平方米)
1	平房1	砖混一层	130
2	平房2		167
3	平房3		167
4	茶炉房及卫生间	砖混一层	68
5	楼房1	砖混二层	1 330
6	楼房2	砖混三层	845
7	餐厅	砖混一层	222
8	配电房		12

表 13-8-9　马粪滩Ⅰ标承包商中方营地建筑物

序号	建筑物名称	建筑形式	面积(平方米)
1	平房1	砖混一层	186
2	平房2		835
3	平房3		309
4	平房4		211
5	车库1	钢屋架	1 947
6	车库2		2 483
7	仓库		1 398
8	维修车间		552
9	地磅房	砖混一层	6
10	卫生间		45

　　工程辅助设施包括留庄转运站、水电管理处用房以及坝顶控制楼、地面副厂房、加油站、机修车间等。留庄转运站平面布置示意见图 13-8-13,施工期水厂平面布置示意见图 13-8-14,其他工程附属设施见表 13-8-10。

表 13-8-10　其他工程辅助设施

序号	建筑物名称	建筑形式	面积(平方米)
1	北岸派出所	砖混一层	215.13
2	东官庄营地	平房	266.57
3	工区加油站	砖混一层	80.64
4	Ⅱ标木工车间		1 663
5	Ⅱ标机械车间		3 192
6	Ⅱ标油库		850
7	Ⅱ标办公房		995
8	备品备件库		531.25
9	仓库1		924.50
10	仓库2		924.50
11	机修车间	框架	954.48
12	工程公司办公房		5 369.35

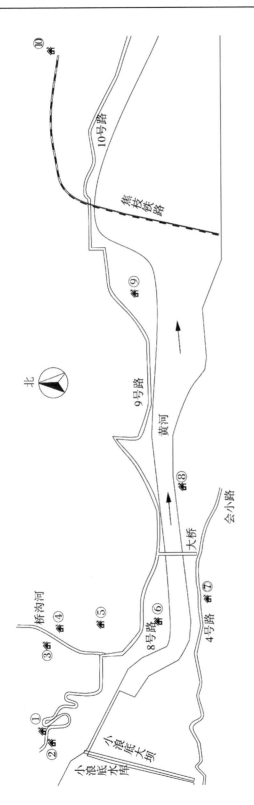

序号	名称
①	桐树岭国际Ⅱ标承包商中方营地(一)
②	桐树岭国际Ⅱ标承包商中方营地(二)
③	桥沟生活区西区营地
④	桥沟生活区东区营地
⑤	东山国际Ⅱ、Ⅲ标承包商中方营地
⑥	水电管理处
⑦	西河清Ⅰ标中方营地
⑧	马粪滩国际Ⅰ标承包商中方营地
⑨	连地国际Ⅱ标承包商中方营地
⑩	留庄转运站

图 13-8-9　小浪底工程施工期承包商营地平面布置示意

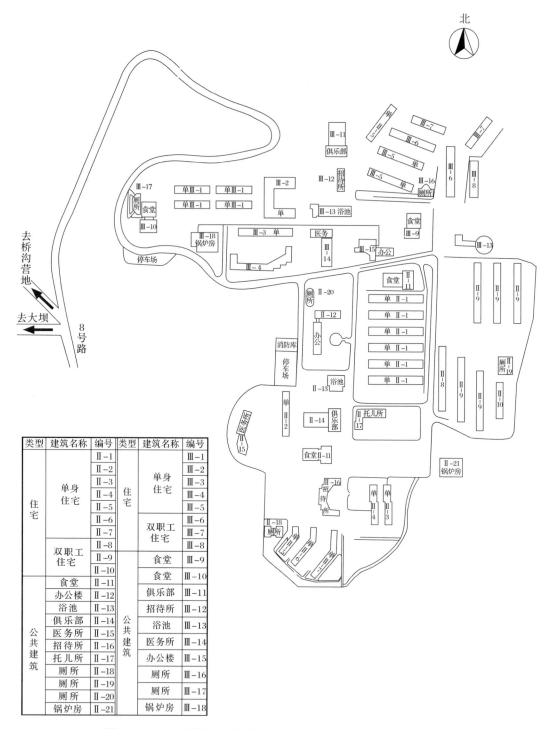

图 13-8-10　Ⅱ标、Ⅲ标承包商中方东山营地平面布置示意

类型	建筑名称	编号	类型	建筑名称	编号
住宅	单身住宅	Ⅱ-1	住宅	单身住宅	Ⅲ-1
		Ⅱ-2			Ⅲ-2
		Ⅱ-3			Ⅲ-3
		Ⅱ-4			Ⅲ-4
		Ⅱ-5			Ⅲ-5
		Ⅱ-6		双职工住宅	Ⅲ-6
		Ⅱ-7			Ⅲ-7
	双职工住宅	Ⅱ-8			Ⅲ-8
		Ⅱ-9		食堂	Ⅲ-9
		Ⅱ-10		食堂	Ⅲ-10
公共建筑	食堂	Ⅱ-11	公共建筑	俱乐部	Ⅲ-11
	办公楼	Ⅱ-12		招待所	Ⅲ-12
	浴池	Ⅱ-13		浴池	Ⅲ-13
	俱乐部	Ⅱ-14		医务所	Ⅲ-14
	医务所	Ⅱ-15		办公楼	Ⅲ-15
	招待所	Ⅱ-16		厕所	Ⅲ-16
	托儿所	Ⅱ-17		厕所	Ⅲ-17
	厕所	Ⅱ-18		锅炉房	Ⅲ-18
	厕所	Ⅱ-19			
	厕所	Ⅱ-20			
	锅炉房	Ⅱ-21			

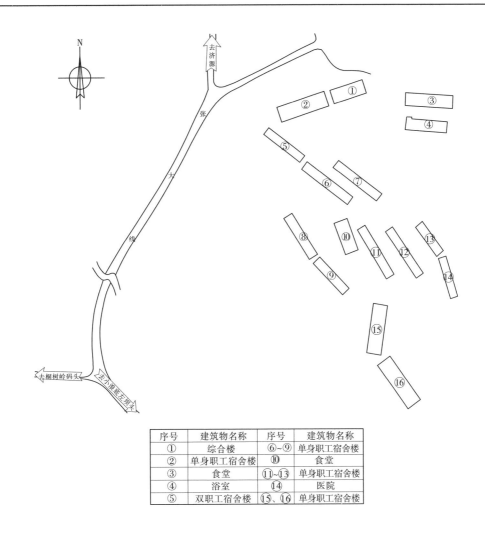

序号	建筑物名称	序号	建筑物名称
①	综合楼	⑥~⑨	单身职工宿舍楼
②	单身职工宿舍楼	⑩	食堂
③	食堂	⑪~⑬	单身职工宿舍楼
④	浴室	⑭	医院
⑤	双职工宿舍楼	⑮、⑯	单身职工宿舍楼

图 13-10-11　桐树岭国际Ⅱ标承包商中方营地平面布置图

小浪底建管局在洛阳市设办公、生活基地,1994 年建成 1 号楼(综合楼)、2~7 号住宅楼,以及锅炉房、配电房、加油站等辅助设施;1998 年建成 8~9 号住宅楼;2000 年建成小浪底大厦。洛阳基地总建筑面积为 55 641.97 平方米,洛阳基地示意见图 5-1-5。

小浪底建管局总部设在郑州市。小浪底建管局于 1993 年购买金苑小区北6 号楼和南 15 号楼作为职工家属楼,1999 年购买宏都花园和梦苑小区部分商品房作为职工住房,2003 年建成紫荆山 66 号院的生产调度中心、综合楼和住宅楼。郑州总部建筑物统计见表 13-8-11。

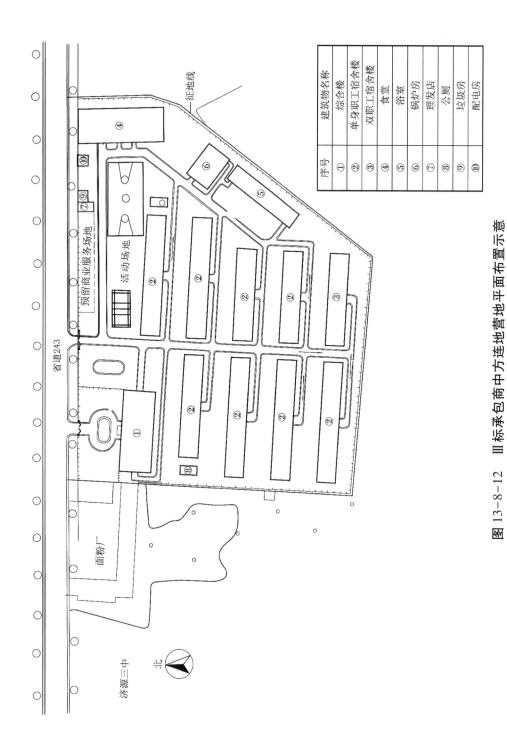

序号	建筑物名称
①	综合楼
②	单身职工宿舍楼
③	双职工宿舍楼
④	食堂
⑤	浴室
⑥	锅炉房
⑦	理发店
⑧	公厕
⑨	垃圾房
⑩	配电房

图 13-8-12　Ⅲ标承包商中方连地营地平面布置示意

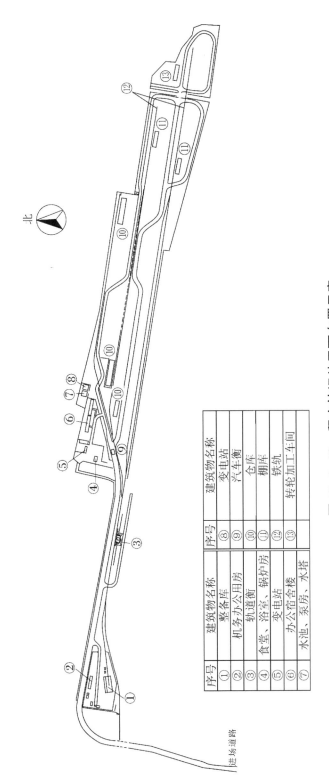

北

进场道路

序号	建筑物名称
①	整备库
②	机务办公用房
③	轨道衡
④	食堂、浴室、锅炉房
⑤	变电站
⑥	办公宿舍楼
⑦	水池、泵房、水塔

序号	建筑物名称
⑧	变电站
⑨	汽车衡
⑩	仓库
⑪	棚库
⑫	铁轨
⑬	转轮加工车间

图 13-8-13　留庄转运站平面布置示意

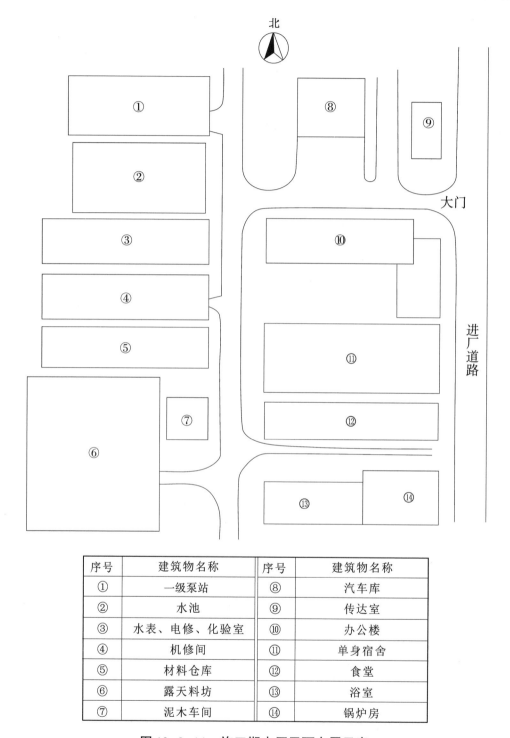

序号	建筑物名称	序号	建筑物名称
①	一级泵站	⑧	汽车库
②	水池	⑨	传达室
③	水表、电修、化验室	⑩	办公楼
④	机修间	⑪	单身宿舍
⑤	材料仓库	⑫	食堂
⑥	露天料坊	⑬	浴室
⑦	泥木车间	⑭	锅炉房

图 13-8-14　施工期水厂平面布置示意

表 13-8-11　郑州总部建筑物

序号	建筑物名称	建筑形式	面积(平方米)
（一）	金苑小区		7 162.53
1	北 6 号楼	砖混结构六层	3 915.84
2	汽车库		39.20
3	自行车库	平房	232.19
4	传达室		16.92
5	南 15 号楼	砖混结构六层	2 719.16
6	汽车库	平房	37.03
7	自行车库		202.19
（二）	宏都花园	砖混结构七层	3 346.29
（三）	梦苑小区		3 469.66
（四）	紫荆山路 66 院		45 118
1	1 号住宅楼		9 940
2	2 号住宅楼	框架	15 018
3	办公楼		9 860
4	综合楼		10 300

截至 2011 年,郑州、洛阳、小浪底工地三地建筑面积共 306 126.05 平方米。其中,郑州建筑面积 59 096.48 平方米;洛阳建筑面积为 55 641.97 平方米;小浪底工地建筑面积 191 387.6 平方米。郑州生产调度中心平面布置示意见图 13-8-15。

四、交通保障

小浪底工程开工建设期间,行政处车队负责工地现场车辆保障任务。随着主体工程的开工建设,小浪底工程施工任务逐步加大,施工人员亦逐步增加,施工作业面遍布小浪底工区的各个角落,车队既要保障业主日常办公用车、接待用车和休假班车等,还要保障业主、监理的施工现场用车。1994 年 8 月,小浪底建管局新购置一批车辆,行政处在车队分设业主车队和监理车队。其中,业主车队主要保障机关职能部门、对外接待、各种会议、职工休假等用车,监理车队保障施工现场监理用车。监理车队实行跟班服务,在工程监理前方值班室昼夜

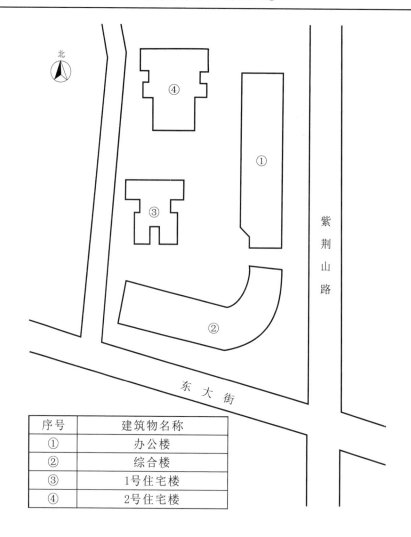

北

紫荆山路

东大街

序号	建筑物名称
①	办公楼
②	综合楼
③	1号住宅楼
④	2号住宅楼

图 13-8-15　郑州生产调度中心平面布置示意

值班候命;业主车队完成主体工程开工、截流、首台机组发电等重大接待任务的车辆保障。车队每年安全行驶公里数超过 250 万公里,连续 7 年被评为水利部、河南省交通厅、洛阳市安全生产先进单位。

2004 年 1 月,小浪底建管局机关搬迁至郑州市,后勤服务形成"三地五点"(郑州市、洛阳市、枢纽管理区三地,小浪底办公生活区、小浪底坝区、西霞院坝区、郑州总部、洛阳基地五个点)格局,工地的业主车队和监理车队合并,郑州成立车班。1991—2011 年小浪底建管局车辆情况统计见表 13-8-12。

表 13-8-12　1991—2011 年小浪底建管局车辆情况统计

年份	车辆数量				
	大轿车	小轿车	越野车	其他	合计
1991	4	3	10		17
1992	6	4	12	6	28
1993	8	4	24	2	38
1994	12	13	33	8	66
1995	15	20	44	8	87
1996	19	25	70	8	122
1997	20	27	86	9	142
1998	20	27	86	10	143
1999	20	27	86	10	143
2000	23	34	88	11	156
2001	23	37	90	11	161
2002	27	42	94	11	174
2003	27	42	94	11	174
2004	25	36	34	1	96
2005	25	36	34	1	96
2006	18	27	54	8	107
2007	16	27	30	6	79
2008	17	29	36	7	89
2009	18	27	30	9	84
2010	20	30	33	10	93
2011	17	31	23	8	79

注:大轿车指 15 座以上车辆。

五、餐饮保障

1992 年 2 月,小浪底建管局在黄河南岸临时办公区建成职工食堂。1994 年 3 月,小浪底建管局在黄河北岸桥沟生活区东一区建成职工食堂;1994 年 4 月,在桥沟生活区东一区建成招待所餐厅。职工餐厅和招待所餐厅主要服务于黄河两岸现场工作的业主、监理及相关业务单位(黄委会设计院、建设银行等)驻工地工作人员,招待所餐厅还承担部分接待任务。1994 年 9 月,小浪底工程主体工程开工建设,工地人员增加,高峰期就餐人数达 2 000 多人。

2002 年,小浪底筹建桥沟生活区西一区Ⅰ标食堂和Ⅱ标食堂。2004 年 2 月,根据西霞院工程建设需要,建立西霞院职工食堂。2004 年,小浪底建管局机关迁至郑州生产调度中心后,筹建郑州金苑小区招待所食堂,2005 年筹建郑州小浪底宾馆职工餐厅。

2005 年,小浪底餐饮保障逐步向后勤服务社会化方向和专业化管理模式转变。2011 年起,职工食堂运营委托专业管理运营队伍承担。

六、医疗保障

小浪底工程开工以后,参建者的医疗保障任务主要由小浪底建管局职工医院及外方承包商Ⅰ、Ⅱ、Ⅲ标急救站承担。

1. 小浪底建管局职工医院

1993 年 9 月,根据水利部的指示和小浪底工程的医疗需求,小浪底建管局成立职工医院,是小浪底水利枢纽的主要医疗保障单位,承担基本医疗保健及小浪底工区的创伤急救。1995 年 5 月,成立水利部小浪底建管局职工医院暨小浪底工区创伤急救中心,两块牌子一套人马,执业范围包括内科、外科,以创伤外科为主。1995 年 7 月,成立洛阳卫生所。2003 年,筹建西霞院工程医务室。

2002 年,职工医院从以创伤急救为主逐渐转向基本医疗保健、创伤急救、职工体检、卫生防疫、健康促进、工伤职业病管理等。与专业体检机构合作实施职工体检,建立职工健康档案;开展病媒生物防制,有效预防鼠害、虫媒和传染性疾病的发生和流行。

小浪底工程建设期间,小浪底职工医院服务区域内人口约 1.8 万人,累计门诊量约 12.45 万人次,健康体检 1.9 万人次,基本满足工区人群的医疗需求。1996—2005 年,在工伤、交通事故、刑事治安等突发性事件中抢救危重急伤病员 2 500 余人次,门诊留观 1 900 余人次,收治住院患者 1 606 人次,开展内脏破裂、颅脑外伤、骨科等急诊急救手术 1 000 余例,转诊危重患者 103 例。

2003 年,小浪底建管局职工医院组织参加非典型肺炎防治工作,获济源市抗击"非典"先进集体、河南省抗击"非典"先进团支部、河南省学雷锋志愿服务先进集体等荣誉称号。

2. 外方承包商Ⅰ、Ⅱ、Ⅲ标急救站

Ⅰ、Ⅱ、Ⅲ标急救站是小浪底工程的阶段性医疗单位,由外方承包商组建并管理,每个急救站有 1~2 名外籍医务人员和 2~3 名聘用中方医务人员,拥有基本的医疗急救设施,主要服务于外籍人员的基本医疗和中方雇员的院前急救。

七、供暖制冷

小浪底工程建设期间,桥沟办公生活区的供暖制冷系统分为东一区、西一区、东二区及西二区、水厂 5 个区域。其中,东一区为中央空调系统,西一区为户式空调系统,其他 3 个区仅有冬季供暖系统。

东一区空调机房分为锅炉房和制冷站两个车间,负责供应办公楼、公寓楼、职工食堂、小浪底宾馆、小浪底招待所、专家楼,面积约 5 万平方米。西二区负责供应职工医院、车队、实验室、邮电局、教学基地、综合楼,面积约 1.2 万平方米。2000 年和 2002 年进行管网扩建,供应范围增加了西一区外商Ⅰ、Ⅱ、Ⅲ标营地,面积约 2.4 万平方米。

2009 年 4 月至 2010 年 6 月,对桥沟办公生活区锅炉房从传统燃煤方式改造为用电方式,东区和西区分别建设锅炉房,提高自动化水平,减轻大气污染,减少碳排放,提供安全可靠的清洁能源。

水厂锅炉房负责供应水厂办公楼、生活楼,面积约 1.1 万平方米。

郑州区域有金苑小区、梦苑小区、宏都花园和紫荆山路 66 号院 4 个小区,其中金苑小区、梦苑小区、宏都花园为社会物业公司负责供暖。2003 年开始,郑州紫荆山路 66 号院开始供暖制冷运行,其中办公楼和综合楼有供暖制冷系统,1 号楼、2 号楼仅有供暖系统。

洛阳家属院采用自有锅炉房供暖,自 1994 年底开始运行,负责供应洛阳家属院 1~7 号楼及生活区配套建筑物。2006 年 6 月自有锅炉拆除,采用洛阳市集中供暖。

八、绿化及环卫

先期,行政处下设绿化班和卫生班,负责小浪底桥沟办公生活区业主区域 22.5 万平方米的绿化和 6.4 万平方米卫生保洁工作;2000 年 8 月,接管西一区外商营地。2004 年 1 月 1 日,小浪底推行后勤服务社会化管理,通过招标选择的物业公司接管办公生活区的绿化、保洁和其他物业管理工作。

第九节 安全保卫

小浪底工程建设管理安全保卫工作,在不同时期,由河南省公安厅派出机构和小浪底建管局内部保卫工作机构根据各自职能分别承担。小浪底工程投入正式运行后,核心区域由武警实施守卫。

1992年9月,小浪底建管局保卫处成立,负责小浪底工区治安保卫工作。1993年7月,河南省公安厅小浪底公安处成立,全面负责小浪底工程建设的治安保卫工作,小浪底建管局保卫处的人员和职能并入小浪底公安处。2006年9月,小浪底建管局再次成立保卫处,具体负责小浪底建管局单位内部安全保卫管理等工作。2007年6月,河南省武警总队洛阳支队小浪底五大队正式进驻小浪底水利枢纽区执行守卫勤务,担负小浪底水利枢纽工程核心区域的安全守卫任务。

一、保卫处

1992年9月,小浪底建管局成立保卫处,具体负责小浪底前期工程建设的治安保卫工作。1993年7月,河南省公安厅小浪底公安处的正式成立,小浪底建管局保卫处的工作职责及人员并入河南省公安厅小浪底公安处。

随着小浪底主体工程通过初步验收,小浪底建管局的工作重心由工程建设逐步转向运行管理。为做好单位内部安全保卫管理工作,维护小浪底枢纽管理区正常的生产、生活及旅游秩序,2006年9月,小浪底建管局再次成立保卫处,为单位内部保卫工作的主管部门,正处级单位。

2007年10月,小浪底建管局印发《小浪底水利枢纽建设管理局内部保卫管理办法》(局综〔2007〕5号),明确保卫处的具体工作职责为:负责对小浪底建管局内部保卫工作进行指导和检查,协助公安部门做好治安及刑事案件查处,与武警大队进行工作联系和协调,负责小浪底水利枢纽和西霞院水利枢纽管理区公共区域的安全保卫、安保监控系统和公共通道的管理工作。此外,该办法还对内部保卫工作的原则、相应职责划分、工作程序等予以明确。

2008年4月,小浪底建管局印发《小浪底水利枢纽管理区治安保卫联防工作实施意见》,提出和确定小浪底枢纽管理区治安保卫联动工作机制。治安保卫联动工作机制实行公安、武警、保卫三位一体的管理模式,以小浪底公安处、保卫处、武警五大队为主体,相关部门配合,共同维护小浪底水利枢纽管理区和西霞院反调节水库管理区正常的生产、生活、交通、经营管理秩序,及时处置区域内发生的群体性事件、重大事件、紧急事件。同时,治安保卫联动工作实行预警模式,预警分为 3 个等级,相对应的行动响应级别为三级、二级、一级,其中一级响应为最紧急响应。

2008 年 12 月,小浪底建管局印发《小浪底水利枢纽建设管理局使用保安服务管理办法》(局保卫综〔2008〕1 号),就使用保安服务,引入保安服务组织的管理、资质、工作内容、合同签订、奖惩、考核等做出规定,加强安全保卫工作,规范保安队伍管理。

2009 年,小浪底建管局投入 700 余万元建立安保监控系统,在小浪底水利枢纽管理区内设一个总监控中心和 6 个分监控中心,接入彩色摄像机头 500 余个,全面覆盖核心区域、主要交通道路、停车场及办公生产区,在核心区域、办公生活区域及坝后保护区的主要进出口设置门禁系统,由保卫处统一负责管理,确保进入人员、车辆安全。

为维护小浪底水利枢纽管理区生产工作秩序,小浪底枢纽管理区各办公生活区设置门岗和门禁系统,执行 24 小时值班制。内部车辆持通行证进入,外单位办事人员由接待部门(单位)通知执勤岗,执勤岗登记后办理会客单,凭会客单通行,其他车辆和人员凭有效证件通行。

对小浪底水利枢纽管理区公共区域的安全保卫,组织成立由保安队员组成的机动小分队,负责在小浪底枢纽管理区范围内巡逻,协助保卫处检查保安执勤情况,协助处理突发事件和承担重大活动的安全保卫工作。机动队员人事劳务关系由保安大队管理,业务上由保卫处协调和指挥,实行双重管理。

小浪底水利枢纽管理区外部区域的安全保卫方面,小浪底建管局在对外交通道路上分别设置官庄、连地、河清等管理门。在西霞院反调节水库南北岸对外交通道路上设置 2 处管理门,执行 24 小时值班制。持有效通行证或业务联系单的车辆从工作通道通行;临时办理业务车辆,由相关业务联系部门(单位)指定联系人与保卫处值班室直接联系,通报相关信息,保卫处值班室登记后通知执勤岗从工作通道通行;旅游车辆凭门票从旅游通道通行。

对车辆通行管理,在保障小浪底水利枢纽日常运行维护管理和当地生产生活车辆通行的前提下,严禁危险品车辆、超限车辆和经营性车辆通行,严格管理施工车辆,及时处置因车辆管控引发的事件。

2009年,小浪底水利枢纽被列为河南省反恐怖防范先行试点单位之一,小浪底建管局严格按要求部署落实反恐怖防范试点工作,制订了反恐怖防范试点工作方案和反恐怖防范试点工作标准。2009年11月,制定反恐怖应急预案。2010年,小浪底建管局获河南省反恐怖工作先进单位称号。

二、小浪底公安处

(一)机构设置

1993年10月,河南省公安厅印发《关于成立河南省公安厅小浪底公安处的通知》(豫公政〔1993〕122号)。1993年12月29日,河南省公安厅在小浪底工区举行小浪底公安处挂牌仪式。小浪底公安处为正处级单位,属公安厅的派出机构,受河南省公安厅和小浪底建管局双重领导,行使县级公安机关职权,下设政办室、刑警大队、治安大队、行政拘留所、消防科、交警大队、南岸派出所、北岸派出所等8个科、队、所。河南省公安厅负责干部管理,后勤保障工作由小浪底建管局负责,党组织关系隶属小浪底建管局党委。

1994年7月10日,小浪底公安处组建交警大队。1996年8月,小浪底公安处增设外事科、消防科。2004年4月,小浪底公安处增设西霞院派出所。2004年11月,小浪底公安处撤销外事科,设立行政财务科,北岸派出所更名为水警大队,交警大队更名为交巡警大队。

2009年7月,河南省公安厅小浪底公安处更名为河南省公安厅小浪底公安局(简称小浪底公安局),接受河南省公安厅和小浪底建管局的双重领导,下设政办室、行财科、刑警大队、治安大队、消防科、水警大队、交通巡逻大队、西霞院派出所,并在政办室内设法制室。小浪底公安局的更名旨在进一步规范执法,理顺业务关系,服务于小浪底水利枢纽的运行管理。

(二)管辖范围

小浪底公安局地域管辖范围为小浪底已办理征地手续、打了界桩的23.33平方千米施工区以及南、北岸外线公路,留庄转运站。2004—2011年,增加了小浪底水库水域、西霞院反调节水库水域和陆地的管辖面积25平方千米。

小浪底公安局在小浪底工程建设管理区域范围内担负国家有关公安工作的方针、政策和法律法规的落实执行;掌握影响、危害工程安全和社会治安稳定的情况,分析治安形势,制定对策,实施案件的侦查工作;协调处置各种群体性和骚乱案(事)件;查处各类案件;依法管理枪支弹药、危险爆炸物品、特种行业和公共场所;依法对外国工作人员和家属做好出入境签证服务和登记工作,依法处置各类涉外案(事)件;负责对辖区外来务工人员做好登记和日常管理工作;负责监督区域消防安全检查验收;负责组织实施各类重要安全警卫任务,为确保小浪底工程的顺利建设和安全运行保驾护航。

刑事案件办理以黄河两岸为界,按照属地原则,刑事案件犯罪嫌疑人的看守和羁押分别由孟津县、济源市两岸公安局看守所执行,批捕、起诉、审判分别由两岸检察院、法院管辖。

小浪底工程建设期间施工区域实行封闭管理,小浪底公安局在北岸外线公路连地村处设立连地交通岗,在南岸外线 1 号公路官庄村处设立官庄交通岗,严格控制无关车辆进入,非施工车辆发放通行证。施工区域没有常住人口,都属外来务工人员,小浪底公安处负责施工区以内的暂住人口的日常管理。

(三)治安保卫

小浪底工程建设期间,来自全国各地的 22 支水利施工队伍,上万人云集施工区,治安状况比较复杂,管理任务繁重。1994 年 9 月主体工程开工后,51 个国家和地区的 700 余名外籍人员进驻工地,各种特大型施工设备也从海关运达工地。工程开工初期,黄河南、北两岸的部分群众由于施工征地、搬迁等问题,常常引发矛盾,造成施工干扰;一些不法之徒趁机作案,盗窃等案件频发。各施工队伍之间以及与周边群众之间,由于各种矛盾纠纷引起的聚众斗殴事件时有发生。

1. 治安管理

针对不同时期的治安状况和特点,公安保卫部门在周边群众中广泛开展法制教育,配合小浪底建管局调解征地、搬迁、移民等方面引起的纠纷。对于寻衅滋事、恶意阻挡施工、盗窃施工物资等事件,治安大队、刑警大队开展排查(见图 13-9-1),采用不同方法,分别对待,及时处置;对参加堵路、堵施工场地的部分群众,进行耐心说服教育和疏导,同时积极协调解决他们的合理诉求;对于少数无理取闹导致寻衅滋事、恶意阻拦施工的违法人员,做好现场取证,查清违法事实,及时处置;对各种犯罪嫌疑人员,及时做好报送、批捕工作,坚决予以打击。1996 年 10 月,由济源市司法机关在黄河北岸桐树岭村召开一次公开审判大会,公审 30 余名犯罪分子,震慑了犯罪行为,稳定了施工和生活秩序。小浪底公安局还帮助各施工单位建立内部保卫组织,成立巡逻队伍,对于炸药库、外方营地等部位的重点保卫,治安大队在桐树岭和东山营地施工人员居住密集区设立警亭,实行 24 小时值班、备勤制度,保证第一时间接、出警,及时有效地扼制小浪底施工区违法犯罪案件的发生。

图 13-9-1　河南省公安厅小浪底公安处民警在施工现场巡逻

1996 年 10 月 19 日夜,4 名犯罪嫌疑人持刀潜入 I 标外商营地实施抢劫。案发后小浪底公安局迅速展开侦破工作,经过 52 天的追查,将罗某、段某等 4 名犯罪嫌疑人抓获归案,受到外商赞许。

对现发案、恶性案及时侦破,是小浪底治安保卫工作的重点之一。1998 年 11 月 10 日,中国水利水电第十四工程局临时工张某某在桐树岭西侧山上被人用绳索勒脖致死。案发后,小浪底刑警大队仅用 15 天的时间就将犯罪嫌疑人薛某某(偃师人)抓获。

在小浪底工程建设期,来自全国各地的参建人员和社会服务人员众多,构成复杂。小浪底公安局治安大队、南岸派出所、北岸派出所对各自辖区的暂住人口登记并办理暂住证,协助各施工单位成立内部治安保卫组织,指定专人联络。同时,澄清底数,掌握动向,将重点人员纳入视线,协助外地公安机关抓获外逃犯罪嫌疑人 6 人,及时消除不安全隐患。

2.外事管理

对外籍人员管理是小浪底公安局的主要工作之一。在小浪底工程建设期,外籍人员背景复杂。小浪底公安局秉承"外事无小事"原则,分别在外方承包商Ⅰ、Ⅱ、Ⅲ标指定外事联络人,按照中国的法律法规,并尊重外籍人员的风俗习惯,协助办理一切涉外事务;外事科还主动与河南省公安厅出入境管理总队和洛阳市公安局出入境管理科协调,对小浪底外籍人员的签证由到郑州改为在洛阳市公安局就近办理,缩短了办理时间,方便外籍人员出入境。

3. 交通管理

在施工中能否保证施工的正常运转,道路的畅通是重要环节。小浪底公安局交警大队根据不同时间,对道路进行统一规划、实行科学分流疏导,确保重型施工车辆及各种大型设备顺利进出施工场地。在黄河南岸 1 号专用公路的官庄处和黄河北岸 9 号专用公路的连地处设立交通检查站,控制进入施工区车辆。为方便承包商车辆挂牌和年检,小浪底交警大队与洛阳市公安局交警支队协商,在小浪底施工现场为施工车辆悬挂施工牌照,并在施工区内设立车辆和驾驶员审验点,保证审车和施工两不耽误。对发生在施工区的交通事故进行依法快速处理,确保施工畅通无阻。

4. 警卫工作

在小浪底工程建设及运行期间,党和国家领导人多次莅临施工现场视察,小浪底工程的警卫工作十分繁重。小浪底公安局与河南省公安厅警卫局沟通,提前制订警卫方案,做好每一次重大活动的安全保卫工作。1997 年 10 月 28 日小浪底工程截流,国务院总理李鹏等国家领导人亲临现场,举世瞩目,全国新闻媒体争相报道,中央电视台第一次采用现场直播的方式向全世界现场直播这一盛况,无数群众也纷纷赶来观看,警卫难度极大。小浪底公安局严密制订警卫方案,对每一处警戒目标层层落实到人,落实到岗,保障截流仪式圆满举行。1991 年 9 月至 2011 年 12 月,小浪底公安局共承担重大警卫任务 14 次。

三、武警

根据小浪底水利枢纽在国民经济发展中的特殊地位,按照《中国人民武装警察法》和国务院、中央军委相关规定,2006 年 6 月武警河南省总队决定,由武警洛阳市支队专门组建第五大队,承担小浪底水利枢纽核心区守卫任务。

小浪底建管局与洛阳武警支队签订正式协议,就武警进入小浪底工程核心区域守卫的管理模式、管理范围、管理职责、管理费用等内容进行明确。根据相关规定及协议,武警洛阳市支队第五大队具体担负小浪底水利枢纽工程核心区域的安全守卫任务,防范和打击犯罪分子的违法破坏活动,维护小浪底水利枢纽核心区域秩序,预防和处置突发事件,担负小浪底枢纽管理区治安维稳机动力量;对进入核心区域人员、车辆的通行证件进行严格检查。小浪底建管局与武警洛阳市支队对武警洛阳市支队第五大队实行"双重保障、双重管理"。武警洛阳市支队是武警洛阳市支队第五大队政治、军事、后勤装备的上级领导和管理单位;小浪底建管局负责"四项设施"(执勤、训练、文化、生活设施)的建设、维修、保养和更新工作,保卫处具体负责小浪底水利枢纽武警守卫工作的业务联系与协调。2007年6月30日上午10时,武警河南总队洛阳市支队第五大队上勤仪式在小浪底大坝上举行,武警正式进驻小浪底水利枢纽执行守卫勤务。

第十四章　成就与效益

小浪底工程是黄河治理开发的控制性关键工程,战略地位重要、工程规模宏大、地质情况复杂、水沙条件特殊、运行方式严格、技术难度巨大。工程建设部分利用世界银行贷款,与国际工程管理的惯例接轨,坚持开发性移民方针,在国内首次全面开展环境保护监理,创新性地引进先进的技术和管理方式,成功地攻克了诸多工程技术难题,取得工期提前、质量优良、投资结余的建设成就,并创造多项世界记录和国内领先水平的工程实践,丰富和发展了多沙河流工程泥沙处理理论和实践。

工程投入运行后,坚持黄河水资源统一调度、电调服从水调、公益性效益优先的调度原则,通过不断优化水库运行方式,工程在黄河下游防洪、防凌、减淤、供水、灌溉、发电、生态保护和旅游等方面发挥显著效益,黄河调水调沙试验和生产运行得以有效开展,保障了黄河下游不断流,实现了河床不抬高,为促进经济发展和社会稳定发挥了重要作用。

第一节　成就与成果

小浪底工程建设管理体制全方位与国际工程管理惯例接轨,通过引进世界银行贷款,进行国际招标,按照市场规律运作,并结合中国国情,在工程建设管理模式等方面进行了理论和实践创新;通过开展中美联合轮廓设计,确定工程以洞群进口集中布置为特点的枢纽建筑物总布置格局;通过采用新技术、新工艺、新材料以及先进的大型成套施工设备,保证了工程进度、质量、技术、安全等,取得一批重要科技成果;通过走开发性移民道路,实现移民搬得出、稳得住、能致富的目标,被世界银行誉为"与发展中国家合作的典范"。

一、建设成就

小浪底工程是利用外资、全面引进国际承包商施工的大型水利水电工程,是世界多泥沙河流建设高坝大库的成功案例之一,成就巨大。其建设管理实行项目业主负责制、招标投标制、建设监理制和合同管理制,坚持开发性移民方针,创立环境保护管理机制,创建了与国际工程接轨并兼具中国特色的水利水电工程建设管理模式,提升了中国水利水电工程建设技术水平。

(一)创建世界多泥沙河流高坝大库成功典范

黄河是世界上最复杂难治的河流,其症结在于水少沙多、水沙异源、水沙关系不协调,黄河治理的研究和实践印证了多泥沙河流修建高坝大库极具有复杂性和挑战性。多泥沙河流修建高坝大库,存在库区淤积、进水口淤堵、水工流道和水轮机磨蚀严重等诸多问题,同时给调度运行带来更加严格的要求;加之坝址河床覆盖层深厚、山体节理裂隙发育等,小浪底工程被国内外专家公认为是世界坝工史上最具挑战性的水利工程之一。

围绕复杂的泥沙难题,借鉴黄河治理开发的经验与教训,小浪底工程规划设计提出合理拦排、综合兴利规划理念,预留75.5亿立方米淤积库容,同时保持51亿立方米长期有效库容;为利于水库排沙,确定非常死水位220米时泄流规模不小于7 000立方米每秒,并结合地形条件采用隧洞泄流为主的泄洪方式;为预防进水口淤堵,泄洪、排沙、发电、灌溉共16条泄洪洞进水口集中布置、上下错落、相互保护,并采用蓄清排浑、调水调沙运行方式,保证进口不淤堵和长期有效库容;采用70兆帕高强度等级混凝土减轻高含沙水流对过流隧洞的磨蚀,采取优化引水布置、较低同步转速、转轮叶片优质不锈钢锻造、喷涂碳化钨抗磨材料等措施,减轻水轮机磨蚀,保证汛期正常发电。

实践表明,小浪底工程运行各项指标全部达到初步设计要求,其中水库泥沙淤积、发电量等指标优于初步设计。小浪底工程成为在世界多泥沙河流上创建高坝大库的成功典范。

(二)创新工程建设管理模式

按照FIDIC合同条件,结合中国水利工程建设管理法规制度,小浪底工程创建了与国际工程接轨并具有中国特色的建设管理模式。

小浪底工程建设全面实行项目法人责任制、招标投标制、建设监理制、合同管理制,以合同管理为中心,坚持项目法人在工程建设中的主导作用,明确参建各方的权利和义务,形成各负其责、相互协作、运转高效的建设管理机制。

小浪底工程利用外资 11.09 亿美元。按照世界银行采购导则,主体土建工程施工和主要机电设备采购采用国际招标;其他国内工程招标与采购,结合国内招标投标相关政策规定出台情况,参照国际招标程序等相关要求,从邀请议标开始逐步实施招标管理,并按照招标投标法律法规和政策文件进行调整与完善,全部纳入招标投标管理。

在工程建设中,采用 FIDIC 合同条件作为唯一准则,并引进国际技术规范和施工标准,与国内技术规范配合使用、相互对照,把国际水利水电建设的先进技术和管理方式与小浪底工程建设实际相结合。同时,运用合同条件,成建制引入中国水利水电施工队伍以劳务分包形式参加工程建设,解决了导流洞施工进度严重滞后问题;在处理与承包商合同争议上,引入争议评审机制,将投资控制在概算范围以内。

实行"小业主、大监理"的管理体制。通过内部机构调整,精简业主机关人员,充实监理力量,强化施工一线管理。业主给监理工程师充分授权,监理工程师直接向业主负责,各种资源向监理工程师一线倾斜,调动监理工程师的积极性,树立监理工程师的权威性。

(三) 树立开发性移民安置典范

小浪底工程移民搬迁安置工作坚持以人为本、依法移民、规范管理的原则,始终把移民群众的利益放在首位。实行"水利部领导、业主管理、两省包干负责、县为基础"的管理体制,坚持开发性移民方针,以大农业安置为主,走开发性移民道路,加强项目业主管理职能,强化地方政府包干目标责任制,重视移民全过程参与,把移民工作纳入基本建设管理轨道,圆满完成河南、山西两省 20.14 万移民搬迁安置工作,实施进度满足枢纽工程建设和效益发挥的要求,移民安置效果较好。

按照国际惯例引入移民监理机制,安置区生态环境得到保护。监测评估表明,移民生活达到或超过原有水平;移民正逐步实现与安置区群众的同步发展和社会融合,满意度较高;库区和移民安置区社会稳定,实现搬得出、稳得住、能致富的目标。小浪底移民工程为中国大型水利水电工程集中高强度移民安置工作树立了良好的典型,被世界银行誉为"与发展中国家合作的典范"。

(四) 创立环境保护管理机制

小浪底工程将环境保护作为工程建设的重要组成部分,与工程建设同步进行,并把水文水情监测、地震监测、卫生防疫、公共健康保障、水土保持和生态恢复建设纳入环境保护管理工作中。建立健全环境管理体系,成立资源环境处作为环境保护专职机构,制定和完善环境保护规章制度,并委托专业机构开展施工期环境监测评估,推动环境保护工作全面开展。

按照世界银行环评导则,小浪底工程开展环境影响评估工作,并通过世界银行评估。建立环境监理机制,率先实施环境保护工作,实现工程建设和环境保护的相互促进。小浪底工程建设的环境监理以建设期环境保护为重点,在分析和选择应用世界银行环境影响评估规程的基础上,创造性地提出水利水电工程施工期环境监理的理论、方法、管理模式和运作机制,并将研究成果成功运用于小浪底工程环境保护实践中。这些理论、方法和环境管理制度的提出和完善在中国水利水电工程环境保护实践中均为首次。

小浪底工程是中国最早开展环境影响评价的大型水利水电工程,也是中国大型水利水电工程环境保护从起步、探索、实践,到发展、完善过程的缩影,取得显著的社会、环境和经济效益。小浪底工程荣获国家环境保护总局授予的"国家环境保护百佳工程"称号,被水利部命名为"开发建设项目水土保持示范工程";世界银行检查团给予高度评价,称赞小浪底工程为"发展中国家建设项目环境管理的典范"。

(五)提升中国水利工程建设技术水平

小浪底工程在采用国际招标进行施工的同时,引进先进的施工设备、施工技术和施工管理经验,创新工程技术管理,聘请国内知名水利专家组成技术委员会和国际咨询公司进行咨询,提升小浪底工程建设的技术水平。同时,通过积极引进,大胆试验,开拓创新,研发、应用一系列先进技术,解决了坝基深覆盖层防渗、进口防淤堵、高边坡稳定、单薄山体密集洞群稳定、汛期发电等多项技术难题,为工程建设和安全运用提供了技术支撑和保障,推动中国高坝大库工程建设发展,提升了中国水利水电工程建设技术水平。

小浪底工程建设,形成的土石坝设计和施工技术、大坝基础深覆盖层防渗处理、洞内多级孔板消能泄洪、高边坡加固、密集洞室群施工安全、过流表面抗冲耐磨、水库调度运用方式、建筑物安全监测等一系列技术成果,丰富了多泥沙河流建设高坝大库的理论,部分技术成果纳入行业规范和规程,对其他水利水电工程建设具有广泛的推广应用价值,为中国水利水电工程建设与管理积累了宝贵经验。

(六)培养中国工程建设专业技术人才

小浪底工程建设全方位与国际工程接轨,技术条件复杂,有来自51个国家和地区的700多名外籍工程技术人员和国内22支水电施工队伍、上万名中外建设者共同参加建设,是名副其实的"国际水利工程建设管理的练兵场",为培养各类人才提供了得天独厚的条件。

工程建设过程中,通过与国内外咨询单位、技术专家合作沟通和交流,处理工程建设、合同管理等各类问题的能力大幅提升。同时,为适应工程建设管理和发展需要,加大各类人才培养力度,制定培养、选拔、使用育人机制,举办国际合同管理、英语等多种内容的培训班,鼓励参建人员刻苦学习、岗位成才,提倡一专多能、样样过硬,形成各类人才茁壮成长的良好氛围。随着工程建设的进展,培养出一批高层次的项目管理、工程建设、施工监理、合同管理、优秀项目经理等专业技术人才,陆续输出到各大水利工程建设中;锻炼出一批高素质的水利水电工程监理和施工队伍,为中国水利水电工程建设发挥重要作用,并为中国水利水电管理队伍走向世界、开拓国际市场奠定了坚实人才基础。

(七)完善黄河水沙调控体系

黄河突出的问题是水少沙多、水沙关系不协调、下游河床泥沙淤积严重,洪水问题突出。中华人民共和国成立后,初步形成"上拦下排、两岸分滞"的治黄战略思想,但由于缺少骨干性控制工程,水库调蓄的系统性较弱。小浪底工程位于黄河中游最后一个峡谷的出口处,处于承上启下控制黄河水沙的关键部位,是黄河治理总体规划中七大骨干工程之一。小浪底工程的建成投运,进一步完善了黄河水沙调控体系,水沙调控能力显著增强,大规模、多库联合调水调沙运用成为现实。

小浪底水库总库容126.5亿立方米,初期运行具有较强的调蓄能力,下游防洪标准提高至近千年一遇,并有效解除了下游凌汛威胁,在充分利用黄河洪水资源、改善黄河水量时空分布不均、水沙矛盾突出等方面发挥重要作用,提高了黄河下游供水保证率,优化了水资源配置,为黄河水量统一调度提供了关键基础条件和重要工程手段。

(八)社会效益巨大

小浪底工程投入运行后,坚持黄河水资源统一调度原则,始终把黄河下游防洪、防凌安全和满足供水、灌溉、黄河生态用水需求作为运行管理的首要目标,有力保障了黄河下游防洪安全,基本解除了黄河下游凌汛威胁,为黄河下游滩区近190万群众的生活、生产和25万公顷耕地提供了有效保障;通过水库拦沙和调水调沙运用,使下游河道由建库前的淤积抬高转变为冲刷下切,主河槽最小过流能力由不足1 800立方米每秒提高到4 000立方米每秒,实现了黄河中常洪水不漫滩;提高了下游引黄灌区的灌溉保证率,缓解了下游生产和生活用水紧张局面,为引黄济津、引黄济青、引黄济淀提供了稳定水源;合理调配了黄河下游水量,显著改善了库周和下游地区的生态环境,保障了黄河下游不断流,为支持区域经济社会发展和维持黄河健康生命做出了重要贡献。

二、工程技术创新

在工程规划和实施过程中,参加各方尊重科学、深入研究、积极引进、大胆创新,采用新技术、新方法、新工艺、新材料和先进配套的大型施工设备,成功地解决了工程建设中一系列高难度技术课题,取得了一批重要技术成果。

(一)工程规划理念

汲取多泥沙河流上水利水电工程建设的经验教训,创新多泥沙河流水库泥沙设计理论,形成一整套多泥沙河流水利枢纽工程规划、建筑物布置和设计的新理论和新方法,创新提出"合理拦排、以排为主、综合利用"的规划理念:小浪底水库总库容126.5亿立方米,规划防洪库容40.5亿立方米、调水调沙库容10.5亿立方米、拦沙库容75.5亿立方米。防洪库容和调水调沙库容共51亿立方米作为长期有效库容,汛期以防洪、减淤为主,非汛期调节径流综合兴利;利用75.5亿立方米的拦沙库容减少下游河床的泥沙淤积,水库调度运用主要分为拦沙初期、拦沙后期和正常运用期3个阶段,逐步抬高汛期限制运用水位,最终形成高滩深槽转入正常运用期。通过对黄河水沙特性、水库及下游河道泥沙输移规律的深入研究,创立适应高含沙水流且可较为精确地描述水沙运动规律的计算方法;构建了水库水沙调控指标体系;工程规划很好地协调了防洪、防凌、减淤、灌溉、供水和发电等多目标开发任务的要求。

(二)枢纽总布置方案

小浪底工程采用带有内铺盖的斜心墙堆石坝挡水,采取深厚混凝土防渗墙和库区泥沙淤积铺盖相结合的综合防渗措施,并将左岸单薄山体作为大坝的延伸进行防渗排水处理。创新提出"隧洞泄流为主、进水口集中布置"的泄流建筑物布置方案。所有泄洪、排沙、引水发电建筑物均布置在左岸单薄的山体内;以深式进水口隧洞群泄洪为主进行泄洪排沙,9 条泄洪排沙洞的总泄流能力占枢纽总泄流能力 17 559 立方米每秒的 78%,进水口集中布置、分层错落有致、出水口集中消能(16 条泄洪、排沙、引水发电洞进水口集中布置在一字形排列并连接成整体的 10 座进水塔内,形成低位泄水排沙、高位泄洪排漂、中间引水发电的格局)。总布置方案充分适应复杂的地形地质条件,成功解决了进水口防泥沙淤堵、发电引水口门前清、长期保持水库有效库容等问题,满足防洪、水沙调控等异常复杂的运行要求,工程运行方便灵活。

(三)坝型和防渗技术

为适应工程地质、地形和水沙运行条件,小浪底大坝采用当地材料土质防渗体,坝体采用 17 种坝料进行分区填筑,为了和坝前水库泥沙淤积形成的铺盖有效衔接,采用带有内铺盖的斜心墙堆石坝坝型,将大坝上游的截流戗堤、拦洪围堰和主坝有机结合成一个整体。考虑到左岸山体单薄、顺河向断裂构造发育的工程地质条件,将左岸单薄山体作为大坝的延伸,设置防渗灌浆帷幕和排水帷幕,对沟道进行压填,确保山体稳定。

坝基覆盖层深 70 多米,采用 35 兆帕的混凝土防渗墙与大坝心墙连接形成垂直防渗体系,并有效利用黄河泥沙淤积作为大坝的辅助水平防渗体系,形成以垂直防渗为主、内铺盖和水库泥沙淤积作为水平防渗为辅的双重防渗体系,简化基础防渗措施。初期运行情况表明,大坝及基础渗流稳定。

(四)孔板消能技术

为满足非常死水位 220 米泄流能力不小于 7 000 立方米每秒的低水位大泄量要求以及左岸单薄山体有限的空间、高速高含沙水流对流道的磨蚀等条件,导流洞重复利用成为枢纽布置的一项关键技术难题。如导流洞不采用孔板消能技术,洞内流速将超过 45 米每秒,高速高含沙水流带来的冲刷磨蚀问题无法解决。经过多项专题试验研究,在 3 条导流洞上游段设置龙抬头,在导流洞水平段加设三级孔板环,孔板环后设置中间弧形闸门室;在最高运用水位下,利用三级孔板环使水流通过时突然收缩和突然扩张形成环状漩涡流,单个孔板泄洪洞可消煞50多米水头能量,总消能率达42%以上,经中闸室后形成明流泄水流态,使洞内最大流速控制在34米每秒以下。

洞内多级孔板消能技术是一种创新,是首次在世界大型水利水电工程中应用。导流洞进行重复利用,3条孔板泄洪洞总泄流能力达5 035立方米每秒,满足低水位泄流能力要求,避免另设新的泄洪洞,解决了枢纽建筑物总体布置难题,节省了工程投资,同时为处理高速水流问题闯出一条新路。孔板泄洪洞原型过流实践表明,洞内孔板消能效果显著,孔板洞运行正常。

(五)无黏结预应力混凝土衬砌技术

排沙洞担负着泄流排沙、减少过机沙量、调节径流和保持进口冲刷漏斗等任务,使用最为频繁,设计洞径为6.5米、设计水头为122米。为预防排沙洞内高压水外渗对左岸单薄山体稳定造成影响,对3条排沙洞帷幕后总长2 000米的洞身段衬砌形式进行了钢板衬砌、夹薄钢板或PVC板的双层混凝土复合结构、有黏结和无黏结预应力混凝土结构等研究比选,并在现场进行1:1预应力混凝土结构模型试验和施工工艺试验,最终选择双圈缠绕后张法无黏结预应力混凝土衬砌结构形式。

采用双圈缠绕后张法无黏结预应力混凝土隧洞衬砌技术,成功解决了高压水外渗影响单薄山体稳定的问题,具有应力效率高、施工方便、投资节省、结构整体性能好等优点。初期运用情况表明,排沙洞及左岸山体安全稳定。

(六)厂房顶拱喷锚柔性支护技术

主厂房、主变室、尾闸室三洞室平行布置在左岸山体砂页岩地层中,其中主厂房跨度26.2米、长251米、最大开挖高度61.44米,采用喷锚柔性支护作为永久支护和岩壁吊车梁方案。厂房顶拱支护设置长8米/6米、孔距3米的系统张拉锚杆,厚20厘米的挂网喷混凝土,排距6米、间距4.5米、长25米、张拉力1 500千牛、324根双重保护预应力锚索,施工期收敛监测最大位移17毫米。岩壁吊车梁设计荷载1 000吨,经实际超静载25%和超动载10%试验,以及运行情况表明,地下厂房岩壁吊车梁工作状态良好。

(七)坝体填筑高强度施工技术

小浪底工程大坝为壤土斜心墙堆石坝,最大坝高160米,总填筑方量约

5 073 万立方米。坝体填筑采用高效率大型配套联合机械化作业、严格有序的料场开采技术、多种料平起填筑技术和先进快捷的核子密度仪质量检测技术，创造了坝体填筑的高强度纪录。1998 年 7 月至 2000 年 6 月为主要填筑期，平均月填筑强度 112 万立方米，平均月填筑升高 6.33 米，其中，1999 年填筑强度为 1 636 万立方米，最高月填筑强度为 158 万立方米（1999 年 3 月），最高日填筑强度为 6.7 万立方米（1999 年 1 月 22 日），坝体填筑不均匀系数为 1.31。

(八) 混凝土防渗墙施工技术

河床砂卵石覆盖层最大深度超过 70 米，存在夹砂层及大型孤石，基岩轮廓线存在两个大平台和陡坎、倒坡等。混凝土防渗墙造孔中采用以抓斗和双轮铣（又称液压铣槽机）为机械组合的高效开挖设备。砂卵砾石覆盖层以抓斗开挖为主，在遇到大卵石和孤石时辅之以重锤击碎；基岩开挖以双轮铣为主；造孔中的孔斜控制、基岩鉴定及混凝土浇筑前的清孔换浆均由双轮铣完成。

高效的开挖设备，为创造新型防渗墙接头形式提供了条件。Ⅰ、Ⅱ期防渗墙接头在国内首次采用横向接头孔填充塑性混凝土保护下的平板接头形式。其方法为：在已确定的Ⅰ、Ⅱ序槽孔接头位置先开挖一横向接头槽孔，尺寸为 2.8 米×1.2 米，接头孔中浇筑塑性混凝土；Ⅰ序槽孔开挖时，超过横向接头槽孔中心线 10 厘米；Ⅱ序槽孔开挖时，将Ⅰ序槽孔超浇的 10 厘米混凝土用双轮铣自上而下铣干净，形成一个有竖向均匀密布双轮铣牙刀留下的新鲜平顺的毛面，使Ⅰ、Ⅱ序槽孔墙段混凝土结合紧密；超出主槽孔两端的塑性混凝土附着在接缝两端，对接缝起保护作用。

(九) 复杂地质条件下密集洞室群施工技术

小浪底工程泄洪、排沙、引水发电等洞室群集中布置在左岸单薄山体内，加之交通洞、排水洞、灌浆洞、吊物井、通风井、电缆井等，在大约 1 平方千米的左岸单薄山体内，形成不同高程布置、平面上纵横交错的大小 100 多条洞室，部分洞室间距达不到设计规范要求，加之岩体破碎，节理裂隙发育，层面又近于水平，施工难度增大。

为确保洞室群围岩稳定和施工质量，研发应用多项施工技术，包括多臂钻钻孔、光面爆破、适时锚喷支护技术，同时加强地质预报、地质素描和围岩监测，并及时调整支护参数，采用钢筋台车、混凝土衬砌台车、灌浆台车等系列台车进行混凝土衬砌和灌浆作业等。地下工程石方洞挖高峰期平均强度达 10 万立方米每月,1996 年全年洞挖石方 100.6 万立方米。泄洪排沙洞群为结构混凝土,从 1996 年 11 月至 1997 年 8 月,连续 10 个月混凝土月浇筑量超过 10 万立方米,其中 1997 年 4 月混凝土月浇筑达 13.08 万立方米。

(十)汛期发电和水轮机抗磨蚀技术

小浪底工程汛期水流含沙量高,水库正常运用期的汛期 7—9 月过机水流含沙量达 68.6 千克每立方米,对水轮机的磨蚀非常严重,直接影响汛期发电。

从枢纽布置上,在发电引水口下 15~20 米布设排沙洞以减少过机沙量,同时,从合理降低水轮机综合参数、提高水轮机水力性能、采取抗磨蚀措施和创造方便检修条件等多方面进行研究,提出新型抗磨蚀水轮机设计制造技术。水轮机采用 107.1 转每分钟的较低同步转速(比建在清水河上的同水头段相近单机容量的水轮机同步转速低两个级别),加大导叶分布圆直径和高度,降低导叶和水轮机的相对流速,提高抗空蚀能力;转轮、上下抗磨板、导叶等均使用抗空蚀性能良好的不锈钢锻造,转轮叶片采用钢板模压成型、数控机床加工、工地组装整件出厂的制造工艺,大大提高转轮叶片与模型的相似性,在安装中采用座环现场加工工艺;设置筒形阀,避免缝隙射流产生磨蚀;在叶片上采用高压速氧喷涂碳化钨(钴)和在导叶表面涂聚氨酯抗磨材料;在基础环周围设置方便检修的环行检修廊道;建造了地下水技术供水系统。

上述综合措施为小浪底水电站机组汛期正常发电提供了保证,电站机组运行至 2011 年底尚不需进行大修。小浪底水电站水轮机抗磨蚀新技术处于世界领先水平,为多泥沙河流修建类似工程提供了成功范例。

(十一)金属结构技术

小浪底工程金属结构集中布置在进水塔群、孔板洞中闸室、排沙洞出口闸室、溢洪道、地下厂房尾水闸室和电站尾水出口等部位,有各种闸门 70 扇、卷扬启闭机 20 台、液压启闭机 28 套、清污抓斗 1 台、门机 2 台、台车式启闭机 1 台,总重量 3 万吨。其中,设计荷载 75 700 千牛的 1 号明流洞弧形闸门、设计水头 140 米的 1 号孔板洞偏心铰深孔弧形工作门、可局部开启运用的设计水头 122 米的排沙洞偏心铰弧门、415 吨轮压的平面事故门、1 号孔板洞出口浮箱式检修门、5 000 千牛卷扬启闭机、闸门集中监控系统等,均为国内规模最大,在同类产品中技术领先。

(十二) 其他技术创新

小浪底工程建设,还完成以下技术创新:在防渗帷幕灌浆中,采用掺加膨润土和缓凝性减水剂的稳定浆液,采用灌浆强度值(GIN)灌浆工艺进行试验和生产;在进出口混凝土浇筑中,首次在国内采用罗泰克(ROTEC)塔带机、胎带机和多卡(DoKa)系列模板等混凝土浇筑设备;在泄洪建筑物高速水流区普遍使用70兆帕高强度硅粉混凝土;采用预埋福客(FUKO)灌浆管对压力钢管进行多次重复接触灌浆技术;建立高度自动化的砂石料加工系统,研究开发大坝安全监测与安全评估系统,采用核子密度仪快速检测心墙压实度技术,采用双层保护预应力锚索加固技术等。

三、荣誉和成果

小浪底工程和西霞院反调节水库的建设管理和运行管理,得到社会各界普遍认可。工程先后获得鲁班奖、大禹奖、詹天佑奖等荣誉,小浪底建管局先后获得"全国文明单位"等称号,多项科技成果获得省部级以上奖励,出版多部专业技术著作。小浪底工程获得的主要荣誉见表14-1-1,小浪底工程主要科技成果见表14-1-2;小浪底建管局获得的主要荣誉见表14-1-3,主要科技和管理著作见表14-1-4,其他荣誉和奖励见表14-1-5。

表 14-1-1　小浪底工程获得的主要荣誉

序号	荣誉名称	授奖单位	获奖时间
1	国家环境保护百佳工程	国家环保总局	2003 年 7 月
2	新中国成立 60 周年"百项经典暨精品工程"	"百项经典暨精品工程"评选委员会	2009 年 10 月
3	国际堆石坝里程碑工程奖	国际大坝委员会	2009 年 10 月
4	中国水利工程优质大禹奖	中国水利工程协会	
5	中国土木工程詹天佑奖	中国土木工程学会、詹天佑土木工程科技发展基金会	2009 年 12 月
6	百年百项杰出土木工程		2011 年 4 月
7	中国建设工程鲁班奖(国家优质工程)	中国建筑业协会	2011 年 11 月

表 14-1-2　小浪底工程主要科技成果

序号	获奖项目名称	奖项名称及等级	主要获奖人	授奖单位	获奖时间
1	小浪底水利枢纽工程深覆盖层斜心墙堆石坝的地震安全性评价	水利部科技进步二等奖	林秀山、沈凤生、潘恕等	水利部	1999 年
2	黄河小浪底水利枢纽进出口高边坡施工期稳定性研究和加固技术		林秀山、曹征齐、汪小刚等		
3	小浪底工程大型定轮闸门滚轮、轨道及基础混凝土结构应力的研究		朱秀雁、金树训、周定荪等		
4	小浪底排沙洞后张法无黏结预应力衬砌的试验研究		林秀山、沈凤生、张阳等	河南省人民政府	2000 年
5	黄河小浪底水利枢纽偏心铰弧门及启闭机的设计研究	河南省科技进步一等奖	谢遵党、陈霞、孙鲁安等		2003 年
6	多级孔板消能泄洪洞的研究与工程实践	大禹水利科学技术一等奖	林秀山、沈凤生、罗义生等	大禹水利科学技术奖奖励委员会	2004 年
7	小浪底水库初期防洪减淤运用关键技术研究	大禹水利科学技术二等奖	石春先、刘继祥、安新代等		
8	小浪底排沙洞后张法无黏结预应力衬砌的试验研究	欧维姆预应力技术优秀奖	林秀山、沈凤生、田耕等	中国科学技术发展基金会、欧维姆预应力技术发展专项基金	
9	黄河小浪底工程环境保护研究	河南省科技进步二等奖	解新芳、张宏安、姚同山等	河南省人民政府	2005 年

续表 14-1-2

序号	获奖项目名称	奖项名称及等级	主要获奖人	授奖单位	获奖时间
10	小浪底水利枢纽工程左岸山体渗漏探测同位素方法及关键技术研究	河南省科技进步二等奖	殷保合、陈建生、李其友等	河南省人民政府	2006 年
11	小浪底水利枢纽库区滑坡体变形监测	河南省优质测绘工程(成果)一等奖		河南省测绘局	
12	小浪底水利枢纽外部变形监测系统	河南省测绘科学技术进步一等奖	董德中、杨涛、马伟等	河南省测绘科学技术进步奖评审委员会	2007 年

表 14-1-3　小浪底建管局获得的主要荣誉

序号	荣誉名称	授奖单位	获奖时间
1	河南省文明单位	中共河南省委、河南省人民政府	1998 年 1 月
2	全国精神文明建设创建工作先进单位	中央精神文明建设指导委员会	1999 年 9 月
3	全国思想政治工作优秀企业	中共中央宣传部、中共中央组织部、国家经济贸易委员会、中华全国总工会	2000 年 4 月
4	全国五一劳动奖状	中华全国总工会	2003 年 4 月
5	全国水利系统文明单位	水利部	2004 年 8 月
6	黄河水量统一调度先进集体		2005 年 5 月
7	全国文明单位	中央精神文明建设指导委员会	2005 年 10 月
8	全国水利系统水资源工作先进集体	水利部	2006 年 5 月
9	全国文明单位	中央精神文明建设指导委员会	2009 年 1 月
10	全国水利系统学习型组织先进集体	中国农林水利工会全国委员会	2009 年 9 月
11	全国文明单位	中央精神文明建设指导委员会	2011 年 12 月

表 14-1-4 主要科技和管理著作

序号	名称		出版社	时间	作者
1	黄河小浪底建设工程技术论文集		中国水利水电出版社	1997 年	王咸儒等
2	黄河小浪底建设管理文集				何有源等
3	黄河小浪底水利枢纽文集		黄河水利出版社		林秀山
4	小浪底工程监理与咨询服务管理手册			1999 年	李其友等
5	建设工程招标投标与合同管理实务				李武伦
6	多级孔板消能泄洪洞的研究与工程实践		中国水利水电出版社	2003 年	林秀山、沈凤生
7	泄水建筑物进水口设计				罗义生等
8	小浪底移民业主管理实践与研究		科学出版社		袁松龄等
9	黄河小浪底水利枢纽工程（殷保合总主编）	第一卷 建设管理	中国水利水电出版社	2004 年	殷保合等
		第二卷 枢纽设计			林秀山等
		第三卷 工程技术			殷保合等
		第四卷 施工监理			李其友等
		第五卷 移民环保			庄安尘等
		第六卷 文明创建	中国大百科全书出版社		张善臣等
10	黄河小浪底水利枢纽规划设计丛书（林秀山总主编）	枢纽规划设计	中国水利水电出版社、黄河水利出版社	2006 年	林秀山等
		工程规划			李景宗等
		水库移民		2005 年	翟贵德等
		环境保护研究与实践		2008 年	张宏安等
		水库运用方式研究与实践			刘继祥等
		大坝设计			高广淳等
		泄洪排沙建筑物设计		2009 年	潘家铨等
		引水发电建筑物设计		2006 年	杨法玉等
		机电与金属结构设计		2005 年	王庆明等
		工程安全监测设计			宗志坚等

续表 14-1-4

序号	名称		出版社	时间	作者
11	黄河小浪底水利枢纽配套工程——西霞院反调节水库建设论文集		中国水利水电出版社	2006 年	小浪底建管局
12	沸腾的小浪底——小浪底水利枢纽新闻作品集		黄河水利出版社	2009 年	张善臣等
13	小浪底水利枢纽运行管理	管理卷		2011 年	张利新等
		发电卷			
		水工监测卷			

表 14-1-5　其他荣誉和奖励

序号	荣誉称号	获奖单位	授奖单位	获奖时间
1	国家水利风景区	小浪底水利枢纽工程	水利部	2003 年 10 月
2	一流水力发电厂	小浪底建管局水力发电厂	中国电力企业联合会	2003 年 1 月
3	全国水利系统文明建设工地	西霞院工程	水利部	2006 年
4	国家 AAAA 级旅游景区	小浪底水利枢纽工程	国家旅游局	2008 年 10 月
5	河南省五一劳动奖状	小浪底建管局水力发电厂	河南省总工会	2011 年 5 月
6	全国职工体育示范单位	小浪底建管局	中华全国总工会、国家体育总局	2011 年 12 月

第二节　枢纽效益

　　小浪底工程开发目标以防洪、防凌、减淤为主,兼顾供水、灌溉、发电。小浪底工程投入运用后,根据"电调服从水调"的公益性优先原则,通过实施黄河水量统一调度和调水调沙运用,保障了黄河下游防洪安全,实现了黄河下游河道不断流、河床不抬高,维持了黄河下游生态系统的连通与完整,显著改善了黄河下游河道、河口地区、库周及枢纽管理区的生态环境,同时为河南电网提供优质电能,保证河南电网安全稳定,旅游业带动周边地方经济发展,取得显著社会效益和经济效益,为维护黄河健康生命、促进人水和谐作出了突出贡献。

一、防洪效益

小浪底水库2000年开始投入防洪运用,黄河下游防洪标准提高到近千年一遇。

(一)防洪功能

1. 防洪骨干工程

中华人民共和国成立后,国家在黄河中下游开展大规模的防洪工程建设,逐步形成以干支流水库及黄河大堤、河道整治工程、蓄滞洪区为主体的"上拦下排、两岸分滞"的防洪工程体系。

小浪底水库投入运用前,黄河下游堤防工程的设防流量为花园口水文站22 000立方米每秒,为六十年一遇;对花园口水文站22 000立方米每秒以上特大洪水尚无妥善有效防御措施。另外,由于来水减少,黄河下游河道日趋萎缩,主槽过洪能力大幅降低(2002年仅有1 800立方米每秒),洪水频繁漫滩,"地上悬河"态势严峻,对黄河下游两岸城市和工农业生产以及下游滩区内近190万群众的生命财产安全造成严重威胁。

小浪底水库是黄河干流三门峡水库以下唯一有较大库容的控制性工程。工程投入运用后,在前汛期能够提供防洪库容不小于90.48亿立方米(2011年前汛期防洪库容90.48亿立方米),占三门峡、小浪底、故县和陆浑四座水库总防洪库容的一半以上,是黄河中下游防洪工程体系的骨干工程。黄河中下游干支流水库特征值见表14-2-1。

2. 防洪作用

按照小浪底工程设计,小浪底水库建成后,可长期保持有效库容51亿立方米,与黄河干支流上已建的三门峡、陆浑、故县等水库联合运用,在正常运用期,小浪底水库可将黄河下游防洪标准从六十年一遇提高到近千年一遇,花园口水文站千年一遇洪水由42 300立方米每秒削减为22 600立方米每秒、百年一遇洪水由29 200立方米每秒削减为15 700立方米每秒,黄河下游遭遇千年一遇洪水时不用北金堤滞洪区分洪,百年一遇洪水时不用东平湖新湖区分洪。黄河下游东平湖、北金堤滞洪区的分洪概率大为降低。

表 14-2-1　黄河中下游干支流水库特征值

名称		特征值			
		三门峡	小浪底	故县	陆浑
水位 （米）	防洪运用水位	335 （大沽标高， 下同）	275 （黄海标高， 下同）	548.55 （大沽标高， 下同）	327.5 （黄海标高， 下同）
	前汛期限制水位 （7—8月）	305	225 （拦沙初期）	524	315.5
	后汛期限制水位 （9—10月）		248 （拦沙初期）	527.3(9月) 534.3(10月)	317.5
库容 （亿立方 米）	防洪运用水位 对应库容	58.25	101.28	10.3	10.3
	前汛期限制水位 对应库容	0.52	10.8	4.7	5.1
	后汛期限制水位 对应库容		41.3	5.1(9月) 6.4(10月)	5.8
	前汛期防洪库容	57.73	90.48	5.6	5.2
	后汛期防洪库容		59.98	5.2(9月) 3.9(10月)	4.5

注:小浪底、三门峡水库库容为2011年汛前数据;陆浑、故县水库库容为2004年汛前数据。

实际运用中,截至 2011 年 10 月,小浪底水库淤积泥沙 25.22 亿立方米,按照设计淤沙库容 75.5 亿立方米统计,小浪底水库尚剩余 50.28 亿立方米淤沙库容可以利用,防洪库容较大,能够进一步削减黄河下游洪水流量,降低黄河下游东平湖、北金堤滞洪区的分洪概率。

2000—2011 年,由于小浪底水库防洪库容较大,根据国家防总批复的《黄河中下游近期洪水调度方案》(国汛〔2005〕11 号),小浪底水库可以对潼关水文站断面 8 000 立方米每秒以下且含沙量较低的洪水进行适当控制,避免下游中常洪水漫滩,进一步降低黄河下游滩区受淹概率。花园口水文站万年一遇洪水小浪底水库调洪效果见表 14-2-2;花园口水文站千年一遇洪水小浪底水库防洪作用见表 14-2-3。

(二)效益

1999 年小浪底水库下闸蓄水后至 2011 年,小浪底水库数次对黄河中下游汛期洪水实施拦洪错峰运用,连续 12 年保障黄河下游安全度汛,发挥了巨大的防洪效益。

表 14-2-2　花园口水文站万年一遇洪水小浪底水库调洪效果

花园口水文站		水库组合	水库蓄洪量（亿立方米）				10 000 立方米每秒以上洪量（亿立方米）花园口水文站	下游沿程洪峰流量（立方米每秒）花园口水文站
洪水组成	洪水典型		三门峡	小浪底	陆浑	故县		
花园口、三花间万年一遇洪水，三门峡相应洪水。三花间各坝址及各区间按典型洪水来水比分配	1954年型	三门峡+陆浑+故县+小浪底	30	40.29	2.43	4.82	21.15	25 150
	1958年型		29.15	40.35			25.36	24 210
	1982年型		26.68	36.73			26.18	27 350
花园口、三门峡万年一遇洪水，三花区间相应洪水	1933年型	三门峡+小浪底	53	31			20.64	20 540

1. 调控"华西秋雨"洪水

"华西秋雨"一般出现在 9—11 月，雨带呈东西向分布，涉及黄河中游山西南部、陕西中部、河南西部、泾河、北洛河、渭河、黄河三花间干流、伊洛河上游等可能发生较大洪水的区域。

2003 年 8 月下旬至 10 月中旬，黄河流域遭遇几十年来最为严重的"华西秋雨"天气，黄河中下游的泾河、北洛河、渭河、山陕区间、伊洛河、三花间出现大范围、持续性的降雨过程，受降雨影响，先后出现 17 次数千立方米每秒流量级的洪水过程。

小浪底水库按照国家防办《关于小浪底水库今年汛期运用方式的批复》（办库〔2003〕39 号）"8 月 31 日前控制水库水位不超过 240 米，9 月 1 日起向后汛期汛限水位 248 米过渡"的要求进行运用。9 月 6—18 日小浪底水库实施调水调沙运用，控制花园口水文站流量 2 500 立方米每秒。9 月中下旬，黄河中下

表 14-2-3　花园口水文站千年一遇洪水小浪底水库防洪作用

花园口水文站		水库组合	水库蓄洪量（亿立方米）				10 000 立方米每秒以上洪量（亿立方米）	下游沿程洪峰流量（立方米每秒）
洪水组成	洪水典型		三门峡	陆浑	故县	小浪底	花园口水文站	花园口水文站
花园口、三花区间千年一遇洪水，三门峡水库相应洪水；三花间各站及各区间按洪水来水比分配	1954年型	三门峡+陆浑+故县+小浪底	16.87	2.43	4.82	29.38	13.93	19 630
	1958年型		15.58			34.25	9.49	18 890
	1982年型		11.83			30.82	16.99	22 600
花园口、三花区间、小花区间和无控制区均千年一遇洪水，三门峡、三小区间、陆浑和故县为相应洪水	1954年型	三门峡+陆浑+故县+小浪底	22.03	2.43	4.82	29.89	10.11	17 360
	1958年型		12.88			32.82	12.42	21 870
	1982年型		16.01			30.31	13.79	21 900
花园口、三门峡千年一遇洪水，三花区间相应洪水	1933年型	三门峡+小浪底	33.35	—	—	20.95	16.39	16 990

游再次出现持续性洪水过程，小浪底水库再次投入拦洪、削峰运用，水库水位快速上涨，10 月 6 日突破 260 米，10 月 15 日达到最高值 265.69 米（相应库容 95.46 亿立方米）。从保障枢纽安全角度出发，国家防总要求 10 月底以前将小浪底水库水位降到 260 米以下。小浪底水库从 10 月 15 日开始逐步加大下泄流量，按凑泄花园口水文站 2 700 立方米每秒控制泄流，10 月 30 日小浪底水库再次加大出库流量，水库水位继续回落，11 月 18 日降至 258.5 米，至此小浪底水库圆满完成本年度的防汛任务。应对"华西秋雨"期间，小浪底水库最高水位 265.69 米，拦蓄洪水 63 亿立方米，将花园口断面洪峰流量从可能出现的 6 000 立方米每秒削减至 2 800 立方米每秒，避免黄河下游滩区 25 万公顷耕地被淹和近 190 万滩区群众被洪水围困，直接减灾经济效益超过 102 亿元。

2005年9月中旬至10月上旬,黄河中下游渭河和三门峡至花园口区间再次出现长时间、大范围的"华西秋雨"。受持续降雨影响,渭河临潼水文站出现5 270立方米每秒洪峰流量(10月2日15时12分),洪峰水位358.58米,比2003年秋汛最高水位高出0.24米,为历史最高洪水位;华县水文站出现4 800立方米每秒洪峰流量(10月4日9时30分),为该站1981年以来最大洪水;黄河潼关水文站水位从9月30日开始起涨,最大洪峰流量4 500立方米每秒(10月5日12时);小浪底至花园口区间的伊河、洛河、沁河相继涨水,伊洛河黑石关水文站出现1 870立方米每秒洪峰流量(10月4日0时42分)、沁河武陟水文站出现270立方米每秒洪峰流量(10月4日8时)。

按照黄河防总的统一调度,小浪底水库实施拦洪错峰运用,控制花园口水文站断面流量不超过2 500立方米每秒。其间,小浪底水库入库洪量38.24亿立方米,最大入库流量4 420立方米每秒(9月30日15时18分),入库沙量9 464万吨,最大入库含沙量319千克每立方米;出库水量15.29亿立方米,最大出库流量1 940立方米每秒(10月8日20时),出库沙量1 286万吨,最大出库含沙量71.8千克每立方米,水库水位从241.1米上升至255.6米,累计拦蓄洪水25.8亿立方米,将下游花园口水文站洪峰流量由自然状态的5 000立方米每秒左右削减至3 000立方米每秒以下,保障了黄河下游的防洪安全。

2011年9月4—24日,黄河中下游发生以渭河、伊洛河来水为主的秋汛。19日4时至23日6时,潼关水文站洪水流量持续在4 000立方米每秒以上,洪峰流量5 800立方米每秒。三门峡水库敞泄运用,最大出库流量5 960立方米每秒(9月22日12时),最大出库含沙量120千克每立方米(9月8日8时)。9月18日15时,黄河防总启动黄河Ⅲ级防汛应急响应。为削减黄河下游洪峰,小浪底水库实施蓄洪运用,日均出库流量按不超过400立方米每秒控泄,水库水位由231.18米上涨至261.2米,涨幅超过30米,拦蓄洪水50.7亿立方米,将下游花园口水文站洪峰流量由自然状态的7 800立方米每秒左右削减到3 120立方米每秒以下,有效减轻了下游防洪压力,避免了下游洪水漫滩面积2 864平方千米,避免滩区内114.5万群众搬迁,减少经济损失约154亿元。

2. 控制中常洪水

2000—2011年,黄河中下游共发生33场次花园口水文站断面流量超过黄河下游主河槽平滩流量的洪水过程。按照上级部门历年调度要求,小浪底等水库及时采取拦洪削峰或蓄洪运用,平均削峰率65.51%,控制花园口水文站断面洪峰流量小于黄河下游主河槽平滩流量,有效避免黄河下游中常洪水发生漫滩险情。

据黄河防总2003年汛前分析,黄河下游若出现8 000立方米每秒流量的洪水,下游滩区相应经济损失为128.1亿元。而花园口水文站五年一遇天然洪水流量为12 800立方米每秒,三门峡至花园口区间五年一遇天然洪水流量为7 710立方米每秒,小浪底至花园口区间五年一遇天然洪水流量为6 350立方米每秒,均大于黄河下游主河槽过洪能力。2002年黄河下游花园口水文站主河槽过流能力不足1 800立方米每秒,通过调水调沙等运用,2011年黄河下游花园口水文站主河槽过流能力增加到4 000立方米每秒。2000—2011年小浪底水库防洪运用统计见表14-2-4。

表14-2-4　2000—2011年小浪底水库防洪运用统计

序号	年份	洪水场次	小浪底入库			小浪底出库			削峰率(%)	下游主槽过流能力(立方米每秒)
			洪水过程(起止时间)(月-日)	月-日T时:分	洪峰流量(立方米每秒)	控泄指标(立方米每秒)	月-日T时:分	最大流量(立方米每秒)		
1	2000	1	06-29	06-29T20:30	2 850	500~600	07-02T06:00	591	79.26	不足1 800
2		2	07-10—11	07-10T02:00	2 370	500	07-10T20:00	525	77.85	
3		3	07-16—17	07-17T06:00	2 000	300~400	07-17T20:00	310	84.50	
4		4	08-20—25	08-23T6:00	1 800	200~300	08-22T20:00	246	86.33	
5		5	10-12—15	10-13T17:30	2 420	300~600	10-14T08:00	578	76.12	
6	2001	1	07-04	07-04T22:00	2 280	400~450	07-05T08:00	443	80.57	不足1 800
7		2	08-20—22	08-22T00:30	2 890	100~150	08-22T20:00	124	95.71	
8		3	09-23—27	09-24T20:00	2 220	500~600	09-25T08:00	583	73.74	
9	2002	1	06-24—25	06-24T05:30	4 470	500	06-24T20:12	1 120	74.94	不足1 800
10		2	07-05—11	07-07T21:48	3 780	2 600	07-08T08:00	2 910	23.02	
11	2003	1	07-17	07-17T15:24	2 070	200~250	07-07T02:00	240	88.41	1 890
12		2	08-01—08-03	08-02T07:48	2 270	150~200	08-02T14:00	233	89.74	
13		3	08-25—10-15(华西秋雨)	10-03T14:30	4 500	800~2 600	10-03T23:00	1 150	74.44	
14	2004	1	07-05—07-08	07-07T14:06	5 130	2 700	07-08T02:00	2 890	43.66	2 100
15		2	08-22—08-25	08-22T03:00	2 960	2 700	08-23T14:00	2 550	13.85	

续表14-2-4

序号	年份	洪水场次	小浪底入库		洪峰流量（立方米每秒）	小浪底出库		最大流量（立方米每秒）	削峰率（%）	下游主槽过流能力（立方米每秒）
			洪水过程（起止时间）（月-日）	月-日 T 时：分		控泄指标（立方米每秒）	月-日 T 时：分			
16		1	06-27—06-28	06-27T13：06	4 430	3 000～3 300	06-28T00：00	3 220	27.31	
17		2	07-04—07-06	07-04T11：18	2 970		07-05T06：00	194	93.47	
18	2005	3	08-18—08-25	08-20T18：48	3 470	400	08-21T06：00	408	88.24	2 730
19		4	09-18—09-25	09-22T11：30	4 000		09-23T06：00	355	91.13	
20		5	09-29—10-09	09-30T15：18	4 420		10-01T00：00	427	90.34	
21		1	03-19—03-31	03-27T10：42	2 960	1 100	03-27T15：42	1 100	62.84	
22		2	06-25—06-26	06-26T07：12	4 820	3 500～3 700	06-26T19：12	3 780	21.58	
23	2006	3	07-30—08-02	08-02T03：30	4 090	1 500～1 800	08-02T14：00	1 610	60.64	3 080
24		4	08-28—09-09	09-01T01：18	4 860	1 000～1 500	09-01T16：33	1 270	73.87	
25		5	09-16—09-24	09-22T20：18	3 570	500	09-23T08：00	487	86.36	
26	2007	1	06-28—07-01	06-28T13：18	4 910	2 600～4 000	06-28T22：00	3 660	25.46	3 500
27		2	07-28—08-04	07-29T18：48	4 180	3 600	07-30T04：00	2 020	51.67	3 630
28	2008	1	06-28—07-02	06-29T00：12	5 580	2 400～4 000	06-29T10：00	3 360	39.78	3 700
29	2009	1	06-29—07-01	06-29T2：42	4 470	2 600～4 000	06-30T08：00	2 930	34.45	3 810
30		2	09-10—09-17	09-16T03：00	3 900		09-17T08：00	826	78.82	3 880
31	2010	1	07-03—07-06	07-04T15：36	5 340	2 600～4 000	07-05T04：00	2 900	45.69	3 880
32	2011	1	07-04—07-06	07-05T03：12	5 340	4 000	07-05T14：00	2 350	55.99	4 000
33		2	09-06—10-02	09-22T12：00	5 960	400	09-23T08：00	367	93.84	4 100
洪水次数	33		最大洪峰		5 960	平均削峰率			65.51	

注：1. 入库只统计超出当年度下游主河槽过流能力的洪峰流量。下游主河槽过流能力采用表14-2-7"2002—2011年调水调沙运用情况"中相关数据。

2. 三门峡至小浪底洪水传播时间按10小时考虑。

二、防凌效益

小浪底水库是黄河下游防凌体系的骨干工程。水库投入运用，使黄河下游防凌工作从被动转为主动。小浪底水库防凌运用，提供20亿立方米的防凌库容，能够精细调控黄河下游河道流量，保证黄河下游防凌安全，基本解除黄河下游凌汛威胁。

(一)防凌作用

1.历史上黄河下游凌汛灾害

黄河下游河道在河南省兰考县折向东北,沿程纬度逐渐增高,气温上游高、下游低,凌汛期形成冬季自下而上冰冻封河、春季自上而下化冻开河的现象。凌汛过程在封河及开河期间,流冰常常堵塞局部河段形成冰塞或冰坝,从而抬高水位淹没黄河下游滩区,甚至可能造成黄河下游堤防决口,危及两岸人民生命财产安全。黄河河槽蓄水量上游大下游小、排洪能力下游小上游大、上游来水忽大忽小,以及气温在 0 ℃上下大幅升降等因素,使凌汛灾害成为黄河下游最难防御的自然灾害之一。

黄河下游的凌汛主要发生在山东省境内,有时会上延至河南省境内。其中,艾山水文站以下河段的凌汛灾害最为严重。据不完全统计,1883—1936 年54 年间,黄河下游山东境内有 21 年发生凌汛决口,平均 5 年有 2 次凌汛决口。历史上素有"凌汛决口,河官无罪""伏汛好抢,凌汛难防"之说。中华人民共和国成立后,1951 年和 1955 年,黄河分别在河口地区的王庄和五庄凌汛决口成灾,致使 130 万亩土地和 482 个自然村受淹,1.4 万间房屋倒塌,受灾人口 26 万余人。之后,黄河下游没有再发生严重的凌汛灾害。20 世纪 60 年代三门峡水库建成运用后,防凌措施由之前的人工破冰改为以调节河道水量为主、人工破冰为辅。但由于三门峡水库限制运用,自身调节库容有限,难以有效解除黄河下游防凌威胁。

2.黄河下游防凌体系

黄河下游防凌体系由水库工程、分水分凌工程、堤防工程等组成。根据花园口水文站 1950—2010 年凌汛期实测资料分析,凌汛期利用水库工程调节下游河道流量,封河前适当加大下泄流量使河道形成较高冰盖,提高冰下过流能力;在稳定封河期适当减少河道流量并维持稳定,在开河期进一步减少流量,可以有效防止出现冰塞、冰坝,达到控制冰凌危害的目的。

另外,为解决黄河三角洲(在黄河入海口因泥沙沉积形成的冲积平原,以垦利宁海为顶点,北起套尔河口,南至支脉沟口的扇形地带)凌汛分洪问题,同时结合防洪、放淤和灌溉,保障沿黄人民群众生命财产安全以及胜利油田开发、工农业生产发展和改善展区生产条件目标,20 世纪 70 年代开工建设了黄河南展宽工程和黄河北岸新堤,由此形成黄河南展区和黄河北展区。其中,黄河南展区位于山东省东营市垦利县(现垦利区),总面积约 123.3 平方千米。黄河北展区位于山东省德州市齐河县东南,总面积约 106 平方千米,包括黄河北岸新堤、豆腐窝、李家岸分流闸等工程设施。

3. 小浪底水库防凌作用

小浪底水库具有较大库容,地处控制下游水沙的关键位置,是黄河下游防凌体系的骨干工程。按照黄河防凌预案,黄河下游防凌共需要防凌库容 35 亿立方米,其中小浪底水库承担 20 亿立方米、三门峡水库承担 15 亿立方米。由于小浪底水库距黄河下游相对较近、调度方式灵活、能够及时准确调控下游流量,在防凌调度运用中,优先使用小浪底水库防凌库容,对保障黄河下游防凌安全可以发挥关键作用。

小浪底水库投入运用后,改变了黄河下游河道水温条件,黄河下游封河概率和规模显著降低。据山东黄河河务局防汛部门统计资料分析,水库出库水温为 4 ℃时,控制封河流量 500 立方米每秒左右,即使在特冷年份,高村水文站以上河段也不会出现封冻,且水库出库水温每升高 1 ℃,黄河下游封冻河段上首下移约 50 千米。小浪底水库出库水温一般为 8~9 ℃,黄河下游封冻河段上首比小浪底水库运用前下移 200 千米左右。

(二)效益

小浪底水库投入运行后,与三门峡水库联合调度,黄河下游凌汛威胁基本得以解除。2008 年 7 月,国务院批复《黄河流域防洪规划》,做出"大功、南展宽区、北展宽区 3 个蓄洪区防凌运用概率稀少,予以取消"的规定。黄河南展区和黄河北展区完成历史使命。

小浪底水库防凌运用时,在水资源正常或偏丰年份,适当加大下泄流量,在出库水流的热力、动力等因素影响下,降低黄河下游封河概率;在水资源不足年份,以小流量封河且控制河道内流量稳定,保障黄河下游防凌安全。小浪底水库 2000 年正式投入运用至 2011 年,黄河防凌调度部门在大多数年份采用小流量封河方案,较为典型的年度有 2001—2002 年、2002—2003 年、2005—2006 年、2008—2009 年。

1. 正常运用防凌效益

受水库下泄流量、气温、水温和河道条件等因素综合影响,2001—2007 年黄河下游凌汛期年均封河长度 129 千米,为小浪底水库运用前 1950—2000 年年均封河长度 254 千米的 51%。2005—2006 年黄河下游来水量比常年偏少24%,加上气温变化大等影响,下游出现罕见的"三封三开"现象,封河长度最大57.4 千米。

面对复杂严峻的防凌形势,小浪底水库根据黄河防总指令,精细调节下泄流量,保持下游河道流量平稳。防凌关键时期,采取停机弃水、频繁启闭排沙洞调节水库下泄流量等调控措施,满足日均出库流量指令要求以及瞬时最大出库流量和最小出库流量的要求,使下游河道流量平稳,保证黄河下游防凌安全,同时顺利完成引黄济津、引黄济淀等跨流域调水和向黄河下游沿黄地区供水的任务。截至2011 年,黄河下游连续 12 年安全度过凌汛期。

2. 特殊运用防凌效益

(1)控泄小流量封河节约水资源。在水资源严重偏枯年份,小浪底水库精细调节下游河道流量,为黄河下游小流量封河提供安全保障,同时在确保黄河下游防凌安全的前提下,显著节省有限的水资源。

2002—2003 年,黄河来水严重偏枯,黄河防总决定在 2002—2003 年度凌汛期首次启用黄河下游风险防凌预案,计划下游封河流量 50 立方米每秒。小浪底水库严格执行调度指令,精细控制下泄流量,将水库日均下泄流量维持在120~170 立方米每秒,并保证山东省位山闸向天津市供水约 100 立方米每秒。防凌期间,黄河下游实际封河流量仅 32 立方米每秒,最大封河长度 330.6 千米(2003 年 1 月 8 日)。2002 年 12 月至 2003 年 2 月小浪底水库平均下泄流量误差仅为 1.51%,保证了防凌风险调度预案顺利实施,实现黄河下游安全度汛。同时,由于采取小流量封河方案,凌汛期小浪底水库水位上涨 16.48 米(从 2002年 12 月 1 日 213.3 米上涨到 2003 年 3 月 28 日 229.78 米),为 2003 年黄河下游地区春灌积蓄水量。

(2)控泄大流量实现下游不封河。在水资源较为充沛年份,小浪底水库适当加大下泄流量,避免下游封河,减少防凌风险,并为保障跨流域调水、预留水库防凌库容创造良好条件。2003 年下半年黄河来水较丰,2003—2004 年度凌汛期小浪底水库出库流量控制在 450 立方米每秒,加上黄河下游区间的支流汇入,保持黄河下游河道流量在 500 立方米每秒左右。2004 年春节期间黄河河口地区平均气温达到-10 ℃,但由于小浪底水库下泄流量较大,加之出库水流温度较高(最低水温 7.8 ℃),黄河下游河道虽然出现流凌但没有封河,保障了黄河下游防凌安全。

2011 年,天津市缺水;河北省中南部地区降雨偏少,白洋淀再次面临干淀危机,衡水湖、大浪淀等水库蓄水不足,衡水、沧州等城市供水存在较大缺口,加上为第六届东亚运动会主会场供水的团泊洼水库也需要补水。为缓解天津市及河北省水资源供需矛盾,国家防总决定实施引黄济津、引黄入冀应急调水,调水时段跨越 2011—2012 年度凌汛期。2011 年下半年黄河来水较丰,为保障下游防凌安全,兼顾引黄调水,2011—2012 年度凌汛期,小浪底水库持续大流量下泄,各月平均出库流量分别为 1 038 立方米每秒、745 立方米每秒、424 立方米每秒。2011 年 12 月 15 日至 2012 年 2 月 12 日黄河下游河口地区气温持续在 0 ℃以下(最低-9 ℃),因河道流量持续较大,顺利实现下游不封河,既保障了黄河下游防凌安全,又腾出了水库防凌库容,完成了跨流域调水的任务。

三、减淤效益

黄河流经黄土高原,将大量泥沙挟带至黄河下游河床中,造成泥沙淤积,并使得黄河下游成为有名的"地上悬河",对两岸沿黄地区的安全造成严重威胁。小浪底水库建成后,通过水库蓄水拦沙和调水调沙等运用,调节下游河道不均衡的水沙关系,变水沙不平衡为水沙相适应,有效减轻下游河道淤积。

(一)水库减淤

1. 黄河水沙特点

根据黄委会《黄河调水调沙理论与实践》中的数据,黄河是举世闻名的多沙河流,多年平均天然径流量 580 亿立方米,多年平均进入下游泥沙量约 16 亿吨。根据统计,黄河干流主要控制断面汛期实测多年平均含沙量,从头道拐水文站到潼关水文站呈现快速上升态势,头道拐、龙门、潼关水文站断面实测多年平均含沙量分别为 7.4 千克每立方米、44.4 千克每立方米、49.5 千克每立方米。黄河水少、沙多、水沙关系不平衡的自然属性,使黄河下游河床逐渐淤积抬高,并发展成为"地上悬河",严重威胁黄河下游两岸地区安全。

2. 减淤方式

小浪底水库有 75.5 亿立方米设计淤沙库容和 51 亿立方米长期有效库容,采用水库拦沙和调水调沙等方式,减少进入下游河道泥沙,并对下游河道内淤积泥沙进行冲刷,发挥水库减淤作用。

（1）水库拦沙减淤。小浪底水库利用 75.5 亿立方米设计淤沙库容进行拦沙运用，可减少黄河下游河道泥沙淤积 78 亿吨，相当于黄河下游河床 20 年不淤高。2000—2011 年，小浪底水库库区淤沙量 25.22 亿立方米。

根据三门峡水库运用经验和黄河下游河道冲淤规律，粗颗粒泥沙（$d>0.05$ 毫米）和中等颗粒泥沙（$d=0.025\sim0.05$ 毫米）容易淤积在下游河槽内，而细颗粒泥沙（$d<0.025$ 毫米）则很少淤积。2000—2011 年，小浪底水库累计入库沙量 39.58 亿吨，出库沙量 7.05 亿吨，排沙比 17.8%，入库泥沙中的粗、中、细颗粒泥沙分别占 27%、28%、45%，而出库泥沙中细颗粒泥沙约占 85%，"拦粗（沙）排细（沙）"作用明显。2000—2011 年小浪底水库库容变化及淤积情况见表 14-2-5，2000—2011 年小浪底水库入、出库水沙情况见表 14-2-6。

表 14-2-5　2000—2011 年小浪底水库库容变化及淤积情况　　（单位：亿立方米）

年份	汛后总库容	当年淤积量	累计淤积量
设计库容	126.5		
2000	123.39	3.11	3.11
2001	120.40	2.99	6.10
2002	118.34	2.06	8.16
2003	113.41	4.93	13.09
2004	112.24	1.17	14.26
2005	109.33	2.91	17.17
2006	105.88	3.45	20.62
2007	103.59	2.29	22.91
2008	103.35	0.24	23.15
2009	101.63	1.72	24.87
2010	99.23	2.4	27.27
2011	101.28	-2.05	25.22

表 14-2-6　2000—2011 年小浪底水库入、出库水沙情况

年份	小浪底入库		小浪底出库		排沙比（%）
	水量（亿立方米）	沙量（亿吨）	水量（亿立方米）	沙量（亿吨）	
2000	163.1	3.57	152.0	0.04	1.18
2001	137.9	2.94	155.3	0.23	7.82
2002	152.1	4.48	191.4	0.75	16.83
2003	236.1	7.77	208.1	1.13	14.55
2004	168.7	2.72	205.9	1.42	52.15
2005	211.5	4.06	221.2	0.45	11.05

续表 14-2-6

年份	小浪底入库		小浪底出库		排沙比（％）
	水量（亿立方米）	沙量（亿吨）	水量（亿立方米）	沙量（亿吨）	
2006	211.9	2.33	257.5	0.40	17.20
2007	242.8	3.12	246.4	0.71	22.57
2008	210.6	1.34	225.9	0.46	34.54
2009	219.7	1.98	215.0	0.04	1.82
2010	250.3	3.51	246.8	1.09	31.08
2011	259.1	1.75	256.1	0.33	18.76
累计	2 464	39.58	2 582	7.05	17.81
年均	205.3	3.30	215.1	0.59	17.81
初步设计年均	289.2	12.74			
占初步设计比例（％）	70.99	25.90			

（2）运用调水调沙减淤。调水调沙是利用水库调节作用，将进入黄河下游河道的不平衡水沙关系调节为相对协调的水沙关系。小浪底水库建成后，提供了黄河下游调水调沙运用条件。

2002—2004年，为验证调水调沙运用方式，黄河防总组织开展3次以小浪底水库为主的黄河下游调水调沙试验。

2002年7月4—15日实施的首次调水调沙试验，是基于以小浪底水库单库调节为主的原型试验。试验期间，小浪底水库入库水量10.2亿立方米、入库沙量1.83亿吨，出库水量26.1亿立方米、出库沙量0.32亿吨，将0.644亿吨泥沙冲入渤海，其中黄河下游河道泥沙冲刷量为0.334亿吨。

2003年9月6—18日实施的第二次调水调沙试验，是基于以小浪底水库为主，黄河中游支流陆浑、故县水库联合调度的空间尺度的调水调沙试验。试验期间，小浪底水库入库水量24.25亿立方米、入库沙量0.58亿吨，出库水量18.27亿立方米、出库沙量0.74亿吨，将1.21亿吨泥沙冲入渤海，其中黄河下游河道泥沙冲刷量为0.456亿吨。

2004年6月19日至7月13日实施的第三次调水调沙试验，是基于黄河干流万家寨、三门峡、小浪底水库水沙联合调度的原型试验。试验期间，小浪底水库入库水量10.88亿立方米、入库沙量0.432亿吨，出库水量46.8亿立方米、出库沙量0.044亿吨，将0.697亿吨泥沙冲入渤海，其中黄河下游河道泥沙冲刷量为0.665亿吨。

经过三次调水调沙试验,验证了调试调沙运用方式及控泄指标参数,取得了宝贵经验。从2005年开始,调水调沙由试验转入生产运用。2005—2011年,小浪底水库共实施10次调水调沙生产运用。

2002—2011年小浪底水库共实施13次调水调沙试验及生产运用,其中汛前9次、汛期4次。平均每次调水调沙运用小浪底水库下泄水量39.16亿立方米,出库泥沙约3 207万吨,冲刷下游河道泥沙约3 000万吨;总计出库泥沙约4.17亿吨,冲刷下游河道泥沙约3.90亿吨,冲入大海泥沙约7.62亿吨。2002—2011年调水调沙运用见表14-2-7。

2002年7月黄河首次调水调沙试验前,黄河下游河道主河槽过流能力不足1 800立方米每秒。通过实施13次调水调沙运用,至2011年黄河下游河道主河槽平均冲刷下切约2.03米,过流能力恢复至4 000立方米每秒左右,初步实现了将黄河下游河道主河槽塑造成为相对窄深、稳定的目标,黄河下游"二级悬河"不利形势得到缓解,滩区"小水大漫滩"的状况得到改善。

(二)效益

1.提高黄河下游主槽过流能力

黄河下游河道主槽是排洪输沙主要通道,其过流能力大小直接影响河段防洪安全。平滩流量是反映河道主槽排洪能力的重要指标,平滩流量越小,主槽过流能力以及对河势的约束能力越低,防洪难度越大。

2000—2011年,在小浪底水库拦沙运用形成的清水冲刷和黄河上中游水库调水调沙运用冲刷的共同作用下,黄河下游平滩流量增加1 400~3 600立方米每秒,其中高村水文站以上河段平滩流量平均增加约3 200立方米每秒以上,艾山水文站至利津水文站河段平滩流量增加约1 400立方米每秒,黄河下游主河槽行洪输沙能力显著提高。

2.遏制下游"二级悬河"发展态势

2000—2011年,经过水库拦沙和调水调沙运用,黄河下游河道主河槽得到全线冲刷,有效遏制黄河下游"二级悬河"发展态势。

根据下游河道断面法冲淤量计算结果,2000年5月至2011年10月,黄河下游各河段都发生冲刷,西霞院水文站至利津水文站河段冲刷河道泥沙淤积量20.37亿吨。2000—2011年黄河下游河道平滩流量变化见表14-2-8。

表14-2-7　2002—2011年调水调沙运用

时间	模式	小浪底水库蓄水量(亿立方米)	区间来水(亿立方米)	调控流量(立方米每秒)	调控含沙量(千克每立方米)	进入下游水量(亿立方米)	入海水量(亿立方米)	入海沙量(亿吨)	河道冲淤量(亿吨)	调水调沙后下游不漫滩最大主槽过流能力(立方米每秒)	小浪底水库入库沙量(亿吨)	出库沙量(亿吨)	排沙比(%)
2002年	小浪底水库单库调节为主	43.41	0.55	2 600	20	26.61	22.94	0.664	-0.334	1 890	1.831	0.319	17.4
2003年	空间尺度水沙对接	56.1	7.66	2 400	30	25.91	27.19	1.207	-0.456	2 100	0.580	0.740	128
2004年汛前	万、三、小三库联合调度	66.5	1.098	2 700	40	47.89	48.01	0.697	-0.665	2 730	0.432	0.044	10.2
2005年汛前	万、三、小三库联合调度	61.6	0.33	3 000~3 300	40	52.44	42.04	0.612 6	-0.647	3 080	0.450	0.023	5
2006年汛前	三、小两库联合调度为主	68.9	0.47	3 500~3 700	40	55.40	48.13	0.648 3	-0.601	3 500	0.230	0.084 1	36.6
2007年汛前	万、三、小三库联合调度	43.53	0.45	2 600~4 000	40	41.21	36.28	0.524 0	-0.288	3 630	0.601 2	0.261 1	43.4
2007年汛期	基于空间尺度水沙对接	16.61	5.57	3 600	40	25.59	25.48	0.449 3	-0.000 3	3 700	0.869	0.459	52.8
2008年汛前	万、三、小三库联合调度	40.64	0.31	2 600~4 000	40	44.20	40.75	0.598 0	-0.201	3 810	0.579 8	0.516 5	89.1
2009年汛前	万、三、小三库联合调度	47.02	0.8	2 600~4 000	40	45.70	34.88	0.345 2	-0.387	3 880	0.503 9	0.037	7.34
2010年汛前	万、三、小三库联合调度	48.48	1.31	2 600~4 000	40	52.80	45.64	0.700 5	-0.208	4 000	0.408	0.559	137
2010年第二次	基于空间尺度对接四库联调	8.84	6.78	2 600~3 000	40	21.73	20.46	0.311 0	-0.050	4 000	0.754	0.261	34.6
2010年第三次	万、三、小三库联合调度	11.39	1.35	2 600	40	20.36	24.60	0.434 0	0.052 9	4 000	0.904	0.487	53.8
2011年汛前	万、三、小三库联合调度	43.59	0.563	4 000	40	49.28	37.93	0.427 3	-0.115	4 100	0.260	0.378	145.4
合计						509.12	454.33	7.618 2	-3.899		8.402 9	4.168 7	49.6

注:1. 引自黄河防总2016年调水调沙预案。

2. "万、三、小"分别指万家寨、三门峡、小浪底水库。

表 14-2-8　2000—2011 年黄河下游河道平滩流量变化　（单位：立方米每秒）

站名	花园口	夹河滩	高村	孙口	艾山	泺口	利津
2002 年汛前	3 600	2 900	1 800	2 070	2 530	2 900	3 000
2003 年汛前	3 800	2 900	2 420	2 080	2 710	3 100	3 150
2004 年汛前	4 700	3 800	3 600	2 730	3 100	3 600	3 800
2005 年汛前	5 200	4 000	4 000	3 080	3 500	3 800	4 000
2006 年汛前	5 500	5 000	4 400	3 500	3 700	3 900	4 000
2007 年汛前	5 800	5 400	4 700	3 650	3 800	4 000	4 000
2008 年汛前	6 300	6 000	4 900	3 700	3 800	4 000	4 100
2009 年汛前	6 500	6 000	5 000	3 850	3 900	4 200	4 300
2010 年汛前	6 500	6 000	5 300	4 000	4 000	4 200	4 400
2011 年汛前	6 800	6 200	5 400	4 100	4 100	4 300	4 400
累计增加	3 200	3 300	3 600	2 030	1 570	1 400	1 400

从泥沙冲刷量的沿程分布来看，高村水文站以上河段冲刷较多，高村水文站以下河段冲刷相对较少。其中，高村水文站以上河段冲刷泥沙 14.17 亿吨，占冲刷总量的 69.6%；高村水文站至艾山水文站河段冲刷泥沙 3.02 亿吨，占下游河道冲刷总量的 14.8%；艾山水文站至利津水文站河段冲刷泥沙 3.18 亿吨，占冲刷总量的 15.6%。

从泥沙冲刷量的时间分布来看，冲刷主要发生在汛期。汛期下游河道共冲刷泥沙 14.41 亿吨，各河段均全线冲刷。非汛期下游河道共冲刷泥沙 5.95 亿吨，其中艾山水文站以上河段全线冲刷，冲刷主要发生在花园口水文站至高村水文站河段，冲刷量 4.53 亿吨，占非汛期冲刷总量的 76.1%，冲刷向下游河段逐渐减弱；艾山水文站至利津河段水文站则淤积 0.58 亿吨。

河道内相同流量的水位变化直接反映一定时期的河床冲刷情况。相同流量的水位降低，说明河床得到有效冲刷。2000 年汛期和 2011 年汛前，黄河下游各水文站相同流量（2 000 立方米每秒）水位对比，平均降低 1.25～2.07 米。2000—2011 年黄河下游河道水文站相同流量（2 000 立方米每秒）水位变化见表 14-2-9。

3.减缓水库泥沙淤积

2000—2011 年小浪底水库年均入库水量 205.32 亿立方米，年均入库沙量 3.298 亿吨。实际年均来水量、来沙量分别为设计年均来水量、来沙量的 73.59% 和 25.87%。由于来水来沙量大幅减少以及采取了异重流排沙等运用措施,小浪底水库泥沙淤积速度不足设计的一半,泥沙淤积形态与设计基本符合,呈三角洲形态淤积。

表 14-2-9　2000—2011 年黄河下游河道水文站相同流量
(2 000 立方米每秒)水位变化　　(单位:米)

站名	花园口	夹河滩	高村	孙口	艾山	泺口	利津
2000 年 7 月	93.49	76.77	63.03	48.07	40.84	30.24	13.26
2011 年 6 月	91.42	74.72	61.08	46.65	39.42	28.94	12.01
水位变化	-2.07	-2.05	-1.95	-1.42	-1.42	-1.30	-1.25

(1)小浪底库区干流淤积形态。小浪底水库运用初期库区干流淤积为锥体淤积形态,至 2000 年 11 月,泥沙淤积在库区黄河干流形成明显的三角洲洲面段、前坡段与坝前淤积段,干流纵剖面淤积形态已经转为三角洲淤积。随着水库运用,三角洲形态及顶点位置受水库水位、上游来水等影响,逐步向坝前推进。2000—2011 年小浪底水库库区淤积三角洲顶点位置及高程见表 14-2-10。小浪底水库库区干流河底淤积高程纵向示意见图 14-2-1。

表 14-2-10　2000—2011 年小浪底水库库区淤积三角洲顶点位置及高程

施测时间(年-月)	顶点距坝里程(千米)	顶点高程(米)
2000-11	69.4	225.2
2001-12	58.5	208.9
2002-10	48.0	207.3
2003-10	72.1	244.4
2004-10	44.5	217.71
2005-11	48.0	223.56
2006-10	33.5	221.87
2007-10	27.2	220.07
2008-10	24.4	220.25
2009-10	22.1	216.93
2010-10	18.8	215.61
2011-10	16.4	215.16

根据小浪底水库河床泥沙颗粒级配测验成果,2000—2011 年小浪底库区干流淤积以细沙为主,中值粒径一般为 0.003~0.018 毫米,从库尾至坝前沿程变细,符合泥沙沿程分选规律。坝前漏斗区淤积泥沙中,粒径小于 0.025 毫米的细颗粒泥沙约占 85%,大于 0.05 毫米的粗颗粒泥沙占 5%。泥沙研究表明,三角洲淤积形态有利于水库拦截较粗颗粒泥沙和有效利用库区支流库容,有利于在库区塑造异重流和水库实施异重流排沙运用,从而延缓水库泥沙淤积。

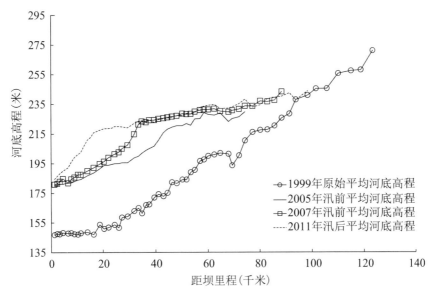

图 14-2-1　小浪底水库库区干流河底淤积高程纵向示意

（2）小浪底库区支流淤积形态。黄委会水文局 2011 年汛后泥沙测验结果显示，小浪底水库库区黄河支流沟口淤积面受库区黄河干流三角洲淤积体向库区下游推移的影响，呈现出同步抬高的趋势；三角洲洲顶附近的库区黄河支流河底呈现出倒比降，部分库区黄河支流河口呈现出两边低的淤积形态，形成轻度拦门沙坎。

小浪底水库黄河支流畛水河（距坝 17.25 千米）位于三角洲洲顶附近，受库区黄河干流三角洲淤积体向库区下游推移影响较大。2011 年汛后畛水河口平均淤积高程较 1999 年抬升约 50 米。畛水河纵向河底高程变化见图 14-2-2。

（3）西霞院水库泥沙淤积情况。西霞院水库正常蓄水位时设计总库容 1.34 亿立方米，设计冲淤平衡后有效库容 0.45 亿立方米，2011 年淤积泥沙 0.155 亿立方米，主要淤积在库区 131 米高程以下河滩，原有主河槽基本稳定。

4. 扩大入海口陆地面积

黄河输入河口的泥沙除少量输往外海海域，大部分泥沙受水流挟沙能力降低影响，在河海交界区落淤。根据黄委会统计，1954—1984 年输入黄河河口泥沙年均 10.5 亿吨，其中平均有 23%（2.4 亿吨）泥沙淤积在大沽零米线以上黄河河口和三角洲陆地上、44%（4.62 亿吨）泥沙淤积在三角洲海域、33%（3.5 亿吨）泥沙输往外海。黄河河口三角洲面积与来水来沙量关系密切。当年均入海水量小于 76.7 亿立方米时，三角洲不再增长，且会发生净侵蚀。20 世纪八九十

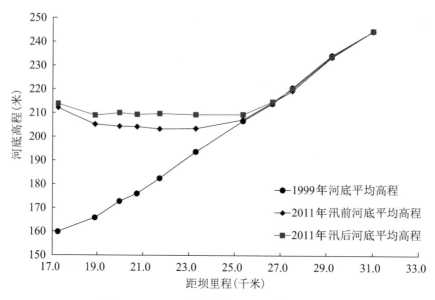

图 14-2-2 畛水河纵向河底高程变化

年代受黄河径流量减少甚至断流的影响,黄河河口三角洲面积出现明显缩减。

小浪底水库运用后至 2011 年的 12 年间,利津水文站年均径流量 148.89 亿立方米(根据 2000—2011 年黄河泥沙公报统计),黄河也连续 12 年未断流,扩大了黄河三角洲陆地面积。据黄河河口管理局统计,黄河入海口清水沟附近陆地淤积面积每年均有变化,其中 2008 年淤积面积最大,与 2007 年相比淤积面积增加 50.697 平方千米。

四、供水灌溉效益

黄河是黄河流域工农业生产用水、生活用水和生态用水的主要水源。黄河流域水资源短缺,人均水资源量仅约为全国人均水资源量的 1/4。随着黄河流域工农业的发展,水资源供需矛盾成为制约经济社会发展的重要因素。小浪底水库投入运用后,成为黄河下游供水灌溉的重要水源地,水库调整水量时空分配,优化配置水资源,增加了黄河下游可供水量,提高了有限水量使用效益,为黄河水量统一调度提供了关键基础条件和重要工程手段。

(一)供水灌溉

小浪底水库在满足防洪(凌)、减淤的前提下,通过调节径流,蓄丰补枯,合理配置水资源,枯水期增加水库下泄水量,为黄河下游城市生活和工农业生产增加可利用水源,提高黄河下游工农业生产用水、生活用水和生态用水保证率,同时为实施引黄济津、引黄济冀等跨流域应急调水提供了保障。

黄河来水丰枯不均,又缺乏调节水量措施,灌溉用水保证率很低,多数沿黄灌区每年只能灌水 1~2 次,加上工业迅速发展,沿河水资源供需矛盾日益突出。三门峡水库运用水位受到限制,水库调节径流能力有限;小浪底水库在调节黄河下游径流方面发挥了决定性作用。小浪底水库多年平均可增加灌溉供水 17.9 亿立方米,增加可利用径流量 21.6 亿立方米。2000—2008 年在黄河下游农业用水关键期的 3—6 月(不含调水调沙运用水量),小浪底水库累计调节补水 137.3 亿立方米,为黄河下游工农业生产用水、生活用水和生态用水提供了可靠而又难得的水源。

1. 引黄灌溉

黄河下游引黄灌区横跨黄淮海平原,西起沁河入黄口,东至黄河入海口,涉及豫鲁两省 16 个地(市)87 个县级区划单位,灌区规划总面积 6.408 万平方千米。截至 2007 年,黄河下游灌区实际涉及范围总人口 5 235 万,667 公顷以上引黄灌区 98 处(河南 26 处,山东 72 处),共有引水工程 113 处,其中引黄涵闸 85 座,虹吸、扬水站 28 处,引水能力 3 972.3 立方米每秒(河南 1 747 立方米每秒,山东 2 226 立方米每秒),多年平均引水量 88.4 亿立方米。总许可取水量 101.1 亿立方米,其中河南 30.5 亿立方米,山东 70.6 亿立方米。

2. 流域外供水

黄河、淮河和海河流域是中国重要的农业经济区、粮食与棉花的主要产区和重要的商品粮基地,也是中国政治、经济、文化中心。为解决海河等流域日益严重的缺水状况,中国相继兴建了引黄济青、引黄济津、引黄济淄以及引黄济淀等专项供水工程。其中,引黄济青工程除供应青岛市用水外,还供应了潍坊市部分用水及工程沿线高氟区、滨海平原地区人畜饮水和农田灌溉用水。

(二)供水效益

根据小浪底水文站实测数据,2000—2011 年小浪底水库累计下泄水量2 581.66 亿立方米,年均 215.14 亿立方米,其中水库累计调节 811.63 亿立方米,年均 67.64 亿立方米。黄河下游利津水文站累计径流量 1 786.62 亿立方米,年均径流量 148.89 亿立方米,较小浪底水库运用前的 1999 年径流量 68.36亿立方米多出 80.53 亿立方米,实现了黄河下游连年不断流。

1. 黄河下游供水

2000—2002 年的春夏之交,黄河下游沿黄地区连续发生罕见旱情。根据《中国河流泥沙公报》和《黄河水资源公报》,2000 年、2001 年黄河花园口水文站实测径流量分别为 165.3 亿立方米和 165.5 亿立方米,分别较常年偏少 59.2%、59.5%。其间,潼关水文站最小流量仅 0.95 立方米每秒(2001 年 7 月 22 日 7 时 20 分)。小浪底水库严格执行"电调服从水调"原则,分别在 2000 年 5 月 24 日至 8 月 9 日、2001 年 6 月 30 日至 8 月 22 日将水库水位降至 205 米以下;在 2002 年 9 月 7—21 日、10 月 20—26 日、11 月 1—5 日水库水位降至 210 米以下(210 米为小浪底电站 1~4 号发电机组最低发电水位,205 米为小浪底电站 5~6 号发电机组最低发电水位),连续三年停止机组发电、启用 210 米或 205 米高程以下的库容,累计向下游供水 235.6 亿立方米。

2002—2003 年黄河全流域发生历史罕见夏秋连旱,黄河花园口水文站天然径流量 250.67 亿立方米,仅为多年均值的 50%。2003 年上半年黄河主要河段来水量比 1997 年(来水量最枯、黄河下游断流时间最长年份)少 55 亿立方米。经国务院和水利部批准,黄委会启用《2003 年旱情紧急情况下黄河水量调度预案》。为确保水库下泄水量满足泄流指标要求,小浪底水库采取压缩日发电计划、根据机组发电情况及时开启泄洪系统补水等措施,精确调节下游河道水量,执行指令平均误差 0.18%,3—7 月累计向黄河下游供水 62.47 亿立方米,其中水库补水 20.33 亿立方米,有效缓解黄河下游旱情,创造了大旱之年黄河不断流的奇迹。

3—4 月是黄河下游地区小麦返青期间第一个灌溉用水高峰期,2004 年黄河下游地区普遍少雨干风,农业用水和生态用水需求增大。3 月 1 日至 6 月 18 日小浪底水库向黄河下游供水 76.04 亿立方米,其中 32.05 亿立方米水量为小浪底水库调节补水。

2005 年 3—6 月黄河中下游来水较多年同期均值偏少 60% 左右,同时宁蒙地区遭遇 50 年不遇的干旱天气,用水量居高不下,头道拐水文站断面流量长期徘徊于 50 立方米每秒的预警流量,潼关水文站断面流量最低降至 60 立方米每秒。在入库水量大幅减少的严峻形势下,小浪底水库充分利用凌汛期小流量运用节省下来的水库蓄水,在 3 月 1 日至 6 月 16 日持续向黄河下游供水 73.76 亿立方米,保证了黄河下游地区工农业生产用水、人民生活用水和生态用水的需求。

2006 年秋季至 2007 年春季,黄河流域降水稀少,沿黄地区出现大范围秋冬春连旱。2006 年 9 月至 2007 年 2 月底,山东沿黄地区平均降水量为 41.6 毫米,较多年同期均值 138 毫米偏少近 70%,部分地区遭遇百年一遇严重干旱,全省农田受旱面积 1 152 万亩。小浪底水库在 2007 年春灌前(3 月 1 日)蓄水量 55.78 亿立方米,比 2006 年同期约少 25 亿立方米。为满足下游抗旱需要,小浪底水库加大下泄水量,2006 年 10 月至 2007 年 3 月累计下泄水量 66.46 亿立方米,提高了黄河下游抗旱供水保证率。

2008 年末至 2009 年初,黄河中下游大部分地区连续无降水日达 60 天以上,局部地区 100 天以上。河南、山东两省遭受 1951 年以来最严重旱情,河南省小麦受旱面积 4 150 万亩,其中严重受旱 700 万亩,50 万亩出现麦苗枯死现象;山东省沿黄地区受旱 1 155 万亩,部分地区出现人畜饮水困难。面对严峻旱情,黄河防总依据《黄河流域抗旱预案(试行)》,于 2009 年 1 月 6 日、1 月 11 日、2 月 3 日、2 月 6 日先后发布蓝色、黄色、橙色、红色干旱预警,启动Ⅳ~Ⅰ级应急响应。小浪底水库在 1 月 6 日至 3 月 10 日干旱预警期间先后 7 次加大下泄流量,日均下泄流量从 290 立方米每秒逐级加大到 1 000 立方米每秒,累计供水 35.33 亿立方米,其中水库补水 9.21 亿立方米,并为河南省抗旱保苗工作提供 9.47 亿千瓦时的优质电力,有效缓解下游地区旱情,保障了下游沿黄地区的供水和灌溉安全。

2010 年 10 月至 2011 年 2 月,黄河中下游降雨稀少,山西、陕西、河南、山东等省部分地区连续 100 多天无有效降水,旱情日趋严重。黄河防总依据《黄河流域抗旱预案(试行)》在 2011 年 2 月 10 日、16 日先后发布黄色、橙色干旱预警。小浪底水库在 2 月 10 日至 3 月 2 日干旱预警期间,先后 3 次加大下泄流量,日均下泄流量从 500 立方米每秒逐级加大到 900 立方米每秒,累计抗旱供水 13.64 亿立方米,其中水库调节补水 7.51 亿立方米,有效缓解了黄河下游旱情。

2. 跨流域供水

小浪底水库运用以来,通过水库调节补水,多次向黄河流域外调水,缓解海河流域北京、天津等大中型城市和河北等省用水紧张局面。

2000—2011 年,小浪底水库先后向天津供水 7 次 59.64 亿立方米,2006 年起首次向河北白洋淀供水,先后完成 5 次供水 32.98 亿立方米(含 2011 年 11 月至 2012 年 2 月第 5 次应急供水水量),向青岛供水 13 次近 11.3 亿立方米(每年 11 月至次年 3 月供水。2004 年是丰水年份,暂停供水,2007 年实施 2 次供水)。位山引黄闸见图 14-2-3。

2007 年通过引黄济青工程首次向山东省烟台市供水 2 000 万立方米,取得很好的社会效益、经济效益。小浪底水库在缓解黄河下游供水和引黄济津、引

图 14-2-3　位山引黄闸

黄济淀等跨流域调水中发挥突出作用。2000—2011 年引黄济津情况见表 14-2-11,2006—2011 年引黄济淀情况见表 14-2-12。

表 14-2-11　2000—2011 年引黄济津情况

序号	时间 （年-月-日）	时长 （天）	引水线路	实际	
				供水 （亿立方米）	天津收水 （亿立方米）
1	2000-10-13— 2001-02-02	113		8.66	4.01
2	2002-10-31— 2003-01-23	85		6.03	2.47
3	2003-09-12— 2004-01-06	117		9.25	5.1
4	2004-10-09— 2005-01-25	109	位山闸引水， 天津九宣闸收水	9.01	4.3
5	2009-10-01— 2010-02-28	151		9.857	2.585
6	2010-10-22— 2011-04-11	172		11.84	4.195
7	2011-10-18— 2012-01-15	90		3.62	1.81
累计		835		58.267	24.47

表 14-2-12 2006—2011 年引黄济淀情况

序号	时间 （年-月-日）	时长 （天）	引水线路	实际		备注
				供水 （亿立方米）	白洋淀收水 （亿立方米）	
1	2006-11-24— 2007-02-08	77		4.79	1.001	首次引黄济淀应急供水。河北刘口闸累计收水 3.4 亿立方米，其中白洋淀收水 1.001 亿立方米
2	2008-01-25— 06-17	145		7.21	1.566	河北刘口闸累计收水 4.84 亿立方米，其中白洋淀补水 1.566 亿立方米
3	2009-10-01— 2010-02-28	151	位山闸引水， 刘口闸收水	9.845	3.3	引黄济津、引黄济淀应急调水。刘口闸收水 8.05 亿立方米，天津收水 2.585 亿立方米
4	2010-12-13— 2011-05-10	149		6.689	0.934 7	河北刘口闸累计收水 2.782 亿立方米，白洋淀补水 0.934 7 亿立方米
5	2011-11-15— 2012-02-06	84		4.4	3.6	河北刘口闸累计收水 3.6 亿立方米
累计		606		32.98	10.40	

数据来源：黄河网 2000—2011 年黄河大事。

五、发电效益

小浪底水电站安装有 6 台 30 万千瓦立式混流式水轮发电机组，2000 年 1 月首台机组发电，2001 年 12 月最后一台机组投入运行。小浪底水电站发电主要输往河南电网，是河南电网唯一超百万千瓦装机容量的水电站。水电机组具备启动速度快、调峰速率快、调节能力强的优势，可大幅缓解河南电网调峰压力，减少火电机组调峰开停机次数和调峰燃油投入，另外作为绿色可再生能源，有着显著节能减排效益。

(一)提供优质水电

河南电网是华中电网重要组成部分、全国联网电力枢纽,在"西电东送、南北互供"和接纳长江三峡水电站外送电力中有举足轻重的地位和作用。2000年河南电网总装机 1531.7 万千瓦,2011 年增长至 5406 万千瓦,位居中国第六位。河南电网装机结构以火电为主,统调装机 4832 万千瓦,其中统调火电机组4301 万千瓦,占 89.01%;水电机组 367 万千瓦,占 7.6%;燃气机组 156 万千瓦,占 3.23%;风电机组 8 万千瓦,占 0.16%。

2000—2009 年河南电网最大峰谷差呈逐年递增趋势,由 2000 年的 397 万千瓦增长至 2009 年的 937 万千瓦,年均增长 9.7%,月平均最高负荷、最低负荷的差为 300 万千瓦左右(夏季更大),调峰压力大。

2001 年小浪底水电站发电机组全部投运,装机容量占河南电网当年统调水电机组容量的 81%。在火电装机占绝对比重的河南电网,小浪底水电站发电机组有着调节容量大、启停机和负荷调节速率快、响应时间短等优势,是理想的、重要的调峰、事故备用电源。

2000—2011 年,小浪底水电站累计发电 535.94 亿千瓦时,为河南电网提供了优质水电。其中,2004 年以后小浪底水电站年均发电量均突破 50 亿千瓦时。小浪底水电站 2000—2011 年发电量见表 14-2-13。

表 14-2-13　小浪底水电站 2000—2011 年发电量

(单位:亿千瓦时)

年份	发电量	年份	发电量	年份	发电量
2000	6.13	2005	50.48	2010	51.96
2001	21.18	2006	58.25	2011	62.56
2002	33.16	2007	59.07	合计	535.94
2003	36.84	2008	55.70		
2004	50.15	2009	50.45		

注:2000 年发电量数据缺少,借用上网电量数据。

小浪底水电站运用初期,河南电网用电负荷峰谷差在 300 万~900 万千瓦,部分时段用电负荷上涨最快时达到每 15 分钟 100 万千瓦,下降最快时达到每15 分钟 80 万千瓦。普通火电机组受本身技术特性制约,发电负荷增减约每 15分钟 3 万千瓦,快速调整发电负荷较为困难。小浪底水电站投运后,河南电网每年迎峰度夏保障安全主要措施均是"用电高峰时段全开小浪底水电站发电机组,满负荷运行"。根据小浪底水电站统计,2000—2011年小浪底水电站发电量中约214亿千瓦时为调峰电量,占电站总发电量的40%;为河南电网调峰开停机25 546台次,年均2 100余台次。小浪底水电站为河南电网迎峰度夏工作作出了贡献,多次获得"河南电力迎峰度夏先进单位"荣誉称号。

AGC(自动发电控制)是现代电网的重要功能。发电机组在AGC状态下,能够自动跟踪电网间联络线负荷和频率变化,维持电网间负荷供需平衡和供电频率稳定。小浪底水电站投运前,河南电网火电机组和其他水电机组调节速度和调节容量实现AGC功能较为困难。2001年底小浪底水电站AGC投运成功后,河南电网逐步建立起以小浪底水电站机组为核心的河南电网AGC控制系统。在河南电网与华中电网联网运行时,小浪底水电站跟踪河南电网和华中电网联络线负荷潮流变化实时调整发电负荷,改善联络线运行条件,维持联络线稳定运行。河南电网独立运行时,小浪底水电站作为电网系统主调频电厂,维持河南电网供电频率稳定。

小浪底水电站投运以来,电站发电外送220千伏变电站(编号为黄河变电站)的220千伏母线电压和频率偏差合格率保持在100%,河南电网供电频率合格率100%,供电频率控制在(50±0.05)赫兹以内,误差值为允许误差的1/4。

(二)保障河南电网安全

小浪底水电站建成后,推动和加快了河南电网特别是豫西电网的建设,促进了豫西电网500千伏网架的形成。

2000年小浪底水电站投入运行时,1回出线接入位于北岸洛阳市吉利区220千伏吉利区北变电站,4回出线接入位于南岸洛阳市孟津县500千伏牡丹变电站,经牡丹变电站升压后接入河南省500千伏骨干电网。随着河南电网的发展和西霞院水电站的建设,小浪底水电站接入吉利区北变电站出线Ⅱ接入西霞院水电站,增加1回出线接入北岸济源市220千伏济源荆华变电站(2006年投运),增加1回出线接入北岸济源市220千伏裴苑变电站(2009年投运)。小浪底水电站(黄河变电站)作为豫西地区重要电源支撑点,显著改善豫西电网电源结构。

河南电网统调发电机组最大单机容量100万千瓦,若发生事故,将造成河南电网和华中电网联络线大幅波动,为此须留有65万~75万千瓦发电容量作为事故备用。小浪底水电站机组从停机到并网约需 4 分钟(火电机组一般需数小时),并网 10 秒钟就可调整至 30 万千瓦满负荷状态。因此,小浪底水电站承担了河南电网事故备用的任务。2006 年 7 月 1 日 20 时 47 分,河南电网因直供郑州 500 千伏线路(嵩郑Ⅰ、Ⅱ两回线路)故障先后跳闸,直接造成豫西、豫中多条 220 千伏线路严重过载跳闸,省内多家电厂的多台机组停机。小浪底水电站发挥机组启停速度快的优势,在事故发生时快速停机,在电网恢复时快速开机并网,避免电网大面积停电事故的发生。

黑启动是电网发生大面积停电事故后的重要措施。小浪底水电站厂用电负荷小,机组启动速度快,是河南电网理想的黑启动电站。2003 年 11 月小浪底水电站进行 3 号机组黑启动试验,检验了电站黑启动能力。

(三)节能减排

水电属于绿色能源,使用水电可相应减少火电所用的煤炭、石油的消耗量和环境污染。中国电力企业联合会 2011 年全国电力工业统计显示,中国 6 000千瓦及以上火电厂供电标准煤耗为 330 克每千瓦时。小浪底和西霞院水电站2000—2011 年累计发电量 557.1 亿千瓦时,相当于节约 1 838.4 万吨标准煤,减少二氧化碳排放约 4 800 万吨,减少烟尘排放约 12 万吨,在为国民经济发展提供能源的同时,也为环境保护做出了贡献。

六、生态效益

小浪底水库正常蓄水位 275 米时库岸线总长 1 240 千米,形成水面面积272.3 平方千米。西霞院反调节水库正常蓄水位 134 米时库岸线总长 39 千米。小浪底水库和西霞院水库投入运用后,显著改善和保障了黄河下游生态环境,此外作为中国北方地区少有的大型水库,对水库周边气候及周边的农业、林业、渔业、旅游等生产经营活动也产生积极影响。

(一)改善黄河下游生态

1. 保障黄河下游不断流

(1)黄河下游断流形势严峻。由于黄河来水量减少和沿黄地区用水量不断增加,黄河下游从 1972 年开始出现断流现象。1972—1999 年的 28 年间,黄河下游有 22 年发生断流,平均 5 年中有 4 年出现断流。根据利津水文站实测资料统计,22 年中累计断流 1 092 天,年均断流约 50 天。20 世纪 90 年代黄河下游干流断流情况见表 14-2-14。

黄河频繁断流破坏了河流的连续性,严重影响了下游两岸地区的工农业发展。1997 年黄河下游断流达 226 天,造成豫、鲁、冀三省部分城市生活和工业用水多次发生危机,以黄河为主要水源的山东省东营、滨州、德州等地人民生活用水告急,被迫采取定时定量供水措施。河南省濮阳市中原化肥厂一度停产,胜利油田 200 口油井被迫关闭,沿黄两岸引黄灌区农作物受旱面积达 2 000 万亩。据不完全统计,仅山东省直接经济损失 135 亿元。

表 14-2-14 20 世纪 90 年代黄河下游干流断流情况

年份	站名	断流时间（月-日）		断流次数	断流天数（天）			断流长度（千米）
		最初	最终		全日	间歇性	总计	
1991	利津	05-15	06-01	2	13	3	16	131
1992	利津	03-16	08-01	5	73	10	83	303
	泺口	06-03	07-18	4	29	2	31	
1993	利津	02-13	10-12	5	49	11	60	278
	泺口	06-14	06-14	1	1		1	
1994	利津	04-03	10-16	4	66	8	74	380
	泺口	05-03	10-08	2	27	2	29	
1995	利津	03-04	07-23	3	117	5	122	683
	泺口	03-25	07-22	2	74	3	77	
	艾山	05-18	07-21	2	59	3	62	
	孙口	05-22	07-02	3	46	6	52	
	高村	07-07	07-17	1	7	1	8	
	夹河滩	07-14	07-17	1	4		4	
1996	利津	02-14	12-18	6	123	13	136	579
	泺口	02-14	06-29	4	63	8	71	
	艾山	05-23	06-27	2	21	4	25	
	孙口	05-29	06-01	1	11	2	13	
	高村	05-31	06-06	1	5	2	7	
1997	利津	02-07	12-31	13	200	26	226	704
	泺口	02-07	12-31	7	118	14	132	
	艾山	06-05	12-31	4	66	8	74	
	孙口	06-06	12-31	3	60	5	65	
	高村	06-23	12-31	1	23	2	25	
	夹河滩	06-25	12-31	2	14	4	18	

续表 14-2-14

年份	站名	断流时间（月-日）		断流次数	断流天数（天）			断流长度（千米）
		最初	最终		全日	间歇性	总计	
1998	利津	01-01	12-01	16	28	114	142	449
	泺口	02-13	12-06	7	14	28	42	
	艾山	02-14	07-11	2	4	10	14	
	孙口	02-13	07-11	2	4	6	10	
1999	利津	02-06	08-11	4	6	36	42	278
	泺口	02-05	05-02	4	7	9	16	

频繁的断流还使河道生态平衡遭到破坏,水环境恶化。黄河河口地区长期处于断流或小流量状态,河道萎缩,地下水得不到补给,加重了海水入侵,盐碱化面积增大。断流也使黄河三角洲湿地水环境条件失衡,严重威胁到湿地保护区的水生生物、野生植物和鸟类的生存,同时使渤海10余种"洄游"鱼类不能正常繁殖,导致河口湿地生态系统的退化和生物多样性减少。同时在河道流量减小情况下,水体自净能力降低,造成水质严重恶化。

(2)黄河水量统一调度。黄河下游连续多年长时间断流引起社会各界的广泛关注,也引起党中央、国务院重视。2003年3月,中共中央总书记胡锦涛在中央人口资源环境工作座谈会上指出:"当前和今后一个时期,尤其要加强黄河流域的用水管理和调控";国务院总理温家宝也多次就加强黄河水量统一管理和调度、确保黄河不断流等问题做出重要指示。

为缓解黄河流域水资源供需矛盾和黄河下游断流形势,1998年12月经国务院批准,国家计委、水利部联合以计地区〔1998〕2520号文件颁布实施了《黄河可供水量年度分配及干流水量调度方案》和《黄河水量调度管理办法》,授权黄委会统一管理和调度黄河水资源。2006年纪念人民治黄60年之际,胡锦涛总书记做出指示:"要加强统一管理和统一调度,进一步把黄河的事情办好,让黄河更好地造福中华民族。"2006年8月1日,中国第一部流域水量调度管理行政法规《黄河水量调度条例》正式施行,在法律层面提出了确保黄河不断流的要求。

(3)实现黄河下游不断流。自2000年小浪底工程投入运用后至2011年间,小浪底水库按照"电调服从水调"的原则,在黄河调度部门对黄河水量统一调度下,精确计算发电用水和闸门泄流,确保水库下泄流量满足调度指令要求,使黄河下游河道始终保持一定流量,实现了黄河下游连年不断流,维持了黄河生态系统的连通与完整,被断流破坏的 200 多平方千米河道生态得到修复。

2.改善河口三角洲湿地生态

刁口河是黄河 1964—1976 年期间的入海流路,由南向北横贯黄河三角洲北部地区,全长约 52 千米。黄河改走清水沟流路入海后,刁口河流路作为黄河入海备用流路。

2010 年黄委会结合汛前调水调沙实施了"黄河三角洲生态调水暨刁口河流路恢复过水试验",见图 14-2-4。

图 14-2-4　黄河三角洲生态调水暨刁口河流路恢复过水试验

2010 年 6 月 19 日黄河调水调沙开始,7 月 2 日河水入海,刁口河在停水 34 年之后第一次全线过流。黄河流域水资源保护局组织的评估表明,三角洲刁口河恢复过水对退化湿地起到了积极修复作用,遏制了刁口河退化湿地区域地下咸水入侵的发展态势。地下水观测显示,刁口河过水沿岸 1 100 米范围内地下水位得到抬升,沿岸 550 米范围内地下水位升高明显,最大抬升幅度 65 厘米。刁口河沿线土壤盐度明显下降,尤其是 0~30 厘米层土壤含盐量显著降低,其中10厘米层土壤含盐量平均下降55%,30厘米层土壤含盐量平均下降41%,为淡水湿地水生和湿生植被的生长发育奠定基础。

黄河下游不断流,使得黄河河口地区水生生物的多样性得到恢复。多年未见的黄河铜鱼、刀鱼重新出现。黄河河口地区水量的增加初步遏制了三角洲湿地面积急剧萎缩的势头,对湿地生态系统完整性、生物多样性及稳定性产生积极影响,三角洲国家级自然保护区淡水湿地面积明显增大,黑嘴鸥、东方白鹤、丹顶鹤等多种国家级珍稀鸟类重现黄河河口。黄河三角洲生态补水后水生态环境见图14-2-5。

图14-2-5 黄河三角洲生态补水后水生态环境

3.减轻黄河下游水质污染

小浪底水库通过优化分配黄河下游水资源,显著增加非汛期下游河道水量,在保证黄河下游沿黄城乡居民生活用水和工农业用水的同时,减轻了黄河下游水质污染,保证了黄河下游河流生态系统功能的发挥。

2006年1月5日14时河南省某电厂发生柴油泄漏事故,泄漏柴油经伊洛河注入黄河。为减缓污染对黄河下游河道的影响,黄河防总及时关闭伊洛河上游陆浑、故县水库所有泄流设备,并加大小浪底水库下泄流量,将小浪底水库日均流量控制在600立方米每秒,有效处置了此次污染事件。

(二)改善水库周边生态

小浪底水库蓄水运用,形成约272.3平方千米水面,对库周生态、渔业、旅游等生产经营活动产生积极影响。

小浪底水库建在自然环境相对较差的浅山丘陵地区,植被稀少,岩层裸露,沟壑纵横。水库蓄水运用后,由于水库特殊的自我净化作用,库区表层水质达到Ⅲ类(2005年个别月份达到Ⅱ类)。此外,形成的约272.3平方千米水面在沟谷中延伸,造就众多的水湾、岛屿、半岛,使原本干旱贫瘠的浅山丘陵区,有了高峡平湖的江南景象,促成黄河小浪底风景区、黄河三峡风景区和新安县万山湖风景区的开发建设,发展了当地旅游业。

小浪底水库广阔水域的水汽蒸发增加了周边的空气湿度,使周边的雨量增多,降低了干燥度,减轻了蒸发量和植物的蒸腾量,促进了植被生长。水库具有较强热容量,形同巨大的空气调节器,白天吸收热量,夜间释放热量,日夜温差减少,库周夏无酷暑,冬无严寒,无霜期日数增加,使农作物生长期延长。

小浪底水库蓄水运用有利于太行猕猴的繁衍生息。太行猕猴是目前世界猕猴类群分布的最北界,由于它与人类有着特殊的亲缘关系,具有极高的科研和医学价值。济源市冬季偏高的气温使寒冷冬季缩短,避免影响到母猴体内胎儿健康发育。初春3月正值母猴产仔期,较早回暖的气候和植被的复苏,也避免了食物短缺致使幼猕成活率低的问题。

2006年7月起,河南省济源市气象局组织对小浪底水库及周边(80千米范围内)14个气象站在1998—2007年的降水、气温、日照等8个气象要素变化情况进行了研究。研究监测数据显示:小浪底水库蓄水后库区及周边50千米范围内年降水量及暴雨日数明显增加。夏秋两季降水增幅显著,库区范围内夏季平均暴雨日的净增加率达62.5%,平均气温和平均最高、最低气温均呈上升趋势。另外,夏秋季节日照时数呈现下降趋势,春季为增加,冬季尚无明显变化;全年轻雾日明显增加;雷暴日数也呈增加趋势(增长率在2.44%~11.27%)。分析结论为:在水库影响下,库区及周边范围辐射平衡及蒸发量增加;温度变化过程变得较为平缓;气温日较差降低;空气湿度增大;春寒终止期提前,秋寒开始期推后;周边降水量及降水频数增加。

(三)枢纽管理区生态修复

小浪底水利枢纽是中国首次采用国际招标建设的大型水利工程,工程建设阶段就重视环保问题,普遍采用有利于环境保护的施工方法。工程竣工后,枢纽管理区植被恢复工程被列入尾工重点项目。

为了保护母亲河，小浪底建管局在黄河故道修建了 67 公顷的坝后保护区，把工程文化、黄河文化、水文化融入生态环境中，形成了以小浪底大坝为依托，以水、草、林、湖为特色的生态园林。根据统计，2011 年底枢纽管理区绿化种植、养护面积达 7 432 亩，种植白杨、大叶女贞、雪松等乔木 126 万株，灌木 384 万株，地被 34.15 万平方米，小浪底区域绿地率达 43.84%，绿化覆盖率达 44.93%。

由于小浪底水利枢纽环境保护工作出色，2003 年 10 月小浪底工程被国家环保总局评为"国家环境保护百佳工程"。小浪底水利枢纽风景区成为了解黄河、认识黄河的重要场所，成为普及工程生态知识、宣传工程生态典型、增强工程生态意识的重要载体。

(四) 扭转白洋淀干淀危机

白洋淀是华北平原为数不多的生态湿地之一，历史上曾有"华北之肾"美誉。20 世纪 80 年代以来，由于生态环境恶化，加上缺少天然水补给，白洋淀面临着"干淀"的严峻形势。2006 年河北省发生严重旱情，降水量较常年偏少 23%，白洋淀周边水库出现无水可调的局面，白洋淀蓄水量持续走低，水位由 2005 年同期的 7.23 米降至 6.5 米 (干淀水位) 以下。实施跨流域引黄河水补入白洋淀，成为唯一可行的补水方案。2006 年 11 月按照国家要求，黄委会组织实施首次"引黄济淀"跨流域调水。

2006—2011 年，小浪底水库共保障 5 次"引黄济淀"跨流域调水顺利实施，扭转了白洋淀"干淀"危机，水域面积由补水前的 82 平方千米扩大到 134 平方千米，水位上升到 7.38 米，核心区水质达 Ⅲ 类标准，基本接近 40 余年前水平，鸟类、鱼类的种类和数量都有明显增加，野生鸟类资源已达 198 种。

七、旅游效益

小浪底工程是治黄史上的丰碑，其重要战略地位、社会效益显著、巨大工程规模、复杂技术难题和国际化建设管理模式等备受世人关注，旅游资源丰富。小浪底建管局成立专门部门负责开发和管理小浪底工程的旅游工作。经过十余年的实践，小浪底水利枢纽旅游取得良好的经济效益和社会效益。

(一) 旅游规划

小浪底工程举世瞩目，吸引社会各界众多人士到小浪底工程参观。小浪底建管局成立专门旅游管理部门,与地方旅游管理部门密切合作,开展并完善小浪底工程旅游管理。

2000年6月,河南省人民政府批准设立黄河小浪底旅游区。2000年河南省城乡规划设计研究院编制《河南黄河小浪底风景区总体规划》,黄河小浪底风景区总面积1 262平方千米(其中水域面积272.3平方千米),由小浪底大坝、荆紫山、八里峡、三门峡大坝四个片区13个景区113个景点组成,是以水利工程、峡谷河流为主要特色,体现黄河历史文化和自然风光的大型水利风景区。

山西省"十一五"旅游业发展规划中首次明确提出建设沿黄旅游经济带和黄河文明精品旅游线路,并在"十一五"旅游业发展进程中占有重要位置,其间确定的一批重点旅游项目取得了一定成果。2011年山西省"十二五"旅游业发展规划,包括建设历山黄河小浪底库区等11个重点景区,将山西省永济市鹳雀楼至运城市垣曲县历山小浪底水库沿岸旅游资源集中连片区,作为五条精品旅游线路之一,建设成为国际级、复合型黄河风情文化精品游线路。

洛阳市孟津县辖区内的孟津小浪底景区,主要涉及小浪底、黄鹿山、横水、王良四个乡(镇)(2005年黄鹿山乡撤并至小浪底镇,王良乡撤并至白鹤镇),由小浪底水利枢纽、柏崖山、黄鹿山、红崖山等景区组成,游览面积48平方千米,其中水面面积20平方千米,是依托小浪底工程和山水风光开发旅游活动的大型旅游区。

2002年中国科学院地理科学与资源研究所编制《2002—2020河南省济源市旅游发展总体规划》,将小浪底水库济源市辖区规划为黄河小浪底风景名胜区济源景区,西起黄河八里胡同,东至黄河西滩,长50千米,包括黄河西滩、小浪底大坝、明珠岛、张岭半岛和黄河三峡等景区,是以大型水利工程建筑和山水自然景观为特色的风景名胜区。

2005年,小浪底建管局委托北京达沃斯巅峰旅游规划设计院编制《小浪底旅游区总体规划》,小浪底水利枢纽风景区包括小浪底工程、坝前水库、坝后生态保护区、移民故居等景点,是以工程文化、移民文化和山水文化为特色,集观光、休闲、度假为一体的综合性旅游区。

随着旅游资源开发,逐渐形成"黄河小浪底"品牌。2003年小浪底水利枢纽风景区被水利部批准为"国家水利风景区";2005年被河南省假日办评为河南省"十大旅游热点景区";2006年9月被亚太旅游联合会评为"中国最具吸引力的地方";2008 年被国家旅游局评为"国家 AAAA 级景区";2009 年 9 月被河南省水利行业协会、河南省旅游协会、河南水利与南水北调杂志社联合评选为"河南十大最美丽的湖"。小浪底库区风光见图 14-2-6。

图 14-2-6　小浪底库区风光

(二)旅游资源

小浪底工程建成后,以雄伟的大坝、巍峨的进水塔、壮观的出水口为核心,库区近 300 平方千米的浩淼水面、曲折河巷与雄伟山势竞相生辉,形成中国北方地区少见的湖光山色、千岛星布、"高峡出平湖"的自然景观和旅游资源,被誉为"北国山水好风光——黄河小浪底",成为中原地区较为稀缺的旅游资源。

1. 旅游景点

小浪底景区主要有大坝及库区水面、坝后生态保护区、爱国主义教育基地展示厅、移民故居、老神树、黄河故道、出水口等十多个景点。

小浪底大坝是景区主要标志性建筑,为新世纪治黄的一座丰碑。水库蓄水形成浩瀚水面,构成高峡平湖,库区涵盖八里胡同、黄河三峡等山水景色。坝后生态保护区总面积 1 500 多亩,上千种花草树木,包括雕塑广场、工程文化广场、移民故居、黄河微缩景观、黄河故道、竹林溪瀑、月牙湖、九曲桥、湖心岛、纪念碑等景点。

小浪底水库调水调沙期间,水流从洞群喷涌而出,逐浪排空,惊涛拍岸,气势雄伟,形成"黄河之水天上来"的人造瀑布景观。2006 年起,河南省旅游局利用小浪底水库调水调沙生产运行举办"黄河小浪底观瀑节",并作为省重点旅游节庆活动向省内外推出。

西霞院工程建设期间即规划了清风园、忘忧亭、植物标本馆、北岸黄河湿地、南岸黄河湿地、观鸟台等旅游景点。

2. 景区特点

（1）旅游资源禀赋优异。小浪底旅游以水利工程为依托，融合厚重的黄河文化、壮美的名山大河、闻名世界的大型水利工程于一体，生态旅游与现代水利工程景观互动互补，治黄文化与仰韶文化、河洛文化相得益彰。工程建设后期，小浪底景观建设与生态建设同步进行，形成坝后保护区、爱国主义教育基地展示厅等高品位观光项目。旅游基础设施及接待服务设施相对完善，拥有枢纽管理区小浪底宾馆、洛阳小浪底大厦、洛阳小浪底国际旅行社、郑州小浪底宾馆等较为完整的产业链，为开发旅游奠定良好硬件基础。

（2）地理区位优势明显。小浪底水利枢纽旅游区地处郑州—开封—洛阳和黄河"三点一线"黄金旅游带上，洛阳为九朝古都，2011 年底拥有 26 处 A 级旅游景区，洛阳牡丹文化节入选国家非物质文化遗产，济源为济水发源地、愚公移山历史典故发祥地，还有焦作云台山等旅游景区，四周旅游资源极其丰富。同时，毗邻焦枝铁路、二广高速、207 国道、310 国道、陇海铁路、连霍高速等"三纵三横"六条大动脉，与传统中原文化特色互补，加上交通便利，促进郑州、焦作、登封、开封、三门峡等旅游热点地区客源进入小浪底旅游。

（3）文化底蕴丰厚。小浪底工程地处黄河中游最后一个峡谷出口，自古就有大禹治水的美妙传说，地处济源市愚公移山故里，河洛文化也在此生根。蓼坞、河清自古以来就是黄河重要渡口，是华北通往中原的重要交通路线。李商隐写下赞美小浪底蓼坞渡口的诗篇"客鬓行如此，沧波坐渺然；此中真得地，漂荡钓鱼船"。唐诗人王维寓居孟津 19 年，曾有诗云："家住孟津口，门对孟津河"；河清得名于唐代郑锡《日中有王子赋》："河清海晏，时和岁丰"；三国魏文帝元年在此设河阴县城。抗日战争时期，当地村民组织成立抗日联防"杜八连"，在中国共产党领导下，誓死捍卫黄河渡口，《新华日报》于 1946 年 8 月 23 日发表"向杜八连人民致敬"专文。

（4）爱国主义情怀浓厚。1996 年 6 月 3 日，中共中央总书记江泽民视察小浪底工程时指出：小浪底工程规模宏大，技术很复杂，体现出一种宏伟气势，是进行爱国主义教育的好场所。1997 年，小浪底水利枢纽先后被河南省、水利部授予爱国主义教育基地。小浪底建管局在旅游开发中重视爱国主义教育，建设了爱国主义教育基地展示厅,通过图片、文字、模型、工具等资料和实物陈列,展示小浪底工程的重要性、艰巨性、挑战性,以及建设者风采和爱国主义情怀,呈现出水利系统爱国主义教育一面旗帜。

（5）水利工程科普教育突出。小浪底工程建设和运行管理注重产、学、研相结合,水利部挂牌设立了教学实习基地,武汉大学、河海大学、华北水利水电学院、黄河水利职业技术学院等多所院校在小浪底水利枢纽管理区设有教学实习基地,每年有多批大、中、小学生到小浪底工程进行学习和实践。利用工程施工后留存的大型运输汽车、导流洞混凝土浇筑钢模台车、废旧轮胎等物品建设工程文化广场,展示水利工程施工设备和技术;建设大坝典型剖面模型,认知小浪底大坝内部结构,了解水利工程知识;建设黄河微缩景观,直观展示黄河源头、壶口瀑布等自然景观和龙羊峡、青铜峡、刘家峡、万家寨、三门峡、小浪底等水利工程。小浪底工程成为普及水利知识、进行水利教育的有效载体。

（三）旅游管理

小浪底工程建设期间,有大批游客到小浪底参观。为保障施工安全,1997年开始收取门票以限制游客人数。2001年10月,根据工程施工进展情况和反恐要求,经水利部和国家计委批准关闭旅游。2003年6月,根据河南省人民政府要求和工程尾工进展情况,经报水利部和国家计委批准,小浪底水利枢纽风景区重新开放。

在旅游开发初期,洛阳市、济源市等有关部门在周边兴建码头、度假村等设施和开发水上旅游项目,由于管理机制未理顺,出现向游客收取双重门票等问题。2000年6月,河南省人民政府成立黄河小浪底风景区管理委员会,省委副书记、常务副省长李成玉担任主任,省建设厅厅长蒋书铭担任副主任,成员包括小浪底建管局、省旅游局、省计委、建设厅、交通厅、财政厅、公安厅、林业厅等单位和洛阳市、济源市、三门峡市。管理委员会下设办公室和河南省黄河小浪底风景区旅游管理局(简称河南省小浪底旅游管理局,为处级机构,委托省旅游局管理),负责小浪底风景区管理各方协调工作。河南省小浪底旅游管理局成立后,水库周边地方人民政府也相继成立旅游经营管理机构,参与小浪底旅游管理。

2004年9月23日,河南省人民政府组织召开小浪底水利枢纽旅游协调会,进一步规范小浪底旅游管理,主要内容如下:

（1）门票设置。小浪底大坝景区门票设置实行一票制,票价由河南省小浪底旅游管理局报河南省发展改革委批准后执行。景区范围包括小浪底坝后保护区、雾化区、南坝头、爱国主义教育展厅、老神树及北岸蓼坞观景台、南岸寺院坡等外围景点。实行一票制后,景区内原有当地价格主管部门审批的景点门票一律取消。

（2）售检票点设置和工作分工。为方便游客购票,大坝景区售检票工作以小浪底建管局为主,两岸旅游部门协助进行。各方售检票派出人数由小浪底建管局与当地旅游单位根据工作需要商定,具体事宜由河南省小浪底旅游管理局负责协调。

（3）票务管理。门票印制由小浪底建管局报请河南省地税局小浪底直属局批准,由河南省地税局小浪底直属局在 2004 年国庆节前完成印制工作。新批准的门票于 2004 年 10 月 1 日开始启用,原大坝游览区的 30 元门票停止使用。小浪底建管局负责门票的领取、供应和收入分成。

（4）门票收入分成。门票收入由河南省小浪底旅游管理局、小浪底建管局、洛阳和济源两市分别按 0.5∶5∶4.5 的比例分成,其中洛阳、济源两市门票收入按售票地点分别与小浪底建管局、河南省小浪底旅游管理局根据上述比例分成。河南省小浪底旅游管理局分成所得用于小浪底景区各项综合管理及对外宣传促销。营业税征收由河南省地税局小浪底直属局负责。

（四）旅游效益

小浪底水利枢纽风景区以其优美的自然风景和独具特色的工程文化资源,打造出知名的国内旅游品牌,吸引的国内外游客逐年增多,从而带动库周地方旅游经济发展,取得可观旅游效益。

1. 旅游品牌效应

2000—2011 年,小浪底水利风景区作为国家旅游名片和展示中国可持续发展水利管理成果的重要窗口,按照水利部、河南省下达的外宾团组接待任务,接待了来自 60 多个国家和地区的行政官员、技术专家、友好人士 1 000 余人次。比较重要的团组有俄罗斯国家杜马副主席鲁金、42 国驻华使领馆武官代表团、第二届黄河国际论坛代表团、津巴布韦水资源开发与管理部部长代表团、第八期非洲国家政府官员新闻研修班代表团,布基纳法索、莫桑比克、几内亚比绍、坦桑尼亚、加纳等非洲 5 国水利专家代表团等。

2003年,小浪底水利风景区被水利部命名为"国家级水利风景区"。2006年9月16日,小浪底水利风景区在中央电视台梅地亚新闻中心召开的"2006中国旅游胜地品牌推广峰会"上,被亚太旅游联合会(APTO)、国际旅游商协会、世界华侨华人社团联合总会、2006中国旅游胜地品牌推广峰会组委会共同评选为"中国最具吸引力的地方"。2008年10月,国家旅游局批准小浪底水利枢纽为国家AAAA级旅游景区。

2. 带动周边旅游经济发展

旅游业是劳动密集型产业,特别是水利工程旅游,与移民安置、库区建设关系密切。发展水利工程旅游业,能够有效促进水库移民就业,提高居民环境保护意识,建设公路网、旅馆、餐饮、出售土特产商店等,带动地方经济发展。小浪底水利枢纽工程坝后保护区。

小浪底水库周边开发建设的旅游项目有渑池县丹峡景区、济源市黄河三峡景区、新安县黛眉山地质公园等,带动了当地的经济发展。枢纽管理区内开设大量农家乐、饭馆等,带动库周群众就业和地方经济发展。

3. 游客人数逐年递增

随着小浪底水利风景区知名度的扩大和人民生活水平的提高,小浪底水利风景区的游客数量和门票收入逐年递增。旅游主要客源已从水库周边的河南、山西两省扩大到全国范围,自驾游等自助旅游逐渐成为主流,自驾游客人数已达小浪底水利风景区游客总人数一半以上。根据黄河小浪底旅游开发有限公司统计数据,2006—2011年小浪底水利枢纽风景区累计游客总量169万余人次、门票收入5 228万元,其中2011年游客总量达31.8万人次、门票收入1 060.9万元。

八、反调节效益

西霞院水库是小浪底水利枢纽配套工程,位于小浪底大坝下游16千米,2003年1月前期工程开工,2004年1月主体工程开工,2007年5月30日开始蓄水运用,在反调节运用、发电、供水、灌溉等方面发挥了综合效益。

(一)反调节作用

小浪底工程发挥防洪、防凌、减淤、供水、灌溉、发电等综合效益时,发电调峰下泄的不稳定水流对小浪底至花园口水文站河段的河道水质、生态环境、工农业引水等有所影响,对黄河下游河势稳定、河道整治工程安全、河道减淤等也有影响。西霞院水库对小浪底水库下泄流量进行反调节,保持下游河道有基本流量和水流平稳,使小浪底水电站可以充分参与调峰运用,提高发电等综合效益。

1. 调节下泄不均匀水流

小浪底电站承担调峰运用时,日内出库流量变化较大,对下游河势、供水、灌溉等安全运用产生严重影响。根据2007年6月至2008年11月水情统计,除了水库调水调沙和防洪运用等特殊运用时段,小浪底水库出库流量108~1 800立方米每秒经西霞院水库调整到300~900立方米每秒,流量变化幅度降低50%以上,使小浪底水库日均泄流误差平均降低约3%,改善了黄河下游水流条件,保证了下游河势稳定,满足了下游供水灌溉需求。

2. 增加小浪底电站调峰电量

为解决河南电网高峰电力不足、峰谷差过大等问题,河南省电力公司实施峰谷分时电价。西霞院水库投入运用后,对小浪底水库进行反调节运用,使小浪底水电站调峰电量占总发电量比例从2006年的35.1%提高到2007年的36.2%、2008年的36.23%,分别提高1.1%和1.13%,小浪底电站在河南电网中更有效地发挥了调峰作用。

3. 减少小浪底水电站发电机组启停次数

小浪底电站发电机组启停速度快、调峰能力强,2007年度机组启停1 374台次。机组频繁启停直接影响使用寿命。通过小浪底和西霞院两电站之间负荷优化分配,减少小浪底发电机组启停次数。西霞院水电站运行初期,小浪底电站机组启停次数减少明显,其中2008年上半年小浪底电站机组启停次数比2007年同期764台次减少32台次;2011年小浪底电站机组启停次数比2010年3 127台次减少138台次。

(二) 发电效益

西霞院工程安装4台3.5万千瓦轴流转桨式水电机组,总装机14万千瓦,设计年发电量5.83亿千瓦时。2007—2011年西霞院水电站累计发电21.15亿千瓦时,其中2011年西霞院水电站年发电量6.29亿千瓦时。西霞院水电站2007—2011年发电量见表14-2-15。

表 14-2-15　西霞院水电站 2007—2011 年发电量　（单位：亿千瓦时）

年份	发电量	年份	发电量
2007	1.76	2010	4.88
2008	3.76	2011	6.29
2009	4.46	合计	21.15

（三）供水灌溉和生态效益

根据小浪底至花园口河段引黄工程引水条件分析,河道流量 200—300 立方米每秒时,方能基本满足引黄工程引水条件。小浪底水库下泄不稳定流,影响到原有工农业引水。西霞院工程投入运行后,对小浪底电站发电调峰所形成的不稳定流进行反调节,使河道流量满足引水要求,为附近农业灌溉和当地城镇供水提供了保障,充分发挥小浪底水库灌溉、供水效益。南岸恢复建设王庄引水闸,引水灌溉下游农田;北岸建设灌溉引水闸闸首,为黄河以后及华北地区供水灌溉提供了条件。

黄河流入孟津县白鹤镇霞院村后,从峡谷进入平原,河床变宽,形成大面积水域滩涂,成为鸟类在黄河中游集中越冬地和迁徙途中主要停歇地。1995 年河南省人民政府批准设立孟津黄河湿地自然保护区。西霞院水库对小浪底发电不稳定流进行反调节,保护了孟津县黄河湿地自然保护区水禽栖息和繁衍生息。

第十五章　人　物

　　小浪底工程是同时代世界坝工史上最具挑战性的水利工程之一,技术问题复杂,施工难度大、要求高。从项目勘测、规划、论证到建设完工,历时近70年,几代中外建设者为之呕心沥血,共同铸就了"小浪底工程"这块丰碑,其间产生众多对小浪底工程影响较大、贡献突出的人物。本章共设3节,用人物传记、人物简介、人物名表3种形式分类记述小浪底工程不同时期、各个方面的代表性人物所做的贡献,从不同侧面客观地反映小浪底工程建设与运行管理的过程。人物著录,坚持辩证唯物主义和历史唯物主义观点,力求客观公正、实事求是,所用资料反复考证、核实,做到事出有据、用必可信。入志人物的选取,坚持中外兼收的原则,充分体现小浪底国际工程建设管理的特点,全面收录具有广泛代表性的各类人物,尤其是对小浪底工程的论证决策、规划设计、建设管理做出过重大贡献或者影响较大、贡献较多的人物。

第一节　人物传记

　　遵循志书生不立传的原则,人物传记主要收录2011年12月31日前对小浪底工程的论证决策、规划设计、建设管理做出过重大贡献、实绩卓著且已去世的人物。传记人物事迹的记述,坚持实事求是、以时为序、述而不论的原则,简明扼要,客观记述。

王化云

　　王化云(1908.1—1992.2),字龙骧,河北省馆陶县人,1935年毕业于北京大学法学院,1938年3月加入中国共产党。1938年12月,任山东省丘县县长;1939年初,任冠县抗日政府县长;1940年6月,任鲁西地区行署民政处处长;1941年9月,任冀鲁豫区行署司法处处长;1943年7月,任冀鲁豫区行署第一抗日中学校长;1945年6月,任冀鲁豫区行署民政教育处处长;1946年6月,任冀鲁豫区黄河水利委员会主任。中华人民共和国成立后,1950年2月至1967

年 12 月,任黄河水利委员会主任,其间于 1955 年 12 月 6 日至 1958 年 8 月 21 日,兼任三门峡水利枢纽工程局副局长、局党委第三书记;1970 年 10 月,任黄河水利委员会革委会副主任;1978 年 1 月,再任黄河水利委员会主任;1979 年 4 月至 1982 年 5 月,任水利部党组成员、副部长,兼任黄河水利委员会主任、党组书记;1982 年 5 月退居二线;1983 年 3 月,任河南省政协第五届委员会主席。王化云是第一至六届全国人大代表。

在推进黄河治理开发进程中,王化云走遍大河上下,深入调查研究,注重向专家学习、向实践学习,善于总结经验,矢志不渝探索治理黄河道路。

1938 年 6 月,为阻止日军西进,国民党军队掘开郑州花园口黄河大堤,致使黄河发生大改道,形成数十万平方千米的黄泛区。1946 年初,国民政府提出战后重建,成立花园口堵口复堤工程局,计划堵复花园口口门,引黄河回归故道;中共中央为了解救豫皖苏黄泛区人民,同意堵口引黄归故,但为了故道两岸不致形成第二黄泛区,坚持必须先修复故道堤防而后堵口。双方由此展开艰难的谈判。与此同时,根据黄河防洪斗争形势的需要,共产党方面成立冀鲁豫解放区黄河水利委员会,任命王化云为主任。

面对千疮百孔的黄河故道大堤,王化云到任后,积极创建治河机构,延揽专业人才,组织发动群众,赶修堤防险工,奋力防洪抢险,战胜了 1949 年 9 月黄河大洪水,保证了黄河回归后安澜,开创了人民治理黄河事业新纪元。

中华人民共和国成立后,为了寻求根治黄河道路,王化云多次组织全流域查勘,广泛收集黄河自然状况和社会经济等方面的资料。1952 年 10 月,中共中央主席、中华人民共和国中央人民政府主席毛泽东视察黄河期间,王化云陪同视察,并汇报了在黄河干支流修建大中型水库的设想;1953 年,向中央提出《关于黄河基本情况与根治意见》。1955 年 5 月,参加编写国务院向第一届全国人民代表大会第二次会议做的关于黄河综合规划的报告;7 月,第一届全国人民代表大会第二次会议审议通过《关于根治黄河水害、开发黄河水利的综合规划的报告》。

1958 年汛期,黄河花园口发生有实测资料以来的最大洪水,洪峰流量达 22 300 立方米每秒。在部署黄河抗洪斗争的重大抉择面前,王化云经过对降雨趋势、洪水特点、堤防抗洪能力等综合情况的分析判断,果断提出"不分洪,依靠堤防工程和人力防守战胜洪水"的建议。这一建议得到了中央的批准。经过下游沿河地区 200 万军民团结奋战、艰苦拼搏,防洪斗争取得全面胜利,避免了运用分洪区的重大损失。

20世纪50年代,王化云为三门峡水利枢纽的兴建付出了大量心血。该工程建成投入运用后,由于水库出现严重淤积,渭河防洪安全受到严重影响。王化云通过深入思考,提出"上拦下排"治河方略。1964年12月,国务院总理周恩来在北京主持召开治理黄河会议,王化云在会上提出这一新的方略,经过百家争鸣,深入讨论,促进了治河思想的发展。这次会议研究确立"两个确保"的原则,即确保西安、确保下游,并决定对三门峡工程进行改建。经过改建,三门峡工程对黄河下游防洪、防凌长期发挥了重要作用,为多泥沙河流修建水库积累了宝贵经验。

"文化大革命"中,王化云受到冲击。在国务院总理周恩来的关怀下,王化云得以继续投身治理黄河工作。1978年1月,王化云重新担任黄河水利委员会主任后,针对黄河可能发生特大洪水的严重威胁,积极主张在三门峡以下黄河干流修建大型控制性工程,并极力推举小浪底工程。他认为,小浪底工程不仅防洪减淤、供水、发电等综合效益显著,建成后还将为开展调水调沙、探索新的治理黄河途径提供实践基地,在黄河治理战略全局中,具有不可替代的重要地位。为此,他抓紧组织规划设计、地质勘测、科研试验等有关工作,积极推动小浪底工程决策进程。

1982年5月,74岁的王化云辞去水利部副部长、黄河水利委员会主任职务,退居二线。当年汛期,黄河发生中华人民共和国成立后第二大洪水,花园口水文站洪峰流量15 300立方米每秒,防洪形势十分紧张。经奋力防守并启用东平湖分洪区进行分洪,保障了黄河防洪安全。黄河大洪水再度来袭,使王化云认识到必须尽快推进小浪底工程上马。

1982年9月,王化云参加中共第十二次全国代表大会期间,就黄河防洪问题建议尽快修建小浪底工程,在河南代表团会议上做专题发言,其发言材料被作为简报印发大会。会后,王化云又向国务院总理赵紫阳做了详细汇报,对小浪底工程正式提上国家领导议事日程起到了重要作用。

1983年2月,国家计委和国务院农村发展研究中心在北京主持召开小浪底水库论证会,近百位专家、学者和有关方面的代表围绕兴建小浪底水库展开论证。王化云代表黄委会在会上发言,进一步强调修建小浪底水库的必要性、紧迫性和可行性,强烈呼吁尽快修建小浪底水库。

1984年4月,王化云就黄河防洪新情况和尽快修建小浪底工程,向在河南视察的中共中央总书记胡耀邦进行汇报。王化云详细介绍了小浪底工程削减洪峰的重大防洪作用,汇报了小浪底水库增加库容解决黄河下游两岸及北京、天津用水紧张问题的显著效益,进一步加深了中央领导对修建小浪底工程重要性、紧迫性的了解,对小浪底工程决策起到了促进作用。

王化云主持黄河治理工作30余年,先后提出"除害兴利、综合利用""宽河固堤""蓄水拦沙""上拦下排、两岸分滞""调水调沙"等一系列治理黄河方略,组织实施3次黄河下游大复堤,在中央正确决策和统一部署下,依靠防洪工程体系和人民群众防守取得历年伏秋大汛黄河大堤不决口的胜利。王化云曾多次受到毛泽东、周恩来、朱德、邓小平等中央领导人的接见和表扬。晚年王化云撰写专著《我的治河实践》,记述其数十年的治理黄河经验。

在人生的最后岁月,王化云病卧床榻,依然对小浪底工程牵挂于怀、难以割舍。他说,"小浪底工程不上马,我死不瞑目"。1991年4月,第七届全国人民代表大会第四次会议审议通过的"八五"计划,最终决定兴建黄河小浪底水利枢纽;同年9月,小浪底前期准备工程开工建设。1992年2月18日,王化云在北京逝世,享年84岁。

第二节　人物简介

收录6位参与小浪底工程规划设计、建设管理的主要人物。主要简介人物的工作履历及参与小浪底工程相关工作情况。人物简介入志顺序按生年先后编排。

龚时旸

龚时旸(1927.1—2018.9),男,汉族,浙江上虞人,中共党员,上海交通大学土木系毕业,教授级高级工程师。1949年8月在开封到黄委会参加工作,先后任黄委会工程师、副总工程师、科技办主任;1981年3月任黄委会副主任,1984年11月至1987年11月任黄委会主任、党组书记;1987年11月任黄委会技术咨询。1995年11月离休。

龚时旸长期从事治黄规划设计、水土保持研究等工作,对发展和完善治黄思路发挥了重要作用。参与完成人民胜利渠渠首闸设计;主持编写了《修订黄河治理开发规划报告提要》,为修订和编制1988年《黄河治理开发规划》打下坚实基础。全过程参加了小浪底水利枢纽规划工作,1984年11月至1985年10月,时任黄委会主任的龚时旸,亲自带队到美国旧金山与柏克德公司联合完成小浪底工程轮廓设计,解决了设计方面的重要问题,为小浪底工程总体设计工作打下了坚实基础。

朱云祥

朱云祥(1930.12—2012.11),男,汉族,江苏靖江人,中共党员,华东水利学院水工结构专业毕业,教授级高级工程师。先后参加黄壁庄水库、官厅水库、岳城水库、板桥水库、故县水库、察尔森水库、克孜尔工程、丰满水库、东江水库、葛洲坝电站等工程建设。组织实施的"丰满水电站泄洪洞工程水下岩塞爆破"技术于1985年获得国家科技进步一等奖。1994年4月,获河南省劳动模范称号。

1991年4月,时任水利部建设开发司司长的朱云祥,担任小浪底工程建设准备工作领导小组组长,年过六旬肩负起小浪底工程建设管理的重任。1991年9月,小浪底前期准备工程开工。1991年10月至1994年10月,朱云祥担任小浪底建管局局长,领导开展了建设管理机构组建、人员组织、前期准备工程建设,同时接受世界银行检查、组织国际招标评标工作,推行业主负责制、招标投标制、建设监理制。小浪底前期准备工程建设实现"三年任务、两年完成"目标,为主体工程开工和国际承包商进场提供了良好条件。

林秀山

林秀山(1939.2—),男,汉族,山西太原人,中共党员,清华大学水利工程系水土结构及水电站建筑专业毕业,教授级高级工程师。1963年2月参加工作,多年从事黄河规划、设计和科技工作,1995年获得严恺教育科技基金工程技术二等奖,1998年获得河南省科技功臣荣誉称号,2011年12月被授予河南省首批工程勘察设计大师荣誉称号。

1984年10月至2002年任黄委会设计院副院长;1984年11月至1985年10月参加小浪底工程中美联合轮廓设计,任坝工组组长;1986年参加小浪底工程设计任务书评估;1987年5月任小浪底工程设计总工程师;1996年3月兼任小浪底工程设计分院院长。先后主持完成小浪底工程初步设计、招标设计、施工图设计,并长期为小浪底工程运行管理提供技术咨询,担任黄河小浪底水利枢纽规划设计丛书总主编。

綦连安

綦连安(1939.3—),男,汉族,山东莱州人,中共党员,教授级高级工程师。

1965 年 7 月毕业于武汉水利电力学院河川枢纽及水电站建筑专业,同年到中共中央组织部工作;1967 年底调水利电力部第十工程局工作,任技术员、工程师、党委办公室副主任等;1981 年到丹江口水利枢纽管理局工作,先后任副局长、局长;1986 年任水利电力部治淮委员会副主任、党组副书记;1991 年任国务院三峡地区经济开发办公室副主任兼总工程师、国务院三峡工程移民试点领导小组办公室副主任、国务院三峡工程移民开发局副局长;1994 年 1 月至 1997 年 5 月任黄河水利委员会主任、党组书记,其间 1994 年 10 月至 1996 年 5 月兼任小浪底建管局局长、党委书记;1997 年任中共水利部党组成员、水利部经济工作领导小组副组长兼经济局局长;2000 年任中国水利经济研究会理事长、中国老区建设促进会副会长。1986 年 7 月享受国务院政府特殊津贴;1991 年 5 月,获全国"五一"劳动奖章。

綦连安兼任小浪底建管局局长、党委书记期间,领导了小浪底主体工程开工初期建设管理工作,为加强小浪底工程建设管理,提出"一路绿灯奔九七"的管理要求;主持研究应对泄洪排沙系统导流洞出现塌方、工期滞后问题,积极吸收各方意见,提出建议方案。经水利部党组果断决策,应用 FIDIC 合同条件,成建制引进中国水利水电专业施工队伍组成 OTFF 联营体,以劳务分包形式承担导流洞施工任务,为赶回延误工期打下了坚实基础。

张基尧

张基尧(1945.5—),男,汉族,山东济南人,中共党员,华东水利学院河川枢纽及水电站水工建筑专业毕业,教授级高级工程师。1967 年在水电十四局参加工作,1986 年任水电十四局副局长;1992 年调任中国水利水电工程总公司总经理;1996 年 5 月任水利部副部长、党组成员,1996 年 5 月至 2001 年 11 月兼任小浪底建管局局长、党委书记;2003 年 8 月任国务院南水北调工程建设委员会办公室主任、党组书记。曾获得"全国优秀中青年专家""项目管理杰出领导者"等荣誉称号,中共十五大、十六大代表,中共第十七届中央候补委员。

张基尧先后参加云南以礼河、西洱河、鲁布革、广州抽水蓄能、小浪底等工程建设。在张基尧主持小浪底工程建设期间,小浪底工程建设全面推行业主负责制、招标投标制、建设监理制、合同管理制,并结合国际 FIDIC 合同条件和中国国情,探索具有中国特色的国际工程建设管理模式,通过管理改革、技术创新,倡导"在外国人面前我们是中国人,在中国人面前我们是小浪底人""两个五湖四海"" 建设一流工程、总结一流经验、培养一流人才"等管理理念,充分调动和发挥参建各方力量,全力抢回延误的工期,如期实现工程截流、蓄水、发电等阶段目标,领导并妥善处理了小浪底工程合同争议和索赔事项,取得工期提前、质量优良、投资节约的建设管理成绩。领导实现了西霞院工程顺利立项。

陆承吉

陆承吉(1945.11—),男,汉族,江苏江阴人,中共党员,华东水利学院河川枢纽及水电站水工建筑专业毕业,教授级高级工程师。1968—1997年在水电十四局工作,历任项目经理、副局长。1997年6月至2001年11月任小浪底建管局常务副局长、党委副书记;2001年11月至2004年2月任小浪底建管局局长、党委书记;2004年2月任水利部副总工程师。获喀麦隆"一级骑士勋章"、2002年全国"五一"劳动奖章,中共十六大代表。

陆承吉参加了绿水河、鲁布革、漫湾、天荒坪、天生桥、小浪底等国内大型水利水电工程及非洲喀麦隆拉格都、中非姆巴里等国际水电站施工、建设和管理工作。1994年4月,陆承吉担任小浪底工程Ⅰ标黄河承包商中方董事;1995年12月至1997年2月,担任OTFF联营体董事长,承担小浪底工程导流洞赶工任务。在小浪底建管局工作期间,积极推进小浪底工程建设管理和小浪底建管局改革发展;组织并参加与承包商合同谈判,解决合同争议与索赔问题;推动西霞院反调节水库前期工程开工建设;将生态保护与尾工建设相结合,改善枢纽管理区生态环境;积极协调水调、电调关系,确保小浪底枢纽投运初期安全稳定运行和综合效益发挥。

第三节　人物名表

根据小浪底工程建设管理实际,人物名表广泛收录工程规划设计、建设管理过程中产生的各类人物,突出中外兼收的特点,用列表形式简要记述人物的基本情况。主要包括以下几个方面:工程论证、决策、规划、设计主要人物,工程建设管理方面主要人物,国内外主要专家,省(部)级及以上劳动模范、五一劳动奖章等荣誉获得者,小浪底工程保截流和保发电荣获一等功人员等。

一、工程论证、决策、规划、设计主要人物

收录小浪底工程1991年9月1日开工前,对工程论证、决策、规划、设计等工作

起到关键作用的人物,包括水利部(水电部)部长、总工程师,黄委会主任、总工程师,黄委会设计院院长,小浪底工程设计总工程师,著名水利专家,世界银行专家等。工程论证、决策、规划、设计主要人员见表15-3-1。

表 15-3-1　工程论证、决策、规划、设计主要人员

姓名	性别	工作单位	时任职务
钱正英	女	水利部(水电部)	部长、党组书记
王化云	男	黄委会 水利部	主任 副部长兼黄委会主任、党组书记
杨振怀	男	水利部	部长、党组书记
冯寅	男	水利部 水电部	副部长 总工程师
娄溥礼	男	水电部	总工程师
何璟	女	水利部	总工程师
徐乾清	男		副总工程师
崔宗培	男	水电部水利水电建设总局 水利部水利水电规划设计管理局	副局长 总工程师
杨定原	男	水利部	外事司司长 外资办公室主任
崔光华	男	河南省	副省长 政协副主席 小浪底工程筹建处主任
袁隆	男	黄委会	主任、党委书记
龚时旸	男		主任、党组书记
钮茂生	男		主任、党组书记
亢崇仁	男		第一副主任、代主任
陈先德	男		副主任
杨庆安	男		副主任
王长路	男		总工程师
陶光允	男	黄委会设计院	设计负责人
韩培诚	男		院长
张少耕	男		
王锐夫	男		党委书记、院长
李学珍	男		
张实	男		
陶育麟	男		副院长、小浪底项目组组长

续表 15-3-1

姓名	性别	工作单位	时任职务
汪祖怀	男	黄委会设计院	总工程师 小浪底工程设计项目负责人
林秀山	男		副院长 小浪底工程设计总工程师
丹尼尔·古纳	男	世界银行	小浪底项目首席水资源 工程师和项目主管

二、工程建设管理方面主要人物

(一) 水利部有关领导

收录在 1991 年 9 月 1 日至 2011 年 12 月 31 日期间，与小浪底工程建设管理关系密切的水利部部长、分管工程建设管理副部长、总工程师。水利部有关领导见表 15-3-2。

表 15-3-2　水利部有关领导

姓名	性别	职务	任职时间(年-月)
杨振怀	男	部长	1988-04—1993-03
钮茂生	男		1993-03—1998-11
汪恕诚	男		1998-11—2007-04
陈雷	男		2007-04—
张春园	男	副部长	1988—2000
严克强	男		1990—1997
朱登铨	男		1995-02—1998-11
张基尧	男		1996-05—2003-08
敬正书	男		2000-01—2005-05
矫勇	男		2005-05—
何璟	女	总工程师	1988—1993
朱尔明	男		1993-03—1998-09
李国英	男		1998-11—1999-05
高安泽	男		1999-05—2003-03
何文垣	男		2001—2003-03
刘宁	男		2003-03—2009-05
汪洪	男		2009-05—

（二）小浪底建管局历届党政领导班子成员

小浪底建管局历届党政领导班子成员见表15-3-3。

表15-3-3　小浪底建管局历届党政领导班子成员

时段	姓名	性别	职务	备注
1991年10月至1994年10月	朱云祥	男	局长	
			临时党委副书记	1992年4月任
	亢崇仁	男	临时党委书记（兼）	1992年2月任
	白玉松	男	临时党委副书记（正局级）	1992年4月任
	刘松深	男	副局长（兼）	1992年4月至1993年6月
	孙景林	男	副局长	1993年6月任
	席梅华	女		1991年12月任
	王咸儒	男		1991年12月任
	任易文	男	总工程师	1993年3月任
	何有源	男	总经济师	
	李武伦	男	小浪底咨询公司总经理	1992年10月任
1994年10月至1996年5月	綦连安	男	局长（兼）	
			临时党委书记、党委书记	1995年6月任党委书记
	孙景林	男	常务副局长	1995年8月明确正局级
			副书记	1995年6月任
	李其友	男	小浪底咨询公司总经理	1995年8月任
			副局长（正局级）	1996年1月任
	王咸儒	男	副局长	
	胡伯瑞	男	临时党委副书记、党委副书记	1995年6月任党委副书记
			纪委书记（兼）	1995年6月任
	何有源	男	总经济师	
	李国英	男	副局长	1995年10月任
	李武伦	男	小浪底咨询公司总经理	1995年8月免
	张光钧	男	副局长	1996年1月任

续表 15-3-3

时段	姓名	性别	职务	备注
1996年5月至2001年11月	张基尧	男	局长、党委书记	
	陆承吉	男	常务副局长、党委副书记（正局级）	1997年6月任
	孙景林	男	常务副局长、党委副书记、副局长（正局级）	1997年6月改任副局长、免去党委副书记
	李其友	男	小浪底咨询公司总经理 副局长（正局级）	
	王咸儒	男	副局长	
	胡伯瑞	男	党委副书记	1997年6月免
			纪委书记（兼）	1997年8月免
	张善臣	男	党委副书记	1997年6月任
			纪委书记	1997年8月任
	何有源	男	总经济师	1999年6月免
	李国英	男	副局长	1998年10月免
	张光钧	男		
	曹征齐	男	总工程师	1996年5月任
	朱卫东	男	总会计师	1996年12月—2001年2月
			总经济师	2001年2月—2001年11月
	殷保合	男	副局长	2001年2月任
	庄安尘	男	总会计师	
2001年11月至2004年2月	陆承吉	男	局长、党委书记	
	孙景林	男	副局长（正局级）	
	李其友	男	小浪底咨询公司总经理 副局长（正局级）	
	张善臣	男	党委副书记	
			纪委书记	
	张光钧	男	副局长	2003年5月免
	曹征齐	男	总工程师	
	殷保合	男	副局长	
	庄安尘	男	总会计师	
	袁松龄	男	副局长	2002年7月—2003年9月
	曹应超	男	总经济师	2002年7月任

续表 15-3-3

时段	姓名	性别	职务	备注
2004年2月至2011年12月	殷保合	男	局长	
			党委书记、党委副书记	2009年11月改任党委副书记
	张善臣	男	副局长	2004年5月任
			党委副书记、党委书记	2009年11月改任党委书记
			纪委书记	
	庄安尘	男	副局长	2004年5月至2008年10月
			总会计师	2008年10月免
	董德中	男	副局长	2004年7月任
	陈怡勇	男		2004年9月任
	曹应超	男	总经济师	
	张利新	男	总工程师	2005年7月任
	崔学文	男	工会主席	2008年1月任
	刘云杰	男	总会计师	2008年10月任

（三）工程移民管理单位主要负责人

主要收录1991年9月1日至2011年12月31日期间,水利部、小浪底建管局、黄委会、河南省和山西省移民机构主要负责人(见表15-3-4),以及相关协作单位主要负责人(见表15-3-5、表15-3-6)。

表 15-3-4　工程移民管理单位主要负责人

单位	姓名	职务	任职时间(年-月)
水利部移民办公室	赵人骧	主任	1988-05—1994-05
	李天碧		1994-05—2000-04
水利部水库移民开发局	唐传利	局长	2000-04—2006-11
	刘伟平		2006-11—2009-09
	程殿龙		2009-09—2011-05
黄委会移民办公室	张池阳	主任	1992-03—1996-04
小浪底建管局移民局	席梅华	局长	1994-10—1998-10
	袁松龄		1998-10—2003-09
	庄安尘		2004-02—2008-10

表 15-3-5　地方移民管理单位主要负责人

单位	姓名	职务	任职时间(年-月)
河南省移民安置局	苗玉堂	计经委副主任兼移民安置局局长	1990-08—1994-10
河南省移民办公室	刘金亭	主任	1995-01—1999-12
	李连栋		1999-12—2008-09
	王树山		2008-09—2011-12
山西省移民办公室	孙临佑		1992-01—1995-02
	张江汀		1995-02—1996-07
	邓培全		1996-07—2004-09
	赵华书		2004-09—2007-12
	郭强		2007-12—2011-12

表 15-3-6　工程移民监理和监测单位主要负责人

单位	姓名	职务	任职时间(年-月)	备注
黄委会移民局	杨建设	局长	1996-04—2011-09	移民监理单位
华水移民事务所	刘峻德	所长	1995-08—2011-12	移民监测单位

(四) 小浪底咨询公司主要负责人

主要收录工程施工期间小浪底咨询公司历任总经理,见表 15-3-7。

表 15-3-7　小浪底咨询公司历任总经理

单位	姓名	职务	任职时间(年-月)
小浪底咨询公司	李武伦	总经理	1992-10—1995-08
	李其友	总经理(兼)	1995-08—2004-02

(五) 黄委会设计院有关负责人

主要收录 1991 年 9 月至小浪底工程完工期间,黄委会设计院院长、分管小浪底工程设计副院长、总工程师,小浪底工程设计分院院长,见表 15-3-8。

表 15-3-8　黄委会设计院有关负责人员

姓名	性别	职务	任职时间(年-月)
张实	男	院长	1984-02—1992-02
		党委书记	1987-11—1992-02
陈效国	男	院长、党委书记	1992-02—1995-08
席家治	男		1995-08—2000-05

续表15-3-8

姓名	性别	职务	任职时间(年-月)
沈凤生	男	院长	2000-05—2003-02
刁兆秋	男	党委书记	2000-05—2003-02
林秀山	男	副院长	1984-10—2000-08
		小浪底工程设计分院院长	1996-03—2002-12
成健	男	副院长	1984-10—1991
		总工程师(兼)	1989-01—1992-02
徐复新	男	副院长	1992-02—1997-08
周荣芳	男		1992-02—1999-03
钱忠柔	男	总工程师	1992-02—2001-02
许人	男	副院长	1998-02—2014-12
宗志坚	男		2000-08—2010-08
李文家	男	总工程师	2001-02—2002-05

(六)水利部水利工程质量监督总站小浪底项目站、西霞院项目站负责人

水利部水利工程质量监督总站小浪底项目站、西霞院项目站负责人见表15-3-9。

表15-3-9　水利部水利工程质量监督总站小浪底项目站、西霞院项目站负责人

姓名	单位	职务	任职时间(年-月)
马云良	水利部水利工程质量监督总站小浪底项目站	站长	1997-07—2004-07
李卫		常务副站长	1997-07—2004-07
王全立	水利部水利工程质量监督总站西霞院项目站	站长	2004-03—2011-03

(七)主要施工单位有关人员

主要收录1991年9月1日至2011年12月31日工程施工期间,国际承包商联营体现场经理(见表15-3-10)、国内主要施工单位现场代表人员(具体人员由各单位提供)(见表15-3-11)。

表15-3-10　国际承包商联营体现场经理

姓名	性别	单位	任职时间(年-月)
马尔瓦尼(M. Malvagna)	男	黄河承包商	1994-06—1998-06
泼塔(Porta)	男		1998-06—2000-01
奇科尼亚(L. Cicogna)	男		2000-01—2001-02
韦根(Wiegand)	男	中德意联营体	1994-06—1995-12
克劳斯(T. Krause)	男		1995-12—1998-05

续表 15-3-10

姓名	性别	单位	任职时间（年-月）
巴内沃（T. Barnewold）	男	中德意联营体	1998-05—2000-07
比尔（R. Beer）	男		2000-07—2001-02
杜邦（T. P. Dauban）	男	小浪底联营体	1994-06—2001-02

表 15-3-11　国内主要施工单位现场代表人员

姓名	性别	单位	职务	任职时间（年-月）
朴永南	男	中国水利水电第一工程局	小浪底工程项目部经理	1996-03—1998-06
姜世亮	男			2000-03—2006-08
李云龙	男	中国水利水电第三工程局	黄河小浪底工程指挥部常务副指挥长	1996-07—2004-09
			西霞院工程Ⅲ标项目部经理	2004-09—2007-02
罗建伟	男		黄河小浪底工程指挥部财务科科长 西霞院工程Ⅲ标项目部总经济师	1992-05—2006-11
孙德召	男	中国水利水电第四工程局	FFT 联营体质量部部长、技术部部长	1998-08—2001-10
马军领	男		黄河小浪底工程机电设备安装与土建工程总工程师、总经理	1999-09—2002-12
高泗忠	男	中国水利水电第六工程局	小浪底建设项目施工一队队长、施工部副经理、"高泗忠青年突击队"队长	1991-08—2000-02
刘化才	男		小浪底建设项目部施工部部长	1991-08—1995-05
朱彤	男	中国水利水电第七工程局	小浪底工程项目经理兼党工委书记	1996-07—1998-02
高留发	男	中国水利水电第十一工程局	小浪底工程指挥部副指挥长	1992-12—1994-07
			小浪底施工局副局长兼总经济师	1994-07—1996-09
			副总经济师兼小浪底施工局局长、党总支书记	1996-09—2002-09

续表 15-3-11

姓名	性别	单位	职务	任职时间（年-月）
黎汉皋	男	中国水利水电第十四工程局	小浪底工程黄河承包商联营体中方总经理，OTFF联营体董事长，FFT联营体董事长，小浪底分局局长	1994-05—2004-05
杨元红	男		黄河小浪底工程项目部总工程师 黄河小浪底工程西霞院工程项目部经理	1997-11—2000-12 2003-07—2006-05
李海石	男	陕西省水电工程局	黄河小浪底工程导流洞尾水明渠开挖工程项目经理	1994-10—1997-10
郑新让	男		黄河小浪底工程西霞院反调节水库基础开挖工程（Ⅰ标）项目经理	2003-12—2004-12
赵存厚	男	中国水电基础工程局	黄河小浪底工程项目经理部常务副经理兼总工程师 副局长兼小浪底工程项目部经理	1993-06—1997-12 1997-12—2003-02
韩伟	男		黄河小浪底工程项目经理部工程部主任 黄河小浪底工程项目经理部常务副经理 副总经理兼任西霞院联营体项目部经理	1996-08—1997-07 1997-08—2001-07 2008-06—2010-04
罗国善	男	河南黄河工程局	黄河小浪底工程项目部经理	1998-12—2004-05
杨丙炎	男	黄委会设计院地质勘探总队	队长、副总队长、总队长	1992-04—2000-08

三、国内外主要专家

(一)小浪底工程建设技术委员会

小浪底工程建设技术委员会顾问、主任、副主任和专业组组长、副组长及主要成员,见表15-3-12。

表15-3-12 小浪底工程建设技术委员会顾问、主任、副主任和专业组组长、副组长及主要成员

成立时间(年-月)	职务	姓名	职务/职称
1996-07	顾问	张光斗	院士
		李鹗鼎	院士
		陈赓仪	水利部原副部长
		潘家铮	院士
		罗西北	中国国际咨询公司副董事长
	主任	陈明致	院士
	副主任	许百立	教授级高级工程师
		杨定原	
		王咸儒	
	工程技术专业组组长	许百立	
	工程技术专业组副组长	曹征齐	
	合同管理专业组组长	杨定原	
	合同管理专业组副组长	何有源	
	机电专业组组长	付元初	
	机电专业组副组长	张光钧	
	主要成员	谭靖夷	院士
		曹楚生	
		林昭	勘察设计大师
		曹克明	

(二)截流验收领导小组

截流验收领导小组组长、副组长见表15-3-13。

表 15-3-13　截流验收领导小组组长、副组长

成立时间（年-月）	职务	姓名	工作单位	时任职务
1997-10	组长	陈同海	国家计委	副主任
	副组长	张基尧	水利部	副部长
		李成玉	河南省人民政府	副省长
		薛军	山西省人民政府	副省长

(三)蓄水验收委员会

蓄水验收委员会主任、副主任见表15-3-14。

表 15-3-14　蓄水验收委员会主任、副主任

成立时间（年-月）	职务	姓名	工作单位	时任职务
1999-09	主任	高安泽	水利部	总工程师
	副主任	李庆贵	河南省人民政府	副秘书长
		王可福	山西省人民政府	副秘书长
		廖义伟	黄委会	副主任

(四)首台机组启动验收委员会

首台机组启动验收委员会主任、副主任见表15-3-15。

表 15-3-15　首台机组启动验收委员会主任、副主任

成立时间（年-月）	职务	姓名	工作单位	时任职务
1999-12	主任	高安泽	水利部	总工程师
	副主任	黄亚林	河南省人民政府	办公厅副主任
		黄晓林	山西省人民政府	副秘书长
		刘松深	水利部建设与管理司	司长

（五）工程部分竣工初步验收工作组

工程部分竣工初步验收工作组组长、副组长及专业组组长、副组长见表 15-3-16。

表 15-3-16　工程部分竣工初步验收工作组组长、

副组长及专业组组长、副组长

成立时间 （年-月）	职务	姓名	工作单位	时任职务/职称
2002-11	组长	高安泽	水利部	总工程师
	副组长	韩天经	河南省水利厅	厅长
		王茂设	山西省人民政府	副秘书长
		俞衍升	水利部建设与管理司	司长
		陆承吉	小浪底建管局	局长
	水工专业组 组长	林昭	天津水利水电勘测 设计研究院	副总工程师、 勘察设计大师
	水工专业组 副组长	汪易森	水利部水规总院	总工程师
	机电专业组 组长	杨定原	水利部外事司	司长
	机电专业组 副组长	付元初	中国水利水电工程 总公司	副总经理、 总工程师

（六）移民部分竣工初步验收委员会

移民部分竣工初步验收委员会主任、副主任及专业组组长见表 15-3-17。

（七）竣工技术预验收专家组

竣工技术预验收专家组顾问、组长、副组长和各专业组组长、副组长见表 15-3-18。

表 15-3-17　移民部分竣工初步验收委员会主任、
副主任及专业组组长

成立时间 （年-月）	职务	姓名	工作单位	时任职务/职称
2004-01	主任	陈雷	水利部	副部长
	副主任	吕德彬	河南省人民政府	副省长
		范堆相	山西省人民政府	常务副省长
		唐传利	水利部移民局	局长
		陆承吉	小浪底建管局	局长
	移民安置 组组长	傅秀堂	长江水利委员会	副主任
	集镇和专项拆 迁组组长	李杰富	昆明勘测设计 研究院	教授级高级 工程师
	资金使用管理 组组长	李宝贵	黄河万家寨水利枢纽 有限公司	征地移民办 主任

表 15-3-18　竣工技术预验收专家组顾问、组长、
副组长和各专业组组长、副组长

成立时间 （年-月）	职务	姓名	工作单位	时任职务/职称
2008-12	顾问	潘家铮	中国科学院、中国工程院	院士
	组长	刘宁	水利部	总工程师
	副组长	纪国刚	国家发展改革委投资司	副司长
		高安泽	水利部	原总工程师、 设计大师
		孙继昌	水利部建设与管理司	司长
		高军	水利部财务司	巡视员
		刘伟平	水利部移民局	局长
		薛松贵	黄委会	总工程师
	土建工程专业 组组长	高安泽	水利部	原总工程师、 设计大师
	土建工程专业 组副组长	孙献忠	水利部建设与管理司	副司长
		刘志明	水利部水规总院	副院长

续表 15-3-18

成立时间 (年-月)	职务	姓名	工作单位	时任职务/职称
2008-12	金结机电专业 组组长	杨定原	水利部外事司	原司长
	金结机电专业 组副组长	朱国纲	水利部水工金属 结构质检中心	教授级高级 工程师
	征地移民专业 组组长	刘伟平	水利部移民局	局长
	征地移民专业 组副组长	黄凯		副局长
	财务审计专业 组组长	高军	水利部财务司	巡视员
	财务审计专业 组副组长	徐开濯	水利部审计室	主任
		陈群香	水利部规划计划司	副巡视员

(八)竣工验收委员会

竣工验收委员会主任、副主任见表 15-3-19。

表 15-3-19　竣工验收委员会主任、副主任

成立时间 (年-月)	职务	姓名	工作单位	时任职务
2009-04	主任	穆虹	国家发展和改革委员会	副主任
	副主任	矫勇	水利部	副部长
		刘宁		副部长、总工程师
		刘满仓	河南省人民政府	副省长
		刘维佳	山西省人民政府	副省长
		李国英	黄委会	主任

(九)世界银行特别咨询专家组

世界银行特别咨询专家组组长见表 15-3-20。

表 15-3-20　世界银行特别咨询专家组组长

成立时间 (年-月)	姓名	国籍
1994-10	赵传绍	中国

（十）环境移民国际咨询专家组

环境移民国际咨询专家组组长、副组长见表15-3-21。

表15-3-21 环境移民国际咨询专家组组长、副组长

成立时间 （年-月）	职务	姓名	工作单位	时任职务	国籍
1994-07	组长	张根林	水利部水规总院	处长	中国
	副组长	任柏林	水利部移民办公室	副主任	中国

（十一）加拿大国际工程管理公司专家组

加拿大国际工程管理公司专家组组长见表15-3-22。加拿大国际工程管理公司专家组获奖人员见表15-3-23。

表15-3-22 加拿大国际工程管理公司专家组组长

成立时间 （年-月）	姓名	任职时间 （年-月）
1990-07	威尔逊（Walsum）	1990-07—1992
	安德森（John·Anderson）	1994-06—1997-01
	普利尔（Gilles·Porlier）	1997-01—2001-07

表15-3-23 加拿大国际工程管理公司专家组获奖人员

姓名	荣誉称号	授奖单位	获奖时间 （年-月）
索里玛（Z·V·Solymar）	友谊奖	国家外国专家局	1997-09
安德森（John·Anderson）			1998-09

（十二）争议评审团

争议评审团（DRB）成员见表15-3-24。

表 15-3-24　争议评审团(DRB)成员

成立时间 (年-月)	职务	姓名	国籍
1998-04	主席	戈登·杰尼斯(Gordong L·Jaynes)	美国
	成员(业主推荐)	彼得·布恩(Peter L·Booen)	英国
	成员(承包商推荐)	皮埃尔·江彤(Pierre Genton)	瑞士

(十三)西霞院工程竣工技术预验收专家组

西霞院工程竣工技术预验收专家组组长、副组长见表 15-3-25。

表 15-3-25　西霞院工程竣工技术预验收专家组组长、副组长

成立时间 (年-月)	职务	姓名	工作单位	时任职务
2011-02	组长	刘志明	水利部水规总院	副院长
	副组长	裴宏志	水利部财务司	副司长
		孙献忠	水利部建设与管理司	
		吴宾格	黄委会	副总工程师

(十四)西霞院工程竣工验收委员会

西霞院工程竣工验收委员会主任、副主任见表 15-3-26。

表 15-3-26　西霞院工程竣工验收委员会主任、副主任

成立时间 (年-月)	职务	姓名	工作单位	时任职务
2011-03	主任	汪　洪	水利部	总工程师
	副主任	何　平	河南省人民政府	副秘书长
		孙继昌	水利部建设与管理司	司长
		赵　勇	黄委会	副主任

四、省(部)级及以上各项荣誉获得者

小浪底工程建设者获得省(部)级及以上各项荣誉名单见表 15-3-27。小浪底建管局享受国务院政府特殊津贴人员见表 15-3-28。

表 15-3-27　省(部)级及以上荣誉获得者名单

序号	姓名	工作单位	荣誉称号	授奖单位	获奖年度
1	朱云祥	小浪底建管局	河南省劳动模范	河南省人民政府	1994 年
2	徐运汉		河南省五一劳动奖章	河南省总工会	1997 年
			河南省劳动模范	河南省人民政府	2004 年
3	于建华		全国"三八"红旗手	中华全国妇女联合会	1998 年
4	李武伦		河南省五一劳动奖章	河南省总工会	
5	曹征齐		河南省劳动模范	河南省人民政府	1999 年
6	陆承吉		河南省五一劳动奖章	河南省总工会	2000 年
			全国五一劳动奖章	中华全国总工会	2002 年
7	李其友		全国水利建设与管理先进个人	水利部	2004 年
8	但懋相		全国水利系统审计先进个人		
9	袁全义		河南省五一劳动奖章	河南省总工会	2005 年
			全国水利建设与管理先进个人	水利部	2006 年
10	刘孝祥		优秀共产党员	中共河南省委	
			河南省新农村建设帮扶工作先进个人	中共河南省委、河南省人民政府	2010 年
11	刘树君		全国水利系统水资源工作先进个人	水利部	2006 年
12	提文献		全国水利系统新闻宣传工作先进个人		
13	张利新		全国水利科技工作先进个人		
14	赵尚柱		全国水利抗震救灾先进个人		2008 年
15	叶鹏		全国水利抗震救灾先进个人		
			全国水利技术能手		2011 年
			河南省五一劳动奖章	河南省总工会	
16	代存波		全国水利抗震救灾先进个人	水利部	
17	李鸿君		南水北调工程建设 2008 年度安全生产管理优秀个人	国务院南水北调工程建设委员会办公室	2008 年
18	杨一勤		全国女职工建功立业标兵	中华全国总工会	2009 年
19	徐启龙		河南省新农村建设帮扶工作优秀队员	中共河南省委、河南省人民政府	

续表 15-3-27

序号	姓名	工作单位	荣誉称号	授奖单位	获奖年度
20	王振凡	小浪底建管局	南水北调工程建设质量管理先进个人	国务院南水北调工程建设委员会办公室	2009 年、2010 年
21	殷保合		河南省五一劳动奖章	河南省总工会	2010 年
22	李明安		全国水利系统劳动模范	人力资源和社会保障部、水利部	
23	赵颇	黄委会设计院	河南省劳动模范	河南省人民政府	1989 年
24	林秀山		河南省科技功臣		1998 年
25	潘家铨		河南省劳动模范		1999 年
			全国先进工作者	国务院	2000 年
26	张贵安	中国水利水电第四工程局	青海省劳动模范	青海省人民政府	1994 年
27	江荣忠		电力工业部劳动模范	电力工业部	1994 年
28	陈坤孝		全国五一劳动奖章	中华全国总工会	2003 年
29	周廷伟		青海省劳动模范	青海省人民政府	2004 年
30	梁勇				
31	孙德召		全国五一劳动奖章	中华全国总工会	2009 年
32	兰国龙		青海省优秀共产党员	青海省委组织部	2011 年
33	赵荣	中国水利水电第十四工程局	全国五一劳动奖章	中华全国总工会	2007 年
34	张自祥		云南省劳动模范	云南省人民政府	1999 年
					1997 年
35	唐大龄				2002 年
36	邓学智				2005 年
37	刘昆会				2008 年
38	李朝杰		云南省 20 届劳动模范		2011 年
39	韩伟	中国水电基础工程局	天津市劳动模范	天津市总工会	2000 年
40	徐方才				2002 年
41	赵瑞峰		天津市五一劳动奖章		2007 年
42	唐玉书				2011 年
43	李海石	陕西省水电工程局	陕西省劳动模范	中共陕西省委、陕西省人民政府	2002 年
44	张保欣	河南黄河工程局	全国先进工作者	国务院	1995 年

注:获奖名单由各单位提供。

表 15-3-28　小浪底建管局享受国务院政府特殊津贴人员

工作单位	姓名（按姓氏笔画排列）
小浪底建管局	王咸儒、毛立伟、朱云祥、任易文、孙国纬、孙景林、陈中泉、钟光华、徐运汉、席梅华

五、小浪底工程保截流和保发电荣获一等功人员

（一）保截流荣获一等功人员

1997 年 10 月，小浪底建管局授予保截流一等功 18 人、二等功 50 人、三等功 948 人。保截流荣获一等功人员见表 15-3-29。

表 15-3-29　保截流荣获一等功人员

人员	获奖时所在单位
李武伦、吴熹、徐运汉、刘经迪、殷保合、李纯太、亓文祥、赵英治	小浪底建管局、小浪底咨询公司
潘家铨	黄委会设计院
吴新琪、朴永南、吴云红、岳志贤	OTFF 联营体
汪云芳	中国水利水电第十一工程局
袁启君	中国水利水电第七工程局
张自祥	中国水利水电第十四工程局
高钟璞	中国水电基础工程局
兰福杨	河南黄河工程局

（二）保发电荣获一等功人员

1999 年 12 月，小浪底建管局授予保发电一等功 19 人、二等功 112 人、三等功 561 人。保发电荣获一等功人员见表 15-3-30。

表 15-3-30　保发电荣获一等功人员

人员	获奖时所在单位
李武伦、袁松龄、但懋相、杨恩军、任晓峰、王明生、吴熹、姚立新、李纯太、谢才萱	小浪底建管局、小浪底咨询公司
杨法玉	黄委会设计院
李绍芳、马军领、梁勇、王轩、许义群	FFT 联营体
赵坤祥、张昆	中国水利水电第十一工程局 中国水利水电第十四工程局
陈武	河南黄河工程局

大事记

1935 年

小浪底坝址查勘报告提出

8 月 23 日至 9 月 2 日　国民政府黄河水利委员会委员长李仪祉指派挪威籍工程师安立森等人查勘黄河潼关至孟津河段,提出了三门峡、八里胡同、小浪底 3 个坝址的查勘报告。

1946 年

治黄顾问团提出小浪底坝址

12 月　国民政府行政院聘请由雷巴德、萨凡奇等美国专家组成,中国专家参加的治黄顾问团查勘黄河,在《治理黄河初步报告》中提出小浪底坝址。

1950 年

黄委会组织对小浪底等 4 处坝址进行查勘

3 月 26 日至 6 月 23 日　黄委会查勘队对龙门至孟津河段进行了查勘。查勘队自龙门而下,对龙门、三门峡、八里胡同、小浪底 4 处坝址测绘了地形、地质图,对与坝址有关的河道冲淤、河岸坍塌、沟壑发展、河系关系、交通航运等情况做了观察和记载,对各坝址可能筑坝的高度、浸水范围内的自然情况和社会经济情况进行了调查。

水利部组织对小浪底等坝址进行对比研究

7月5—11日　水利部部长傅作义、副部长张含英,清华大学水利系教授张光斗,水利部顾问、苏联专家布可夫等在黄委会副主任赵明甫的陪同下,查勘了黄河干流潼关至孟津河段,对潼关、三门峡、八里胡同、王家滩、小浪底等坝址进行了对比研究。

1952 年

毛泽东视察黄河

10月25日至11月1日　中共中央主席、中央人民政府主席毛泽东视察黄河,视察期间听取修建黄河干流水库等黄河治理开发规划设想的汇报,并嘱咐"要把黄河的事情办好"。

1953 年

黄委会组织对小浪底工程坝址进行地质测绘

1953年　黄委会组织队伍对小浪底水利枢纽工程坝址进行地质测绘,黄委会钻探队在小浪底坝段的大峪河口、大西沟、小西沟和猪爬崖钻孔11个。

1955 年

第一届全国人大二次会议通过治黄规划决议

7月30日　国务院副总理邓子恢于7月18日代表国务院在第一届全国人民代表大会第二次会议上做《关于根治黄河水害和开发黄河水利的综合规划的报告》。按照这个规划,在黄河干流上要建设46个梯级工程,其中小浪底工程为第四十级工程,壅高水位27米,总库容2.4亿立方米,装机容量30万千瓦,为径流式电站。7月30日第一届全国人民代表大会第二次会议审议通过《关于根治黄河水害和开发黄河水利的综合规划的决议》。

1958 年

黄委会提出小浪底工程开发新方案

12 月　黄委会在《黄河综合治理"三大规划"草案》中,提出三门峡至小浪底区间的二级开发方案,即八里胡同与小浪底合并成一级开发,壅高水位 96 米,总库容 41.5 亿立方米,开发任务为发电、防洪、灌溉,装机容量 122 万千瓦。

黄委会设计院开展小浪底工程勘测设计

是年　黄委会设计院第二勘测设计队进驻小浪底,开展勘测设计工作,研究了小浪底工程一级、二级、三级开发方案。

1959 年

黄委会建议修建小浪底工程

10 月 21 日　黄委会党组向中共中央副主席、全国政协主席、国务院总理周恩来,水利电力部党组和豫、鲁、陕、晋、甘、青、宁、内蒙古 8 省(区)党委,报送《关于今后三年内继续根治黄河问题的意见的报告》,建议在黄河中游修建小浪底工程。

《黄河干流三门峡至西霞院梯级开发方案报告》编制完成

12 月　黄委会设计院编制完成《黄河干流三门峡至西霞院梯级开发方案报告》。考虑三门峡水库的修建并结合该河段特点,报告重点研究了小浪底一级、二级和三级开发,以及下接西霞院水利枢纽 4 个方案。提出尽早完成初步设计,争取小浪底工程于 1960 年下半年开工的意见。

小浪底工程正常高水位 280 米方案提出

12 月　黄委会在《黄河下游综合利用补充报告(草案)》中,提出任家堆、八里胡同、小浪底三级开发合并为小浪底坝址一级开发的方案。该方案的枢纽正常高水位 280 米,总库容 117 亿立方米,装机容量 220 万千瓦,主要任务为发电和灌溉。

水电部审查小浪底工程设计任务书

12 月　黄委会将《关于 1960 年兴建黄河龙门及小浪底两座大型水利枢纽意见的报告》报送水电部。

同月,水电部在小浪底工程坝址现场召开技术审查会,苏联专家参加。会议审查了《小浪底水利枢纽设计任务书》,对小浪底工程 280 米方案的必要性取得一致意见。会议同时明确,由黄委会设计院和西安交通大学共同承担小浪底工程选坝设计任务。

1960 年

《黄河小浪底水利枢纽选坝报告》编写完成

5 月　黄委会设计院和西安交通大学共同完成《黄河小浪底水利枢纽选坝报告》,报告提出了推荐坝址以及宽缝重力坝的坝型,该方案正常高水位 280米,装机容量 240 万千瓦,设计泄流量 6 000 立方米每秒,最大灌溉流量 4 000立方米每秒。

水电部召开选坝现场会

5 月底　水电部组织召开有山西、陕西、河南 3 省和有关单位参加的选坝现场会。会议认为,三门峡至小浪底采取一级开发方案比二级开发方案增加 80亿立方米库容十分宝贵,但是与会代表对选用宽缝重力坝或当地材料坝意见不一。

1969 年

晋、陕、豫、鲁 4 省治黄会议召开

6 月 19 日 国务院委托河南省革委会主任刘建勋在三门峡市召开晋、陕、豫、鲁 4 省治黄会议。会议主要研究了三门峡工程的进一步改建和黄河近期治理问题,讨论了兴建小浪底水库问题,并责成黄委会革委会开展工程规划设计。

1970 年

小浪底工程主要开发目标首次确定为防洪和防凌

7 月 按照 4 省治黄会议要求,黄委会编制完成《黄河三秦间(三门峡至秦厂)干流规划报告》,提出小浪底水库正常高水位 265 米、总库容 91.5 亿立方米的三小间河段一级开发方案,工程任务为防洪、防凌、发电、灌溉,首次把小浪底工程主要开发目标由发电、灌溉改为防洪和防凌,并推荐小浪底工程为近期开发对象。水电部和河南省革委会指示由黄委会、中国水利水电第十一工程局、清华大学、孟津县革委会联合开展小浪底工程初步设计。上述单位随即组成小浪底工程设计队。同时,黄委会规划大队进入小浪底,开展大规模勘测设计工作。

1971 年

《黄河小浪底水库工程初步设计》编制完成并上报水电部

5 月 小浪底工程设计队编制完成《黄河小浪底水库工程初步设计》,黄委会革委会于 6 月将此报告报送水电部和河南省革委会。此后,黄委会革委会主持,对该报告进行补充完善,形成新的《黄河小浪底水库工程初步设计》报告,并于 1972 年 6 月会同河南省小浪底工程筹建处将该报告以黄革字〔72〕第 17 号文上报水电部。

河南省成立小浪底工程筹建处

7月 河南省成立小浪底工程筹建处,崔光华任主任,姚哲、韩培诚任副主任。因小浪底工程筹建工作缓办,筹建处于1973年撤销。

钱正英听取小浪底工程设计汇报并查勘坝址

11月 水电部副部长钱正英和中共河南省委副书记、河南省革委会副主任王维群等听取小浪底工程设计汇报,并到坝址现场查勘。钱正英指出:小浪底地质情况复杂,认识还不够,要慎重做好工作,对人民负责,经得起实践和历史的考验。

1972 年

小浪底工程初步设计审查会召开

8月 水电部在洛阳召开会议审查小浪底工程初步设计。会议认为:小浪底工程开发任务是适宜的,工程规模是恰当的。因在坝线选择上,与会人员意见不一,会议要求设计单位进一步补充地质勘探工作。在以后的地质勘探中揭露了坝基存在多层泥化夹层、库区滑坡涌浪问题,以及坝线、坝型需做进一步研究,工程筹建工作因此暂停,规划设计和勘测工作由黄委会规划设计大队继续进行。

1974 年

小浪底工程被列入黄河干流开发目标

11月 黄委会向水电部报送《黄河流域1976至1985年水利建设规划初步意见》。在黄河干流开发意见中,提出在10年内兴建2~3座大型水利枢纽,龙门、小浪底、黑山峡和龙口4座枢纽纳入备选方案。

1975 年

向国务院报送《关于防御黄河下游特大洪水意见的报告》

12 月　水电部和河南、山东两省革委会联合向国务院呈送了《关于防御黄河下游特大洪水意见的报告》,建议在黄河干流上修建小浪底水库或桃花峪滞洪工程。国务院以国发〔1976〕41 号文批复原则同意,要求对各项重大防洪工程进行规划设计。

1976 年

《黄河小浪底水库规划报告》编制完成

6 月　黄委会编制完成《黄河小浪底水库规划报告》。该报告推荐正常高水位为 275 米的高坝方案,总库容 112 亿立方米,电站装机容量 115 万千瓦,把防洪和减淤作为开发任务重点,报告还推荐了青石嘴等坝址。

小浪底、桃花峪工程规划技术审查会召开

7 月 20 日至 8 月 14 日　水电部规划设计院在郑州主持召开小浪底、桃花峪工程规划技术审查会。与会人员对三门峡及下游河道进行查勘,研究了三门峡至花园口河段工程规划选点。会议审查了《黄河小浪底和桃花峪水库工程规划简要报告》《黄河小浪底水库工程规划报告》《黄河桃花峪水库工程规划报告》《黄河小浪底水库工程规划选点地址报告》等 16 项专题报告。会议认为,小浪底高坝方案综合效益大,运用比较灵活,可优先考虑,同时提出应对小浪底高坝方案和桃花峪滞洪方案进一步比选的意见。

1977 年

《西霞院工程规划简要报告》编制完成

3 月 为了研究黄河下游减淤途径、利用温孟滩(指位于焦作市的温县和孟州市的黄河滩区)放淤解决泥沙问题,黄委会规划办公室组织对温孟滩蓄洪放淤进行规划,同步编制完成《温孟滩放淤工程规划》和《西霞院工程规划简要报告》。

水电部组织查勘桃花峪、小浪底工程选址

10 月 22 日至 11 月 25 日 水电部规划设计院和黄委会共同组织查勘黄河三门峡以下河道,将桃花峪、小浪底工程坝址作为重点进行了查勘。参加查勘的还有河南、山东黄河河务局和山西、河南、山东 3 省水利部门代表,清华大学、武汉水利电力学院、长江水利委员会、淮河水利委员会、中国水利水电第四工程局、中国水利水电第五工程局、中国水利水电第十一工程局、中国水利水电第十三工程局以及水利水电科学研究院的代表共 56 人。

1978 年

小浪底工程初步设计大规模展开

6 月 晋、陕、豫、鲁 4 省防汛会议提出兴建小浪底工程的建议,会后,4 省联合将该建议向国务院汇报,国务院领导指示要尽快提出小浪底初步设计报中央审批。

8 月 水电部以〔78〕水电规字第 127 号文要求:黄委会设计院集中力量保证小浪底工程初步设计按计划于 1980 年完成。自此,设计单位大规模开展小浪底工程初步设计阶段勘测、试验、科研、设计等工作。

法国代表团考察小浪底工程

10 月 19—22 日 经国务院批准,以法国工业部水电设备区域局副局长

让·彼得为组长的法国电力代表团一行 7 人,应黄委会邀请考察小浪底坝址,并对小浪底工程有关技术提出咨询意见。

法国公司考察小浪底坝址

11 月　经国务院批准,基于工程技术咨询和选购先进的勘探设备及测试仪器的需要,水电部聘请法国科因·贝利埃等 4 家顾问公司的 6 名专家,于 11 月 24—28 日查勘小浪底坝址,了解勘测设计进展情况和基本资料,并就设计方案和下一步勘测工作与中方人员进行座谈。之后,法国专家于 1979 年 11 月、1980 年 6 月两次到小浪底进行考察,提供技术咨询。

小浪底工程勘测设计技术协助问题备忘录签订

12 月 7 日　水电部与法国科因·贝利埃等 4 家顾问公司的代表,在北京共同签订了《关于商谈黄河小浪底工程勘测设计技术协助问题的备忘录》。

1979 年

中法关于小浪底工程咨询服务和技术协助合同在京签字

7 月 12 日　根据国家计委计引字〔1979〕第 131 号文件精神,中国技术进出口总公司与法国科因·贝利埃顾问公司、斯比巴迪夫(公共工程)公司在北京签订关于小浪底工程咨询服务和技术协助 2 项合同。

水利部责成黄委会再次比较桃花峪和小浪底工程

10 月　中国水利学会召开黄河中下游治理规划学术讨论会,水利部部长钱正英,副部长李伯宁、王化云、冯寅等参加会议。会议对黄河防洪方案和近期干流工程选址仍有分歧。为此,水利部责成黄委会再次进一步开展桃花峪工程补充规划工作,以便与小浪底工程进行比较。

1980 年

法国大型钻机在小浪底工地开始作业

4 月 17 日　为解决黄河中下游深厚覆盖层勘探问题,按照与法国公司签订的小浪底工程咨询服务和技术协助相关规定,从法国福拉克公司引进的 1 台振动、冲击、回转、液压(VPRH)4 种功能大型钻机在小浪底工地开始作业。

邓小平赞成修建小浪底工程

7 月 23 日　中共中央副主席、国务院副总理、中央军委副主席、全国政协主席邓小平视察黄河花园口。他强调,仍有相当大一部分地区和人口在特大洪水出现时有危险,应兴建小浪底工程,以解决黄河中下游的汛期防洪问题。

法国公司完成小浪底工程咨询和技术协助

8 月 18 日　以科因·贝利埃顾问公司为代表的 4 家法国公司完成黄河小浪底工程的咨询和技术协助合同规定的各项任务。通过咨询服务,法方对小浪底工程初步设计中的枢纽布置、大坝、泄水建筑物、水电站厂房等提出了建议和改进意见;对左岸泄水建筑物设计提出新方案;完成对中方技术人员使用引进设备和仪器的培训工作;对地质勘探工作也提出建设性意见。

中共河南省委报送《黄河小浪底、桃花峪工程规划比较报告》

8 月　中共河南省委向中共中央、国务院报送《黄河小浪底、桃花峪工程规划比较报告》(豫发〔1980〕96 号),一起报送的还有黄委会主任王化云要求尽快确定修建小浪底工程的建议报告。

水利部要求黄委会抓紧小浪底工程设计工作

11 月　水利部对小浪底、桃花峪工程规划进行审查讨论,决定不再深化桃花峪工程规划设计工作。水利部党组认为,小浪底工程优于桃花峪工程,责成黄委会抓紧小浪底工程设计工作,并指定副部长冯寅负责指导。

1981 年

小浪底工程初步设计要点报告编制完成

3 月　黄委会设计院根据 1978 年 8 月 15 日水电部"〔78〕水电规字第 127 号"文的要求,编制完成《黄河小浪底水库工程初步设计要点报告》。该报告初步选定工程坝型为心墙堆石坝,坝高 151 米,总库容 127 亿立方米,装机容量 156 万千瓦,开发目标是防洪、减淤、发电、供水和防凌。

水利部审查《黄河小浪底水库工程初步设计要点报告》

8 月 4—12 日和 9 月 14—28 日　水利部副部长冯寅分别在北京和郑州分两个阶段主持召开《黄河小浪底水库工程初步设计要点报告》审查会。会议提出的审查意见主要是:①把防洪减淤放在水库建设的首位任务是适当的;②同意枢纽为 I 等工程,大坝及泄水、引水建筑物为一级建筑物,采用千年一遇洪水设计,可能最大洪水校核,地震设防烈度按照基本烈度高 1 度;③同意坝型采用心墙土石坝;④同意导流、泄洪、引水、冲沙采用隧洞群,均布置在左岸。同时还提出了下阶段补充工作意见。水利部于 11 月以〔1981〕水规字第 72 号文印发了审查意见。

1982 年

小浪底工程大跨度隧洞开挖试验开展

7 月至 1983 年 12 月　黄委会在小浪底水库坝址左岸进行 15 米大跨度隧洞开挖试验。开挖宽 4 米、高 3 米的进口交通洞,长 49 米;开挖宽 15 米、高 6.35 米的扩挖试验段,长 56 米。通过该项大型试验,证实开挖 15 米大跨度隧洞的可能性,并取得缓倾角砂页岩地层及断层破碎带的参数,获得多项成果。

赵紫阳听取兴建小浪底工程等事项汇报

9 月 15 日　中共中央副主席、国务院总理、全国政协副主席赵紫阳接见王化云,听取其关于黄河防洪、泥沙处理和水资源开发利用、小浪底工程兴建等情况汇报。之后,赵紫阳又要求国家计委副主任宋平、中共中央农村政策研究室兼国务院农村发展研究中心主任杜润生组织召开一次讨论会,专题研究相关事项。

1983 年

小浪底水库论证会召开

2 月 28 日至 3 月 5 日   国家计委和国务院农村发展研究中心在北京组织召开小浪底水库论证会。国家计委副主任宋平主持会议,国家计委副主任何康、吕克白,国家经委副主任李瑞山,中共中央农村政策研究室兼国务院农村发展研究中心主任杜润生,副主任郑重、杨珏、武少文,水电部部长钱正英等,国家计委,国家经委,中央农村政策研究室,国务院农村发展研究中心、水电部以及陕、晋、豫、鲁 4 省水利厅领导,国内知名专家、教授、学者和水利工作者近百人参加会议。

会后,宋平、杜润生在给国务院主要领导和国务院《关于小浪底水库论证的报告》中指出:小浪底工程在整体规划上是非常必要的,可有效解决下游水患。

《黄河小浪底水库工程初步设计报告》编制完成

9 月   黄委会设计院编制完成《黄河小浪底水库工程初步设计报告》。

1984 年

美国专家查勘黄河小浪底工程坝址

1 月 11—23 日   美国柏克德公司副总裁安德逊等 6 位专家,应水电部部长钱正英的邀请,由黄委会副主任龚时旸等陪同,查勘了黄河小浪底、龙门坝址,参观了三门峡水利枢纽,听取了工程设计情况介绍。

《黄河小浪底水利枢纽可行性研究报告》编制完成

2月 黄委会设计院编制完成《黄河小浪底水利枢纽可行性研究报告》。报告提出小浪底工程以防洪、减淤为主,兼顾发电、灌溉、防凌,除害兴利,综合利用。大坝为黏土心墙堆石坝,最大坝高152米,正常高水位275米,总库容(校核洪水位以下)126.5亿立方米,装机容量156万千瓦,灌溉面积1 500万亩,总投资342 504.14万元。6月,根据国务院主要领导指示,黄委会设计院提出《黄河小浪底水利枢纽可行性研究补充报告(分期施工方案)》。

胡耀邦赞成修建小浪底工程

4月3日 中共中央总书记胡耀邦在河南视察工作期间,听取了河南省政协主席、黄委会原主任王化云关于治理黄河的汇报。王化云提出小浪底工程上马的必要性和紧迫性。对此,胡耀邦表示赞成修建小浪底工程。

赵紫阳听取关于小浪底工程的汇报

4月10—11日 中共中央副主席、国务院总理、全国政协主席赵紫阳在河南省视察期间,听取了河南省政协主席王化云关于小浪底工程的汇报。赵紫阳指出,黄河上重要的是解决防洪问题,建小浪底工程在经济上是合理的,国家对黄河的总投资是节约的,小浪底工程可以分期实施。赵紫阳对与国外合作、引进先进技术、引进外资等问题做了具体指示。

世界银行确认小浪底工程项目预评估安排

4月 世界银行致函水电部,确认世界银行对小浪底工程项目的预评估安排,并要求建设单位着手聘请国际咨询公司开展小浪底项目评估前期准备工作。

万里赞成修建小浪底工程

6月底 中共中央书记处书记、国务院副总理万里,国务院副总理李鹏,中共中央办公厅主任、书记处书记胡启立和国家计委副主任黄毅诚,水电部部长钱正英等考察黄河。万里一行听取汇报后指出,小浪底工程须在"七五"至"九五"期间建成。修建小浪底工程的主要目的不在于蓄水发电,而是要使近1亿人口免于水患,这关系到冀鲁豫和京津等地区的安全。

小浪底工程轮廓设计合同签订

7月18日 中国技术进出口总公司与美国柏克德公司在北京签订合同,联合开展小浪底工程轮廓设计。8月7日,对外经济贸易部以〔84〕外经贸技字第287号文批复同意,轮廓设计合同生效。

《黄河小浪底水利枢纽可行性研究报告》审查会召开

8月13—20日 水电部总工程师冯寅在北京主持召开小浪底工程可行性研究报告审查会,会议原则同意黄委会提交的《黄河小浪底水利枢纽可行性研究报告》。9月,水电部以〔84〕水电规字第86号文印发审查意见。

柏克德公司专家作轮廓设计准备

9月上旬 美国柏克德公司小浪底项目副经理拉米克司等6人到郑州收集关于小浪底工程的相关资料,查勘小浪底工程坝址,并与黄委会和设计院酝酿小浪底工程轮廓设计方案。

黄委会派员赴美参加小浪底工程轮廓设计

11月至1985年10月 黄委会28名工程技术人员组成的项目组在黄委会主任龚时旸率领下,分三批赴美国旧金山,与美国柏克德公司合作进行小浪底工程的轮廓设计。中美双方经过13个月的努力,于1985年10月完成小浪底工程的轮廓设计。轮廓设计确定了以洞群进口集中布置为特点的枢纽建筑物总布置格局;左岸单薄山体作为大坝的延伸,并采用钢筋混凝土包裹山体方案;提出由导流洞改建孔板消能泄洪洞;按国际施工水平确定工程总工期为8.5年。

水电部下达黄河小浪底水利枢纽设计任务书

12月 水电部印发《关于下达〈黄河小浪底水利枢纽设计任务书〉的通知》

（水电水规〔84〕125 号），要求于 1985 年底编报小浪底工程初步设计。

1985 年

小浪底工程咨询委员会举行第一次会议

2 月 4—11 日　小浪底工程咨询委员会在美国旧金山柏克德公司举行第一次会议。中方出席会议的有赵传绍、张泽祯、张仁、顾文书，美国柏克德公司方面有约瑟夫·安德森、科尔·麦克卢尔、沃尔特·弗里斯、以斯拉·汤普森。咨询委员会讨论了联合设计组编写的《咨询资料手册》。

万里听取小浪底工程设计情况汇报

3 月 5 日　中共中央书记处书记、国务院副总理万里，中共中央顾问委员会委员、中共河南省委第一书记刘杰，河南省副省长刘玉洁等听取了河南省政协主席王化云、黄委会副总工程师王长路关于黄河下游防洪和小浪底工程设计情况的汇报。

小浪底工程咨询委员会举行第二次会议

6 月 3—8 日　小浪底工程咨询委员会在郑州举行第二次会议。会议主要目的是根据联合设计组所研究的各方案，选定工程布置。参加会议的顾问有：冯寅、崔宗培、徐乾清、赵传绍、纪云生、张槐、余永良、魏永晖、张泽祯、陈炳新、曾庆华、陈厚群、张仁、约瑟夫·安德森、沃尔特·弗里斯、科尔·麦克卢尔。参加会议的联合设计组成员有：龚时旸、D·拉米克斯、汪祖汸、J·M·阿德尔、左谦、H·雅克夫列维奇、R·库来夏、何达民、林秀山、毛立伟。会议期间，咨询委员会就设计研究方法、单薄分水岭、泄水底孔、坝和地震载荷等方面提出建议。

杨析综查看黄河小浪底工程坝址

6 月 22 日　中共河南省委书记杨析综查看黄河小浪底工程坝址，听取了黄委会副主任陈先德等人关于黄河下游防洪问题和小浪底工程规划设计情况的汇报。

水电部组织召开黄河小浪底工程轮廓设计审查会

10月25—30日 水电部总工程师冯寅在郑州主持召开《黄河小浪底工程轮廓设计》审查会。参加会议的有顾问委员会中美(柏克德公司)双方成员,《黄河小浪底工程轮廓设计》由中美联合设计组提交。会议认为,该轮廓设计对研究确定的基本方案及应解决的各项重大技术问题都进行了深入研究,提出的成果在技术上是可行的;有关小浪底工程地质评价、枢纽布置、建筑物设计、施工进度等方面的成果,达到了国内初步设计深度。水电部部长钱正英、副部长杨振怀参加了会议。

1986 年

水电部组织《黄河小浪底水利枢纽工程设计任务书》预审并上报国家计委

1月7—11日 水电部总工程师冯寅在郑州主持《黄河小浪底水利枢纽工程设计任务书》预审,对初设工作中存在的问题提出指导意见。1月,水电部将《黄河小浪底水利枢纽工程设计任务书》报请国家计委审查。

水电部组织召开《黄河小浪底水利枢纽工程环境影响报告书》预审

3月9—15日 水电部在郑州组织召开《黄河小浪底水利枢纽工程环境影响报告书》预审会议。国家有关部委、科研设计单位、高等院校30多个单位派人参加了会议。会议认为,报告书内容比较全面,评价的范围较大,项目较全,评价的内容基本符合环境影响评价要求。会议还认为,小浪底工程对生态环境影响总体上利大于弊,按设计要求实施可以达到经济效益、社会效益、环境效益的统一。

加拿大岩石力学专家对小浪底工程进行咨询

3月17—24日 应黄委会设计院和北京水科院邀请,加拿大岩石力学专家霍克博士、麦克里思博士对小浪底工程左岸单薄分水岭山体和坝基的稳定性进行咨询。专家在查勘小浪底工程并听取地质、水工情况介绍后,发表了咨询意见并提交了书面报告。

柏克德公司专家对小浪底工程水工设计进行技术咨询

3月18—28日　美国柏克德公司专家拉米克斯等3人对小浪底工程水工设计进行技术咨询。

小浪底工程设计任务书评估工作结束

3—12月　国家计委委托中国国际工程咨询公司对《黄河小浪底水利枢纽工程设计任务书》进行评估。

5月13—17日　中国国际工程咨询公司召开设计任务书评估会。国家计委、清华大学、中国建设银行、中国科学院以及有关省(市、部、委)的专家教授共50人参加会议。会议听取黄委会关于小浪底工程的规划、施工总进度、总概算、工程地质和水工结构等方面的情况汇报,并分组进行讨论。

6月5—10日　中国国际工程咨询公司邀请国内部分施工专家查勘小浪底工程坝址,并就小浪底大坝工程、导流泄洪洞工程施工等举行研讨会。

7月21—25日　在对小浪底工程设计任务书全面评估的基础上,中国国际工程咨询公司邀请水工专家在北京对小浪底工程水工部分进行专业评估。

8月15—18日　小浪底工程设计任务书评估会议最后一次全体会议在北京召开。会议在汇总各专业组意见的基础上,提出倾向性评估意见,专家组组长崔宗培做了总结。小浪底工程设计任务书全面评估工作结束。

12月30日　中国国际工程咨询公司向国家计委正式提交《黄河小浪底水利枢纽工程设计任务书评估报告》,确立了小浪底工程在治黄工作中重要的战略地位,以及近期修建的必要性和紧迫性。

宋平考察小浪底坝址

4月8—17日　国务委员兼国家计委主任宋平、国家计委副主任黄毅诚等一行8人考察黄河。其间,在黄委会主任龚时旸、副主任陈先德等陪同下考察了小浪底坝址,在黄委会水利科学研究所观看了工程整体和单体模型试验。

豫晋两省部署小浪底工程初步设计阶段移民工作

7—8月　山西省和河南省分别召开会议,安排部署小浪底工程初步设计阶段移民工作,并就移民工作开展人员培训。

小浪底工程初步设计工作大纲编写完成

9月 《小浪底水利枢纽工程初步设计工作大纲》由黄委会设计院编写完成。工作大纲的指导思想是在以往各项工作成果基础上,结合评估意见,进行泄洪方案的比较和优选,按照设计规程要求编制初设报告。

赵紫阳对小浪底工程做出批示

10月18日 中共中央副主席、国务院总理赵紫阳在王化云呈报给他的信上批示:"我认为对小浪底不要再犹豫了,该下决心了。"随后,此信及批示转送国家计委。

挪威地下工程专家对小浪底工程进行技术咨询

12月30日至1987年1月5日 挪威地下工程专家、驻中国云南省鲁布革水电工程咨询组经理阿斯拉克·拉夫罗和咨询组组长斯坦·毕阳内森应黄委会设计院邀请,到小浪底工程坝址查勘,并与设计人员座谈讨论了地下厂房方案等问题。

1987 年

小浪底工程设计任务书获批准

2月4日 国家计委于1月9日向国务院报送《关于审批黄河小浪底水利枢纽工程设计任务书的请示》(计农〔1987〕52号)。2月4日,国家计委以《印发〈关于审批黄河小浪底水利枢纽工程设计任务书的请示〉的通知》(计农〔1987〕177号)通知水电部:"我委《关于审批黄河小浪底水利枢纽工程设计任务书的请示》,业经国务院领导同志批准,现印发你们,请按此办理"。

小浪底工程泄洪洞多级孔板消能碧口放水试验完成

7月13日 黄委会设计院主持,在甘肃省白龙江碧口水电厂由排沙洞改建的孔板消能泄洪洞中进行了小浪底工程泄洪洞多级孔板消能中间试验正式放水试验。试验表明,孔板泄洪洞在技术上安全可靠,可以大大降低洞内流速和压力,减轻泥沙对泄洪洞的磨蚀。

小浪底工程初步设计中间成果汇报会召开

8月11—15日　水电部规划设计院主持的小浪底工程初步设计中间成果汇报会在北京举行。会议听取了设计单位关于规划、枢纽布置、孔板消能、孔板洞碧口中间试验、土坝、左岸单薄分水岭的处理、地面厂房等专题工作情况汇报。

1988 年

小浪底工程初步设计预审会召开

3月23—26日　水电部总工程师娄溥礼在北京主持召开黄河小浪底工程初步设计预审会,相关单位领导和专家共50余人参加。会议听取了设计单位对枢纽总体布置、建筑物设计等方面的汇报,并形成会议纪要。会议认为:黄委会设计院针对有关的技术问题认真研究论证,主要技术问题基本落实,工作深度基本满足初步设计要求,已具备进行技术决策的条件。会议要求,黄委会设计院根据提出的意见进一步补充论证,于6月前将完善优化的初步设计文件报水电部。

小浪底水库淹没处理初步设计成果汇报会召开

3月28日至4月1日　水电部规划设计院召开会议,听取黄委会设计院关于小浪底水库淹没处理初步设计成果的汇报。

世界银行代表团现场考察小浪底工程

7月10—14日　以丹尼尔·古纳拉特南(D. Gunaratnam)为团长、世界银行驻京办事处主任戈林等参加的世界银行代表团,由水利部、财政部和黄委会有关人员陪同查勘了小浪底工程坝址,并听取了关于黄河干流开发总体布局、小浪底工程的基本情况及成果资料的汇报,对工程效益、施工工期、投资规模、贷款项目等问题进行了初步了解。

水利部审查小浪底工程初步设计报告

8月9—10日　水利部总工程师何璟主持召开部务会议,审查黄委会设计院7月上报的《黄河小浪底水利枢纽初步设计报告》。提出工程采用斜心墙堆石坝,最大坝高167米,正常蓄水位275米,电站装机容量156万千瓦。

小浪底工程泄洪方案复议座谈会召开

10月5—6日　水利部在北京召开小浪底工程泄洪方案座谈会,会议由部长钱正英主持,部领导及相关专家参加会议。会议着重对组合泄洪方案和明流泄洪方案进行分析讨论,决定维持水利部审查意见,即组合泄洪方案。

水利部向国家计委报送小浪底工程初步设计报告

10月26日　水利部以《关于报请审批〈黄河小浪底水利枢纽初步设计报告〉的报告》(水规〔1988〕41号)报请国家计委审批。

1989 年

小浪底工程泄洪优化方案审查会召开

1月27—28日　水利部规划设计院在北京召开黄河小浪底工程泄洪方案优化设计审查讨论会,水利部水利水电规划设计管理局总工程师崔宗培等27名专家参加会议。1989年3月,水利部印发《关于黄河小浪底水利枢纽泄洪方案优化设计审查讨论会纪要》(水规〔1989〕第5号)。

世界银行代表团调研小浪底工程

3月13—21日　以古纳为团长的世界银行代表团6人,查勘了小浪底工程坝址和库区,并对三门峡水利枢纽工程和黄河防洪工程、引黄灌区进行了考察。有关人员向世界银行专家介绍了小浪底工程的经济分析、灌溉、防洪、移民、泥沙、水文、水工建筑等情况,并对一些专题进行了讨论。调研中,世界银行专家对移民和贷款等问题发表了意见。

黄河水利水电开发总公司成立并注册

4月22日　水利部以《关于成立黄河水利水电开发总公司的批复》(水人劳〔1989〕78号)批准成立黄河水利水电开发总公司。

7月24日　黄委会以《关于黄河水利水电开发总公司筹备组成立的通知》(黄干〔1989〕75号),成立黄河水利水电开发总公司筹备组,筹备组由陈先德任组长,席梅华、王咸儒任副组长。8月28日,黄委会以《关于席梅华、王咸儒同志任职的通知》(黄任〔1989〕45号),任命席梅华担任黄河水利水电开发总公司副总经理,王咸儒担任黄河水利水电开发总公司副总经理、副总工程师(兼)。

8月30日　黄河水利水电开发总公司经郑州工商行政管理部门注册登记。

世界银行代表团提出聘请国际咨询公司和特别咨询专家组

5月20—24日　以古纳为团长的世界银行代表团一行3人,由水利部外事司司长赵传绍等陪同到黄委会了解小浪底工程有关情况。世界银行专家在听取黄委会设计院关于小浪底工程设计工作情况介绍后,建议中方利用世界银行技术合作信贷(TCC)聘请国际咨询公司,协助黄委会设计院编制招标设计文件及工程概算;成立特别咨询专家组,评估枢纽设计方案。专家组介绍拟推荐国际咨询公司的背景材料和工作计划,并就贷款使用和移民安置等问题发表了意见。

小浪底水电站接入系统设计审查会召开

6月29—30日　能源部电力规划设计院召开小浪底水电站接入系统设计审查会。

水利部向国家计委报送小浪底工程实施意见

7月4日　水利部向国家计委报送《关于黄河小浪底水利枢纽工程实施意见的报告》(水计〔1989〕51号)。

水利部向国家计委报送小浪底工程初步设计补充报告等文件

7月4日　水利部向国家计委报送《关于报请审批黄河小浪底水利枢纽初步设计的补充报告》（水规〔1989〕38号）。随文还报送了《部分利用世界银行贷款的可行性报告》《黄河小浪底水利枢纽泄洪建筑物总布置优化设计报告》《小浪底水库淹没及处理规划报告》。

水利部小浪底工程专家组开展第一次咨询

9月21—25日　黄河水利水电开发总公司邀请水利部小浪底工程设计施工咨询专家组在郑州召开第一次会议，就小浪底工程施工分标和土石坝优化设计及施工规划等进行咨询。黄委会第一副主任亢崇仁、副主任陈先德，黄河水利水电开发总公司席梅华、王咸儒，黄委会设计院总工程师成健，小浪底项目总设计师林秀山、叶乃亮、罗义生等参加会议。

世界银行代表团研讨小浪底工程国际咨询相关事项

10月5—16日　以古纳为团长的世界银行代表团访问黄委会，重点讨论了小浪底工程项目国际咨询公司招标、特别专家咨询组职责范围、费用及工作日程等事项，并初步确定咨询经费为240万美元。

小浪底工程专家组开展第二次咨询

11月27日至12月2日　黄河水利水电开发总公司邀请水利部小浪底工程设计施工咨询专家组在郑州召开第二次会议，就小浪底工程设计工作和开工前筹建工作进行咨询。参加此次咨询会的专家有赵传绍、龚时旸、张泽祯、纪云生、张德平和林伯铣。

小浪底水库移民安置规划总报告编制完成

12月　黄委会设计院编制完成《小浪底水利枢纽初步设计阶段水库淹没处理及移民安置规划总报告》，并上报水利部。

1990 年

小浪底工程项目评估信贷获批

1 月 17 日　财政部以《关于申请技术合作信贷进行黄河小浪底工程项目评估准备工作的复函》(〔90〕财世字第 1 号),批准小浪底项目评估使用 TCC 贷款 240 万美元,其中用于聘请国际咨询公司经费 200.6 万美元、用于聘请特别专家咨询组经费 32.4 万美元、不可预见费 7 万美元。

3 月 21 日　世界银行通知财政部、水利部,确认批准小浪底工程使用特别提款权 SDR1845000(合 240 万美元)用于项目评估。

小浪底工程设计咨询进行国际招标

1 月 23 日　黄河水利水电开发总公司向美国哈扎公司和泰姆勒公司、意大利电力咨询公司、加拿大国际工程管理公司和巴西咨询工程集团发出小浪底工程招标设计咨询邀请信等文件。2 月 27 日至 3 月 5 日,上述公司派代表参观小浪底工程模型试验,查勘小浪底坝址。中方相关人员分别介绍了小浪底工程的规划设计概况,与会人员进行了座谈和答疑。

小浪底工程专家组开展第三次咨询

2 月 6—10 日　黄河水利水电开发总公司邀请包括水利部小浪底工程设计施工咨询专家组成员在内的国内 30 多位水利水电专家,在郑州召开小浪底工程土坝设计和施工咨询会,会议形成《黄河小浪底工程咨询报告(土坝设计和施工)》。

小浪底工程专家组开展第四次咨询

2 月 13—17 日　黄委会设计院在郑州召开小浪底水工模型试验协调会,水利部小浪底工程设计施工咨询专家组,水利部科技司、规划设计院及承担试验单位的有关专家参加了会议。会上,各承担试验单位介绍了水工模型试验情况,与会专家针对小浪底工程实际情况进行讨论,并确定了下一步试验内容。

水利部专题讨论小浪底工程泄洪系统研究成果

3月14—17日 水利部在北京召开会议,专题研究《小浪底水利枢纽多级孔板消能泄洪洞试验》和《小浪底水利枢纽进水塔防沙、防淤堵试验研究》。水利部总工程师何璟、水利部原副部长冯寅等参加讨论。

小浪底工程引水发电系统优化设计审查会召开

3月20—24日 水利部规划设计院在北京召开小浪底工程引水发电系统优化设计审查会。

7月2日 水利部规划设计院印发《关于黄河小浪底水利枢纽发电系统优化设计审查意见》。

世界银行代表团与黄委会磋商小浪底水库移民事宜

4月3—7日 以移民及环境专家帕德里奇为团长的世界银行代表团一行3人到黄委会了解小浪底水库移民安置规划进展情况,并就移民及环境工作所需经费进行讨论。

CIPM公司被确定为小浪底工程国际咨询公司

4月11—16日 小浪底工程国际咨询公司在天津蓟县开展评标工作,水利部总工程师何璟,来自水利部外事司、计划司、财务司、建设司,财政部世界银行业务司的代表,以及黄河水利水电开发总公司副总经理兼副总工程师王咸儒,黄委会设计院副院长兼小浪底项目总设计师林秀山参加评标会议。评标专家有赵传绍、龚时旸、张泽祯、纪云生、张德平。经评选,加拿大国际工程管理公司为中标候选人。

评标结果报水利部领导同意后,于4月17日向世界银行提交了评标报告。4月23日,世界银行回复,同意评标结果。

小浪底工程招标设计阶段施工组织设计研讨会召开

5月14—16日 水利部在北京召开小浪底工程招标设计施工机械问题研讨会,会议对小浪底工程施工组织设计选定的主要施工设备选型及其效率等问题进行深入研讨,认为应按国际中等施工技术水平选择施工设备。

李鹏视察黄河并听取小浪底工程情况汇报

6月12—13日　中共中央政治局常委、国务院总理李鹏视察黄河,听取黄河防汛和小浪底工程情况的汇报,并题词"根治黄河水害,开发黄河水利水电资源,为中国人民造福"。国务委员李贵鲜,水利部部长杨振怀,商业部部长胡平,机械电子工业部部长何光远,农业部副部长王连铮,国务院政策研究室副主任杨雍哲,中共河南省委书记侯宗宾、省长程维高、黄委会第一副主任亢崇仁、副主任陈先德等陪同视察。

小浪底工程专家组开展第五次咨询

6月26日至7月1日　黄河水利水电开发总公司邀请水利部小浪底工程设计施工咨询专家组在郑州就小浪底工程施工准备工程进行咨询。咨询专家组对工程总体布置、排沙洞和进水塔等建筑物的施工安排提出咨询建议。会后,专家组成员到武汉水利电力学院实地观摩水工建筑物模型和导截流模型试验。

小浪底工程技术咨询服务合同签订

7月16日　在就合同文本征求世界银行意见之后,黄河水利水电开发总公司与CIPM公司在北京签订黄河小浪底水利枢纽工程技术咨询服务合同。

小浪底水库移民安置规划座谈会召开

7月26—28日　水利部在郑州主持召开小浪底水库移民安置规划座谈会。水利部副部长张春园、总工程师何璟和原副部长黄友若出席会议。国家计委、河南省、山西省、水利部水规总院、三峡办、长江委和黄委会等单位的代表近50人参加会议。会议着重讨论了移民安置规划方案的优化原则和补偿投资概算等问题,并在移民安置原则和安置去向方面取得一致意见。

李长春考察小浪底工程坝址

8月2—8日　中共河南省委副书记、河南省代省长、黄河防总总指挥李长春考察小浪底工程坝址。

小浪底工程筹建办公室成立

8月12日　经水利部、河南省同意,黄委会成立黄河小浪底水利枢纽工程筹建办公室,三门峡水利枢纽管理局局长杨庆安兼任办公室主任。9月1日,黄河小浪底水利枢纽工程筹建办公室在洛阳市正式办公。

CIPM 公司专家参加小浪底工程招标设计咨询

8月　根据咨询合同要求,加拿大 CIPM 公司陆续派出安德森等专家参与小浪底工程招标设计工作,提供咨询。

小浪底工程专家组开展第六次咨询

9月11—15日　黄河水利水电开发总公司邀请水利部小浪底工程设计施工咨询专家组在郑州就加拿大 CIPM 公司提出的有关地震和土坝设计问题进行了咨询。

世界银行代表团检查小浪底工程准备情况

10月15—19日　以古纳为团长的世界银行代表团一行2人到黄委会检查小浪底工程项目准备情况。

小浪底工程国际特别咨询专家组第一次会议召开

10月29日至11月7日　小浪底工程国际特别咨询专家组第一次会议在郑州召开,专家组组长赵传绍和来自英国、挪威、美国、巴西、委内瑞拉等国家的特别咨询专家组成员共10人出席了会议。会议听取了设计单位关于工程规划、水库运用方式、枢纽布置及建筑物、工程地质及地震、水文气象及泥沙、土坝设计、泄水隧洞、溢洪道和发电系统设计、施工组织设计、水库淹没处理及移民安置规划等专业的介绍,与会专家就关心的问题进行讨论,分专业起草咨询意见,并形成第一号咨询报告。

小浪底工程项目国内常务咨询专家龚时旸、唐广庆,CIPM 公司专家,以及来自黄委会、黄河水利水电开发总公司等有关单位的专业技术人员50余人参加了会议。

小浪底工程初步设计水工建筑物部分通过评审

11 月 29 日至 12 月 1 日　受国家计委委托,中国国际工程咨询公司在北京召开小浪底工程初步设计水工建筑物部分评审会,会议通过水工建筑物部分的初步设计评审。

1991 年

黄委会明确席梅华、王咸儒职级

1 月 11 日　黄委会以《关于席梅华、王咸儒任职的通知》(黄任〔1991〕3号),明确黄河水利水电开发总公司副总经理席梅华、王咸儒享受副局级待遇。

与 CIPM 公司协商赠款事宜

1 月 23 日　CIPM 公司高级代表丹尼斯(Dennis Creamer)在郑州与黄河水利水电开发总公司王咸儒、黄委会设计院林秀山等就下一步拓展技术咨询工作的内容及经费来源(加拿大政府赠款)等事宜进行协商。

2 月 4—5 日　水利部副部长张春园在北京会见了加拿大 CIPM 公司代表高纳(J.Gagnon)、丹尼斯(Dennis Creamer)和加拿大驻华商务参赞。高纳代表加拿大 CIPM 公司邀请张春园于当年访问加拿大,并计划为拓展小浪底工程技术咨询工作内容申请加拿大政府赠款,张春园授权黄河水利水电开发总公司就此项工作与 CIPM 公司进一步商谈。赵传绍、孟志敏、林秀山、王咸儒陪同会见。会见后,王咸儒、林秀山等人于 2 月 5 日在 CIPM 驻京办事处就申请加拿大政府赠款事宜进行磋商。

国际特别咨询专家咨询报告专题研讨会召开

1 月 28 日至 2 月 3 日　黄河水利水电开发总公司两次组织召开专家咨询会,对 1990 年 12 月世界银行国际特别咨询专家组在咨询报告中提出的小浪底工程抗震和厂房结构形式等问题进行专题研讨。参加会议的专家有何璟、赵传绍等。黄河水利水电开发总公司王咸儒,黄委会设计院林秀山、罗义生等参加会议。

江泽民视察小浪底工程坝址

2月7日 中共中央总书记、中央军委主席江泽民在水利部部长杨振怀,中共河南省委书记侯宗宾,副书记、代省长李长春,黄委会副主任亢崇仁、陈先德等的陪同下视察小浪底工程坝址。2月10日晚,江泽民听取了杨振怀有关黄河情况的汇报。

小浪底工程施工规划设计咨询会召开

3月3—11日 水利部建设开发司邀请国内有关专家在郑州召开小浪底工程施工规划设计咨询会。参加会议的有国内有关设计、施工方面的专家,小浪底工程部分常聘专家。

小浪底工程建设准备工作领导小组成立

4月3日 水利部印发《关于发送〈关于加强黄河小浪底枢纽工程建设准备工作领导问题的会议纪要〉的通知》(水办〔1991〕16号),决定成立黄河小浪底水利枢纽工程建设准备工作领导小组,全面负责小浪底水利枢纽工程的建设准备工作。领导小组由水利部建设开发司司长朱云祥、黄委会副主任亢崇仁、三门峡水利枢纽管理局局长兼小浪底水利枢纽工程筹建办公室主任杨庆安、黄委会副主任陈先德组成。

小浪底工程正式列入国家"八五"计划

4月9日 七届全国人大四次会议批准国民经济和社会发展十年规划和第八个五年计划(简称"八五"计划)纲要,小浪底工程正式列入国家"八五"计划,确定在"八五"期间开工建设。

小浪底工程国际特别咨询专家组第二次会议召开

4月20日至5月1日 小浪底工程国际特别咨询专家组第二次会议在郑州召开,组长赵传绍和来自美国、挪威、加拿大、巴西等国家的专家共9人参加会议。与会专家对小浪底工程水工、地震、机械、电气等设计方面问题进行讨论,提出第二号特别咨询专家组报告和岩石力学单行本报告。环境专家鲁德威格就小浪底工程环境影响评价提出专题报告。

黄河水利水电开发总公司与黄河小浪底水利枢纽工程筹建办公室合署办公

4月22日　黄河水利水电开发总公司与黄河小浪底水利枢纽工程筹建办公室搬迁至洛阳市友谊宾馆合署办公。

小浪底工程施工供电工程初步设计成果审查会召开

5月8—10日　水利部建设开发司在洛阳市召开会议,审查黄委会设计院编制的《小浪底水利枢纽工程施工供电工程初步设计》。会后,水利部建设开发司以《关于小浪底水利枢纽施工供电工程设计审查意见的通知》(建基〔1991〕12号)印发了审查意见。

小浪底工程施工供水初步设计成果审查会召开

5月14—16日　水利部建设开发司在洛阳召开会议,审查黄委会设计院编制的《小浪底水利枢纽工程施工供水初步设计报告》。会后,水利部建设开发司印发《黄河小浪底水利枢纽北岸施工供水初步设计报告审查意见的通知》(建基〔1991〕13号)。

世界银行代表团检查小浪底水库移民及环境影响评价工作

6月17—22日　以帕特里奇(W. L. Partiage)为团长的世界银行代表团一行4人到访黄河水利水电开发总公司,检查小浪底水库移民及环境影响评价工作。国际特别咨询团专家唐澄清参加检查,并提交《黄河小浪底工程特别咨询专家组移民问题咨询报告》。

小浪底工程国际特别咨询专家开展施工规划咨询

6月30日至7月7日　小浪底工程国际特别咨询专家组组长赵传绍和施工专家卡隆诺(Cassano)应邀到郑州就小浪底工程施工规划方面的技术问题开

展咨询活动,并提交了《小浪底工程特别咨询专家组施工规划咨询报告》。

小浪底工程施工规划设计通过审查

8月1—8日　水利部总工程师何璟在郑州主持召开《黄河小浪底水利枢纽工程施工规划设计报告》审查会,会议基本同意设计报告。9月5日,水利部以《关于印发黄河小浪底水利枢纽施工规划设计报告审查意见的通知》(水建〔1991〕14号)批复该报告。

水规总院组织讨论小浪底水库移民安置规划

8月10—13日　水规总院在北京组织召开小浪底水利枢纽水库移民安置规划讨论会,水利部总工程师何璟应邀参加会议。会议要求,根据此次会议的讨论意见,在原初步设计报告的基础上进一步补充完善,尽快报请国家有关部门评审。

李瑞环视察小浪底工程坝址

8月17日　中共中央政治局常委、书记处书记李瑞环在中共河南省委书记侯宗宾,副书记吴基传,副省长宋照肃,黄委会代主任亢崇仁、副主任陈先德等陪同下视察小浪底工程坝址。

小浪底工程前期准备工程开工

9月1日　小浪底工程前期准备工程正式开工,河南省省长李长春、水利部副部长严克强为开工典礼仪式剪彩。

南岸对外公路开工建设

9月1日　小浪底工程南岸对外公路(1号路)开工。至1993年3月,该工程完工。

小浪底工程第一次现场办公会议在洛阳召开

9月21—26日　水利部副部长张春园率水利部有关司局14位负责人在洛阳市举行小浪底工程建设第一次现场办公会议。会议就小浪底工程管理模式、施工技术、勘测设计、施工计划、征地移民等重大问题明确了工作原则。

水利部小浪底水利枢纽建设管理局成立

10月5日　水利部印发《关于成立水利部小浪底水利枢纽建设管理局的通知》(水人劳〔1991〕116号),朱云祥任小浪底建管局局长,同时撤销小浪底水利枢纽工程建设准备工作领导小组。

世界银行代表团检查小浪底工程前期准备工作

10月14—26日　以古纳为团长的世界银行代表团一行14人访问黄河水利水电开发总公司,双方在郑州市就小浪底工程前期准备工作和黄河流域水资源经济模型研究项目等议题进行讨论。国内有关单位代表应邀参加会议。

小浪底工区与洛阳办公地通信开通

10月17日　黄委会通信总站架设150瓦短波电台,实现小浪底工区与小浪底建管局在洛阳市行署路办公地之间的通信。

小浪底工程施工区征地工作会议召开

10月31日至11月2日　小浪底工程施工区征地工作会议在洛阳市召开,水利部、河南省政府及有关县市60余人参加会议。

田纪云视察小浪底工程

11月18日　国务院副总理田纪云视察小浪底工程,听取了黄委会代主任亢崇仁、小浪底建管局局长朱云祥关于治黄工作和小浪底工程情况的汇报。中共河南省委书记侯宗宾、副省长宋照肃等陪同视察。

邹家华视察小浪底工程

11月19日　国务院副总理兼国家计委主任邹家华在国务院办公厅副秘书长席德华、国家计委副主任姚振炎、物资部副部长蔡宁林及有关部门负责人的陪同下视察小浪底工程。中共河南省委书记侯宗宾,副书记、省长李长春,副省长刘源,黄委会代主任亢崇仁,小浪底建管局局长朱云祥等陪同视察。

李长春要求地方政府树立小浪底意识

11月20日　中共河南省委副书记、省长李长春专程到洛阳市、焦作市考察,对地方政府支持小浪底工程建设提出具体要求,特别是在进一步做好征地移民工作方面要树立小浪底意识。

小浪底黄河公路大桥开工建设

11月26日　小浪底黄河公路大桥工程开工。至1994年3月20日,小浪底黄河公路大桥全线通车。

小浪底工程地下厂房优化设计报告完成

11月　黄委会设计院编制完成《黄河小浪底水利枢纽地下厂房专题报告》,对引水发电系统进一步优化,将原来初步设计半地下厂房改为地下厂房,同时取消上游调压井和下游调压室。

北岸对外公路开工建设

11月　小浪底工程北岸对外公路(10号路)开工。1994年3月,该工程完工。

小浪底工程概算上报国家计委

11月　黄委会设计院按照部分利用世界银行贷款、主体土建工程进行国际公开招标的筹资方式,以1991年价格水平,编制完成《黄河小浪底水利枢纽主体土建工程国际招标内外资概算》。工程概算经水利部审查后,作为初步设计总概算的推荐方案以水规〔1992〕9号文上报国家计委。

小浪底工程设计专题会议召开

12月2—7日　水利部副部长严克强在郑州市主持召开小浪底工程设计专题会议。会议认为,小浪底工程总体布置形式合理,设计理论先进可行。会议重点就地下工程的环境条件、地下水位、地质构造等进行讨论,提出意见和建议,印发了讨论记录。

会议期间,与会人员到小浪底工区考察。

周文智到小浪底检查工作

12 月 21 日　水利部副部长周文智在小浪底建管局局长朱云祥陪同下到小浪底工区检查工作。

席梅华、王咸儒任小浪底建管局副局长

12 月 31 日　水利部以《关于席梅华、王咸儒任职的通知》(水人劳〔1991〕147 号)任命席梅华、王咸儒为小浪底建管局副局长。

1992 年

小浪底施工区文物处理工作会议召开

1 月 14—16 日　小浪底建管局邀请河南省文物局、黄委会移民办公室及黄委会设计院,在洛阳市召开会议,商议小浪底工程施工区文物勘探和发掘工作。会议由小浪底建管局局长朱云祥主持。

小浪底建管局管理处实进驻小浪底工区

1 月 19 日　小浪底建管局所属监理处、室陆续进驻小浪底工区。

亢崇仁任小浪底建管局临时党委书记

2 月 1 日　中共水利部党组以《关于亢崇仁同志任职的通知》(水党〔1992〕6 号)任命亢崇仁为中共小浪底建管局临时党委书记。

李长春慰问小浪底工程建设者

2 月 2 日　中共河南省委副书记、省长李长春,副省长宋照肃等在小浪底建管局局长朱云祥陪同下,到小浪底工区慰问春节期间坚守工作岗位的工程建设者。

水利部明确小浪底工程国内配套资金

2月21日　水利部印发《关于小浪底水利枢纽工程国内配套资金问题的函》(水计〔1992〕95号),明确小浪底工程国内配套资金从国家水利投资和以工代赈资金中安排。

水利部变更黄河水利水电开发总公司隶属关系

2月21日　水利部印发《关于变更黄河水利水电开发总公司隶属关系的通知》(人劳〔1992〕23号),将原隶属黄委会的黄河水利水电开发总公司变更为隶属水利部,并与小浪底建管局合署办公,实行一套人马、两块牌子的管理方式,公司总经理由小浪底建管局局长朱云祥兼任。

小浪底土建工程国际招标资格预审公告发布

2月　小浪底土建工程国际招标资格预审公告在世界银行刊物《发展论坛》(*Development Business*)上刊发。7月22日,经国家计委同意,小浪底土建工程施工招标资格预审(邀请函)文件发售公告刊登在当日的《人民日报》和《中国日报》(*China Dailly*)上。

世界银行代表团分组讨论小浪底工程分项规划

3月6—29日　以古纳为团长的世界银行代表团一行9人访问黄河水利水电开发总公司,对公司机构、小浪底水库城市及工业供水、小浪底移民规划等方面问题进行讨论。其间,代表团成员分别到小浪底工区及移民安置区进行了实地考察。

西霞院工程可行性研究工作启动

3月25日　按水利部要求,黄委会设计院成立由曹治平担任总工程师的西霞院工程项目组,启动西霞院工程可行性研究工作。

刘松深任小浪底建管局副局长

4月1日　水利部以《关于刘松深任职的通知》(水人劳〔1992〕40号)任命

水利部建设开发司副司长刘松深兼任小浪底建管局副局长。

小浪底建管局临时党委成立

4月1日　中共水利部党组以《关于小浪底水利枢纽建设管理局临时党委组成人选的通知》(水党〔1992〕4号)确定中共小浪底建管局临时党委由亢崇仁、朱云祥、刘松深、席梅华和王咸儒5位同志组成。亢崇仁任书记,朱云祥任副书记。

小浪底建管局搬迁到小浪底工区办公

4月2日　小浪底建管局全员由洛阳市搬迁到小浪底南岸小浪底村临时营地办公。

钱正英视察小浪底工程

4月9日　全国政协副主席钱正英在河南省副省长宋照肃、省人大常委会副主任郭培鋆、水利部原副总工程师徐乾清、小浪底建管局副局长王咸儒等陪同下视察小浪底工区。

国际特别咨询专家组开展小浪底工程环境评价咨询

4月13—17日　小浪底工程国际特别咨询专家组环境评价咨询专家鲁德威格在郑州审阅了小浪底工程环境评价报告,并提出咨询意见。

白玉松任小浪底建管局临时党委副书记

4月23日　中共水利部党组以《关于白玉松任职的通知》(水党〔1992〕15号)任命白玉松为小浪底建管局临时党委副书记(正局级)。

水利部第二次现场办公会议在小浪底工区召开

5月7—11日　水利部副部长张春园率有关司局负责人在小浪底工区召开第二次现场办公会议,提出前期工程"三年任务,两年完成"的目标和"五个一流"(一流设计、一流管理、一流质量、一流速度、一流工程)的要求。

小浪底工程黄河舟桥通车

6月3日　小浪底建管局委托解放军某部舟桥部队架设的小浪底工程黄河舟桥通车。

地下工程施工设备研讨会在洛阳举行

6月8—11日　小浪底建管局邀请阿特拉斯·科普柯(Atlas Copco)公司及部分施工单位在洛阳举行地下工程施工设备研讨会。

何璟考察小浪底工程

6月22日　水利部总工程师何璟考察小浪底工程。

10月24日　何璟在参加世界银行对小浪底工程评估期间,再次考察小浪底工程。

小浪底工程施工区征地移民投资获批

6月27—30日　水利部水规总院审查通过了黄委会设计院编制的《黄河小浪底水利枢纽初步设计阶段施工占地及移民安置规划报告》,以《关于黄河小浪底水利枢纽工程初步设计阶段施工区征地移民安置规划审批意见的函》(水规〔1992〕63号)和《关于小浪底水利枢纽工程外线公路及留庄转运站占地补偿投资的批复》(水规〔1993〕244号),对规划设计成果进行了批复。

小浪底桥沟业主营地开工建设

7月4日　小浪底工程业主(小浪底建管局)桥沟营地正式开工。至1993年12月9日,该工程完工。

小浪底工程评估意见上报国家计委

7月6日　中国国际工程咨询公司以咨农〔1992〕287号文将小浪底工程评估意见上报国家计委,建议批准初步设计优化方案,以利于工程早日开工建设,尽早发挥工程效益。

段君毅听取小浪底工程情况汇报

7月9日　中共中央顾问委员会常务委员段君毅到豫西考察期间,在洛阳听取了小浪底建管局局长朱云祥关于小浪底工程有关情况的汇报。

土建工程施工国际招标标书咨询会议召开

7月15—30日　小浪底建管局在郑州召开会议,邀请能源部华东勘测设计院邹思远、曹克明等8人对小浪底工程土建工程施工招标标书英文稿进行咨询。

小浪底土建工程招标投标进入实施阶段

7月27日　黄河水利水电开发总公司委托中国技术进出口总公司国际招标公司在北京发售小浪底土建工程施工投标资格预审文件,共有13个国家的45个公司购买了资格预审文件。

冯寅等对小浪底土建标国际招标文件进行咨询

7月29日至8月7日　水利部原副部长冯寅及水利部部属有关单位专家在郑州对小浪底工程土建标国际招标文件进行咨询。

水利部和河南省联合召开小浪底工程建设现场办公会

8月4—7日　水利部和河南省在洛阳市联合召开小浪底工程建设办公会议。中共水利部党组书记、部长杨振怀和中共河南省委副书记、省长李长春出席会议。水利部、河南省有关部门及有关地方政府负责同志共150人参加会议。会议明确了施工征地"一次征用,分期划拨"的原则,并研究解决工区公安保卫、银行机构、税务征管、工程通信等问题。会后,水利部副部长张春园主持召开水利部第三次现场办公会,对有关工作进行部署。

世界银行驻京副代表到小浪底工区访问

8月29日　世界银行驻北京代表处副代表万德乐一行3人到小浪底工区访问,了解工程概况及前期工作进展情况,听取了黄委会有关移民试点的情况汇报。

小浪底移民新村喜迎首批移民

8月31日 小浪底工程移民首批65户搬迁至小浪底移民新村。小浪底移民新村位于孟津县马屯乡北岭,全村规划安置295户1105人。

中共水利部党组发出加快小浪底工程建设步伐的通知

9月2日 中共水利部党组以《关于进一步学习贯彻邓小平南巡讲话和中央4号文件精神,加快小浪底工程建设步伐的通知》(水党〔1992〕35号),要求中共黄委会党组、中共小浪底建管局党委认真贯彻通知精神,奋发进取、艰苦奋斗,以实际行动加快小浪底工程建设。要求施工准备工作"三年任务,两年完成",实现"一流设计、一流管理、一流质量、一流速度、一流工程"的建设目标。

小浪底水利枢纽工程建设咨询公司成立

9月30日 水利部以《关于成立小浪底水利枢纽工程建设咨询公司》(水人劳〔1992〕104号)批准成立小浪底水利枢纽工程建设咨询公司。公司党组织关系和行政后勤工作委托小浪底建管局代管。

水利部将故县水利枢纽划入小浪底建管局

10月5日 水利部以《关于将故县水利枢纽划入小浪底水利枢纽建设管理局的通知》(水财〔1992〕71号)将故县水利枢纽划入小浪底建管局,其全部资产为6.5亿元。1994年6月,故县水利枢纽重新划归黄委会。

李武伦任咨询公司总经理、小浪底建管局临时党委委员

10月6日 水利部以《关于李武伦任职的通知》(水人劳〔1992〕112号)任命李武伦为小浪底水利枢纽工程建设咨询公司总经理。11月10日,中共水利部党组以《关于增补李武伦同志为小浪底水利枢纽建设管理局党委委员的通知》(水党〔1992〕45号)增补李武伦为中共小浪底建管局临时党委委员。

世界银行对小浪底工程开展预评估

10月11—28日 以古纳为团长的世界银行代表团一行17人到郑州开展

小浪底工程项目预评估工作,评估内容主要包括工程经济效益、移民安置、环境影响、大坝安全、工程概算及资金来源等 6 个方面。黄河水利水电开发总公司总经理朱云祥主持评估会议,水利部总工程师何璟等参加评估。

世界银行代表团认为,小浪底项目各项准备工作基本达到世界银行贷款要求的深度,经补充完善后,可望于 1993 年 4—5 月进行正式评估。

对小浪底土建工程国际招标进行资格预审

11 月 7 日至 1993 年 1 月 5 日　11 月 7 日,小浪底工程国际招标资格评审委员会及工作组成立,评审委员会主任委员为朱云祥,副主任委员为杨定原、刘松深,秘书长为王咸儒。12 月 7—12 日,资格评审委员会在北京密云水库对提交资格预审书的 11 家公司进行了资格预审。参加此次预审的国内专家共 10 人,CIPM 公司专家提供了咨询意见。1993 年 1 月 5 日,《小浪底土建工程招标资格预审报告》寄送世界银行。

水利部第四次现场办公会议在小浪底工区举行

12 月 1—5 日　水利部副部长张春园第四次率水利部有关司局和单位负责同志到小浪底工区现场办公,强调"确保前期,多干主体"。

1993 年

小浪底土建工程国际招标文件编制完成

1 月 15 日　黄河水利水电开发总公司会同黄委会设计院、能源部华东勘测设计院、天津设计院、水利部水工程咨询中心等单位,编制完成小浪底工程土建工程国际招标文件,并提交世界银行。加拿大 CIPM 公司提供了咨询意见。

水利部领导慰问小浪底工程建设者

1 月 15 日　水利部原副部长张季农、中纪委驻水利部纪检组原组长王继兴代表中共水利部党组春节前到小浪底工区进行慰问。

黄河水利水电开发总公司代表团访问世界银行总部

1月27日至2月4日 由朱云祥、刘松深、王咸儒、林秀山、孟志敏、何有源、罗义生7人组成的黄河水利水电开发总公司高级代表团应邀访问华盛顿世界银行总部。代表团呈交了《小浪底工程国际招标资格预审报告》，并与世界银行古纳、全巴斯就小浪底工程土建工程国际招标文件进行了讨论。

小浪底土建工程国际招标完成资格预审

2月19—20日 受黄河水利水电开发总公司委托，中国国际技术进出口总公司招标公司向通过资格预审的9个国际承包商联营体和1个独立投标公司发出函告，通知他们通过了小浪底土建工程国际招标资格预审。

世界银行官员访问小浪底工程

2月25—26日 世界银行亚洲局局长博基、技术局局长理奇、农业处处长哥德堡，世界银行驻北京办事处邹幼兰、戴东昌一行访问小浪底工程。

小浪底土建工程国际招标文件发售

3月8日 黄河水利水电开发总公司委托中国国际技术进出口总公司向通过资格预审的9个国际承包商联营体和1个独立投标公司发售了小浪底工程国际招标文件。7月22日，经4次补遗，招标文件发售工作结束。

任易文和何有源分别任小浪底建管局总工程师和总经济师

3月11日 水利部以《关于任易文、何有源任职的通知》（水任〔1993〕16号）任命任易文为小浪底建管局总工程师（副局级），何有源为小浪底建管局总经济师（副局级）。

国家计委批准小浪底工程初步设计优化方案

3月23日 国家计委以《关于黄河小浪底水利枢纽工程初步设计的复函》（计农经〔1993〕459号）批复小浪底工程初步设计，核定工程静态总投资（1991年价格水平）107.74亿元人民币，其中利用外资6.8亿美元、水库淹没补偿投资(1991年价格水平)21.5亿元人民币。

汪道涵考察小浪底工程

4月12日　海峡两岸关系协会会长汪道涵在河南省副省长张以祥陪同下考察小浪底工程。

水利部第五次现场办公会议在小浪底工区举行

4月24—26日　水利部副部长张春园率水利部计划司、外事司、建设开发司、移民办、办公厅等司局领导9人,到小浪底工区举行第五次现场办公会议,着重研究了工程资金、征地移民、安全度汛、工程安全等问题。

小浪底工程通过世界银行评估

4月25日至5月18日　以古纳为团长的世界银行代表团一行11人到访郑州,正式开展黄河小浪底水利枢纽工程评估工作。

4月27日,水利部外事司司长杨定原主持召开评估会议,水利部副部长张春园、河南省副省长李成玉、世界银行代表团团长古纳、山西省运城地区行政公署副专员梁汝涛、黄河水利水电开发总公司总经理朱云祥分别致词。

世界银行官员和专家对施工准备工作进展表示满意,对移民规划和安置等方面所做的大量工作给予充分肯定。会议重点对工程总投资、移民安置、组织机构、国际咨询、技术援助及培训、供水和供电协议等方面问题进行充分讨论。小浪底工程顺利通过世界银行评估。

小浪底土建工程国际标招标标前会议举行

5月8—12日　小浪底土建工程国际标招标标前会议在洛阳市举行。国家有关部委代表、水利部有关司局、小浪底建管局、小浪底水利枢纽工程建设咨询公司、黄委会设计院及10个国际承包商代表共200余人参加会议。会议介绍了业主向承包商提供的现场条件,并组织承包商现场查勘,还就承包商提出的有关问题进行了答疑。

省部领导到小浪底检查防汛工作

5月9日　水利部副部长周文智,河南省省长马忠臣、副省长李成玉,陕西省副省长王双锡,山东省政府副秘书长马士俊,黄委会主任亢崇仁等一行到小浪底检查工程防汛工作,并听取了小浪底建管局局长朱云祥关于工程进展情况的汇报。

西霞院工程可研勘测设计任务书通过水利部审查

5月17—20日　水利部规划设计院与计划司召开会议,审查黄委会设计院编制的《黄河西霞院水利枢纽可行性研究阶段勘测设计项目任务书》,同意据此开展工程可行性研究设计工作。

国家防总到小浪底检查防汛工作

6月8日　国家计委副主任陈耀邦率领国家防总黄河防汛检查团到小浪底检查工程防汛工作。河南省副省长李成玉、黄河防汛副总指挥亢崇仁等陪同检查。

孙景林任小浪底建管局副局长

6月11日　水利部以《关于孙景林、刘松深职务任免的通知》(水任〔1993〕44号)任命孙景林为小浪底建管局副局长,免去刘松深小浪底建管局副局长职务。

世界银行东亚司高级顾问访问小浪底

7月5日　世界银行东亚司高级顾问马鲁西耶(Maaroucil)到小浪底工区访问。

陈俊生检查小浪底防汛工作

7月16日　国务委员、国家防总总指挥陈俊生在中共河南省委副书记、省长马忠臣,副省长李成玉,水利部副部长周文智,黄委会主任亢崇仁等陪同下检查小浪底工程防汛工作。

桥沟办公楼开工建设

7月30日　位于小浪底桥沟的小浪底建管局办公楼开工建设,1994年12

月 28 日完工并通过验收。

小浪底土建工程国际招标评标工作启动

8 月 31 日　小浪底土建工程国际招标评标工作在北京中国国际技术进出口总公司总部大厦启动。9 个国际承包商联营体和 1 个独立投标公司按时递交了投标书。

水利部成立评标工作领导小组,成员为张春园、朱尔明、朱云祥、刘松深。领导小组下设评标委员会,组长为朱云祥,秘书长为王咸儒,参加评审的国内专家共 21 人。

1994 年 1 月 29 日,根据评标工作领导小组和评审委员评审意见,经水利部同意,评审工作组编制完成《小浪底水利枢纽土建国际招标评标报告》,并以国际快件寄往世界银行总部。

世界银行通过小浪底工程移民项目评估

9 月 22 日至 10 月 22 日　以古纳为团长的世界银行评估团开展小浪底工程移民项目评估。评估团听取了黄委会及河南、山西两省对小浪底工程移民规划介绍并进行实地考察,了解小浪底工程各级移民组织的实施能力和开展技术培训的情况,讨论了移民项目投资概算、世界银行贷款额度及使用方向等事宜。至此,小浪底工程移民项目通过世界银行评估。

留庄转运站和铁路专用线工程竣工

9 月 30 日　1992 年 1 月,留庄转运站和铁路专用线工程开工。至 1993 年 9 月 30 日,小浪底工程留庄转运站工程、留庄转运站铁路专用线工程竣工。

移民安置及投资包干协议签订

10 月 22 日　水利部副部长张春园分别与河南省副省长李成玉、山西省副省长王文学在北京签署《关于黄河小浪底水利枢纽库区淹没处理、移民安置及投资包干协议》,确立水利部与地方政府在移民安置方面的责任、权利及义务。

河南省公安厅小浪底公安处成立

10 月 25 日　河南省公安厅以《关于成立河南省公安厅小浪底公安处的通

知》(豫公政〔1993〕122 号)成立小浪底公安处,为省公安厅的派出机构。

范钦臣考察小浪底工程

10 月 29 日　河南省副省长范钦臣在河南省计委和洛阳市政府相关人员陪同下,考察小浪底工程。

温孟滩河道整治工程开工建设

10 月　小浪底移民大型专项温孟滩河道整治工程开工。2000 年 10 月,该工程完工。

水利部第六次现场办公会议在小浪底工区召开

11 月 1—5 日　水利部总工程师朱尔明率 7 个司局的 13 位负责人和专家到小浪底工区召开第六次现场办公会议。

1994 年

水利部第七次现场办公会议在小浪底工区召开

1 月 18—20 日　水利部副部长张春园到小浪底工区进行第七次现场办公,并主持召开部长(专题)办公会议,对各施工项目、征地、施工区移民清场等工作提出明确要求。

小浪底工程利用世界银行贷款请示上报国务院

2 月 14 日　财政部、国家计委、水利部向国务院上报《关于同世界银行谈判"小浪底水利枢纽项目"和"小浪底移民项目"协定的请示》(〔94〕财世字第 33 号),建议小浪底工程利用世界银行贷款 10 亿美元。

小浪底主体工程利用世界银行贷款协议协商

2 月 17—28 日　中华人民共和国与世界银行代表团关于小浪底主体工程利用世界银行贷款的谈判在美国华盛顿举行,双方就贷款协议反复研究讨论,达成一致意见。2 月 28 日,财政部世界银行司农业处处长夏颖奇、世界银行中国蒙古局农业处项目负责人古纳分别代表双方在纪要上签字。根据贷款协议,世界银行将为小浪底主体工程提供分期贷款,第一期(1994—1997 年)为 4.6亿美元。

小浪底工程移民项目开发信贷协议协商

2 月 23—28 日　中华人民共和国与国际开发协会双方代表团在华盛顿特区就小浪底工程移民项目《开发信贷协议》有关事宜进行谈判,达成一致意见,确定由国际开发协会提供一笔 7 990 万特别提款权的信贷(按当期汇率换算,相当于 1.1 亿美元)。双方还就追加投资、采购、提款、报告、咨询、培训、审计、支付等有关问题进行讨论。2 月 28 日签署了谈判纪要,财政部世界银行司农业处处长夏颖奇、国际开发协会中国蒙古局农业处项目负责人古纳分别代表双方在纪要上签字。

小浪底工程部省联席会议举行

2 月 25—28 日　小浪底工程部省联席会议在北京举行。国家计委副主任陈耀邦、水利部部长钮茂生、河南省副省长李成玉、山西省副省长王文学等出席会议。

小浪底土建工程国际招标评标结果确定

3 月 11 日　世界银行中国蒙古局农业处处长哥德堡就《小浪底水利枢纽国际招标评标报告》向水利部和黄河水利水电开发总公司反馈意见,同意授予最低标,同时提出指导意见。3 月 15 日,经水利部研究决定,尊重世界银行意见,推荐中标人为:Ⅰ标英波吉罗(Impregilo)公司为责任方的联营体,Ⅱ标斯皮·巴蒂格诺尔(Spie)公司为责任方的联营体,Ⅲ标杜美兹(Dumez)公司为责任方的联营体。

小浪底工程国际招标合同预谈判完成并发出中标通知书

3 月 15 日至 5 月 3 日　黄河水利水电开发总公司与法国杜美兹(Dumez)公司为责任方的联营体在郑州进行Ⅲ标合同预谈判,4 月 30 日向其发出中标通知书,5月3日收到其确认函。

黄河水利水电开发总公司与意大利英波吉罗(Impregilo)公司为责任方的联营体在郑州进行Ⅰ标合同预谈判,4月30日向其发出中标通知书,5月3日收到其确认函。

黄河水利水电开发总公司与法国斯皮·巴蒂格诺尔(Spie)公司为责任方的联营体在郑州进行Ⅱ标合同预谈判,由于未达成一致,经世界银行批准,黄河水利水电开发总公司拒绝接受法国斯皮·巴蒂格诺尔(Spie)公司为责任方的联营体,决定与德国旭普林(Züblin)公司为责任方的联营体(Ⅱ标第二最低标)进行谈判。

5月12日至6月10日 黄河水利水电开发总公司与德国旭普林(Züblin)公司为责任方的联营体在郑州进行Ⅱ标合同预谈判,6月8日向其发出中标通知书,6月10日收到其确认函。

小浪底建管局搬迁至桥沟营地办公

3月20日 小浪底建管局搬迁至黄河北岸桥沟营地办公。

小浪底工程移民项目评估报告编制完成

3月25日 以古纳为团长的世界银行评估团编制完成小浪底工程移民项目评估报告。评估报告明确,小浪底工程移民项目借款人为中华人民共和国,受益人为黄委会,金额为7 990万特别提款权(按当期汇率换算,合1.1亿美元),贷款期为35年。项目目标是恢复并提高受小浪底工程建设及其运行影响的154 000名移民和300 000名安置区居民的生活,尽量降低为适应新环境而进行社会调整的不利影响。

小浪底工程环境管理协作机制建立

3—7月 小浪底建管局相继与黄委会设计院、黄河流域水资源保护局、黄委会黄河中心医院、河南省文物管理局等单位签订环境监理、环境监测、地震预报预测、水情预报、卫生防疫、文物保护等协议,确定了环境管理协作机制。

小浪底工程施工区征地补偿和移民安置工作验收会召开

4月1—5日 水利部移民办会同河南省移民局在小浪底工区召开施工区

征地、移民搬迁、清场验收工作会。会议认为,前期准备工程(包括路、桥、场、站、水、信、房)基本满足主体工程国际承包商的进场条件,基本达到提前施工的主体工程项目预定的形象要求,基本同意进行验收。

小浪底前期准备工程通过水利部检查验收

4月18—21日　水利部副部长严克强率水利部有关司局负责人和专家组成小浪底前期准备工程检查验收组,对小浪底前期准备工程进行了现场检查验收。

小浪底施工区建设用地通过国家土地管理局审查

4月23—25日　国家土地管理局在小浪底桥沟营地主持召开小浪底施工区建设用地审查会。小浪底施工区建设用地通过审查。

世界银行小浪底项目启动团考察小浪底

5月2—25日　以古纳为团长的世界银行小浪底大坝工程和移民项目启动团一行5人,考察了小浪底工程进展情况。

小浪底土建工程等国际招标合同草签仪式举行

5月28日　小浪底土建工程大坝标(Ⅰ标)和引水发电系统标(Ⅲ标)合同草签仪式在郑州举行。Ⅰ标承包商是以意大利英波吉罗(Impregilo)公司为责任公司的黄河承包商(YRC),中国水利水电第十四工程局为联营体成员;Ⅲ标承包商是以法国杜美兹(Dumez)公司为责任公司的小浪底联营体,中国水利水电第六工程局为联营体成员。6月28日,小浪底工程泄洪排沙系统工程标(Ⅱ标)合同草签仪式在郑州举行。Ⅱ标承包商是以德国旭普林(Züblin)公司为责任公司的中德意联营体(CGIC),中国水利水电第七工程局、中国水利水电第十一工程局为联营体成员。

主坝和引水发电系统工程开工

5月30日　小浪底工程咨询公司(工程师)向承建主坝工程的Ⅰ标承包商(黄河承包商)和承建引水发电系统工程的Ⅲ标承包商(小浪底联营体)发布开

工令,主坝工程和引水发电系统工程开工。

小浪底工程世界银行贷款协议签字

6月2日　中华人民共和国授权代表李道豫与国际复兴开发银行主管东亚和太平洋地区副行长、国际开发协会主管东亚和太平洋地区副行长卡奇在美国哥伦比亚特区华盛顿市签订了《中华人民共和国与国际复兴开发银行贷款协定(小浪底项目)》(注:贷款额4.6亿美元)和《中华人民共和国与国际开发协会信贷协定(小浪底项目)》(注:贷款额7 990万特别提款权,相当于1.1亿美元)。

钮茂生检查小浪底工程防汛工作

6月19日　国家防汛抗旱总指挥部副总指挥、水利部部长钮茂生到小浪底检查防汛工作。河南省副省长张洪华等陪同检查。

黄河水利水电开发总公司与CIPM公司草签咨询服务合同

6月21—23日　黄河水利水电开发总公司与加拿大CIPM公司在北京就小浪底工程建设施工期(第一期1994—1997年)的咨询服务合同进行谈判,并达成一致意见。6月27日,黄河水利水电开发总公司总经理朱云祥和CIPM公司总经理霍沃德在郑州草签了合同文本。

泄洪排沙系统工程开工

6月30日　小浪底工程咨询公司(工程师)向承建泄洪排沙系统工程的Ⅱ标承包商(中德意联营体)发布开工令,泄洪排沙系统工程开工。

小浪底工程环境移民国际咨询专家组举行第一次会议

7月13—25日　小浪底工程环境移民国际咨询专家组第一次会议在郑州举行。咨询专家张根林、鲁德威格、康纳、刘峻德、杨启声、任柏林、王继奎、鲁生业、高治齐,黄河水利水电开发总公司移民局局长席梅华等参加会议。会议围绕小浪底工程施工区环境保护实施规划、新安县库区180米高程以下第一期移民实施方案、移民工程管理信息系统框架设计等方面开展了深入讨论。会后,咨询专家提交了咨询报告。

国家防总检查小浪底工程防汛工作

7月14日　水利部副部长周文智率领国家防总办公室,水利部人劳司、信息中心,总参作战部,黄委会等单位组成的黄河防御大洪水工作组到小浪底检查防汛工作。

小浪底工程国际招标合同签字

7月16日　小浪底工程国际招标合同Ⅰ、Ⅱ、Ⅲ标签字仪式在北京钓鱼台国宾馆举行。国务院副总理邹家华出席签字仪式。

小浪底工程通过开工前审计

8月6日　国家审计署驻郑州特派员办事处对小浪底工程进行开工前审计。审计结论:小浪底工程前期准备工程提前完成,开工条件已经具备,基本符合基建程序和国家有关规定,同意报请国家计委批准工程正式开工。

黄河1994年第一号洪峰通过小浪底

8月7日　黄河1994年第一号洪峰顺利通过小浪底,洪峰流量5 700立方米每秒。

李锡铭视察小浪底

9月7日　全国人大常委会副委员长李锡铭一行到小浪底工区视察,详细询问了工程进展情况。小浪底建管局局长朱云祥陪同。

小浪底主体工程开工

9月12日　小浪底主体工程开工典礼在小浪底工区举行,中共中央政治局常委、国务院总理李鹏宣布主体工程开工。中共水利部党组书记、部长钮茂生,中共河南省委副书记、省长马忠臣,中共山西省委副书记、省长孙文盛分别在开工典礼上讲话。水利部副部长张春园主持开工仪式。国务委员陈俊生,国务院有关方面负责人铁道部部长韩杼滨、林业部部长徐有芳、国家开发银行行长姚振炎、国务院研究室副主任王梦奎、国务院研究室副主任姜云宝等出席开工典礼。

任克礼考察小浪底

10月12日 中共河南省委副书记任克礼一行到小浪底考察工作,中共洛阳市委书记李柏拴等陪同考察。

世界银行小浪底工程大坝安全特别咨询专家组第一次会议召开

10月17—22日 世界银行小浪底工程大坝安全特别咨询专家组第一次会议在小浪底工区召开。专家组组长赵传绍,以及布鲁克、卡萨诺、萨巴内里、塔勃思、翰多共6名专家参加会议。专家组了解工程现场条件、枢纽布置、设计标准和合同执行情况,听取业主、监理工程师及设计单位就工程各方面所做的报告,对地下厂房、进水塔开挖边坡、消力池边坡岩石支护措施、各标施工方法与进度、水轮机组标书等方面情况进行审议,形成了大坝安全特别咨询专家组第一号报告。

国际开发协会第一次检查小浪底移民项目

10月20—25日 由世界银行古纳(团长)、张朝华、江平组成的国际开发协会代表团访问了运城、平陆、郑州和北京,并检查了小浪底移民项目。检查团与黄河水利水电开发总公司移民局、山西省移民办公室和河南省移民办公室的有关人士进行座谈、讨论。代表团还与黄河水利水电开发总公司就内配资金、进度计划、财务管理与 CIDA 借款支付、管理信息系统、培训计划及环境监测等方面的问题进行了讨论。

小浪底工程征地补偿和移民安置工作管理体制确立

10月27日 水利部印发《黄河小浪底水利枢纽工程移民安置实施管理办法》(水移〔1994〕468号),该办法确立了"水利部领导、业主管理、两省包干负责、县为基础"的小浪底工程移民管理体制。

小浪底建管局移民局成立

10月31日 水利部印发《关于小浪底移民机构名称、级别及人员编制的批复》(水人劳〔1994〕471号),同意成立水利部小浪底水利枢纽建设管理局移民局,该局为副地(师)级机构,核定编制30人。

綦连安任小浪底建管局局长、临时党委书记

10月31日 水利部以《关于綦连安等人职务任免的通知》(部任〔1994〕74号)任命綦连安为小浪底建管局局长(兼),孙景林为小浪底建管局常务副局长(原职级不变),席梅华为小浪底建管局移民局局长(原职级不变),免去朱云祥小浪底建管局局长职务,免去席梅华小浪底建管局副局长职务,免去任易文小浪底建管局总工程师职务。

10月31日,中共水利部党组以《关于綦连安等同志职务任免的通知》(部党任〔1994〕15号)任命綦连安为中共小浪底建管局临时党委书记(兼),胡伯瑞为中共小浪底建管局临时党委副书记,免去朱云祥中共小浪底建管局临时党委副书记、委员职务,免去白玉松中共小浪底建管局临时党委副书记、委员职务。

小浪底水库第二、三期移民安置报告通过水利部审查

11月20—23日 水利部在北京召开小浪底工程技施设计阶段水库淹没处理第二、三期移民安置报告审查会。会议认为,该项报告基本达到该阶段设计要求。

小浪底水电站水轮机组及其附属设备询价文件在北京发售

12月15日 《小浪底水电站水轮机、筒形阀、调速器及其附属设备询价文件》在北京中国国际技术进出口总公司发售。购买询价书的公司有日本日立和东芝、美国福依特、加拿大通用电气、法国阿尔斯通、瑞士苏尔寿、挪威克瓦纳。

1995 年

河南省小浪底工程库区移民动员大会召开

1月9日 河南省人民政府在郑州召开小浪底工程库区移民动员大会,副省长李成玉出席会议并讲话。

"九七"截流动员大会召开

2月16日 小浪底建管局召开"行动起来,为实现1997年截流目标而奋斗"动员大会。小浪底建管局局长綦连安做动员讲话,会议发出"一路绿灯为九七"的号召。动员大会召开后,小浪底建管局组织开展了"我为截流做贡献"大讨论。

小浪底工程安全监测系统设计通过水利部审查

2月 水利部水规总院对黄委会设计院编制的《小浪底水利枢纽工程安全监测自动化系统设计报告》进行了审查,认为可满足小浪底工程安全监测要求,基本同意该报告,可以按审查意见开展下一步工作。

小浪底工程环境移民国际咨询专家组举行第二次会议

3月19—27日 小浪底工程环境移民国际咨询专家组第二次会议在郑州举行。咨询专家张根林、鲁德威格、康纳、刘峻德、杨启声、任柏林、王继奎、鲁生业、高治齐,黄河水利水电开发总公司特邀专家黄友若、弗格森以及黄河水利水电开发总公司移民局局长席梅华等参加会议。会议围绕移民工程管理信息系统开发与实施、小浪底工程施工区环境保护手册、小浪底工程施工区环境保护规划、水库淹没实物指标复查报告、移民监理、移民实施报告、库区180米高程以下区域的工业安置开展了讨论。会后,咨询专家提交了咨询报告。

小浪底水电站装机容量评估会召开

3月20日 国家计委委托中国国际工程咨询公司在北京召开小浪底水电站装机容量评估会。专家组组长崔宗培主持会议,中国国际工程咨询公司副董事长罗西北参加了会议。经过评估研究,认为小浪底水电站装机180万千瓦是合适的,汛期发电是能保证的。

小浪底工程导流洞连续出现塌方

4月11日至5月12日 小浪底工程2号导流支洞,以及2号、3号导流洞先后出现3次塌方,塌方工作面停工。

杨汝岱视察小浪底工程

4月14日　全国政协副主席杨汝岱视察小浪底工程。

王光美视察小浪底工程

4月21日　全国政协常委王光美视察小浪底工程。

世界银行检查团检查小浪底工程

5月3—10日　世界银行检查团一行3人(团长古纳,团员赵传绍和张泽祯)到北京、郑州和小浪底工地进行访问,检查小浪底工程施工监理、合同变更、工地安全、环境监测等内容。

国际开发协会第二次检查小浪底移民项目

5月3—30日　由古纳、蒋礼平、林宗成组成的国际开发协会小浪底移民项目检查团访问了郑州、原阳、孟县、温县、济源、新安、孟津和北京,对小浪底移民项目安置进度计划、国内配套资金、移民局人员配备、物资采购等进行了检查,并与黄河水利水电开发总公司移民局,河南省移民办公室、山西省移民办公室及所属县移民办公室有关人员进行了座谈。

Ⅱ标承包商现场经理停止导流洞施工

5月27日　Ⅱ标承包商现场经理不顾监理工程师的反对,以不安全和等待总部指示为由,停止导流洞全部开挖工作面的施工。7月12日,Ⅱ标承包商在监理工程师"不恢复工作面施工即撤回对承包商现场经理的批准"的强令下陆续恢复施工。

邢世忠检查小浪底工程防汛工作

5月27日　黄河防总副总指挥长、济南军区副司令员、中将邢世忠及何善福、纪英天、蒋子华3位少将等一行30余人到小浪底工区检查防汛工作。黄委会副主任黄自强、小浪底建管局常务副局长孙景林陪同检查。

世界银行代表团考察小浪底工程

6月15—16日　世界银行代表团考察小浪底工程,审核了财务情况。

佘建明到小浪底检查工作

6月19日　国家计委副主任佘建明一行到小浪底工区检查工作,小浪底建管局总经济师何有源陪同检查。

李成玉到小浪底检查防汛准备情况

6月20日　河南省副省长李成玉一行到小浪底工区检查防汛准备情况。

小浪底建管局召开首次全体党员大会

6月26—27日　小浪底建管局召开首次全体党员大会。临时党委书记綦连安主持会议,孙景林代表临时党委做了题为《解放思想 开拓前进 夺取小浪底建管局两个文明建设新胜利》的工作报告。会议选举了中共小浪底建管局委员会委员、中共小浪底建管局纪律检查委员会委员。

富格尔考察小浪底工程

7月21日　世界银行官员富格尔和财政部有关人员一行5人考察了工程现场和移民村,为世界银行行长沃尔芬森考察小浪底工程做前期准备工作。

严克强、朱尔明到小浪底工区现场办公

7月27日　水利部副部长严克强、总工程师朱尔明率水利部有关部门负责人到小浪底工区进行现场办公,检查施工、防汛和移民工作,并召开现场办公会议。

严克强与李成玉磋商小浪底工程有关事宜

7月27日至8月3日　水利部副部长严克强与河南省副省长李成玉在河南省人民政府就小浪底工程建设、耕地占用税等有关问题进行磋商。小浪底移民局局长席梅华参加会议。

水利部明确孙景林的职级

8月1日　水利部以《关于明确孙景林职级的通知》(部任〔1995〕54号),明确孙景林为正局级。

李其友任小浪底工程咨询公司总经理

8月4日　水利部以《关于李其友、李武伦职务任免的通知》(部任〔1995〕56号),任命李其友为小浪底工程咨询公司总经理,免去李武伦的小浪底工程咨询公司总经理职务。

小浪底水电站水轮机组及其附属设备合同草签

8月8日　小浪底水电站水轮机、筒形阀、调速器及其附属设备合同在北京草签。

小浪底工程移民监测工作正式开展

8月25日　小浪底移民局委托华水移民监理事务所独立开展了小浪底移民监测评估工作,在国内属于首次。

王德英考察小浪底工程

8月31日　中共中央纪律检查委员会副书记王德英一行考察小浪底工程,详细询问了工程进度、资金使用等情况。

业主与Ⅱ标承包商进行赶工谈判

8月底　Ⅱ标承包商提交施工进度修订计划。该计划主要工程进度相比合同计划工期推迟8—11个月。业主表示完全不能接受,坚决要求Ⅱ标承包商按合同工期执行,确保1997年按期截流,并随之与Ⅱ标承包商开展赶工谈判。至12月29日,业主与承包商经过6轮高层谈判、14轮技术谈判,双方意见分歧较大,未达成一致性意见。

小浪底工程环境移民国际咨询专家组举行第三次会议

9月4—11日　小浪底工程环境移民国际咨询专家组第三次会议在郑州举

行。咨询专家张根林、鲁德威格、康纳、杨启声、任柏林、高治齐、王继奎、鲁生业、刘峻德参加会议。黄河水利水电开发总公司席梅华、黄河水利水电开发总公司特邀专家陈松寿等参加会议。会议审议了环境、移民工作实施进度,咨询了小浪底工程环境保护措施进度评估报告、小浪底移民项目社会经济发展监测评估指南、小浪底移民项目管理信息系统工作进展报告等。会后,咨询专家提交了咨询报告。

工程师发出修建临时交通洞(17C 号)变更令

9 月 5 日　为确保主厂房合同工期,Ⅲ标代表部工程师同意Ⅲ标承包商提出的方案,向Ⅲ标承包商发出修建临时交通洞(17C 号)变更令。12 月 9 日,17C 号交通洞开工。

沃尔芬森率团考察小浪底工程

9 月 18 日　新任世界银行行长詹姆斯·沃尔芬森(James Wolfensohn)及夫人一行在水利部副部长严克强、财政部副部长刘积斌、河南省副省长范钦臣、黄委会主任兼黄河水利水电开发总公司总经理綦连安等的陪同下率团考察小浪底工区和小浪底移民新村,黄河水利水电开发总公司常务副总经理孙景林、小浪底工程咨询公司总经理李其友等在现场介绍工程情况,黄河水利水电开发总公司移民局局长席梅华介绍了移民情况。沃尔芬森对工程进展和移民安置工作表示满意,并为小浪底移民新村题词:"祝全村百姓幸福美满"。

水利咨询专家组提供技术咨询

9 月 20 日　水利部派遣以水利水电咨询中心主任赵传绍为组长的咨询专家组为小浪底工程提供技术咨询。专家咨询组对进水口后边坡的稳定和支护、导流洞进口和灌溉塔下 F_{28} 断层处理、进水口导墙的设计变更、电站尾水渠的不稳定岩体、主坝右岸坝基的倾倒变形体、导流洞施工、工程进度、合同管理 8 个方面的问题提出了咨询意见。

宋平视察小浪底工程

9 月 25 日　中共中央政治局原常委、中央组织部原部长宋平一行视察小浪底工程。宋平详细询问了工程招标、承包商施工管理、工程投资、移民投资和工程效益等问题。中共河南省委副书记宋照肃陪同。

泄洪排沙系统按期完成第一阶段施工任务

9月30日　Ⅱ标承包商完成1~3号尾水渠、尾水出口、右边墙、尾水护坦、尾水导墙等部位的开挖和支护施工,并将该区域移交给Ⅲ标承包商。满足合同规定泄洪排沙系统工程第一个中间完工日期(1995年9月30日)的要求。

小浪底库区淹没实物指标复查成果通过审查

9月　由于与初步设计阶段调查时间间隔较长,且这一阶段正值中国社会经济快速发展时期,原实物指标调查成果已不能满足技施设计阶段的要求。设计单位根据实际,进行实物指标现场复查。9月,库区淹没实物指标复查成果通过水利部审查。

闸门启闭机制造等合同签订

10月5日　小浪底工程闸门启闭机制造、导流洞埋件等合同签订仪式在小浪底工区举行。中标单位分别为江河水利水电机械工程有限公司、中信重型机械公司、中国水利水电第十一工程局。

世界银行大坝安全特别咨询专家组第二次会议召开

10月16—23日　世界银行小浪底工程大坝安全特别咨询专家组第二次会议在小浪底工区举行,专家组组长赵传绍及布鲁克、卡萨诺、萨巴内里、塔勃思共5名专家参加会议。专家组重点研究讨论进水口高边坡稳定、导流洞施工、总体施工进度计划等问题,并就这些问题提出咨询意见,形成了小浪底工程大坝安全特别咨询专家组第二号报告。

李国英兼任小浪底建管局副局长

10月17日　水利部以《关于李国英任职的通知》(部任〔1995〕64号)任命李国英为小浪底建管局副局长(兼)。

小浪底工程咨询公司正式注册并更名

10月18日 小浪底工程咨询公司在河南省工商局正式注册。11月,水利部以《关于"小浪底工程咨询公司"更改名称的批复》(水利部人组〔1995〕88号)批准小浪底工程建设咨询公司更名为小浪底工程咨询有限公司(英文 Xiaolangdi Engineering Consulting Company LTd. ,XECC)(简称小浪底咨询公司)。

张光斗考察小浪底

10月18—20日 中国工程院院士张光斗到小浪底考察,就工程建设中的问题提出意见。

国际开发协会第三次检查小浪底移民项目

10月22—27日 以古纳、李群、张朝华、胡树农和潘家华组成的国际开发协会小浪底移民项目检查团,到郑州、运城等地现场检查小浪底工程移民项目,并与黄河水利水电开发总公司移民局,河南、山西两省移民办公室及所属县移民办公室就移民项目计划、概算及其他问题进行讨论。

世界银行检查团检查小浪底工程

10月23日至11月1日 世界银行检查团一行3人(团长古纳,团员赵传绍和张泽祯)到北京、郑州和小浪底工地,检查主体工程施工、施工监理及质量控制、合同变更、大坝安全等内容。

小浪底工程主坝填筑开始

10月26日 小浪底工程右岸大坝主体拦洪围堰开始填筑,标志着主坝填筑正式开始。

小浪底水库遥测地震台网投入试运行

11月1日 小浪底水库遥测地震台网通过验收,投入试运行。

李贵鲜视察小浪底

11月10日 国务委员李贵鲜在河南省副省长范钦臣等陪同下到小浪底工

区视察。

库区第一期淹没处理及移民安置规划审查会召开

11月29日 小浪底库区第一期淹没处理及移民安置规划报告审查会在北京召开。

地面开关站工程开工

12月1日 小浪底水电站地面开关站工程开工。

世界银行代表访问小浪底工程

12月2日 世界银行贷款局亚洲支付处分析官员维拉潘德(Virgit Vilapando)访问小浪底工程,并检查移民项目相关报账情况。

汪恕诚考察小浪底

12月4日 电力部副部长汪恕诚在中国水利水电工程总公司总经理张基尧陪同下考察小浪底工程施工现场。

小浪底工程概算审查会召开

12月6—11日 小浪底工程概算审查会在北京召开。

小浪底工程环境保护实施规划通过审查

12月10—11日 水利部水规总院在北京主持召开《黄河小浪底水利枢纽工程环境保护实施规划报告》审查会,会议通过了该规划报告。

1996 年

水利部工作组第一次进驻小浪底现场办公

1月7日 水利部副部长朱登铨率工作组第一次到小浪底工区现场办公。工作组听取小浪底建管局、小浪底工程咨询公司、黄委会设计院的工作汇报,慰问了施工现场的相关单位。工作组分别召开了小浪底建管局、小浪底工程咨询公司、黄委会设计院、CIPM 专家座谈会和施工单位座谈会,并与小浪底建管局和小浪底工程咨询公司处级干部以及青年干部座谈,要求采取积极措施,确保1997 年按期截流。

小浪底水电站水轮机组及其附属设备采购合同签字

1 月 10 日 《小浪底水电站水轮机、筒形阀、调速器及其附属设备合同》签字仪式在北京举行。水利部副部长严克强、国家开发银行副行长刘明康等出席签字仪式。黄河水利水电开发总公司总经理綦连安、中国国际技术进出口总公司副总经理张富良、美国福依特集团首席执行官赫尔穆特·科尔曼分别在合同上签字。

小浪底工程水轮发电机开标评标

1 月 15—22 日 小浪底工程水轮发电机开标、评标在小浪底工区举行。天津通用电气阿尔斯通水电设备有限公司、哈尔滨电机有限责任公司和东方电机股份有限公司 3 家制造商参与投标。

钮茂生率团慰问小浪底工程建设者

1 月 17—21 日 水利部部长钮茂生率慰问团慰问小浪底工程建设者。慰问团检查小浪底工程,召开国内施工单位座谈会。钮茂生在小浪底建管局、小浪底工程咨询公司、黄委会设计院领导参加的专题会议上强调:小浪底工程建设 1997 年截流目标不变,针对存在的问题和困难,提出了解决措施和要求。

OTFF 联营体与 II 标承包商签订劳务分包协议

1 月 20 日至 2 月 8 日 针对 II 标工程赶工问题,业主和监理工程师等有关方面积极建议,中国水利水电工程局主动请战,世界银行和 CIPM 专家大力支持,水利部果断决策,同意引进中国水利水电工程局专业队伍进行劳务总分包。经过与 II 标承包商艰苦谈判,1 月 20 日,由中国水利水电第一、三、四、十四工程局组成的 OTFF 联营体(中国水利水电第十四工程局为责任方),与 II 标承包商就导流洞劳务分包达成谅解备忘录。2 月 7 日,双方签订导流洞劳务分包协议。

2月8日,OTFF联营体进入导流洞施工。

泄洪排沙系统完成第三个阶段施工任务

1月20日至2月12日 Ⅱ标承包商完成1~6号发电洞前50米开挖和支护施工,并将该区域移交给Ⅲ标承包商,比合同完工日期1995年12月31日推迟1.4个月。

李其友、张光钧任小浪底建管局副局长

1月31日 水利部以《关于李其友等人任职的通知》(部任〔1996〕1号),任命李其友为小浪底建管局副局长(兼),张光钧为小浪底建管局副局长。

水利部工作组第二次进驻小浪底现场办公

2月10日 水利部副部长朱登铨率工作组第二次到小浪底工程检查工作,并召开副处级以上干部会议。

李长春慰问小浪底工程建设者

2月11日 中共河南省委书记李长春、常务副省长李成玉到小浪底工区慰问工程建设者,表示河南省将一如既往地支持小浪底工程建设,做好移民工作,保证小浪底工程建设顺利进行。

小浪底主厂房桥式起重机设备合同签订

2月13日 小浪底工程主厂房两台250吨+250吨双小车桥式起重机设备采购合同签订。设备供货方为太原重型机器厂。

宋健视察小浪底工程

2月24日 国务委员、国家科委主任宋健在河南省市有关领导陪同下视察小浪底工程,并慰问工程建设者。

陈赓仪和张基尧考察小浪底工程

3月9日 水利部原副部长陈赓仪、中国水利水电建设总公司总经理张基

尧考察小浪底工程。

世界银行大坝安全特别咨询专家组第三次会议召开

3月21—26日　世界银行小浪底工程大坝安全特别咨询专家组第三次会议在小浪底工区召开。专家组组长赵传绍,成员布鲁克、卡萨诺、萨巴内里、塔勃思参加会议。专家组听取了关于工程进展情况及相应技术问题的汇报,考察了施工现场,就实现截流目标、大体积混凝土温控、消力池下游边坡的稳定性、大坝基础灌浆以及厂房高强度混凝土配料设计等问题提出咨询意见,形成了小浪底工程大坝安全特别咨询专家组第三号报告。

国际开发协会第四次检查小浪底移民项目

3月28日至4月1日　以古纳、蒋平组成的国际开发协会小浪底移民项目检查团在河南考察了小浪底移民项目部分移民点,检查团同黄河水利水电开发总公司移民局、河南省移民办公室及相关县移民办公室举行了磋商。检查团主要关注了国家计委对修订投资概算的审批、温孟滩和后河工程的进度、贫困移民、移民相关税费等问题。5月5日,检查团在北京与水利部等有关方面交换意见。

世界银行检查团检查小浪底工程

4月1—8日　世界银行检查团一行3人(团长古纳,团员赵传绍和张泽祯)到北京、郑州和小浪底工地进行访问,检查主体工程施工、施工监理及质量控制、施工场地安全、环境监测、洪水预报等内容。

李克强参加万人植树活动

4月7日　共青团中央、全国绿化委、林业部、水利部、河南省等部委省负责人与参加第五次全国青少年绿化祖国表彰暨青年黄河防护林二期工程竣工表彰大会的代表,以及洛阳市近万名青少年,在小浪底工区开展"万人植树活动"。共青团中央书记处第一书记李克强、水利部副部长朱登铨等参加植树活动。

导流洞塌方处理及第一阶段扩挖工程完成

4月10日 小浪底工程1~3号导流洞的塌方处理及第一阶段扩挖工程完成,3条导流洞上部全线贯通。

小浪底工程环境移民国际咨询专家组举行第四次会议

4月15—25日 小浪底工程环境移民国际咨询专家组第四次会议在郑州举行。咨询专家张根林、鲁德威格、康纳、杨启声、任柏林、高治齐、王继奎、鲁生业、刘峻德参加会议。黄河水利水电开发总公司席梅华,黄河水利水电开发总公司特邀专家陈松寿、陈星明等参加会议,水利部原副部长黄友若作为黄河水利水电开发总公司移民局高级顾问参加了25日的总结会议。会议审议了库区第二期移民实施进度、温孟滩工程实施进度、小浪底工程环境保护工作进展、库区第三期移民安置初步方案和小浪底移民项目管理信息系统工作进展报告等。会后,咨询专家提交了咨询报告。

邹家华视察小浪底工程

4月20日 国务院副总理邹家华率电子工业部部长胡启立、国家计委副主任叶青、国家开发银行行长姚振炎、国家经贸委副主任李荣融、水利部副部长严克强等,在中央河南省委副书记、省长马忠臣,常务副省长李成玉的陪同下,视察了小浪底工程。邹家华为小浪底工程题词"治理黄河,兴修水利,发展经济,为民造福"。

戴相龙考察小浪底工程

4月20日 中国人民银行行长戴相龙一行考察小浪底工程,小浪底建管局总经济师何有源陪同考察。

周文智检查小浪底防汛工作

4月25日 国家防总秘书长、水利部副部长周文智和国家防总成员、邮电部副部长杨贤足等到小浪底工区检查防汛工作。

首都艺术家慰问小浪底工程建设者

5 月 10—12 日　中共中央国家机关工委、文化部、水利部联合组团赴小浪底工区进行慰问演出。

曹征齐任小浪底建管局总工程师

5 月 20 日　水利部以《关于曹征齐任职的通知》(部任〔1996〕23 号)任命曹征齐为小浪底建管局总工程师。

小浪底工程消防设计报告通过审查

5 月 22 日　由河南省消防局主持的《小浪底水利枢纽工程消防设计专题报告》审查会在小浪底工区召开,小浪底工程消防设计通过审查。

全国人大、全国政协考察团考察小浪底工程

5 月 27 日　以全国人大代表、中国人民解放军原副总参谋长徐信为团长的全国人大考察团和全国政协常委、国务院研究室原主任袁木为团长的全国政协考察团,在水利部总工程师朱尔明陪同下考察小浪底工程。

张基尧任小浪底建管局局长、党委书记

5 月 30 日　水利部以《关于张基尧等人职务任免的通知》(部任〔1996〕27 号),任命张基尧为小浪底建管局局长(兼),免去綦连安兼任的小浪底建管局局长职务。

5 月 30 日,中共水利部党组以《关于张基尧等同志职务任免的通知》(部党任〔1996〕11 号),任命张基尧为中共小浪底建管局委员会书记(兼),免去綦连安兼任的中共小浪底建管局委员会书记职务。

江泽民视察小浪底工程

6 月 3 日　中共中央总书记、国家主席、中央军委主席江泽民在水利部部长钮茂生、中共河南省委书记李长春、济南军区司令员张太恒、农业部部长刘江等陪同下视察小浪底工程。江泽民题词"治理黄河水患,为中华人民造福"。

液压启闭机及进水塔门机制造合同签订

6月6日　小浪底工程液压启闭机、进水塔门机制造合同签字仪式在小浪底工区举行。设备制造商为国营第三八八厂、国营武进液压启闭机总厂、江河水利水电机械工程有限公司。

孟连昆考察小浪底工程

6月9日　全国人大内务司法委员会主任孟连昆考察小浪底工程。

水利部工作组完成第二次小浪底现场办公任务

6月10日　水利部工作组完成第二次现场办公任务,离开小浪底工区返京。

赵荫华考察小浪底工程

6月22日　中国思想政治工作研究会副会长、国家经济委员会原副主任赵荫华考察小浪底工程。

小浪底工程"九七"截流动员大会召开

7月17日　小浪底建管局在小浪底工区组织召开"团结奋战确保小浪底工程九七截流"动员大会,张基尧做了动员报告。参加小浪底工程建设的所有施工单位和小浪底建管局、小浪底工程咨询公司、黄委会设计院有关人员参加大会。OTFF联营体向所有参加小浪底工程建设的中国水电建设者发出倡议书。

泄洪排沙系统完成第二个阶段施工任务

7月18日　Ⅱ标承包商完成21号交通洞开挖、支护和上部混凝土施工,并将该区域移交给Ⅲ标承包商,比合同完工日期1995年10月31日推迟9.5个月。

小浪底工程建设技术委员会成立并召开第一次会议

7月19日　水利部以《关于成立小浪底工程建设技术委员会的批复》(水

建〔1996〕302号）同意成立小浪底工程建设技术委员会。7月23—26日，小浪底工程建设技术委员会成立大会暨第一次会议在小浪底工区召开。水利部副部长兼小浪底建管局局长张基尧主持会议并向技术委员会顾问和委员颁发聘书。会议形成技术委员会职责和工作方式，确定了工程建设重点咨询专题。工程建设技术委员会顾问张光斗、李鹗鼎、陈庚仪、潘家铮、罗西北，主任陈明致，副主任许百立、杨定原。工程建设技术委员会下设工程技术专业组和合同管理专业组。

小浪底工程发电机组及附属设备制造供货合同签订

8月13日　小浪底建管局与哈尔滨电机有限责任公司在哈尔滨签订《小浪底水电站发电机、励磁系统及附属设备制造供货合同》。哈尔滨电机有限责任公司为总承包商，其中3台发电机组分包给东方电机股份有限公司制造。

世界银行执行董事团考察小浪底工程

8月26日　世界银行执行董事团，在河南省常务副省长李成玉等河南省有关领导和财政部领导的陪同下，对小浪底工程和小浪底移民新村进行了考察。此次主要考察世界银行贷款项目执行情况。黄河水利水电开发总公司常务副总经理孙景林、总经济师何有源，移民局局长席梅华，小浪底工程咨询公司总经理李其友等介绍了工程进展概况和移民工作情况，执行董事团对工程建设进度和移民工作表示满意。

熊光楷和王洪福考察小浪底工程

9月13日　解放军总参谋部副总参谋长、中将熊光楷，解放军第二炮兵部队副政委、中将王洪福考察小浪底工程。

世界银行大坝安全特别咨询专家组第四次会议召开

9月16—26日　世界银行小浪底工程大坝安全特别咨询专家组第四次会议在工区召开。专家组组长赵传绍，成员布鲁克、卡萨诺、萨巴内里、塔勃思参加会议。会议期间，专家组成员与业主、监理工程师、设计单位以及承包商进行会谈。专家组成员参观了施工现场，并对1997年截流、1998年度汛的计划和措施、大体积混凝土温控、消力塘基础盖板厚度、消力塘下游边坡稳定、坝下基础灌浆、水下隔墙稳定措施等问题进行研究讨论,编写了小浪底工程大坝安全特别咨询专家组第四号报告。

小浪底工程征地补偿和移民安置监理工作正式开展

9月　小浪底工程征地补偿和移民安置监理工作正式开展。该项工作是按照水利部印发的《黄河小浪底水利枢纽移民安置实施管理办法》(水移〔1994〕468号)的相关要求进行的,该办法明确小浪底工程移民实行建设监理制度。

小浪底工程环境移民国际咨询专家组举行第五次会议

10月4—15日　小浪底工程环境移民国际咨询专家组第五次会议在郑州举行。咨询专家张根林、鲁德威格、康纳、杨启声、任柏林、高治齐、王继奎、鲁生业、刘峻德参加会议。黄河水利水电开发总公司席梅华、特邀专家陈松寿等参加会议。会议审议移民工作实施进度、项目有关环境保护工作的进展情况等,咨询了有关二期贷款的准备工作。会后,咨询专家提交了咨询报告。

中共水利部党组调整小浪底建管局党委成员

10月7日　中共水利部党组以《关于张基尧等同志任职的通知》(部党任〔1996〕19号),增补李其友、张光钧、李国英、曹征齐同志为中共小浪底建管局委员会委员,张基尧、孙景林、胡伯瑞、李其友、王咸儒同志任中共小浪底建管局委员会常务委员。

《小浪底工程报》创刊

10月11日　《小浪底工程报》创刊。水利部部长钮茂生发来贺信,中共河南省委书记李长春为报纸创刊题写贺词。

技术管理总工程师负责制确立

10月14日　张基尧在小浪底工区主持召开小浪底工程技术管理工作会议。会议学习贯彻小浪底建管局《关于加强技术管理工作的若干规定》,决定小浪底工程技术管理工作实行业主总工程师负责制,确定技术工作的管理形式、工作程序和决策层次,为小浪底工程技术管理工作的顺利开展和确保 1997 年截流目标的实现提供了技术保证。

中央新闻单位采访团到小浪底采访

10 月 18—24 日　由中宣部和水利部共同组织的中央 18 家新闻单位的 30 多名新闻记者对小浪底工程进行了 5 天的联合采访。

固辉考察小浪底工程

10 月 19 日　南京军区原司令员、上将固辉考察小浪底工程。

沈融骏考察小浪底工程

10 月 24 日　国防科工委副主任、中将沈融骏一行 40 余人考察小浪底工程。

国际开发协会第五次检查小浪底移民项目

10 月 24 日至 11 月 17 日　国际开发协会小浪底移民项目检查团到河南省检查小浪底移民项目,古纳、张朝华参加此次活动。在此期间,他们分别与黄河水利水电开发总公司移民局、河南省移民办公室、山西省移民办公室、黄委会移民局、华北水利水电学院等单位人员进行交谈。检查团还访问了部分移民安置村,与地方移民干部和安置村移民进行座谈,重点关注了国家计委对修订投资概算的审批、温孟滩和后河工程的进度、贫困移民、移民相关税费等问题。

朱尔明检查小浪底工程进展

11 月 7 日　水利部总工朱尔明在小浪底工区检查小浪底工程进展情况。

世界银行小浪底工程项目检查团考察小浪底工程

11 月 9—16 日　以哥德堡为团长的世界银行小浪底工程项目检查团一行 4 人到小浪底工区检查世界银行第一期贷款执行情况和第二期贷款准备工作。

小浪底工程修改概算会议召开

11月12日　国家计委核定小浪底工程修改概算会议在小浪底工区举行。会议分工程、概算和移民3个组开展工作。小浪底建管局、小浪底工程咨询公司、黄委会设计院就工程建设进度、资金使用、库区移民等方面的工作向会议作了汇报。

朱卫东任小浪底建管局总会计师

12月2日　水利部以《关于朱卫东任职的通知》(部任〔1996〕59号)任命朱卫东为小浪底建管局总会计师。

后河水库及灌区工程开工建设

12月5日　小浪底工程移民大型专项工程后河水库及灌区工程开工。2003年8月该工程完工。

小浪底电视台开播

12月16日　小浪底电视台正式开播。

小浪底工程移民监理工作正式开展

12月18日　小浪底移民局与黄委会移民局签订《小浪底移民工程监理协议书》,小浪底移民监理工作正式开展。

1997 年

朱登铨率团慰问小浪底工程建设者

1月27日　水利部副部长朱登铨率团到小浪底工区慰问小浪底工程建设者。

"九七"截流誓师大会召开

2月27日　水利部副部长、小浪底建管局局长张基尧在小浪底工区主持召开了确保"九七"截流誓师大会。水利部有关司局、小浪底建管局、小浪底咨询公司、黄委会设计院及各施工单位 200 多人参加会议。

小浪底主体工程利用世界银行贷款(第二期)评估工作启动

3 月 14—23 日 小浪底主体工程利用世界银行贷款(第二期)评估团在小浪底工区开展工作。评估团对小浪底主体工程的技术管理、机构支持、财务管理以及环境管理等方面的工作进行检查和评估。世界银行评估团认为,小浪底项目一期贷款执行情况良好,工程进度顺利,原定截流目标可以实现,对二期贷款的准备工作也表示满意。

小浪底工程利用美国出口信贷协议签字

3 月 20 日 国家开发银行与水利部就小浪底工程进口水轮机、筒形阀、调速器及其附属设备利用美国进出口银行出口信贷的转贷分协议签字仪式在北京举行。水利部副部长张春园、严克强,水利部副部长兼小浪底建管局局长张基尧,国家开发银行副行长刘明康等出席签字仪式。

变更索赔小组成立

4 月 2 日 黄河水利水电开发总公司成立变更索赔小组(VCG),负责处理承包商提出的重大变更索赔问题。17 日,变更索赔小组召开第一次工作会议并正式开展工作。

世界银行大坝安全特别咨询专家组第五次会议召开

4 月 3—10 日 世界银行小浪底工程大坝安全特别咨询专家组第五次会议在工区召开。专家组组长赵传绍,成员布鲁克、卡萨诺、萨巴内里、塔勒思共 5 人参加会议。专家组就 1997 年截流及 1998 年度汛措施、大坝左岸处理、混凝土裂缝处理、导流洞改建孔板洞、消力塘下游边坡稳定、尾水洞叉口处加固措施等问题进行了专门讨论,并提交了小浪底工程大坝安全特别咨询专家组第五号报告。

小浪底工程环境移民国际咨询专家组举行第六次会议

4 月 16—25 日 小浪底工程环境移民国际咨询专家组第六次会议在郑州

举行。咨询专家张根林、鲁德威格、康纳、杨启声、任柏林、高治齐、王继奎、鲁生业、刘峻德参加会议。黄河水利水电开发总公司席梅华、开发总公司特邀专家陈松寿等参加会议。会议检查了库区第一期移民工程各项任务实施进度、库区第一期移民安置区环境保护实施以及枢纽施工区环境保护实施等方面情况。会后,咨询专家提交了咨询报告。

钮茂生率团慰问小浪底工程建设者

4月23日　水利部部长钮茂生率领部慰问团和乌兰牧骑艺术团慰问小浪底工程中外建设者。

泄洪排沙系统完成第四个阶段施工任务

4月25日　Ⅱ标承包商完成2号和3号排水洞施工,并将排水洞移交给其他承包商,比合同规定完工日期1996年12月31日推迟4.8个月。

泄洪排沙系统按期完成第五个阶段施工任务

4月30日　Ⅱ标承包商完成尾水护坦、右岸边墙和尾水导墙混凝土浇筑等施工内容,按照合同规定日期把场地移交给Ⅲ标承包商。

小浪底工程建设技术委员会召开第二次会议

5月3—5日　小浪底工程建设技术委员会在小浪底工区召开第二次会议。会议在截流、度汛、合同处理等重大问题方面提出咨询意见。

蔡仁山考察小浪底工程

5月23日　济南军区原副政委、中将蔡仁山考察小浪底工程。

包叙定考察小浪底工程

5月24日　机械工业部部长包叙定,常务副部长邵奇惠,副部长孙昌基考察小浪底工程。

乔石视察小浪底工程

5月28日　中共中央政治局常委、全国人大常委会委员长乔石在中共河南省委领导的陪同下,到小浪底工区视察。乔石参观了小浪底工程模型,视察了工程进水口、出水口施工现场,并题词"建设好小浪底工程,谱写治黄新篇章"。

水利部任免陆承吉等人职务

6月6日 水利部以《关于陆承吉、孙景林职务任免的通知》(部任〔1997〕27号),任命陆承吉为小浪底建管局常务副局长(正局级),孙景林不再担任小浪底建管局常务副局长,改任小浪底建管局副局长(原正局级不变)。

6月9日,中共水利部党组以《关于陆承吉等同志职务任免的通知》(部党任〔1997〕12号),明确陆承吉、张善臣为中共小浪底建管局委员会副书记,孙景林不再担任中共小浪底建管局委员会副书记,免去胡伯瑞中共小浪底建管局委员会副书记职务。

严克强检查小浪底安全生产

6月12日 水利部副部长严克强一行到小浪底工区检查安全生产。

小浪底工程截流实施方案获批准

6月13日 工程师代表部正式批准由Ⅰ标承包商提交的小浪底工程截流实施方案。

杨国梁考察小浪底工程

6月22日 第二炮兵司令员、中将杨国梁考察小浪底工程。

弧形闸门制造合同签订

7月4日 小浪底工程弧形闸门制造合同签字仪式在工区举行。中标单位分别为富春江水电设备总厂、江河水利水电机械工程有限公司。

第一期淹没处理补偿投资调整概算获批

7月24日 国家计委以《关于小浪底水利枢纽工程第一期淹没处理补偿投资调整概算的批复》(计建设〔1997〕1249号)批复小浪底工程第一期淹没处理补偿投资调整概算,调整后的小浪底水库第一期淹没处理补偿投资概算折合人民币 15.968 7 亿元,其中利用外资 0.459 亿美元。

国家计委批准小浪底工程(枢纽部分)调整概算

7 月 31 日 国家计委批准小浪底工程(枢纽部分)调整概算,静态投资折合人民币 186.924 6 亿元,总投资 253.487 7 亿元人民币,其中内资 170.370 9 亿元、外资 9.99 亿美元。内资中,银行贷款 27.23 亿元、国家拨款 143.140 9 亿元。

小浪底库区第一期移民搬迁结束

7 月 小浪底库区第一期(高程 180 米以下)移民 46 133 人搬迁结束。

黄河 1997 年第一号洪峰通过小浪底

8 月 3 日 2 时 42 分,黄河 1997 年第一号洪峰顺利通过小浪底,洪峰流量 4 020 立方米每秒。

小浪底工程机电安装及土建标合同签订

8 月 19 日 小浪底工程机电安装及土建标合同签订,中标单位为以中国水利水电第十四工程局为责任方的 FFT 联营体(中国水利水电第十四工程局与第四工程局、第三工程局共同组建)。

邹家华视察小浪底工程

8 月 29 日 国务院副总理邹家华率国务院副秘书长石秀诗、国家开发银行行长姚振炎、国家计委副主任郭树言等,在水利部部长钮茂生、河南省委书记李长春和副书记、省长马忠臣陪同下视察小浪底工程。

小浪底主体工程第二期利用世界银行贷款协议签订

9 月 11 日 经世界银行批准,财政部和世界银行代表在世界银行总部签署了小浪底主体工程第二期贷款协议。第二期贷款总额为 4.3 亿等值美元(2.3 亿美元,3.465 亿德国马克),用于小浪底土建部分的继续施工和货物采购。贷款方式为单一货币硬贷,贷款期为 20 年,宽限期为 5 年。

全国政协领导视察小浪底工程

9月12日　全国政协副主席孙孚凌及全国政协在京部分常委、委员视察小浪底工程。

张基尧参加中国共产党第十五次全国代表大会

9月12—18日　张基尧在北京参加中国共产党第十五次全国代表大会。

世界银行大坝安全特别咨询专家组第六次会议召开

9月19—26日　世界银行小浪底工程大坝安全特别咨询专家组第六次会议在工区召开。专家组组长赵传绍,成员布鲁克、卡萨诺、萨巴内里、塔勃思共5人参加会议。专家组就大坝下游边坡稳定性、左岸基础处理、3区过渡料级配、截流、旋喷灌浆试验计划,以及尾水洞支护、预应力衬砌试验、导流洞混凝土衬砌裂缝修补、混凝土骨料碱性反应等问题进行研究讨论,形成小浪底工程大坝安全特别咨询专家组第六号报告。

陈慕华视察小浪底工程

9月24日　全国人大常委会副委员长、全国妇联主席陈慕华一行在中共河南省委书记李长春等领导的陪同下视察小浪底工区。

泄洪排沙系统工程消力塘施工完成

9月　小浪底工程泄洪排沙系统工程消力塘施工完成。

小浪底工程库区第一期库底清理通过预验收

9月　水利部移民局组织相关单位对小浪底工程库区180米高程以下库底清理进行预验收,验收结果符合工程截流要求。

小浪底工程通过截流阶段验收

10月5—8日　水利部成立小浪底工程截流预验收委员会,对小浪底工程进行截流前预验收。在截流预验收基础上,10月15—18日,国家计委会同水利部、财政部、国家环保局和河南省、山西省以及国家开发银行、中国国际工程咨询公司等部门和单位组成验收领导小组,对小浪底工程进行截流验收。验收领导小组一致同意小浪底工程通过截流验收,可以按照预定计划实施截流。

泄洪排沙系统完成第六个阶段施工任务

10月19日　Ⅱ标承包商完成1~3号导流洞施工等截流前各项准备工作,比合同完工日期提前11天。

小浪底工程环境移民国际咨询专家组举行第七次会议

10月21—31日　小浪底工程环境移民国际咨询专家组第七次会议在郑州举行。咨询专家张根林、鲁德威格、康纳、杨启声、任柏林、高治齐、王继奎、鲁生业、刘峻德参加会议。黄河水利水电开发总公司席梅华、开发总公司特邀专家陈松寿等参加会议。专家组会议检查库区第一期移民安置、环境保护完成情况,评估库区第二、三期移民技施设计阶段报告及修改概算,审查移民安置环境管理实施细则。会后,咨询专家提交了咨询报告。

国际开发协会第六次检查小浪底移民项目

10月23日至11月5日　由古纳(团长)、张朝华、斯坦德组成的国际开发协会代表团检查小浪底移民项目。代表团与黄河水利水电开发总公司移民局、河南省移民办公室、山西省移民办公室、黄委会移民局、华北水利水电学院有关人员进行交谈。检查团考察了部分移民安置村,与地方政府有关人员和移民群众进行会谈。此次检查重点关注安置区农业开发、贫困家庭住房、移民诉求处理机制以及后河灌区工程实施进展等问题。

小浪底爱国主义教育基地揭牌

10月27日　水利部部长钮茂生、副部长兼小浪底建管局局长张基尧为小浪底爱国主义教育基地揭牌。

小浪底工程截流

10月28日　10时28分,小浪底工程围堰龙口合龙,顺利实现截流。小浪底工程截流仪式在小浪底工区举行。中共中央政治局常委、国务院总理李鹏，中共中央政治局委员、国务院副总理姜春云，中共中央政治局委员、中共河南省委书记李长春，全国政协副主席马万祺，水利部部长钮茂生，中共中央、全国人大、全国政协、国务院有关部门的负责人，河南省、山西省负责人，有关专家和知名人士，主体工程施工标段责任方承包商所在国驻华大使，世界银行代表和其他国际友人等出席截流仪式。截流仪式由钮茂生主持，李鹏代表党中央、国务院发表重要讲话。

小浪底建管局举行中外记者招待会

10 月 28 日 水利部副部长兼小浪底建管局局长张基尧在小浪底工区主持召开大河截流中外记者招待会，意大利、德国、法国等国家和国内各大新闻机构的 50 多名记者参加招待会。张基尧介绍了小浪底工程建设历程，回答了中外记者的提问。

张基尧会见意德法 3 国驻华大使

10 月 28 日 水利部副部长兼小浪底建管局局长张基尧在小浪底工区会见意大利驻华大使夸罗尼、德国驻华大使西兹和法国驻华大使莫瑞尔。

主坝第一个阶段施工任务完成

10 月 28 日 主坝工程完成截流前各项准备工作，并实现截流，完成合同规定的大坝工程第一个阶段施工任务。

截流庆功表彰大会召开

10 月 29 日 小浪底建管局隆重召开截流庆功表彰大会。大会共表彰了 OTFF 联营体等 15 个先进集体，授予李武伦等 18 人一等功、魏小同等 50 人二等功、刘岩等 948 人三等功。

聘请争议评审团(DRB)四方协议签订

10 月 31 日 黄河水利水电开发总公司与Ⅰ、Ⅱ、Ⅲ标承包商签订"四方协议"，决定共同聘请"争议评审团"(DRB)处理合同争议。

3 项电气设备国际采购合同签字仪式举行

11 月 12 日　小浪底工程 3 项电气设备国际采购合同签字仪式在北京举行。黄河水利水电开发总公司分别与德国西门子公司、奥地利 ELIN 公司、瑞士 ABB 高压技术公司签订 220 千伏高压电力电缆及其附属设备合同、计算机监控系统合同和发电机出口断路器及其附属设备合同。

进水塔第一扇闸门开始安装

12 月 6 日　小浪底工程进水塔二号导流洞下放闸门的第一节门页，标志着小浪底工程第一扇闸门开始安装。

闸门控制系统供货合同签订

12 月 15 日　小浪底工程闸门控制系统供货合同签订，设备供应商为南瑞自动化总公司自动控制分公司。

泄洪排沙系统完成第七个阶段施工任务

12 月 31 日　Ⅱ标承包商按期完成泄洪排沙系统第七个中间完工日期合同规定的施工内容。

1998 年

小浪底库区第一期征地移民工作通过验收

1 月 13—20 日　受国家计委委托，水利部组织相关单位对小浪底工程第一期（180 米高程以下）库区移民安置工作进行阶段验收。国家计委重点司派员出席了验收会议，水利部副部长张基尧、河南省副省长张以祥参加验收会议。会议通过阶段验收。

引水发电系统完成第一个阶段施工任务

2 月 15 日　Ⅲ标承包商完成 6 号和 5 号机组段以及与之相对应的主变洞

和尾水闸门室,6 号和 5 号压力钢管下平段、安装间、副厂房、4 号排水洞和 6 号通风井等施工内容,并把该作业区和主厂房左端桥机移交给Ⅳ标承包商,比合同完工日期推迟 2.5 个月。

机电安装标正式开工

2 月 15 日　小浪底工程咨询公司(工程师)向 FFT 联营体发布开工令,机电安装标(Ⅳ标)工程开工。

电站成套设备委托采购合同签订

2 月 19 日　小浪底建管局委托中国水电物资总公司组织的小浪底水电站部分永久机电设备的成套采购合同在小浪底工区签订。

符传荣到小浪底检查指导工作

2 月 20 日　中国人民解放军总参谋部作战部部长、国家防总副秘书长符传荣,济南军区副参谋长、黄河防总副总指挥何善福一行到小浪底工区检查指导工作。

小浪底建管局获河南省文明单位称号

2 月 26 日　小浪底建管局获河南省文明单位称号。

黄河水利水电开发总公司与 CIPM 公司签订咨询服务合同一号补遗

3 月 2 日　黄河水利水电开发总公司总经济师何有源与加拿大 CIPM 公司吉利斯·普利尔(M·Gilles Polier)分别代表双方在郑州签订了小浪底工程建设施工期咨询服务合同一号补遗,合同生效日期为 1998 年 1 月至 2002 年 6 月。

"中华之水"融入黄河

3 月 11 日　在 1 月 27 日举办的 1998 年中央电视台春节联欢晚会上,小浪底建管局总工程师曹征齐将取自首次通过小浪底导流洞的黄河之水与取自长江三峡、台湾日月潭之水汇集成象征中华民族团结一心的"中华之水"。"中华之水"被分成 3 份,小浪底建管局副局长王咸儒将其中一份带回小浪底。3 月 11 日,中央电视台在小浪底举行仪式,其中一部分"中华之水"注入黄河,另一部分留存供展览。

张思卿视察小浪底工程

4 月 6 日　全国政协副主席张思卿视察小浪底工程。

小浪底工程建设技术委员会召开第三次会议

4 月 7—10 日　小浪底工程建设技术委员会在小浪底工区召开第三次会议。会议对蓄水发电时间和混凝土骨料碱活性试验成果进行了论证,着重研究了确保 1999 年第一台机组发电的重大技术问题。

小浪底工程环境移民国际咨询专家组举行第八次会议

4 月 14—24 日　小浪底工程环境移民国际咨询专家组第八次会议在郑州举行。咨询专家张根林、鲁德威格、弗格森、杨启声、任柏林、高治齐、王继奎、鲁生业、刘峻德参加会议。黄河水利水电开发总公司席梅华、开发总公司特邀专家高雪涛等参加会议。咨询专家检查了库区第一期移民完成情况、安置区的环境状况、移民监理开展情况,并对库区第二、三期移民规划、实施进度等方面的问题进行咨询。会后,咨询专家提交了咨询报告。

小浪底工程争议评审团(DRB)正式成立

4 月 20—22 日　小浪底工程争议评审团(DRB)成员在小浪底工区分别听取了合同争议方关于工程概况、施工进展和索赔争议情况的汇报,并考察了施工现场。4 月 22 日,争议方代表分别在小浪底工程争议评审团(DRB)聘任信函和会议纪要上签字。至此,小浪底工程争议评审团(DRB)正式成立,主席由戈登·杰尼斯担任,成员有彼得·布恩和皮埃尔·江彤。

黄河水利水电开发总公司与 CCPI 公司签订变更索赔咨询服务合同

4 月 22 日　黄河水利水电开发总公司副总经理王咸儒与加拿大加华电力集团联合 B.C. 水电国际有限公司(Canada-China Power INC)吉利斯·普利尔

（M·Gilles Polier）签订了变更索赔咨询服务合同。

地面开关站通过竣工验收

4月23日　小浪底水电站地面开关站工程通过竣工验收。

主坝第二个阶段施工任务完成

4月24日　上游围堰填筑完成,达到设计高程185米,比合同规定完工日期提前2个月。

主变压器及开关站设备合同签订

5月9日　小浪底工程220千伏主变压器供货合同在小浪底工区签订。中标单位为沈阳变压器有限责任公司;5月19日,小浪底工程开关站220千伏断路器五项设备、220千伏电流互感器和220千伏避雷器供货合同在小浪底工区签订,中标单位分别为西安电力机械制造公司、上海（MWB）互感器有限公司和抚顺电瓷厂。

国际开发协会第七次检查小浪底移民项目

5月24日至6月3日　由古纳（团长）、张朝华、王晓岚、谢庆涛、林宗承组成的国际开发协会代表团在河南检查了小浪底移民项目。代表团与黄河水利水电开发总公司移民局、河南省移民办公室以及山西省移民办公室的有关人员进行座谈。检查团考察了部分移民村,访问了政府有关人员和移民。在总体检查的基础上,此次检查主要关注了180米高程以下的移民遗留问题和第三期移民（高程180~265米）规划等问题。

泄洪排沙系统按期完成第八个阶段施工任务

5月29日　Ⅱ标承包商完成灌溉洞上游150米开挖、支护和混凝土衬砌工作,并将该区域移交给其他承包商。合同规定泄洪排沙系统第八个中间完工日期为1998年5月30日。

世界银行小浪底工程大坝安全特别咨询专家组第七次会议召开

6月3—12日　世界银行小浪底工程大坝安全特别咨询专家组第七次会议

在小浪底工区召开。专家组组长赵传绍,成员布鲁克、卡萨诺、汉德尔、拉尔森、萨巴内里、塔勃思共 7 人参加会议。会议向专家组介绍了黄河截流、1998 年度汛安排与采取措施、1999 年底发电目标实施、3 个标段原型观测报告、孔板洞加固与导流洞改建、进水塔金属结构安装计划与进度等方面情况。专家组讨论了旋喷灌浆及混凝土防渗墙施工、大坝 3 区过滤料、左岸基础处理、大坝填筑进度计划与质量控制,以及消力塘边坡稳定性及部分防渗措施、机电设计及招标、金属结构和机电安装等问题。会议形成了小浪底工程大坝安全特别咨询专家组第七号报告。

42 个国家的驻华使(领)馆武官考察小浪底工程

6 月 5 日　来自世界 42 个国家的驻华使(领)馆武官及随行人员 120 余人考察小浪底工程。

小浪底工程消力塘通过验收

6 月 29 日　小浪底工程消力塘通过验收。小浪底工程 3 个消力池组成的消力塘集中布置在泄洪排沙系统工程的出口,总宽 356 米,总长 210 米,最大池深 28 米,最大泄洪能力在不使用非常溢洪道的情况下可达到 17 000 立方米每秒。

黄河 1998 年第一号洪峰通过小浪底

7 月 15 日　1998 年黄河第一号洪峰抵达小浪底,洪峰流量 5 100 立方米每秒,洪峰持续时间 6 个多小时。

引水发电系统完成第二个阶段施工任务

7 月 15 日　Ⅲ标承包商完成 3 号通风井施工内容,并将该作业区移交给Ⅱ标承包商,比合同完工工期提前 5.5 个月。

主坝防渗墙工程完工

7 月 16 日　小浪底工程主坝防渗墙全部完工。

中条山供水工程开工建设

7月28日　小浪底工程移民项目大型专项中条山供水工程开工。2000年9月16日,该工程完工。

《小浪底工程管理范围及保护范围规划设计报告》通过审查

7月29—31日　水利部水规总院在小浪底工区召开会议,审查通过《小浪底工程管理范围及保护范围规划设计报告》。

泄洪排沙系统完成第九个阶段施工任务

8月4日　Ⅱ标承包商完成通往1号、2号和3号中闸室的电梯竖井、步行梯和通风竖井施工,完成1号、2号和3号明流洞开挖、支护及回填施工,比合同完工日期提前2个月。

小浪底工程争议评审团(DRB)召开第一次听证会

8月22日至9月1日　小浪底工程争议评审团(DRB)第一次听证会在小浪底工区进行,争议的问题是当地劳务价格调整。小浪底工程争议评审团(DRB)在讨论、审议各方材料的基础上,于9月1日将评审建议提交给各方,即小浪底争议评审团Ⅱ标第1号(R1)建议——当地劳务调差。

小浪底工程环境移民国际咨询专家组举行第九次会议

10月7—17日　小浪底工程环境移民国际咨询专家组第九次会议在郑州举行。咨询专家张根林、鲁德威格、弗格森、杨启声、任柏林、高治齐、王继奎、鲁生业、刘峻德参加会议。黄河水利水电开发总公司席梅华等参加会议。咨询专家检查库区第一期移民安置遗留问题完成情况、第二期移民安置实施计划与进度、施工区及安置区环境保护工作执行情况等。会后,咨询专家提交了咨询报告。

刘复之考察小浪底工程

10月8日　原中共中央顾问委员会委员、最高人民检察院原检察长刘复之考察小浪底工程。

1 号导流洞进水口封堵门下闸成功

10 月 9 日　上午 10 时,1 号导流洞进水口封堵门下闸成功。

袁松龄等职务任免

10 月 14 日　水利部以《关于袁松龄等人职务任免的通知》(部任〔1998〕38号)任命袁松龄为小浪底建管局移民局局长,免去李国英小浪底建管局副局长职务,免去席梅华小浪底建管局移民局局长职务,席梅华改任副局级调研员。

中共水利部党组《关于李国英同志免职的通知》(部党任〔1998〕28 号)免去李国英中共小浪底建管局委员会委员职务。

小浪底水库第二、三期淹没处理补偿投资概算获批

10 月 15 日　国家计委以《关于小浪底水利枢纽工程第二、三期水库淹没处理补偿投资概算的批复》(计投资〔1998〕2018 号)批复小浪底水库第二、三期淹没处理补偿投资概算(含 3 个专项),总投资折合人民币 70.972 9 亿元,其中利用外资 0.164 亿美元。

世界银行检查团检查小浪底工程

10 月 25 日至 11 月 2 日　世界银行检查团一行 6 人(团长古纳)到访小浪底工地,检查工程进度、索赔处理、财务管理、环境管理与监测、财务支付、科研和机构支持等内容。

国际开发协会第八次检查小浪底移民项目

10 月 27 日至 11 月 7 日　由古纳(团长)、张朝华、刘哲夫、蒋平、谢庆涛和施国庆组成的国际开发协会代表团在山西和河南检查小浪底移民项目。代表团与黄河水利水电开发总公司移民局、河南省移民办公室以及山西省移民办公室有关人员,以及地方政府有关人员进行座谈。检查团考察了部分移民安置村。此次检查主要关注 180 米高程以下的移民安置、移民生产开发、移民监理、移民监测和环境监测等问题。

小浪底西沟坝工程开工建设

10 月 30 日　小浪底西沟坝工程开工。至 1999 年 12 月 30 日,该工程正式竣工。

引水发电系统完成第三个阶段施工任务

11 月 11 日　Ⅲ标承包商完成 4 号机组段以及与之相对应的主变洞、尾水闸门室,4 号压力钢管下平段等施工内容,并将该作业区移交给Ⅳ标承包商,比合同完工日期提前 7.6 个月。

后河水库及灌区工程概算获批

11 月 19 日　国家计委以《关于小浪底库区专项工程后河水库及灌区工程概算的批复》(计投资〔1998〕2019 号),批复后河水库及灌区工程总投资 20 532 万元,其中静态投资 19 048 万元。

温孟滩移民安置区专项工程概算获批

11 月 23 日　国家计委以《关于小浪底库区专项工程温孟滩移民安置区河道工程和放淤改土工程概算的批复》(计投资〔1998〕2020 号),批复温孟滩移民安置区工程总投资 56 167 万元,其中静态投资 55 363 万元。

导流洞改建孔板洞工程开工

11 月 30 日　1 号导流洞上游 110 米需要封堵的洞段开始浇筑第一层混凝土,导流洞改建孔板洞工程开工。

引水发电系统完成第四个阶段施工任务

11 月 30 日　Ⅲ标承包商完成 19 号、20 号电缆洞和 4 号电梯井开挖工作,并将该区域移交给Ⅳ标承包商,比合同完工工期 1999 年 1 月 1 日提前 1 个月。

小浪底工程争议评审团(DRB)召开第二次听证会

12 月 8—13 日　小浪底工程争议评审团(DRB)第二次听证会在小浪底工

区举行。提交小浪底工程争议评审团(DRB)的争议问题是导流洞开挖和支护的中断与延误,这是第6个中间完工日期所要求完成工作的一部分。

主坝赶工协议签署

12月16日　根据黄河防汛需要,黄河水利水电开发总公司与Ⅰ标承包商签署大坝赶工协议。

库区南村黄河公路大桥工程建设开工

12月27日　小浪底工程移民大型专项库区南村黄河公路大桥工程建设开工。2001年8月30日,该工程完工。

引水发电系统完成第五个阶段施工任务

12月30日　Ⅲ标承包商完成3号、2号和1号机组段以及与之相对应的主变洞、尾水闸门室,3号、2号和1号压力钢管下平段等施工内容,并将该作业区移交给Ⅳ标承包商,比合同规定完工日期提前18个月。

泄洪排沙系统完成第十个阶段施工任务

12月31日　Ⅱ标承包商按期完成泄洪排沙系统第十个中间完工日期合同规定的施工内容。

1999 年

小浪底工程移民工作会议召开

1月5—6日　小浪底工程移民工作会议在北京召开。水利部副部长兼小浪底建管局局长张基尧主持会议。国家计委、财政部、水利部、国土资源部、国家审计署、河南省人民政府、山西省人民政府、中国国际工程咨询公司、黄委会、小浪底建管局等单位的120名代表参加了会议。会议总结了库区第一期移民工作经验,全面部署第二、三期移民工作任务,明确要确保1999年度小浪底工程安全度汛和第一台机组年底发电的工程建设目标。

厂房桥机通过验收

1月10日　水电站厂房两台250吨+250吨桥机通过安装验收。

国际开发协会第九次检查小浪底移民项目

1月18—26日　由古纳(团长)、张朝华、刘哲夫、江平、施国庆、王文捷、胡树农、陈武朝、肖星组成的国际开发协会代表团在山西和河南检查了小浪底移民项目。代表团与黄河水利水电开发总公司移民局、河南省移民办公室和山西省移民办公室、黄委会移民局、黄委会设计院以及地方政府有关人员进行会谈。检查团考察了部分移民安置村。在总体检查的基础上,此次检查主要关注了180米高程以下的移民安置相关问题。

小浪底建管局水力发电厂成立

1月22日　小浪底建管局以《关于成立小浪底建管局水力发电厂的通知》(局人〔1999〕3号),决定成立小浪底建管局水力发电厂,负责小浪底工程运行管理工作。

小浪底工程争议评审团(DRB)召开第三次听证会

3月8—13日　小浪底工程争议评审团(DRB)第三次听证会在小浪底工区召开。此次会议是继续评审第二次听证会遗留的导流洞开挖与支护的延期及费用问题,以及此次会议新增的Ⅱ标赶工争议等问题。评审团于3月19日向双方提交了Ⅱ标第2号(R2)建议。

胡锦涛视察小浪底工程

3月26日　中共中央政治局常委、中央书记处书记、国家副主席胡锦涛在中共河南省委书记马忠臣,副书记、省长李克强,水利部副部长兼小浪底建管局局长张基尧,黄委会主任鄂竟平,小浪底建管局常务副局长陆承吉等陪同下视察了小浪底工程,亲切问候在场的一线工人,听取鄂竟平、陆承吉的工作汇报。

何勇考察小浪底工程

4月11日　中共中央纪律检查委员会副书记、监察部部长何勇考察小浪底工程。

温家宝检查小浪底工程防汛工作

5月8日　中共中央书记处书记、国务院副总理、国家防汛抗旱总指挥部总指挥温家宝在水利部部长、国家防总副总指挥汪恕诚,国务院副秘书长、国家防总副总指挥马凯,中共河南省委书记马忠臣,省委副书记、省长、黄河防总总指挥李克强,财政部副部长张佑才,中国人民解放军总参谋部作战部部长、国家防总副秘书长符传荣,黄委会主任鄂竟平等陪同下检查小浪底工程防汛工作,对小浪底工程建设和防汛等工作做出重要指示。

主坝第三个阶段施工任务完成

5月11日　小浪底工程主坝填筑到200米高程,比合同完工日期提前1.6个月。

洪学智视察小浪底工程

5月29日　全国政协原副主席洪学智一行视察小浪底工程。

小浪底工程争议评审团(DRB)召开第四次听证会

6月4—7日　小浪底工程争议评审团(DRB)第四次听证会在小浪底工区召开。此次会议主要对导流洞工期延长和赶工等进行听证。评审团于7月23日向双方提交了Ⅱ标第3号(R3)评审建议。

水利部免去何有源小浪底建管局总经济师职务

6月16日　水利部以《关于何有源免职的通知》(部任〔1999〕34号),免去何有源小浪底建管局总经济师职务。

江泽民视察小浪底工程

6月19日　中共中央总书记、国家主席、中央军委主席江泽民在中共中央书记处书记、国务院副总理、国家防汛抗旱总指挥部总指挥温家宝,水利部部长汪恕诚,水利部副部长兼小浪底建管局局长张基尧,黄委会主任鄂竟平等陪同下视察小浪底工程,听取汪恕诚、张基尧关于工程进度和防汛工作的汇报。

库区移民搬迁进度满足度汛和下闸蓄水要求

6月25日　小浪底库区第二期移民已搬迁4.5万人,215米高程以下移民全部搬迁完毕,满足度汛和下闸蓄水要求。

小浪底工程大坝达到防御500年一遇洪水标准

6月28日　小浪底工程大坝心墙全断面填筑至220米高程,达到防御500年一遇洪水标准。

泄洪排沙系统按期完成第十一个阶段施工任务

7月1日　Ⅱ标承包商按期完成1号导流洞改建为1号孔板洞(包括闸门安装)、1号消力塘改建、1~3号排沙洞施工(包括闸门安装)等任务。

小浪底水力发电厂首台机组(6号机组)定子就位

7月12日　小浪底水力发电厂首台机组(6号机组)定子吊装就位。

小浪底工程通过蓄水安全鉴定

7月14日　小浪底建管局委托水利部水规总院和中国水科院组织的小浪底工程蓄水安全鉴定会议在小浪底工区召开。主要鉴定结论为:枢纽布置合理,主要建筑物安全可靠,不存在妨碍安全蓄水的重大问题,可在1999年10月下闸蓄水。

朱镕基视察小浪底工程

8月9日　中共中央政治局常委、国务院总理朱镕基在水利部部长汪恕诚,中共河南省委书记马忠臣,省委副书记、省长李克强,水利部副部长兼小浪底建管局局长张基尧,黄委会主任鄂竟平等陪同下视察小浪底工程。

小浪底工程争议评审团(DRB)召开第五次听证会

8月16—21日　小浪底工程争议评审团(DRB)第五次听证会在小浪底工

区举行。此次会议评审内容是由于工程师发布的指令以及在施工过程中实际遇到的地质条件,导致潜在的工期延误和费用增加。评审团于8月26日提交了Ⅲ标第2号(R2)建议。

李铁映视察小浪底工程

8月22日 中共中央政治局委员、中国社会科学院院长、党组书记李铁映在中共河南省委副书记范钦臣、副省长陈全国陪同下视察小浪底工程。

国际开发协会第十次检查小浪底移民项目

8月28日至9月3日 由古纳(团长)、张朝华、刘哲夫、陈伟、龚银辉、江平、王文捷、陈武朝、肖星组成的国际开发协会代表团在山西和河南检查了小浪底移民项目,考察了部分移民安置村。代表团与黄河水利水电开发总公司移民局、河南省移民办公室和山西省移民办公室、黄委会移民局的有关人员在郑州进行座谈。在总体检查的基础上,此次检查主要关注库区180~265米高程区间的移民安置区生产开发等相关问题。

小浪底工程环境移民国际咨询专家组举行第十次会议

9月1—10日 小浪底工程环境移民国际咨询专家组第十次会议在郑州举行。咨询专家张根林、鲁德威格、弗格森、杨启声、任柏林、高治齐、王继奎、鲁生业、刘峻德参加会议。黄河水利水电开发总公司袁松龄等参加会议。国际开发协会古纳、张朝华、刘哲夫到会指导。此次会议重点讨论库区第二期移民实施及管理问题。会后,咨询专家提交了咨询报告。

世界银行大坝安全特别咨询专家组第八次会议召开

9月2—8日 世界银行小浪底工程第八次大坝安全特别咨询专家组会议在小浪底工区召开。专家组组长赵传绍,成员布鲁克、卡萨诺、汉德尔、拉尔森、萨巴内里、塔勃思共7人参加会议。专家组主要对原型观测、蓄水计划、边坡稳定、地下厂房施工,以及机电设计、采购和安装等方面提出了咨询意见,形成小浪底工程大坝安全特别咨询专家组第八号报告。

小浪底工程建设技术委员会召开第四次会议

9月13—14日　小浪底工程建设技术委员会在小浪底工区召开第四次会议。会议对工程建设进度、蓄水安全鉴定、下闸蓄水调度方案提出咨询意见。

库区180~215米高程区间库底清理通过验收

9月14—21日　小浪底建管局移民局会同黄委会移民局、黄委会设计院、河南省移民办公室、山西省移民办公室等单位,并邀请水利部移民局和相关专家对180~215米高程区间库底清理进行初步验收。初步验收认为:库区180~215米高程区间直接淹没区库底清理的范围、内容及标准基本达到国家有关规定和小浪底水库下闸蓄水的要求,同意通过验收。

小浪底建管局获全国精神文明建设创建工作先进单位

9月16日　小浪底建管局被中央精神文明建设指导委员会授予全国精神文明创建工作先进单位。

小浪底工程通过蓄水验收

9月24—26日　水利部会同河南、山西两省人民政府组成小浪底工程蓄水阶段验收委员会,在小浪底工区进行了蓄水阶段验收。验收委员会认为:小浪底工程已具备验收规程要求的蓄水条件,同意小浪底工程通过蓄水阶段验收。

小浪底工程下闸蓄水

10月25日　小浪底工程3号导流洞下闸成功,小浪底水库开始蓄水。水利部副部长兼小浪底建管局局长张基尧、河南省常务副省长李成玉、山西省副省长范堆相出席了下闸蓄水仪式。

下闸蓄水75小时后,水位达到175米高程,3条排沙洞敞开闸门,恢复向下游泄水。

主坝第四个阶段施工任务完成

10月30日　小浪底工程主坝填筑到236米高程,比合同完工日期提前8

个月。

洛阳至郑州 500 千伏输变电工程通过验收

11 月 1 日　小浪底工程配套工程洛阳至郑州 500 千伏输变电工程通过验收。

小浪底工程防渗系统专家咨询会召开

12 月 13—16 日　小浪底工程防渗系统专家咨询会在小浪底工区召开。与会专家对小浪底工程水文地质、防渗排水设计以及蓄水初期的渗漏情况提出咨询意见和综合治理措施。

小浪底建管局被认定为国家二级档案管理单位

12 月 24—25 日　水利部办公厅会同河南省档案局组成的档案工作目标管理联合认定组,对小浪底建管局档案工作进行现场考评,认定为国家二级档案管理单位。

小浪底工程首台发电机组(6 号)通过启动验收

12 月 25—26 日　水利部会同河南、山西两省人民政府成立小浪底工程首台发电机组(6 号)启动验收委员会,对小浪底工程首台机组进行了启动验收。验收委员会同意首台机组通过启动验收。

引水发电系统完成第六个阶段施工任务

12 月 29 日　Ⅲ标承包商完成了 1～3 号尾水明渠、防淤闸及金属结构安装、尾水导墙和尾水护坦等施工内容,并将该作业区移交给业主。引水发电系统工程第六个中间完工日期合同规定内容全部完成。

引水发电系统提前完工

12 月 29 日　Ⅲ标承包商完成合同规定的全部工作内容,小浪底工程咨询公司(工程师)向Ⅲ标承包商颁发了竣工移交证书。引水发电系统提前 7 个月完工。

小浪底建管局表彰保发电先进集体和个人

12月30日　小浪底建管局发布《关于表彰小浪底工程保发电先进集体和一、二、三等功的决定》,授予FFT联营体等19个单位先进集体称号、李武伦等19人一等功、孙国纬等112人二等功、张新民等561人三等功。

泄洪排沙系统完成第十二个阶段施工任务

12月31日　Ⅱ标承包商按期完成泄洪排沙系统第十二个中间完工日期合同规定的施工内容。

2000年

小浪底工程首台机组(6号)并网发电

1月9日　小浪底建管局在小浪底工区举行首台机组(6号)并网发电仪式。水利部部长汪恕诚、副部长张春园、副部长兼小浪底建管局局长张基尧,河南省副省长张以祥,山西省副省长范堆相,水利部党组成员綦连安,水利部总工程师高安泽,河南省人大副主任亢崇仁,黄委会主任鄂竟平等出席发电仪式,国家计委、国家开发银行、财政部、海关总署、中国建设银行、国家电力公司等单位应邀参加发电仪式。张基尧发表讲话,小浪底建管局与河南省电力公司签订了《调度协议》《并网协议》《购售电协议》。

小浪底工程争议评审团(DRB)召开第六次听证会

1月25日　小浪底工程争议评审团(DRB)召开第六次听证会,此次提交给争议评审团的主要评审内容为土石方明挖过程中包括3号排沙洞、明流洞埋管段和消力塘断层开挖的计量和支付问题。评审团于2月15日提交了Ⅱ标(R4)建议——明挖断层带开挖的计量和支付。

小浪底工程副坝开工

2月1日　小浪底工程副坝开工。

李成玉考察小浪底库区

2月19日 中共河南省委副书记、常务副省长李成玉考察小浪底库区。

小浪底工程移民工作座谈会召开

3月21日 小浪底工程移民工作座谈会在北京召开。会议回顾并总结了1999年移民工作经验,明确了2000年尤其是汛前的移民任务及应采取的措施。水利部副部长兼小浪底建管局局长张基尧、河南省副省长王明义、山西省副省长范堆相到会并讲话。参加会议的有国家计委、国土资源部、水利部、世界银行驻北京代表处、河南省人民政府、山西省人民政府、黄委会、小浪底建管局等单位的负责同志。

世界银行检查团检查小浪底工程

3月24—29日 世界银行检查团11位专家分别从工程技术、财务管理、环境影响、索赔处理、水文和泥沙预报等方面对小浪底工程的建设和管理情况进行了全面检查。

蒋正华视察小浪底工程

3月26日 全国人大常委会副委员长、中国农工民主党中央主席蒋正华视察小浪底工程。

小浪底工程帷幕补强灌浆开工

3月31日 小浪底工程帷幕补强灌浆开工。

翟浩辉考察小浪底工程

4月8日 水利部副部长翟浩辉考察小浪底工程。

李鹏视察小浪底工程

4月17日 中共中央政治局常委、全国人大常委会委员长李鹏在中共河南省委书记马忠臣,省委副书记、省长李克强,河南省人大常委会主任任克礼等陪同下视察小浪底工程。

黄菊视察小浪底工程

4月22日 中共中央政治局委员、上海市委书记黄菊视察小浪底工程。

曹刚川考察小浪底工程

4月23日 中共中央军事委员会委员、中国人民解放军总装备部部长曹刚川考察小浪底工程。

小浪底工程开展孔板洞过流原型观测试验

4月25—27日 小浪底建管局组织开展小浪底工程1号多级孔板洞过流原型观测试验。6月5日,在小浪底工区召开1号多级孔板消能泄洪洞过流原型观测试验成果专家咨询会。会议认为,孔板消能技术在小浪底工程的运用是成功的,多级孔板消能泄洪洞实际消能效果达到了设计要求,泄洪安全能够得到保证。

小浪底建管局与III标承包商签订协议解决合同争议

5月1日 小浪底建管局与III标承包商签署协议,全面解决合同争议。

小浪底工程争议评审团(DRB)召开第七次听证会

5月4—10日 小浪底工程争议评审团(DRB)第七次听证会在小浪底工区召开。在此次会议上,双方确认了II标(R4)的建议,对断层带及其他石方不分类开挖计量问题达成一致意见。

小浪底工程环境移民国际咨询专家组举行第十一次会议

5月14—25日 小浪底工程环境移民国际咨询专家组第十一次会议在郑州举行。会议内容主要包括库区第二期移民搬迁安置实施与环境保护、移民生产开发、库区消落区开发与利用等。会后,咨询专家提交了咨询报告。

国际开发协会第十一次检查小浪底移民项目

5月24—31日 由张朝华(团长)、刘哲夫、陈伟、龚银辉、龚和平、施国庆组成的国际开发协会代表团在山西和河南两省检查了小浪底移民项目。代表团在郑州与黄河水利水电开发总公司移民局、河南省移民办公室和山西省移民办公室、黄委会移民局、河南黄河河务局和华北水院有关人员进行会谈。检查团考察了部分移民村,并与村干部和移民进行座谈。在总体检查的基础上,此次检查主要关注了180米高程以下移民生产恢复和补偿费用兑付、180~265米高程区间移民土地划拨、垣曲县土地容量、后河灌区延期对移民的补偿、265米高程以下搬迁企业补偿、275米高程以上未搬迁移民的补偿等问题。

小浪底水库应急供水抗旱

5月25日 为支援下游抗旱,小浪底水库动用发电水位以下库容持续向下游供水,水轮发电机组停机。至9月8日,机组恢复发电。

库区215~235米高程移民搬迁满足度汛要求

6月22日 小浪底库区215~235米高程河南省境内的7 000户2.5万移民顺利搬迁,为确保工程安全度汛创造了条件。

主坝填筑到设计高程

6月26日 小浪底工程主坝全线填筑达到设计高程(河床段282米,左右岸280米)。

导流洞改建成孔板洞完工

6月 由导流洞改建的3条孔板消能泄洪洞完工。

泄洪排沙系统按期完成第十三个阶段施工任务

7月1日 Ⅱ标承包商按期完成2号和3号导流洞改建为2号和3号孔板洞、1~3号明流洞等的施工任务(包括闸门安装)。

左岸山体稳定性及其对建筑物影响研究成果咨询会召开

7月14—15日 "小浪底水库蓄水后小浪底水利枢纽左岸山体稳定性及其对建筑物影响的研究"专家咨询会在小浪底工区召开,中国水科院、清华大学、中科院武汉岩土所、中科院地球物理所和成都理工学院组成的专家应邀参加咨询会。

敬正书检查小浪底工程进展和防汛情况

7月18日 水利部副部长敬正书到小浪底检查工程进展和防汛情况。

水利部批复小浪底水库2000年运用方案

7月 水利部以水总〔2000〕260号批复:基本同意小浪底水库2000年主汛期按起始运行水位205米、调控花园口上限流量2 600立方米每秒、调控库容8亿立方米的方案进行控制运用。在运用过程中,要重视黄河下游河势和已建整治工程险情的监测与防守,灵活调度,合理调控水库泄量。

库区215~235米高程库底清理通过验收

9月20日 库区215~235米高程库底清理工作通过水利部验收。

世界银行大坝安全特别咨询专家组第九次会议召开

9月23—29日 世界银行小浪底工程大坝安全特别咨询专家组第九次会议在小浪底工区召开。专家组组长赵传绍,成员布鲁克、卡萨诺、汉德尔、拉尔森、萨巴内里、塔勃思共7人参加会议。专家组主要对右岸渗水、F_1断层带渗压计读数异常、机组安装及运行等问题进行讨论研究,形成了小浪底工程大坝安全特别咨询专家组第九号报告。

小浪底工程第二台机组(5号)并网发电

9月29日 小浪底建管局组成第二台机组(5号)启动验收委员会,对机组进行启动验收。10月15日,小浪底工程5号发电机组并网发电,投入商业运行。

进水塔和正常溢洪道完工

10月 小浪底工程进水塔和正常溢洪道完工。

1号孔板洞进行第二次过流试验

11月8日　1号孔板洞进行第二次过流试验,试验时水库水位234.23米,当闸门开度达到5.68米(闸门全开)时,孔板洞全断面过流。

坝后保护区工程开工建设

11月16日　坝后保护区工程开工。至2001年12月,该工程完工,主要建设内容包括工程纪念广场、微缩景观等。

国际开发协会第十二次检查小浪底移民项目

11月28日至12月8日　由古纳(团长)、刘哲夫、黄卫红、张朝华、弗克、陈伟、施国庆、江平和谢庆涛组成的国际开发协会代表团在山西和河南两省检查了小浪底移民项目。代表团与黄河水利水电开发总公司移民局、河南省移民办公室和山西省移民办公室、黄委会移民局、河南黄河河务局和华北水院有关人员进行会谈。检查团考察了部分移民村,并与地方政府人员进行座谈。在总体检查的基础上,此次检查主要关注180米高程以下移民遗留问题、安置区移民生产开发、180~265米高程区间移民土地划拨、垣曲县土地容量、后河灌区田间水利设施、温孟滩工程土地改良等相关问题。

主坝完成第五个阶段施工任务

11月30日　Ⅰ标承包商完成主坝填筑及坝顶结构施工内容,比合同完工日期提前13个月。

小浪底工程第三台机组并网发电

12月18日　小浪底建管局组成第三台机组(4号)启动验收委员会对机组(4号)进行了启动验收。12月25日,小浪底工程4号发电机组正式并网发电,投入商业运行。

2001 年

主坝提前完工

1月16日　Ⅰ标承包商完成合同规定的工作内容,小浪底工程咨询公司(工程师)向Ⅰ标承包商颁发竣工移交证书。主坝比合同规定完工日期提前11.5个月。

殷保合等职务任免

2月27日　水利部以《关于殷保合等人职务任免的通知》(部任〔2001〕13号)任命殷保合为小浪底建管局副局长、朱卫东为小浪底建管局总经济师、庄安尘为小浪底建管局总会计师,免去王咸儒小浪底建管局副局长职务,免去朱卫东小浪底建管局总会计师职务,免去席梅华小浪底建管局副局级调研员职务。

2月28日　中共水利部党组以《关于殷保合等同志职务任免的通知》(部党任〔2001〕4号)增补殷保合、朱卫东、庄安尘、袁松龄为中共小浪底建管局委员会委员,免去王咸儒中共小浪底建管局委员会常委、委员职务,免去席梅华中共小浪底建管局委员会委员职务。

泄洪排沙系统提前完工

3月15日　Ⅱ标承包商完成泄洪排沙系统合同规定工作内容,小浪底工程咨询公司(工程师)向Ⅱ标承包商颁发了竣工移交证书,比合同规定完工日期提前3.5个月。

小浪底工程第四台机组并网发电

4月9日　小浪底建管局组成第四台机组(3号)启动验收委员会,对机组进行启动验收。4月15日,小浪底工程3号发电机组正式并网发电,投入商业运行。

小浪底工程建设技术委员会召开第五次会议

4月24—26日　小浪底工程建设技术委员会第五次会议在洛阳召开,会议主要对水库蓄水运用以来的相关问题进行研究,包括两岸坝肩渗漏、水库泥沙淤积、孔板洞原型试验等内容。

钱正英视察小浪底工程

5月10日 全国政协副主席钱正英在河南省政协有关领导和小浪底建管局常务副局长陆承吉陪同下,视察小浪底工程。

西霞院工程项目建议书通过评估

5月14—20日 受国家计委委托,中国国际工程咨询公司组织专家组对《小浪底水利枢纽配套工程——西霞院反调节水库项目建议书》进行评估。专家组认为,项目建议书达到了该阶段的设计要求,建议批准立项。

世界银行检查团检查小浪底移民项目环保工作

6月14日 世界银行检查团对小浪底移民项目环保工作进行检查。

小浪底工程副坝填筑到顶

6月22日 小浪底工程副坝填筑到281米设计高程。

235~265米高程区间移民迁出库区

6月30日 小浪底水库235~265米高程区间的2.9万移民全部迁出库区。

Ⅱ标合同和争议问题全面解决

7月1日 小浪底建管局和中德意联营体(Ⅱ标承包商)在北京签署"合同协议备忘录",全面解决Ⅱ标合同和争议问题。至此,小浪底工程国际标合同处理工作圆满结束。

黄河水利水电开发总公司与CIPM公司签订咨询服务合同二号补遗

8月6日 黄河水利水电开发总公司常务副总经理陆承吉与CIPM公司首席咨询师吉利斯·普利尔(M·Gilles Polier)签订咨询服务合同二号补遗。

小浪底库区首次出现异重流

8月21—24日　三门峡水库下泄的高含沙水流在小浪底库区形成异重流，最大含沙量达到194千克每立方米，这是小浪底水库建成后第一次出现异重流。

世界银行检查团检查小浪底工程

9月2—6日　世界银行检查团对小浪底工程进行检查。此次检查主要内容有枢纽运行、大坝安全管理、施工缺陷处理等。

鲁金考察小浪底工程

9月13日　俄罗斯国家杜马副主席鲁金在河南省有关领导陪同下考察小浪底工程。

库区第二期库底清理通过初验

9月28日　小浪底水库256～265米高程区间库底清理工作结束，并通过初步验收。至此，小浪底库区第二期库底清理全部通过初验。

小浪底工程第五台机组并网发电

10月11日　小浪底建管局组成第五台机组（2号）启动验收委员会，对机组进行了启动验收。16日，小浪底工程2号发电机组正式并网发电，投入商业运行。

国际开发协会第十三次检查小浪底移民项目

10月15—24日　由张朝华（团长）、刘哲夫、古纳、施国庆、谢庆涛、何国梅、陈武照和郝本性组成的国际开发协会代表团在山西和河南两省检查了小浪底移民项目。代表团与黄河水利水电开发总公司移民局、河南省移民办公室、山西省移民办公室、黄委会移民局、河南黄河河务局和华北水院有关人员进行会谈。检查团考察了部分移民村，并与有关人员进行座谈。检查团的文物组在垣曲县和洛阳市分别与山西、河南省文物保护单位有关人员进行会谈。在总体检查的基础上,此次检查主要关注 180 米高程以下移民安置遗留问题处理进展情况。

小浪底工程环境移民国际咨询专家组举行第十二次会议

11 月 5—15 日　小浪底工程环境移民国际咨询专家组第十二次会议在郑州举行。此次会议特邀陕西省移民办主任姚少华、河南农业大学张景略教授和山西省农业科学院梁吉义研究员参加会议。会议主要对小浪底水库第二期搬迁实施与环境保护工作的评价和小浪底水库移民的生产开发提出指导性建议。会后,咨询专家提交了咨询报告。

陆承吉等职务任免

11 月 15 日　水利部以《关于陆承吉等人职务任免的通知》(部任〔2001〕51号)任命陆承吉为小浪底建管局局长,免去张基尧兼任的小浪底建管局局长职务,免去朱卫东小浪底建管局总经济师职务。

中共水利部党组以《关于陆承吉等同志职务任免的通知》(部党任〔2001〕32 号)任命陆承吉为中共小浪底建管局委员会书记,免去张基尧中共小浪底建管局委员会书记、常委、委员职务,免去朱卫东中共小浪底建管局委员会委员职务。

西霞院工程可行性研究报告通过预审

11 月 19—23 日　水利部水规总院在洛阳小浪底大厦主持召开《黄河小浪底水利枢纽配套工程——西霞院反调节水库可行性研究报告》审查会,会议通过西霞院工程可行性研究报告预审。

西霞院工程水土保持方案通过预审

11 月 26—27 日　水利部水规总院在洛阳主持召开《黄河小浪底水利枢纽配套工程——西霞院反调节水库水土保持方案报告书》审查会,会议通过西霞院工程水土保持方案预审。

李克强考察小浪底工程

12 月 13 日　中共河南省委副书记、省长李克强考察小浪底工程。

小浪底工程末台机组并网发电

12 月 20 日　受水利部委托,小浪底建管局组成末台机组(1 号)启动验收委员会,对机组进行了启动验收。12 月 27 日,小浪底工程 1 号发电机组正式并网发电,投入商业运行。

2002 年

薛军考察小浪底工程

4 月 13 日　山西省副省长薛军考察小浪底工程。

张以祥考察小浪底工程

4 月 20 日　河南省副省长张以祥考察小浪底工程。

姜恩柱考察小浪底工程

4 月 21 日　中央人民政府驻香港特别行政区联络办公室主任姜恩柱考察小浪底工程。

国际开发协会第十四次检查小浪底移民项目

5 月 21—31 日　由张朝华(团长)、刘哲夫、李群、古纳、施国庆、谢庆涛、何国梅、龚和平、陈绍军和郝本性组成的国际开发协会代表团在山西和河南两省检查了小浪底移民项目。代表团在郑州与黄河水利水电开发总公司移民局、河南省移民办公室和山西省移民办公室、黄委会移民局、河南黄河河务局、华北水院,以及河南、山西文物保护局有关人员进行会谈,听取了项目实施情况的介绍。在总体检查的基础上,此次检查主要关注河南省 180 米高程以下移民资金使用情况、后河灌区土地平整及田间水利设施进度、第二期移民收入水平恢复等相关问题。

世界银行检查团检查小浪底工程

6 月 11—17 日　世界银行检查团一行 6 人(团长李晓凯)到小浪底工地和

郑州检查工程总体进度、大坝运行和维护、组织机构、财务评估、运行费用等。

小浪底工程水土保持设施通过专项验收

6月23日　水利部水土保持司在小浪底工区主持召开了小浪底工程水土保持设施验收会议,同意小浪底工程水土保持设施通过验收。7月2日,水利部办公厅印发《关于印发小浪底水利枢纽工程水土保持设施竣工验收意见的函》(办函〔2002〕238号)。

索丽生考察小浪底工程

7月4日　水利部副部长索丽生考察小浪底工程。

首次调水调沙试验

7月4—15日　黄河开展首次调水调沙试验,此次试验单独利用小浪底水库进行。水库总下泄水量26.1亿立方米,其中入库水量10.2亿立方米;入库沙量2.09亿吨,出库沙量0.319亿吨,排沙比15%。在调水调沙期间,对2号、3号孔板泄洪洞进行了原型过流试验。

小浪底工程通过竣工前补充安全鉴定

7月8—10日　小浪底建管局委托水规总院和中国水科院组织的小浪底工程竣工前补充安全鉴定会议在小浪底工区召开。9月,水利部水规总院和中国水科院提交了小浪底工程竣工前补充安全鉴定报告。报告主要结论为:小浪底工程布置合理,设计施工总体符合有关规程、规范和技术标准要求。

小浪底工程通过档案专项验收

7月9—11日　水利部办公厅会同国家档案局经科司成立小浪底工程档案资料专项验收组,对小浪底主体工程档案资料进行专项验收,同意小浪底主体工程档案资料通过专项验收。7月25日,水利部办公厅印发《关于印发小浪底水利枢纽主体工程档案资料专项验收意见的函》(办档〔2002〕114号)。

陈雷考察小浪底工程

7月10日　水利部副部长陈雷考察小浪底工程。

张以祥考察小浪底工程

7月13日　河南省副省长张以祥考察小浪底工程。

袁松龄、曹应超任职

7月22日　水利部以《关于袁松龄、曹应超任职的通知》(部任〔2002〕32号)任命袁松龄为小浪底建管局副局长、曹应超为小浪底建管局总经济师。

中共水利部党组以《关于曹应超同志任职的通知》(部党任〔2002〕13号)增补曹应超为中共小浪底建管局委员会委员。

小浪底工程消防通过专项验收

8月20—22日　河南省公安消防总队主持成立小浪底工程消防专项验收委员会,对小浪底工程进行消防专项验收。9月30日,河南省公安厅小浪底公安处签发消防专项验收合格证书(豫小公安消字〔2002〕第004号)。

郭玉祥考察小浪底工程

8月28日　济南军区副司令员兼济南军区空军司令员郭玉祥考察小浪底工程。

小浪底工程环境保护通过专项验收

9月12—13日　国家环境保护总局会同水利部组织成立环境保护验收组,对小浪底工程环境保护执行情况进行专项验收,同意通过竣工环境保护验收。9月18日,国家环境保护总局以环验〔2002〕051号文印发验收意见。

世界银行检查团检查小浪底工程

10月28日至11月3日　世界银行检查团一行6人(团长李晓凯)到小浪底工地和郑州检查工程运行、运行维护手册、大坝安全评估、应急准备计划、环境管理、竣工报告等。

陆承吉参加中共第十六次全国代表大会

11月8—14日　陆承吉在北京参加中国共产党第十六次全国代表大会。

国际开发协会第十五次检查小浪底移民项目

11月18—26日　由张朝华(团长)、古纳、施国庆、谢庆涛、何国梅、龚和平、陈绍军和李智组成的国际开发协会代表团在山西和河南两省检查小浪底移民项目,并考察了部分移民村。代表团在太原与小浪底建管局移民局、河南省移民办公室和山西省移民办公室、黄委会移民局、河南黄河河务局和华北水院有关人员进行会谈,听取了项目实施情况介绍。在总体检查的基础上,此次检查主要关注村级移民概算调整和最终分配、后河灌区土地平整及田间水利设施进度、后期扶持计划和资金、275米高程以上部分村公共基础设施和服务设施补偿等相关问题。

小浪底水利枢纽(工程部分)通过竣工初步验收

11月30日至12月5日　水利部成立竣工初步验收工作组,对小浪底水利枢纽(工程部分)进行竣工初步验收。11月30日至12月2日,专家组召开竣工初步验收技术预验收会议;12月3—5日,竣工初步验收工作组召开竣工初步验收会议,验收工作组同意小浪底工程(工程部分)通过竣工初步验收。12月27日,水利部印发《关于印发小浪底水利枢纽(工程部分)竣工初步验收工作报告的通知》(水函〔2002〕152号)。

小浪底建管局召开第二次党代会

12月5—6日　中共小浪底建管局委员会召开第二次党员代表大会。会议审议通过了陆承吉代表第一届党委向大会所做的报告和小浪底建管局纪委负责人所做的工作报告,选举产生中国共产党小浪底建管局第二届委员会和纪律检查委员会。

西霞院工程征地移民工作启动

12月30日　西霞院前期工程征地移民工作会议在郑州召开,标志着西霞院前期工程征地移民工作正式启动。

2003 年

西霞院前期工程开工

1 月 8 日　西霞院工程南北岸混凝土防渗墙试验工程动工,标志着西霞院前期工程开工。

小浪底水力发电厂获"一流电厂"称号

1 月 8—10 日　小浪底水力发电厂"双达标、创一流"活动通过中国电力企业联合会组织的验收,成为全国水利系统首家一流电厂。

毛致用视察小浪底工程

1 月 16 日　全国政协副主席毛致用视察小浪底工程。

李铁映视察小浪底工程

2 月 19 日　中国社会科学院院长、党组书记李铁映视察小浪底工程。

小浪底移民收尾工作及投资包干协议书签订

3 月 12—13 日　水利部在北京组织召开小浪底移民工作省部联席会议,与河南省、山西省签订关于黄河小浪底工程移民收尾工作及投资包干协议书。

贾连朝考察小浪底工程

4 月 16 日　河南省副省长贾连朝考察小浪底工程。

小浪底建管局获全国"五一"劳动奖状

4 月　中华全国总工会授予小浪底建管局"五一"劳动奖状。

罗干视察小浪底工程

5 月 14 日　中共中央政治局常委、中央政法委书记罗干在中共河南省委书记李克强,副书记、省长李成玉,副书记、纪委书记李清林等陪同下视察小浪底工程,罗干认真听取小浪底建管局副局长殷保合关于小浪底工程情况介绍,详细询问了枢纽运行有关技术问题,并察看了进水塔、地下发电厂房、出水口和坝后保护区。

水利部免去张光钧小浪底建管局副局长职务

5月20日　水利部以《关于张光钧免职的通知》(部任〔2003〕30号)免去张光钧小浪底建管局副局长职务。

廖晓军率团检查小浪底工程防汛工作

6月2日　财政部副部长廖晓军率领防汛检查团检查小浪底工程防汛工作。

山西省库区消落区土地利用管理委托协议签订

6月　小浪底建管局与山西省移民办公室签订小浪底库区消落区土地利用管理委托协议。

吴官正视察小浪底工程

7月7日　中共中央政治局常委、中央纪律检查委员会书记吴官正视察小浪底工程。吴官正认真听取小浪底建管局局长陆承吉关于工程建设和管理情况的汇报,察看了爱国主义展厅、大坝、进水塔、地下厂房和出水口等工程部位。

小浪底获"国家环境保护百佳工程"称号

7月29日　国家环境保护总局授予小浪底工程"国家环境保护百佳工程"称号。

贾春旺视察小浪底工程

8月2日　最高人民检察院检察长贾春旺视察小浪底工程。

第二次调水调沙试验

9月6—18日　小浪底水库进行第二次调水调沙试验。水库总下泄水量

18.25 亿立方米;入库沙量 0.58 亿吨,出库沙量 0.74 亿吨,排沙比 128%。

西霞院反调节水库初步设计概算获批

9 月 22 日 国家发展改革委印发《关于核定黄河西霞院反调节水库初步设计概算的通知》(发改投资〔2003〕1268 号),核定西霞院反调节水库动态投资 232 840 万元,其中国家拨款 182 840 万元、贷款 50 000 万元。

小浪底工程劳动安全卫生通过专项验收

9 月 25 日 国家安全生产监督管理局和水利部组织召开小浪底工程劳动安全卫生专项工程验收会议,同意小浪底工程通过专项验收。10 月 25 日,国家安全生产监督管理局办公厅印发《关于印发黄河小浪底水利枢纽劳动安全卫生专项工程竣工验收专家意见的函》(安建管司办函字〔2003〕107 号)。

袁松龄职务任免

9 月 25 日 水利部以《关于袁松龄免职的通知》(部任〔2003〕60 号)免去袁松龄小浪底建管局副局长、移民局局长职务。

9 月 25 日,中共水利部党组以《关于袁松龄同志免职的通知》(部党任〔2003〕25 号)免去袁松龄中共小浪底建管局委员会委员职务。

《小浪底水利枢纽工程(移民部分)竣工初步验收实施办法》印发

9 月 26 日 水利部印发《小浪底水利枢纽工程(移民部分)竣工初步验收实施办法》(水移〔2003〕428 号)。

小浪底工程被批准为"国家水利风景区"

10 月 8 日 水利部批准小浪底工程为"国家水利风景区"。

国际开发协会第十六次检查小浪底移民项目

10 月 10—20 日 由张朝华(团长)、施国庆、龚和平、陈绍军和李智组成的国际开发协会代表团在山西和河南两省检查了小浪底移民项目。代表团在郑州与小浪底移民局、河南省移民办公室和山西省移民办公室、黄委会移民局、黄委会设计院有关人员进行会谈,听取了项目实施情况的介绍。在总体检查的基础上,此次检查主要关注后期扶持基金的筹措和管理、塌岸滑坡的处理等相关问题。

西霞院工程初步设计获批

10月14日　水利部印发《关于黄河小浪底水利枢纽配套工程——西霞院反调节水库初步设计报告的批复》(水总〔2003〕477号),批复西霞院工程初步设计报告。

李长春视察小浪底工程

10月20日　中共中央政治局常委李长春在中共河南省委书记李克强,副书记、省长李成玉等陪同下视察小浪底工程。李长春一行察看了进水塔、地下发电厂房、出水口和坝后保护区,详细了解小浪底工程建设和运行情况。

265~275米高程区间库底清理通过验收

10月22—26日　小浪底建管局移民局会同河南省移民办公室、山西省移民办公室、黄委会设计院、黄委会移民局及相关专家,对河南、山西两省相关县市265~275米高程区间库底清理工作进行初步验收。初步验收认为:小浪底水库265~275米高程区间库底清理的范围及标准基本达到国家有关规定,满足水库蓄水要求。

世界银行检查团检查小浪底工程

10月25—29日　世界银行检查团一行2人(团长阿里桑多)到小浪底工地和郑州访问,并检查应急准备计划、运行维护监测手册、非常溢洪道、原观和监测系统、水库滑坡等内容。

回良玉视察小浪底工程

10月26日　中共中央政治局委员、国务院副总理回良玉在水利部副部长陈雷、中共河南省委副书记支树平、黄委会主任李国英等陪同下,视察小浪底工程。小浪底建管局领导陆承吉、孙景林、张善臣、殷保合、庄安尘和曹应超陪同视察。为了配合黄河兰考段蔡集工程串沟封堵，16 时 30 分，回良玉在出水口下达关闭泄洪闸门的指令。

罗豪才视察小浪底工程

10 月 28 日　全国政协副主席、致公党中央主席罗豪才视察小浪底工程。

张福森考察小浪底工程

11 月 16 日　司法部部长张福森考察小浪底工程。

叶爱群考察小浪底工程

11 月 17 日　济南军区副司令员叶爱群考察小浪底工程。

周强考察小浪底工程

11 月 23 日　共青团中央书记处第一书记周强在中共小浪底建管局委员会副书记张善臣陪同下考察小浪底工程。

小浪底水库移民后期扶持政策明确

12 月 2 日　国家发展改革委印发《关于调整 2003 年中央预算内水利投资计划的通知》（发改投资〔2003〕1957 号），明确小浪底移民后期扶持基金首先要按照国家规定的 5 厘钱每千瓦时的标准提取，不足每人每年 300 元的部分从小浪底工程的年发电收益中安排。

温孟滩河道工程及放淤改土工程通过验收

12 月　小浪底工程移民大型专项温孟滩河道工程及放淤改土工程通过水利部组织的竣工验收。

小浪底水利枢纽（移民部分）通过竣工初步验收

12 月至 2004 年 1 月　水利部会同河南、山西两省人民政府组织成立验收委员会，对小浪底水利枢纽（移民部分）进行竣工初步验收。12 月 16—17 日，竣工初验专家组在郑州召开会议，听取两省自检报告，查阅资料；12 月 18—26

日,分组深入现场检查。2014 年 1 月 7—9 日,验收委员会在郑州召开竣工初步验收会议,同意通过小浪底工程(移民部分)竣工初步验收。2 月 9 日,水利部印发《关于印发小浪底水利枢纽(移民部分)竣工初步验收工作报告的通知》(水函〔2004〕16 号)。

2004 年

小浪底建管局机关迁至郑州办公

1 月 8 日　水利部副部长陈雷为郑州生产调度中心揭牌。小浪底建管局局机关和小浪底工程咨询公司从小浪底工区办公楼迁至郑州市紫荆山路 68 号生产调度中心办公。

西霞院主体工程开工

1 月 10 日　黄河小浪底水利枢纽配套工程——西霞院反调节水库主体工程基础开挖工程(Ⅰ标)开工建设。水利部副部长陈雷、河南省省长李成玉、黄委会主任李国英等出席开工仪式。

西霞院工程基础处理(Ⅱ标)开工

1 月 15 日　西霞院工程基础处理(Ⅱ标)开工。

殷保合等职务任免

2 月 2 日　水利部以《关于殷保合等人职务任免的通知》(部任〔2004〕2 号)任命殷保合为小浪底建管局局长,庄安尘为小浪底建管局移民局局长(兼),免去陆承吉小浪底建管局局长职务,免去孙景林小浪底建管局副局长职务,免去李其友小浪底建管局副局长、小浪底工程咨询公司总经理职务,免去曹征齐小浪底建管局总工程师职务。

2 月 2 日,中共水利部党组以《关于殷保合等同志职务任免的通知》(部党任〔2004〕2 号)任命殷保合为中共小浪底建管局委员会书记,免去陆承吉中共小浪底建管局委员会书记、委员职务,免去孙景林、李其友中共小浪底建管局委员会委员职务。

小浪底工程被命名为"开发建设项目水土保持示范工程"

2月18日　水利部命名小浪底工程为"开发建设项目水土保持示范工程"。

世界银行小浪底工程大坝安全特别咨询专家组第十次会议召开

3月15—18日　世界银行小浪底工程大坝安全特别咨询专家组第十次会议在郑州召开。专家组组长赵传绍,成员布鲁克、卡萨诺、汉德尔、萨巴内里和塔勃思共6人参加会议。专家组对小浪底工程主要建筑安全初步分析报告(如大坝、左岸山体、进水塔、进口高边坡、出口边坡、机电设施和枢纽总体运行情况等)进行审阅,对枢纽高水位运行提供安全性评估,形成小浪底工程大坝安全特别咨询专家组第十号报告。

郭树言调研小浪底工程

3月27日　全国人大常委会委员、全国人大财政经济委员会副主任委员郭树言一行到小浪底工区调研。小浪底建管局局长殷保合就枢纽概况、运用方式、调度职责、运行管理、初期运用实践、枢纽安全运用评价以及枢纽运行管理存在的问题向调研组做了详细汇报。

华建敏视察小浪底工程

3月27日　国务委员、国务院秘书长华建敏在小浪底建管局局长殷保合陪同下视察小浪底工程。

国际开发协会第十七次检查小浪底移民项目

4月1—12日　由张朝华(团长)、刘哲夫、尼古拉斯、古纳、施国庆、龚和平、陈绍军、何国梅、谢庆涛、李智和彭传中(咨询专家)组成的国际开发协会代表团在山西和河南两省检查了小浪底移民项目。代表团在郑州与小浪底移民局、河南省移民办公室和山西省移民办公室、黄委会移民局、华北水利水电学院、黄河设计公司有关人员进行会谈,查阅了项目实施报告。在总体检查的基础上,此次检查主要关注移民收入恢复、后期扶持政策等问题。

张基尧考察小浪底工程

4月6日　国务院南水北调工程建设委员会办公室主任张基尧考察小浪底工程和西霞院工程,并与小浪底建管局干部座谈。

西霞院工程开始浇筑混凝土

4月19日　西霞院工程混凝土浇筑(Ⅳ标)开工。

翟熙贵考察小浪底工程

4月22日　国家审计署副审计长翟熙贵在小浪底建管局总会计师庄安尘陪同下考察小浪底工程,详细了解小浪底工程竣工审计有关情况。

张善臣等职务任免

5月10日　水利部以《关于张善臣、庄安尘任职的通知》(部任〔2004〕17号),任命张善臣、庄安尘为小浪底建管局副局长。

贾庆林视察小浪底工程

5月15日　中共中央政治局常委、全国政协主席贾庆林在中共河南省委书记李克强,副书记、省长李成玉等陪同下视察小浪底工程。贾庆林听取了小浪底建管局局长殷保合关于小浪底工程管理和西霞院工程建设情况的汇报。

小浪底建管局退还济源市有限期使用土地

5月24日　小浪底建管局与济源市签订关于连地滩土地复垦有关问题的协议。至此,小浪底建管局有限期使用土地退还给济源市的工作全部完成,退地总面积4 302亩。

第三次调水调沙试验

6月19日至7月13日　小浪底工程进行第三次调水调沙试验。水库总下泄水量44.7亿立方米,其中水库补水33.5亿立方米;入库沙量0.387亿吨,出库沙量 0.061 亿吨,排沙比 16%。

世界银行对小浪底工程考核评价

6 月 20—28 日　世界银行组织考评组对小浪底工程实施情况进行考核评价,总体评定结果为非常满意。

小浪底水库发生特大沉船事故

6 月 22 日　19 时 54 分,济源市小浪底明珠岛旅行社有限公司所属的"明珠岛二号"客船违反禁航规定出航,在小浪底库区遭遇极端天气翻沉,船上 69 人全部落水,有 27 人获救,42 人遇难或失踪。

汪恕诚考察调水调沙工作

6 月 28 日　水利部部长汪恕诚在黄委会主任李国英、小浪底建管局局长殷保合陪同下考察小浪底调水调沙工作。

董德中任小浪底建管局副局长

7 月 1 日　水利部以《关于董德中同志任职的通知》(部任〔2004〕26 号)任命董德中为小浪底建管局副局长。

7 月 1 日,中共水利部党组以《关于董德中任职的通知》(部党任〔2004〕17 号)增补董德中为中共小浪底建管局委员会委员。

国家审计署完成小浪底工程竣工决算审计

7 月 7 日　国家审计署驻郑州特派员办事处完成小浪底工程竣工决算审计,并送达审计报告。

陆佑楣考察小浪底工程

7 月 13 日　中国工程院院士、中国大坝委员会主席陆佑楣在小浪底建管局局长殷保合陪同下考察小浪底工程。

河南省库区消落区土地利用管理委托协议签订

8 月 5 日　小浪底建管局与河南省移民办公室签订小浪底库区消落区土地

利用管理委托协议。

小浪底工程进行汛期泄洪运用

8月23—30日 小浪底工程进行汛期泄洪运用。小浪底水库总下泄水量13.66亿立方米,其中水库补水4.46亿立方米;出库沙量1 500万吨。

陈怡勇任小浪底建管局副局长

9月2日 水利部以《关于陈怡勇任职的通知》(部任〔2004〕51号)任命陈怡勇为小浪底建管局副局长。

9月2日,中共水利部党组以《关于陈怡勇同志任职的通知》(部党任〔2004〕25号)增补陈怡勇为中共小浪底建管局委员会委员。

水利部批复《小浪底水利枢纽拦沙初期运用调度规程》

9月29日 水利部批复《小浪底水利枢纽拦沙初期运用调度规程》。

曾庆红视察小浪底工程

10月10日 中共中央政治局常委、中央书记处书记、国家副主席曾庆红视察小浪底工程,中共河南省委书记李克强,副书记、省长李成玉等陪同视察。曾庆红听取了小浪底建管局局长殷保合关于小浪底和西霞院工程建设、运行管理及社会经济效益情况的汇报。

腾藤考察小浪底工程

10月14日 中国社科院原副院长、全国人大常委会委员腾藤在中共小浪底建管局委员会副书记、副局长张善臣的陪同下考察小浪底工程。

焦焕成考察小浪底工程

10月17日 国务院副秘书长焦焕成在小浪底建管局副局长陈怡勇陪同下考察小浪底工程。

2005 年

坦桑尼亚代表团考察小浪底工程

1 月 14 日　坦桑尼亚水利和畜牧发展部部长洛瓦萨（Edward Lowassa）一行 9 人在小浪底建管局副局长陈怡勇陪同下考察小浪底工程。

徐光春考察小浪底工程

1 月 23 日　中共河南省委书记徐光春,在河南省委秘书长李柏拴及洛阳市领导,小浪底建管局局长殷保合,副局长张善臣和副局长陈怡勇陪同下考察小浪底工程。

西霞院土石坝填筑工程开工

1 月 24 日　西霞院土石坝填筑工程(Ⅲ标)开工。

小浪底工程移民资金通过国家发展改革委稽查复查

2 月 28 日至 3 月 14 日　小浪底工程移民资金通过国家发展改革委组织的稽查复查。

宋照肃考察小浪底工程

4 月 17 日　全国人大常委会委员、全国人大环境与资源保护委员会副主任委员宋照肃在小浪底建管局副局长张善臣陪同下考察小浪底工程。

孟建柱考察小浪底工程

5 月 18 日　由中共江西省委书记孟建柱率领的党政考察团一行 100 余人,在中共河南省委副书记支树平、省委秘书长李柏拴、副省长史济春和小浪底建管局副局长张善臣陪同下考察小浪底工程。

"小浪底网"正式开通

5 月 19 日　改版后的小浪底对外网站"小浪底网"顺利通过小浪底建管局

验收,正式投入运行。

敬正书考察小浪底工程

5月26日　水利部副部长敬正书一行在黄委会主任李国英、小浪底建管局局长殷保合等陪同下考察小浪底工程。

小浪底工程进行首次汛前调水调沙生产运用

6月10—30日　小浪底工程进行首次汛前调水调沙生产运用。水库总下泄水量50.35亿立方米,其中水库补水41.14亿立方米;入库沙量4 428万吨,出库沙量219万吨,排沙比5%。

张利新任小浪底建管局总工程师

7月13日　水利部以《关于张利新同志任职的通知》(部任〔2005〕27号)任命张利新为小浪底建管局总工程师。

7月13日,中共水利部党组以《关于张利新任职的通知》(部党任〔2005〕12号)增补张利新为中共小浪底建管局委员会委员。

匈牙利官员考察小浪底工程

7月21日　匈牙利国家环境、自然资源和水利总局局长考瓦克斯博士一行8人在小浪底建管局副局长陈怡勇陪同下考察小浪底工程。

小浪底建管局获"全国优秀水利企业"称号

8月　小浪底建管局在中国水利企业协会"双优"评选活动中获"全国优秀水利企业"称号。

泰国国会上议院议员考察小浪底工程

9月14日　泰国国会上议院清迈省议员、科技与能源委员会主席塔湾·格查亚功率代表团一行32人在小浪底建管局总经济师曹应超陪同下考察小浪底工程。

小浪底建管局首次科技工作会议召开

9 月 20 日　小浪底建管局在郑州生产调度中心召开首次科技工作会议,水利部副部长索丽生出席会议并讲话。两院院士潘家铮,水利部国科司、人教司领导出席会议,小浪底建管局领导、职工 260 人参加了会议。潘家铮做了题为《认识河流、开发河流,与河流和谐发展并简论黄河》的专题报告。其间,索丽生和潘家铮在小浪底建管局局长殷保合等的陪同下,参观了小浪底建管局科技展览。

何璟考察小浪底工程

10 月 11 日　水利部原副部长何璟考察小浪底工程。

杨振怀考察小浪底工程和西霞院工程

10 月 19 日　水利部原部长杨振怀一行在小浪底建管局副局长陈怡勇陪同下考察小浪底工程和西霞院工程。

索丽生考察小浪底工程和西霞院工程

10 月 19 日　水利部副部长索丽生一行在小浪底建管局局长殷保合陪同下考察小浪底工程和西霞院工程。

李至伦等考察小浪底工程

10 月 20 日　中共中央纪律检查委员会副书记、监察部部长李至伦,民建中央常务副主席、监察部副部长陈昌智在中共中央纪律检查委员会驻水利部纪检组组长刘光和,中共河南省委常委、省纪委书记李清林,小浪底建管局局长殷保合等陪同下考察小浪底工程。

小浪底建管局获"全国文明单位"称号

10 月 26 日　小浪底建管局被中央精神文明建设指导委员会授予"全国文明单位"称号。

小浪底建管局局歌创作完成

11月18日至2006年7月4日　小浪底建管局邀请词曲作家到小浪底工区创作《小浪底之歌》《小浪底之波》《黄河的眼睛》《我爱母亲河》《河缘》《黄河新歌》《大河小浪一支歌》共7首歌曲,其中李幼容、曾文济创作的《小浪底之歌》被确定为小浪底建管局局歌。

张基尧考察小浪底工程和西霞院工程

12月7日　国务院南水北调工程建设委员会办公室主任张基尧一行在小浪底建管局副局长张善臣、董德中,总工程师张利新陪同下考察小浪底工程和西霞院工程。

西霞院项目部获水土保持工作先进单位

12月15日　小浪底建管局西霞院项目部获"黄河流域片大型开发建设项目水土保持工作先进单位"。

2006 年

小浪底工程通过渗控专题安全鉴定

2月17—24日　小浪底建管局委托水利部水规总院和中国水科院组织的小浪底工程渗控专题安全鉴定会议在北京召开。3月,水规总院和中国水科院提交了小浪底工程渗控专题安全鉴定报告,主要结论为:小浪底工程已经受较长时间、较高水位运行考验,渗漏问题经补强灌浆后,处理效果明显,目前渗漏水量已趋稳定,工程运行基本正常。

小浪底建管局水力发电厂发生安全责任事故

2月19日　小浪底建管局水力发电厂因检修作业人员误操作,造成3台机组停机的安全责任事故。

库区南村黄河公路大桥移交河南省公路局管理

2月21日　小浪底建管局与河南省公路局签订小浪底库区南村黄河公路大桥移交协议,正式将大桥移交河南省公路局管理。

西霞院工程获建设项目征用林地行政许可

4月3日　国家林业局下达西霞院工程建设项目征用林地行政许可决定书,即《使用林地审核同意书》(林资许准〔2006〕059号)。

小浪底建管局承办中国水利政研会第六次会员代表大会

4月13日　由小浪底建管局承办的中国水利政研会第六次会员代表大会在郑州召开。水利部部长汪恕诚、副部长敬正书,中纪委驻水利部纪检组组长张印忠,黄委会主任李国英,中纪委驻水利部纪检组原组长李昌凡,水利部原党组成员、政研会副会长周保志参加会议。河南省副省长刘新民出席会议。来自全国水利系统148个会员单位的180余位代表参加了会议。

刘峰岩考察小浪底工程

4月13日　中共中央纪律检查委员会副书记刘峰岩在中共河南省委副书记、纪委书记李清林等陪同下考察小浪底工程。

张印忠考察小浪底工程和西霞院工程

4月14—15日　中纪委驻水利部纪检组组长张印忠一行在小浪底建管局党委副书记、副局长张善臣陪同下考察小浪底工程和西霞院工程。

李金哲考察小浪底工程

5月22日　朝鲜青盟中央委员会书记李金哲在共青团中央国际部副部长万学军等陪同下考察小浪底工程。

小浪底工程通过初期运用技术评估

5月　小浪底建管局委托水利部水规总院和中国水科院组织专家组对小

浪底工程进行初期运用技术评估。2007年4月,水规总院和中国水科院提交了小浪底工程初期运用技术评估报告。报告主要结论为:小浪底工程竣工验收的技术条件已经具备。

李成玉考察西霞院工程

6月6日　中共河南省委副书记、省长李成玉在小浪底建管局党委书记、局长殷保合陪同下到西霞院工程现场考察,强调河南省将为西霞院工程建设创造良好的外部环境。

翟浩辉考察小浪底工程

6月14日　水利部副部长翟浩辉在小浪底建管局党委副书记、副局长张善臣陪同下视察小浪底工程。

小浪底工程2006年调水调沙生产运用

6月15日至7月3日　小浪底工程进行调水调沙生产运用。水库总下泄水量53.95亿立方米,其中水库补水42.30亿立方米;入库沙量2 180万吨,出库沙量872万吨,排沙比40%,下游河道排沙比831%。

小浪底水力发电厂妥善处理电网震荡

7月1日　由于河南电网发生震荡,小浪底水力发电厂处理及时、得当,防止了电网瓦解,为迅速恢复电网正常工作做出了贡献。小浪底水力发电厂因此受到华中电网、河南省电力公司和河南省直工委表彰。

台港澳和内地文化教育界知名人士参观小浪底工程

7月8日　参加"情系中原——两岸文化联谊行"大型文化交流活动的台港澳和内地文化、艺术、影视、教育界知名人士共160人,在小浪底建管局总经济师曹应超陪同下参观小浪底工程。

李智勇考察小浪底工程

7月13日　中共中央组织部副部长李智勇在中共河南省委常委、组织部部长叶冬松,中共小浪底建管局委员会副书记张善臣陪同下考察小浪底工程。

范长龙考察小浪底工程

7月26日 济南军区司令员、中将范长龙一行考察小浪底工程。

贾万志参观小浪底工程

7月27日 山东省副省长贾万志一行10人在小浪底建管局副局长董德中陪同下参观小浪底工程。

西霞院工程通过截流前蓄水安全鉴定

7月 小浪底建管局委托水利部水规总院对西霞院工程进行截流前蓄水安全鉴定。10月,水规总院提交《黄河小浪底水利枢纽配套工程——西霞院反调节水库蓄水安全鉴定报告》(上卷),作为枢纽工程截流阶段验收的必要依据。

西霞院工程混凝土坝段全线封顶

8月2日 西霞院工程混凝土坝段全线封顶。

刘永治考察小浪底工程

8月5日 中国人民解放军总政治部副主任、上将刘永治一行考察小浪底工程。

联合国教科文组织专家组考察小浪底工程

8月18日 联合国教科文组织专家组考察小浪底工程。

汛期第二次异重流调度试验

9月1—7日 小浪底工程进行汛期第二次异重流调度试验,水库排沙量1 544.72万吨,坝前浑水层高程由9月1日的190.4米降至183.5米。

乌云其木格视察小浪底工程

9月7日 全国人大常委会副委员长乌云其木格在河南省人大常委会常务

副主任王明义、小浪底建管局副局长庄安尘等陪同下视察小浪底工程。

周光召视察小浪底工程

9月11日 第九届全国人大常委会副委员长、中国科协原主席、中科院院士周光召在河南省人大常委会副主任贾连朝等陪同下视察小浪底工程。

矫勇、刘宁考察小浪底工程和西霞院工程

9月16日 水利部副部长矫勇、总工程师刘宁一行在中共小浪底建管局委员会书记、局长殷保合陪同下考察小浪底工程和西霞院工程建设现场。

张茅考察小浪底工程

9月18日 国家发展改革委副主任张茅一行11人在小浪底建管局总经济师曹应超陪同下考察小浪底工程。

中部6省主要领导考察小浪底工程

9月20日 出席"中部论坛郑州会议"的河南省、山西省、湖北省、安徽省、湖南省、江西省中部6省省委书记、省长及国家有关部委负责人考察小浪底工程。

张淑荣考察小浪底工程

10月10日 国家商检总局局长张淑荣在河南省委秘书长李柏拴、小浪底建管局副局长庄安尘等陪同下考察小浪底工程。

西霞院工程库底清理工作通过截流前验收

10月13—14日 水利部移民局在郑州召开西霞院反调节水库截流前库底清理验收会议,同意通过西霞院反调节水库库底清理验收。

西霞院工程通过截流验收

10月16—17日 水利部成立验收委员会,在小浪底工区主持召开西霞院工程截流验收会议,同意通过截流验收。

世界银行评估检查小浪底工程

10月19日至11月1日　世界银行独立评估局小浪底项目后评估检查组对小浪底工程进行了为期14天的评估检查,总体评价满意。

西霞院工程基坑充水

10月21日　西霞院工程基坑开始充水。10月28日,黄河水首次通过导流建筑物分流。

朱成友考察小浪底工程

10月24日　武警部队原副司令员、中将朱成友一行,在河南省武警总队副总队长柴天顺等陪同下考察小浪底工程。

西霞院工程获"2006年度水利系统精神文明工区"称号

10月25日　西霞院工程获"2006年度水利系统精神文明工区"荣誉称号。小浪底建管局西霞院项目部获"全国水利建设与管理先进集体"荣誉称号。

西霞院工程截流成功

11月6日　西霞院工程截流成功。

吴邦国视察小浪底工程

11月16日　中共中央政治局常委、全国人大常委会委员长吴邦国一行,在中共河南省委书记、省人大常委会主任徐光春,省委副书记、省长李成玉,省委秘书长曹维新,省委常委、洛阳市委书记连维良,小浪底建管局局长殷保合等陪同下视察小浪底工程。

敬正书考察西霞院工程

12月12日　中国水利文协主席、水利部原副部长敬正书在郑州出席中国水利文协秘书长会议后,在小浪底建管局局长殷保合、总工程师张利新陪同下考察西霞院工程建设情况。

2007 年

西霞院工程坝基处理混凝土防渗墙浇筑完工

2 月 12 日　西霞院工程坝基处理(Ⅱ标)混凝土防渗墙浇筑完工。

小浪底工程被授予"全国节水教育基地"称号

3 月 21 日　小浪底工程被水利部全国节约用水办公室授予"全国节水教育基地"称号。

西霞院工程坝基处理通过竣工验收

3 月 26 日　西霞院工程坝基处理(Ⅱ标)通过竣工验收。

《小浪底揽胜图》完成

4 月 16 日　5 位当代知名书画家在小浪底宾馆联手创作完成一幅宽 3.67 米、高 1.44 米国画《小浪底揽胜图》。

盛华仁视察小浪底工程

5 月 4 日　全国人大常委会副委员长、秘书长盛华仁,在河南省人大常委会常务副主任王明义,小浪底建管局党委副书记、副局长张善臣陪同下视察小浪底工程。

顾秀莲视察小浪底工程

5 月 11 日　全国人大常委会副委员长、全国妇联主席顾秀莲,在小浪底建管局副局长董德中陪同下视察小浪底工程。

西霞院工程通过蓄水安全鉴定

5 月 18—23 日　小浪底建管局委托水利部水规总院组织专家组对西霞院工程进行蓄水安全鉴定。5 月 27 日,水规总院提交《黄河小浪底水利枢纽配套工程——西霞院反调节水库蓄水安全鉴定报告》。报告主要结论认为,西霞院工程已具备蓄水条件。

西霞院工程通过库底清理和移民安置验收

5月24—25日　水利部移民局牵头对西霞院工程库底清理和移民安置工作进行检查验收。验收意见主要是:西霞院反调节水库库底清理和移民安置工作已经完成并符合国家有关规定,满足水库下闸蓄水的要求,同意通过验收。

西霞院工程通过蓄水阶段验收

5月27—29日　水利部成立西霞院工程蓄水阶段验收委员会,对西霞院工程进行蓄水阶段验收。验收委员会认为,西霞院工程已具备下闸蓄水条件,同意通过蓄水验收。

张思卿率团视察小浪底工程

5月28日　全国政协副主席张思卿率全国政协常委考察团在小浪底建管局局长殷保合、总经济师曹应超陪同下视察小浪底工程。

西霞院工程下闸蓄水

5月30日　西霞院工程于9时正式下闸蓄水。

西霞院工程王庄引水渠通水

6月4日　与西霞院工程配套新建的王庄引水渠开始向下游恢复供水。

小浪底工程进行2007年调水调沙生产运用

6月15日至7月2日　小浪底工程进行汛前调水调沙生产运用。水库总下泄水量39.81亿立方米,其中水库补水26.37亿立方米;入库沙量6311万吨,出库沙量2321万吨,排沙比37%。

西霞院工程首台机组并网发电

6月17日　小浪底建管局受水利部委托,成立西霞院工程首台发电机组

(4号)启动验收委员会,对机组进行启动验收。6月18日,西霞院工程首台机组并网发电,中共河南省委书记徐光春向小浪底建管局发来贺信。

世界银行及印度代表团考察小浪底工程

6月27—29日　由来自美国、英国、澳大利亚的世界银行专家及印度代赫里水电开发公司高级经理组成的代表团一行7人在小浪底建管局副局长陈怡勇陪同下考察小浪底工程。

连维良考察小浪底工程和西霞院工程

6月28日　中共河南省委常委、洛阳市委书记连维良在小浪底建管局局长殷保合、总工程师张利新陪同下考察小浪底工程和西霞院工程。

小浪底工程守卫武警正式上勤

6月30日　小浪底工程守卫武警正式上勤。

周英考察小浪底工程

6月30日　水利部副部长周英一行在小浪底建管局局长殷保合陪同下考察正在进行调水调沙生产运用的小浪底工程。

小浪底工程通过竣工验收技术鉴定

7月13—18日　小浪底建管局委托水利部水规总院和中国水科院组织的小浪底工程竣工验收技术鉴定会议在小浪底工区召开。9月,水规总院和中国水科院提交了小浪底工程竣工验收技术鉴定报告。报告主要结论认为:根据现场调查和对监测资料分析,没有发现影响枢纽安全运用的异常现象,在完成竣工审计和征地手续办理后即满足竣工验收条件。

小浪底工程2007年汛期调水调沙生产运用

7月29日至8月6日　小浪底工程进行汛期调水调沙生产运用。水库总下泄水量18.31亿立方米;入库沙量7 940万吨,出库沙量4 333万吨,排沙比55%。

谢旭人考察小浪底工程

8月5日　国家税务总局局长谢旭人一行考察小浪底工程。

陈全国调研小浪底旅游产业发展

8月29日　中共河南省委副书记陈全国到小浪底调研旅游产业发展,听取小浪底建管局局长殷保合等汇报。

赵书月考察小浪底工程

9月16日　第二炮兵副司令员、中将赵书月考察小浪底工程。

小浪底工程南、北管理大门正式启用

9月19日　小浪底工程官庄和连地两处管理大门正式启用。

西霞院工程第二台机组并网发电

9月26日　小浪底建管局成立西霞院工程第二台发电机组(3号)启动验收委员会,对机组进行启动验收。9月28日,西霞院工程3号机组并网发电。

世界银行代表团考察小浪底工程

10月28日至11月1日　以世界银行专家张朝华为团长的世界银行(老挝)代表团一行14人在小浪底建管局副局长庄安尘陪同下,分别在郑州、洛阳和小浪底工区对小浪底工程和小浪底移民项目进行考察。

赵可铭考察小浪底工程

11月23日　国防大学政委、上将赵可铭在小浪底建管局副局长陈怡勇的陪同下考察小浪底工程。

西霞院工程第三台机组并网发电

12月6日　小浪底建管局成立西霞院工程第三台发电机组(2号)启动验收委员会,对机组进行启动验收。通过验收后,2号机组并网发电。

霍毅考察小浪底勤务工作

12月20日 武警部队副司令员、中将霍毅在武警河南省总队长王尊民、政委刘生辉等陪同下,到小浪底武警五大队考察勤务工作。

2008 年

水利部确定崔学文职级

1月4日 水利部以《关于确定崔学文职级的通知》(部任〔2008〕1号)确定崔学文职级为副局级。

西霞院工程发电机组通过"达标投产"验收

1月15日 西霞院工程4号机组通过"达标投产"验收。6月22日,西霞院工程1~3号机组通过"达标投产"验收。

矫勇检查指导小浪底建管局工作

1月26日 水利部副部长矫勇到小浪底建管局检查指导工作,听取了小浪底建管局局长殷保合代表班子的工作汇报。

西霞院主体工程完工

1月28日 西霞院工程1号机组顺利完成72小时试运行,标志着西霞院主体工程完工。

刘满仓到小浪底建管局检查指导工作

1月31日 河南省副省长刘满仓到小浪底建管局检查指导工作,小浪底建管局局长殷保合进行工作汇报。

刘宁考察西霞院工程

2月17日 水利部总工程师刘宁一行考察西霞院工程,了解西霞院工程蓄水初期坝下区域地下水位抬升引起的相关问题。

水利部与河南省协调解决土地征用手续等问题

3月1日　水利部副部长矫勇与河南省副省长刘满仓在郑州共同主持召开会议,协调解决小浪底库区及移民安置区土地征用手续办理和西霞院反调节水库蓄水初期坝下区域地下水位抬高引起的有关问题。经协商,双方达成一致意见。

刘满仓考察小浪底工程

3月24日　河南省副省长刘满仓在小浪底建管局局长殷保合陪同下考察小浪底工程,详细了解了工程概况、建设过程和枢纽运行以来所发挥的效益等情况。

小浪底建管局组织开展"三个一"主题教育活动

4月1日　小浪底建管局开始在广大党员、干部、职工中组织开展"一个党员干部一面旗帜、一个党员一个榜样、一个职工一个形象"的主题教育活动。

乔清晨考察小浪底工程

4月14日　中央军委原委员、空军原司令员乔清晨考察小浪底工程。

西霞院工程末台机组并网发电

4月16日　受水利部委托,小浪底建管局1月30日成立西霞院工程末台发电机组(1号)启动验收委员会,对机组进行启动验收。4月16日,西霞院工程1号机组并网发电。

王忠禹视察小浪底工程

4月25日　十届全国政协副主席王忠禹一行视察小浪底工程。

西霞院项目部被授予全国农林水利产(行)业劳动奖状

5月6日　中国农林水利工会印发《关于颁发全国农林水利产(行)业劳动

奖状和劳动奖章的决定》,授予小浪底建管局西霞院项目部全国农林水利产(行)业劳动奖状。

叶青纯考察小浪底工程

5月7日　中共河南省委常委、纪委书记叶青纯一行在小浪底建管局党委书记、局长殷保合陪同下考察小浪底工程。

开展汶川大地震后枢纽安全检查

5月12日　汶川大地震发生后,小浪底建管局立即对小浪底工程和西霞院反调节水库进行安全检查。检查结果表明,小浪底工程和西霞院反调节水库运行稳定,所属设施设备运行正常。

尉健行视察小浪底工程

5月21日　中共中央政治局原常委、中纪委原书记尉健行在中共河南省委副书记、代省长郭庚茂,省委常委、纪委书记叶青纯,省委常委、洛阳市委书记连维良,小浪底建管局党委书记、局长殷保合等陪同下视察小浪底工程。

小浪底建管局获"模范职工之家"称号

5月28日　小浪底建管局获河南省总工会授予的"模范职工之家"光荣称号,水力发电厂获河南省总工会授予的"模范职工小家"光荣称号。

小浪底水力发电厂 10 台机组首次同时发电

6月19日　上午8时38分,小浪底水力发电厂10台机组(含西霞院工程4台机组)首次同时发电。

小浪底工程进行 2008 年调水调沙生产运用

6月19日至7月3日　小浪底工程进行调水调沙生产运用。小浪底水库总下泄水量41.35亿立方米,其中水库补水28.41亿立方米;入库沙量5 767万吨,出库沙量4 763万吨,排沙比83%。

张印忠到小浪底工区检查指导工作

6月21日 中纪委驻水利部纪检组组长张印忠一行在小浪底建管局党委书记、局长殷保合陪同下到小浪底工区检查指导工作。

郭庚茂、刘满仓考察小浪底工程

6月30日 中共河南省委副书记、代省长、河南黄河防总总指挥郭庚茂,副省长刘满仓等考察小浪底工程。黄委会主任李国英、小浪底建管局局长殷保合陪同,并向郭庚茂一行详细介绍了防洪准备、调水调沙情况。

第二次科技工作会议召开

7月29日 小浪底建管局在小浪底枢纽管理区召开第二次科技工作会议。水利部副部长胡四一应邀出席会议并讲话。会议对拔尖技术人才和获得一、二、三等技术津贴人员进行了表彰。会议期间,胡四一考察了小浪底工程和西霞院工程。

汪鸿雁考察小浪底工程

8月14日 共青团中央书记处书记汪鸿雁一行30余人考察小浪底工程。

刘云杰等职务任免

10月16日 水利部以《关于刘云杰、庄安尘职务任免的通知》(部任〔2008〕36号),任命刘云杰为小浪底建管局总会计师,免去庄安尘小浪底建管局副局长、总会计师、移民局局长职务。

黄河小浪底水利枢纽风景区获批国家 AAAA 级旅游景区

10月25日 经国家旅游局批准,黄河小浪底水利枢纽风景区获批为国家 AAAA 级旅游景区。

小浪底工程先后 7 次加大下泄流量支援抗旱救灾

10 月至 2009 年 3 月　黄河下游地区发生特大干旱。为支援河南、山东两省抗旱工作,小浪底建管局按照《黄河流域抗旱预案(试行)》有关要求,及时启动响应机制,精细调度,先后 7 次加大下泄流量,极大支援了下游抗旱救灾工作。

蒋树声到小浪底工程调研

11 月 6 日　全国人大常委会副委员长、民盟中央主席蒋树声率调研组到小浪底工程调研黄河下游滩区综合治理工作。水利部副部长胡四一、民盟中央副主席索丽生、黄委会主任李国英、小浪底建管局局长殷保合等参加调研。

西霞院工程初步设计概算调整工作完成

11 月　西霞院反调节水库工程初步设计概算调整工作完成。

小浪底工程通过竣工技术预验收

12 月 14—18 日　国家发展改革委会同水利部组成小浪底工程竣工技术预验收专家组,在小浪底工区主持召开小浪底工程技术预验收会议,水利部总工程师刘宁担任专家组组长,聘请中国科学院、中国工程院院士潘家铮为顾问,技术预验收专家组下设土建工程、金结机电、征地移民和财务审计 4 个专业工作组。经审议,专家组同意小浪底工程通过竣工技术预验收,建议进行竣工验收。

董力检查新增投资计划落实情况

12 月 23—24 日　中纪委驻水利部纪检组组长董力到小浪底建管局检查 2008 年第四季度新增中央水利投资计划落实情况,小浪底建管局局长殷保合汇报了有关情况。

小浪底建管局获"2008 全民健身活动优秀组织奖"

12 月 30 日　国家体育总局印发《关于表彰 2008 年全民健身活动优秀组织奖和先进单位的决定》,小浪底建管局获"2008 全民健身活动优秀组织奖"。

2009 年

小浪底建管局再获"全国文明单位"称号

1月20日　小浪底建管局再次被中央精神文明建设指导委员会授予"全国文明单位"称号。

刘满仓慰问小浪底建管局职工

2月11日　河南省副省长刘满仓专程来到小浪底建管局慰问小浪底建管局职工,小浪底建管局局长殷保合陪同。

张德江视察小浪底工程

2月28日　中共中央政治局委员、国务院副总理张德江一行在中共河南省委常委、洛阳市委书记连维良;小浪建管局党委书记、局长殷保合,副局长陈怡勇陪同下视察小浪底工程。张德江对小浪底工程为支援黄河中下游抗旱工作所做出的贡献给予充分肯定。

贺邦靖检查新增投资计划落实情况

3月11日　中纪委驻财政部纪检组组长贺邦靖率领财政部检查组,到小浪底建管局检查2008年中央新增加预算内投资计划落实情况。

西霞院工程通过消防专项验收

3月27日　河南省公安厅消防总队组成消防竣工验收专家委员会,在小浪底工程现场组织召开西霞院反调节水库工程消防竣工验收会议,同意西霞院工程通过消防竣工验收。4月16日,河南省公安厅小浪底公安处颁发西霞院反调节水库建筑工程消防验收意见书(豫公小消验字〔2009〕第01号)。

小浪底工程通过竣工验收

4月6—7日　国家发展改革委同水利部组成小浪底工程竣工验收委员会,

在郑州主持召开小浪底工程竣工验收会议。竣工验收委员会由国家发展改革委、水利部、财政部、科学技术部、环境保护部、农业部、国家林业局、中国地震局、国家档案局,审计署驻郑州特派员办事处,河南、山西两省人民政府及有关部门,国家开发银行,中国建设银行等有关单位代表及专家共61人组成。国家发展改革委副主任穆虹担任主任委员,水利部副部长矫勇和刘宁、河南省人民政府副省长刘满仓、山西省人民政府副省长刘维佳、黄委会主任李国英担任副主任委员,中国科学院院士、中国工程院院士、竣工技术预验收专家组顾问潘家铮出席会议。

竣工验收委员会成员察看了工程现场,查阅了相关资料,听取了有关情况汇报,经充分讨论后,形成了《黄河小浪底水利枢纽工程竣工验收鉴定书》,竣工验收委员会同意小浪底工程通过竣工验收。8月20日,国家发展改革委办公厅、水利部办公厅印发《关于印发黄河小浪底水利枢纽工程竣工验收鉴定书的通知》(发改办投资〔2009〕1785号)。

肖扬视察小浪底工程

4月16日　最高人民法院原院长肖扬一行6人视察小浪底工程。

小浪底工程进行2009年汛前调水调沙生产运用

6月18日至7月3日　小浪底工程进行调水调沙生产运用。水库总下泄水量43.95亿立方米,其中水库补水35.89亿立方米;入库沙量4 667万吨,出库沙量369万吨,排沙比8%。下游河道排沙比1 043%。

陈雷检查指导小浪底建管局工作

6月20—21日　水利部部长陈雷、总规划师周学文等到小浪底建管局检查指导工作。陈雷一行考察了小浪底工程和西霞院工程,与小浪底建管局领导干部进行座谈,出席全局干部职工大会并讲话。

吴仪视察小浪底工程

6月21日　中共中央政治局原委员、国务院原副总理吴仪一行视察小浪底工程。水利部部长陈雷,中共河南省委副书记、省长郭庚茂,副省长刘满仓,小浪底建管局局长殷保合等陪同视察。

李国英检查小浪底工程调水调沙情况

6月30日 黄委会主任李国英到小浪底工区检查调水调沙工作,并慰问了水文监测工作者。

西霞院工程通过水土保持设施专项验收

7月10日 水利部在小浪底组织召开了西霞院工程水土保持设施专项验收会议,同意西霞院工程水土保持设施通过竣工验收。7月30日,水利部办公厅印发《关于印发黄河小浪底水利枢纽配套工程——西霞院反调节水库水土保持设施验收鉴定书的函》(办水保函〔2009〕594号)。

西霞院工程通过档案专项验收

8月19—20日 水利部办公厅会同河南省档案局组成验收组,对西霞院工程(不包括移民工程)项目档案进行专项验收,同意该工程档案通过专项验收。8月31日,水利部办公厅印发《关于印发西霞院反调节水库工程项目档案专项验收意见的通知》(办档〔2009〕351号)。

小浪底工程注册登记

9月8日 按照《水库大坝注册登记办法》的规定,小浪底工程在水利部大坝管理中心注册登记,注册登记号为BDA0000011-A410881。

台湾地区参访团参观小浪底工程

10月19日 台湾地区"水利署"副总工程师王瑞德率领第二届海峡两岸多沙河川整治与管理研讨会参访团一行29人在小浪底建管局总经济师曹应超陪同下参观小浪底工程。

小浪底工程被授予"国际堆石坝里程碑工程奖"

10月19日 在由中国大坝委员会和巴西大坝委员会联合主办的第一届堆石坝国际研讨会上,小浪底工程被授予"国际堆石坝里程碑工程奖"。

小浪底工程获"2009年中国水利工程优质(大禹)奖"

10月19日　小浪底工程被中国水利工程协会评为"2009年中国水利工程优质(大禹)奖"。

杨振怀考察西霞院工程

10月22日　水利部原部长杨振怀、黄委会原主任亢崇仁等在小浪底建管局总工程师张利新陪同下考察西霞院工程。

吴双战考察小浪底工程

10月26日　武警部队司令员、上将吴双战在中共河南省委常委、洛阳市委书记连维良等陪同下考察小浪底工程。

小浪底工程获"新中国成立60周年百项经典暨精品工程"称号

10月29日　在中国建筑业协会联合水利、电力、铁道等11家行业协会共同评选的"百项经典暨精品工程"发布会上,小浪底工程获"新中国成立60周年百项经典暨精品工程"荣誉称号。

澳门特区第十一届全国人大代表团考察小浪底工程

11月5日　全国人大常委会委员、澳门特别行政区立法会主席贺一诚率澳门特别行政区第十一届全国人大代表团一行12人考察小浪底工程,全国人大常委会副秘书长何晔晖、河南省人大常委会副主任铁代生等陪同考察。

翟浩辉考察小浪底工程和西霞院工程

11月13—14日　全国政协委员、水利部原副部长翟浩辉在小浪底建管局副局长陈怡勇、总工程师张利新陪同下考察小浪底工程和西霞院工程。

国家发展改革委开展小浪底工程后评价

12月21—24日　国家发展改革委投资项目评审中心召开第一次会议,开展小浪底工程后评价工作。国家发展改革委对建设项目开展后评价工作在全国尚属首次。

张善臣等职务任免

12 月 30 日　中共水利部党组以《关于张善臣、殷保合同志职务任免的通知》(部党任〔2009〕35 号)任命张善臣为中共小浪底建管局委员会书记,殷保合同志改任中共小浪底建管局委员会副书记。

小浪底工程获"第九届中国土木工程詹天佑奖"

12 月　中国土木工程学会和詹天佑土木工程科技发展基金会授予小浪底工程"第九届中国土木工程詹天佑奖"。

2010 年

小浪底建管局召开第三次党员代表大会

4 月 9 日　中共小浪底建管局委员会在小浪底枢纽管理区召开第三次党员代表大会。小浪底建管局党委书记、副局长张善臣代表第二届党委做了题为《认真学习贯彻党的十七届四中全会精神 以改革创新精神大力推进党的建设 为开创小浪底建管局科学和谐发展新局面而努力奋斗》的工作报告。会议选举产生中共小浪底建管局第三届委员会和第三届纪律检查委员会。

周铁农、厉无畏视察小浪底工程

4 月 13 日　全国人大常委会副委员长、民革中央主席周铁农,全国政协副主席、民革中央常务副主席厉无畏一行在小浪底建管局局长殷保合陪同下视察小浪底工程。

小浪底建管局获"全国绿化模范单位"荣誉称号

4 月　全国绿化委员会授予小浪底建管局"全国绿化模范单位"荣誉称号。

西霞院反调节水库移民安置通过初步验收

5 月 17—19 日　河南省移民办公室会同小浪底建管局对西霞院反调节水

库移民安置进行初步验收,并予以通过。河南省移民办印发《河南省政府移民办公室关于印发西霞院反调节水库移民安置初步验收报告的通知》(豫移安〔2010〕44号)。

裴怀亮考察小浪底工程

6月6日　国防大学原校长、上将裴怀亮考察小浪底工程。

小浪底工程进行2010年汛前第一次调水调沙生产运用

6月19日至7月8日　小浪底工程进行汛前第一次调水调沙生产运用。小浪底水库总下泄水量51.15亿立方米,其中水库补水39.64亿立方米;入库沙量3 624万吨,出库沙量5 414万吨,排沙比149%。下游河道排沙比128%。

小浪底工程建设用地获批

6月　国土资源部以《关于黄河小浪底水利枢纽(库区)工程建设用地的批复》(国土资函〔2010〕455号)批复小浪底库区使用山西省垣曲县、平陆县、夏县土地共计115 910亩;2011年12月,国土资源部以《关于黄河小浪底水利枢纽(库区)工程建设用地的批复》(国土资函〔2011〕896号)批复小浪底库区使用河南省三门峡市湖滨区、济源市、新安县、孟津县、陕县、渑池县土地共计306 950亩。国土资源部共计批复小浪底库区建设用地422 860亩,由当地人民政府以划拨方式提供。

小浪底工程进行2010年第二次调水调沙生产运用

7月25日至8月3日　小浪底工程进行第二次调水调沙生产运用。水库总下泄水量12.4亿立方米;入库沙量7 680万吨,出库沙量2 671万吨,排沙比35%。下游河道排沙比116%。

毛万春考察小浪底工程

8月2日　中共河南省委常委、洛阳市委书记毛万春一行在小浪底建管局副局长董德中陪同下考察小浪底工程。

小浪底工程进行 2010 年第三次调水调沙生产运用

8 月 11—21 日　小浪底工程进行第三次调水调沙生产运用。水库总下泄水量 18.3 亿立方米;入库沙量 9 812 万吨,出库沙量 4 895 万吨,排沙比 50%。下游河道排沙比 108%。

职工活动中心正式开放

9 月 8 日　坐落在小浪底工区的职工活动中心正式向职工开放。

马忠臣考察小浪底工程

10 月 13 日　中央财经领导小组原副秘书长、中共河南省委原书记马忠臣一行考察小浪底工程。

西霞院工程通过竣工验收技术鉴定

11 月 2 日　受小浪底建管局委托,水利部水规总院组成专家组在小浪底工区组织召开西霞院工程竣工验收技术鉴定会议。专家组经现场检查、查阅资料,提交了《黄河小浪底水利枢纽配套工程——西霞院反调节水库工程竣工验收技术鉴定报告》,主要结论认为,西霞院工程已具备竣工验收条件。

西霞院工程通过环境保护专项验收

11 月 11—12 日　环境保护部组织对西霞院工程进行环境保护专项验收,验收组同意通过验收。11 月 26 日,环境保护部印发《关于黄河小浪底水利枢纽配套工程——西霞院反调节水库工程竣工环境保护验收意见的函》(环验〔2010〕310 号)。

西霞院工程通过移民安置验收

11 月 14—16 日　水利部移民局会同河南省移民办公室、小浪底建管局等单位组成竣工验收委员会,对西霞院反调节水库移民安置进行专项验收。验收委员会同意通过西霞院反调节水库移民安置验收。12 月 5 日,水利部办公厅印发《关于印发小浪底水利枢纽配套工程——西霞院反调节水库移民安置竣工验收报告的通知》(办移函〔2010〕947 号)。

西霞院工程竣工决算通过审计

12 月 15 日　水利部印发《关于对黄河小浪底工程配套工程——西霞院反调节水库竣工决算的审计意见》(审意〔2010〕15 号)。审计认为:小浪底建管局编制的《西霞院反调节水库水利基本建设项目竣工财务决算》符合《基本建设单位财务管理规定》、《水利基本建设项目竣工决算财务决算编制规程》(SL 19—2008)等有关规定,内容真实完整,反映了西霞院反调节水库投资完成情况,可以作为竣工验收的依据。

小浪底建管局获"全国优秀水利企业"荣誉称号

12 月 15 日　小浪底建管局被中国水利企业协会评选为"全国优秀水利企业"。

2011 年

尹晋华考察小浪底工程

2 月 23 日　中共河南省委常委、纪委书记尹晋华一行在中共河南省委常委、洛阳市委书记毛万春,中共小浪底建管局委员会书记张善臣陪同下考察小浪底工程。

西霞院工程通过竣工验收

2 月 25 日至 3 月 2 日　由水利部主持的西霞院工程竣工验收会议在郑州召开。水利部总工程师汪洪担任竣工验收委员会主任委员,河南省人民政府副秘书长何平、水利部建设与管理司司长孙继昌、黄委会副主任赵勇担任副主任委员。

竣工验收分两个阶段:2 月 25 日至 3 月 1 日,竣工技术预验收专家组通过西霞院工程竣工技术预验收;3 月 2 日,经过充分讨论,竣工验收委员会同意通过西霞院工程竣工验收。3 月 29 日,水利部办公厅印发《关于印发黄河小浪底工程配套工程——西霞院反调节水库竣工验收鉴定书的通知》（办建管〔2011〕156 号）。

中国水利政研会、中国水利文协和中国水利体协会员 代表大会在小浪底工区召开

3 月 15 日　中国水利政研会第七届会员代表大会、中国水利文学艺术协会第六届会员代表大会和中国水利体育协会第八届会员代表大会在小浪底工区召开。水利部部长陈雷出席会议并讲话，副部长周英主持会议，河南省省长郭庚茂出席会议并致辞。中共河南省委常委、洛阳市委书记毛万春，河南省副省长刘满仓，水利部总规划师周学文出席会议。中国水利政研会会长、中国水利文学艺术协会主席、中国水利体育协会理事长张印忠做工作报告。

陈雷到小浪底建管局考察调研

4 月 7 日　水利部部长陈雷到小浪底建管局调研，考察小浪底工程远程集控系统，听取小浪底建管局工作情况汇报并讲话。水利部党组成员、副部长周英，水利部党组成员、副部长李国英，河南省副省长刘满仓，黄委会主任陈小江，小浪底建管局局长殷保合等陪同调研。

小浪底建管局水力发电厂获"河南省五一劳动奖状"

4 月 25 日　小浪底建管局水力发电厂被河南省总工会授予"河南省五一劳动奖状"。

小浪底工程被评为"百年百项杰出土木工程"

4 月 26 日　小浪底工程被中国土木工程学会、詹天佑土木工程科技发展基金会评为"百年百项杰出土木工程"。

第三次科技工作会议召开

6 月 19 日　小浪底建管局召开第三次科技工作会议。水利部副部长胡四一出席会议并做题为《中国水资源可持续利用的科技支撑》的专题报告，小浪底建管局局长殷保合做题为《抓住机遇 开拓进取 以科技创新推动全局更好更

快发展》的科技工作报告。

会议邀请全国人大代表、中铁隧道集团有限公司副总工程师、中国工程院院士王梦恕,中国水利水电科学研究院副院长、国际大坝委员会主席、中国大坝协会副理事长兼秘书长贾金生,中国工程院院士、水利部大坝安全管理中心主任、南京水利科学研究院院长张建云分别做专题报告。

胡四一考察小浪底工程

6月19日　水利部副部长胡四一在小浪底建管局局长殷保合、中共小浪底建管局委员会书记张善臣等陪同下,考察小浪底工程。

小浪底工程进行 2011 年汛前调水调沙生产运用

6月19日至7月7日　小浪底工程进行调水调沙生产运用。水库总下泄水量48.73亿立方米,其中水库补水38.94亿立方米;入库沙量2 978万吨,出库沙量3 736万吨,排沙比125%。下游河道排沙比119%。

毛万春考察小浪底工程

6月22日　中共河南省委常委、洛阳市委书记毛万春考察小浪底工程,并在枢纽管理区召开现场办公会。

董力考察调研小浪底工程

7月1日　中纪委驻水利部纪检组组长董力一行考察调研小浪底工程。

陈小江到小浪底建管局调研

7月5日　黄委会主任陈小江在小浪底建管局局长殷保合陪同下,到小浪底建管局调研。

李肇星考察小浪底工程

7月7日　全国人大外事委员会主任委员、外交部原部长李肇星在小浪底建管局总经济师曹应超陪同下考察小浪底工程。

张印忠考察小浪底工程

7月7日 中纪委驻水利部纪检组原组长张印忠考察小浪底工程。

黄璜和贾志杰考察小浪底工程

7月7日 全国政协第九、十届委员会常委、中共宁夏回族自治区党委原书记黄璜,第九届全国人大财经委员会副主任委员、中共湖北省委原书记贾志杰一行考察小浪底工程。

张怀西视察小浪底工程

7月8日 第十届全国政协副主席张怀西一行视察小浪底工程。

非洲国家政府官员代表团考察小浪底工程

7月23日 在中央外宣办和中共河南省委外宣办有关领导陪同下,第八期非洲国家政府官员新闻研修班代表团一行55人考察小浪底工程。

爱国主义教育基地展示厅被评为
"水利系统2009—2010年度全国青年文明号"

8月12日 小浪底工程爱国主义教育基地展示厅被评为"水利系统2009—2010年度全国青年文明号"。

梁光烈考察小浪底工程

9月2日 中央军委委员、国务委员兼国防部部长梁光烈考察小浪底工程。

小浪底水利枢纽管理中心成立

9月20日 水利部印发《关于成立小浪底水利枢纽管理中心的通知》(水人事〔2011〕480号),决定成立小浪底水利枢纽管理中心,并明确对所属黄河水利水电开发总公司和黄河小浪底水资源投资有限公司依法履行出资人职责。

小浪底工程建设 20 周年暨
水利部小浪底水利枢纽管理中心成立大会召开

9 月 22 日　小浪底工程建设 20 周年暨水利部小浪底水利枢纽管理中心成立大会在小浪底工区召开。中共水利部党组书记、部长陈雷做重要讲话,副部长周英主持会议,河南省副省长刘满仓、黄委会主任陈小江、水利部总工程师汪洪等出席会议。陈雷为《小浪底赋》碑刻揭幕,并考察小浪底工程和西霞院反调节水库。

小浪底工程获中国建设工程鲁班奖

11 月　中国建筑业协会授予小浪底工程中国建设工程鲁班奖(国家优质工程)。

《小浪底赋》书法长卷交接仪式举行

12 月 6 日　《小浪底赋》12 米书法长卷交接仪式在小浪底工区举行。该赋由屈金星、张艳丽撰写,柳国庆书写,李盛世篆刻。

小浪底建管局第三次被评为"全国文明单位"

12 月 20 日　经中央精神文明建设指导委员会确认,小浪底建管局第三次被评为"全国文明单位"。

小浪底建管局被评为"全国职工体育示范单位"

12 月 30 日　小浪底建管局被中华全国总工会、国家体育总局评为"全国职工体育示范单位"。

附　录

附录一　宣传报道

治黄再写壮丽篇
——写在小浪底前期工程竣工之际

新华社记者　张玉林　刘　健

我国治黄史上最浩大的工程——小浪底水利枢纽,经短短两年多的时间,施工区场内外公路干线、供水、供电、通信系统,铁路转运站,黄河公路大桥和征地移民等 13 项前期准备工程已全部竣工,部分主体工程也陆续开工,共计完成投资 12 亿多元,土石方开挖、混凝土浇筑达 2 100 多万立方米。万名施工大军在岗峦起伏的黄河岸边谱写了一曲时代壮歌。

母亲河的呼唤

新中国成立以来,国家先后投入巨额资金,动员沿黄两岸人民坚持不懈地治理开发黄河,初步建成了由干支流水库、下游堤防、河道整治工程和分滞洪区等组成的"上拦下排、两岸分滞"的黄河下游防洪体系,从而保证了这条"母亲河"40 余年岁岁安澜。

然而,黄河的隐患并未完全根除。凡是熟悉黄河的人都清楚,三门峡以下至花园口的暴雨集中区尚没有大型滞洪水库,这一区间若发生大暴雨,洪水畅泄直下,下游堤防很难招架;而且黄河下游泥沙淤积日益严重,河床逐年抬高,许多河段河道已超出地面 10 米以上,防洪标准相对降低。黄河防洪,事关海河水系,许多城镇、乡村和胜利、中原两大油田的安危,事关京津和淮河水系的安全,所以黄河至今都是国民经济发展的心腹之患。

为解除黄河下游的洪水威胁,早在 50 年代,黄河水利委员会主任、著名治黄专家王化云和他的战友们便把目光投向了洛阳以北 40 公里处的小浪底,他们组织大批专家、学者、工程技术人员对小浪底附近的水文、地质、地貌进行了 30 多年的勘测、规划、试验,反复研究、比较、论证,向国家有关部门提出修建小浪底水库的建议。

小浪底位于黄河中游最后一段峡谷出口处,是三门峡以下唯一能取得较大库容的坝址。在这里修建起水库,并与三门峡、故县、陆浑水库联合运用,可将黄河下游的防洪标准由目前的 60 年一遇提高到千年一遇,同时,还具有减淤、防凌、供水、灌溉、发电等综合效益。1991 年 4 月 9 日,七届全国人大四次会议正式批准小浪底工程列入国家"八五"期间开工项目。

为了提早竣工

开工不久,水利部党组明确提出了在保证质量的前提下"三年任务,两年完成"的要求,这对工程管理部门和施工单位无疑是一次严峻考验。

小浪底建设管理局作为业主,大胆改革建设管理体制,与各施工单位签订了项目承包合同,并建立和完善了监理体系,成立小浪底工程咨询公司,对施工进度和质量实施监理。

各施工单位把长期转战大江南北水利水电工程形成的吃苦耐劳精神带到了小浪底工地,他们精心组织,精心施工,不论严寒酷暑,不论星期天、节假日,工地上始终热浪滚滚,使各项工程建设速度快、质量好。

黄河公路大桥是连接南北岸施工区的咽喉,常有大吨位货车通过,工程要求质量高,而桥底泥沙覆盖深厚,施工难度大。河南黄河工程局 800 人的施工队伍开赴现场时,正值隆冬腊月,黄河水枯,他们抓住这一时机,在河面上架起浮桥平台,冒着凛冽寒风,打钻、下桩、提梁……。两度除夕、两度春节,他们都在工地上度过。靠着这种精神,他们创造出月浇梁 14 片、一天架设 4 片的历史纪录。经过 25 个月的连续奋战,这座长达 508 米的黄河公路大桥比正常工期提前一年多时间完工,并被评为优质工程。

业主、施工、监理部门的领导干部,以身作则,率先垂范。原水利部建设开发司司长朱云祥,告别身患重病的老伴,告别本可著书立说、安享天伦的京都生活,来到群山环抱的小浪底,一进工地,便投入了紧张繁重的工作,常常工作到深夜,过度的劳累使他日渐消瘦。今年他被评为河南省劳动模范。

靠科技加速施工

小浪底坝区地质条件极为复杂,山体岩石多系沉积岩,风化严重,支离破碎,断层多达 240 多处。水利专家公认,小浪底工程是世界上技术难度最大的水利工程之一。小浪底的建设者们在前期工程中,运用现代科技成果,发挥聪明才智,攻克了一个又一个技术难关。

拦河大坝坝址泥沙覆盖层深达 80 余米,土方开挖量大,且设计建筑壤土堆石坝。开挖坝基时,黄河水需绕道从北岸的山体导流洞泄入坝后河道。共计 3 400 米长的大径洞需穿过 700 米长的四、五类围岩大断层,施工难度相当大。有些外国专家断言中国人干不了。为了保证工程安全迅速完工,水利部副部长严克强亲自组织担负洞挖任务的中国水利水电第六工程局的科技人员进行技术攻关,确定采用"短进尺、弱爆破"的新奥法喷锚支护的方法进行施工,每打一段,就支护一段。三条导流洞上中导洞和两条施工支洞仅用两年时间顺利完工,没有出现任何重大塌方事故,在中国水利建设史上写下了辉煌的一页。

上游围堰防渗墙的施工也是前期工程中技术难度较大的项目。施工处泥沙覆盖层深达 70 多米,要在这里浇筑一堵高 70 米、宽 0.8 米的高标准混凝土防渗墙,遇到的最大技术难题是一段段墙基接口孔的衔接。上段混凝土浇筑完后,施工人员钻孔开挖下一段墙基,须将上段末梢的部分混凝土打掉、钻孔。由于所用的混凝土强度高,钻孔时易走偏。天津中国水利水电基础工程局承担这项施工任务后,经过反复研究并邀请有关专家论证、试验,决定在混凝土中掺用部分粉煤灰,在确保后期强度的基础上,降低早期强度,从而圆满地解决了这一技术难题,施工进度大大加快。300 多人的施工队伍奋战 294 天,便建成了这堵滴水不漏的防渗墙。

记者最近进入小浪底工地采访时看到,为迎接国际承包商进场修建主体工程的各项准备工作正在紧张进行,不久,这里将出现新的建设高潮。

(新华社郑州 1994 年 7 月 3 日电)

筑起的,不仅仅是一座大坝……

——写在小浪底工程截流之际

王慧敏

小浪底水利枢纽,如期截流! 伴随着大坝的巍然耸起,人们的焦灼、疑虑,冰消雪释。

极其复杂的地质条件、诸多极具挑战性的难题,以及工程管理上全方位同国际接轨的尝试,使小浪底这个名不见经传的小山村,90 年代以来,一直成为世人注目的焦点。

最具挑战性的工程

"黄河斗水,泥居其七。"治黄难,难在泥沙。年复一年的泥沙淤积,在黄河下游形成了举世罕见的地上悬河。迄今,下游河床仍以每年 10 厘米的速度抬升。两岸人民群众的头顶,犹如放置了一个硕大的水盆,随时面临灭顶之灾。为了减淤除害,共和国的水利专家们绞尽了脑汁,先后提出了"下游加高堤防""下游大改道""引汉刷黄""滩区放淤"等 11 套方案。经反复论证,最终专家们把目光投向了小浪底。

小浪底,位于河南省洛阳市和济源市之间黄河中游最后一段峡谷的出口,处在承上启下控制黄河下游水沙的关键部位。造物主赋予的这一特殊地理位置,使此地成为黄河干流三门峡以下唯一能够取得较大库容的坝址。

小浪底工程,可以控制流域面积 69.4 万平方公里,占黄河流域总面积的 92.3%,控制黄河输沙量的 100%。在防洪效益上,小浪底工程总库容 126.5 亿立方米,可以使下游的防洪能力由当前的 60 年一遇提高到千年一遇,即使出现万年一遇的洪水,通过上游三门峡、陆浑等水库的联合调度,也可确保黄河大堤的安全;在减淤效益上,由于水库淤沙库容为 75.5 亿立方米,可减少下游 78 亿吨泥沙的淤积,使下游河床 20 年内不会抬高——我们可以利用这 20 年的宝贵时间对黄河采取蓄清排浑等更加有效的治理措施。此外,它还具有防凌、供水、灌溉、发电等综合效益。

在小浪底建工程,谈何容易:老天爷只给了我们一座可供选择的体积很小的山体,而这座山体主要由缓倾角的砂岩和黏土质粉砂岩组成,从裸露的断面看,清晰可辨的20多条断层线,把基岩割裂得支离破碎,远远望去就像一摞"千层馅饼"。在这样的岩层中开凿,洞室形成原本就困难,遇上断层,洞挖作业就更加困难。枢纽所有的100多个大小洞室,就这样纵横交错地布置在"千层馅饼"中。现实逼迫我们要把左岸山体打成"蜂窝煤"。

此外,山体内多条隧洞立体开挖引起的施工交通干扰,多次开挖对洞体围岩的相互扰动,都给洞挖施工带来异乎寻常的困难。为了稳定山体,在隧洞进口洞脸的岩面上需加固和支护12米长的锚杆3 224根,30米至40米的锚索578根,钻12米深的排水孔1 382个,这一串串数字,把岩壁"钉"得密密麻麻,有人形容这是在"纳鞋底"。

为了防止渗漏,需在大坝下面筑起一道混凝土防渗墙。这道"地下长城",长439米,厚1.2米,最大深度81.9米,是目前国内最深的防渗墙。施工槽孔偏斜率不得超过2‰,就是说,这座地下墙体,墙角不得偏离设计要求16厘米。这在地面上也难以做到……小浪底工程的技术复杂程度,国内首屈一指。

"小联合国"

小浪底工程的另一引人注目之处是,尝试与国际工程管理的全方位接轨。

工程引进了11.09亿美元的国际贷款,按照世界银行规定,必须进行国际招标。通过激烈的竞争,以意大利英波吉罗公司为责任方的联营体中标大坝工程(Ⅰ标),以德国旭普林公司为责任方的联营体中标泄洪工程(Ⅱ标),以法国杜美兹公司为责任方的联营体中标发电设施工程(Ⅲ标)。

这些公司中标后,又将各自的部分工程以工程分包或劳务分包的形式分包给其他外国公司和中国公司。如此,在小浪底形成了错综复杂的生产关系。工地上,共有51个国家的700多名外商和上万名中国建设者参加进来,形成了名副其实的"小联合国"。

如此多的国家参加同一工程的建设,这在世界建筑史上也是罕见的。大家同台竞技,展现各自风采,这便使得小浪底拥有了与国内其他任何工程所不同的特点。

外商众多,在管理形式上也形形色色:有中—外—中、中—外—外,也有中—外—外—中……你牵着我,我联着你,错综复杂。

就拿中—外—中这种关系来说,它像一块夹心饼干,两头是中国人,中间是外商。在上层是由中方业主、监理单位组成的管理和监督机构,对工程的重大问题行使决策权。中间层是以外商为主的承包商,他们依合同组织施工,是施工的责任方。而基层是由中方组成的分包商,他们或从老外那里成块分包工程,或单纯为外商提供劳务。这样,在施工管理结构中,就表现为处在上层的中方机构按合同约束和监督外商履行义务,而外商又以施工责任方的身份来约束和管理在基层的中国劳务或分包商。这就意味着中方与中方之间没有合同关系,从而在经济上没有直接联系,中方的意图要通过外商才能贯彻下去。

国别不同,各自的价值观念、文化背景、生活习惯、管理模式差异迥然。这一切,都给工程的管理带来了极大的困难。

我们能否适应这种复杂的环境?在同外商的同场竞技中,中国人到底能得多少分?世人用极大的兴趣关注着……

索赔效应

1994 年 9 月 12 日,小浪底主体工程开工。中国工人面对的,是陌生的一切。

这里,没有说了就算的领导,也没有绝对的权威。大家都必须遵循的唯一准则就是合同——国际通用的 FIDIC 条款。在合同面前,无论是承包商还是业主,一律平等,谁违反合同,谁受罚。于是,便发生了一系列让中国工人心绪难平的故事……

——一名中国工人在施工中掉了 4 颗钉子,外方管理人员马上派人拍照。不久,中方收到了这样一封信函:浪费材料,索赔 28 万元。

28 万元?能买多少钉子!外方是这样计算的:一个工作面掉了 4 颗钉子,1万个工作面就是 4 万颗。钉子从买回到投放于施工中,经历了运输、储存、管理等 11 个环节,成本便翻了 32 倍。

——合同规定,施工现场,必须干净有序。某工程局导流洞开挖时收到一封外方信函:“施工现场有积水和淤泥,根据合同××条款规定,限期清理干净,否则我方将派人前来清理,费用由你方支付。”起初,中方颇不以为然:洞子开挖,能没积水和淤泥?过了两天,外商派来了 90 名劳务前来帮助清理。当然,外方是不会白干的,各种费用一算,共计200万元。

在小浪底,最难堪的应属某隧道局了,3 000多人,辛辛苦苦干了9个多月,得到的报偿是,被外方索赔5 700多万元。而他们的全部劳务费用只有5 400万元。也就是说,他们这9个月,分文未挣还倒贴了300万元。

在小浪底,没有哪个施工单位没有收到过索赔信函。几年来,中方收到的各种索赔信函达2 000多份,摞起来有一人多高。

起初,中国工人想不通,有人甚至跑到外商营地抗议。

然而,不管你想得通想不通,低报价,高索赔,这是国际惯例!你要想同国际接轨,就必须按国际惯例办事。作为一个面向世界的民族,心理上应该是强健的,他应具有海纳百川般的宽容与大气。

水利部领导和小浪底建管局领导,及时告诫施工单位,索赔是一种正常的商业行为,我们要调整情绪,适应国际惯例。

索赔的权利是对等的:承包商享有,分包商、业主同样享有。可以说,索赔能否成立与索赔量的大小,是衡量业主、承包商经营管理水平的一个尺度。随着时间的推移,中国工人先是从心理上,后是从行动上渐渐适应了这种管理模式。

水电六局小浪底工程项目部副经理王瑞林回忆起这段经历,感慨万端:刚开始遇到索赔,我们茫然不知所措。后来我们一方面加强管理,不给外方索赔的机会;另一方面也瞅准外方的薄弱环节,主动出击——向外方索赔。慢慢地,外方的索赔函越来越少。到后来,Ⅲ标的外方经理杜邦主动找到我说:"以后没有特殊情况,我方不向你方提出索赔,你方也不要向我方提出索赔。"

索赔,让我们付出昂贵的学费,那么带来什么样的结果呢?

Ⅱ标外方经理克劳斯先生非常幽默,如果他做了什么得意的事受到你的夸奖,他会操着生硬的汉语说:"马马虎虎。"

许多外商在小浪底学到的第一句中国话就是"马马虎虎"。可见"马马虎虎"是一些人身上的一种"通病"。

几年下来,在小浪底,这种"通病"渐渐不见了。

——中外双方合作开挖排水洞,外方负责钻爆,中方负责除渣。尽管合同对钻爆和除渣所用时间都有一定的要求,但中方总是慢半拍。月底一算账,中方每人每月只得了30元钱。第二个月,曾经慢半拍的中国工人,个个像上足劲的发条。

一位干了几十年的"老水电"告诉记者,在老外手下干,有一种如履薄冰之感:多用了材料,外商会不会索赔? 完不成定额,外商会不会索赔? 逼着你把每天的工作做好。

小浪底建管局一位领导同志说:"我敢这样打保票,从小浪底出去的工人,今后在国内将会更有竞争力。"

在小浪底,如果问我们和外商的差距在哪里? 得到的回答,如出一辙:管理!

管理是一个老生常谈的话题。记者曾请教过一位先后在鲁布革、小浪底工作过的"老水电":为什么在鲁布革暴露出的问题是管理,小浪底还是? 这位"老水电"回答:"因为我们缺乏认真的态度和细致的精神。"那么再追问下去,为什么会缺乏认真的态度和细致的精神? 经过小浪底锻炼的工人最有感慨,那是因为我们缺乏一种机制:一种奖优罚劣、奖勤罚懒的机制。

不能奖优罚劣、奖勤罚懒,不能给贡献大的人以重奖,依然没有真正打破"大锅饭"。不能从真正意义上打破"大锅饭","马虎病"就永远不会消除,我们的管理水平也只能永远在原地打转。

小浪底让我们学到了什么?

谈起外商的工作效率,水电十四局小浪底项目部经理吴云红连连称赞:外商为了提高工作效率,真算是绞尽了脑汁。譬如打钻,什么时候开钻,几分几秒钻了多深,几分几秒提钻,人家都有详细的记录。回去后会认真总结,怎样将时间缩到最短。洞身喷混凝土用了多少料,喷了多大面积,是节约了,还是浪费了,当天他们就会用电脑进行细致的分析,随时调整,真正做到了多快好省。而我们呢? 在施工中,既没有日报表制度,也没有认真核算,要多少材料给多少,活干完了,亏了,亏在哪里? 不清楚。

水电三局小浪底项目部经理王新友感受最深的是外商的质量意识:一般在仓号浇筑前,经过自检、监理检验签字后,就可浇筑,但外商却要亲自检验,哪怕有一丁点不符合要求,他都会让你重干。有时要反复好几次才能拿上验仓合格证。外商那股认真劲儿,有时,真让我们感到不可理解:我们局在 3 号导流洞开挖施工中碰到了断层带,按照外商的施工规定,开挖 2 米就必须支护,有一位姓刘的职工,接班时,看岩石结构比较好,接连干了十几米,再回头支护。虽然他超额完成施工任务,但等待他的是:开除。

"在小浪底,我们学会了资产经营。"OTFF董事长黎汉皋喜形于色地告诉记者。"以前,我们的施工,基本上停留在生产经营阶段,不算投入产出账。施工中碰到超预算,就向业主诉苦。挖一方土28元赔了,一诉苦,就会改成30元。又超预算了,再跑去诉苦,就会涨成35元一方。现在不行了,签了合同就不能更改,一方土28元就是28元,亏,也得干。逼着你去节约成本,学会资产经营。"

要走向世界,我们就必须遵从国际惯例。但是,"遵从国际惯例,并不是机械地照搬照抄。国际惯例也不是一成不变的,它必须同中国的国情相结合。"这是中国工人的又一感悟。

OTFF联营体的引进,就是对这一感悟的最好诠释。

1995年8月,一条从小浪底传出的消息让世界为之震惊:Ⅱ标承包商单方面宣布,小浪底截流延期一年。理由是导流洞洞体地质条件太差,不能保证安全。

Ⅱ标延期一年,这将意味着:承建大坝工程的黄河联营体由于不能交接施工工作面,要向业主提出索赔,世界银行的贷款利息增加一年,第一台机组将推迟一年发电,仅三方面的直接损失,预计将达40亿元。

如何解决这个问题,FIDIC条款上无章可循。

1996年2月,水利部党组果断做出决定:成建制引进中国专业水电队伍——OTFF联营体,以劳务分包的形式承担了3条导流洞的赶工任务。这种劳务分包,既遵守了国际惯例——没有改变业主与外商的国际合同关系,联营体与外商签订的劳务分包同样按国际惯例执行;又具备了中国特色——无私奉献的民族精神,各级组织的桥梁纽带作用。

事实证明了这一创举所产生的强大威力:不但把贻误的工期全部追赶了回来,而且使导流洞提前一个月完工。干成了外国人干不成的事。

"小浪底"的意义,不仅在于建一座现代化的水利水电工程,更重要的是,它进行了一场同国际接轨的全方位的探索。尽管它还有许多不尽如人意的地方(甚至是教训),但是,通过这次同场竞技,通过这个"国际大学校"的学习,发现了自身的不足,知道了今后努力的方向,这就是我们的收获。

接轨,路还有多远?

通过小浪底工程,是不是就实现了与国际接轨? 是不是我们已经具备了走向世界的能力?

探讨起这个问题,加拿大国际工程管理公司的项目部副经理吉斯·普力先生没有正面回答:"小浪底是我碰到的被承包商索赔最多的工程。这说明你们还有许多工作需要改善。你们在国际招标中唯一有竞争力的,是你们廉价的劳务。单靠这一点,是很难赚到钱的。"

自己人的回答,更加直白。吴云红说:"即使说通过小浪底的锻炼,我们适应了国际惯例。但置身国内市场,又不行了。因为缺乏实行国际惯例的环境。你按国际惯例办事,人家不按照;你提出索赔,人家不给;你能怎么办? 再说,现在许多业主,就是你的顶头上司,别说索赔,看你不顺眼,一句话就会把你撸了。"一位参加过鲁布革工程的领导同志告诉记者,当年我们从鲁布革学到的东西,并没得到很好的应用……

要真正实现与国际接轨,绝不仅仅是提高管理水平和技术水平,我们的原材料市场发育也不健全,我们的资金市场、劳务市场、技术市场发育还不够快。此外,种种不正之风的存在,也使我们同国际接轨有不少困难。

就拿招标来说,国际招标从招标设计、编制标书,到投标书评审、合同谈判等全过程,都在国际通用条款约束下严格按规定标准操作。承包商处在公开、公平、公正的同一条件下竞争。而国内如何建设竞争的环境,避免桌子下的交易,任重道远。

采访中,有一位工程局的领导同志直截了当地说:"在小浪底,我们学到了很多东西,也看到了自身的差距。"

他告诉记者,和他们一起参与Ⅱ标建设的德国旭普林公司,承包的工程额达30多个亿,只来了16个管理人员。在国外,超过100人的建筑公司,就算是大的了。国外,管理和劳务是分开的。每个建筑公司都有一个人才库,发现有用的人才,就会随时纳入他们的人才库。招到工程,再从人才库中挑人;工程结束,人员就各回原单位。这样,建设公司就没有什么包袱了。而我们,每个局至少有1万多人,还有退休职工。因为人多,每个工程局都有一多半人在家待岗。现在推行提前退休制度,工龄满7年就可退休。有的姑娘技校毕业,一直在家待岗,还没有尝到上班的滋味,就退休了……

另一个工程局的领导说:"减员增效,安置富余职工,除了企业内部消化,还迫切需要加快建立社会保障制度,发展和完善劳务市场等。"

在一次座谈会上,一位工程局的领导这样感慨地说:市场经济不相信眼泪,只要深化改革,奋起竞争,我们就能大步前进。

（原载 1997 年 10 月 29 日《人民日报》）

安澜黄河铺展青春画卷
——写在黄河小浪底水利枢纽工程竣工验收之际

陈仁泽等

编者按: 经 11 年艰难施工、9 年运行考验,黄河小浪底工程于 4 月 7 日通过国家竣工验收。

小浪底工程让黄河安澜,下游防洪标准由 60 年一遇提高到千年一遇;让沿黄人民受益水利之福,自下闸蓄水至 2008 年底,累计向下游供水 1 873 亿立方米,实现跨流域供水;让黄河下游生态环境恢复和改善,9 年来黄河没再断流。

"黄河宁,天下平"。小浪底工程的成功建设,是党中央、国务院的英明决策,是母亲河治理与利用的千秋大业,是我国水利事业的丰碑,是国家强盛的标志,是改革开放伟大成就的缩影。

小浪底,北踞太行,南逼邙岭,黄河干流最后一个峡谷出口。出此峪口,黄河便摆脱了一切天然的拘束,驰骋于黄淮海大平原,奔流入海。黄河上最大的水利枢纽工程就雄踞在这个峪口之上。

今天,在这项举世瞩目的水利枢纽工程竣工验收之际,记者踏访小浪底。站在全长 1 667 米的堆石大坝上,放眼西眺,高峡平湖,一碧万顷;顺流东去,两岸绿染,平畴千里。

黄河安澜,中华民族亘古的期许。堆筑成坝的赭色石头,为黄河母亲再造了一颗年轻的心脏,注入了青春的活力。

一个千年梦想:黄河安宁　天下太平

黄河水患,有史以来一直是中华民族的心腹大患。"黄河宁,天下平"。根治水患,新中国将目光锁定在黄土高坡下的小浪底。

小浪底工程凝聚了几代黄河水利人的心血。从 1953 年黄河水利委员会开始小浪底水利枢纽坝址勘探和测量工作起算,到 1994 年 9 月 12 日主体工程开工建设,中华民族为建设这座黄河上最大的水利枢纽工程积蓄力量,用了 40 年的时间。

小浪底工程挖填土石方总量接近 1 亿立方米,若把它堆成截面为 1 平方米的堤墙,可绕地球两圈半! 仅土石方就这么大的工程量,光靠满腔热情和良好的愿望,建设小浪底工程只能是一个梦想。狂热的"大跃进"年代,人们也曾进驻小浪底坝区,想用手中的镐锹和肩头的荆箩创造人间奇迹,后果可想而知。

小浪底工程,是在改革开放逐步深入的时代背景下开工建设的,率先与国际接轨是小浪底工程的最鲜明特色。通过国际招标选择承包商,建设管理全面与国际工程管理惯例接轨,全面实践项目法人责任制、招标投标制、建设监理制,在我国利用外资、全面引进国际承包商进行施工的大型水利项目史上,小浪底工程开了先河。

小浪底工程概算总投资 347.46 亿元人民币,其中利用世界银行贷款 11.09 亿美元,51 个国家的 700 多名外商和上万名中国建设者参加建设,这里是名副其实的"国际练兵场"。

对青涩的中国水电建设者们来说,小浪底是热火朝天的工地,更是学习的课堂。作为业主,小浪底水利枢纽建设管理局,以国际通用的权威文件菲迪克合同条款作为工程施工和技术规范的唯一准则,从工程招标开始,合同条款和技术规范的制定、合同的签订、阶段计划完工,直至工程竣工,合同的执行贯穿全过程。

小浪底工程规模宏大,施工强度高,动工伊始就摒弃了落后的生产工具和惯用的人海战术,引进了当时世界上最先进的大型机械,搞联合施工,实现了我国水电工程建设生产力的一次飞跃。

1997 年 10 月 28 日,小浪底工程顺利实现大河截流。2000 年 11 月 30 日,历时 6 年,比合同工期提前 13 个月,大坝主体全部完工。2000 年 1 月 9 日首台机组投产,2001 年 12 月最后一台机组如期并网发电。

一条安澜大河:保我民生 沃我黄土

小浪底水利枢纽自 1999 年 10 月 25 日下闸蓄水,至今已安全运行 9 个年头。

去冬今春,北方冬麦区大旱,危难时刻,小浪底水利枢纽显示出了英雄本色。2009年2月6日8时,黄河防汛抗旱总指挥部发布黄河流域干旱红色预警,启动一级响应。为支援河南、山东两省抗旱,小浪底水库先后5次加大下泄流量,下泄流量由200立方米每秒加大到1 000立方米每秒,日灌溉农田30万亩以上。小浪底为豫鲁两省的抗旱浇麦立下大功。

两院院士、水利专家潘家铮说,小浪底水利枢纽,是一项综合利用工程,效益是多方面的。在相当长的一个时期内,小浪底的主要目标是保证下游的安全,拦沙、减淤,冲刷下游河道,灌溉、供水、发电效益也同样重要。小浪底水利枢纽工程现在已初步发挥了全面效益,改善民生,维护生态,有效地促进了区域经济社会发展,将小浪底视作一项民生工程,是一点也不过分的。

小浪底水库不仅有着126.5亿立方米的巨大库容,可以吞纳来自上游的大量洪水,在黄河防汛战略布局中起着中坚堡垒作用,同时它还拥有180万千瓦的总装机容量,在火力发电占97%的河南电网中起着巨大的调峰填谷作用。到2008年8月底,小浪底水电站累计发电354.18亿千瓦时,相当于节约标准煤约1 175.8万吨,减少排放二氧化碳3 233.5万吨、二氧化硫22.08万吨。

人民治黄60年,黄河下游建设了"上拦下排,两岸分滞"的防洪体系,但防洪标准仅相当于60年一遇。小浪底水库投入运行以后,黄河下游的防洪标准提高到千年一遇,保证了黄河下游不漫滩,有效解除了洪涝灾害。2003年8月到10月,史上罕见的"华西秋雨",致三门峡断面最大洪峰流量4 500立方米每秒,加之伊洛河来水,花园口断面的洪峰流量将超过6 000立方米每秒,300多万亩耕地可能不保,180万居民需要转移。小浪底水利枢纽建设管理局在国家防总的指令下,科学调度,控制下泄洪水,将花园口洪峰流量削减至2 700立方米每秒以下,挽回经济损失110亿元以上。

小浪底水利枢纽运营以来,始终坚持公益性效益优先的原则。防洪、防凌、减淤、供水、灌溉、发电六大效益兼具,更着力综合的生态效益。1999年,水利部黄委会提出"维持黄河健康生命"的治黄新理念,将供水、灌溉提升到与防洪、减淤并重的地位,并增加了防止黄河断流、维护生态环境的新目标。几年来,小浪底水利枢纽实施了8次调水调沙,5亿多吨泥沙被冲入大海,黄河下游主河床最小平滩流量由1 800立方米每秒提高到近4 000立方米每秒,"二级悬河"形势开始缓解。

小浪底工程投入运营后,在水资源的统一调度下,黄河再没有发生过断流现象。自 1999 年 10 月下闸蓄水到 2008 年底,累计向下游供水 1 873 亿立方米,并多次向青岛、天津、白洋淀供水,有效改善了下游供水条件和生态环境。

一幅青春画卷:重新定位　长远谋划

从惧怕黄河到亲近黄河,人们的观念因小浪底工程而改变。黄河似一幅青春的画卷,在人们面前铺展开来,黄河两岸的人们开始以全新的眼光,重新审视着这条交织着中华民族千年爱恨的大河。

黄河安澜,人们大大增强了掌控奔流大河的能力,解除了后顾之忧,这为下游中州大地和齐鲁平原的区域经济社会发展搭建了更加广阔的舞台。2002 年2 月,河南省郑州市政府邀请中国工程院等机构的专家对黄河滩地进行实地考察论证,编写了《河南郑州黄河滩地生态建设工程总体规划》,使黄河滩地的开发工作有了一套高起点、高标准的开发建设蓝图。

其后,郑州市大规模拓宽沿黄河大堤生态林带,欲使黄河滩地和大堤成为郑州市的外滩。滩地开发也迅速推进,已有 20 多个开发商进驻滩地,先后引进花卉苗圃、珍禽异鸟、公斤桃、公斤石榴、中药材等项目,以及赛车场、丰乐农庄、生态游乐园、温顺动物散养场等旅游娱乐项目。黄河游览区、黄河大观旅游区、黄河花园口、黄河生态园等每年吸引数以百万计的中外游人。

作为河南的老省会,开封尽管名声在外,但在河南中等城市中却发展滞后,重振乏力。2005 年,河南省委、省政府实施郑汴一体化战略,要拉动开封共同繁荣,这在很大程度上得益于小浪底工程的保障效应。不仅如此,以黄河为轴心的中原城市群建设大计,也正按照设想稳步推进。

古老的黄河滩,因为一座伟大的水利工程,如今正焕发青春,成为求财求富的热土!

（原载 2009 年 4 月 8 日《人民日报》）

OTFF 联营体分包导流洞工程前后

小浪底工程咨询公司总经理　李其友

小浪底工程咨询公司顾问　李武伦

提起小浪底水利枢纽工程,人们都知道有个中国工程局组成的联营体——OTFF。OTFF 即是中国水电第一、三、四、十四工程局的英文数字第一个字母联在一起组成的。

为扭转导流洞工程延误,业主、工程师、OTFF 从不同的方面作了大量的工作,我们从工程师的角度把当年那段不平凡的经历告诉大家,从中吸取经验教训。同时这也是很多同志想了解的。

在水利部的正确领导下,万余名国内外水电建设者艰苦奋斗、顽强拼搏,即将夺得小浪底工程截流的最后胜利。目前虽处在战斗的攻坚阶段,但可以断定按期截流已胜利在望。

回想起那些难以忘怀的日子,特别是 OTFF 联营体的酝酿、推荐、介入 Ⅱ 标导流洞工程分包是一场斗智斗勇和团结协作的战斗。今日回顾,仍激动人心。

一、工期延误,形势逼人

工程师于 1995 年 1 月 26 日批准了承包商上报的 IT01 基线计划。其导流洞开挖工期从 1994 年 12 月 12 日开始,至 1995 年 9 月 16 日止,即 9 个多月的开挖施工期。

由于承包商设备进场延误及施工效率达不到进度要求,加之洞内遇到几处局部塌方,一开始就出现了工期延误。到 1995 年 5 月 12 日、5 月 16 日导流洞出现 3 号、4 号塌方后,承包商于 1995 年 5 月 27 日擅自下令停工。虽然工程师一再指令复工,承包商仍拒不执行,6 月 16 日工程师以书面 504 号函指示:如不复工将撤回对现场经理的批准,承包商于 7 月 7 日被迫复工。到 1995 年 10 月 9 日,三条导流洞上部区扩挖与工程师批准的 IT01 计划相比,工期延误 6 个月以上。这样,1997 年 10 月实现截流的第六个中间完工日期面临严重威胁。

二、劳务管理体制是保证按期截流的关键

在 9 个月的施工中，Ⅱ标承包商对中国国情不了解，雇用的劳务低价，又无组织、无工效约束。劳务在现场"糊弄洋人"的现象十分普遍。工程师深刻认识到：在当时工期十分紧张的情况下，没有一支各方面都信得过的施工队伍，其他任何条件也难以发挥作用。业主和工程师从 9 月初到 10 月 18 日专题研究了十余次。咨询公司总经理和顾问力主成建制地引进中国水电施工队伍，分包导流洞工程。并同十四局领导开始接触有关事宜。经多次讨论，局领导形成共识：引进成建制中国水电工程局。

1995 年 9 月 4 日，小浪底建管局常务副局长孙景林与承包商监事会主席尤诺维奇先生第一次会谈，达成"搁置争议，实施赶工"的共识。

三、领导支持，合作攻关

1995 年 10 月 18 日，小浪底建管局全体领导进京向水利部汇报。10 月 20 日，严克强副部长主持各司局负责人开会听取了业主、工程师、设计三方的汇报，许多领导发言支持引进专业水电队伍。严副部长总结时强调，要谨慎研究，要使各方赞同。领导的支持更坚定了我们引进分包的步伐。10 月 26 日，恰逢古纳先生率世行代表团在工地工作。咨询公司李其友、李武伦立即向古纳先生征求意见。经过一番讨论，古纳先生说，对分包，只要Ⅱ标承包商同意，世行是可以接受的，现在是如何谈判引进，达成协议，保证进度。世行特咨团专家和加拿大咨询专家也表示赞同。

1995 年 10 月 27 日、10 月 28 日、10 月 31 日，工程师连续三次与承包商现场经理韦根先生会谈，并就工程师起草的五点协议文稿进行商谈，这五点是：双方共识实施赶工；承包商报赶工计划和施工措施；业主从财力资源上先支持承包商；承包商引入成建制队伍实施导流洞分包；双方责任分担由工程师与承包商商榷后划分。

对上述五点，韦根要求请示总部。

从 11 月中旬到 12 月底，业主和工程师从两个方面开展了工作。

一是业主与承包商双方就赶工协议举行会谈，在此期间，小浪底建管局常务副局长孙景林与尤诺维奇先生进行了两次谈话，双方工作小组会谈到 12 月

底,因费用分歧太大且承包商不承诺保证截流日期而未能达成协议。

二是工程师组织一、三、四、十四工程局在现场的同志研究进点有关事宜,值得一提的是十四局主动打报告向水利部请战。

首先是三个工程局对 1 号导流洞进行考察,就 20 个月工期完成导流洞剩余工程,向工程师、业主提出详细的施工组织设计。

各个工程局的生产、生活、办公、队伍组织、设备进点、注册等有关问题,抓紧准备。

工程师分别对各个工程局进行工程情况交底。

到 1995 年 12 月底,业主、工程师对四个工程局的进场全部作好了具体安排。

四、艰苦的合同谈判,OTFF 介入分包

随着业主和承包商的谈判破裂,形势更加严峻,工期还在继续延误,工程师在 12 月 31 日发布了变更令:

1. 业主和承包商达成共识,对导流洞赶工;

2. 业主先支付 1350 万马克给承包商作为购买设备和人员进场费用;

3. 承包商报赶工计划和施工措施;

4. 承包商引进成建制的中国水电工程局对导流洞剩余工程实施分包;

5. 明确了付款条件。

变更令要求承包商在 1996 年 1 月 20 日前签订分包合同。

1996 年 1 月 7 日,水利部副部长朱登铨率工作组来小浪底工地,大会宣布九七年按期截流不变,采取应急措施,加强现场管理。1996 年 1 月 19 日,部长钮茂生亲临小浪底,他讲了截流目标不变、搞两个"五湖四海"、坚持"三讲"、采取"四条措施"、建立"五种制度"这五个方面的问题,指导解决小浪底工程面临的困难。

面对部领导截流目标不变的指示精神,工程师深知重任在肩。只有 OTFF 尽快进场才能改变局面!

1996 年,我们先后于 1 月 2 日、1 月 9 日、1 月 10 日、1 月 16 日四次与承包商现场新任经理克劳斯先生会谈,要求其必须在 20 日之前签定合同,实现分包。究竟采取劳务分包还是工程分包,是一家承包还是联营体承包,由承包商

决定。克劳斯先生表示,时间太紧,先达成谅解备忘录。李其友总经理表示同意,并且派魏小同副总经理参加 1 月 19 日、1 月 20 日的会谈。承包商和 OTFF 的合同谈判直到 1 月 21 日早上 5 时才达成协议。基本上实现了第一步目标。

1 月 22 日、1 月 29 日,李其友总经理又会见了克劳斯先生并肯定了成绩,同时要求 1 月 31 日前把合同签订。为促进合同签订,增加承包商的信心,李其友总经理亲自参加了 1 月 31 日的会谈,一直到 2 月 1 日早上 3 时仍未就费用问题达成一致。李其友总经理向承包商提出:2 月 1 日早上 9 时由承包商带领 OTFF 进现场工作面察看,了解情况,为进场作准备;另一方面也表示双方诚意,费用问题由监理工程师与承包商谈。

在此期间,工程师与四个工程局开了三次专题会,落实进场事宜,业主于 1 月 9 日向三个工程局预借了进场费。

2 月 3 日上午,李总经理与克劳斯先生会谈劳务费用,承包商将合同价增加 190 万元人民币,其他条件未定。

2 月 5 日,工程师发布了价格暂定指示。

2 月 7 日,承包商和 OTFF 进场合同处理已全部完成。

在此一个多月的日子里,各方都作了艰苦卓绝的努力,工程师总希望能够按合同处理的方式完成分包合同,这样对双方都有利。值得高兴的是:在这段最紧张的日子里,綦连安主任(兼小浪底建管局局长、书记)和部工作组的有关同志在工地指导,我们身心虽累,但临阵有底。

五、OTFF 磨合接轨

OTFF 联营体在时间紧、压力大、承包商条件苛刻的情况下签定了劳务分包合同。3 月 8 日,董事长陆承吉在工地召开了第一次董事会,生产逐步恢复,到 3 月中旬,工程已逐步接轨,施工全面恢复正常状态。

六、OTFF 冲击

在工程最困难的时候,OTFF 劳务分包,使业主、工程师看到了希望。对此承包商有种矛盾心理:既知道 OTFF 是有力量的,截流也要靠他们,但心里又不服气,不甘心,怕丢面子。承包商在工程师的帮助下认识到:真心诚意地帮助 OTFF,也同样是为自己争荣誉。承包商的复杂心情延续好长时间。可想而知,

OTFF 和承包商是经过了磨合逐步取得信任才接轨的。

在以后几次会谈中,工程师多次向克劳斯先生建议对进出口也采取此种分包。经过几个月的实践,承包商认识到,这样做对他们也有利,并于 5 月进行招标,对进、出口混凝土施工进行劳务分包,Ⅱ标代表部 9 月 5 日批准了水电十一局、水电七局两家中标分包施工。

中国水电工程局成建制地进入小浪底工地,是对 FIDIC 条款的深化,具有中国特色,CIPM 专家指出这是 FIDIC 条款的发展。

事实教育了外商。业主、工程师、中国工程局的坚定决心及进场后良好表现,逐渐消除了外商的顾虑,树立了信心,在 1996 年 8 月 28 日贴出了"1997 年10 月 31 日就是这一天"的横幅大标语。正如克劳斯先生向李其友总经理说:我也从你们那里学习做政治工作,谁也不能影响截流。12 月 15 日尤诺维奇先生说:九七年香港回归,又要开十五大,小浪底必须截流,而且要在三峡前面截流。自此,中外双方基本做到了想、说、做一致,收到了良好效果,这是按期截流的重要保证。

七、体会

OTFF 进入工程分包是激动人心的。对工程按期实现大河截流起到决定性作用。

首先,水利部党组的正确领导是按期截流的保证。部领导在关键时刻来工地指导,也派出了很多干部来兼职。1996 年 6 月 9 日,部党组又派副部长张基尧来现场主持工作,始终把小浪底当成首要大事来抓。

引进 OTFF 进行劳务分包是体制上、组织上对截流的根本保证。在外商无论如何也不承诺保截流日期的前提下,工程师大胆地提出,建管局向部推荐引进成建制水电施工队伍,并得到部里肯定和支持。实践证明引进 OTFF 决策是正确的。

OTFF 的引进有业主、工程师的坚定信心和 OTFF 成员单位的民族自尊和爱国主义精神的融合,从上、下两个方面对承包商做工作。水利部部长钮茂生也亲自写信给德国驻华大使,特咨团工作也很有成效。承包商原经理韦根先生的错误使承包商责任方认识到,必须与业主和工程师搞好关系才是正道。

这里应提到的是现场经理克劳斯先生接受前任经理的教训,能与业主、工程师较好的合作,在其遇到困难时,也能主动找业主、工程师帮助,较主动地配合签定了分包合同。我们赞赏克劳斯先生的合作精神。

OTFF 的引入是在小浪底工程遇到困难的特定情况下所采取的适合我国情况的措施,对其合同方面的处理仍在继续。我们从中也得到正反两方面的经验与教训,它反映了我国水利建设与国际管理接轨仍存在差距,这是我们将要继续总结的。

OTFF 的功绩将载入小浪底工程史册中!

(原载 1997 年 7 月 15 日《小浪底工程报》)

附录二　参建人员国(区)籍名录

序号	参建国家及地区	大洲	序号	参建国家及地区	大洲
1	中华人民共和国	亚洲	27	阿根廷共和国	南美洲
2	印度共和国		28	巴西联邦共和国	
3	印度尼西亚共和国		29	智利共和国	
4	伊朗伊斯兰共和国		30	哥伦比亚共和国	
5	黎巴嫩共和国		31	厄瓜多尔共和国	
6	尼泊尔联邦民主共和国		32	巴拉圭共和国	
7	巴基斯坦伊斯兰共和国		33	秘鲁共和国	
8	菲律宾共和国		34	奥地利共和国	欧洲
9	斯里兰卡民主社会主义共和国		35	比利时王国	
10	新加坡共和国		36	丹麦王国	
11	土耳其共和国		37	法兰西共和国	
12	乌兹别克斯坦共和国		38	德意志联邦共和国	
13	中国香港地区		39	匈牙利共和国	
14	中国台湾地区		40	爱尔兰共和国	
15	南非共和国	非洲	41	意大利共和国	
16	阿尔及利亚民主人民共和国		42	挪威王国	
17	阿拉伯埃及共和国		43	葡萄牙共和国	
18	加纳共和国		44	罗马尼亚共和国	
19	肯尼亚共和国		45	斯洛伐克共和国	
20	莱索托王国		46	斯洛文尼亚共和国	
21	洪都拉斯共和国	中美洲	47	瑞典王国	
22	巴拿马共和国		48	瑞士联邦	
23	加拿大	北美洲	49	大不列颠及北爱尔兰联合王国	
24	多米尼加共和国		50	澳大利亚联邦	大洋洲
25	墨西哥合众国		51	新西兰	
26	美利坚合众国				

附录三　小浪底建管局参与工程建设管理的所属单位简介

【小浪底工程咨询有限公司】　小浪底水利枢纽工程建设咨询公司成立于
1992 年 9 月,是经水利部批准成立的国有独资有限责任公司,是具有独立法人
地位的专业工程建设监理和工程咨询的技术经济实体。1995 年 11 月更名为小
浪底工程咨询有限公司(简称小浪底咨询公司),英文 Xiaolangdi Engineering
Consulting Company Ltd. ,(简写 XECC)。

小浪底咨询公司主要营业范围包括水利水电工程、民用建筑工程、公路工
程监理,水利水电工程和土木工程咨询服务。公司具有国家计划发展委员会甲
级工程咨询资质、水利部甲级建设监理资质、建设部甲级工程招标代理资质、国
家测绘总局甲级测绘资格、国家质量技术监督局计量认证合格证书。公司通过
ISO9001 质量管理体系国际标准认证,取得国际尤卡斯(UKAS)资格证书。

小浪底咨询公司主要承担小浪底水利枢纽工程监理工作和咨询服务工作。
负责小浪底前期准备工程、主体工程和尾工工程监理工作,进行了交通公路、桥
梁、房屋建筑、供水、供电、通信建设监理工作,进行了主坝、泄洪排沙系统、引水
发电系统施工和机电安装监理工作,进行了变更、索赔和争议等合同问题处理
工作。主要咨询工作有小浪底工程国际标招标和合同谈判,小浪底工程国际标
合同管理和技术咨询,世界银行贷款评估和咨询,主坝防渗墙施工技术咨询,进
水口引水导墙设计变更咨询,进水口高边坡加固、排沙洞无黏结预应力混凝土
施工技术咨询,地下厂房和尾水洞围岩支护技术咨询,工程测量计量、混凝土和
土工试验、监测仪器安装与监测等方面技术咨询和服务,小浪底工程国内标项
目、西霞院工程招标代理。

小浪底工程尾工阶段,咨询公司按照小浪底建管局部署,积极拓展外部市
场,先后中标承担广西百色水利枢纽工程、嫩江尼尔基水利枢纽工程、青海公伯
峡水电站、天津市引滦入津水源保护工程、青海拉西瓦水电站、四川岷江紫坪铺
水利枢纽工程、四川田湾河大发水电站、重庆巴山水电站、三亚西岛旅游码头工
程、南水北调中线穿黄工程、云南小岩头水电站、四川大渡河泸定水电站等项目
建设监理工作,还进行了尼泊尔 BAKARA 河灌溉与防洪工程、越南达门水电站
等国际工程建设咨询服务工作。小浪底咨询公司多次荣获水利部和建设管理

单位表彰和奖励,其监理的小浪底水利枢纽工程、青海公伯峡水电站工程荣获鲁班奖。

2003年6月,小浪底咨询公司中标承担西霞院工程建设监理任务,负责西霞院前期工程、主体工程、附属工程和坝下地下水位抬升处理等工程建设监理工作。

2011年9月,小浪底咨询公司与小浪底水利水电工程有限公司合并,合并后名称为"小浪底水利水电工程有限公司"。

【小浪底水利水电工程有限公司】 小浪底水利水电工程有限公司(以下简称小浪底工程公司)成立于1998年10月,由水利部小浪底水利枢纽建设管理局独资创建,位于河南省济源市小浪底水利枢纽管理区。

小浪底工程公司主要从事水利水电工程施工、房屋建筑工程施工、公路工程施工,从事土石方工程施工、混凝土生产与销售、设备租赁、防腐保温工程、园林绿化、综合技术服务、起重机械设备安装和工程维修等业务。

小浪底工程公司具有水利水电工程施工总承包壹级资质、房屋建筑工程施工总承包叁级资质和公路工程施工总承包叁级企业资质,具有土石方工程专业承包壹级资质、预拌商品混凝土专业贰级资质和防腐保温工程专业承包贰级资质,具有塔吊、桥吊A级安装资质,塔吊A级维修资质和桥吊B级维修资质。

小浪底工程公司主要参加了小浪底水利枢纽工程、西霞院反调节水库工程、河南燕山水库大坝工程、南水北调中线干线一期工程和湖北龙背湾水电站工程建设。主要承建工程项目有小浪底水利枢纽西沟坝工程、副坝工程、帷幕灌浆补强工程、西沟水库防渗工程、西沟电站土建及机电设备安装工程,西霞院反调节水库主体开挖工程、砂石混凝土生产辅助工程、机电安装工程、坝下区域地下水位抬升处理工程,山东黄河邹平梯子坝工程,河南开封黄河堤顶公路工程,南阳207国道改建工程,南水北调中线干线南阳第六标段工程、禹州长葛第一标段工程、辉县第二标段工程,龙背湾水电站骨料及混凝土生产辅助工程等。

小浪底工程公司视质量为生命,以精品塑形象,以信誉闯市场。2003年8月通过ISO9001:2000质量管理体系认证,2006年7月通过ISO9001、ISO14001、GB/T 28004质量、环境、安全管理体系认证。小浪底工程公司先后被评为"河南省守合同重信用企业"和"全国诚信建设优秀施工企业",先后荣获"全国水利系统质量管理奖""全国水利系统卓越绩效模式先进单位称号"和"河南省信用建设示范单位"荣誉称号。

【小浪底建管局实业公司】 小浪底建管局实业公司(以下简称小浪底实业公司)成立于1999年3月,其前身为1992年成立的小浪底综合经营公司,是水利部小浪底水利枢纽建设管理局独资公司。

小浪底实业公司下设洛阳小浪底旅游有限公司、河南小浪底宾馆、小浪底洛阳大厦、洛阳小浪底置业有限公司、小浪底物资分公司、济源东方宇星绿化工程有限公司。济源东方宇星绿化工程有限公司后更名为"河南省小浪底绿化工程有限公司"。

小浪底实业公司以小浪底水利枢纽为依托,坚持服务工程,突出重点,发挥优势,面向市场,大力开拓,经过艰苦奋斗,不断扩大发展空间,取得长足进步,形成了园林绿化、餐饮、旅游、地产开发和商贸等多元发展的企业集团。

小浪底工程尾工阶段,小浪底实业公司主要参加了场内公路路面改建工程、场地整治和绿化工程建设。公路改建方面,承担5号公路和20号公路路面改建工程;场地整治方面,主要承担消力塘雾化区地形整治工程,坝顶控制楼区域整治,老神树区域及右坝肩地表整治工程,11号公路以西B区地表整治工程,坝后保护区D、E、F区整治工程,蓼坞区域整治工程;绿化方面,主要承担蓼坞区,坝顶控制楼,老神树接待中心,南大门,5号公路及纪念碑,坝后D、E、F区绿化工程。此外,还承担北大门工程、接待中心工程、南岸围栏工程和8号公路封闭围栏工程。

2005年12月,小浪底实业公司变更为"黄河小浪底(洛阳)旅游开发有限公司"。

【黄河小浪底(洛阳)旅游开发有限公司】 黄河小浪底(洛阳)旅游开发有限公司(以下简称小浪底旅游公司)于2005年12月成立,为水利部小浪底水利枢纽建设管理局独资公司。小浪底旅游公司前身为小浪底建管局实业公司。

小浪底旅游公司依托小浪底水利枢纽工程,以开发和经营小浪底水利枢纽风景区、西霞院风景区和酒店为主业,逐步发展成集旅游开发、酒店经营和园林绿化为一体的综合性旅游企业。公司拥有小浪底国际旅行社、河南省小浪底宾馆、郑州小浪底宾馆、洛阳小浪底宾馆、河南省小浪底绿化工程有限公司等经营实体。

小浪底旅游公司拥有国家AAAA级旅游景区——黄河小浪底水利枢纽风

景区。小浪底国际旅行社具有国内旅游和入境旅游业务资质,河南省小浪底宾馆为涉外三星级酒店、银叶级绿色旅游饭店,河南省小浪底绿化工程公司具有城市园林绿化企业三级资质。

小浪底旅游公司经营范围主要有:景区设施建设、开发、维修、经营、管理,酒店经营管理,旅游营销策划,旅游纪念品开发、经营,园林绿化工程施工、养护、管理,苗木、花卉、草坪培育、生产和经营,入境旅游业务和国内旅游业务等。

小浪底旅游公司先后获得"2008 年度全省城市园林绿化建设优秀施工企业""全国水利系统模范职工之家""全国青年文明号""河南省五一巾帼集体奖""河南省工人先锋号"等荣誉称号。小浪底风景区获得"国家级水利风景区""国家级环保样板工程""全国一流生态旅游精品""中国最具吸引力的地方""河南省十大旅游热点景区""河南十大美丽的湖"等称号。2008 年 10 月,小浪底风景区通过国家 AAAA 级旅游景区审批。

附录四 《小浪底赋》简释

鸿蒙演荡,盘古挺天地之脊梁;昆仑逶迤,长河酿华夏之琼浆。

本句以传说写宇宙(天地)以及昆仑山脉、黄河的生成。黄河的乳汁哺育了中华民族。鸿蒙:传说世界原是一团混沌元气,叫作鸿蒙。演荡:演化,激荡。形容宇宙生成之时,洪荒之中若有一双巨大无朋的大手将日月星辰、天地万物掺洗、排列开来。琼浆:美酒,此处喻指黄河酿造了哺育中华民族的乳汁。

降马画卦,伏羲启迪蒙昧;抟水捭土,女娲化育阴阳。

本句写中华民族人文始祖伏羲、女娲在黄河流域创造中华文明。伏羲降服洛河里的龙马,画出八卦图,中华文明由是起源。女娲在黄河岸边舀黄河水抟黄土造人。启迪:开导,启发。伏羲:伏羲是传说中三皇五帝之一,是中华民族始祖。他在黄河的支流洛河中降服龙马,画出八卦图。女娲:伏羲之妹。小浪底附近,流传着她舀黄河水抟黄土造人的传说。阴阳:此处指男女。

立国铸基,大河护佑炎黄;劈山疏水,禹功惠及黎苍!

本句写炎黄二帝在黄河流域建国,铸造中华文明之基。大禹劈山疏水,救百姓于洪灾,是治黄史上的奇迹。黎苍:指黎民百姓。

黄河澎湃,累积膏壤。地驰俊采,云蒸盛昌。

本句写在黄河携带的泥沙淤积为华北平原。在这块土地上,中华民族创造了灿烂的文明。膏壤:黄河淤积的肥沃土地。俊采:杰出的人才。云蒸盛昌:蒸,上升。像云霞升腾聚集起来,形容景物灿烂绚丽。盛昌,指盛大的气象。

大道探悟于九曲,厚德滂被乎八荒。

本句指黄河流域催生包括道家在内的诸子百家,厚德流布八方。九曲:指黄河。滂被:指恩泽广泛流布。八荒:也叫八方,指东、西、南、北、东南、东北、西南、西北等八面方向,指离中原极远的地方。后泛指周围、各地。

一河孕育汉唐雄风,千秋升腾乾坤气象。

本句写黄河孕育了汉唐雄风及升腾的千秋峥嵘气象。乾坤:此处指天地。

然逝者如斯,涛声悲怆;浊流翻滚,纵横无缰,生灵涂炭,流离四方。

本句写历史上黄河频繁改道、决口,给人民带来了灾难。逝者如斯:逝,过去的,逝去的。斯,代词,代指河水。浊流:水不清,不干净。无缰:缰,拴牲口的绳子。无缰指黄河失去了约束。

叹沧桑长安,黄沙汴梁！问滚滚浊浪,河道哪方？

本句写黄患造成长安的萧条、汴梁的衰败。开封被黄河泥沙多次掩埋。长安:今陕西省西安市。汴梁:今河南省开封市。

大国肇创,喷薄朝阳。

本句写中华人民共和国成立伊始,共和国如朝阳喷薄。肇创:初创。喷薄:涌起,上升、高涨的样子。

大哲问河,心怀四莽。

本句写 1952 年 10 月,毛泽东主席来到黄河岸边时面有忧色,并询问随行的黄河水利委员会主任王化云:黄河涨上天怎么办？哲:智慧。四莽:广大,辽阔。

辅佐耿耿,良言锵锵。

本句写中华人民共和国成立初期,水利人献言献策谋划小浪底等黄河上的水利工程。耿耿:忠诚。锵锵:形容声音清越洪亮。

远瞩高瞻,运筹帷幄于燕京;精心布阵,谋定而动于洛阳。

本句写 1955 年 7 月,在北京召开的第一届全国人大二次会议上,一致通过了中国第一部江河规划《关于根治黄河水害和开发黄河水利的综合规划》的决议。在这个布置了 46 座梯级水库的宏伟蓝图中,小浪底水利枢纽名列其中。燕京:北京的别称,指中央的英明决策。

天赐桓枢,襟秦岭,挽太行,九河俯冲汪洋;守中原,护齐鲁,一峡横锁苍茫。

本句写小浪底地处太行与秦岭两山系的峡谷中间,守护中原和齐鲁大地,是万里黄河俯冲入海的最后一道峡谷。桓枢:大枢纽。桓,大,也指威武的样子。枢,指枢纽。九河:禹时黄河的九条支流,是古代黄河下游许多支流的总称,也泛指黄河。俯冲:因小浪底地处峡谷,地势高于下游平原,黄河呈俯冲之势。苍茫:辽阔无边。

小浪底应运而生,大黄河安澜在望。

本句写党中央、国务院毅然决策建设小浪底水利枢纽工程,黄河安澜在望。小浪底水利枢纽寄托着中华民族数千年的治黄梦想。

改革东风劲吹,开放大潮激荡。

本句写改革开放时期的壮丽景象。

四方精英,问道于黄河;万国旗帜,会盟于太行。

本句写中国、意大利、德国、法国等51个国家和地区的水电精英荟萃中原,问道黄河。会盟:古代诸侯会面和结盟仪式,指联合作战。

国际资本,涌流小浪底;寰宇思维,撞击黄河浪。

本句写小浪底水利枢纽工程是我国第一个利用世界银行国际贷款,向全世界公开招标、全方位与国际惯例接轨的大型水利工程。全球各种思想、文化在黄河小浪底交互碰撞。寰宇:指全世界。

河床支离,沙石危若累卵;峰崖兀立,洞隧密赛蜂房。

本句写小浪底地质条件复杂,河床支离破碎,导流洞密布,状如蜂窝,是世界上难度最大的水利工程之一。累卵:形容极为危险。兀立:笔直挺立。洞隧:洞,指导流洞。隧,指隧道。蜂房:比喻洞室密集众多。

洞塌岩阻,期工延宕。

本句写施工过程中,导流洞塌方,导致工期有可能推迟完成。延宕:拖延。

气豪万古,挽狂澜兮高峡;云凌九霄,卷霹雳兮北邙。

本句写危机关头,水利部力挽狂澜,毅然决策,打响截流攻坚战,确保香港回归后如期截流。全国各地水利建设者赶赴小浪底,会战小浪底,为国而战,为民而搏。此句讴歌水利人的爱国精神。

移山填海,爱国豪情以挟风雷;筑坝蓄水,治河壮志为引龙黄。

本句写小浪底建设者以移山填海的魄力和无比昂扬的爱国豪情,筑坝拦水,治理黄河。龙黄:指黄河。

长虹卧波,绘连绵之宏图;铁臂干云,奏辉煌之交响。

本句写小浪底水利枢纽工程及其配套工程——西霞院反调节水库建设的波澜壮阔。巍巍大坝如长虹卧波,如同绘成连绵宏图。施工的机械铁臂直冲云霄,仿佛以黄河为壮丽的琴弦,弹奏辉煌的交响乐。长虹:喻小浪底大坝和西霞院大坝如黄河上的彩虹。

鸿功盖世,乃中外智慧之结晶;伟略齐天,实群黎同心之佐帮!

本句写小浪底水利枢纽工程是中外水利工作者智慧的结晶,更是党中央英明决策的结果。这项工程的建成,同样离不开当地政府、群众,特别是河南、山西两省20万移民的大力支持。群黎:指百姓。

高坝雄峙,重置心脏。

本句写巍然矗立的高坝,如同给黄河重新装上了一颗年轻而强劲的心脏。

小浪底水利枢纽建成后,发挥了防洪、防凌、减淤、供水等功能,使黄河不断流,发挥了巨大的综合效益。

驯金龙兮瑶池,融碎玉兮河央。

本句写小浪底防洪、防凌功能。上半句写将含沙的黄水拦起来变为清水;下半句写小浪底防凌汛,春天凌化为水,下泄入海。金龙:因黄河水含沙多,河水颜色发黄,故将其喻为金色的龙。瑶池:古代传说中昆仑山上的池名,西王母所居,水碧如玉。碎玉:玉片或玉屑,喻黄河上结的冰。

纵白螭兮天际,醒雄狮兮泱漭。

本句写调水调沙的壮观场面,喷出来的清水如白龙,喷出来的含沙黄水如雄狮。白螭:白龙,喻清水。雄狮:喻含沙黄水。泱漭:指水势广大。

浪叠河床,有梦复绿;水润稻花,无诗亦香。

本句写小浪底水利枢纽工程对黄河下游环境生态、农业等民生作用。上半句写小浪底水利枢纽工程使下游曾经断流的黄河重新泛起清波,下半句写出了小浪底水利枢纽工程对黄河下游农业的重要作用。

雎鸠栖兮蒹葭漾,白鸥翔兮画廊长。

本句写小浪底水利枢纽至入海口,雎鸠在芦苇上栖息,白鸥在河海之间飞翔,千里如画廊的美丽景象。雎鸠:一种水鸟,语出《诗经》"关关雎鸠,在河之洲"。蒹葭:芦苇,语出《诗经》"蒹葭苍苍,白露为霜"。

黄沙入海,东京再现梦华;碧流润野,泉城复涌雪浪。

本句写小浪底水利枢纽工程给下游城乡带来新景象。东京:今河南开封。泉城指济南。复涌雪浪:像雪浪一样涌出。

星耀洪波,洛神惊兮河图新;灯璨云乡,河伯慕兮沧海光。

本句写小浪底水利枢纽发电功能。小浪底水利枢纽发电点燃万里灯火,使洛神、河伯都感到惊奇,此句亦象征大河文明与海洋文明的交融。洛神:传说系伏羲之女,溺洛水而亡化为洛神,曹植有《洛神赋》。河图:双关语,一指古代的河图洛书,一指今天的大河宏图。河图洛书在小浪底附近出现,是中国文化之源。星耀洪波:化用曹操《步出夏门行》"……洪波涌起,日月之行,若出其中,星汉灿烂,若出其里"之意境。

熙熙民生,缘水而兴;蒸蒸国祚,因河而旺。

本句写水和黄河对民生和国家的贡献。熙熙:繁多康乐的样子。蒸蒸:蓬勃向上的景象。国祚:国运。

壮哉母亲河,德泽九州!美哉小浪底,功惠四方!

本句写对黄河和小浪底水利枢纽为中华民族做出巨大贡献的赞美。

嗟夫!天行健,日月灿烂;地势坤,江河浩荡。

本句化用《易经》中"天行健,君子以自强不息;地势坤,君子以厚德载物"来诠释中华民族的精神脊梁。

纵览古今,国衰河易泛,河泛则民殇;国兴河益畅,河畅则民康。

本句写大河与国家、百姓休戚相关。

而今大河安澜,盛世华章。

本句写包括小浪底水利枢纽在内的水利工程使江河安澜,盛世再现。

故曰:河运实国运也,治河犹治国也。

本句写河运、国运之间的联系。

河道亦国道也,国道若天道耶?

本句点出河道、国道、天道之间的联系,治河、治国都要遵从天道。这是人类对未来恢弘壮丽的天问!此问穿越时空,与两千年前长江流域屈原的天问遥相呼应!

河运国运总峥嵘,国道天道俱沧桑!

本句写河运、国运总是跌宕不平,国道、天道才是正道沧桑,亦化用毛泽东《人民解放军占领南京》中"天若有情天亦老,人间正道是沧桑"诗意。

遥梦海晏河清时,莽原星汉共祯祥!

本句以宏大的视角,写出了世间沧桑变化和对未来的无限希望!未来黄河的治理依然任重道远。畅想未来海晏河清,天上人间一片祥光。莽原:指大地,喻指地球。星汉:指银河,喻指未来人类将飞向太空,拥抱星空文明。祯祥:吉祥,幸福。

乃为颂曰:昆仑磅礴,百川泱漭。

本句写昆仑的崛起促使黄河在内的百川形成。

河哺华夏,民铸国纲。

本句写黄河哺育中华民族,人民铸国之纲。

同心移山,情动厚壤。众志成城,重任共襄。

本句写水利工作者以愚公移山的精神同心协力建设小浪底水利枢纽工程。

共襄:共同完成。

江河安澜,福泽黎苍。

本句写水利工程使江河安澜,福泽人民。

国运般昌,长乐未央。

本句写盛世中国繁荣昌盛,人民长乐无边。未央:指没有尽头。

上善若水,盛德如洋。

本句写中国共产党上善若水,盛德如洋,恩泽苍生。上善若水:语出老子《道德经》。

寰宇和谐,大道无疆。

本句写人与自然的和谐是人类的最终追求,而"大道"没有穷尽。大道:指宇宙运行之道。

附录五 《大河圆梦》解说词

这就是小浪底了。作为黄河中下游最大的调节水源,从空中看去,它像一颗巨大的蓝宝石,镶嵌在中华文明发祥地的崇山峻岭之间。

走了千里万里,黄河在这里积蓄着冲刺大海的最后力量。

站在高程 281 米的雄伟大坝上,你就与河流一起,向一马平川的平原做出了俯冲的姿态。这是万里黄河最后一道峡谷出口,黄土高原与华北平原衔接的关键部位。

当洪峰迭起、威胁人类安全时,小浪底落下闸门,削峰蓄洪,于是波小浪低,大河安澜;

当流域大旱、河道面临断流时,小浪底轻舒羽翼,提闸放水,于是千里河床欢声四溢,河流生命再起高潮。

这就是小浪底水利枢纽。作为全方位、大跨度与国际惯例接轨的中国水利工程,从梦想到现实,从"八五"到"十五",小浪底人进行了怎样的探索与实践,谱写了怎样壮美和谐的河流乐章!

千秋遗梦

黄河,中国第二大河,全长 5 464 公里,自古被称为"四渎之宗"、百水之首,是中华民族的母亲河。黄河发源于巴颜喀拉山,流域以及下游洪水影响区面积约 100 万平方公里,流经青海、四川、甘肃、宁夏、内蒙古、陕西、山西、河南、山东,在山东莱州湾汇入渤海。

黄河穿越世界上水土流失最严重的黄土高原,进入下游平原后泥沙沉积,河床抬高,河流频繁改道。历史上黄河曾经北抵天津,南泛江淮,纵横 25 万平方公里,被称为"中国之忧患"。

4 000 年前大禹治水的故事,至今家喻户晓。然而,大禹之后数千年中,黄河下游仍然不断泛滥。滚滚洪流自天而降,周而复始,漂没无数,将一代代繁华掩埋在泥沙之下。

黄河宁,天下平。九曲长河,世代流淌着中华民族的深沉梦想。

20 世纪后半期,一个寄托着民族千年愿景的宏伟目标豁然呈现。

世纪寻梦

1952 年 10 月,毛泽东第一次出京巡视,来到波涛滚滚的黄河边。毛泽东有几分忧虑地询问黄河水利委员会主任王化云:黄河涨上天怎么办? 王化云回答说:不修大水库,光靠这些埽坝挡不住。

是啊,黄河要上大水库。早在 20 世纪 30 年代,现代水利先驱李仪祉就提出在八里胡同和孟津之间修一座大水库,并进行了初步调研。

1953 年,黄委会组织力量奔赴距洛阳以北 40 公里的孟津小浪底坝址,开始了漫长的地质勘测。

1955 年 7 月,一个历史性的时刻:第一届全国人大二次会议一致通过中国第一部江河规划——《关于根治黄河水害和开发黄河水利的综合规划》的决议。在这个布置了 46 座梯级水库的宏伟蓝图中,小浪底名列其中,是三门峡以下三级开发方案中的径流电站。

20 年过去了。1975 年 8 月上旬,毗邻黄河的淮河流域发生特大暴雨洪水灾害。气象分析,如果这条雨带向北方继续推进,势必使黄河下游产生千年一遇的特大洪水。

未雨绸缪,两省一部向国务院紧急报告,建议在三门峡以下尽快采取重大工程措施,确保黄、淮、海平原安全。

将原三级低坝开发合并为一级高坝开发,小浪底脱颖而出,成为防御黄河特大洪水的首选工程。

小浪底坝址位于黄河最后一段峡谷出口处,是三门峡以下唯一能取得较大库容的坝址,控制着黄河 90% 的水量、近 100% 的沙量、92.3% 的流域面积,在整个治黄体系中处于承上启下的关键战略地位。小浪底工程与三门峡、故县、陆浑水库联合运用,可使下游防洪标准由 60 年一遇提高到千年一遇,基本解除下游凌汛威胁,减缓下游河床泥沙淤积,改善灌溉、供水及生态条件。

大量地质勘察,长期规划研究,反复科学试验,充分吸收三门峡水利枢纽的经验教训,多次进行国际咨询,小浪底水利枢纽工程设计方案凝结着几代治黄人的心血,其中许多关键技术为世界首创,代表了国际先进水平。

1987 年,国家正式批准小浪底工程立项。1991 年 4 月 9 日,七届全国人大四次会议通过了我国国民经济和社会发展的"八五规划",决定小浪底水利枢纽正式开工建设。

在新世纪悄然而至的脚步声中,萦绕着一个民族千年、百年的梦想终于穿云破雾,落地生根。

十年追梦

1991年9月1日,小浪底水利枢纽拉开了前期工程的序幕。历时两年7个月,完成了所有水、电、路、通信、营地、铁路转运站等准备工作。国际承包商进场时由衷赞叹说,小浪底工程是他们所见到的最好进场条件。

作为20世纪90年代初改革开放的突出成果,小浪底成功引进11.09亿美元国际贷款,依照国际通用的菲迪克条款进行建设管理,成为我国第一个在全世界公开招标、全方位与国际惯例接轨的大型水利工程。

1994年9月12日,小浪底水利枢纽主体工程开工。中国、意大利、德国、法国等51个国家和地区的水电精英荟萃中原,黄河论剑。

断层、裂隙发育以及砂页岩泥化夹层的不利地质条件,单薄狭小的山体上分布着大直径、大跨度、极其密集的地下洞室群;极为复杂的现场管理关系、严格的枢纽运用条件……国际水利学界一致认为:这在世界水利工程史上极具挑战性。

1995年4—6月,外商承包的Ⅱ标导流洞接连发生19次塌方,塌方工作面全部停工,预期的大河截流面临被推迟一年的严重威胁。

这是一个严峻的时刻。紧急关头,水利部果断决策:引进中国成建制施工队伍进行劳务总分包,打一场确保"九七截流"的攻坚战!

一个崭新的名字出现了,这就是对截流项目实行劳务总分包的中国水电联营体,简称OTFF;

一种独特的管理模式诞生了。两个五湖四海,一个共同目标。"九七截流"的主导权,牢牢掌握在了中国人手中。

九七截流,一声热切的呼唤;

九七截流,一个庄严的使命!

1997年10月28日,在香港回归祖国这一年,小浪底工程胜利夺回11个月工期,如期实现大河截流;

1999年10月,攻克重重技术难关,小浪底水利枢纽成功实现下闸蓄水,进入蓄水运用；

2001 年 12 月 26 日,最后一台发电机组顺利完成 72 小时试运行,宣告小浪底水利枢纽主体工程全部完工。

小浪底水利枢纽由拦河大坝、泄洪排沙系统和引水发电系统组成,共完成土石方挖填 9 478 万立方米,混凝土 348 万立方米,钢结构 3 万吨,实际完成总投资 309.86 亿元人民币,其中枢纽工程投资 222.97 亿元人民币。

面对外国承包商以种种理由提出的巨额索赔,小浪底人通过艰苦谈判,恰当处理了全部索赔争议,把投资成功控制在概算合理范围以内。

这就是小浪底工程。大量引进、应用、创造新技术和新工艺,实行高强度机械化施工, 10 年青春、热血和智慧建成了——

国内当时最高、填筑量最大的土石坝;

国内当时最深的高强度混凝土防渗墙;

世界上最大最复杂的进水塔群;

世界上最大的孔板消能泄洪洞;

世界上集中布置最大的消力塘;

世界水工史上最密集、大直径的地下洞室群。

——一个迸发黄河生命动力的心脏工程!

作为中国水电建设走向国际市场的标志性成果,小浪底建设全面推行业主负责制、招标投标制、建设监理制和合同管理制,创造了具有中国特色的国际工程管理模式,工期提前,投资节约,质量优良,被世界银行誉为该行与发展中国家合作的成功典范,在国内外赢得广泛声誉。

水库必然带来淹没。小浪底水库占地 301 平方公里,涉及河南、山西两省 8 个县(市),共需搬迁 12 个乡(镇)政府 193 个行政村 20 万人口,移民项目投资 86.89 亿元人民币,搬迁安置工作极其艰巨复杂。

小浪底水库移民项目采取"水利部领导,业主管理,两省包干负责,县为基础"的运作模式,以人为本,以大农业安置为主,走开发性移民之路,基本上实现了让移民"搬得出、稳得住、能致富"的目标。随着工程有序开展,20 万移民陆续迁出库区,在安置区开始了重建家园、实现梦想的新生活。

利用世界银行贷款,实施开发性移民,小浪底为我国水库移民工作树立了一个新的里程碑。世界银行副行长卡奇称赞说:小浪底移民项目是世界银行与中国合作的典范,也为其他国家妥善处理移民问题开创了一条道路。

大河圆梦

河流是有生命的,河流生命是一个连续而敏感的伟大系统。

20世纪70年代以来,黄河下游累计22年发生断流。母亲河断奶、贫血、衰竭,严重影响着经济社会发展和民族文化心理。

小浪底来了。小浪底工程试运行阶段,严格遵守黄河防总指令和水库运用要求,防洪防凌,调水调沙,科学调度,大大缓解了黄河下游防洪防凌压力,化解了断流危机,对于维持黄河健康生命、促进流域及相关地区经济、社会可持续发展发挥了重要作用。

[防洪] 2003年,黄河及其支流发生1981年以来最大的华西秋雨,小浪底拦洪63亿立方米;2005年秋汛,拦洪25.75亿立方米,有效减少了滩区群众财产损失。经过两年高水位考验,证明枢纽各单位工程一切运行正常,符合设计指标。

[防凌] 小浪底水利枢纽承担防凌任务后,利用充足的防凌库容,实时调控下泄流量,数千年宣称不治的黄河下游凌汛威胁基本解除。

[减淤] 调水调沙是实现治黄现代化的显著标志。作为黄河水沙调控体系的龙头,多年实施调水调沙运用,沉积多年的泥沙被冲入大海,黄河下游主河槽过流能力明显提高,有效遏制了黄河下游河床抬高的趋势,几代人苦苦追求的梦想变成了现实。

[供水 灌溉] 2000年以来,黄河流域及相关地区旱情严重,黄河水资源形势日趋紧张,小浪底水库多次动用最低运用水位以下水量向下游供水,提高了生活、生产和黄河生态用水保证率,确保了黄河下游连年不断流,初步扭转了流域生态环境不断恶化的趋势,明显提升了黄河的生命指标和供水能力。引黄济津!引黄济青!引黄济白洋淀!一次次跨流域供水,一次次解除北方广大地区的燃眉之急,保证了工农业基地水源生命线的畅通,确保了华北平原及京津地区生态安全。

[发电] 在保证防洪、防凌、减淤和供水、灌溉目标的前提下,小浪底水利枢纽在河南电网中发挥着不可替代的调峰、调频作用,是河南电网中最大的清洁能源。小浪底水电站自投入使用以来, 安全运行,削峰填谷,明显改善了河

南电网的供电质量。

[**生态修复**]　过去,因黄河断流,黄河入海口湿地萎缩,植被退化,鸟类数量不断减少。随着小浪底水库参与径流调节,扭转了黄河下游断流的不利局面,入海水量明显增加,黄河口湿地生态系统得到拯救,有效遏制了海水入侵和海水倒灌,黑嘴鸥、东方白鹳、丹顶鹤等多种国家级珍稀鸟类重现黄河口。

[**旅游胜景**]　作为我国北方极其稀缺的超大型水域,小浪底水库下闸蓄水后,形成浩瀚的"北方千岛湖",成为郑—汴—洛黄金旅游线上的重要景点。昔日黄河故道,经过生态修复和园林建设,被授予国家级环保百佳工程和国家水利风景区。

小浪底调水调沙运用,不仅激活了黄河的生命功能,而且为母亲河增添了巨龙出水、一泻千里的壮美风光,吸引了络绎不绝的游客来这里观光,留连忘返。

"建设一流工程,总结一流经验,培养一流人才"。小浪底水利枢纽严格按照法律法规和行业规范进行施工管理,建管结合,先后完成了单位工程验收移交、阶段验收、安全鉴定和竣工初步验收;陆续通过了环境保护、水土保持、消防系统、竣工档案资料、劳动安全卫生等专项验收;先后通过了国家有关部门的技术评估和复查。2009 年,小浪底水利枢纽顺利通过竣工验收。

当年愚公移山处,大坝巍巍挽狂澜。曾经武王会盟处,滔滔大河起欢声。小浪底水利枢纽建成运用,必将载入中华民族可持续发展的宏伟史册。

以青春和生命为笔,以创新和奉献为墨,小浪底向祖国和人民交上这份合格的答卷。

古老的黄河上,跳动着一颗年轻而强大的心脏,它均衡,它谐调,它使河流再生!

附录六 歌 曲

小浪底之歌

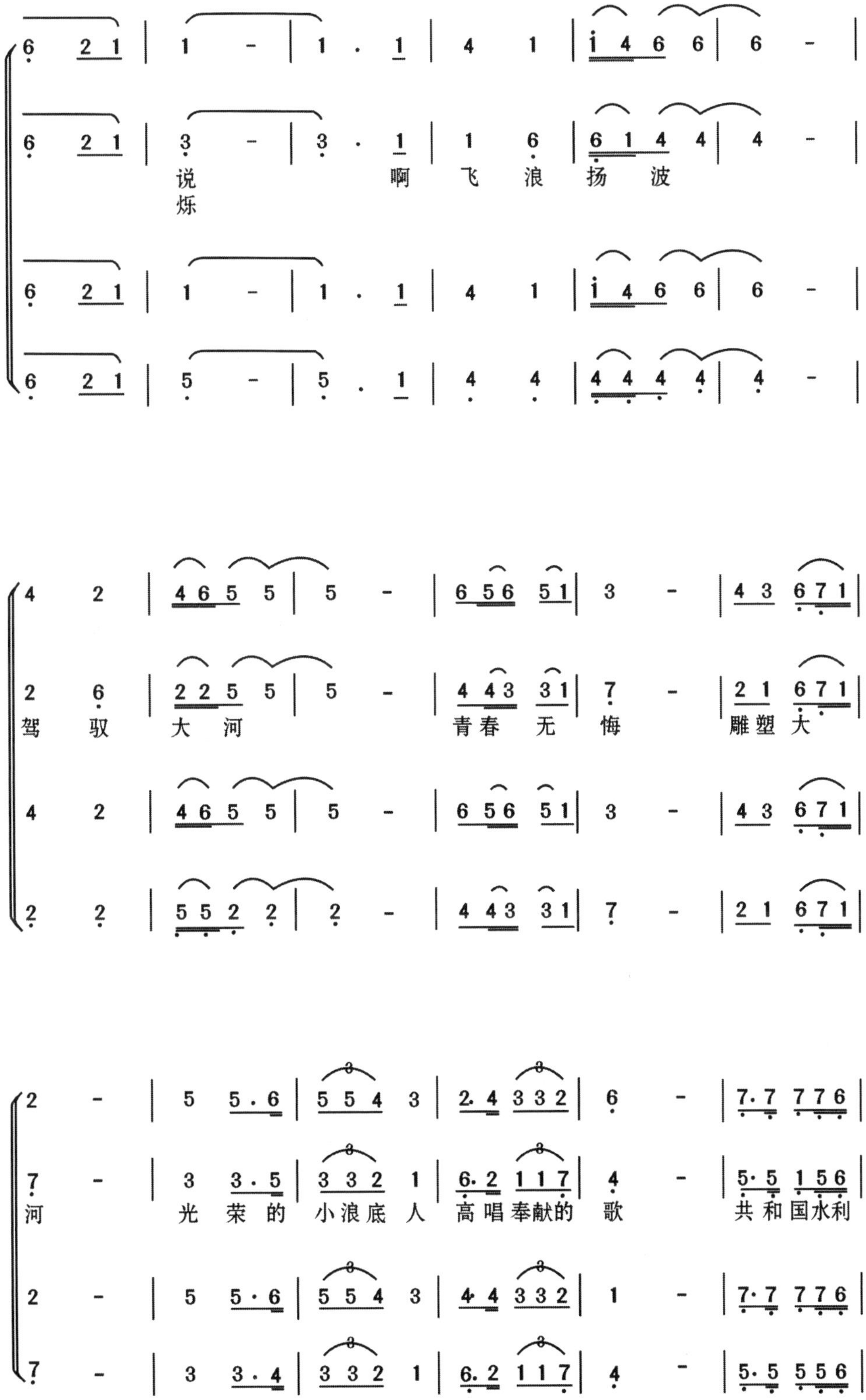
说 啊 飞 浪 扬 波
烁
驾 驭 大 河 青春 无 悔 雕塑大
河 光 荣 的 小浪底 人 高唱奉献的 歌 共和国水利

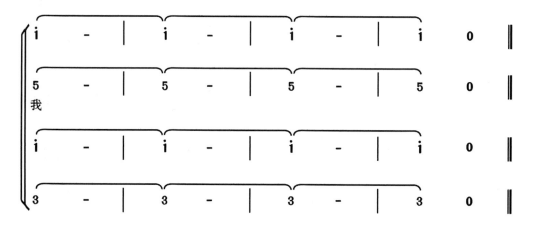

5 6 5 | 4·4 43 | 7̣ 6̣ 7̣ | 1 — | 1 — ‖ 插束句 7·7 7 7 6 |

5 4 3 | 2·2 23 | 7̣ 6̣ 5̣ | 1 — | 1 — ‖ 5·5 5 5 6 |
大 军 中 有你有他也 有 我 共 和国水利

5 6 5 | 4·4 43 | 7̣ 6̣ 7̣ | 1 — | 1 — ‖ 7·7 7 7 6 |

5 4 3 | 5·5 55 | 7̣ 6̣ 5̣ | 1 — | 1 — ‖ 5·5 5 5 6 |

5 6 5 | 4·4 43 | 2̇ — | 3 — | 3 — | 3 — |

5 4 3 | 4·4 43 | 7 — | 7 — | 7 — | 7 — |
大 军 中 有你有他 也 有

5 6 5 | 4·4 43 | 2̇ — | 7 — | 7 — | 7 — |

5 4 3 | 4·4 43 | 5 — | 5 — | 5 — | 5 — |

i̇ — | i̇ — | i̇ — | i̇ 0 ‖

5 — | 5 — | 5 — | 5 0 ‖
我

i̇ — | i̇ — | i̇ — | i̇ 0 ‖

3 — | 3 — | 3 — | 3 0 ‖

黄河的眼睛

1=♭E　4/4

李幼容 词
张丕基 曲

深情、赞美地

```
0 3 23 2.3 21 | 0 23 1⌒7 6 - | 0 6 12 3.6 54 | 0 3 2.1 3 - |
不 要说 黄河 总是    波涛 汹 涌       看 这里 她  也有    小 浪风 情
不 要说 黄河 总是    狂吼 奔 腾       听 这里 她  也曾    风 平浪 静
```

```
3. 3  1 6 | 0 56 5.4 3 2. | 0 2 1.2 3 - | 6. 6 5 43 2 |
一 湖 春 水    映出一湖 山 光     一 湖   景      半 船 秋  色
万 丈 银 线    牵来万家 灯 火     万 家   乐      千 幢枢   纽
```

```
0 23 2.3 21 1. | 0 7 2.1 7. - | 0 6 12 3.6 32 | 0 23 1.7 6. - |
溶进 半船 欢歌     半船 风        溶进 半船 欢歌     半船 风
消去 千年 忧患     千年 痛        消去 千年 忧患     千年 痛
```

```
3. 6 63 6 | 3 1 76 6 - | 6. 5 63 3 | 2 1.2 3 - |
啊……        小 浪 底      黄河 微 笑的    眼        睛
啊……        小 浪 底      黄河 美 丽的    眼        睛
```

```
36 665 6.3 3 | 63 336 3.2 2 | 6 11 6 23 3 | 33 61 76 6 |
山是 青青的秀 眉   水是 晶亮的瞳 孔   三分 阳刚最 美   七分 阴柔多 情
春浪 悄悄的送 暖   秋波 温柔的传 情   回眸 青山绿 水   放眼 万紫千 红
```

```
3. 3 6 36 | 1 2 3 3 - | 3. 3 23 21 1 | [1.] 3 2 1 7 1 7.6 |
你 使 古 老的  大   地     越 变 越年 轻     越  变越  年
你 维 系 了  黄   河     健 美 的生 命
```

```
( 3 2 23 43 21 2 11 2 1 776 | 3 2 21 3 1 17 6 71 6 12 23 | 3 - - 23 17
6
轻
```

```
6 - 63.2 1.7 | 6 - - - ) | [2.] 3 3 2 1 7.6 | 6 - - - |
                                健 美 的生 命
```

小浪底之波

魏世祥 词
曾文济 曲

1 = E 3/4

♩ = 112

```
5  6  5  │ 3 - 1 │ 6·7̲ 6̲ │ 5 - - │ 6· 7̲ 1 │ 3 - 1 │
天  生  一    条  黄    河        又  生  一    个
天  生  一    条  黄    河        又  生  一    个

4 - 3̲ 4̲ │ 2 - - │ 5  6  5 │ 3 - 1 │ 3 - 2̲ 1̲ │ 6· │
我                我  跟  黄    河    手  握  手
我                我  跟  黄    河    心  碰  心

5· 5̲ 5̲ 5̲ │ 6 - 5 │ 2 - 3̲ 2̲ │ 1 - - │ 1 - 1̇ │ 1̇ - │
给 千 年 的   灾  难   上  把  锁        平  狂  澜
让 百 代 的   梦  想   结  个  果        送  清  流

7 - 6̲ 5̲ │ 6 - 4̲ 4̲ │ 4 - 2 │ 6 - 7̲ 6̲ │ 5 - - │ 5 - │
调  清  浊   两 岸 无    忧  万    家  乐
送  光  热   天 下 得    利  子    孙  乐

1 - 1̇ 2̇ │ 1̇ - - │ 3̇ - 7̲ 2̲̇ │ 6 - 7̲ 7̲ │ 7 - 6 │ 5· 6̲ 7̲ 1̲̇ │
平  狂  澜     调  清  浊   两 岸 无    忧 万    家
送  清  流     送  光  热   天 下 得    利 子    孙

2̇ - - │ 2̇ - - │ 5 3̲ 3̲ 1̲̇ 1̲̇ │ 5· 3̲ 4̲ 5̲ │ 4 - - │ 4 - - │
乐            啦 啦 啦 啦 啦  啦 啦 小 浪  底
乐            啦 啦 啦 啦 啦  啦 啦 小 浪  底

2 2̲̇ 2̲ 7̲ 7̲ │ 5· 2̲ 4̲ 5̲ │ 3 - - │ 3 - - │ 5 3̲ 3̲ 1̲̇ 1̲̇ │ 5· 3̲ 4̲ 5̲ │
啦 啦 啦 啦 啦  啦 啦 啦 啦 啦        啦    啦 啦 啦 啦 啦  啦 啦 小 浪
啦 啦 啦 啦 啦  啦 啦 啦 啦 啦        啦

6 - - │ 6 - - │ 2 2̲̇ 2̲ 6̲ 6̲ │ 7· 5̲ 7̲ 2̲̇ │ 1̇ - - │ 1̇ - - │
底            啦 啦 啦 啦 啦  啦 啦 啦 啦 啦        啦
```

5.6 65 5 | 3.3 1 5 | 5.6 65 5 | 3.3 1 5 | 6.7 76 | 4 3 2 |
小　　浪底　大　气魄　小　　浪底　大　气魄　小　　浪底　大　气黄
小　　浪底　大　黄河　小　　浪底　大　黄河　小　　浪底　大　黄河

6.7 76 | 4 3 2 | 5 － 6 | 7.1 26 | 6 － － | 6 － － |
小　　浪底　大　气魄　横　　空　出　　世
小　　浪底　大　黄河　和　　谐　相　　处

7 － 6 | 5 － 2 3 | 1 － － | 1 － ‖ 5 － 6 | 7.1 26 |
屹　　立　大　黄　河　　　　　　　　　　和　谐　相
屹　　立　大　中　国

6 － － | 6 － － | 7 6 | 5 － 2 3 | 1 － | 1 － | 1 － 0 ‖
处　　　　　　　　屹　立　大　中　国

我爱母亲河

（杨洪基　演唱）

李幼容 词
曾文济 曲

1=E　4/4

深情、舒展地

5·1 3 6　5 1 5 ｜ 1 3　6 7 5　- ｜ 4·6 5 4　3 5 6 ｜ 7 3　2 1 2　- ｜
站在神州 大地上　纵情放 歌　黄河爱我 我 爱 母 亲 河
迎着初升 的太阳　深情诉 说　黄河爱我 我 爱 母 亲 河

5·1 3 6　5 3 1 1 ｜ 7 3　7 5　6　- ｜ 2·6 2 6 4 3 2 2 1 ｜ 5　-　-　- ｜
黄河脉搏是 我的 脉　　搏　黄河性格 我的性 格
黄河忧患是 我的 忧　　患　黄河欢乐 我的欢 乐

1·1 6 6　5 6 4 4 ｜ 6·6 5 4　5 2 3　1 ｜ 7 7 6 5 6 1　2 3 2 2 3 ｜ 7· 6 5　1　- ｜
我的悲欢离 合　我的喜怒哀 乐 都 紧系着黄河的 故 事和 传　说
几度沧桑巨 变　多少风云岁 月 都是黄河 激励着我 和 命运拼　搏

&
1 ｜ i 7 5· 3 ｜ 7 1　3 7 6　- ｜ 4·4 4 3 2 ｜ 5　-　-　- ｜
啊　黄　河　我 的 生命之 河
啊　黄　河　我 的 希望之 河

3 3 7 5· 3 ｜ 7 1　3 7　6　- ｜ 2 2 6 1　7 2 6 7 ｜ 5　-　-　- ｜
啊　黄　河　我 的 母 亲 河
啊　黄　河　我 的 母 亲 河

0 5 6 5 2 4　- ｜ 0 4 6 5 2　3·7 6 ｜ 6 7 2 2 6　5　- ｜ [1. 2.] 2·3 2 1　- ‖
我的黄皮肤　我的黄皮肤 就是　黄河的小浪 花　　一　　朵
黄河儿 女　黄河儿 女 永远　为你高 唱　赞 美 的 歌　D.S.

[结束句]
2·3 2 1·7 6 ｜ 5 1 2 3 6 5　- ｜ 6　- 7·5 ｜ i　-　- ｜ i　-　- ｜ 1 0 0 0 ‖
赞美的歌永远 为你高 唱　赞 美 的 歌

大河小浪一支歌

李幼容 词
王世光 曲

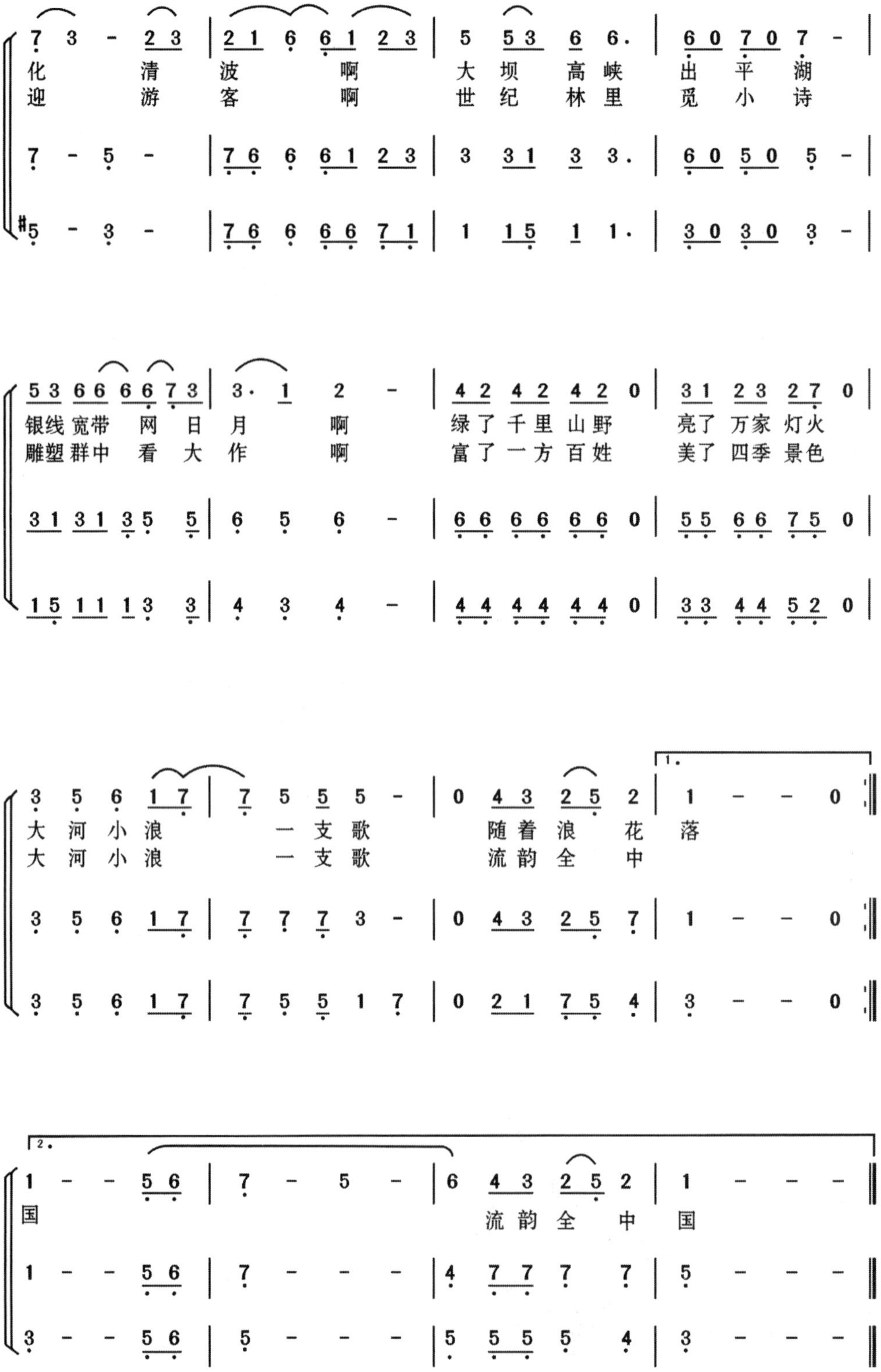
化 清 波 啊 大 坝 高 峡 出 平 湖
迎 游 客 啊 世 纪 林 里 觅 小 诗
银线宽带 网 日 月 啊 绿 了 千 里 山 野 亮了 万家 灯火
雕塑群中 看 大 作 啊 富 了 一 方 百 姓 美了 四季 景色
大 河 小 浪 一 支 歌 随 着 浪 花 落
大 河 小 浪 一 支 歌 流 韵 全 中
1.
2.
国 流 韵 全 中 国

黄河新歌

李幼容 词
王世光 曲

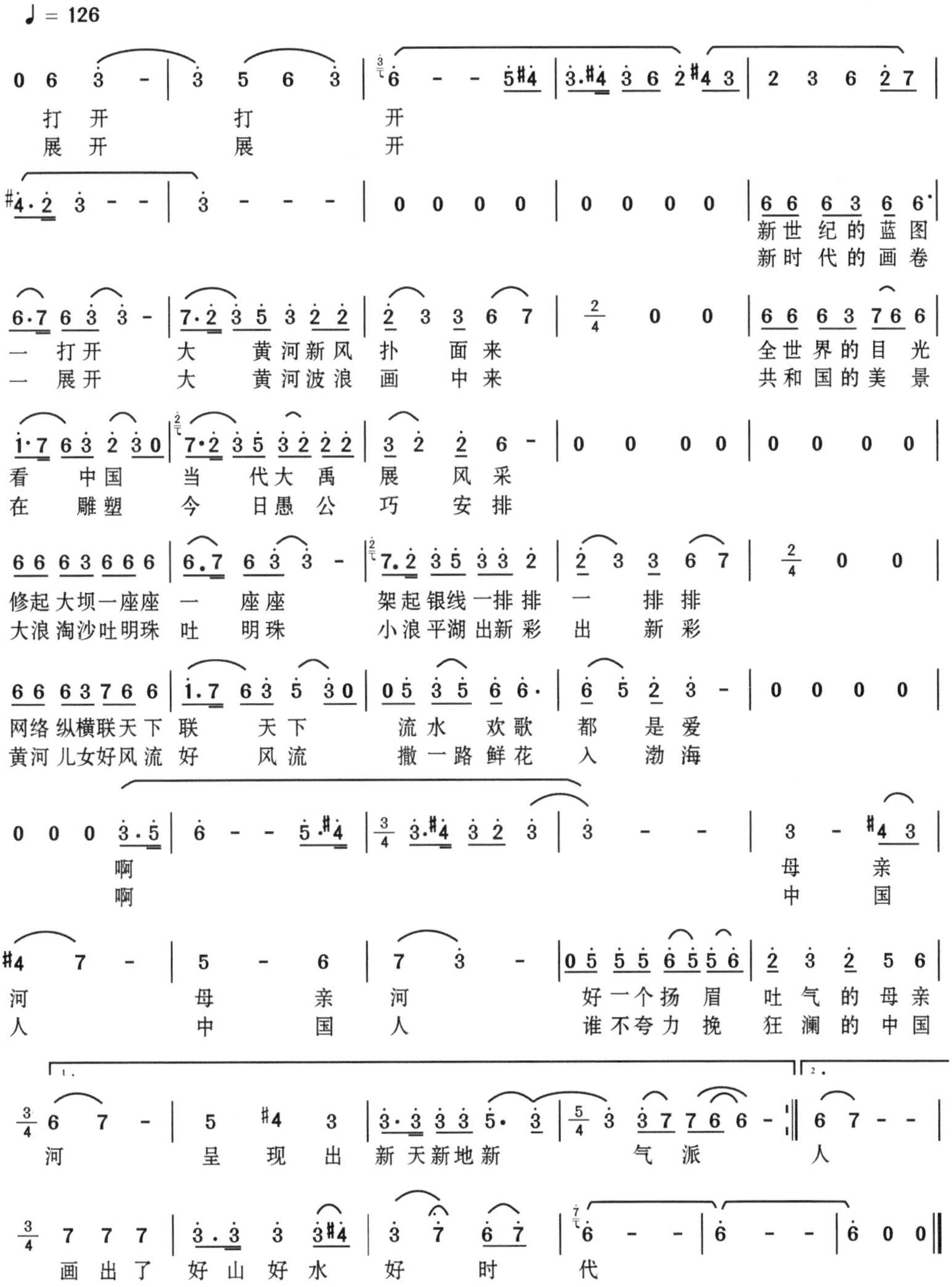

河 缘

——唱给小浪底的歌

李幼容、朱景和 词
张丕基 曲

$1=\flat E$ $\frac{4}{4}$

粗广、真挚的

0 0 0·5 3 2 4 3 2 | 2 - - - | 2 0 5 5 2 2 3 2 1 2 | 3 - - - |
我早就知道 你　　　　　今天真真的见到了 你
我多么想念 你　　　　　此刻亲亲的贴近了 你

3 0 5 5 1 1 7 2·1 | 7 0 5 6 - | 6 7 1 4 3 2 3 2 1 | 2 - - - |
不是命中的缘 份 使我　奔波了千 里
感谢上天的安 排 幸运　在这里相 遇

2 0 5 5 3 2 4 3 2 | 2 - - - | 2 0 5 5 2 2 3 2 1 2 | 3 - - - |
你的清秀你的美 丽　　带给我无穷的欢 喜
你的作为你的心 意　　解除了母亲的优 虑

3 0 3 4 5 3 4·5 | 6 - 6 6 5·4 | 6 - 6 4 3·2 | 5 - 5 5 6 7 |
咱们合个影 吧 把 一 个　无 声的爱 定格在
为你唱支歌 吧 把 一 个　美 丽的梦 唱得更

3·3 2·3 2 1 | 1 - - - | 3 - - 5 | 2 - 2 2 1 7 |
这里在 这 里　　　　大　河 中 小 小的
美丽更 美 丽　　　　小　浪 底 清 澈的

1 - - 3 | 4 - - - | 5 - - 6 | 7 - - 6 5 |
浪　　　花　　　那　　　是 微　笑 的
浪　　　花　　　那　　　是 幸　福 的

6 - - 5 3 | 3 - - - | 3 - - 5 | 2 - 2 2 1 7 | 1 - - 7 6 |
你　　　　大　　河 中 小 小的浪
你　　　　小　　浪 底 清 澈的浪

6 - - - | 5 - - 6 | 7 - 6 5 | 2 - 2 3 2·1 | 1 - - - ‖
花　　那　　是 微　笑 的你 微笑的你
花　　那　　是 幸　福 的你 幸福的你

索　引

说明:

一、本索引采取主题索引方法,按汉语拼音字母顺序排列。

二、索引名称后的数字表示内容所在的页码。

三、相同的词条在索引中重复出现,在其后用不同的页码标明。

四、《大事记》《附录》等篇目未作索引。

编纂始末

　　小浪底工程是黄河治理开发的关键控制性工程。工程从提出、论证、勘测、规划、设计、决策到建设、运行、管理，历经半个多世纪，凝聚着几代水利人的心血。为全面翔实记录小浪底工程决策论证、规划设计及建设运行管理过程，2004年8月，小浪底建管局开始《黄河小浪底水利枢纽志》（简称《小浪底志》）编纂准备工作，成立《小浪底志》编纂委员会和编辑室，制订工作计划和篇目大纲，组织各部门（单位）有关人员进行培训，至2008年底编写完成100余万字《小浪底志》草稿。之后，由于小浪底和西霞院工程竣工验收、小浪底建管局管理体制改革等原因，编纂工作暂停。

　　2014年7月，小浪底管理中心重新启动《小浪底志》编纂工作，成立新一届《小浪底志》编纂委员会，主任殷保合任编委会主任，领导班子其他成员任编委会副主任，各部门（单位）主要负责人任编委会成员，实行"编委会统一领导、主编负责、编委办组织协调、委托专业机构协助"的编纂工作机制，党委书记张善臣任主编，编委会办公室（简称编委办）设在黄河水利水电开发总公司综合部，负责日常协调管理、组织编纂等工作，抽调专职编纂人员李立刚、李海潮、蒋辉、刘凤翔集中办公；同时委托黄委会新闻宣传出版中心黄河志总编辑室从专业角度对志书编纂进行技术指导、咨询服务并参与编纂工作。

　　在主编领导下，编委办重新制定了《小浪底志》编纂工作方案、编写指南和篇目大纲，明确了各章节负责人、撰稿人，将志书下限调整为2011年，志书体例由条目体改为章节体。2014年10月27日，小浪底管理中心组织召开《小浪底志》编纂工作动员会，部署安排编纂工作，黄河志总编辑室主任王梅枝对全体编纂人员进行了业务培训。

　　按照《小浪底志》编纂工作方案和工作安排，2014年10月至2015年3月，《小浪底志》各章节负责人组织编撰人员查阅档案，走访当事人，收集考证相关资料，进行初稿编写；编委办汇总整理后，形成《小浪底志》第一稿。

　　《小浪底志》前三章由黄河设计公司负责组织撰稿和内审，黄河志总编辑室负责编纂指导和审核修改。2015年4月21日,《小浪底志》第一稿前三章内审会议在黄河设计公司进行,黄河志总编辑室邀请黄委会原副主任陈先德,原黄委会设计院副院长、小浪底工程设计总工程师林秀山,黄河志总编辑室原主任袁仲翔到会指导,黄河志总编辑室及编委办有关人员参加内审。会议对前三章章节结构及内容进行了调整。

2015年5月5—27日,由主编主持、编委办邀请部分从事小浪底工程建设、监理、运行、调度、移民、环保等专业专家,召开第一稿内审会议,分章节进行审核修改。审核重点是编写内容是否完整、章节结构是否合理、逻辑关系是否严谨、编写体例是否符合要求等。根据内审情况,编委办对章节结构进行了调整和完善,主编于6月19日组织召开专题会议,安排部署第二稿编写工作。

2015年6—9月,各章节负责人组织编写人员根据第一稿审核意见进行修改完善,然后邀请相关专家进行内审;编委办进行汇编整理,形成《小浪底志》第二稿。10—11月,组织有关专家进行书面审核。12月8—30日,由主编主持、编委办组织,按照"分块审核和通篇审核相结合"原则,对《小浪底志》第二稿分规划设计、建设管理、移民环保、西霞院工程、调度运行、财务资产和综合7个部分进行集中审核,其中部分专家参与通篇审核。审核重点是志稿真实性、系统性和准确性。2016年1—6月,各章编写人员按照第二稿审核意见进行修改完善,交编委办进行汇编整理。其后,由于机构及人员调整,编纂工作停滞。

2017年8月15日,小浪底管理中心召开《小浪底志》编纂工作专题会议。小浪底管理中心主任、编委会主任张利新充分肯定了前期编纂工作取得的成绩,强调了编纂《小浪底志》的重要意义,要求继续做好《小浪底志》编纂工作,正确处理业务工作和志书编纂的关系,把工作做细、做精、做实,编纂出精品佳志。

根据前两稿审核情况,2017年8—12月,由主编主持、编委办组织进行部分章节专题审核,主要包括综述、人物、大事记、管理体制、工程重大成就等。其中,对大事记逐条通读,并分5个专题(利用世界银行贷款、国际招标专题,工程重要节点、技术委员会专题,移民环保专题,机电金结专题,领导视察考察专题),分别明确专人负责提炼修改,于2018年3月完成大事记汇编;针对人物章节编写特点,确定工作方案和人物入志标准,并对已完成的人物内容逐个审核和补充完善。

为协调各章节之间相关联内容的一致性和详略程度,2017年11月至2018年3月,按照主编要求,编委办组织各章节负责人和部分编写人员,按照规划设计、建设管理、移民环保、西霞院工程、调度运行、综合等6个部分开展分块总纂。在分块总纂基础上,由主编主持,2018年5月2—3日,黄河志总编辑室在郑州组织召开《小浪底志》前三章专题审核;5月7—24日,编委办在小浪底水利枢纽管理区召开其他部分专题审核,审核重点是内容翔实准确完整性、逻辑关系严密性和语言文风体例严谨性等。2018年5—8月,编写人员根据分块总纂审核意见,进行修改完善,陆续交编委办。

征地移民及移民安置区环境保护工作实施主体为河南、山西两省人民政府及相关职能部门。2018年2月,编委办将《小浪底志》移民环保部分发送给河南、山西两省移民管理机构,水利部移民局,黄委会移民局,以及移民设计、监测等单位征求意见。3月8—9日,由主编主持在郑州召开《小浪底志》移民环保专题咨询会,水利部移民局王俊海、林晖,河南省移民办王守刚、冯晓玲,山西省移民办胡连生,黄委会移民局闫国平、史建筑,黄河设计公司王晓峰、姚同山等参加会议。会议认为,《小浪底志》移民环保部分内容翔实,真实反映了工程移民实施情况;同时建议完善移民后期扶持等相关内容。编写人员根据会议要求进行了修改完善。至2018年年底,汇总完成《小浪底志》统编稿。

黄河设计公司承担了《小浪底志》前三章撰稿工作。为进一步理顺其编纂关系,2019年4月16日,主编带队到黄河设计公司沟通协调《小浪底志》编纂事宜。黄河设计公司董事长张金良高度重视,亲自到会,安排黄河设计公司有关领导和部门,按照《小浪底志》编纂总体要求进行修改完善。经过黄河设计公司专业人员内审和领导审查,此部分工作于2019年9月初完成。

为进一步提高志书编纂质量,2019年2月22日,小浪底管理中心组织召开《小浪底志》推进工作会议,明确下一步编纂工作机制,决定由编委办李立刚、李海潮、蒋辉和黄河志总编辑室王梅枝、田玉根、铁艳、王慧(2019年底接替田玉根)联合集中办公,专职对志稿进行具体修改和统编统纂。按照编委办主要进行内容编撰修改、黄河志总编辑室负责统编统纂统改、主编审定的工作流程,各方密切配合,工作各有侧重。至2020年8月,形成《小浪底志》第一次专家评审稿。编委办将《小浪底志》第一次专家评审稿发送编委会成员、各章节主要负责人和评审专家。

2020年9月9—10日,《小浪底志》第一次专家评审会在郑州小浪底宾馆召开,小浪底管理中心主任、《小浪底志》编委会主任张利新出席会议并致辞,黄委会新闻宣传出版中心主任张松、副主任刘新建主持会议,主编张善臣介绍了《小浪底志》编纂情况,黄河志总编辑室主任王梅枝介绍统编情况,来自黄委会、黄河设计公司、河南省地方史志办公室、小浪底管理中心等单位的25位专家参加评审会议,编委办和黄河志总编辑室参加会议,《小浪底志》各章节负责人、主要编写人员列席会议。评审专家指出编纂《小浪底志》意义重大,充分肯定志稿质量,并从内容完整性、资料真实性、体例结构和语言文风等方面提出修改意见和建议。会后,主编立即对《小浪底志》修改完善工作进行布置。编委办和黄河志总编辑室对专家评审意见和编委会意见分类汇总整理,调整部分章节结构,进一步核实相关史实和数据,补充完善相关内容,至2020年12月,形成《小浪底志》第二次专家评审稿。

2021年1月14—15日,《小浪底志》第二次专家评审会召开。因新冠肺炎疫情,会议以视频形式召开,黄委会新闻宣传出版中心副主任刘新建主持会议,主编张善臣介绍了《小浪底志》编纂及修改完善情况。来自中国地方志指导小组办公室、水利部江河水利志指导委员会、水利部移民局、河南省地方史志办公室、黄委会、小浪底管理中心等单位的16位专家参加评审会,编委办和黄河志总编辑室有关人员参加会议。与会专家以高度负责的精神对志书进行了认真评审并提出了许多好的意见和建议。评审会后,小浪底管理中心主任、《小浪底志》编委会主任张利新对专家提出的有关重要问题明确了修改意见。主编安排落实专家评审会意见,要求编委办和黄河志总编辑室全面梳理、分类整理,准确把握专家意见,做好修改完善工作。经修改完善后,2021年2月底,《小浪底志》书稿交付出版社。

按照《中华人民共和国保守国家秘密法》《地方志工作条例》的相关规定,在水利部办公厅保密处指导下,2021年6月10日,小浪底管理中心保密办在郑州组织召开《小浪底志》保密审查会议。水利部办公厅高源、水利水电规划设计总院杜崇玲、黄委会李晓飞、淮河水利委员会王琳琳、松辽水利委员会刘艳艳、黄河设计公司翟才旺等专家对《小浪底志》进行了保密审查。编委办根据保密审查意见进行了修改完善。

《小浪底志》编纂过程中，小浪底管理中心领导高度重视，多次召开会议研究编纂工作，解决编纂过程中的问题，审核把关志书内容。主编全面系统布置各项工作，定期召开专题会议，组织协调各方关系，全程主持志稿编撰、审核和质量把控，多次对志书全稿进行审核并修改。小浪底管理中心各部门、单位积极支持志书编纂工作，组织动员职工认真编写、修改完善或提供档案资料。退休职工也积极参与，主动为编志工作提供有关资料、信息和线索，陆承吉、王咸儒、曹征齐、张光钧、席梅华、袁松龄、庄安尘、崔学文、孙国纬、陈中泉、文锋、钟光华、李焕章、王玉明、蔡绍洲等老领导、老同志多次参加审核，提出很多宝贵意见，或当面指导修改完善，为志书编纂提供了有力支撑。刘凤翔前期作为编委办成员参加了志书编纂工作，后期又精选了大量历史照片，提供了志书大部分插图。

《小浪底志》编纂工作，得到了有关单位和各级领导、专家的大力支持及帮助。原国务院南水北调工程建设委员会办公室主任张基尧担任顾问并作序，对编纂工作提出了重要指导意见。原长江三峡工程开发总公司副总经理袁国林，水利部原外事司司长、外资办公室主任杨定原为编纂工作提供了重要资料和信息。黄委会陈先德、林秀山、景来红、温存德、袁仲翔、高广淳、王庆明、翟才旺等为志书编纂和审核做了大量工作。水利部相关领导和司局、河南及山西两省人民政府相关部门、黄委会，以及设计、监理、施工等各参建单位给予了大力支持。

探索志书编纂工作新途径是《小浪底志》编纂的一大特色。从编纂初始，就实行"编委会统一领导、主编负责、编委办组织协调、委托专业机构协助"的工作机制，这也是保证志书质量的重要举措。黄委会新闻宣传出版中心黄河志总编辑室自始至终为《小浪底志》编纂工作提供技术指导并参与编纂工作，从编志专业角度对志稿的观点、体例、内容、文风等方面全方位多角度进行把关。黄河志总编辑室主任王梅枝和田玉根、铁艳、王慧等全程参与编志工作和志稿审查会，并与编委办联合集中办公，全面完成志稿的统编统纂修改工作。张小莲编制了《小浪底志》索引，黄河志总编辑室其他同志也参与了部分章节编辑修改工作。在此向为《小浪底志》编纂工作提供过支持与帮助的单位和同志表示诚挚的感谢!

　　小浪底工程在黄河治理开发中战略地位重要、发挥作用巨大,具有较高的社会关注度。其论证规划设计和建设运行管理经历了曲折而漫长的历程,涉及领域和单位众多,因此编纂《小浪底志》不仅意义重大,而且难度巨大。囿于有些当事人年事已高或不健在,部分编志资料缺失,部分图片因作者不详而无法署名,加之编志水平有限,内容缺漏和错讹之处在所难免,敬请广大读者谅解、批评、指正。

编　者

2021 年 9 月